普通高等教育"十一五"国家级规划教材

材料结构分析基础

（第二版）

余　焜　主编

科学出版社
北　京

内 容 简 介

本书介绍材料微观结构分析的基本原理、分析仪器与分析方法。全书分两大部分:基础理论与分析方法。第一部分讲述与材料结构分析有关的物理学基础和材料学基础,包括光、电子、离子、原子、分子的性质,晶体结构与晶体衍射;第二部分介绍一些现代常用的材料分析仪器及其对材料成分、结构与形貌的分析方法,包括显微和衍射、光谱、能谱和质谱方法。

本书可作为高等院校材料科学与工程等专业的教材,也可作为有关科技工作者的自学参考书。

图书在版编目(CIP)数据

材料结构分析基础/余焜主编. —2 版. —北京:科学出版社,2010.6
普通高等教育"十一五"国家级规划教材
ISBN 978-7-03-027992-7

Ⅰ.①材… Ⅱ.①余… Ⅲ.①工程材料-结构性能-性能分析-高等学校-教材 Ⅳ.①TB303

中国版本图书馆 CIP 数据核字(2010)第 113792 号

责任编辑:赵晓霞 刘俊来 / 责任校对:桂伟利
责任印制:赵 博 / 封面设计:陈 敬

科学出版社 出版
北京东黄城根北街 16 号
邮政编码:100717
http://www.sciencep.com
北京厚诚则铭印刷科技有限公司印刷
科学出版社发行 各地新华书店经销
*
2000 年 6 月第 一 版 开本:787×1092 1/16
2010 年 6 月第 二 版 印张:28 1/4
2025 年12月第十一次印刷 字数:670 000

定价:89.00元

(如有印装质量问题,我社负责调换)

第二版前言

材料分析方法是材料科学的一个重要组成。人们通过长期的生产实践和科学实验，对各种材料结构的分析已经积累了相当丰富的知识，并使一系列重要的分析技术得以发展和完善。

现代分析仪器及其分析方法种类繁多。分析方法作为一种手段，原则上对于各种材料都是适用的，这是共性。但材料在不同的使用场合对分析的要求不完全一样，并且材料的使用和分析都涉及人，而人是有一定的知识面及工作条件的，这是材料分析中的个性问题。显然，对材料分析方法的全面理解，有助于研究者在一定的条件下，选择最恰当的方法来达到研究的目的。

材料结构的分析方法与近代物理密切相关，必须运用理论知识才能从仪器的图像显示得到有关材料内部的信息数据。学生在理论方面基础的差异，必然影响学生对微观分析认识的深度。但分析方法本身也有一定的独立性，故实际上并不要求每个学生必须在精通近代物理后才能掌握材料分析方法。

本书介绍的与材料分析有关的物理学基础，主要是光、电子、离子的物理基础，晶体学基础介绍有关的晶体学及其晶体衍射的基础。书中有关衍射理论的表述，没有使用倒易点阵的概念，但这不妨碍本书有关晶体衍射理论的完整性。为了理论表述上较为系统，本书不回避数学推导。

本书还介绍了一些常用的现代分析仪器及其基本的分析方法，包括显微和衍射方法，光谱、能谱和质谱方法。

学习的秘诀，在于学习者能够举一反三。本书内容较多，不可能也不需要都在课堂讲授。课堂讲授只要求阐明基本原理，介绍几种本专业常用的分析方法即可，其余内容可由学生根据自己的需要和兴趣自学。

近年来材料科学中数学(计算机)模拟受到了重视并取得了明显的进展。不过材料科学以实验为基础的特征丝毫没有改变。材料分析的教学必须重在实验，故有关材料分析方法的教材，应有配套的实验教材。

本书在第一版出版十年之后修订再版。这十年，国内大学与时俱进，教学发生了很大的变化，几乎所有的专业都在不断地扩大专业面，所以相对第一版，本书做了相当多的修改与扩充。

东南大学王仕勤、徐爱群、李凡老师负责编写了本书第 6、7、8 章。

由于编者的水平及时间所限，本书疏漏之处在所难免。编者热切盼望读者提出宝贵意见。读者在教学过程中若有疑惑，编者会尽力协助解答。

余　焜

yukun@seu.edu.cn

2010 年 2 月

第一版序

余焜教授青年时期曾就读于清华大学工程物理系，毕业参加工作后又回到清华工物系做研究生。他的学位论文发表之后，曾在国际离子束材料表面改性学术界引起过一阵高度的赞扬，他的研究成果、图文、曲线等在当时一些综述评论和著作中得到不少引用。应当说，他在这一领域的实验研究中曾作过历史上的贡献，也显示出他本人的才华。我作为他的导师的确为他当年的成就感到欣慰和自豪，也从他身上感到师生之间的合作、互补和教学相长的这种愉快的关系。

他从 1982 年起到东南大学任教，现在根据他近 20 年来从事教学的体会写成了这本新书《材料结构分析基础》，将由科学出版社出版。我认为这是一件好事，并且对他能完成这一工作再次感到高兴。

他的这本书水平如何，能不能使广大读者从中得到较大的收获并受到他们的欢迎，当然只能由读者们来判断。我个人在粗读之后的感想是，余焜教授能够把研究材料的多种分析方法集中在一起开设为一门课程，由他自己一个人讲授了十几年，这是很可贵的。他的确在教学中积累了不少经验和体会，也形成了自己的独到见解，这些在他的这一著作中都有反映。这本书不到 400 页，企图使读者从基础理论到可见光、X 光、电子束和离子束的多种分析方法都得到系统的知识，这至少是一次相当紧凑而独到的尝试。余焜教授在进行基础理论的论述中，也有一些独到的作法，有些人也许不一定同意，但这是体现他个人学术思维的尝试。我想，我们国内由自己撰写的有关材料科学的学术著作并不是太多了，而是太少了。在学术观点、侧重范围和处理方式上应该鼓励百家争鸣和百花齐放。

但愿我们能有许多多年从事科学研究和教学的材料科学家们共同努力，来繁荣我们材料科学的出版事业。

2000 年 6 月

第一版前言

材料的性能是由其结构所决定的。描述或鉴定材料的结构，必定涉及它的化学成分，组成相的结构及其缺陷的组态，组成相的形貌、大小、分布以及各组成相之间的取向关系和界面状态等。所有这些特征都对材料的性能有着不同程度的影响。

因为材料结构和性能的因果关系，人们可以通过对材料性能的测试来认识材料的结构，包括各种物理的和化学的测试方法。其中，利用光束、电子束或其他粒子束与样品的相互作用，产生表征材料微观结构特征的各种信息，检测并处理这些信息，从而给出形貌、成分和结构的丰富资料，是材料结构分析的主要方法，也是本书讨论的范围。

材料分析方法是材料科学的一个重要组成。人们通过长期的生产实践和科学实验，对各种材料的结构分析方法已经积累了相当丰富的知识，并使一系列重要的分析技术得以发展和完善。

人们对微观世界的认识，显微镜起着十分重要的作用。显微镜在 18 世纪用于对金属材料的研究，以及物理化学的发展，直接导致材料科学的诞生。

1895 年发现 X 射线。仅在此后一年内，它就被广泛地应用在医学和工业探伤方面。在其后的 20 年间，X 射线衍射和光谱技术得到了完善的发展，可以相当精确地测定组成相的晶体结构和位向，以及判断其化学组成。

电子的发现，及随后电子光学的兴起，有力地推动了材料结构分析技术的发展。这主要是透射电子显微镜(TEM)、扫描电子显微镜(SEM)和电子探针(EMA)，将人眼观察微观世界的尺度提高到微米，甚至纳米量级以上。

目前，高性能电子显微镜的分辨率已可达到 0.2nm。此外，随着人们对材料表面或界面现象认识的深入，各种表面分析仪器和技术应运而生，例如低能电子衍射仪(LEED)、俄歇电子能谱仪(AES)、光电子能谱仪(ESCA)等。目前已能取得一至几个原子层范围内元素的类别、含量和表层原子排列结构等重要的资料。

事实上，任何一种技术在应用中都会存在这样或那样的局限性。因此，有关材料的结构，只能在不同的层次和不同侧面上进行描述。譬如说，眼睛看到的材料结构谓之宏观组织，人眼借助光学显微镜看到的则谓之光学显微组织，借助电子显微镜能看到极其细微的材料结构又谓之电子显微组织。它们都是材料结构在不同尺度下的表现形式。至于材料的化学成分，也就是材料的原子组成，则是表述分子、晶体层次上材料结构的重要内容。

现代分析仪器及其分析方法种类繁多。分析方法作为一种手段，原则上对于各种材料都是适用的，这是共性。但材料不同的使用场合对分析的要求不都一样，况且，材料的使用和分析都涉及人，而人是有一定的知识面及工作条件的，这是材料分析中的个性问题。显然，对材料分析方法的全面理解，有助于研究者在一定的条件下，选择最恰当的方法来达到研究的目的。

材料结构的分析方法与近代物理密切相关，必须运用理论知识才能从仪器的图像显示得到有关材料内部的信息数据。学生在理论方面基础的差异，必然影响到学生对微观分析认识的深度。但分析方法本身也有一定的独立性，故实际上也不要求每个学生必须在精通近代物理后才能掌握材料分析方法。

本书分为两大部分：基础理论和分析方法。这样是为了理论表述上较为系统。如果学时安排比较少，理论部分的内容可供自学，课堂讲述可直接从第三章开始，结合各章内容补充一些必要的理论知识。

物理基础部分介绍与材料分析有关的物理学基础，主要是光、电子、离子的物理基础；晶体学基础介绍有关的晶体学及其晶体衍射的基础。本书有关晶体衍射理论的表述，没有使用倒易点阵的概念，但这没有妨碍本书有关晶体衍射理论的完整性。

分析方法部分介绍一些常用的现代分析仪器及其基本的分析方法，包括显微和衍射方法、光谱、能谱和质谱方法。

近年来材料学科中数学(计算机)模拟受到了重视并取得了明显的进展。不过材料科学以实验为基础的特征丝毫没有改变。材料分析的教学必须重在实验，故有关材料分析方法的内容实际上除了本书之外，还应有实验教材与之配套。本书讲述一般的分析方法，而有关分析仪器的具体构造，实验的具体操作，以及实验结果的具体分析，都需要实验教材的指导。东南大学的王仕勤老师，南京航空航天大学的陈敏老师，江苏理工大学的刘军老师协助参加了本书部分章节的编写工作。

由于编者的水平及时间所限，本书存在不少问题。今后，书中某些内容的进一步阐述，以及配合本书编写的实验教材和部分教学软件，将在网上公布，请读者注意网上信息。编者热切盼望读者提出宝贵意见。

网　　址：http:/www.atc.seu.edu.cn

电子邮件：atc@seu.edu.cn

编　者

2000年4月

目　　录

第 1 章　物理学基础

1.1　粒 子 与 波

1.1.1　光与 X 射线

1. 电磁辐射

在光学中，广义的光的概念，除了可见光之外，还包括红外光和紫外光，以及 X 射线和 γ 射线（或称 X 光和 γ 光）。它们本质上都属于电磁辐射，表 1.1 给出各类电磁辐射的频率和波长范围。紫外光与 X 射线的波长没有明确的分界，X 射线和 γ 射线也没有明确的波长界线，因为人们并不是根据波长来区分紫外光、X 射线以及 γ 射线，而是根据它们的来源。

表 1.1　电磁辐射谱

辐射名称	辐射波长/m	光子能量/eV	产　生
γ 射线	$1\times10^{-14}\sim1\times10^{-11}$	$1.2\times10^{8}\sim1.2\times10^{5}$	原子核能级跃迁
X 射线	$1\times10^{-15}\sim1\times10^{-8}$	$1.2\times10^{9}\sim1.2\times10^{2}$	快速带电粒子能量变化 受激原子内层轨道电子能级跃迁
紫外光 可见光	$1\times10^{-8}\sim0.39\times10^{-6}$ $0.39\times10^{-6}\sim0.77\times10^{-6}$	$1.2\times10^{2}\sim3.2$ $3.2\sim1.6$	热辐射及原子或分子价电子能级跃迁
红外光	$0.77\times10^{-6}\sim1\times10^{-3}$	$1.6\sim1.2\times10^{-3}$	热辐射及原子振动能级或分子转动能级跃迁
微波	$1\times10^{-3}\sim1$	$1.2\times10^{-3}\sim1.2\times10^{-6}$	电磁振荡 分子转动能级跃迁
射频波	$1\sim1\times10^{4}$	$1.2\times10^{-6}\sim1.2\times10^{-10}$	电磁振荡 分子中未配对电子在外磁场中的自旋能级跃迁 具有磁性的原子核在外磁场中的进动能级跃迁

光的产生通常有两种形式：一是带电粒子速度变化引起的辐射，二是分子、原子或原子核能级跃迁引起的辐射。从微观机理来说，它们的共同之处都是微观系统从高的能量状态过渡到低的能量状态时伴随发生的物理现象。

辐射是一种从辐射源发出的以微粒或波动的形式向空间直线传播的能量。光辐射不是连续的波，而是分立的一串串波列，称为波包，就是所谓的光子。光子作为电磁辐射的能量载体，具有集中的能量、质量和动量。它们在空间呈“波状”分布，具有一定的波长、频率和位相。如此，显示了光子的波动性与粒子性的统一。

要特别指出的是光的波动性质并不归于光束整体，而是每一个光子都具有的本性。光子在传递的过程中以某种方式同时和所有的介质微粒相互作用，最终以特定的概率被位于观察点的原子所接收。

单位时间内通过垂直于光传播方向的单位面积的光的能量称为光的强度，用 I 表示，单位是 $J/(m^2 \cdot s)$。对于单色光，光的强度常用单位时间内通过垂直于光传播方向的单位面积的光子数来表示，单位是光子数/$(m^2 \cdot s)$。

物理学中常用复数表示某个振动，如 $\psi = Ae^{i(\omega t+\phi)}$，要理解为只取用它的实数部分(或虚数部分)。其中 A 为实数，表示振幅，ω 表示频率，ϕ 表示位相。对于确定频率的振动，ωt 可略去不写，该振动简记作 $\psi = Ae^{i\phi}$，称为复振幅。光的强度与光的振幅平方成正比，即

$$I \propto |\psi|^2 = \psi^* \cdot \psi \tag{1.1}$$

真空中光速 $c = 2.998 \times 10^8 m/s$。光子的能量 E 由普朗克公式给出，即

$$E = h\nu \tag{1.2}$$

式中，h 为普朗克常量，$h = 6.626 \times 10^{-34} J \cdot s$；$\nu$ 为光的频率；λ 为光的波长。

在真空中

$$E = \frac{hc}{\lambda} = hc\tilde{\nu} \tag{1.3}$$

式中，$\tilde{\nu}$ 为波数，即波长的倒数，意义是波传播单位长度所包含的波数。光通过不同的介质时，频率不会发生变化，但传播速度和波长会变化。

在普朗克公式的基础上，根据经典电磁理论的辐射压强，或根据相对论的原理得光子动量为

$$\boldsymbol{p} = \frac{h}{\lambda}\boldsymbol{s} = h\tilde{\nu}\boldsymbol{s} \tag{1.4}$$

式中，$\boldsymbol{s}$ 为单位矢量，代表波的传播方向。式(1.4)来自式(1.2)，自然仅适用于光子，但德布罗意认为所有的微观粒子的性质与光的性质存在深刻的类似性，他把这个关系式推广到所有的粒子，起初只是一个假设，但实验证明这个推广是正确的，于是式(1.4)便成为普遍适用的德布罗意关系式。

2. 光谱

光谱就是光的频谱，用以描述不同频率光的强度分布。各种光的光谱基本上取决于光发射的方式及光所通过的介质。光谱常用相片、图线或表格等形式表示。光谱的自变量坐标为频率，也可标记为光的波长或光子的能量，对于这几种情况，往往分别称为频谱、波谱和能谱。

光如果在若干个特定波长处的辐射特别强或特别弱，那么，它的光谱特征是线状的，称为线状谱。如图 1.1 所示的荧光灯光谱，图中的纵坐标 $J = dI/d\lambda$，即单位波长范围内的光强。光如果由大量间隔很小的不同波长的辐射所组成，那么它的光谱特征是连续曲线状的，称为连续谱。如图 1.2 所示为钨丝灯光谱。

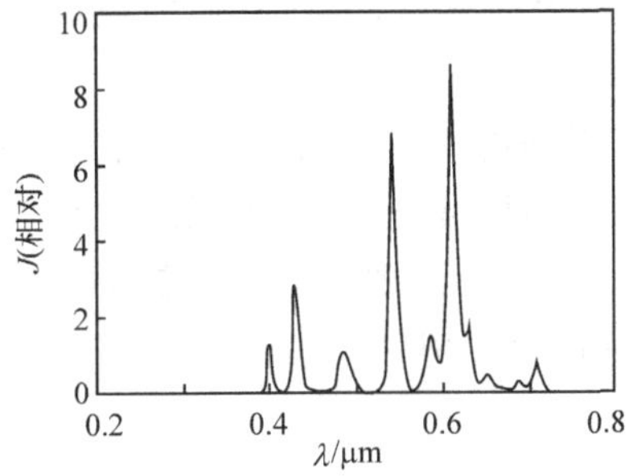

图 1.1　三基色荧光灯的发光光谱(波谱)

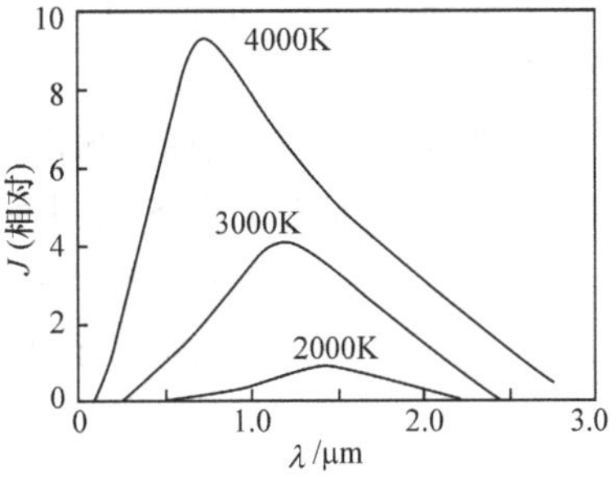

图 1.2　钨丝灯的发光光谱(波谱)

3. 光的偏振

1) 自然光与偏振光

已经证明,光之所以引起视觉以及各种物理、化学效应,是由于光的电场作用,故电矢量 **E** 也称光矢量,光的振幅通常就是指电场强度的振幅。**E** 垂直于光的传播方向,**E** 的方向即振动方向,故 **E** 与光传播方向所在的平面称为光的振动面。如果各光子的电矢量均沿一定的方向,这种光称为平面偏振光或线偏振光;如果光子电矢量的取向是无规则的,各方向概率相等,这样的光是自然光;介于这两者之间的是部分偏振光。光源发出的一般是自然光,是光源中相互无关的微观粒子所生成的光。

2) 光的反射与折射

光由一种介质进入另一介质时,光线在介质分界面上分解成反射光和折射光,它们的传播方向由反射定律和折射定律确定。

平行光在介质界面反射,定义反射率为反射光强度与入射光强度之比。理论和实验都表明,反射率不仅取决于介质等因素,还与光的入射角及振动方向有关。实际上,可以把入射光的振动分解为垂直于入射面方向和平行于入射面方向的振动,在入射角为零(或很小)时,它们有同样的反射率;在入射角不等于零时,它们各自的反射率不等;当入射角等于布卢斯特角时,振动面平行于入射面的光,反射率等于零。因此,自然光在两透明介质分界面上产生的反射光和折射光有不同的偏振状态。当入射角等于布卢斯特角时,反射光为完全线偏振光,相应地,折射光就成为部分偏振光。

光在某些晶体介质中有双折射现象,两条折射光都是线偏振光,不过它们的光矢量的振动方向不同。其中,一条符合折射定律,称为 o 光,其折射率 n_o 是常数;一条不符合折射定律,称为 e 光,它不一定在入射平面上,折射率 n_e 因入射光方向的不同而有所变化。此类晶体称为光学各向异性晶体,如方解石晶体,$n_o=1.6583$,$n_e=1.4864\sim1.6583$。实际上,除了立方晶体(如岩盐)外,一般的晶体都是双折射晶体。

在双折射晶体中,总有一个(或两个)特殊的方向,当光沿着这个方向入射时,不产生双折射现象,这个固定的方向称为晶体的光轴。定义光轴之后,光在晶体中可引入主截面的概念,主截面即包含晶体光轴和光线的平面。已经发现,o 光是一个振动面垂直于自己的主截面的线偏振光,e 光则是一个振动面在自己的主截面内的线偏振光。当晶体光轴在入射面内的时候,o 光和 e 光的主截面重合,两者的振动方向相互垂直。

一般情况下，o 光的主截面和 e 光的主截面有一个不大的夹角，因而它们的振动方向不完全相互垂直。

上面谈到，光在垂直入射时，振动方向垂直于入射面的光和平行于入射面的光，它们有同样的反射率，这是对光学各向同性介质而言的。然而，当垂直入射的光在光学各向异性晶体的界面反射时，光的反射率与振动方向有关。可以把反射光分解成振动方向与主截面垂直的 o 光以及与主截面平行的 e 光，这两种光的反射率是不同的，而且位相也是不一致的。

4. 光的色散

光的色散是因为不同波长的光折射率不同。介质折射率随波长变化的程度用色散率表示，它在数值上等于波长变化一个单位时介质折射率的变化值。

一般来说，波长增加时光的折射率和色散率都减小，这样的色散称为正常色散。所有不带颜色的透明介质，在可见光区域内都表现为正常色散，即紫光的折射率比红光大些，紫光的色散率也比红光大些。所以，用棱镜产生的光谱，紫色一端要比红色端展开得大些，这是与由光栅所得到的光谱不同的。

X 射线和 γ 射线是波长很短的光，它们对所有各种介质的折射率都近似等于 1，故 X 射线和 γ 射线几乎没有折射现象。

1.1.2 实物粒子

所有粒子，包括电子、离子、原子，同时是一个沿其运动方向传播的平面波。设运动粒子的质量用 m 表示，运动速率用 v 表示，式(1.4)指出其波长为

$$\lambda=\frac{h}{p}=\frac{h}{mv} \tag{1.5}$$

由此，可得运动粒子的波长与其能量的关系式，即

$$\lambda=\frac{hc}{\sqrt{E\cdot(2m_0c^2+E)}} \tag{1.6}$$

式中，m_0 为粒子的静止质量；m_0c^2 和 E 分别为粒子的静能和动能，常用 eV 为单位；$hc=1.240\text{keV}\cdot\text{nm}$，这是微观物理量的计算中常使用的组合常数。

在非相对论条件下，$2m_0c^2\gg E$，式(1.6)近似为

$$\lambda=\frac{h}{\sqrt{2m_0E}}=\frac{hc}{\sqrt{2m_0c^2E}} \tag{1.7}$$

电子静止质量 $m_e=9.110\times10^{-31}\text{kg}$，电子静能 $m_ec^2=5.11\times10^2\text{keV}$。$m_ec^2$ 也是一个常用的组合常数。表 1.2 给出一些电子波长与能量的关系。

表 1.2　电子波长与能量的关系

电子能量 /keV	0.1	0.2	0.5	1	2	5	10	20	50	100	200	500
电子波长* /Å	1.227	0.867	0.548	0.388	0.274	0.173	0.122	0.0859	0.0536	0.0370	0.0251	0.0142

* 我国计量单位中，Å 是暂时与国际单位并用的长度单位，1Å＝0.1nm。这是考虑到，目前在国际学术界，X 射线和电子的波长习惯上仍以 Å 为单位。

式(1.6)和式(1.3)比较，可以看到，电子与相同能量的光子比较，电子的波长要小很多，特别是在能量比较低的情况下，所以电子表现出更多的粒子性。至于质量比电子大的粒子(如原子、离子)，波长又比电子小很多，粒子性更明显，一般已不必考虑其波动性。

1.2　衍射与成像

1.2.1　概述

关于光衍射现象，有如下几点认识：

(1) 在光学均匀介质中，光只能沿着直线方向传播。这是因为光在传播过程中，介质质点散射的相干光在与入射光线不同的一切方向上相互抵消，所以在均匀介质中是看不到散射光的。但是，一旦介质的均匀性被破坏，就可能看到散射光。例如，阳光进入大气，能看到散射光，这是因为大气中空气分子的局部密度对于平均密度总会有统计性的偏离(密度起伏)，此外，空气中的灰尘也会导致可见的散射光。

(2) 绝大多数光学仪器中，光都是在空气、玻璃或其他介质中通过，介质质点都可能成为散射波的波源。光在传播过程中遇到障碍(如孔、缝等)，如果通过障碍的散射波在某些方向上相干的结果不能完全抵消，便出现衍射现象。

(3) 具有周期结构的散射体会出现独特的衍射现象。常把介质中相同的质点或质点群作为散射单元。例如，原子或分子、光栅中的狭缝、晶体中的晶胞等都可作为散射单元。

(4) 用显示屏或照相底片显示记录衍射强度分布的图像称为衍射图像或衍射花样。一维的衍射图像常用曲线形式描述，称为衍射谱。

(5) 光衍射现象实质上是散射波的干涉现象。这个基本原理同样适用于电子、离子、中子波的衍射。

1.2.2　散射波叠加

1. 散射波的位相差

设有两个质点，以其中一个质点为坐标原点 O，另一个质点 P，其位置用矢径 $\boldsymbol{r}$ 表示。远处点光源 E 发出的波长为 λ 的光照射在这两个质点上，设入射波和散射波的方向分别用单位矢量 $\boldsymbol{s}_0$ 和 $\boldsymbol{s}$ 表示，如图 1.3 所示。可以证明：远处观察点 F 所看到的 P 点的散射波与 O 点的散射波的位相差表示为

$$\phi = -2\pi \frac{\boldsymbol{r} \cdot (\boldsymbol{s} - \boldsymbol{s}_0)}{\lambda} \tag{1.8}$$

事实上，所谓远处，即 EO、$OF \gg r$。

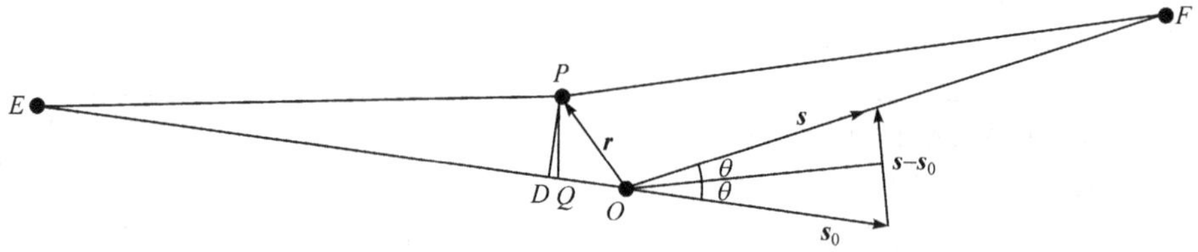

图 1.3 两个质点散射波的位相差

在 EO 上取点 D 和 Q，令 $PD \perp EO$，$EQ = EP$，则

$$DO = \boldsymbol{r} \cdot \boldsymbol{s}_0 \qquad (PD)^2 = \boldsymbol{r}^2 - (\boldsymbol{r} \cdot \boldsymbol{s}_0)^2$$

根据几何定理，有

$$(PD)^2 = (2EQ - DQ) \cdot DQ \approx 2EP \cdot DQ \approx 2EO \cdot DQ$$

于是

$$DQ \approx \frac{r^2 - (\boldsymbol{r} \cdot \boldsymbol{s}_0)^2}{2EO} = \frac{\boldsymbol{r}^2 \sin^2(\boldsymbol{r}, \boldsymbol{s}_0)}{2EO}$$

$$EP - EO = QO = DO - DQ = \boldsymbol{r} \cdot \boldsymbol{s}_0 - \frac{r^2 \sin^2(\boldsymbol{r}, \boldsymbol{s}_0)}{2EO}$$

同样可求得

$$PF - OF = -\left[\boldsymbol{r} \cdot \boldsymbol{s} - \frac{r^2 \sin^2(\boldsymbol{r}, \boldsymbol{s})}{2OF}\right]$$

于是，F 处所看到的 P 点的散射波与 O 点的散射波的光程差为

$$\delta = (EP - EO) + (PF - OF) = -\boldsymbol{r}(\boldsymbol{s} - \boldsymbol{s}_0) + \frac{\boldsymbol{r}^2}{2}\left[\frac{\sin^2(\boldsymbol{r}, \boldsymbol{s})}{OF} - \frac{\sin^2(\boldsymbol{r}, \boldsymbol{s}_0)}{EO}\right]$$

若令 L 等于 OF 和 EO 中较小的一个，则有

$$\left|\frac{\sin^2(\boldsymbol{r}, \boldsymbol{s})}{OF} - \frac{\sin^2(\boldsymbol{r}, \boldsymbol{s}_0)}{EO}\right| \leqslant \frac{1}{L}$$

δ 的计算误差要求远小于 λ，所以在 $\frac{r^2}{2L} \ll \lambda$ 的条件下，$\delta = -\boldsymbol{r} \cdot (\boldsymbol{s} - \boldsymbol{s}_0)$，则

$$\phi = -2\pi \boldsymbol{r} \cdot (\boldsymbol{s} - \boldsymbol{s}_0)/\lambda$$

由上述证明过程可知，所谓光源和观察点足够远的条件，也就是入射光或散射光可以作为平行光处理的条件，即 $r^2 \ll 2L\lambda$。

例如，刀口狭缝，缝宽 $b = 0.1\text{mm}$，垂直于狭缝平面的平行光入射，波长 $\lambda = 0.56\mu\text{m}$，则观察点 F 距狭缝多远就可将狭缝的散射波作平行光处理？

解答：设 F 点到狭缝距离为 L，由上述讨论可知，散射波作平行光处理的条件是 $b^2 \ll 2L\lambda$，即要求：

$$L \gg \frac{b^2}{2\lambda} = \frac{(0.1 \times 10^{-3})^2}{2 \times 0.56 \times 10^{-6}} = 0.009(\text{m}) = 0.9(\text{cm})$$

实际上，L 为十几厘米以外便可。

2. 衍射矢量

如果用单位矢量 $\boldsymbol{s}_0$ 和 $\boldsymbol{s}$ 分别代表入射波和散射波的方向，则称 $(\boldsymbol{s}-\boldsymbol{s}_0)$ 为衍射矢量。散射角用 2θ 表示，也就是 $\boldsymbol{s}$ 与 $\boldsymbol{s}_0$ 的夹角。从图 1.3 所示的这些矢量的几何关系，容易看出

$$|\boldsymbol{s}-\boldsymbol{s}_0|=2\sin\theta \tag{1.9}$$

如果认为 $\boldsymbol{s}$ 是一个反射面的反射线，则该反射面必定垂直于矢量 $(\boldsymbol{s}-\boldsymbol{s}_0)$。

3. 散射波的复振幅

如图 1.3 所示，如果来自 O 点的散射波在远处观察点 F 引起的振动用复振幅 ψ_0 表示，那么，来自 P 点的散射波在 F 点引起振动的复振幅记作

$$\psi=\psi_0 e^{i\phi}=\psi_0 e^{-2\pi i\frac{(\boldsymbol{s}-\boldsymbol{s}_0)}{\lambda}\cdot \boldsymbol{r}} \tag{1.10}$$

式(1.8)～式(1.10)是常用公式。请注意：为叙述上的简洁起见，本书所谈及的散射波的振幅及强度均为远处观察点所见的散射波的振幅及强度。

1.2.3　缝、孔衍射

1. 狭缝的夫琅和费衍射

夫琅和费衍射问题即平行光衍射问题。平行光垂直于狭缝平面入射，在远处的显示光屏上呈现光的衍射图像。实验中，常用透镜把远处的显示光屏移到透镜的焦平面上，如图 1.4 所示，其中 $\boldsymbol{s}_0$ 和 $\boldsymbol{s}$ 分别表示入射方向和散射方向，b 表示狭缝宽度，2θ 表示散射角。

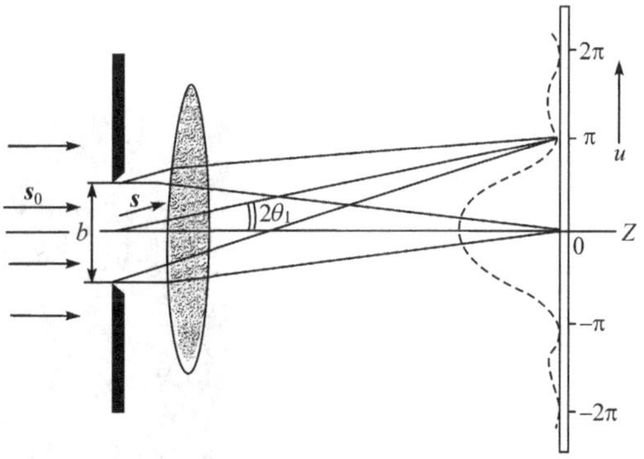

图 1.4　狭缝衍射的几何示意图

入射光传播过程中，会遭到介质质点的散射。入射光与狭缝平面遭遇，从缝中通过的光，有透射光，也有散射光。显然，狭缝越窄，光透射的概率越小。远处光屏上的衍射图像是通过狭缝的散射光在光屏上各点的相干结果。理论推导结果，狭缝的衍射波强度的角分布关系式表示为

$$\left.\begin{aligned} I &= C_b I_0 b^2 \cdot \frac{\sin^2 u}{u^2} \\ u &= \frac{\pi b \sin 2\theta}{\lambda} \end{aligned}\right\} \tag{1.11}$$

式中，I_0 为入射波强度；λ 为入射波波长；C_b 为常数。可以看到，当 $u=0$ 时，I 取最大值，这是狭缝衍射时出现的中央亮条纹；$u=m\pi$（m 为不等于零的整数）时，I 取极小值，即 $I=0$，这是狭缝衍射出现暗条纹的条件；在两个极小之间有极大，这是衍射出现其他亮条纹的条件。

应该指出，$2\theta=0$ 的衍射光与透射光是无法区分的，所以，中央主条纹中心区主要是透射光，边缘区为衍射光。一般认为与衍射强度的第一个极小所对应的 $2\theta_1$ 角为透射束的发散角。缝越窄，透射光的发散角越大；当 $b\rightarrow\lambda$ 时，$2\theta_1\rightarrow 90°$，透射光可以覆盖整个光屏。

2. 圆孔的夫琅和费衍射

圆孔的夫琅和费衍射问题与狭缝类似。当入射波强度为 I_0 的平行波垂直圆孔平面入射时，设圆孔半径为 r，其衍射波强度的角分布可以表述为

$$\left.\begin{aligned} I &= C_r I_0 r^2 \cdot \left[\frac{J_1(v)}{v}\right]^2 \\ v &= \frac{\pi r \sin 2\theta}{\lambda} \end{aligned}\right\} \tag{1.12}$$

式中，$J_1(v)$为一阶贝塞尔函数；C_r 为常数。$[J_1(v)/v]^2$ 函数如图 1.5 所示。在屏幕上出现的衍射图像如图 1.6 所示。图像中心亮斑称为爱里（Airy）斑，爱里斑半径的张角 $2\theta_1$ 即为衍射的第一个最小所对应的 2θ 角。

$$\sin 2\theta_1 = \frac{0.61\lambda}{r} \tag{1.13}$$

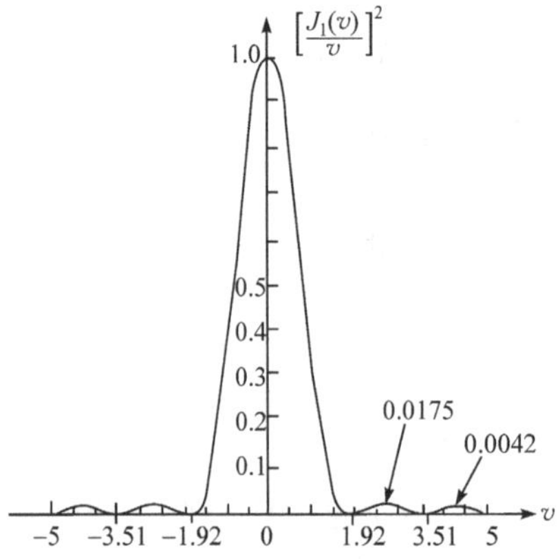

图 1.5　爱里图样

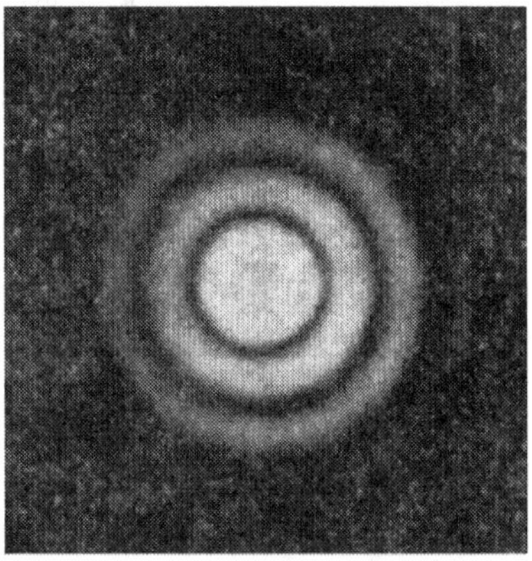

图 1.6　爱里斑

可见,圆孔越小、波长越大,爱里斑越大。圆孔衍射在光学仪器中有明显的意义。

1.2.4　光栅衍射

1. 狭缝光栅

许多平行的狭缝可组合成透射光栅。设光栅平面为 XY 平面,X 轴平行于狭缝(垂直于纸面),一个波长为 λ 的平面波 $\boldsymbol{s}_0$ 垂直于 X 轴入射,以倾角 α_0 照射在光栅平面上,即与 Y 轴夹角为 α_0。现在讨论该光栅的夫琅和费衍射问题,如图 1.7 所示。根据对称性,这个问题是个一维问题,故此类光栅也称为一维光栅。设光栅中,每条狭缝的宽为 b,缝间距为 a。若入射光覆盖了光栅的 N_1 条狭缝,那么光屏上任一点的光振动应该是 N_1 条狭缝发出的光在该处的叠加。

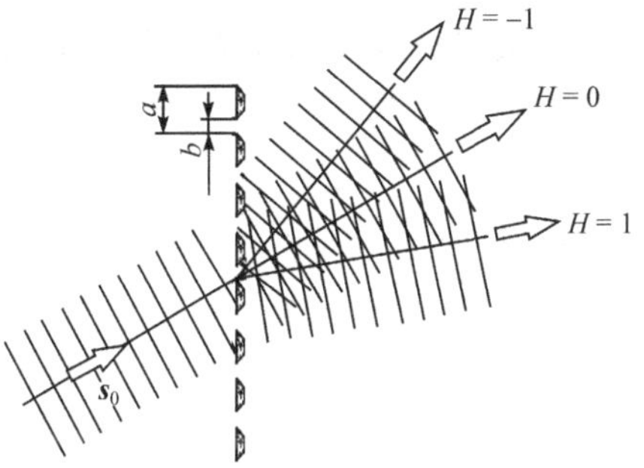

(a) 光栅衍射

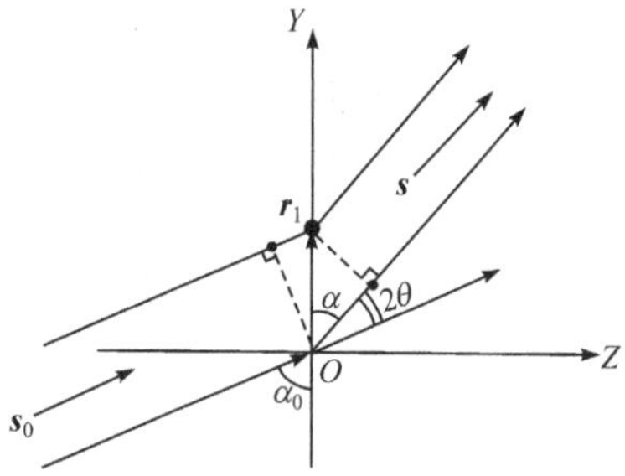

(b) 几何原理

图 1.7　光栅衍射示意图

设光栅中第一条狭缝的位置为原点 O,则光栅中任一狭缝的位置表示为

$$\boldsymbol{r}_n = n\boldsymbol{a} \tag{1.14}$$

式中,$\boldsymbol{a}$ 为平行于 Y 轴的矢量,其大小等于 a;n 为整数。

设位于原点 O 的狭缝沿 $\boldsymbol{s}$ 方向的散射波复振幅用 ψ_c 表示,则位于位置 $\boldsymbol{r}_n$ 的第 n 条狭缝沿 $\boldsymbol{s}$ 方向的散射波复振幅表示为

$$\psi_n = \psi_c e^{i\phi} = \psi_c e^{-2\pi i \frac{\boldsymbol{s}-\boldsymbol{s}_0}{\lambda} \cdot \boldsymbol{r}_n} \tag{1.15}$$

令

$$\xi = \frac{\boldsymbol{s}-\boldsymbol{s}_0}{\lambda} \cdot \boldsymbol{a} \tag{1.16}$$

ξ 代表相邻狭缝散射波的波数差,代入式(1.15),则有

$$\psi_n = \psi_c e^{-2\pi i n \xi} \tag{1.17}$$

光栅中全部 N_1 个狭缝的散射波叠加的合成振动的复振幅表示为

$$\psi = \psi_c \sum_{n=0}^{N_1-1} e^{-2\pi i n \xi} \tag{1.18}$$

这是一个等比级数的求和问题,公比等于 $e^{-2\pi i \xi}$,于是

$$\sum_{n=0}^{N_1-1} e^{-2\pi i n \xi} = \frac{1-e^{-2\pi i N_1 \xi}}{1-e^{-2\pi i \xi}} = \frac{e^{\pi i \xi}(e^{\pi i N_1 \xi}-e^{-\pi i N_1 \xi})}{e^{\pi i N_1 \xi}(e^{\pi i \xi}-e^{-\pi i \xi})} \tag{1.19}$$

用欧拉公式，可得

$$\sum_{n=0}^{N_1-1} \mathrm{e}^{-2\pi i n \xi} = \frac{\sin \pi N_1 \xi}{\sin \pi \xi} \mathrm{e}^{-\pi i (N_1-1)\xi} \tag{1.20}$$

所以，光栅中全部 N_1 个狭缝的散射波叠加的结果表示为

$$\psi = \psi_c \cdot \frac{\sin \pi N_1 \xi}{\sin \pi \xi} \mathrm{e}^{-\pi i (N_1-1)\xi} \tag{1.21}$$

ψ 为到达光屏的衍射波复振幅，所以光屏上衍射波的强度 I 表示为

$$I = \psi^* \cdot \psi = I_c \cdot \left(\frac{\sin \pi N_1 \xi}{\sin \pi \xi} \right)^2 \tag{1.22}$$

I_c 表示一个散射单元，也就是一条狭缝的衍射波强度。

定义散射体的衍射波强度与一个散射单元的衍射波强度之比为干涉函数，记作 $|G|^2$。这里讨论狭缝光栅，故干涉函数就是狭缝光栅的衍射强度与一个狭缝的衍射强度之比。由于是一维光栅，故称一维干涉函数，用 $|G_1|^2$ 表示：

$$|G_1|^2 = \frac{I}{I_c} = \left(\frac{\sin \pi N_1 \xi}{\sin \pi \xi} \right)^2 \tag{1.23}$$

2. 关于干涉函数的讨论

函数 $|G_1|^2$ 有如下特性：

(1) 定义域：当 $\xi=0$ 时，$|G_1|^2 = N_1^2$，故 $|G_1|^2$ 在 $(-\infty, \infty)$ 内有定义。

(2) 奇偶性：$|G_1|^2$ 为偶函数。

(3) 周期性：周期等于 1，故只需在 $\xi \in [0, 1/2]$ 内讨论函数图像。

(4) 极小点(零点)：$\xi = k/N_1$，k 为区间 $[1, N_1/2]$ 中的整数。

(5) 极大点：两极小间有极大。为求极值，可令 $\mathrm{d}|G_1|^2/\mathrm{d}\xi = 0$，并解之。

图 1.8(a)给出当 $N_1=5$ 时，$|G_1|^2$ 在 $\xi \in [-1/2, 1/2]$ 的图像。图中，$\xi=0$ 时，$|G_1|^2=25$，为主极大；$\xi=\pm 0.2, \pm 0.4$ 时，$|G_1|^2=0$，为零点；$\xi=\pm 0.29$ 时，$|G_1|^2=1.56$，为次极大；$\xi=\pm 0.5$ 时，$|G_1|^2=1$，为再次极大。

全部 $|G_1|^2$ 的图像可根据周期性展开，如图 1.8(b)所示。

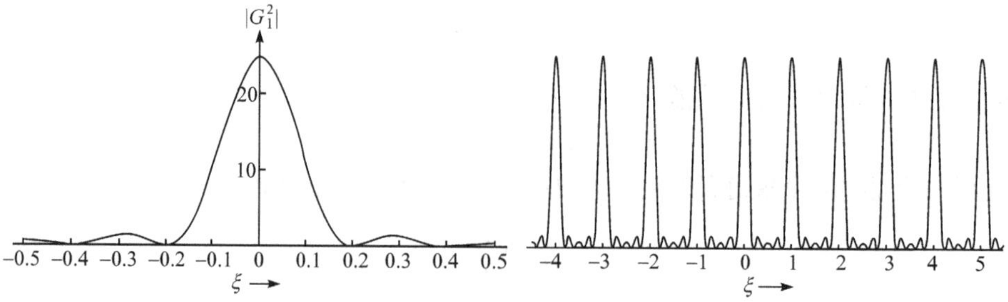

(a) 干涉函数的一个周期　　(b) 干涉函数的若干个周期

图 1.8　$N_1=5$ 时的干涉函数 $|G_1|^2$

根据上述讨论可知，在 N_1 足够大的情况下，次极大远小于主极大。所以，只有当 $\xi=H\pm1/N_1$ 时，$|G_1|^2$ 才有可观的值，否则可认为 $|G_1|^2=0$。也就是说，在 N_1 很大的条件下，$|G_1|^2$ 不等于零的条件是 ξ 等于整数，即

$$\xi=\frac{\boldsymbol{s}-\boldsymbol{s}_0}{\lambda}\cdot\boldsymbol{a}=H \tag{1.24}$$

在狭缝光栅的衍射问题中，式(1.23)表明，光屏上光强 I 不等于零的条件是 I_c 和 $|G_1|^2$ 都不为零。因此，在 N_1 很大时，式(1.24)是光栅出现衍射光的必要条件。这里，H 定义为干涉指数，代表衍射波的级次。

ξ 是表征散射方向的参数，当 ξ 严格等于整数时，可得到最大强度的衍射光线，这时所有狭缝的散射波在这些方向上完全同位相。当 N_1 很大的条件下，ξ 必须严格等于整数时才有衍射光；然而，如果 N_1 不太大时，ξ 就不必严格等于整数，在偏离最大衍射强度的方向时，衍射光强度不会立即降为零，也就是说，衍射光有一定的发散角。

式(1.24)是矢量表达式，也可改用代数形式表示，即

$$a\cdot(\cos\alpha-\cos\alpha_0)=H\lambda \tag{1.25}$$

式中，α_0 表示 $\boldsymbol{a}$ 与 $\boldsymbol{s}_0$ 的夹角；α 表示 $\boldsymbol{a}$ 与 $\boldsymbol{s}$ 的夹角；又因为 2θ 是 $\boldsymbol{s}$ 与 $\boldsymbol{s}_0$ 的夹角，所以在垂直入射情况下，$\alpha_0=90°$，$\alpha=90°-2\theta$，可得

$$a\cdot\sin2\theta=H\lambda \tag{1.26}$$

这是在垂直入射情况下，一维光栅衍射的必要条件。

3. 正弦光栅

正弦光栅是这样的一种光栅：设光栅平面为 xy 面，在平面波垂直入射条件下，平面光栅沿 x 轴方向产生的散射光振幅呈正弦变化。于是，光栅平面上 x 附近 $\mathrm{d}x$ 区间所发出的光到达远处某观察点的振幅为

$$|\mathrm{d}\psi|=\left(A_0+A_1\sin\frac{2\pi x}{a}\right)\mathrm{d}x \tag{1.27}$$

式中，a 为光栅的周期；A_0 为直流分量；$A_1\sin(2\pi x/a)$为正弦分量，如图 1.9 所示。现在讨论该光栅衍射波强度的角分布。显然，这也是一维光栅的衍射问题。

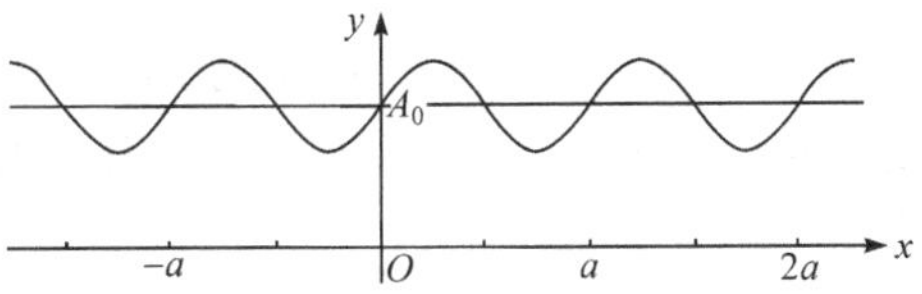

图 1.9　正弦光栅的光振幅

1) 一个正弦散射单元的衍射

光栅的周期为 a，对光栅来说，自 $x=-(a/2)$到 $x=(a/2)$区间是一个散射单元。先讨论这段光栅单元的衍射波。

若 $x=0$ 处 $\mathrm{d}x$ 区间发出的散射角为 2θ 的散射光复振幅用$|\mathrm{d}\psi|\cdot\mathrm{e}^{i0}$表示，则在 x 处 $\mathrm{d}x$ 区间发出的散射角为 2θ 的散射光复振幅表示为

$$\mathrm{d}\psi=\left(A_0+A_1\sin\frac{2\pi x}{a}\right)\cdot\mathrm{e}^{-2\pi i\frac{s-s_0}{\lambda}\cdot\frac{xa}{a}}\mathrm{d}x=\left(A_0+A_1\sin\frac{2\pi x}{a}\right)\cdot\mathrm{e}^{-2\pi i\frac{x}{a}\xi}\mathrm{d}x \tag{1.28}$$

式中，ξ 是由式(1.16)定义的，在光垂直入射的条件下，$\xi=(a/\lambda)\cdot\sin2\theta$。

于是，一个散射单元发出散射角为 2θ 的光振幅是

$$\psi_c=\int_{-\frac{a}{2}}^{\frac{a}{2}}\left(A_0+A_1\sin\frac{2\pi x}{a}\right)\cdot e^{-\frac{2\pi i\xi x}{a}}dx=aA_0\frac{\sin\pi\xi}{\pi\xi}-iaA_1\frac{\sin\pi\xi}{\pi(1-\xi^2)} \tag{1.29}$$

相应的光强度是

$$I_c\propto(aA_0)^2\left(\frac{\sin\pi\xi}{\pi\xi}\right)^2+(aA_1)^2\left[\frac{\sin\pi\xi}{\pi(1-\xi^2)}\right]^2 \tag{1.30}$$

2) 整个光栅的衍射

设光栅共有 N_1 个正弦散射单元，于是，整个光栅发出的散射角为 2θ 的光振幅为

$$I=I_c|G_1|^2=I_c\left|\frac{\sin\pi N_1\xi}{\sin\pi\xi}\right|^2 \tag{1.31}$$

即

$$I\propto(aA_0)^2\left(\frac{\sin\pi N_1\xi}{\pi\xi}\right)^2+(aA_1)^2\left[\frac{\sin\pi N_1\xi}{\pi(1-\xi^2)}\right]^2 \tag{1.32}$$

式(1.32)是正弦光栅衍射强度的表达式，式(1.30)只是式(1.32)当 $N_1=1$ 时的特例。光栅的 N_1 是很大的数，式(1.32)表示：当 $\xi\to0$ 时，$I\to(aA_0N_1)^2$；当 $\xi\to\pm1$ 时，$I\to(aA_1N_1/2)^2$；其他情况，I 值等于零或很小。这意味着，只有当 $2\theta=0$ 时和 $\sin(2\theta)=\pm(\lambda/a)$ 时，I 才不为零。所以说明，正弦光栅除了透射光之外，只能产生一级衍射。

这有一个很有意义的现象，观察者在近处看正弦光栅，可以看到其光振幅沿 x 轴呈正弦变化，但是在远处看正弦光栅时，只能在三个方向上看见有光，即 $2\theta=0$ 及 $2\theta=\pm\arcsin(\lambda/a)$ 的方向上。显然，$2\theta=0$ 方向的光是因直流分量引起的，$2\theta=\pm\arcsin(\lambda/a)$ 方向的光是因正弦分量引起的；或者说，在光栅发出的光中，直流分量都集中在 $2\theta=0$ 的方向上，而正弦分量都集中在 $\sin(2\theta)=\pm(\lambda/a)$ 的两个方向上。

3) 狭缝光栅与正弦光栅衍射的关系

从数学上来看，任何周期为 a 的函数都可以展成傅氏级数，都可以分解为一个常数 A 和周期为 $a, a/2, \cdots, a/n$ 的一系列正弦函数。通常把这个常数称为函数的直流分量，把一系列正弦函数分别称为函数的 1 级、2 级、……、n 级正弦分量。

时间周期的倒数是频率，光栅周期的倒数称为空间频率。周期越短，空间频率越高。因此，傅氏级数中，前面周期较长的分量称为低频分量，后面周期较短的分量称为高频分量。

对于一个周期为 a、缝宽为 b 的狭缝光栅而言，它发出的光的振幅可以用一个周期为 a、宽为 b、高为 A 的矩形脉冲函数 ψ 来表示，它可以展成傅氏级数，即

$$\psi=\frac{2bA}{a}+\frac{4A}{\pi}\sum_{n=1}^{\infty}\frac{1}{n}\sin\frac{n\pi b}{a}\cos\frac{2n\pi x}{a} \tag{1.33}$$

图 1.10 给出这个傅氏级数前 n 项和的图像，可以看到，级数所取的项数越多，它与狭缝的光振幅越接近。因此，一个狭缝光栅可以分解为一系列的正弦光栅，狭缝光栅的光振幅等于这些正弦光栅的光振幅的叠加。已经知道，除了透射光之外，一个正弦光栅只能给出 $\sin(2\theta)=\pm(n\lambda/a)$ 两个方向上衍射光。与式(1.26)比较，狭缝光栅的衍射级数 H 实际上就是狭缝光栅所分解的正弦分量的级次 n，这意味着狭缝光栅的 H 级衍射是狭缝光

栅的 n 级正弦分量对应的正弦光栅给出的。狭缝光栅衍射波的级次越高，相应的正弦分量的频率也就越高。

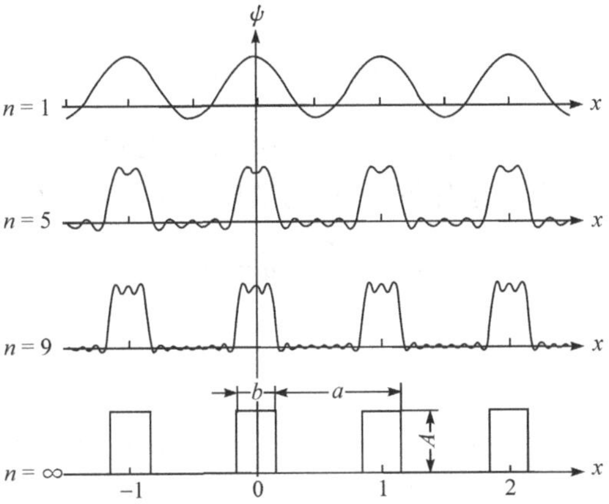

图 1.10　用傅氏级数前 n 项之和表示狭缝光栅

4. 网孔光栅

如图 1.11 所示的平面网孔是一种典型的二维光栅，为简单起见，假定该孔网是矩形的，长、宽方向分别有 N_1、N_2 个半径为 r 的圆孔，这些圆孔在矩形网格上排列，连接相邻网孔的矢量用 $\boldsymbol{a}$、$\boldsymbol{b}$ 表示。现在讨论该孔网对平面波的夫琅和费衍射问题。

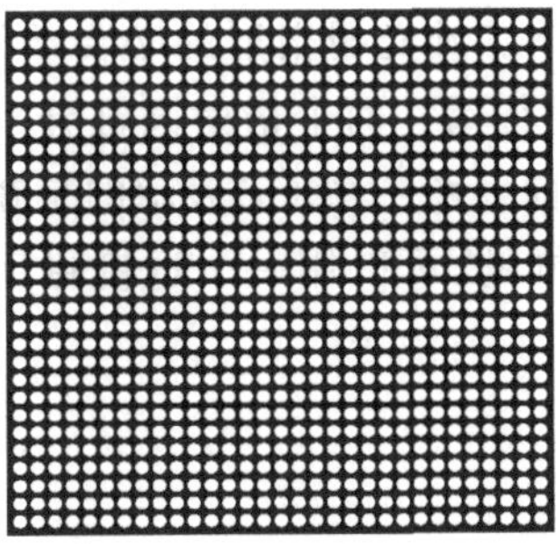

(a) 平面网孔

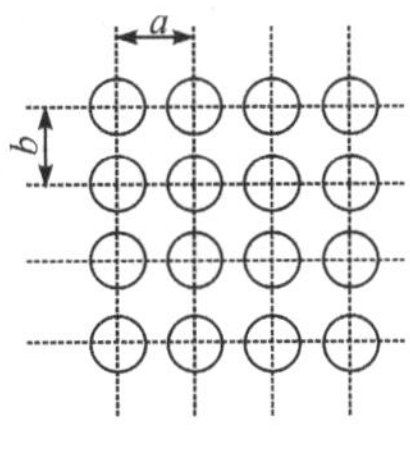

(b) 平面网孔的放大像

图 1.11　二维光栅

设有波长 λ 的平面波沿 $\boldsymbol{s}_0$ 方向照射在这平面网孔上，覆盖了 $N=N_1N_2$ 个网孔。于是在远处的屏幕上呈现该平面网孔的衍射图像应该是由这 N 个网孔发出散射波叠加的结果。

若设某一网孔中心位置为原点 O，于是，此平面上任一网孔的位置可表示为

$$\boldsymbol{r}_n=n_1\boldsymbol{a}+n_2\boldsymbol{b} \tag{1.34}$$

式中，n_1、n_2 为整数。设位于原点 O 的网孔沿 $\boldsymbol{s}$ 方向的散射波用复数 ψ_c 表示，则位于位置 $\boldsymbol{r}_n$ 的第 n 个网孔沿 $\boldsymbol{s}$ 方向的散射波表示为

$$\psi_n=\psi_c e^{i\phi}=\psi_c e^{-2\pi i\frac{\boldsymbol{s}-\boldsymbol{s}_0}{\lambda}\cdot(n_1\boldsymbol{a}+n_2\boldsymbol{b})} \tag{1.35}$$

令

$$\begin{cases}\xi=\dfrac{\boldsymbol{s}-\boldsymbol{s}_0}{\lambda}\cdot\boldsymbol{a}\\ \eta=\dfrac{\boldsymbol{s}-\boldsymbol{s}_0}{\lambda}\cdot\boldsymbol{b}\end{cases}\tag{1.36}$$

式中，ξ、η 为表征散射方向的参数，类似上述一维光栅的讨论的结果，如果 N_1、N_2 都很大，那么只有当 ξ、η 都为整数的条件下，相应的散射方向上才有衍射波，即

$$\begin{cases}\xi=\dfrac{\boldsymbol{s}-\boldsymbol{s}_0}{\lambda}\cdot\boldsymbol{a}=H\\ \eta=\dfrac{\boldsymbol{s}-\boldsymbol{s}_0}{\lambda}\cdot\boldsymbol{b}=K\end{cases}\tag{1.37}$$

式中，H、K 都为整数，同样称为干涉指数。显然，在入射方向 $\boldsymbol{s}_0$ 确定的条件下，对每一组 H、K 值，$\boldsymbol{s}$ 与 $\boldsymbol{a}$、$\boldsymbol{b}$ 的夹角不变，于是可以用两个锥顶位于 O 点，以 $\boldsymbol{a}$、$\boldsymbol{b}$ 为轴的圆锥锥面的交线来表示衍射线方向 $\boldsymbol{s}$。这两个圆锥称为衍射圆锥。

在垂直入射情况下，式(1.37)改写为

$$\begin{cases}\boldsymbol{s}\cdot\boldsymbol{a}=H\lambda\\ \boldsymbol{s}\cdot\boldsymbol{b}=K\lambda\end{cases}\tag{1.38}$$

令 α、β 表示 $\boldsymbol{a}$、$\boldsymbol{b}$ 与 $\boldsymbol{s}$ 的夹角，式(1.38)可用代数式表示，即

$$\begin{cases}a\cdot\cos\alpha=H\lambda\\ b\cdot\cos\beta=K\lambda\end{cases}\tag{1.39}$$

式(1.38)或式(1.39)是在垂直入射情况下二维光栅衍射的必要条件。如图 1.12(a)所示，其中，X、Y 轴平行 $\boldsymbol{a}$、$\boldsymbol{b}$，入射波逆向 Z 轴传播。两个衍射圆锥分别以 X、Y 为轴，以 α、β 为锥顶半角，两个锥面的交线代表衍射方向。图 1.12(b)表示的是在二维光栅前方远处的光屏上所呈现的二维光栅衍射图像。同样地，可以用一个透镜将远处的显示光屏移到其焦平面处。

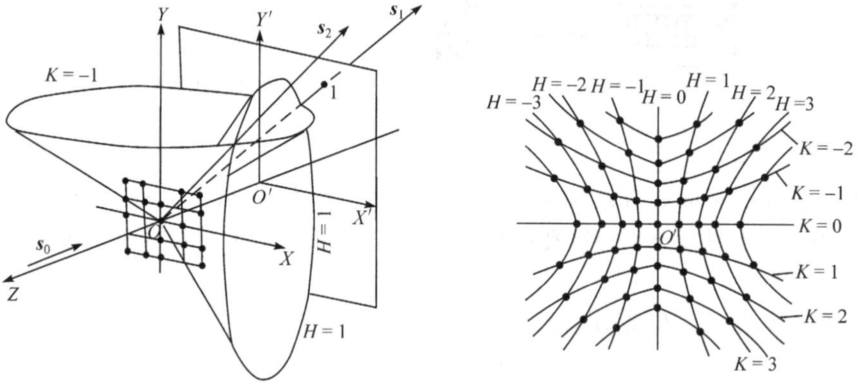

(a) 二维光栅衍射与衍射圆锥　　　　　　　(b) 二维光栅的衍射图像

图 1.12　二维光栅的衍射方向及衍射图像

1.2.5　透镜成像

一个物点发出的光束称为同心光束，经光学系统折射后又会聚在一点，这个点称为光学系统对该物点成的像。

透镜成像要求保持像和物的几何相似性，依靠的是光在均匀介质中的直线传播。

1. 透镜与透镜组

各物点发出的光沿某方向(平行光)在足够远处都可会聚成一个点，这些足够远处的点构成物在无穷远处的像。也就是说，无论多大的物体，在足够远处观察，都是一个点。透镜的作用可以把这个无穷远处的像移到焦平面上。

透镜能将光束会聚或发散。在光学中，透镜和透镜组都是属于共轴球面系统，即是由中心在同一直线上的两个或两个以上的隔有不同介质的球面组成的系统，该直线称为系统的光轴。光通过共轴球面系统成像是光依次在每个球面折射和反射的结果。在成像过程中，前一个折射面所成的像即为相邻后一个折射面的物。容易证明，共轴球面系统利用近轴光线可以对物完善地成像。所谓近轴光线，即在近轴区域运行的光线，由近轴的物点发出，通过近轴的球面区域，会聚于近轴的像点。

研究共轴系统的成像问题，通常把共轴球面系统作为一个整体，而没有必要逐一研究每一个面的成像。

图 1.13 代表一个透镜组，物 PQ 通过该系统成像于 $P'Q'$，由 Q 点发出的平行于光轴的光线经系统偏折后与轴的交点定义为系统的第二焦点 F'。把这条光线的入射部分和出射部分延长，如图中虚线所示，交于 g 点。过 g 点并垂直于轴的平面称为系统的第二主平面，它与轴相交的点 H' 称为第二主点。于是，平行于轴的光线好像仅仅在第二主平面上作一次偏折就从系统出射。同样地，穿过第一焦点 F 的入射光线好像也仅仅在 g' 点作一次偏折就从系统以平行轴的方向出射。过 g' 点的平面称为第一主平面，H 点称为第一主点。这里引出的两个焦点和两个主点是表征系统成像性能的基点。

用如图 1.13 所示的光路图可以不必考虑系统的具体结构，因为主平面的一次偏折代替了系统中许多个实际的折射和反射。这种分析方法可用于任何厚、薄透镜和透镜组。显然，如果只是一个薄透镜构成的光学系统，它的两个主点与透镜的中心重合。

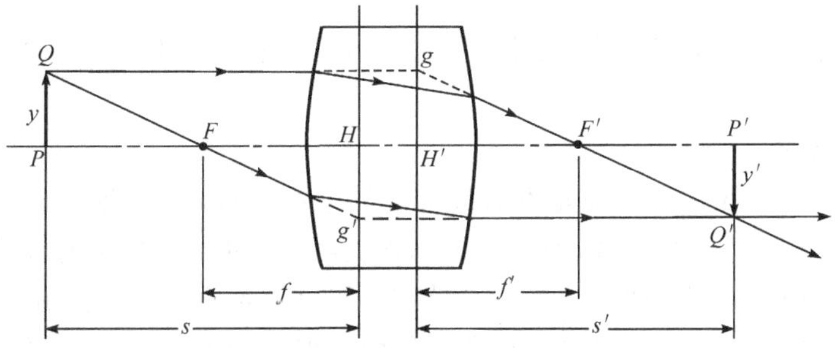

图 1.13　共轴球面系统成像光路图

第一焦点 F 到第一主点 H 的距离称为系统的第一焦距(物空间焦距),第二主点 H' 到第二焦点 F' 的距离称为第二焦距(像空间焦距),分别用 f 、f' 表示。若物空间、像空间的介质折射率用 n、n' 代表,则必有如下关系:

$$\frac{f'}{f}=\frac{n'}{n} \tag{1.40}$$

规定物距和像距从各自的主点量起,用 s、s' 表示。根据一些几何关系和经过简单的代数运算后,可以得到描述透镜成像的高斯公式和放大率公式为

$$\frac{f}{s}+\frac{f'}{s'}=1 \tag{1.41}$$

$$M=\frac{y'}{y}=\frac{s'-f'}{f'}=\frac{s'}{s}\cdot\frac{n}{n'} \tag{1.42}$$

2. 透镜成像的像差

理想的透镜成像完全符合几何光学原理,其前提是近轴单色光束成像。实际光学系统不能这样简单,实际光学系统一方面要求有一定的通光孔径,被成像的物有一定的大小,另一方面,成像光束多由不同颜色的光组成。于是,实际光学系统所得的图像与近轴光学系统会有偏差,这就是所谓的像差。像差的存在影响成像的清晰程度和像与物的相似性。在设计和制造透镜时,为了提高成像质量,应力求将像差减小到最低程度。

引起透镜像差的原因,一种是因透镜本身几何、物理条件导致的像变形和模糊不清,称为几何像差,如球差和慧差、像散和场曲、畸变;另一种是由于光的波长不同而引起的,称为色像差,简称色差。

1) 球差

光轴上的物点 P 发出的单色同心光束,通过透镜折射后并不会聚一点,那么,该系统对该物点放大成像有球差,如图 1.14(a)所示。

产生球差的原因是透镜是球面,透镜外缘部分对光的折射能力比中心部分大。如果近轴光形成的像点在 P' 点,则经由外缘的光形成的像点 P'' 要近些。所以,无论光屏置于什么位置,都不可能得到一个清晰的像点,而是得到一个相应于该物点的像斑,称为散焦斑。移动光屏,可以找到一个具有最小散焦斑的位置,这时图像最为清晰,可把这个位置定为像平面。

由于凸凹镜球差性质相反,因此可利用它们的组合来校正球差,也可采用适当缩小透镜光阑的方法来减少球差。

2) 像散与场曲

非近轴物点 Q 发出的同心细光束通过透镜的中心部位,若不能成像于一点,而是被一定距离的两条相互垂直的焦线所代替,则称系统对给定物点的成像有像散。

出现像散的原因是当光线斜入射时,透镜在子午面(物点和光轴所在的平面)与在其他面上的光的折射能力不等。设光运行在子午面时聚焦能力最强,运行在 90°面(与子午面夹角)时聚焦能力最弱。于是,来自物点 Q 的光在子午面运行聚焦于 Q_A,在 90°面运行聚焦于 Q_B,如图 1.14(b)所示。这样,射出透镜的光束截面一般呈椭圆形,但在 Q_A 和 Q_B

两处退化为线段。移动光屏，同样可以在 Q_A 和 Q_B 之间找到一个具有最小散焦斑的像平面。

每个物点都对应一个最小散焦斑，这些最小散焦斑如果不在同一个平面上，而是构成了一个相切于过 P' 点的曲面，这就是所谓像场弯曲，简称场曲，如图 1.14(b)所示。视场越大，场曲越严重。为了获得在大视场内形成平坦而清晰的图像，常采用各种光学玻璃制成复合透镜来校正场曲。

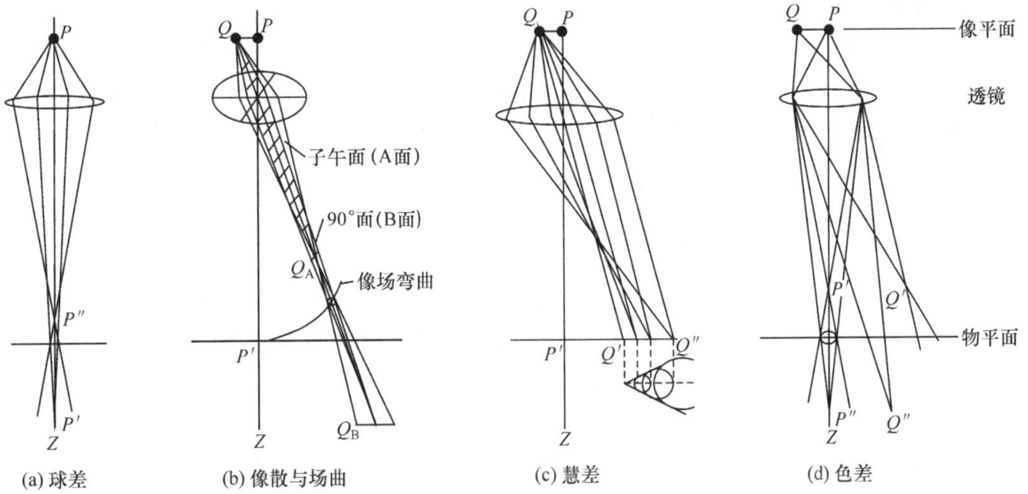

图 1.14　透镜成像的像差

3）慧差

非近轴物点 Q 发出的同心粗光束(发散度大的光束)通过透镜，若在像面上得到的不是一点，而是一个彗星形状的光斑，则称该系统对给定物点的成像有慧差。慧斑对光轴是不对称的，如图 1.14(c)所示。

有慧差的系统成像有如下特点：如果在透镜平面上作一系列同心圆环 1,2,3,…那么物点通过中心小圆所成的像是一个点 Q'(假设无像散)。通过圆环所成的像是一个圆(子午面与其他面上的光的折射能力不等所致，子午面上像点用 Q''表示)，半径大的圆环具有较大的放大率，故它所成的像环较大且离光轴更远。如此，就构成了如图 1.14(c)所示的彗星形状的像斑，这个像斑实际上是一系列由小到大的圆环组成的。

慧差是由于透镜的不同部位对于同一物点有不同的放大率而引起的，为消除慧差，要求光学系统对不论入射角如何的光线，都有同一的垂轴放大率，德国光学家阿贝根据费马原理，导出了对于靠近轴的物点，光学系统无慧差的条件，也称为阿贝正弦条件，表示为

$$n \cdot \sin u = Mn' \cdot \sin u' \tag{1.43}$$

式中，n、n' 分别为物、像所在空间的折射率；u 为物点发出的光线与光轴的夹角；u'为到达对应像点的光线与光轴的夹角；M 为放大率。

4）色差

白光通过透镜时，因为色散，不同波长的光有不同的焦距，也就是有不同的放大率，于是，物点所成的像不是在一点而是一系列颜色的群像，这就是色差，如图 1.14(d)所示，包

括轴向色差和放大率色差。

通常以不同波长像点的轴向分布长度 $P'P''$ 表示轴向色差，在同一像平面上的径向分布长度 $Q'Q''$ 称为垂轴色差。当光屏轴向移动时，像斑是各种颜色的彩环组成的散焦斑。同样，在聚焦区域内存在一最小散焦斑。

采用不同折射率的光学玻璃，制成各种凸透镜和凹透镜，再把它们组合起来，称为消色差透镜。

5）畸变

影响像与物几何相似性的像差称为畸变。反映在像平面上是像的边缘部位与中心部位放大倍数不一致。此时，虽然图像是清晰的，但却发生了畸变。图 1.15 为正方网格所成的两种畸变像。

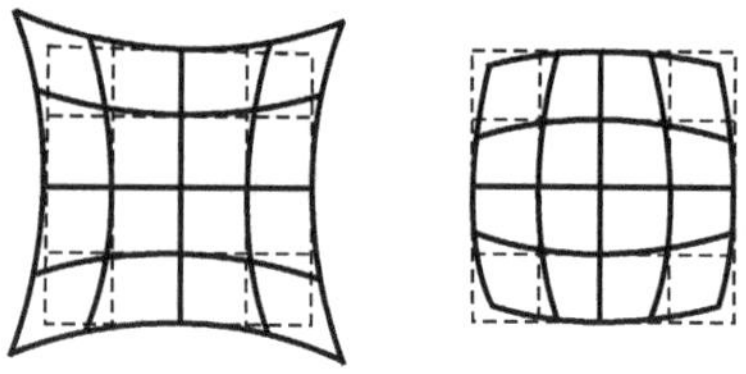
(a) 枕形畸变　(b) 桶形畸变

图 1.15　畸变

3. 透镜成像的分辨率

像所能分辨的最小物点的距离称为分辨率。如上所述，透镜的像差和衍射都会使一个像点变成一个像斑，显然都会影响到透镜的分辨率。如果在设计和制造透镜时已将像差减小到最低程度，那么，影响透镜分辨率的因素主要就是衍射效应。

根据式(1.13)，设透镜半径为 r，则通过该透镜的光可能的偏离理想几何方向的最大发散角表示为

$$2\theta_1=\arcsin\left(\frac{0.61\lambda'}{r}\right) \tag{1.44}$$

式中，λ' 为散射波在像空间的波长。如果用 s' 表示像距，那么像平面上的像斑(爱里斑)的半径可表示为

$$R_p=s'\cdot\sin 2\theta_1=\frac{0.61\lambda'\cdot s'}{r} \tag{1.45}$$

物平面上的两个点，相应地在像平面上是两个爱里斑。斑的中心即它们的几何像点。爱里斑的强度分布如图 1.5 和图 1.6 所示。瑞利提出的判据认为：当一个爱里斑的中心落在另一个爱里斑的边缘时，这两个斑刚刚可以分辨。这就是说，两个爱里斑可分辨的最小距离等于它们的半径，即 $\delta'=R_p$，于是，由衍射效应确定的显微镜的分辨率表示为

$$\delta=\frac{\delta'}{M}=\frac{0.61\lambda'\cdot s'}{Mr}=\frac{0.61\lambda'}{M\sin\alpha'} \tag{1.46}$$

式中，M 为透镜放大率；α' 为像点对透镜的张角的一半(称为孔径半角，即孔径角的一半)。设计成像透镜时，总是希望使它满足阿贝正弦条件，如果是这样，用式(1.43)代入式(1.46)，得

$$\delta=\frac{0.61\lambda' n'}{n\sin\alpha}=\frac{0.61\lambda}{\sin\alpha} \tag{1.47}$$

式中，λ 为入射波在物空间的波长；α 为物点对透镜所张的孔径半角。

4. 景深与焦长

景深就是透镜的轴向分辨率，是指在保持像清晰度的情况下，观察物在物平面附近沿光轴可以移动的距离，即观察物超越物平面所允许的轴向偏差，用 D_f 表示。焦长是指在保持像清晰度的情况下，像平面允许的轴向偏差，即观察屏或照相底片沿光轴可以移动的距离，用 D_L 表示。

1）景深

严格地说，当透镜焦距、像距一定时，只有一个理想的物平面能在像平面上获得该物平面的理想的像。凡偏离理想物平面的物点都存在一定程度的失焦，即在像平面上获得的不是一个像点，而是一个具有一定尺寸的像斑。显然，这将影响像的清晰度。不过，如果失焦的像斑尺寸不超过由衍射引起的爱里斑或由像差引起的散焦斑，那么，对透镜的像分辨率不会产生明显的影响。如图 1.16(a)所示，景深 D_f 与透镜的分辨率 δ、孔径半角 α 之间的有如下关系：

$$D_f = \frac{2\delta}{\tan\alpha} \tag{1.48}$$

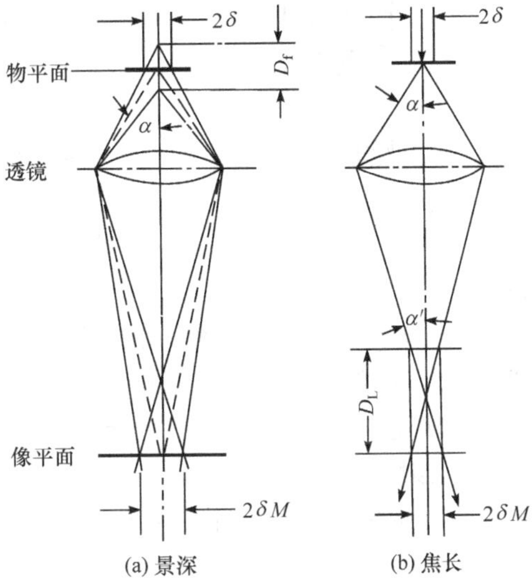

图 1.16　透镜的景深、焦长示意图

可见，透镜孔径半角越小，景深越大。若 $\alpha=45°$，$\delta=1\mu m$，则 $D_f=2\mu m$。这意味着，如果物平面的位置在理想位置附近的 $2\mu m$ 范围内移动，基本上不会影响成像的清晰度。

2）焦长

同样的原因，凡偏离理想像平面的像点都存在一定程度的失焦，这将影响到像的清晰度。如果失焦的像斑尺寸不超过衍射斑和散焦斑，那么，对透镜的像分辨率不会产生明显的影响。如图 1.16(b)所示，若透镜的放大倍数为 M，那么，焦长 D_L 与透镜的分辨率 δ、像点所张的孔径半角 α' 之间有如下关系：

$$D_L = \frac{2\delta M}{\tan\alpha'} = \frac{2\delta M^2}{\tan\alpha} \tag{1.49}$$

可见，当透镜的放大倍数一定时，透镜焦长随孔径半角减小而增大。设透镜的 $\alpha=45°$，$\delta=1\mu m$，$M=40$，于是，$D_L=3.2mm$。这意味着，该透镜的实际像平面可以在理想像平面附近的 3mm 范围内移动，图像仍保持清晰。

5. 阿贝成像原理

1873 年阿贝提出透镜成像原理：物发出的如果是相干光（不是物体自发光），那么透镜成像将经历两次过程。首先，物平面上各物点散射的光相干，形成衍射光；其次，这些衍射光再经过透镜的衍射，在焦平面上形成衍射像，在像平面上形成显微像（物体的实像）。

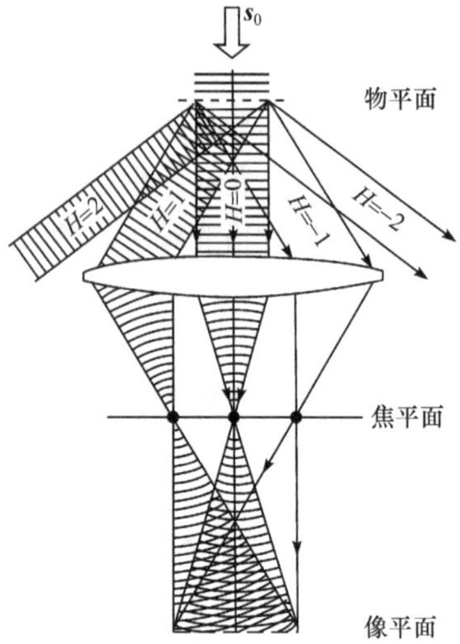

图 1.17　像的生成

衍射斑点与各级衍射光相对应,像点则与物点相对应。

以图 1.7 所示的平面狭缝光栅为例说明透镜的成像过程。平面单色光被狭缝光栅衍射,分解成一系列不同方向的新的平面波(衍射波),各有其衍射级,即 $H=0,\pm1,\pm2,\cdots$ 当它们通过透镜后,在后焦面上形成光栅的夫琅和费衍射花样,即一系列衍射条纹。这些波当然还要继续传播,到达像平面时干涉叠加的结果,形成的是一幅放大了的光栅的倒像。

从数学变换的角度可以非常清楚地说明这个成像过程:第一步的光栅衍射是将通过光栅的光 ψ 分解为式(1.33)右边所示的直流分量和一系列正弦分量;第二步的透镜衍射是把通过透镜的各级分量叠加起来,在像平面上所成像的光振幅又恢复为 ψ。不过,因为透镜的放大作用(放大率 M),式(1.33)中的变量 x 应变换为 $M\cdot x$。

在实际光学系统中,透镜(光阑)的大小总是有限的。因此,总有部分高频分量不能参与成像。所以,像的光振幅不可能和式(1.33)完全相似。

由上所述,若要使透镜所成的像能分辨间距为 a 的光栅中的狭缝,至少要使光栅的 $H=1$ 的衍射波通过透镜,也就是说,必须有 $2\theta_1=\arcsin(\lambda/a)$ 的衍射波参与成像。显然,其必要条件是物点对物镜所张的孔径半角 $\alpha>2\theta_1$,即

$$\alpha>\frac{\lambda}{\sin\alpha} \tag{1.50}$$

这个结果和式(1.47)是相当的。说明只要物的某个正弦分量的衍射波能参与成像,其周期就是可以分辨的。透镜的孔径半角越大,收集的高频分量越多,透镜分辨率也就越高。一般来说,因为高频分量对应图像(物)的细节部分,所以像不能穷尽地描述物的细节部分。

对于一般的二维非周期结构的物,如一幅照片或者是投影在光屏上的一个像,其成像原理和一维光栅是一样的。因为不论哪种情况,它们都应当有一个函数 $\psi(x,y)$,能给出每一个物点的光振幅,而这个函数 $\psi(x,y)$ 总可以表示为不同频率的正弦函数之叠加。

6. 空间滤波

在透镜焦平面上放置遮光片可以选择允许透光的区域,这种遮光片在光学上称为滤波器,它们可以阻挡或允许部分频率分量的衍射波通过透镜参与成像。于是,像的频率组成将因此而发生改变,像自然也随之发生变化。这个过程就称为空间滤波。

下面以图 1.11 所示的平面网孔成像来说明空间滤波现象。

(1) 平面单色光被网孔光栅衍射,在透镜的后焦面上形成二维的衍射斑点图像,如图 1.18(e)所示。

(2) 不用滤波器,让尽可能多的衍射斑点参与成像,最终的像与物相似,为一细密的

网孔光栅，如图 1.18(a)所示。

(3) 滤波器上面有周期排列的圆孔，这些孔的位置正好让衍射光通过，这丝毫不会影响网孔光栅最终在像平面上成像，如图 1.18(a)所示。

(4) 如果物平面上的光栅网孔上有几处被落下的灰尘弄脏，这时像平面上的像如图 1.18(b)所示；同时，后焦面上的衍射图像如图 1.18(f)所示，在原来的周期排列的衍射斑点的中央出现一些云雾状的衍射图像，显然，这是灰尘导致的。如果用一个圆孔作为滤波器，只让中央云雾状的衍射图像通过，如图 1.18(g)所示，那么就不再有周期结构的像出现，剩下的只是一个有灰尘粒子组成的像，如图 1.18(c)所示。反过来，如果插入一个小圆片作为滤波器，只是把中央云雾状的衍射图像挡住，那么在像上将看不到有任何灰尘的迹象，这时的像和图 1.18(a)无异。

(5) 让包括中心斑点在内的一排衍射斑点参与成像，如图 1.18(h)所示，如此，最终图像会像如图 1.18(d)给出的一组平行的线栅。

(6) 只留下中心斑点，而把其余斑点全挡住，则最终图像是一个没有任何细节的均匀光场。

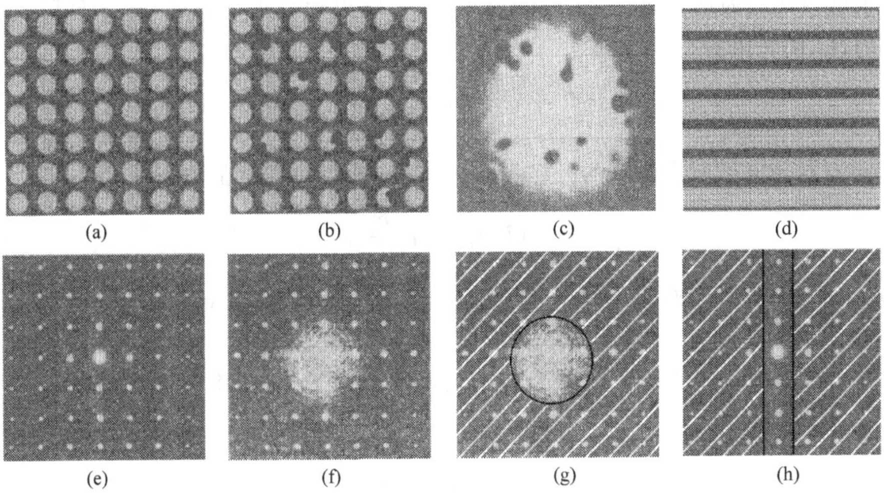

图 1.18 空间滤波

1.3 原子结构与光谱

原子由原子核和核外电子构成。原子核由 Z 个质子和若干中子组成。核外电子称为束缚电子或轨道电子，这些电子围绕核形成所谓电子云。原子在正常态时呈中性，核外电子数与 Z 相等。原子质量常用原子质量单位，记作 u 或 Da，$1\text{u}=1.6606\times10^{-27}\text{kg}$。

1.3.1 原子的壳层结构

微观体系中，处于束缚状态的微观粒子，其运动状况不是随意的，只能是处在若干不连续的稳定状态之中，即所谓电子定态，所以形成核外电子的壳层结构。

1. 单个价电子的原子

碱金属原子是由满壳层的原子实加上一个价电子构成，价电子在原子实的库仑场中运动。在一般的情况下，原子的能量就是价电子的能量。一个电子的能量包括电子的动能，以及它在核与其他电子的库仑场中的势能，其中电子的动能包括电子轨道运动的能量和轨道进动及自旋进动的能量。

1）电子在库仑场中的运动

计算表明，电子绕核的轨道运动有一系列分立的能量状态，即

$$E_{n,l}=-hcR\frac{(Z-\sigma)^2}{(n-\Delta)^2} \tag{1.51}$$

式中，R 为里德堡常量，$R=1.097\times10^7\text{m}^{-1}$；$n$ 为主量子数，$n=1,2,3,\cdots$；l 为角量子数，$l=0,1,2,\cdots,n-1$，相应的电子轨道依次为 s，p，d，f，…各有其相应的轨道形状；σ 为屏蔽常数，近似等于内层的电子的数目；Δ 为量子亏损，是量子数 n，l 的函数，但主要取决于 l，即主要与电子轨道的形状有关。

电子绕核运动的动量矩称为轨道动量矩 $\boldsymbol{L}_l$。轨道动量矩是矢量，其方向和大小都是量子化的，$\boldsymbol{L}_l$ 的大小为

$$L_l=\sqrt{l(l+1)}\frac{h}{2\pi} \tag{1.52}$$

$\boldsymbol{L}_l$ 的方向与电子所在位置的外磁场有关，$\boldsymbol{L}_l$ 在磁场方向上的投影为

$$(L_l)_H=m_l\frac{h}{2\pi} \tag{1.53}$$

式中，m_l 为轨道磁量子数，$m_l=l,l-1,\cdots,0,-1,\cdots,-l$，共$(2l+1)$个。

2）电子自旋运动

电子绕自身轴转动的动量矩称为自旋动量矩 $\boldsymbol{L}_s$。自旋动量矩的方向和大小都是量子化的，$\boldsymbol{L}_s$ 的大小为

$$L_s=\sqrt{s(s+1)}\frac{h}{2\pi} \tag{1.54}$$

式中，s 称为自旋量子数，$s=1/2$。

$\boldsymbol{L}_s$ 的方向与电子所在位置的外磁场有关，$\boldsymbol{L}_s$ 在磁场方向上的投影为

$$(L_s)_H=m_s\frac{h}{2\pi} \tag{1.55}$$

式中，m_s 为自旋磁量子数，$m_s=s,-s$，共 2 个。

3）电子的总动量矩

电子的总动量矩用 $\boldsymbol{L}_j$ 表示，其方向和大小也都是量子化的，即

$$L_j=L_s+L_l \tag{1.56}$$

$$L_j=\sqrt{j(j+1)}\frac{h}{2\pi} \tag{1.57}$$

式中，j 为内量子数。当 $l=0$ 时，$j=1/2$；当 $l>0$ 时，$j=j\pm1/2$。

在外磁场中，$\boldsymbol{L}_j$ 在磁场方向上的投影为

$$(p_j)_H = m_j \frac{h}{2\pi} \tag{1.58}$$

式中，m_j 为总的磁量子数，$m_j=-j,-j+1,\cdots,j-1,j$。如果 $j=l+1/2$，m_j 共 $(2l+2)$ 个取值；如果 $j=l-1/2$，m_j 共 $2l$ 个取值。

4）自旋和轨道磁矩相互作用的能量

电子绕核运动而产生的磁矩称为轨道磁矩 $\boldsymbol{\mu}_l$，电子绕自身轴转动产生的磁矩称为自旋磁矩 $\boldsymbol{\mu}_s$。电子的轨道磁矩与它本身的自旋磁矩之间相互作用的结果导致 $\boldsymbol{L}_l$ 和 $\boldsymbol{L}_s$ 绕着 $\boldsymbol{L}_j$ 作进动，这个进动的能量用 ΔE 表示。计算表明，ΔE 与 j、l、n 都有关系。当 $j=l+1/2$ 时，$\Delta E>0$；当 $j=l-1/2$ 时，$\Delta E<0$。

5）电子能级

由上所述，价电子处在一系列分立的能量状态中，这便是所谓的电子能级。在没有外磁场的情况下，电子能级表示为

$$E = E_{n,l} + \Delta E(j,n,l) \tag{1.59}$$

电子的能量状态主要由它的主量子数和角量子数确定，能级依次用符号 1s，2s，2p，3s，3p，3d，…表示。

当 $l=0$ 时，$L_l=0$，没有轨道磁矩与自旋磁矩的相互作用问题，即 $\Delta E=0$。除 s 之外的能级都会因轨道磁矩与自旋磁矩的相互作用而分裂成 2 个能级。

6）电子状态的表示

电子能级通常使用光谱学符号表示，记作：

$$n\ {}^2l_j$$

式中，l 为角量子数，用 s，p，d，…表示；l 的左上标“2”即(2s+1)，表示光谱项的多重性(可能分裂的能级数为 2，即右下标“j”取值的个数)，但要注意，s 能级是不会分裂的，这时的“2”不代表什么。

原子中的电子状态用 n、l、j、m_j 四个量子数来确定，见表 1.3。当 $n=1,2,3,\cdots$ 时，相应的电子状态被定义成距离核由近到远的电子壳层，依次被命名为 K、L、M、N、…壳层。K 壳层只有 1 个 s 能级，即 $1\ {}^2\mathrm{s}_{1/2}$。L 壳层有 1 个 s 能级和 1 个 p 能级，p 能级会分裂成 2 个相当靠近的能级，于是，L 壳层包括 3 个能级，即 $2\ {}^2\mathrm{s}_{1/2}$、$2\ {}^2\mathrm{p}_{1/2}$、$2\ {}^2\mathrm{p}_{3/2}$。以此类推，M 壳层有 5 个能级，即 $3\ {}^2\mathrm{s}_{1/2}$、$3\ {}^2\mathrm{p}_{1/2}$、$3\ {}^2\mathrm{p}_{3/2}$、$3\ {}^2\mathrm{d}_{3/2}$、$3\ {}^2\mathrm{p}_{5/2}$。人们也常把各壳层中的能级称为子壳层，表示为 K、$\mathrm{L_I}$、$\mathrm{L_{II}}$、$\mathrm{L_{III}}$、$\mathrm{M_I}$、$\mathrm{M_{II}}$、$\mathrm{M_{III}}$、$\mathrm{M_{IV}}$、$\mathrm{M_V}$、…

表 1.3　电子定态

n	1	2	2	2	3	3	3	3	3	4	4	4	4	4	4	4
l	0	0	1	1	0	1	1	2	2	0	1	1	2	2	3	3
j	1/2	1/2	1/2	3/2	1/2	1/2	3/2	3/2	5/2	1/2	1/2	3/2	3/2	5/2	5/2	7/2
m_j 个数	2	2	2	4	2	2	4	4	6	2	2	4	4	6	6	8
光谱符号	$1\ {}^2\mathrm{s}_{1/2}$	$2\ {}^2\mathrm{s}_{1/2}$	$2\ {}^2\mathrm{p}_{1/2}$	$2\ {}^2\mathrm{p}_{3/2}$	$3\ {}^2\mathrm{s}_{1/2}$	$3\ {}^2\mathrm{p}_{1/2}$	$3\ {}^2\mathrm{p}_{3/2}$	$3\ {}^2\mathrm{d}_{3/2}$	$3\ {}^2\mathrm{d}_{5/2}$	$4\ {}^2\mathrm{s}_{1/2}$	$4\ {}^2\mathrm{p}_{1/2}$	$4\ {}^2\mathrm{p}_{3/2}$	$4\ {}^2\mathrm{d}_{3/2}$	$4\ {}^2\mathrm{d}_{5/2}$	$4\ {}^2\mathrm{f}_{5/2}$	$4\ {}^2\mathrm{f}_{7/2}$
支壳层	K	$\mathrm{L_I}$	$\mathrm{L_{II}}$	$\mathrm{L_{III}}$	$\mathrm{M_I}$	$\mathrm{M_{II}}$	$\mathrm{M_{III}}$	$\mathrm{M_{IV}}$	$\mathrm{M_V}$	$\mathrm{N_I}$	$\mathrm{N_{II}}$	$\mathrm{N_{III}}$	$\mathrm{N_{IV}}$	$\mathrm{N_V}$	$\mathrm{N_{VI}}$	$\mathrm{N_{VII}}$
主壳层可容电子数	2	8			18					32						

7) 原子状态符号

对于单个价电子的原子，原子状态符号和电子状态符号的表示是一致的，只是习惯上原子状态符号用大写字母表示，记作：

$$n\ ^{(2S+1)}L_J$$

2. 多个价电子的原子

原子的状态取决于原子内部电子的运动情况，主要是由它的价电子来确定的。对于多个价电子的情况，它们之间的库仑相互作用很难处理，单粒子近似是一种比较常用的近似方法。这样，对于原子状态，只要了解其各个价电子的状态就可以了。

原子中各个电子在单电子态上的填充，称为原子的一个电子组态。例如，Ne 原子的电子组态记作$(1s)^2(2s)^2(2p)^6$，表示此时的 Ne 原子中有 2 个 1s 态电子、2 个 2s 态电子、6 个 2p 态电子。

对于有两个价电子的原子，原子状态符号记作：

$$(n_1l_1)^1(n_2l_2)^1\ ^{(2S+1)}L_J$$

式中，$(n_1l_1)^1$、$(n_2l_2)^1$ 代表这两个电子各自的状态。

L 称为总轨道量子数，为两个电子合成轨道动量矩的量子数，$L=l_1+l_2, l_1+l_2-1, \cdots, |l_1-l_2|$；当 $L=0,1,2,\cdots$时，L 分别用符号 S，P，D，…表示。

S 称为总自旋量子数，为两个电子合成自旋动量矩的量子数，$S=s_1+s_2, s_1-s_2$，即 $S=1,0$。$S=0$ 表示两个电子的自旋是反平行的状态，$S=1$ 表示两个电子的自旋是平行的状态。

J 称为总内量子数，为总自旋动量矩和总轨道动量矩合成的总动量矩的量子数。$J=L+S, L+S-1, L+S-2, \cdots, |L-S|$。

光谱项符号左上角的$(2S+1)$表示光谱项的多重性，即能级可能分裂成$(2S+1)$个。但有例外，S 能级$(L=0)$是不会分裂的，这时如果$(2S+1)=3$ 并不代表什么。

例如，氦原子两个电子状态为$(1s)^1(1s)^1$，这时 $L=0$，S 有两个取值。当 $S=0$ 时，$J=0$，原子状态符号应记作$(1s)^1(1s)^1\ ^1S_0$；当 $S=1$ 时，$J=1$，原子状态符号应记作$(1s)^1(1s)^1\ ^3S_1$。$1\ ^1S_0$ 表示两电子自旋反平行，1^3S_1 表示两电子自旋平行。

3. 不相容原理

对 He 原子光谱进行分析，特别使人注意的实验事实是：找不到 $1\ ^3S_1$ 原子态。这个实验结果为泡利不相容原理所概括。因为对于 $1\ ^3S_1$ 态，两个电子自旋平行，4 个量子数完全相同。

泡利不相容原理指出：在同一个原子体系中不可能有两个电子具有完全相同的量子数。因此，电子按泡利不相容原理和能量最低原理分布于原子中的各电子能级，从而确定了原子最低的能量状态，称为基态。

电子能量越高，越远离核。原子系统中电子的最高能级是真空能级的下限，电子进入真空能级实际上是脱离了原子的束缚而成为自由电子。因为自由电子的动能是可以连续变化的，所以真空能级是一个很宽能级。

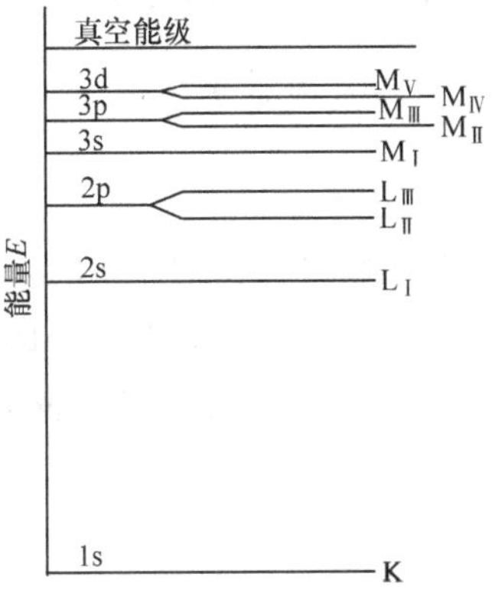

图 1.19　原子中的电子能级图

原子的能量状况常用图 1.19 所示的电子能级图来描述，能级用水平线画出，能级之间的距离随着电子能量的增大而逐渐减小。真空能级的下限，即静止自由电子的能级，能量等于 0。用能级图可以表示各个电子能级的占有和空位的情况。电子占有能级的情况清楚了，原子的能量也就确定了。

电子能级的高低，首先取决于 n，其次是 l，再次是 j，如表 1.3 所列的次序。但实际上的次序并非完全如此，特别是在 l 较大的情况下，次序会有所变动，如 4 $^2s_{1/2}$ 能级低于 3 $^2d_{3/2}$、3 $^2d_{5/2}$ 能级。

通常两个价电子都处在基态，如果受到激发，一般也只是一个价电子被激发，另一个仍处在基态。故原子状态符号可简记作 $(n_2l_2)\ ^{(2S+1)}L_J$。此外，如果 $l_1=0$，那么 $L=l_2$，故 l_2 可略去不写，原子状态符号可再简化为 $n_2\ ^{(2S+1)}L_J$。

例如，氦原子基态的两个电子状态为 $(1s)^1(1s)^1$，原子状态记作 1 $^1S_0$；若氦原子的两个电子状态为 $(1s)^1(2p)^1$，相应的 3 个原子态分别为 2 $^3P_2$、2 $^3P_1$、2 $^3P_0$。

1.3.2　原子的激发与电离

1. 激发能与电离能

通常情况下，原子处于基态，原子结构是稳定的。但在外来能量的作用下，原子中的电子一旦获得足够的能量，就可以从较低的能级跃迁到较高的能级。原子系统的能量因此而升高，这个过程称为激发，所需的能量称为激发能。原子受激后处于激发态。必须注意的是，电子从较低的能级跃迁到较高的能级是有条件的：其一，较高的能级是空的或者是未被填满的；其二，电子吸收的能量正好等于这两个能级的能量差。

使电子能级从 E_1 跃迁到 E_2 所需要的激发能用 W_{12} 表示，则

$$W_{12}=E_2-E_1 \tag{1.60}$$

原子从基态激发所需的最低激发能称为第一激发能，相应的激发态称为第一激发态。

电子脱离原子的过程称为电离，电离后原子变成离子。电离的条件比较简单，只要求电子获得大于束缚能的能量。使电子从 E_1 能级跃迁到最低真空能级，所需要的激发能用 W_1 表示，有

$$W_1=0-E_1=-E_1 \tag{1.61}$$

使基态原子电离需要的最低激发能称为电离能，记作 W_I。

价电子能量高，价电子以上的空能级很多，故价电子易激发，也易电离。内层电子与价电子不同，以 Mo 原子的 K 电子为例，Mo 原子的 K、L、M 壳层都是满的，N 层以上才有空位。所以，激发 K 电子需要的能量必须正好等于 N 层以上某个能级与 E_K 的能量

差；而使 K 层电子电离则要求大于等于($-E_K$)的任意能量。

2. 激发或电离的方法

1）高温

热运动可能使物体中的某些粒子(原子、离子)获得足够的能量而激发或电离，称为热激发或热电离。在热力学平衡状态时，两个能级上的原子数之比满足玻耳兹曼分布。若基态 E_1 上的原子数用 N_1 表示，激发态 E_2 上的原子数用 N_2 表示，则有

$$\frac{N_2}{N_1}=e^{-(E_2-E_1)/k_BT} \tag{1.62}$$

式中，k_B 为玻耳兹曼常量；T 为激发温度。

在约 10^4K 以上，所有的物质都会分解成原子，并大量的激发或电离，这种状态称为高温等离子体。

2）轰击

带电粒子在电场作用下获得足够的能量，轰击中性原子，可使之激发或电离。例如，阴极射线管中的电子轰击阳极，可使阳极中的原子获得能量而激发。能使阳极原子激发的最低电压称为激发电压。

3）光电离和场电离

足够能量的光子可使原子激发或电离。在很强的电场作用下，原子可以吸收电场的能量而激发或电离。

3. 离子

离子是失去或获得一个或几个电子的原子，其电量在数值上等于失去或获得的电子的电量。表示离子特性的有三个参量：质量、电量、能量。电子质量与原子相比微不足道，故离子质量可视为原子的质量。

离子结构与原子结构类似，也是壳层结构。离子虽然非电中性，但也有一定的结构稳定性，尤其是满壳层结构的离子，还是相当稳定的体系。离子同样可以激发或再电离，这就是离子的激发态及更高价的电离态。

1.3.3 特征辐射

原子(离子)处于激发状态不稳定，随后便有较高能级上的电子向有空位的能级跃迁，使原子系统回复到正常的能量状态，多出的能量常以辐射的形式释放。由于原子能级间的变化不是连续的，因而产生的辐射属于线状光谱。线状光谱与原子结构一一对应，无论原子是由于什么原因被激发的，其辐射都具有同样的线状光谱，故线状谱也称为特征谱，相应的辐射称为特征辐射。

原子形成的光谱称为原子光谱；离子形成的光谱称为离子光谱。

1. 选择定则

电子由 E_2 能级跃迁到 E_1 能级时，其辐射的能量和波长表示为

$$h\nu=E_2-E_1=W_{12} \tag{1.63}$$

$$\lambda=\frac{hc}{E_2-E_1}=\frac{hc}{W_{12}} \tag{1.64}$$

应该指出，并非任何高低能级之间都能发生电子跃迁，而是只有符合选择定则的跃迁才“允许”的。跃迁选择定则在本质上是遵循动量矩守恒定律。一般来说，电子在能级间跃迁必定遵守如下定则：

$$\left.\begin{array}{l}\Delta n\neq 0\\ \Delta l=\pm 1\\ \Delta j=0 \text{ 或 } \pm 1\end{array}\right\} \tag{1.65}$$

例如，$2\ ^2p_{1/2}$ 能级的电子不能向 $2\ ^2s_{1/2}$ 能级跃迁；$2\ ^2s_{1/2}$ 电子不能向 $1\ ^2s_{1/2}$ 能级跃迁；但 $2\ ^2p_{1/2}$、$2\ ^2p_{3/2}$ 能级的电子可以向 $1\ ^2s_{1/2}$ 跃迁。

实验中，在允许跃迁的位置可以观测到明亮的光谱线。在禁戒跃迁的位置，有时也可以观测到非常微弱的谱线，但这并不说明跃迁可以违反动量矩守恒定律。实际上，如果在跃迁过程中同时吸收或者发出两个光子，Δl 就可能等于 0，或者等于 ± 2，当然这种跃迁概率是很低的，所以光谱线非常弱。因此，禁戒的意思，不是绝对不允许，而是概率非常小。

2. 价电子能级跃迁和原子光谱

原子光谱是由于原子价电子能级发生变化而产生的，价电子能级是以价电子的基态能量为基准的。原子能级其实就是价电子能级，在基态能级之上存在一系列价电子能级，原子处在稳定态情况时，这些价电子能级都是空的。价电子吸收外来能量可以跃迁到这些空能级上而使原子进入激发态。相反，当价电子返回基态时，就发射出一个相应谱线波长的光子。从图 1.20 的钠原子能级图中可以看到价电子在不同能级间跃迁所导致的特征辐射的波长。例如，当钠原子从 $3\ ^2p_{3/2}$ 或 $3\ ^2p_{1/2}$ 的两个能级跃迁到基态 $3\ ^2s_{1/2}$ 时，发射波长 589.0nm 和 589.6nm 的特征黄光。

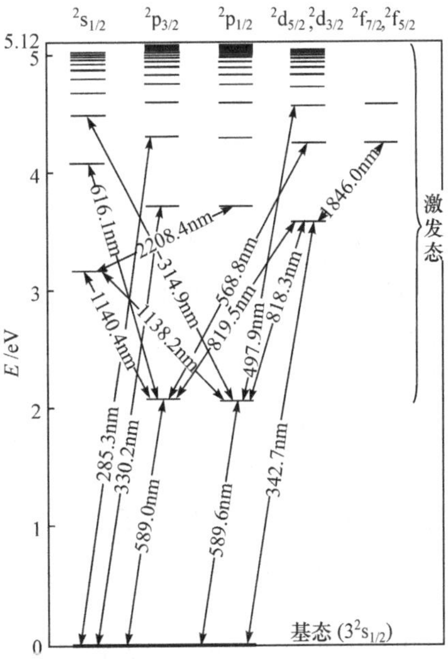

图 1.20　钠原子能级图

在元素周期表中所有元素的原子，它们价电子跃迁所引起的能量变化一般在 2～20eV，所以原子光谱的波长大多分布在紫外和可见光区域。

3. 内层电子跃迁和 X 射线光谱

内层电子的激发能比较高，如果内层电子跃迁复位过程中以光子的形式释放能量，则产生具有特征能量的 X 射线。内层电子跃迁及产生相应辐射的原理如图 1.21 所示。

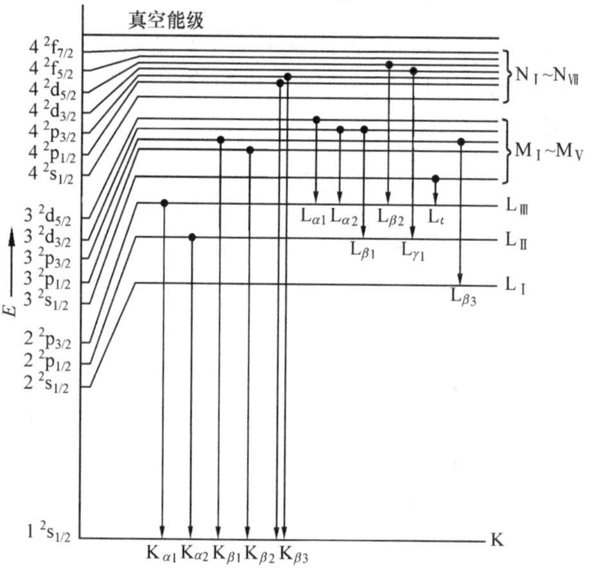

图 1.21　X 射线主要谱线的产生原理

K 层的空位被来自高层的电子填充，所产生的辐射称为 K 系辐射。如果 K 层的空位被来自 L 层的电子填充，空位从 K 层转移到 L 层，或者说，受激原子从 K 激发态跃迁到 L 激发态，伴随产生的辐射记作 K_α。K_α 辐射是 L_{III}、L_{II} 两个能级的电子向 K 层跃迁导致的辐射，分别记作 $K_{\alpha1}$、$K_{\alpha2}$，这是两条非常靠近的谱线。若 K 层空位被来自 M 层、N 层、…的电子填充时，空位将从 K 层移到 M、N 层，伴随产生 $K_{\beta1}$、$K_{\beta2}$、… 辐射。

虽然 K_β 辐射的光子能量大于 K_α 辐射的能量，但是 K_α 的强度却比 K_β 大得多。这是因为 K 层与 L 层是相邻能级，K 层空位被 L 层电子填充的概率大大超过被 M 层电子填充的概率。

L 层的空位被来自较高能级的电子填充，所产生的辐射称为 L 系辐射。L 层有 3 个子层，L 层之上的高层也都有若干子层，故 L 系辐射的组成更为复杂。例如，符合选择定则填充 L_{III} 中空位的电子可以来自 M_I、M_{IV}、M_V、N_I、N_{IV}、N_V、…相应产生的辐射记作 L_ι、$L_{\alpha2}$、$L_{\alpha1}$、$L_{\beta6}$、$L_{\beta15}$、$L_{\beta2}$、…这个序列似乎说明目前表示 X 射线光谱线的符号尚不规范。

其余的 M、N、…系的激发辐射过程也和 K 系、L 系的情况相类似。如此，内层的电子空位最终将转移到外层。在此过程中，伴随着一系列的辐射。

原子中一个电子的结合能受到核内电荷和核外电荷分布的影响。任何引起这些电荷分布发生变化的因素都有可能使该电子的结合能产生变化，这种现象称为电子结合能位移。然而，内层电子的结合能比较高，价电子状态变化所引起的它的结合能位移很小，所以内层电子的能级十分稳定，基本上与物质的化学状态无关，更与物质的物理状态(固、液、气态等)无关。所以，X 射线特征光谱十分简单。

莫塞莱发现特征 X 射线的波长与原子序数之间有着简单的数学关系，即

$$\sqrt{\frac{1}{\lambda}}=CZ-\sigma \tag{1.66}$$

这个关系式称为莫塞莱定律，其中 C 和 σ 都是常数，如图 1.22 所示。

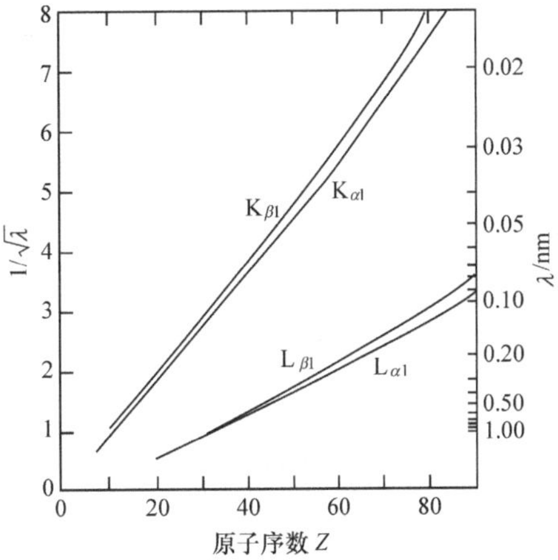

图 1.22　莫塞莱定律图解

1.3.4　俄歇电子

内层电子激发的结果是内电子壳层出现电子空位，使原子处于能量较高的激发状态，这时，除了可能产生特征辐射外，还可能以俄歇效应的方式释放能量。所谓俄歇效应，就是由一个电子充填内壳层的空位，在此过程中放出的能量再次使原子电离，使另一个电子脱离原子成为二次电子。这种二次电子称为俄歇电子。俄歇效应是一种无辐射的跃迁过程。

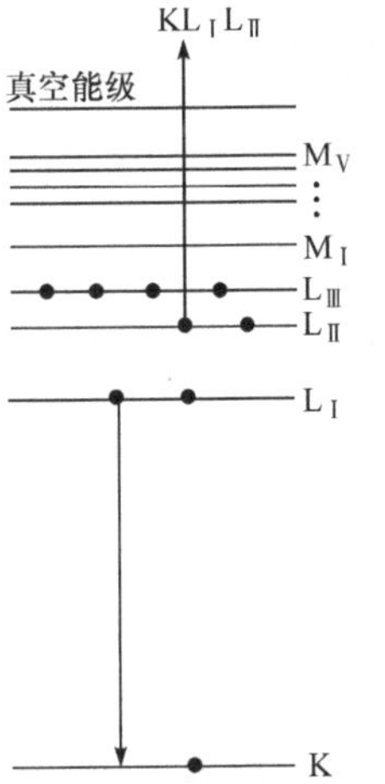

图 1.23　KLL 俄歇跃迁

图 1.23 表示，当一个电子从 L_I 层的向 K 空位跃迁的同时，另一个电子从 L_{II} 层脱离原子成为俄歇电子，这个俄歇跃迁用 $KL_{I}L_{II}$ 三个支壳层符号表示，第一个符号 K 代表初态空位所在的能级；第二个符号代表充填初态空位的电子来自 L_I 能级；第三个符号代表俄歇电子从 L_{II} 能级发射出去。

$KL_{I}L_{II}$ 俄歇跃迁是因为 K 能级空位引起的。实际上，K 能级空位引起的俄歇跃迁除了上述的 $KL_{I}L_{II}$ 之外，还可以是 $KL_{I}L_{I}$、$KL_{I}L_{III}$、$KL_{II}L_{II}$ 等，它们统称为 KLL 俄歇跃迁。

K 能级空位导致产生的俄歇电子称为 K 系列的俄歇电子，跃迁类型可以是 KLL，也可以是 KLM、KLN 等；L 能级空位导致产生的俄歇电子称为 L 系列的俄歇电子，跃迁类型可以是 LMM、LMN，也可以是 LLM。

俄歇跃迁过程的最初，原子有一个空位，最终则是留下两个空位。因此，发射的俄歇电子具有特征能量，其能量由俄歇过程涉及的三个电子支壳层的电离能所确定。例如，图 1.23 产生 $KL_{I}L_{II}$ 俄歇电子，其能量表示式为

$$E_A=W_K-W_{L_I}-W_{L_{II}} \tag{1.67}$$

式中，W_K、W_{L_I}、$W_{L_{II}}$ 分别为 K、L_I、L_{II} 电子的电离能。

俄歇跃迁不受选择定则的限制，如电子可以由 L_I 层跃迁到 K 层，而相应的特征辐射是禁止的。图 1.24 表示了各种元素的俄歇电子能量。

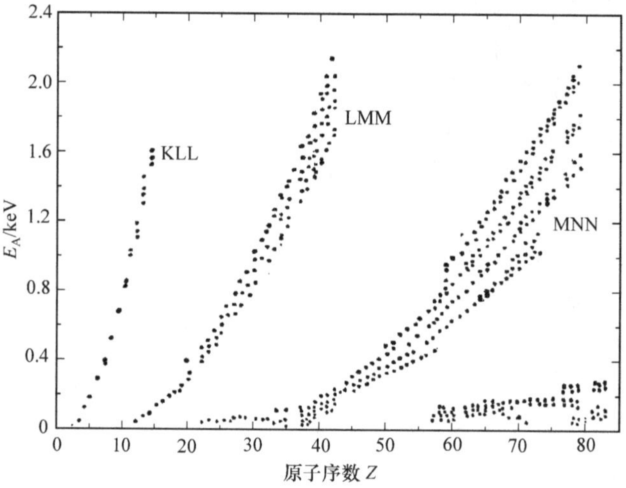

图 1.24　各种元素的俄歇电子能量

内层电子激发的原子同时以辐射或俄歇两种形式释放多余能量。一般来说，轻元素发生俄歇效应的概率比较大，而重元素则倾向于以辐射的方式释放能量。应该指出的是，特征辐射之后，可能出现一个新的电子空位；俄歇效应则可以在原子内部留下两个电子空位。于是，会有进一步的特征辐射或俄歇电子产生。

1.3.5　核

原子核由核子组成，核子是质子和中子的统称。类似原子核外电子的壳层结构，原子核内呈现的也是壳层结构。

1. 核能级与 γ 辐射

原子核处于基态时，它的最低能级都是被核子填满的。当核处于激发态的时候，也会因能级跃迁而产生辐射，这种辐射称为 γ 辐射。

一些放射性原子核会发生天然蜕变，除了产生 γ 射线外，还会产生 α 射线（氦离子）、β 射线（电子）等。

2. 核自旋

核子同样也有自旋和轨道运动，相应地有自旋动量矩和轨道动量矩。所有这些动量矩的总和定义为核的自旋动量矩，用 $\boldsymbol{L}_I$ 表示。$\boldsymbol{L}_I$ 为矢量，其数值是量子化的，即

$$L_I=\frac{h}{2\pi}\sqrt{I(I+1)} \tag{1.68}$$

式中，I 称为核的自旋量子数，简称核自旋。I 只能取半整数、零或其他整数，这是由于核子的轨道量子数总是整数，而核自旋都等于 1/2。

$\boldsymbol{L}_I$ 的方向同样是量子化的，在方向沿 z 轴的外磁场中，$\boldsymbol{L}_I$ 在 z 轴方向可能的投影值为

$$(L_I)_z = m_I \frac{h}{2\pi} \qquad (m_I = I, I-1, \cdots, -I) \tag{1.69}$$

式中，m_I称为核的自旋磁量子数。

实验发现，单一核子的自旋等于 1/2。奇数个核子组成的原子核，核自旋等于 1/2 的奇数倍，即半整数，如^{1}H、^{7}Li、^{17}O 等。偶数个核子组成的原子核，核自旋等于 1/2 的偶数倍，即整数，如^{12}C、^{16}O、^{2}D、^{58}Co 等。

如果质子数和中子数都为偶数，则核自旋等于零，如^{12}C、^{16}O 等。至于为什么这时核自旋等于零，必须借助一定的核模型和动量矩的耦合规则才能说明。

核处于各激发态时，由于核子轨道运动状态不同，因而有不同的核自旋。各激发态的核自旋是核能级的标记之一。

3. 核的磁矩

原子核带正电，自旋的原子核会产生磁场。因为我们定义核的自旋动量矩是核中所有核子各种动量矩的总和，虽然各核子磁矩的方向不一定与动量矩的方向一致，但它们都绕着这个总的动量矩进动，所以，核自旋的有效磁矩方向与核的自旋动量矩的方向一致，且可记作：

$$\boldsymbol{\mu}_I = \gamma \boldsymbol{L}_I \tag{1.70}$$

$$(\boldsymbol{\mu}_I)_z = \gamma (\boldsymbol{L}_I)_z = \gamma \cdot m_I \frac{h}{2\pi} \tag{1.71}$$

式中，γ 为核的旋磁比，即为核的磁矩与自旋动量矩之比。

要注意的是，我们通常所说的和直接测定的核自旋磁矩的数值并不是$|\boldsymbol{\mu}_I|$，而是 $\boldsymbol{\mu}_I$ 在磁场方向上的最大投影。因此，$\boldsymbol{\mu}_I$ 不再习惯地用来代表$|\boldsymbol{\mu}_I|$的数值，而是代表$(\boldsymbol{\mu}_I)_z$ 的最大值，即

$$\mu_I = [(\boldsymbol{\mu}_I)_z]_{\max} = \frac{h}{2\pi}\gamma I \tag{1.72}$$

习惯上电子的磁矩常以玻尔磁子 μ_B 表示，$\mu_B = 9.27401 \times 10^{-24}$ J/T；核的磁矩则常以核磁子 μ_N 表示，$\mu_N = \mu_B/1836$。

核自旋磁矩 μ_I 以及核的旋磁比 γ 是各种核的特征常数，μ_I 以及 γ 的数值目前只能由实验确定。表 1.4 给出一些原子核自旋的测量结果。

表 1.4　一些核自旋的数据

核	自旋	磁矩 μ_I/μ_N	旋磁比 γ /(10^8 T^{-1} · s^{-1})	天然丰度 /%	核	自旋	磁矩 μ_I/μ_N	旋磁比 γ /(10^8 T^{-1} · s^{-1})	天然丰度 /%
^{1}H	1/2	2.79268	2.67528	99.985	^{7}Li	3/2	3.2560	1.0397	92.5
^{2}H	1	0.857387	0.410672	0.015	^{9}Be	3/2	−1.1774	−0.37597	100
^{3}He	1/2	−2.127414	−2.03798	0.0001	^{10}B	3	1.8007	0.2875	19.8
^{4}He	0	0	—	99.9999	^{11}B	3/2	2.6880	0.85833	80.2
^{6}Li	1	0.82192	0.39368	7.5	^{12}C	0	0	—	98.89

续表

核	自 旋	磁矩 μ_I/μ_N	旋磁比 γ /($10^8T^{-1}\cdot s^{-1}$)	天然丰度 /%	核	自 旋	磁矩 μ_I/μ_N	旋磁比 γ /($10^8T^{-1}\cdot s^{-1}$)	天然丰度 /%
^{13}C	1/2	0.702199	0.67268	1.11	^{18}O	0	0	—	0.2
^{14}N	1	0.4047	0.19384	99.63	^{19}F	1/2	2.62727	2.51683	100
^{15}N	1/2	−0.28298	−0.27108	0.37	^{23}Na	3/2	2.2161	0.70765	100
^{16}O	0	0	—	99.76	^{25}Mg	5/2	−0.85449	−0.16371	10.0
^{17}O	5/2	−1.8930	−0.36268	0.04	^{27}Al	5/2	3.6385	0.69711	100

核的磁矩可影响核外电子的运动，造成核外电子能级的超精细分裂，引起原子光谱的超精细结构。

4. 核磁共振

自旋核在没有外磁场的情况下，其能级是简并的。当把自旋核置于均匀的外磁场中，磁场 $\boldsymbol{B}_0$ 引起核磁矩 $\boldsymbol{\mu}_I$ 绕 $\boldsymbol{B}_0$ 进动，相互作用能量应该是

$$E=-\boldsymbol{\mu}_I\cdot\boldsymbol{B}_0=-\gamma\boldsymbol{L}_I\cdot\boldsymbol{B}_0=-\gamma\boldsymbol{B}_0 m_I\frac{h}{2\pi} \tag{1.73}$$

m_I 有$(2I+1)$个取值，说明 $\boldsymbol{L}_I$ 有$(2I+1)$个取向，分别对应$(2I+1)$个能级。根据量子跃迁的选择定则，能级的跃迁只能在 $\Delta m_I=\pm1$ 的两能级间发生，核在两能级间跃迁的能量为

$$\Delta E=\gamma\boldsymbol{B}_0\frac{h}{2\pi} \tag{1.74}$$

在热平衡状态下，分布在各能级的自旋核的数量符合玻耳兹曼分布。如果在磁场的垂直方向再加一个射频场，当此射频场的能量恰好等于两能级的能量差 ΔE 时，核就要吸收能量从低能级跃迁到高能级，这就是核磁共振吸收。此时对应的电磁波频率 ν 称为核磁共振频率，表示为

$$\nu=\frac{\gamma\boldsymbol{B}_0}{2\pi} \tag{1.75}$$

根据表 1.4 的数据，当外场强度 $\boldsymbol{B}_0=1.4092T$ 时，H 核(质子)发生核磁共振频率为 60MHz，属于电磁波中的射频波段。

5. 弛豫

与核磁共振吸收相反的过程称为“弛豫过程”，即被激发到高能态的核经过适当途径将其获得的能量释放出来，恢复到原来的低能态。能量释放可能传递给周围原子，也可能转变成电磁波辐射。

弛豫过程遵循指数变化规律，其时间常数称为弛豫时间。

在一定的磁场和射频场的条件下，核磁共振吸收经过一段时间后，吸收和弛豫达到平衡，即高能态和低能态的粒子数达到平衡，核吸收电磁波的能量和核释放的能量达到平

衡。如果弛豫时间过长，那么，核吸收的能量将很少，此为“饱和”现象。所以弛豫过程是核磁共振现象得以保持的必要条件。

6. 核在核能级上的分布

以^{1}H 核为例，^{1}H 只有 2 个能级($m_I=\pm1/2$)，当 $B_0=1.4092$T，$T=300$K 时，根据玻耳兹曼分布，核的数量在这两个能级的分布比例为

$$\frac{N_{-1/2}}{N_{+1/2}}=e^{\frac{\Delta E}{kT}}=e^{\frac{h\gamma B_0}{2\pi kT}} \tag{1.76}$$

计算表明，在热平衡条件下，每一百万个自旋核中，低能态的核仅比高能态的核多 10 个左右。这意味着，高能态的核恢复到低能态缺乏“动力”。

需要对比的是：原子中价电子的能级间隔相当大，所以高低能级电子数分布的差别很大，在高能态停留的电子数几乎始终为零；就是说，价电子吸收光子跃迁到高能级，即刻会自发辐射回到低能态，不存在“饱和”问题。

1.4　分子结构与光谱

1.4.1　分子结构

1. 键

如果两个相邻的原子能够各贡献出一个自旋与对方相反的电子，为两个原子所共有，那么，这对自旋相反的电子在两原子之间的区域会形成较大的电子云密度，对两个原子同时有较强的吸引作用，这就是化学键。在键的作用下，原子的结合成为分子。形成化学键的电子主要是原子的价电子，就是说，原子组合成分子，价电子重新分布，价电子的能级会有所变化。

如果两原子之间的电子云密度偏向其中一个原子，这时的键为极性键，否则就是非极性键。典型的共价键是非极性键，离子键是最强的极性键，介于两者之间的是极性共价键。

2. 分子轨道

原子中的电子态 ϕ_A、ϕ_B 称为原子轨道，当两个原子靠近结合成分子时，原子轨道叠加，新的电子态 ψ_+、ψ_- 称为分子轨道。ϕ_A 与 ϕ_B 同相位叠加得到 ψ_+，称为成键分子轨道，简称成键，这时核间电子云加浓，体系能量降低。ϕ_A 与 ϕ_B 反相位叠加得到 ψ_-，称为反键分子轨道，简称反键，这时核间电子云变稀，体系能量升高。ϕ_A 与 ϕ_B 没有发生重叠，原来的原子轨道没有变化，称为非键分子轨道。

图 1.25 描述了两个 s 原子轨道形成分子轨道的过程。

分子轨道理论的基本要点如下：

(1) 电子从原子轨道过渡到分子轨道后，价电子不再定域在个别原子内，也不局限于两个原子中间，而是在整个分子中运动。分子轨道与原子轨道的不同之处，主要是分子轨

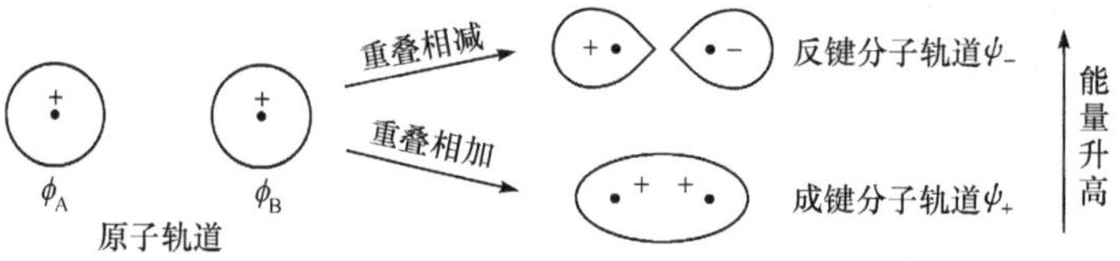

图 1.25　原子轨道形成的分子轨道

道是多中心(多原子核)的，而原子轨道是一个中心(单原子核)的。

(2) 分子轨道是能量相近的原子轨道叠加得到的，原子轨道的能量越接近，组合的效率就越高。成键分子轨道的能量不仅低于反键轨道能量，而且也比原来的两个原子轨道的能量低。

(3) 只有对称性匹配的原子轨道才能组合成分子轨道。所谓对称性匹配，可以这样理解：以两个原子核连线为轴，旋转 180°时，原子轨道分布的正、负号都发生改变或都不发生改变。

(4) 原子必须按合适方向接近，可以保证原子轨道重叠程度最大，使成键分子轨道的能量尽可能降低。

(5) 电子在分子轨道上的填充遵循泡利不相容原理、能量最低原理和洪德规则。

3. σ 键和 π 键

两个原子轨道可以有两种方式重叠，如图 1.26 所示。一种是沿键轴的方向，以“头碰头”的方式发生轨道重叠，如 s-s、p_x-s、p_x-p_x、s-sp 杂化、s-sp^2 杂化、s-sp^3 杂化等，轨道重叠部分是沿着键轴呈圆柱形分布的，这种重叠方式形成的分子轨道称为 σ 分子轨道或σ 键。

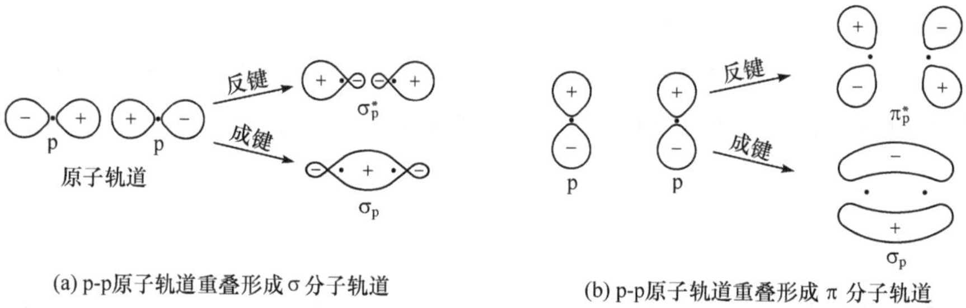

图 1.26　p-p 原子轨道重叠形成 σ 分子轨道和 π 分子轨道

另一种是原子轨道以“肩并肩”的方式发生轨道重叠，如 p_y-p_y、p_z-p_z。轨道重叠部分对称分布在一个通过键轴的平面的两侧(该对称面上电子的概率密度几乎为零)，这种重叠方式形成的分子轨道称为 π 分子轨道或 π 键。

两个原子的 ns 轨道组合，可得到 2 个 σ 分子轨道，其中成键分子轨道用符号 σ_{ns} 表示；反键轨道用符号 σ_{ns}^* 表示。

两个原子的 np_x 轨道沿 x 轴组合，可以得到 2 个 σ 分子轨道，其中成键分子轨道用符号 σ_{np_x} 表示；反键轨道用符号 $\sigma_{np_x}^*$ 表示。

一个原子的 ns 轨道与另一个原子的 np_x 轨道沿 x 轴组合，可得 2 个 σ 分子轨道，其中成键分子轨道用 $\sigma_{ns\text{-}np_x}$ 表示；反键轨道用 $\sigma^*_{ns\text{-}np_x}$ 表示。

两个原子的 np_y 轨道或 np_z 轨道沿 x 轴组合，将形成 2 个 π 分子轨道，其中成键 π 分子轨道用 π_{np_y}、π_{np_z} 表示，反键 π 分子轨道用 $\pi^*_{np_y}$、$\pi^*_{np_z}$ 表示。

分布在 σ 分子轨道上的电子称为 σ 电子，分布在 π 分子轨道上的电子称为 π 电子。分布在成键分子轨道上的电子称为成键电子，分布在反键分子轨道上的电子称为反键电子。成键电子使分子的稳定性增大，反键电子使分子的稳定性减小。由一个成键电子构成的共价键称为单电子键，由一对成键电子构成的共价键称为双电子键，由一对成键电子和一个反键电子构成的共价键称为叁电子键。一对成键电子和一对反键电子不能形成共价键。

σ 键形成时原子轨道发生最大限度的重叠，π 键轨道重叠程度比 σ 键小，所以 σ 键的键能大，π 键的键能小，也就是说，π 键的电子活动性较高。

4. 同核双原子分子的结构

在同核双原子分子中，能量最低的分子轨道是由两个 1s 原子轨道组合成的分子轨道 σ_{1s} 和 σ^*_{1s}，其次是由两个 2s 原子轨道组合成的分子轨道 σ_{2s} 和 σ^*_{2s}，再次是由 2p 原子轨道组合成的 3 对分子轨道。

由于 σ 键的重叠程度比 π 键的重叠程度大，因此，成键 π 轨道和反键 π 轨道间的能量差比成键 σ 轨道和反键 σ 轨道间的能量差小。

以 O_2 分子为例。两个 O 的 1s、2s、2p 原子轨道组合得到的分子轨道的能级顺序如图 1.27 所示。O_2 共有 16 个电子，基态 O_2 的电子组态记作 $(\sigma_{1s})^2(\sigma^*_{1s})^2(\sigma_{2s})^2(\sigma^*_{2s})^2(\sigma_{2p_x})^2(\pi_{2p_y})^2(\pi_{2p_z})^2(\pi^*_{2p_y})^1(\pi^*_{2p_z})^1$。其中，对成键有贡献的是：$(\sigma_{2p_x})^2$ 形成一个 σ 键，$(\pi_{2p_y})^2(\pi^*_{2p_y})^1$ 形成一个三电子 π 键，$(\pi_{2p_z})^2(\pi^*_{2p_z})^1$ 也形成一个三电子 π 键。

5. 异核双原子分子的结构

异核双原子分子的分子轨道并不一定是由两个原子的相应原子轨道组合而成，因此使用分类按能量顺序编号的分子轨道记号比较适宜。以 HF 为例，基态 H 的电子组态为 $1s^1$，基态 F 的电子组态为 $1s^2 2s^2 2p^5$。F 的 1s、2s 轨道能量很低，H 中无原子轨道与之组合，或称非键分子轨道，依次记作 1σ、2σ。F 的 2p 轨道与 H 的 1s 轨道能量相近，当 H 与 F 沿 x 轴相互靠近时，F 的 $2p_x$ 轨道与 H 的 1s 轨道可以组合成两个分子轨道，分别记作 3σ 和 4σ，前者是成键分子轨道，后者为反键分子轨道。F 的 $2p_y$、$2p_z$ 则仍保持原来的电子态，记作 1π，如图 1.28 所示。

在 HF 中 H 和 F 共有 10 个电子，根据泡利不相容原理和能量最低原理，基态 HF 的电子组态为 $(1\sigma)^2(2\sigma)^2(3\sigma)^2(1\pi)^4$。使 HF 能量降低的是填入 3σ 分子轨道中的 2 个电子。

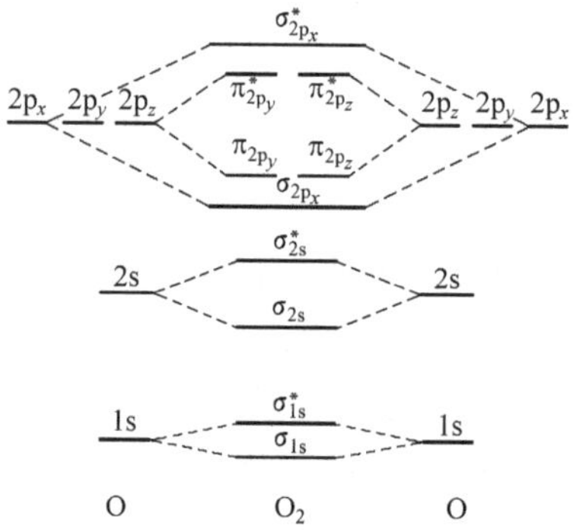

图 1.27 O_2 的分子轨道能级图

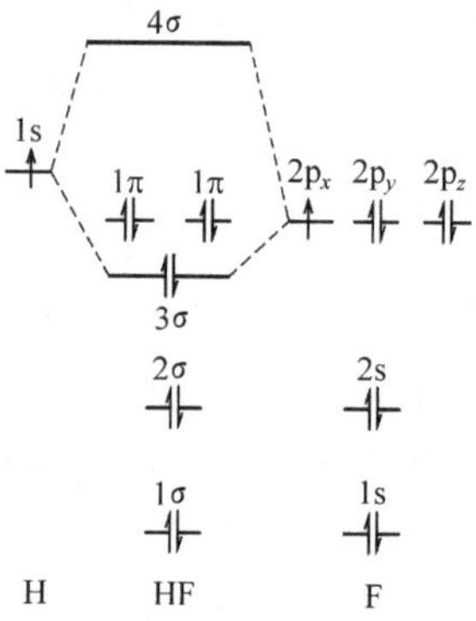

图 1.28 HF 的分子轨道能级图

6. sp 杂化分子的结构

在形成碳氢化合物分子时，C 原子中 2s 电子与 2p 电子的 sp 对角杂化、sp^2 三角形杂化和 sp^3 四面体杂化轨道如图 1.29 所示。

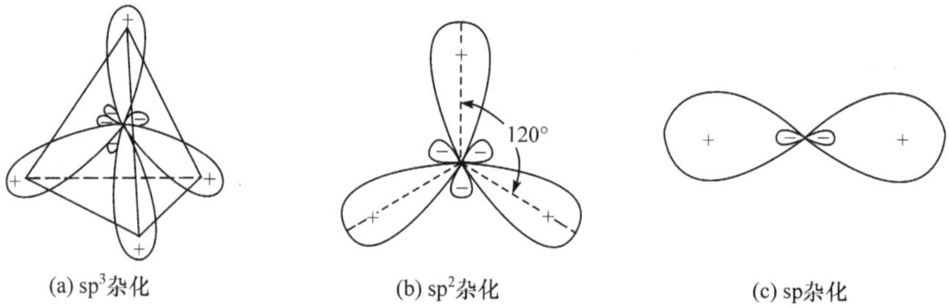

图 1.29 sp 杂化分子的结构示意图

sp^3 杂化的 4 个杂化电子的分布好像是 C 原子伸出的四条臂，抓住 4 个 H 原子，形成 4 个分子轨道，甲烷 CH_4 中的 C 就属于这种情形。

sp^2 杂化后的 3 个原子轨道的电子云就像从正三角形中心伸向三个顶点的三条臂，相邻两条臂间的键角为 120°，而第 3 个 2p 电子仍在原来的 2p 态，其原子轨道与上述三角形的平面垂直。乙烯 C_2H_4 中的 C 就属于这种情形，这时两个 C 原子间的键有两个，一个是 sp^2 三角形杂化轨道，另一个则是通常的 p-p 共价键。

sp 杂化后新的 2 个原子轨道的电子云像一个哑铃，而另两个电子仍在 2p 态，它们的原子轨道互相垂直，处于哑铃的中垂面内。乙炔 C_2H_2 属于此情形，这时两个 C 原子间有 1 个 sp 杂化键和 2 个通常的 p-p 共价键。

7. 球碳

1）C_{60}

C_{60}是 60 个 C 原子构成的分子，一个由 12 个五元环和 20 个六元环组成的球形 32 面体，呈球笼状，如图 1.30 所示。六元环的每个碳原子均以双键与其他碳原子结合，形成类似苯环的结构。根据计算，五边形的最近邻都是六边形时系统的能量最低，因此这种笼状

C 的团簇可以由 20 个六边形和 n 个五边形构成，并用通式 C_{20+2n} 来表示，如 C_{70} 等，C_{60} 是最小的满足此条件的团簇。

加拿大蒙特利尔万国博览会的美国馆是利用正五边形和正六边形拼接成的顶部近似于球面一部分的建筑，它是由美国建筑学家巴克明斯特·富勒(Buckminster Fuller)设计的。正是受富勒设计的启发，才有了 C_{60} 球笼状结构的设想，所以此结构类型称为富勒烯。

富勒烯是笼状碳原子簇的总称，现在它有了一个特别的名字——球碳，是一种大分子。球碳大得可以将其他原子放进它内部，并影响其物理性质。

2) 碳纳米管

碳纳米管是一种管状结构的碳原子簇，直径约几纳米，长约几微米，也是典型的富勒烯，有单层管和多层管之分，多层管由几个或几十个单层管同轴套叠而成，相邻管距为 0.34nm，与石墨的层间距 0.335nm 相近，如图 1.31 所示。如果碳纳米管全由六边形碳环组成，该管是不封闭的，可以向两端伸长；如果在管的两端有五边形，末端将会封闭。

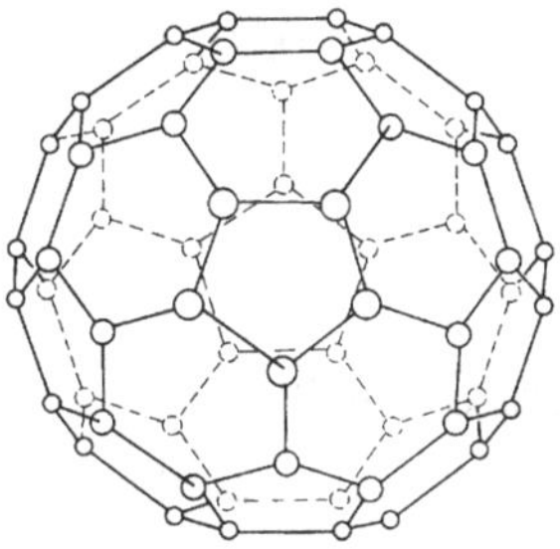

图 1.30 C_{60} 结构示意图

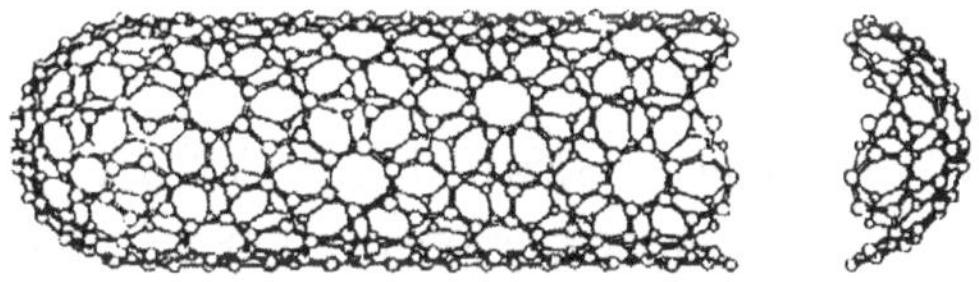

图 1.31 单层碳纳米管结构示意图

8. 分子的几何结构

基本要点：

(1) 在一个共价分子中，所含原子个数为 1 的原子称为中心原子，除中心原子以外的其他原子称为配位原子。例如，CH_4 的中心原子为 C，配位原子为 H；CH_3Cl 的中心原子为 C，配位原子为 H 和 Cl。

(2) 分子中的中心原子周围的电子对(共价键)之间总是尽可能最大角度地对称分布，因为共用电子之间的角度越大，对称性越高，它们之间的同性排斥力就越小，这样分子必然越稳定。这个规律称为最大对称原理。例如，在 $BeCl_2$ 分子中，中心铍原子的价电子层中共有 4 个价电子，形成两个对电子，因此 $BeCl_2$ 分子的构型应是直线形。

(3) 只有当中心原子周围的电子对相同时，它们才可能最大角度地对称分布。凡是具有这种最大角度对称分布的分子必定是非极性分子。与此相反，当中心原子周围的电子对不相同时，就不可能最大距离地对称分布，这样，分子中的电荷分布就不可能均匀对称，显然，它们只能是极性分子。例如，CH_3Cl 中 C 原子周围的电子对就不相同，其中有三对是 C—H 电子对，有一对是 C—Cl 电子对，所以 CH_3Cl 分子中的四个共价键就不可能最大距离地对称分布，因此 CH_3Cl 分子是极性分子。AB_x 型非极性分子的理想几何构型如图 1.32 所示。电子对(图中用两个黑点表示)对称地分布在中心原子的周围，连接配位原子。

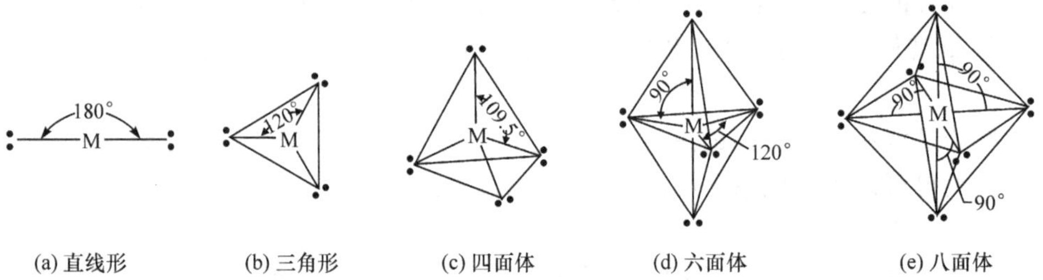

图 1.32　分子几何结构示意图

1.4.2　分子振动能级与分子振动光谱

1. 双原子分子的振动

分子中的原子以各自平衡点为中心作微幅振动。对于双原子体系，根据虎克定律，振动频率计算式表示为

$$\nu=\frac{1}{2\pi}\sqrt{\frac{k(m_1+m_2)}{m_1m_2}} \tag{1.77}$$

式中，m_1 和 m_2 分别为两个原子的质量；k 为化学键的力常数。可以看到：

(1) 较强的键有较高的振动频率。例如，基团 C≡C、C═C、C—C 相应的振动频率分别为 64.5×10^{12} Hz、49.5×10^{12} Hz、36.0×10^{12} Hz。

(2) 原子的质量越大，振动频率越低。例如，C—H、C—C、C—O、C—Cl、C—Br、C—I 相应的振动频率分别为 90.0×10^{12} Hz、36.0×10^{12} Hz、33.0×10^{12} Hz、24.0×10^{12} Hz、16.5×10^{12} Hz、15.0×10^{12} Hz。

2. 多原子分子的振动

多原子分子(包括晶体)中，每个原子都在其平衡位置附近振动。每个原子的振动都会引发紧邻原子的振动，从而形成分子中所有原子的集体振动。

每个原子在空间都有 3 个自由度，因此 N 个原子组成的分子总共有 $3N$ 个自由度，应该有 $3N$ 个方程描述它们的运动，其中有 6 个方程是描述整个分子的平动和转动的。所以描述振动的有 $(3N-6)$ 个方程，可以得到 $(3N-6)$ 个振动频率，等效于 $(3N-6)$ 个简谐振子。在包含 $(3N-6)$ 个简谐振子的系统中，每个简谐振子的能量是等间隔量子化的，记作：

$$E_v=\left(n+\frac{1}{2}\right)h\nu_v \tag{1.78}$$

式中，n 称为振动量子数。

需要指出，直线形分子少了 1 个转动自由度，所以，直线形分子有 $(3N-5)$ 个振动自由度，双原子分子只有1个振动自由度。

3. 分子振动的基本形式

分子的振动形式可以分为两大类：伸缩振动和弯曲振动。前者是指原子沿键轴方向的伸缩，振动过程中键长发生变化，而键角不变；后者是指原子垂直于化学键方向的振动，也就是键角发生周期变化但键长不变，又称变形振动。伸缩振动和弯曲振动可以表现为多种形式，如图1.33所示。

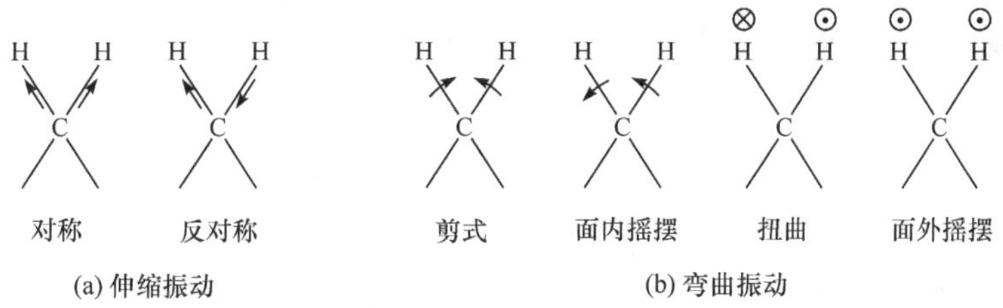

图1.33　亚甲基的各种振动形式

一般来说，弯曲振动比伸缩振动容易，所以振动频率较低。例如，C—H伸缩振动频率为90.0×10^{12} Hz，C—H弯曲振动频率为40.2×10^{12} Hz。

4. 振动能级的跃迁

根据辐射跃迁选择定则，振动能级每次只能改变一个能量子，即$\Delta n=\pm1$。于是

$$\Delta E_{\mathrm{v}}=h\nu_{\mathrm{v}} \tag{1.79}$$

可见，一个振动模式的能级之间发生的跃迁谱线只有1条，其频率就是该振动模式的频率ν_{v}。

由于多原子分子有$(3N-6)$个振动频率，意味着相应的跃迁谱线有$(3N-6)$条。直线形分子有$(3N-5)$个振动频率，相应的跃迁谱线有$(3N-5)$条。这些谱线距离很近，故形成所谓谱带。

1.4.3　分子转动能级与分子转动光谱

1. 分子转动能级

考虑两个原子的分子绕其质心转动。假设这两个原子的连接是刚性的，设转动惯量为I，转动能量可以表示为

$$E_{\mathrm{r}}=\frac{L^2}{2I} \tag{1.80}$$

L表示动量矩，因为动量矩的量子化规则如同式(1.52)所示，就有

$$E_{\mathrm{r}}=\frac{l(l+1)}{2I}\left(\frac{h}{2\pi}\right)^2 \qquad (l=0,1,2,\cdots) \tag{1.81}$$

式中，$l=0,1,2,\cdots$的能级分别记作$J_0,J_1,J_2,\cdots$

2. 转动能级的跃迁

由于辐射跃迁选择定则，$\Delta l=\pm 1$，限定了只能在相邻的两个转动能级之间发生辐射跃迁。于是

$$\Delta E_r=\frac{(l+2)(l+1)}{2I}\left(\frac{h}{2\pi}\right)^2-\frac{l(l+1)}{2I}\left(\frac{h}{2\pi}\right)^2=\frac{l+1}{I}\left(\frac{h}{2\pi}\right)^2 \tag{1.82}$$

可见，分子转动能级间隔不是等距的，而是随着角量子数 l 的增加而呈等差级数递增。相邻能级之间发生的跃迁谱线的波长表达式为

$$\lambda_r=\frac{hc}{\Delta E_r}=\frac{hcI}{l+1}\left(\frac{2\pi}{h}\right)^2 \tag{1.83}$$

例如，NaCl 分子最低三个转动能级（J_0、J_1、J_2、J_3 之间）的间隔分别为 53.7、107、161μeV，相应的吸收辐射的波长分别为 2.31、1.15、0.77cm。

由于分子的转动能级间距很小，即使在室温下，处于不同的转动能级的分子数相差并不太大，因此，可以在许多不同的相邻能级间发生转动跃迁，从而得到由一系列谱线组成的转动光谱。

分子中的原子跟着分子转动，在转动能级发生变化时，振动能级随之改变。所以分子中的一个振动能级上必定有许多间隔很小的转动能级。在一对振动能级发生跃迁时，不是产生对应于该能级差的一条谱线，而是产生由一组很密集的（其间隔与转动能级间距相当）谱线组成的光谱带。对于整个分子来说，就可以观察到相当于许多不同振动能级跃迁的若干个谱带。如果仪器的分辨率不高，则得到的就是一条连续谱带。所以振动光谱实际上是振动-转动光谱。

1.4.4 分子轨道能级和分子电子光谱

电子在分子轨道上运动，分子轨道随原子振动，同时又跟随分子一起转动。这三种不同的运动状态都对应有一定的能级。如不考虑这三种运动形式之间的相互作用，则分子的总能量可认为是这三种运动能量之和，即

$$E_{分子}=E_{电子}+E_{振动}+E_{转动} \tag{1.84}$$

分子能级是分子轨道能级、分子振动能级、分子转动能级的总和。图 1.34 为分子能级的示意图，图中 A 和 B 是两个分子轨道能级，A 为基态能级，记作 E_0，B 为激发态能级，记作 E_1。对于多数分子，分子轨道能级能量间隔较大，一般为 1～20eV。设分子有 m 个振动能级，则在原分子轨道能级 E_0 的基础上加上这些振动能级，变成 m 个能级 E_{00}、E_{01}、E_{02}、…、$E_{0(m-1)}$。原子振动能级的能量间隔约为 10^{-1} eV 量级。如果分子有 n 个转动能级，那么，在上述的每个能级的基础上又要加上这 n 个转动能级，分子转动能级通常在 10^{-2}eV 以下。如此，A 能级之上的这 $m\cdot n$ 个能级 E_{000}，E_{001}，E_{002}，…，E_{010}，E_{011}，E_{012}，…，$E_{0(m-1)(n-1)}$ 构成了 A 能带。同样，B 能级之上的 $m\cdot n$ 个能级构成 B 能带。

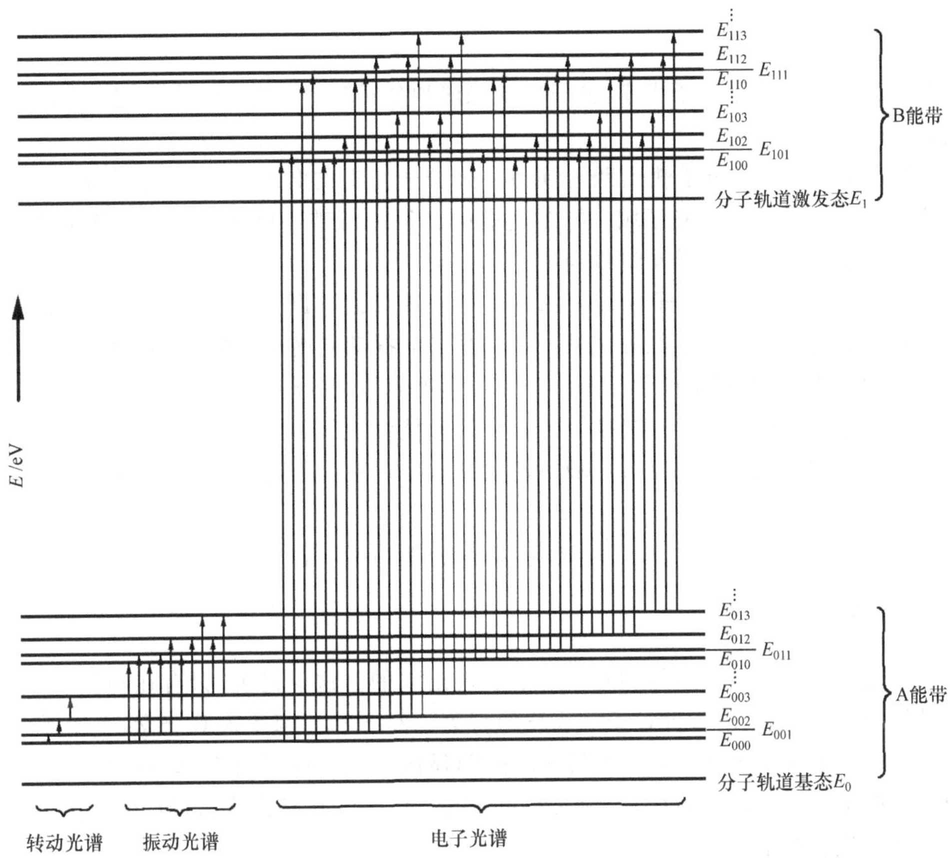

图 1.34　分子能级跃迁示意图

分子光谱产生的机理与原子光谱相同，是由分子能级之间的跃迁引起的。由于分子轨道之间的电子跃迁而产生的光谱称为分子电子光谱。在分子中，电子从 B 能级跃迁到 A 能级，实际上是 B 能级之上众多能级中的一个能级与 A 能级之上众多能级中的一个能级之间的跃迁。这些可能产生的谱线位置靠得非常近，用一般分辨率的仪器看起来好像是一些条带，称为谱带。所以，分子发生电子能级跃迁的同时，总是伴随着振动能级和转动能级的跃迁，分子电子光谱实际上是电子-振动-转动光谱，是复杂的带状光谱。

1.4.5　分子光谱

1. 分子的激发和电离

分子的激发或电离方法和原子一样，也可以通过高温、外来带电粒子的轰击以及辐射激发。

分子的电离现象比原子复杂。最简单的情况是分子失去一个电子，形成分子离子，如 O_2^+、CO_2^+ 等。分子电离能可以大于或小于它的原子的电离能。

2. 分子光谱

分子光谱包括分子电子光谱、分子振动光谱和分子转动光谱。综上所述，可以有如下结论：

(1) 当电子从一个分子轨道跃迁到另一个分子轨道的时候，产生电子光谱。电子光谱对应的是紫外光和可见光区域。电子光谱中的每一条谱带包含$(3N-6)$条振动谱带，每条振动谱带又是由许多转动谱线组成的。

(2) 当电子在同一个电子能级中的两个振动能级之间跃迁的时候产生振动光谱，振动光谱对应的是近红外和中红外区域。单一分子的振动光谱包含$(3N-6)$条因不同振动模式形成的谱带，其中每条谱带又是由许多位置更为靠近的转动谱线组成。

(3) 当电子在同一个振动能级中的两个转动能级之间跃迁的时候产生转动光谱，转动光谱对应远红外区域以及微波区域。转动光谱是一系列等频率间隔的谱线。

1.5 光与物质的相互作用

1.5.1 概述

光的性质是在光与物质的相互作用下表现出来的。这就是说，只有在与物质的相互作用过程中，光才表现出各种粒子的或波的行为。粒子和波都是宏观概念，在微观领域，不过是借用了这两个名词。光波和机械波的明显区别在于前者可在真空中行进，后者则必须在介质中传播。迄今为止，尽管人们对光的本性还没有充分认识，但已能清楚地了解光在各种光学装置中的行为。

关于光的行为，包括X射线，可以有如下认识：

(1) 光子，也称为电磁波，在真空中总是直线传播的，如果光在宇宙中孤立地行进，它将是稳定的，可以没有任何变化地通过数亿光年的空间。

(2) 光经过电场和磁场时不发生偏转。不同物体发出的光线独立传播，即使相交也互不影响。

(3) 光与物质遭遇，具体地说，是与原子核或电子遭遇，带电粒子在电磁场的作用下受迫振动，从而进入激发状态。值得指出的是，光子作为电磁场的能量载体，要么不与带电粒子发生作用，要么就是整个传递给带电粒子。光子没有损失部分能量的问题。

(4) 如果受迫振动的带电粒子不在粒子固有的能级状态，称为受激虚态。那么，该粒子振动的同时向外辐射电磁波，这个过程称为散射，好比把入射光子散射出去。宏观上的表现是光的传播方向发生了改变。如果带电粒子释放光子后回到原来的状态，散射光的频率与入射光的频率相同，则为相干散射。如果带电粒子释放光子后的能量状态与原来的状态有差异，散射光的频率与入射光不同，则为非相干散射。

(5) 如果受迫振动的带电粒子进入相对稳定的能量状态，这个过程是真吸收，即入射光子消失了，也无散射。当然，粒子处于高能状态只能是暂时的，接着将会有系列的后续过程，直到整个体系建立新的平衡状态。

(6) 在偏离入射光线方向上出现的光(包括反射光、折射光)称为衍射光。观察点所感受到的衍射光是所有相干散射波在该点叠加的结果。

(7) 通常情况下，光子主要与电子相互作用。不过，当光子能量很大的情况下，也有可能与原子核发生作用。例如，当光子的能量大于两倍电子静能时，可能在核的库仑场中转化成电子-正电子偶，就是所谓电子对效应；能量很高的光子还可以引起核反应。不过，本书所涉及的光都不足以有如此高的能量。

1.5.2　散射

1. 电子对光的非相干散射

光子与静止的自由电子碰撞而发生散射，必定伴随电子的反冲，电子获得动能，散射光子的频率必定低于入射光子的频率。这种现象是康普顿首先发现的，故称为康普顿效应。这种散射属于非相干散射，也称康普顿散射。

如图 1.35 所示为光子与自由电子的碰撞过程。其中，$\boldsymbol{p}_0$ 和 $\boldsymbol{p}$ 为入射光子和散射光子的动量，2θ 表示光子的散射角，即 $\boldsymbol{p}$ 和 $\boldsymbol{p}_0$ 的夹角；$\boldsymbol{p}_e$ 为电子反冲的动量，φ 表示反冲角，即 $\boldsymbol{p}_e$ 和 $\boldsymbol{p}_0$ 的夹角。根据动量守恒关系，有

$$p_e^2 = p_0^2 + p^2 - 2p_0 p\cos 2\theta \tag{1.85}$$

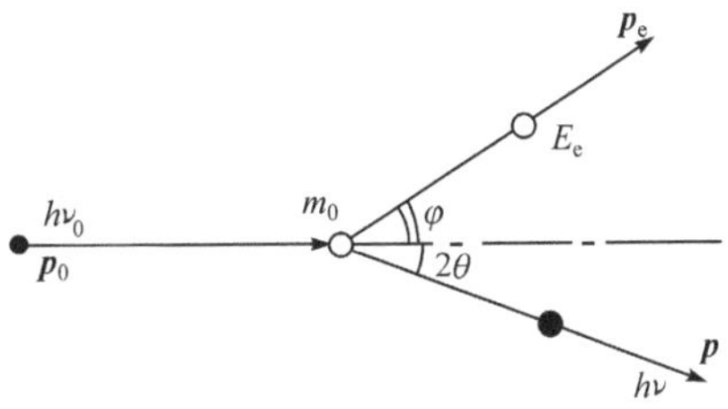

图 1.35　康普顿散射

由能量守恒关系，电子反冲动能等于散射光子与入射光子的能量差，即

$$E_e = p_0 c - pc \tag{1.86}$$

式中，c 为光速。根据相对论的动量-能量关系，电子的动能可以表示为

$$E_e = \sqrt{m_e^2 c^4 + p_e^2 c^2} - m_e c^2 \tag{1.87}$$

式中，m_e 为电子静质量。由式(1.86)和式(1.87)，可得

$$\frac{1}{p} - \frac{1}{p_0} = \frac{1-\cos 2\theta}{m_e c} \tag{1.88}$$

根据德布罗意关系式(1.4)，得

$$\Delta\lambda = \lambda - \lambda_0 = \frac{h}{m_e c}(1-\cos 2\theta) \tag{1.89}$$

式中，λ_0 和 λ 分别表示入射光和散射光的波长。当散射角 $2\theta = 90°$时，散射光波长的增量 $\Delta\lambda$ 定义为康普顿波长，用 λ_c 表示，即

$$\lambda_c = \frac{h}{m_e c} = 0.002426\text{nm} = 0.02426\text{Å} \tag{1.90}$$

上述结果说明，电子对光的散射光波长增量 $\Delta\lambda$ 仅仅取决于散射角 2θ，与入射光子的波长无关。可见光的波长与 λ_c 相比是很长的，看不到康普顿效应。实际上，只有波长很短的 X 射线才有比较明显的康普顿效应。所以，人们习惯把波长较短的 X 射线称为硬 X 射线，反之则称为软 X 射线，一般以 1Å 为界。

最后有必要说明：对于非相干散射，不宜理解为入射光子将部分能量传递给电子后散射，而应该理解为入射光子整个被电子吸收，紧接着，处在激发态的电子辐射光子并同时

发生反冲。

2. 电子对光的相干散射

当 $\Delta\lambda \ll \lambda_0$ 时，如在可见光、紫外光的入射情况下，电子的散射可以认为是相干散射。对于相干散射，经典理论认为，这是电子在光场中受迫振动而产生的电磁辐射，其强度可用汤姆孙(Thomson)散射公式描述。

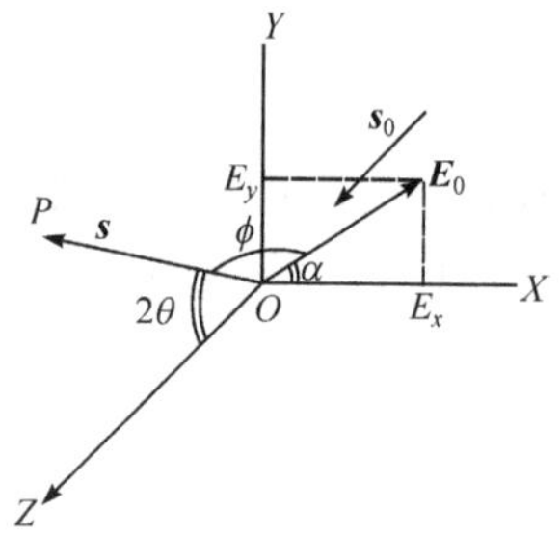

图 1.36　汤姆孙散射

如图 1.36 所示，电矢量为 $\boldsymbol{E}_0$ 的线偏振光沿 Z 轴入射，与位于 O 点的自由电子相遇而散射，则距离 O 点 R 处的 P 点的电场振幅表示为

$$E_e = E_0 \frac{r_e}{R} \cdot \sin\phi \tag{1.91}$$

式中，ϕ 表示入射光的电矢量 $\boldsymbol{E}_0$ 与散射方向 OP 的夹角；r_e 表示电子的经典半径。应该注意，r_e 定义为电子的经典半径，但这个常用的量并非真的是反映电子的大小，不过是一个由电子的一些基本常数组成的具有长度量纲的量。

$$r_e = \frac{e^2}{4\pi\varepsilon_0 m_e c^2} = 2.8179 \times 10^{-15}\,\mathrm{m} \tag{1.92}$$

式中，c 为光速；ε_0 为真空介电常数，$\varepsilon_0 = 8.8542 \times 10^{-12}\,\mathrm{C^2/(N \cdot m^2)}$；$m_e$ 为电子质量；e 为电子电量的绝对值。如果讨论核对光子的散射，m_e 和 e 应改作核的质量和电量，r_e 的值将因此减小上千倍，说明核对光的散射能力相对电子来说是极差的，故讨论物质对光子的散射实际上是以电子为散射单元的。

设立坐标系令 X 轴垂直于 ZOP。$\boldsymbol{E}_0$ 与 X 轴的夹角用 α 表示，OP 与 Z 轴的夹角(散射角)用 2θ 表示，则式(1.91)可改写成

$$E_e = E_0 \frac{r_e}{R} \sqrt{1 - \sin^2 2\theta \cdot \sin^2\alpha} \tag{1.93}$$

通常情况下，入射光是非偏振的，即 α 在 $0 \sim 2\pi$ 以均等概率取值。于是，光散射波的振幅应该等于 E_e 的平均值，用 ψ_e 表示，即

$$\psi_e = \psi_0 \frac{r_e}{R} \sqrt{\frac{1 + \cos^2 2\theta}{2}} \tag{1.94}$$

这就是非偏振光的汤姆孙散射公式，式中的根号项称为偏振因子，它说明入射偏振光的振动方向对散射波强度的影响，也说明非偏振的 X 射线经电子散射后，散射波被偏振化的程度。

上述分析表明，散射波是球面波，但在各个不同散射方向上的散射波的强度是不同的，ψ_e 是 2θ 的函数。

3. 原子的光散射

核对光的散射完全可以忽略，所以讨论原子的光散射就是讨论原子体系中电子的光散射。原子中的电子处于束缚状态，受到光子作用时不容易获得反冲。所以，原子对光的

散射基本上都属于相干散射。实际上，原子中只有价电子在硬 X 射线的作用下才能发生比较明显的康普顿效应。

1）原子对可见光的散射

可见光的波长远大于原子尺度，所以对于可见光来说，原子可以看做是点散射源。电子的散射波的振幅是原子中所有电子散射波的振幅之和。

可见光能量较小，所以对可见光来说，除了价电子外，核外电子几乎都处于紧束缚状况，而束缚电子的光散射会大大小于汤姆孙公式给出的强度。

2）原子对 X 射线的散射

对于 X 射线来说，波长比较短，位于原子不同位置的电子，散射波不一定同位相。X 射线的波长较短，必须考虑到核外电子云中不同位置的电子的散射波相互之间存在着一定的位相差，散射线强度会因此而减弱。

4. 分子的光散射

散射是带电粒子在光作用下受迫振动而产生的辐射。电子、原子以及分子的光散射都是这样产生的。然而，在分子或在晶体中，原子以固有频率 ν_i 振动（$i=1,2,\cdots$），极化率也以 ν_i 为频率作周期性变化。在频率为 ν_0 的入射光作用下，分子极化强度的振幅被调制，其频率成分除了 ν_0 之外，还有（$\nu_0+\nu_i$）和（$\nu_0-\nu_i$）。这就是说，分子将产生频率为 ν_0、（$\nu_0+\nu_i$）和（$\nu_0-\nu_i$）的散射光。其中，频率 ν_0 的散射属相干散射，称为瑞利散射；后两种频率的散射是非相干的，称为拉曼散射。

拉曼散射的强度比瑞利散射要弱得多。拉曼散射中，频率变低的散射称斯托克斯散射；频率变高的散射称反斯托克斯散射。

无论是哪一种散射，整个体系必定能量守恒。所以瑞利散射的前后，分子的振动、转动能级不变，散射光子的能量等于入射时的能量；拉曼散射前后，分子的振动、转动能级必定发生变化。

图 1.37 以双原子分子为例说明瑞利散射和拉曼散射。双原子分子只有一个振动频率 ν_1，它的能级 $E_1=(n+1/2)h\nu_1$，跃迁能量间隔 $\Delta E_1=h\nu_1$。通常原子处在振动基态。入射光子 $h\nu_0$ 使电子进入受激虚态，返回时产生 $h\nu_0$ 的辐射；如果电子进入受激虚态的时候，原子恰好从振动基态进入振动激发态，那么产生的将是 $h(\nu_0-\nu_1)$ 的光子。少数情况下原子处在振动激发态。当入射光子 $h\nu_0$ 使电子进入受激虚态的时候，如果原子仍处在

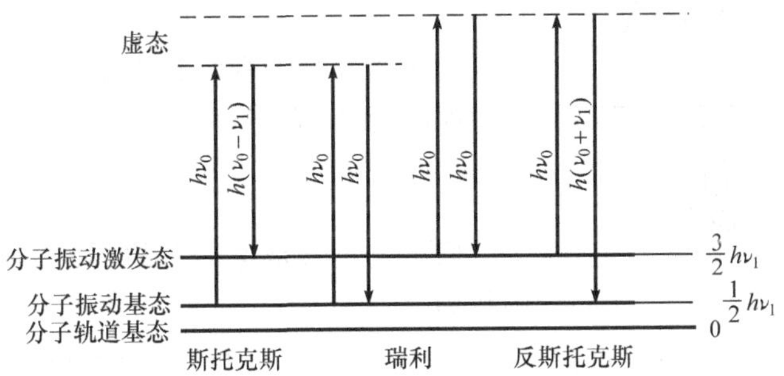

图 1.37 瑞利散射和拉曼散射

振动激发态，则产生 $h\nu_0$ 辐射；如果原子恰好从振动激发态进入振动基态，则产生能量为 $h(\nu_0+\nu_1)$ 的光子。

一般来说，斯托克斯散射的强度比反斯托克斯散射强得多。这是由于玻耳兹曼分布，处于振动基态上的粒子数远大于处于振动激发态上的粒子数。

拉曼散射和康普顿散射都属非相干散射，但两者不同。在康普顿散射中，入射光子的部分能量转变成电子的反冲能量，光子散射的能量只可能减小，不可能增加。在拉曼散射过程中，入射光子的部分能量转变成原子的振动能量；或者入射光子也可以吸收原子的振动能量。拉曼散射频率差 ν_i 与入射光频率 ν_0 无关，由散射物质的性质决定，每种散射物质都有自己特定的频率差。

1.5.3 原子散射因子

讨论原子的光散射就是讨论原子体系中电子的光散射，对 X 射线来说，可以把原子中的电子当作自由电子，所以可以根据汤姆孙散射公式计算原子对 X 射线的散射。

定义原子散射因子为一个原子的相干散射波振幅与一个电子的相干散射波振幅之比，即

$$f=\frac{\psi_a}{\psi_e} \tag{1.95}$$

计算原子散射因子，我们分两步考虑：首先，按自由电子计算核外电子对 X 射线的散射波振幅；然后，再考虑原子中各电子的束缚状态对 X 射线散射波振幅减弱的修正。显然，对可见光来说，这样做是不适宜的。

1. 假定电子为自由电子

设入射波及散射波的方向分别用 $\boldsymbol{s}_0$、$\boldsymbol{s}$ 表示。原子核所在的位置为 O，核外有 Z 个电子构成原子的核外电子云，电子云的电子数密度用 $\rho(\boldsymbol{r})$ 表示。在入射光的作用下，现在计算该原子的光散射波在远处的强度分布。

如图 1.38 所示，以 O 为原点建立直角坐标系 XYZ 和球坐标系 $r\phi\alpha$，令 $(\boldsymbol{s}-\boldsymbol{s}_0)$ 为 Z 轴。根据式(1.10)，若来自 O 处电子的光散射波用 ψ_e 表示，则来自 $\boldsymbol{r}$ 处的电子的光散射波应表示为

$$\psi=\psi_e e^{-2\pi i\frac{\boldsymbol{s}-\boldsymbol{s}_0}{\lambda}\cdot \boldsymbol{r}} \tag{1.96}$$

假定核外电子都是自由电子，那么整个原子的光散射波用 $(\psi_a)_0$ 表示，即

$$(\psi_a)_0=\psi_e\int_V \rho(\boldsymbol{r})\cdot e^{-2\pi i\frac{(\boldsymbol{s}-\boldsymbol{s}_0)}{\lambda}\cdot \boldsymbol{r}}\mathrm{d}V \tag{1.97}$$

假定电子云是球形对的，其径向电子数密度分布函数为

$$P(r)=4\pi r^2\rho(r) \tag{1.98}$$

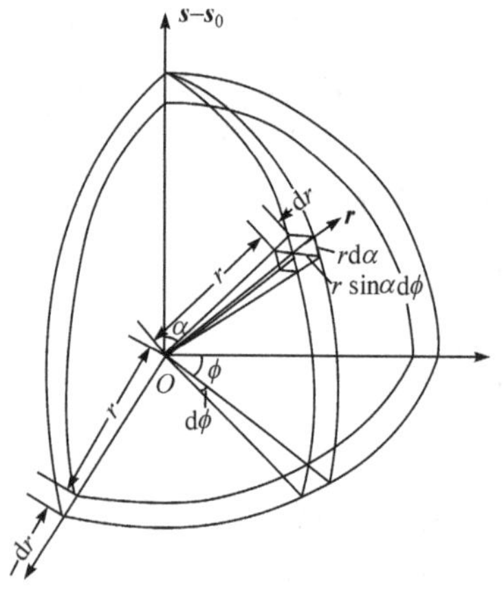

图 1.38 描述原子电子云的球坐标

在 $\boldsymbol{r}$ 处 $\mathrm{d}V$ 体积内电子出现的概率为

$$\rho(r)\mathrm{d}V=\frac{P(r)}{4\pi}\sin\alpha\cdot\mathrm{d}\alpha\,\mathrm{d}\phi\,\mathrm{d}r \tag{1.99}$$

将式(1.99)代入式(1.97)，由于 $\boldsymbol{r}$ 与 $(\boldsymbol{s}-\boldsymbol{s}_0)$ 的夹角为 α，故有

$$(\psi_a)_0=\psi_e\int_0^\infty\int_0^{2\pi}\int_0^\pi\frac{P(r)}{4\pi}\cdot e^{-\frac{4\pi i\sin\theta}{\lambda}\cdot r\cos\alpha}\sin\alpha\cdot\mathrm{d}\alpha\,\mathrm{d}\phi\,\mathrm{d}r \tag{1.100}$$

积分的结果是

$$(\psi_a)_0=\psi_e\int_0^\infty P(r)\frac{\sin[(4\pi r\sin\theta)/\lambda]}{(4\pi r\sin\theta)/\lambda}\mathrm{d}r \tag{1.101}$$

根据式(1.95)写出

$$f_0=\frac{(\psi_a)_0}{\psi_e}=\int_0^\infty P(r)\frac{\sin[(4\pi r\sin\theta)/\lambda]}{(4\pi r\sin\theta)/\lambda}\mathrm{d}r \tag{1.102}$$

f_0 与 f 的不同之处在于 f 是实际值，而 f_0 是把核外电子当作自由电子从理论上计算出来的。f_0 是 $\sin\theta/\lambda$ 的函数，因为 $\sin\theta/\lambda$ 的大小实际上对应了散射波之间的周相差大小。如图 1.39 所示的是 f_0 曲线，可以看出，只有在 $2\theta=0$ 的方向，$f_0=Z$，在其他散射方向，总是 $f_0<Z$，而且 f_0 是随着 $\sin\theta/\lambda$ 增大而减小的。反过来，根据 f_0 曲线，可以推算出原子中的电子分布密度函数。

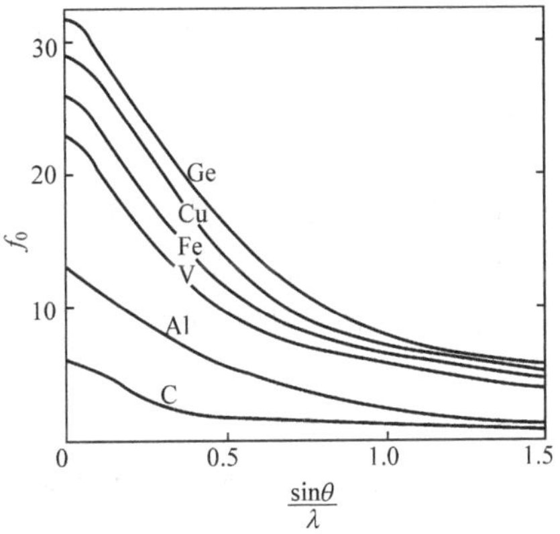

图 1.39　原子散射因子曲线

2. 电子处于束缚状态的修正

上述计算是在假定电子处于自由电子状态的基础上进行的。实际上，原子中的电子受核的束缚，束缚越紧的电子其散射能力和自由电子差别越大，散射波的周相也有不同。于是，原子散射因子需要在 f_0 的基础上修正如下：

$$f=f_0+\Delta f \tag{1.103}$$

Δf 称为修正项，它与入射 X 射线波长，以及与散射原子的核外电子束缚能有关。Δf 值可以用理论计算或用实验方法得到。实际上，唯有当入射光波长 λ 接近某吸收限时，会产生不可忽略的反常散射效应，应该用 Δf 给以修正。一般情况下，当 λ 远小于吸收限波长时，Δf 可以忽略不计；当 λ 远大于吸收限波长时，Δf 则趋于某个恒定值。

各元素的原子散射因子 f_0 以及修正项 Δf 的数值可以从附录中查到。因假设原子中电子云是球对称的，故 f_0 是实数；但严格地说，修正项 Δf 不一定是实数，故 f 也不一定是实数，其虚数部分是因为引入 Δf 而出现的。

3. 原子群体的光散射

设原子群体有 N 个原子，它们的位置用 $\boldsymbol{r}_1,\boldsymbol{r}_2,\cdots,\boldsymbol{r}_N$ 表示；入射波和散射波的方向分

别用 $\boldsymbol{s}_0$ 和 $\boldsymbol{s}$ 表示。对远处的观察点而言，若来自原点 O 处原子的散射波用 ψ_0 表示，来自 $\boldsymbol{r}_j$ 处的原子的散射波表示为 ψ_j，那么，全部 N 个原子对入射波的散射波的合成振动表示为

$$\psi=\sum_{n=1}^{N}\psi_j \tag{1.104}$$

1.5.4 吸收与衰减

照射到物质上的光，在与物质相互作用的过程中被散射或被吸收，剩下的部分则沿入射线束方向透过物质连续向前传播，这就是衰减与透射。光所通过的物体常称为吸收体。光子经过吸收体，一旦被吸收就消失。

除了真空，没有一种介质对任何波长的电磁波都是完全透明的。任何物质都是对某些范围内的光透明，而对另一些范围内的光不透明。选择吸收是物质的普遍性质。例如，石英对可见光几乎是完全透明的，但对部分红外光（波长为 3.5～5.0μm）却是不透明的。X 射线穿透性强，可透过纸、木头、铝等物质，但却难以通过铅玻璃。

1. 朗伯定律

介质对光的吸收，实质上是介质中的原子对入射光子的吸收，所以光的衰减取决于光所遭遇的吸光物质的原子数量，而这种原子数量与该物质的浓度成正比，与物质层的厚度成正比。可归结为朗伯-比尔定律，记作：

$$\frac{\mathrm{d}I}{I}=-\mu_{\mathrm{m}}c\,\mathrm{d}x \tag{1.105}$$

式中，$\mathrm{d}x$ 为介质薄层的厚度；$\mathrm{d}I/I$ 表示光通过 $\mathrm{d}x$ 介质层后的衰减率；c 表示介质中吸光物质的浓度或密度；μ_{m} 为比例系数，与波长有关。

此式积分，可求得厚度为 t 的吸收体的透射率

$$\frac{I}{I_0}=\mathrm{e}^{-\mu_{\mathrm{m}}ct}=\mathrm{e}^{-\mu t} \tag{1.106}$$

式中，I_0 为入射光强度；I 为透射光强度；μ 为线吸收系数，其物理意义是单位厚度的吸收体对入射光的衰减率，其量纲应该是长度的倒数，通常是 cm^{-1}。

定义吸光度用 A 表示，记作：

$$A=\lg\frac{I_0}{I}=\mu t \tag{1.107}$$

2. 质量吸收系数和摩尔吸收系数

比例系数 μ_{m} 的物理意义是单位浓度单位厚度的介质对入射光的衰减率。因为浓度有多种表示法，所以 μ_{m} 也有相应的表示法。最常用的有质量吸收系数和摩尔吸收系数。

对于纯物质而言，c 等于该物质的质量密度 ρ，单位 $\mathrm{g/cm^3}$；则 μ_{m} 称为质量吸收系数，单位 $\mathrm{cm^2/g}$。

对于溶液而言，若用 c 代表物质的量浓度，单位 mol/L；则 μ_m 称为摩尔吸收系数，单位 L/(mol · cm)。顺便指出，μ_m 在表示摩尔吸收系数的时候，习惯使用符号 ε。

应该注意的是：

(1) 对可见光来说，吸收光的主要是价电子。所以 μ_m 与介质的元素组成及其化合状态、温度及入射光波长等因素有关。

(2) 对X射线来说，吸收X射线的主要是内层电子，而原子的内层结构是十分稳定的。所以，X射线的质量吸收系数只与介质的元素组成 Z 及入射光波长 λ 有关，而与介质的化学状态及物理状态无关。

图1.40表示铂的X射线的质量吸收系数与波长 λ 的关系。图中可见，当波长 λ 在某些数值时，吸收系数产生一个突变，这是由于入射光子能量 $h\nu$ 达到了激发该元素某壳层电子的数值，从而大量地被消耗在这种激发上面。这种发生突变吸收的波长称为吸收限波长。例如，出现K壳层电子跃迁的波长称为K吸收限波长，即

$$\lambda_K = \frac{hc}{W_K} \tag{1.108}$$

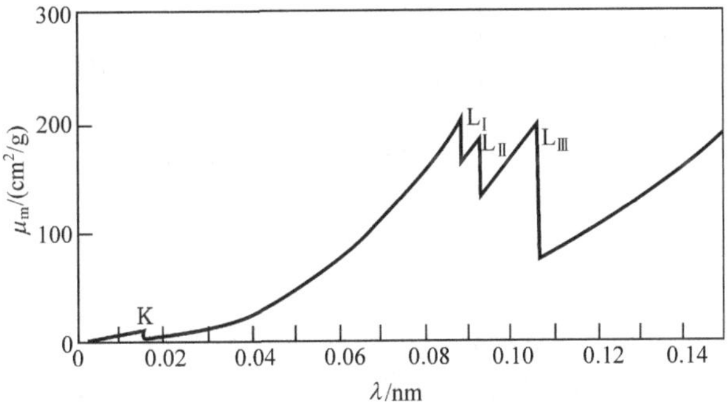

图1.40 铂的质量吸收系数与波长的关系

利用物质对X射线吸收存在吸收限这一特性，可以设计滤波片材料以便选择性地吸收某种辐射。

附录Ⅴ中给出各种元素物质对X射线的质量吸收系数。相邻吸收限之间，质量吸收系数 μ_m 大致与X射线波长 λ 的三次方成正比。

3. 吸收系数的加和性

单色光在通过吸收介质时，如果吸收介质中同时含有几种吸光物质，只要这些吸光物质之间无相互作用，则该吸收介质的吸收系数等于介质中各组分吸收系数之和，即

$$\mu = \mu_1 + \mu_2 + \mu_3 + \cdots = \sum_{j=1}^{n} (\mu_m)_j c_j \tag{1.109}$$

应用吸收系数的加和性要注意：

(1) 要求吸光物质之间无相互作用。首先，需要确认介质中各组分间不会发生化学反应；其次，溶液浓度不能太高(大于0.01mol/L)，否则，由于吸光物质的分子或离子之间的平均距离缩小，以致相邻分子或离子的电荷分布相互影响，从而使它们对光的吸收能力

发生改变,结果是吸收系数与浓度之间的线性关系发生偏离。

(2) 波长确定时,X 射线的质量吸收系数只与吸收体的元素种类有关,故对 X 射线而言,吸收系数总是具有加和性,并且式(1.109)可改写成

$$\mu = \rho\mu_m = \rho\sum_{j=1}^{n}(\mu_m)_j W_j \tag{1.110}$$

式中,ρ 为吸收体的质量密度;$W_1, W_2, \cdots, W_n$ 为吸收体中各元素的质量分数。

1.5.5 吸收体的物理效应

图 1.41 表示 X 射线通过吸收体时的一些物理效应。可见光光子能量较低,但与物质相互作用的情况是类似的。

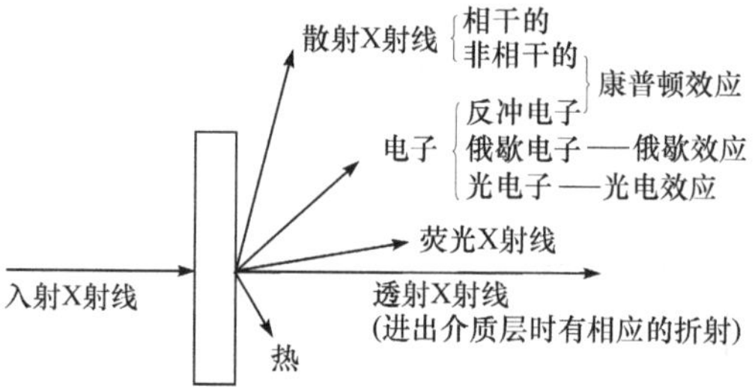

图 1.41 X 射线通过吸收体的物理效应

1. 共振辐射

入射光子使原子进入激发态,接着原子释放同频率的光子,这种现象称为共振辐射。从图 1.20 的钠原子能级图可以看到,一个钠原子发射的波长 589.0nm 或 589.6nm 的光子可以被另一个处于基态的钠原子吸收,在它返回基态时将发出同等波长的辐射。要注意的是 X 射线一般没有共振辐射的问题,参见图 1.21,假如某原子发射一个 $K_{\alpha1}$ 光子,它无法使另一个同类原子的 K 电子进入 $L_{Ⅲ}$ 能级,因为 $L_{Ⅲ}$ 能级中没有空位。于是,自然不可能产生 $K_{\alpha1}$ 辐射。

2. 光电效应

可见光能将价电子打出成为光电子,X 射线则还可以使内层电子成为光电子。产生光电效应的条件是入射光子的能量 $h\nu$ 必须大于电子的束缚能 W_q,用 E_k 表示光电子能量,则有

$$E_k = h\nu - W_q \tag{1.111}$$

3. 荧光效应与俄歇效应

光照射使原子激发或电离,如果产生的特征辐射与入射光波长不同,称为荧光辐射,也称光致发光,或二次辐射。二次辐射和初级辐射本质上没有区别,唯一不同的是原子激发或电离形成的方式不同,一个是光照射所致,一个是粒子轰击所致。

吸收体产生的荧光辐射若在可见光范围,该吸收体的材料往往称为荧光材料。另一

种常见的光致发光现象是磷光，荧光是在光照停止后几乎立即消失，激发态寿命约10^{-8}s；而磷光则能持续一段时间，其寿命是以秒、分甚至以小时计的。

俄歇效应仅仅是在内层电子激发后才可能出现的现象，因此在电磁辐射中，只有 X 射线和 γ 射线才可能导致俄歇效应。

4. 热效应

在稠密的气体、液体和固体中，在光照射下，吸收体吸收入射光及二次辐射的能量，产生各种电子（光电子、反冲电子、俄歇电子）的发射，其能量很快可以通过与分子的碰撞耗散掉，最终转变成热能。

5. 生物效应

辐射与生物体的相互作用是极其复杂的。过量的辐射，包括太阳光、X 射线，会导致生物组织的破坏。在中度照射的情况下，这种破坏表现为灼伤，正如通常的太阳晒伤的情况那样。重度的照射可以通过各种机理引起放射性疾病甚至死亡，其中之一是破坏制造红血球的骨髓中的成分。

事实上，来自太阳光、宇宙射线和天然放射性的辐射处处都有，因而生物体受到辐射是不可避免的。有证据表明，如果照射程度比来自天然辐射源的照射大 10～100 倍，人体尚不至于受到伤害。因此，接触辐射的工作人员，应该注意辐射照射的安全限度。

1.6　带电粒子在电磁场中的运动

带电粒子与电磁场的相互作用是一个相当复杂的问题。等速运动的带电粒子能量不变，不会产生辐射；但当带电粒子加速运动时，依附于它的电磁场随之变化，会有一部分电磁场辐射出去，这是粒子运动对场的影响。另一个方面就是电磁场对粒子的作用，包括粒子自己产生的场，这个作用由洛伦兹力表示。

1.6.1　带电粒子的电磁辐射

带电粒子有加速度时就会产生辐射，无论加速度是正或是负，加速度数值越大辐射越强，而且是平方关系，辐射强度还与粒子速度有关，速度越大辐射越强。

热运动可使带电粒子产生速度和加速度导致辐射，这就是热辐射。然而，带电粒子在电场中容易获得相对于热运动来说是很高的速度和加速度，带电粒子因此引起的辐射常称为韧致辐射。

显然，无论是热运动或是电场加速，带电粒子的能量是有限的，而粒子所产生的辐射能又不会超过它原来的能量，因此热辐射或韧致辐射的光谱在短波方向是有限的，这就是所谓的短波限。相应的波长称短波限波长，用 $\lambda_{\min}$ 表示。设带电粒子的最大能量为 $E_{\max}$，由式(1.3)得

$$\lambda_{\min}=\frac{hc}{E_{\max}} \tag{1.112}$$

带电粒子能量越高，产生韧致辐射的波长越短。以大约 GV 的电压工作的回旋加速器能产生 10^{-5} Å 的辐射，这或许是人类目前所能得到的波长最短的 X 射线。

1.6.2　电磁场对带电粒子的作用

电磁场对粒子的作用通常由洛伦兹力表示：

$$f=q\cdot(\boldsymbol{E}+\boldsymbol{v}\times\boldsymbol{B}) \tag{1.113}$$

式中，q 为带电粒子电量；$\boldsymbol{v}$ 为带电粒子速度；$\boldsymbol{E}$ 为电场强度；$\boldsymbol{B}$ 为磁感应强度。

从式(1.113)可知，带电粒子在电场中运动，当粒子的运动方向上有电场力的分量时，电场对带电粒子做功，粒子能量增加。如果电场力与粒子的运动方向垂直，电场力对粒子不做功，但可产生加速度改变粒子运动的方向。带电粒子在磁场中运动，磁场力始终与粒子的运动方向垂直，磁场对粒子不做功，但同样可产生加速度改变粒子的运动方向。于是，如上所述，只要带电粒子有加速度，就会产生相应的辐射，而使运动粒子逐渐损失掉其能量。应该指出，这个对自由的带电粒子无疑是正确的结论，不一定是普遍适用的。例如，原子核外电子就不适用这个结论，因为核外电子在各自的能级中运动，其能量是量子化的，不会逐渐取得或失去能量。

只有电场才能使带电粒子加速。当然，粒子在从电场中获得能量加速运动的同时，又要因辐射而失去能量，而且速度越高辐射损失越大，粒子要持续加速就必须从电磁场获得越来越多的能量。因此，要使高速带电粒子继续加速是比较困难的。

如果有初始动能为零的电子，在电场中从电位为零的地方开始运动，当它到达电位为 U 的地方时，电子动能的增加等于电场力所做的功，即

$$E=eU \tag{1.114}$$

U 通常称为加速电压。在阴极射线管中，加速电压就是阳极和阴极间的电位差，一般是几千、几十千伏以上的高压。来自阴极的电子的初始动能是很小的，仅几个电子伏特，故完全可以认为当它们到达阳极时的动能 E 就等于 eU。

1.6.3　电子透镜

电子不能凭借光学透镜会聚或发散，但可以在电场或磁场力的作用下改变运动方向，从而达到会聚或发散的目的。产生这种电场或磁场的装置称电子透镜。前者称为电透镜或静电透镜，后者称为磁透镜。磁透镜中，以电磁线圈产生磁场的又称电磁透镜。

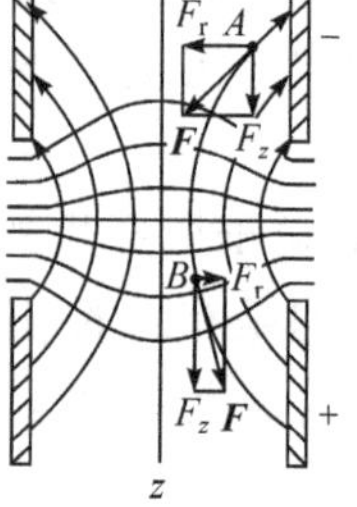

图 1.42　静电透镜原理图

1. 静电透镜

一对电位不等的圆筒可以构成一个最简单的静电透镜，其轴向剖面如图 1.42 所示。在垂直于电力线的方向上可以画出等电位曲面簇，其形状类似于凸透镜。假设有一个电子沿主轴方向(或有一定夹角)进入电场。

那么，电子在任一个等位面上所受的电场力垂直于等位面，如图 1.42 中 A 点表示的，这个力用 F 表示，其轴向分量 F_z

使电子沿轴向加速，其径向分量 F_r 则使电子向着轴的方向偏转。不过，当电子运动通过中间部分以后，情况有所变化，如图 1.42 中 B 点表示的，这时电场作用力的径向分量 F_r 使电子向着离开轴的方向偏转。要注意的是电子在电场中始终是在作加速运动的，电子从进入电场到达中间部位的时间长，而从中间部位到离开电场的时间短。因此，总起来说，向轴的偏转占优势。所以，图中所示的透镜是会聚的。

2. 电磁透镜

如图 1.43(a) 所示就是一个短磁线圈激磁的磁透镜剖面图。磁场呈轴对称，其等磁位面的形状与光学透镜的界面相似。磁场中任一点磁感应强度，可以分解为沿透镜主轴的轴向分量 B_z 及垂直主轴的径向分量 B_r。设一个电子沿主轴方向(或有一定夹角)射入磁场，电子速度为 v。如果它的入射轨迹与主轴重合，因主轴上 $B_r=0$，故电子不受磁场力的作用，运动速度的大小及方向都不变。至于其他不在主轴上或与主轴有一定夹角的入射电子，以图中 A 点为例，受到磁场径向分量 B_r 的作用，使电子获得垂直于磁力线所在平面的速度 v_τ，开始作圆柱螺旋运动。在电子作圆周运动的同时，因 $v_\tau \perp B_z$，磁场力使电子向轴偏转，结果使电子作圆锥螺旋运动。这说明，平行于主轴的入射电子束通过电磁透镜后将聚焦在主轴上一点 F，如图 1.43(b)所示。与光学透镜不同的是，电子在电磁透镜中聚焦的同时会产生旋转，形成所谓的磁转角 Φ。

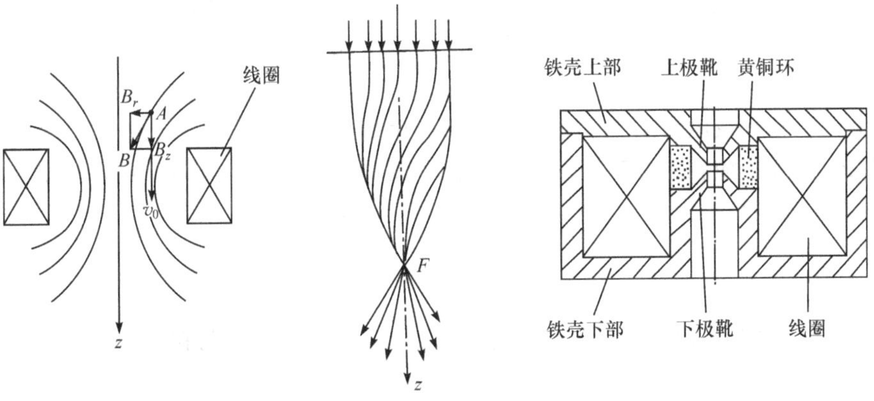

(a) 电子在短线圈磁场中所受的力　(b) 电子运动轨迹　(c) 实用磁透镜剖面图

图 1.43　电子通过磁透镜时所受的力及其运动轨迹

容易分析，改变磁场方向并不改变磁场对电子束的聚焦作用。这意味着，电磁透镜总是会聚透镜。

如果将短线圈装在由软磁材料制成的具有内环形间隙的壳子里，再加一个顶端成圆锥状的极靴，如图 1.43(c)所示，当线圈通过电流时，极靴间隙附近能形成相当强的磁场，极靴间隙很小(约 1mm)，故有效磁场集中在沿透镜轴仅几个毫米的范围内。磁场是非均匀的，越靠近间隙强度越高。极靴间隙附近磁感应强度越高，对电子的折射能力越大，透镜焦距越短。如果磁透镜的磁场范围比焦距小很多，就称为“短磁透镜”。短磁透镜类似于光学中的“薄透镜”，电子在其中的运动轨迹可用折线近似表示。

电磁透镜是一种可变焦距的会聚透镜，因为只要改变电磁线圈中的激磁电流，就可以相应地改变电磁透镜的焦距，从而相应地改变放大倍数，这给电镜的使用带来很大方便。比较起来，光学透镜的焦距是不易变更的。

1.7　带电粒子与物质的相互作用

1.7.1　概述

本书讨论的带电粒子的能量范围，大致从 1eV 到 1MeV，即高于粒子热运动的能量，低于发生核反应的能量，这个能量范围的带电粒子称为快速带电粒子。电子和离子都是带电粒子，它们的明显差别在于电子质量远小于离子质量。入射粒子作用的物质，习惯上称为靶。

带电粒子与物质的相互作用，就是与原子核及核外电子的相互碰撞。因此，二体碰撞是讨论带电粒子相互作用问题的基础。碰撞导致入射粒子运动方向的改变，称为散射。

1. 弹性散射与非弹性散射

带电粒子与原子碰撞，实质上是带电粒子在核及核外电子的库仑场作用下发生散射。散射可以是弹性的，也可以是非弹性的。

带电粒子与核或电子碰撞，如果仅仅引起的核或电子的反冲，那么，这种碰撞是弹性的，但对入射粒子而言，能量还是有所损失的。带电粒子的能量部分地转变成了原子的反冲动能。

带电粒子与核或电子碰撞过程中，如果产生辐射，或者使原子(或分子)激发(或电离)。那么，这种碰撞就是非弹性的。带电粒子的能量转变为辐射能，或者转变为原子的激发能(或电离能)。

2. 电离损失

带电粒子在散射过程中使原子(或分子)激发或者电离。入射粒子的这种能量损失称为电离损失。

带电粒子在靶体中的电离损失用$(\mathrm{d}E/\mathrm{d}x)_{\mathrm{ion}}$表示。就是带电粒子在单位路程上使靶体中的原子(或分子)激发或电离而损失的能量。电离损失对于离子和电子是不同的，但为了简单起见，抽取它们的相似之处，可给出近似的关系为

$$\left(-\frac{\mathrm{d}E}{\mathrm{d}x}\right)_{\mathrm{ion}} \propto \frac{NZz^2}{v^2} \tag{1.115}$$

式中，z、v 为入射粒子电荷数、速度；Z、N 为靶体的原子序数、原子数密度。

式(1.115)表明，对于电荷相同的入射粒子，只要它们的速度相同，电离损失就一样。这是因为靶体中电子获得的能量是与入射粒子的速度成正比的，好比力学中两球碰撞的问题：大球碰小球，小球获得的最大速度总是大球速度的两倍；小球碰小球，则差不多是速度交换。

3. 辐射损失

带电粒子在原子核附近经过时，受库仑力的作用，偏离原来的运动方向，同时产生韧致辐射。带电粒子因辐射效应损失的能量，称为辐射损失。

带电粒子在靶体中的辐射损失用$(\mathrm{d}E/\mathrm{d}x)_{\mathrm{rad}}$表示。就是在单位路程上因辐射而损失的能量。由辐射的量子力学理论可得，在入射粒子能量$E \ll m_0c^2$的情况下，辐射损失为

$$\left(-\frac{\mathrm{d}E}{\mathrm{d}x}\right)_{\mathrm{rad}} \propto \frac{NZ^2z^2}{m_0^2} \tag{1.116}$$

式中，m_0、z为入射粒子的质量、电荷数；Z、N为靶体的原子序数、原子数密度。可见，带电粒子的辐射损失与其质量的平方成反比，与靶体原子序数的平方成正比。

当高速带电粒子轰击靶材时，带电粒子在将其能量传递给靶原子的同时，速度的剧变引起很强的韧致辐射。随着粒子速度降低，辐射强度随之下降，直至粒子能量损失殆尽。事实上，粒子与靶原子碰撞，大部分能量是传递给了靶原子并最后转变成热，只一小部分能量转变为辐射能。因为碰撞过程中粒子受力的随机性，粒子在整个过程中可能只产生一次辐射，也可能产生多次辐射。因为在这种辐射产生的过程中，粒子的速度和加速度的大小是随机的，故韧致辐射的光谱是连续光谱。

4. 小结

关于电离损失和辐射损失，可以归结以下几点：

(1) 离子(特别是重离子)的辐射损失是非常小的，入射离子的能量损失主要是电离损失。

(2) 在通常情况下，只有质量很小的高能电子才能产生比较显著的韧致辐射；而且，电子轰击重元素靶，容易得到较强的韧致辐射。

(3) 当入射电子能量E_{k}较低时，电离损失是主要的。辐射损失随E_{k}的增加而增加，而电离损失随E_{k}的增加而减少。入射电子大约要到几十个 MeV，甚至更高的情况下，辐射能量损失才逐渐超过电离损失。

(4) 电离损失和Z成正比，辐射损失则近似和Z^2成正比，因此靶体若是由重元素构成，则辐射损失相对于电离损失就较大。

(5) 带电粒子的电离损失与其入射速度的平方成反比。当带电粒子进入靶体后，起初能量较高，电离损失较小，随着入射粒子的能量损失，电离损失越来越大。

(6) 在同样的靶体中，入射离子的电离损失远大于同等能量的入射电子，因为电子的速度比较同能量离子的速度要大得多。这意味着入射离子使原子电离的能力比电子大得多。

1.7.2 带电粒子的射程

带电粒子在靶体中的散射过程是一种随机过程。每次散射后都使其运动方向改变。在经过多次散射后，入射粒子的能量损失殆尽，不再产生其他效应，最后被靶吸收(停在靶体内部)，如图 1.44 所示。入射粒子在原来运动方向上所达到的最大距离称为该粒子在靶体中的射程或投影射程，用R_{p}表示。射程和路程的概念不一样，路程是指粒子经过的

实际路径的长度。重带电粒子在空气中几乎是直线前进，射程和路程大致相等；但在一般情况下，实际路径可能是十分曲折的，因此一般来说，射程要比路程短得多。

电子在靶体中的路径十分曲折，因而其射程很难从理论上讨论，电子的射程与能量的关系一般都是通过实验确定的。

如果入射粒子在靶体中累积的总散射角小于90°，则它可以穿透靶体而从另一面逸出，称为透射。图1.45表示单能电子束的透射率 I/I_0 与靶体厚度 t 的关系。可以看到，电子的透射率随靶体厚度的增加而减小。由透射率曲线中部接近直线的部分外推至 $I/I_0=0$ 处，与此相应的靶体厚度 R_p 就定义为该单能电子的射程。如图1.46所示是电子束在铝中的射程与其初动能的关系。

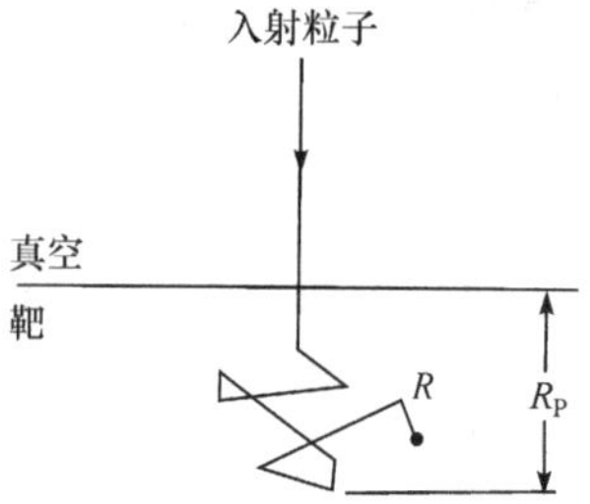

图1.44　粒子的射程

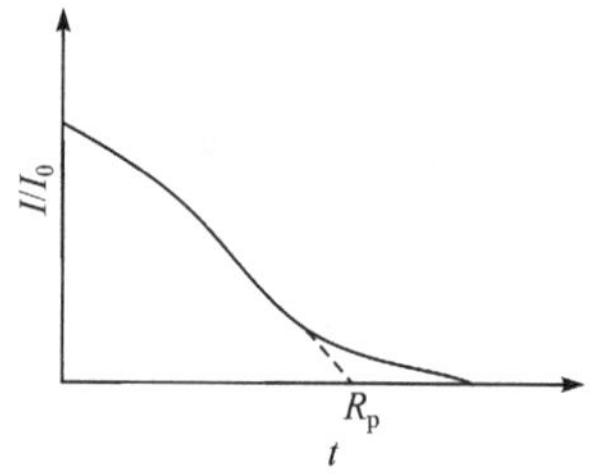

图1.45　电子束透射率与吸收体厚度关系

离子在靶体中的射程远小于电子，入射离子越重，射程越短。图1.47给出钠、钾离子在 Ta_2O_5 内的平均射程与离子能量的关系。

单晶中的原子规则排列，因此当入射粒子沿某些特定方向射入时，可能遇到敞开的沟道，这时，粒子不与表面的晶格原子发生激烈碰撞，仅在微弱碰撞中稍稍改变运动方向而进入晶格内部较深处，这种现象称为沟道效应。

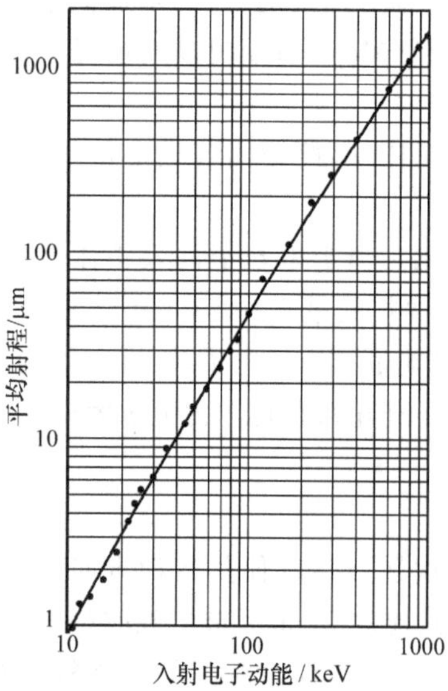

图1.46　电子束在铝中的射程

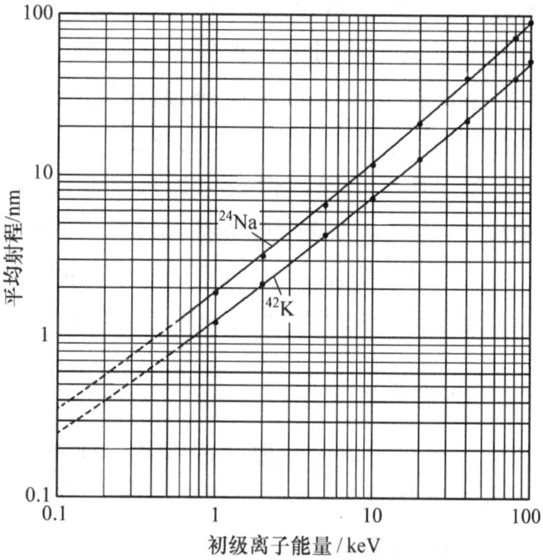

图1.47　^{24}Na、^{42}K 在 Ta_2O_5 中的射程

1.7.3 电子的相干散射

电子能量没有损失，即电子波长没有变化的散射称为电子相干散射。

电子的质量远小于核的质量，故可认为在电子与核的碰撞过程中，电子不损失能量。像力学中“小球碰大球”的问题，大球不动，小球几乎不损失能量。所以，核对电子的散射一般可视作弹性散射；低能量的电子与紧束缚电子碰撞也可认为是弹性散射，只要在碰撞过程中，入射电子不能传递足够的能量使核外电子激发或电离。

原子对入射电子波的散射，主要是核的库仑场作用，不过在此基础上，还要考虑核外电子对核的屏蔽作用。由于核的正电荷远比核外电子的负电荷分布集中，故原子静电场的电位分布 $U(r)$ 总是正的，它与入射电子的平均相互作用总是吸引的。

1. 核对电子的散射

核对电子的散射可用经典的卢瑟福散射模型描述，如图1.48所示。

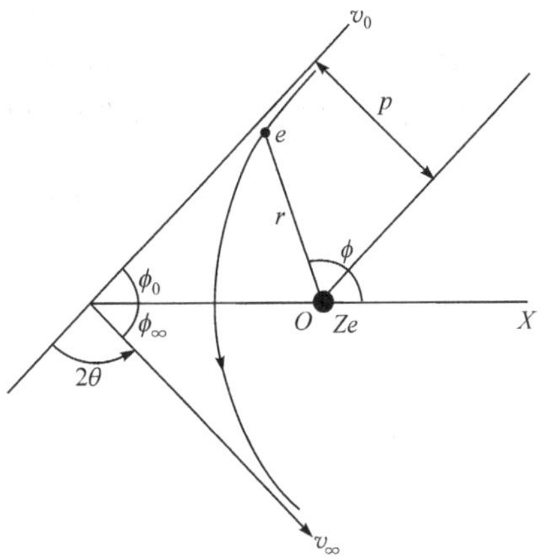

图1.48　核对电子散射的卢瑟福散射模型

设核的原子序数为 Z，电子质量为 m_e，电子远离核时的初始速率为 v_0，电子最初的入射轨迹与原子核的距离(瞄准距离)为 p。

假设在散射过程中核静止不动，故以核为原点 O 建立极坐标，电子接近核时受核的引力作用而偏转，其位置用 r、ϕ 表示。

根据能量和动量守恒定律，在极坐标系统中描述的电子运动方程表示为

$$\left.\begin{aligned}&\frac{1}{2}m_e v_0^2=\frac{1}{2}m_e\left[\left(\frac{dr}{dt}\right)^2+\left(r\frac{d\phi}{dt}\right)^2\right]-\frac{Zr_e}{r}m_e c^2\\&m_e v_0 p=m_e\left(r\frac{d\phi}{dt}\right)r\end{aligned}\right\}\tag{1.117}$$

式中，r_e 为电子的经典半径。解此方程，可得电子运动轨迹的方程式为

$$r=\frac{a}{b\cos\phi-1}\tag{1.118}$$

这是双曲线的极坐标方程，其中，

$$a=-\frac{p^2v_0^2}{Zc^2r_e}\tag{1.119}$$

$$b^2=1+\frac{p^2v_0^4}{Z^2c^4r_e^2}\tag{1.120}$$

当 $r\to\infty$ 可得到电子最初入射时 ϕ_0 值，以及最终远离核时的 ϕ_∞ 值，即

$$\left.\begin{aligned}&\phi_0=\arccos(b^{-1})\\&\phi_\infty=-\arccos(b^{-1})\end{aligned}\right\}\tag{1.121}$$

从而求得电子的散射角为

$$2\theta=(\phi_{\infty}-\phi_{0})-\pi=2\arctan\left(\frac{c^2}{v_0^2}\frac{Zr_e}{p}\right) \tag{1.122}$$

即

$$p=\frac{c^2}{v_0^2}\frac{Zr_e}{\tan\theta} \tag{1.123}$$

以上两式说明，核电荷数越大，入射电子速度越小，瞄准距离越近，则散射角 2θ 越大。在 Z 和 v_0 确定的条件下，凡是瞄准距离小于 p 的入射电子，其散射角大于 2θ。这就好比核是一个面积为 $\sigma_n=\pi p^2$ 的小圆盘，若入射电子打在这个圆盘上，就会被散射到 2θ 以外。

设入射电子波的强度为 I_0，则在单位时间内核所散射的散射角大于 2θ 的电子数为

$$I_0\sigma_n=I_0\pi\left(\frac{c^2}{v_0^2}\frac{Zr_e}{\tan\theta}\right)^2 \tag{1.124}$$

由德布罗意关系，式(1.124)也可写成

$$I_0\sigma_n=I_0\pi\left(\frac{m_e^2c^2\lambda^2}{h^2}\frac{Zr_e}{\tan\theta}\right)^2 \tag{1.125}$$

单位时间内，散射角在 $2\theta\to2\theta+\Delta(2\theta)$ 范围内的电子数为

$$\Delta(I_0\sigma_n)=I_0\pi\frac{m_e^4c^4\lambda^4Z^2r_e^2}{h^4}\frac{\cos\theta}{\sin^3\theta}\Delta(2\theta) \tag{1.126}$$

离核 R 处的散射角为 $2\theta\to2\theta+\Delta(2\theta)$ 的圆环面积等于 $2\pi R^2\cdot\sin(2\theta)\Delta(2\theta)$，所以离核 R 处的散射角为 2θ 的电子散射波强度应为

$$I_n=I_0\frac{m_e^4c^4r_e^2}{4h^4R^2}\left(\frac{\lambda}{\sin\theta}\right)^4Z^2 \tag{1.127}$$

或者说，离核 R 处的散射角为 2θ 的电子散射波振幅为

$$\psi_n=\psi_0\frac{m_0^2c^2r_e}{2h^2R}\left(\frac{\lambda}{\sin\theta}\right)^2Z \tag{1.128}$$

2. 核外束缚电子对电子的散射

核外的紧束缚电子和原子可以认为是一个整体，在散射过程中保持不动。如此，用上述核对电子散射的同样的方法求得一个被束缚的电子对入射电子的散射波应该是

$$\psi_e=\psi_0\frac{m_0^2c^2r_e}{2h^2R}\left(\frac{\lambda}{\sin\theta}\right)^2 \tag{1.129}$$

3. 原子对电子的散射

设入射波和散射波的方向分别用 $\boldsymbol{s}_0$、$\boldsymbol{s}$ 表示，原子核所在的位置为 O，核外有 Z 个电子构成原子的核外电子云，电子云的电子数密度用 $\rho(\boldsymbol{r})$ 表示。在入射电子波的作用下，现在计算该原子的散射波在远处的强度分布。

若位于 O 点的电子的电子散射波用 ψ_e 表示，则位于 $\boldsymbol{r}$ 处电子的散射波为

$$\psi_r=\psi_e e^{-2\pi i\frac{\boldsymbol{s}-\boldsymbol{s}_0}{\lambda}\cdot\boldsymbol{r}} \tag{1.130}$$

于是，核外整个电子云的散射波振幅为

$$\sum \psi_{\mathrm{e}} = \psi_{\mathrm{e}} \int_V \rho(\boldsymbol{r}) \cdot \mathrm{e}^{-2\pi \mathrm{i} \frac{\boldsymbol{s}-\boldsymbol{s}_0}{\lambda} \cdot r} \mathrm{d}V \tag{1.131}$$

与式(1.97)比较，但要注意式(1.97)中的 ψ_{e} 表示的是电子的光散射波，而式(1.131)中的 ψ_{e} 表示的是电子的电子散射波。于是，可得

$$\sum \psi_{\mathrm{e}} = \left[\frac{(\psi_{\mathrm{a}})_0}{\psi_{\mathrm{e}}} \right]_{光} \psi_{\mathrm{e}} = f_0 \cdot \psi_{\mathrm{e}} \tag{1.132}$$

式中，方括号中的 ψ_{e} 为电子的光散射波；方括号外的 ψ_{e} 为电子的电子散射波。整个原子的散射波振幅是核以及核外整个电子云的散射波振幅之叠加，即

$$\psi_{\mathrm{a}} = \psi_n - \sum \psi_{\mathrm{e}} = \psi_n - \psi_{\mathrm{e}} f_0 \tag{1.133}$$

ψ_n、ψ_{e} 已由式(1.128)和式(1.129)给出，代入上式，有

$$\psi_{\mathrm{a}} = \psi_0 \frac{m_{\mathrm{e}}^2 c^2 r_{\mathrm{e}}}{2h^2 R} \left(\frac{\lambda}{\sin\theta} \right)^2 (Z - f_0) \tag{1.134}$$

式(1.134)说明，原子对电子的相干散射可以分为两个部分。其一，由原子序数 Z 反映的核对电子的散射，其二，由 f_0 反映的核外电子对入射电子的散射，f_0 前面的负值表明核外电子对核的正电荷的屏蔽作用。

式(1.134)建立了原子对电子的散射波振幅 ψ_{a} 和 X 射线的原子散射因子 f_0 之间的函数关系。这个关系称为 Mott 关系。历史上关于 X 射线衍射的研究在前，资料已经十分完善，所以后来关于电子衍射的 ψ_{a} 数据就可以利用 Mott 关系得到。

1.7.4 电子与物质的相互作用

下面以高真空环境中由 $10^0 \sim 10^2$ keV 量级的电子轰击固体靶为例介绍电子与物质的相互作用及由此产生的一些物理信号。

1. 电子的背散射

入射电子进入靶面，经靶原子一次或若干次散射后返回真空端的入射电子，称为背散射电子，包括弹性背散射电子和非弹性背散射电子。前者能量基本没有损失，后者有不同程度的损失，故其能量分布很宽，可以低到只剩几十电子伏。总起来看，背散射电子具有较高的能量，因而背散射电子可以来自大约在距靶面几百纳米深度的范围内。

一般来说，靶的原子序数增大，入射电子成为背散射电子的可能性增大。

2. 电子入射的靶内外的物理效应

1) 吸收电子

靶的厚度足够薄，入射电子有可能成为透射电子，否则只能成为吸收电子，停留在靶体中，并使靶体带负电。

2) 二次电子和离子

入射电子使原子(或分子)电离，由此产生的自由电子称为二次电子。

入射电子可使价电子激发，也可使内层电子激发，但二次电子中大量的是价电子，

故二次电子的能量多数不超过 50eV。靶面附近的二次电子很可能逸出表面成为自由电子。

3）韧致辐射和特征辐射

高能电子可能产生比较显著的韧致辐射，特别当电子轰击重元素靶时，容易得到较强的韧致辐射。

入射电子通过的路径上，会留下一连串被激发的原子或离子，由此引起的特征辐射称为初级辐射。特征辐射在可见光区域的物质称为荧光物质，在电子束的轰击下，能发出可见光。

4）俄歇电子

在靶面附近产生的俄歇电子有可能逸出表面成为自由电子，如果俄歇电子在脱离靶体前没有与其他原子、电子碰撞，那么它在逸出表面后将仍保持其特征能量。

5）声子激发

当电子入射进入晶体时，引起一个或多个被碰撞的原子或离子反冲，偏离其原有位置，因为组成晶体的原子间的相互作用，实际上会导致晶格的振动，这种现象称为声子激发。入射电子因此会损失部分能量。

6）等离子激发

晶体是由处于点阵固定位置的带正电的原子实和漫散在整个晶体空间的价电子云所组成的电中性体系，因此可把晶体看成等离子体。当入射电子通过晶体空间时，它所通过的路径附近的电子受到入射电子的排斥而向四周发散。这种径向发散运动使入射电子的轨道周围变成正电性，又会使发散出去的电子云受到吸引作径向向心运动，当超过其平衡位置后，又再产生负电性，迫使这些电子云再作一次发散运动，如此往复不已，造成价电子云的集体振荡现象，称为等离子激发。等离子激发的能量大致为十几电子伏。

入射电子导致晶体的等离子激发也会伴随着能量损失。这种能量损失具有一定的特征值，随不同的晶体而异。

7）感生电效应

电子射入固体，将在固体中激发产生一系列的自由电子和相同数量的正离子，即所谓的电子-空穴对。这些自由电子和正离子随后便会复合。金属中的电子-空穴对复合时间非常短，仅 10^{-12}s 左右；但在半导体中，复合时间比较长，甚至长达几秒钟。如此，在半导体中形成多余的电荷载流子，将对半导体的导电性产生很大的影响。

入射电子与物质相互作用所产生的物理效应可以归纳如图 1.49 所示。

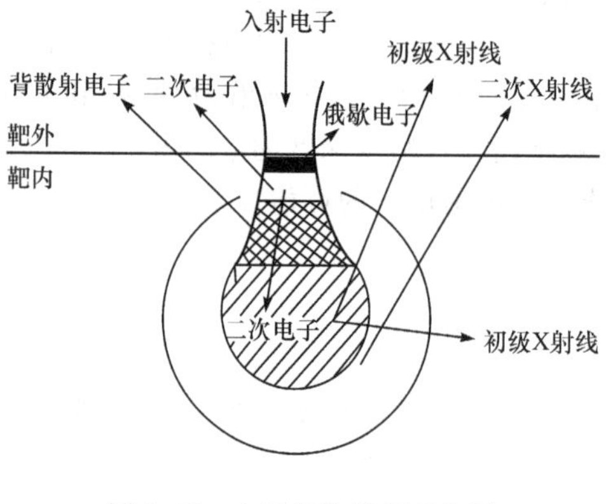

图 1.49　电子与物质相互作用所产生各种效应

1.7.5 离子与物质的相互作用

入射离子(初级离子)飞向固体靶,将产生与原子的碰撞以及随后的一系列碰撞级联过程。离子有较大的质量,所以入射离子有可能把它的相当部分乃至全部的动能传递给目标粒子,并迫使目标粒子离开其原来的位置。离子与表面相互作用的过程很复杂,下面以超高真空环境中由 keV 量级的入射离子打到固体表面所引起的物理现象为例介绍离子与表面相互作用的一些基本概念,并用图 1.50 作简要说明。

1. 离子的散射与背散射

入射离子和表面原子碰撞散射的问题可简化为两个孤立的自由粒子间的弹性碰撞。设 M_1 为入射离子质量,E_0、E_1 分别为其碰撞前、后的动能;靶原子质量为 M_2,碰撞前后动能分别为 0 和 E_2。设 2θ 为 M_1 的散射角,由能量守恒和动量守恒,得

$$\frac{E_1}{E_0}=\left[\frac{M_1\cos 2\theta \pm \sqrt{M_2^2-M_1^2\sin^2 2\theta}}{M_1+M_2}\right]^2 \tag{1.135}$$

入射离子进入靶中,若发生大角度散射后向真空端飞去,这种现象称为入射离子背散射,如图 1.50 中的 a 所示。

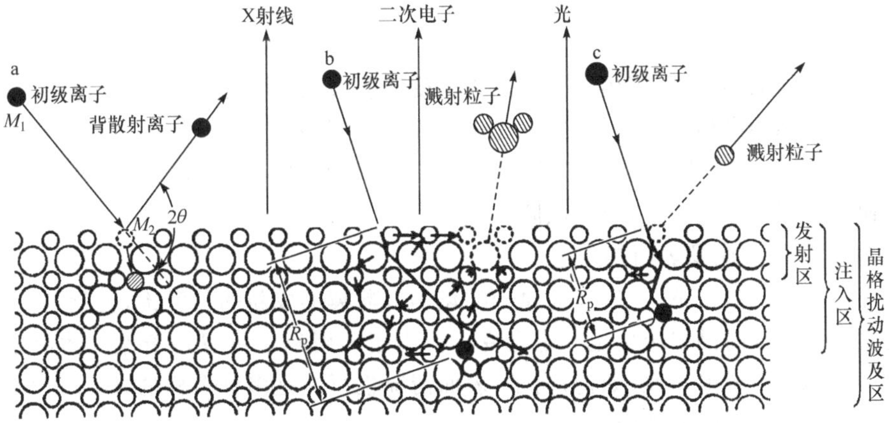

图 1.50　离子与固体表面的相互作用(重点说明重粒子的发射)

2. 离子入射的靶内外的物理效应

1) 注入、反冲注入与表层结构成分

入射离子进入靶面,到一定的深度后被俘获,称为离子注入。入射离子撞击靶面原子,可以使其反冲注入,特别是当入射离子大角度散射时,能把较多的能量传递给反冲原子。离子注入及反冲注入时会发生一系列的级联碰撞,靶中的原子受到碰撞,一旦获得高于其阈值的能量,它就会离开晶格点阵,这称为一次撞出原子;它再次与其他原子碰撞,使撞出的原子级联增加。如此,入射离子将其能量逐步转移给周围的晶格,最后注入一定的深度。入射离子的射程与入射离子的种类、能量以及靶原子的种类、密度等因素有关。

入射离子注入及表层原子反冲注入靶内的区域称为注入区，其深度称为注入深度或穿透深度。如果离子入射方向与靶面夹角为 α，则注入深度为 $R_p \cdot \sin\alpha$。

需要指出的是，离子注入与靶内原子的反冲注入显然改变了靶表层的原子组成。

2）溅射与剥离

靶中的原子的级联碰撞，其中必然有一小部分会影响到表面，如果表面粒子动量的方向是离开表面且能量又达到一定的阈值，就会引起表面粒子的发射，这种现象称为溅射。这个过程如图 1.50 所示中的 b。这种溅射的二次粒子可以是原子、分子或原子团，它们可能是带电的，也可能是中性的，还可能是处于受激态，而且带有一定的初始动能。当入射离子的能量为 keV 量级时，溅射离子能量通常分布在几个到几十个电子伏特的范围。

发生溅射的区域称为发射区，其深度称为逸出深度。一般来说，溅射粒子越大，逸出深度越浅。逸出深度与初级离子的种类、能量、入射方向以及靶面的情况有关。5keV 的 Ar^+ 以 $\alpha=30°$打到硅靶上，平均逸出深度为 0.6nm，大约是注入深度的四分之一。

如果入射离子在一次碰撞中把很大一部分能量传递给表面原子，使其以很高的能量发射出去，这称为反弹溅射，入射离子则注入表面内。这个过程如图 1.50 所示中的 c。

溅射的结果，靶表面的一层原子可以被除去。入射离子束长时间地在靶表面扫描，其结果可以将靶表面的原子一层层地剥离，靶的厚度将因此减薄。当然这种剥离速度是十分缓慢的。

3）晶格结构的扰动

在入射离子的轰击下，靶内原子的晶格会受到扰动，产生缺陷与位错，这称为辐射损伤。这个区域称为晶格扰动波及区，它比注入深度更深些。

5keV 的 Ar^+ 轰击铜靶时，Ar^+ 的注入深度为几个纳米，每个 Ar^+ 通过级联碰撞可使几十个铜原子撞出晶格原位，形成缺陷。

4）表面化学反应及表面热效应

在入射离子的轰击下，会使表面原子的化学键断裂形成新的化学键，也就是说会发生表面化学反应。这时晶格结构也一定会变动。由于入射离子可以是惰性气体离子，也可以是电负性(如氧)或电正性(如铯)离子，表面情况也可能是多种多样的，因而可能发生各种表面化学反应并伴随热效应。

5）伴有电子和光的发射

入射离子使注入区内大量的原子激发和电离，其结果是反冲电子、光、X 射线、俄歇电子的产生。

习　题

1.1　说明粒子波长、振幅、位相、频率、波矢量、动量的含义。波列的长度与其频率、波长及能量的不确定性有何关系？

1.2　设 X 射线的波长等于 0.01nm，它的每个光子的频率是多少？能量是多少？

1.3　何谓双折射现象？何谓双折射晶体的光轴和主截面？o 光、e 光和光轴及主截面关系如何？哪些晶体材料有双折射现象？

1.4　用哪些方法可以获得偏振光？

1.5　证明粒子的动量表达式：$mv=\sqrt{(mc)^2-(m_0c)^2}$。

1.6　证明粒子波长与动能的关系式(1.6)。欲获得波长为 0.01Å 的电子波，计算电子应当加速到的能量。这时电子的速度等于多少？若忽略电子质量的相对论效应，将产生多大的误差？

1.7　狭缝光栅衍射，当 N_1 很大时，试计算 $\xi=0$ 附近的几个次极大值。

1.8　物与像的相似性取决于什么？画图说明显微镜的阿贝成像学说。

1.9　作为夫琅和费条件的一种实际体现，可利用透镜将远处的衍射图像显示在位于焦平面的光屏上。狭缝光栅在远处的衍射图像与在焦平面上的衍射图像是否相同？

1.10　什么是像差？有几大类？各有什么特点？如何校正像差？

1.11　用如图 1.18(a)所示的一个平面光栅作为物，用透镜成像，请问物像何样？图 1.18(e)所示的是它的在焦平面上的衍射像，如果用一个尺寸完全与图 1.18(e)一样的孔板，放在焦平面上，恰好允许衍射光通过，该透镜所成的像会有何变化？

1.12　L 壳层的电子可以有几种定态？可以容纳几个电子？用光谱符号表示。$K_{\alpha1}$ 和 $K_{\alpha2}$ 是如何产生的？用能级图说明。

1.13　什么是泡利不相容原理？

1.14　原子光谱、分子光谱、X 射线谱是如何形成的？它们各有什么特点？

1.15　微观粒子的一个自由度运动动能 $\frac{1}{2}kT$，试求温度 1000K 时的气体分子平动动能。气体电离需要几个至几十个电子伏特(eV)，要达到完全等离子体状态，需要多少度的高温？

1.16　X 射线能够使空气或其他气体电离，一个波长为 1.542Å 的光子通过空气，大约能产生多少离子对？

1.17　阴极射线管阳极电压为 50keV，试计算电子在撞击阳极靶面时的速度和动能，以及电子的波长。所产生连续辐射的短波限波长及相应光子的频率和能量是多少？

1.18　为什么空气中有灰尘才使人们能看到散射的阳光？如果空气中没有灰尘呢？

1.19　X 射线与可见光比较，各有什么特点？

1.20　空气中氮、氧、氩的体积分数分别为 78%、21%、1%。试计算空气对 CrK_α 辐射的质量吸收系数。厚 1m 的空气层(标准状况下)对 CrK_α 辐射的透射率等于多少？

1.21　计算 5mm 厚铅玻璃〔含铅 5%〕对于 MoK_α 的透射系数。

1.22　简述 X 射线与物质相互作用有哪些现象和规律。如何利用它们？

1.23　简述电子、离子与物质相互作用有哪些现象和规律。如何利用它们？

1.24　某元素的 $K_{\alpha2}$ 辐射波长为 0.0190nm，另一个元素的 $K_{\alpha2}$ 波长为 0.0195nm，它们之中哪一个元素的原子序数大？

1.25　波干涉的基本条件是什么？为什么荧光辐射不相干？

1.26　为什么会出现吸收限？K 吸收限为什么只是一个？L 吸收限为什么是三个？一个原子 L 激发后能否产生 K 辐射？K 激发后能否产生 L 辐射？

1.27　能否利用特征 X 射线或吸收限的波长进行化学成分分析？大致该如何进行？

1.28　把一束从钠弧发出的黄光聚焦在一个玻璃球泡上，泡内充有金属钠的蒸气，整个球泡将发出强烈的钠黄光，试解释这种现象。

1.29　上题的现象说明可见光能激发同元素同谱系的光。然而，X 射线则不能激发同元素同谱系的光，如 CuK_α、CuK_β 辐射不能激发 CuK_α、CuK_β 荧光，为什么？

1.30　重元素原子 K 层失去一个电子后，试描述最可能发生的俄歇效应过程，给出俄歇电子的能量表达式。

1.31　证明康普顿散射中，自由电子所获的反冲动能：

$$E_e = \frac{h\nu_0}{1 + m_0 c^2 / h\nu_0 (1 - \cos\phi)}$$

1.32　标注 Mo 原子各壳层、支壳层中电子的量子态与电子数。

1.33　两个粒子对心碰撞。入射粒子质量为 m_1，目标粒子质量为 m_2，碰撞前入射粒子速度 v_0，目标粒子速度为零，试讨论弹性碰撞后粒子的速度和能量。

1.34　两块电位分别为 U_a 和 U_b 的平行板电极，电极尺寸比间距大得多，即电极间为匀强电场，一个入射电子初速度为 v，与等位面夹角 ϕ，求运动轨迹。

1.35　有一匀强磁场 $\boldsymbol{B}$，一个入射电子初速度为 v，与 $\boldsymbol{B}$ 夹角 ϕ，求运动轨迹。

1.36　试比较同一个原子对电子波的散射能力和对 X 射线的散射能力。

第2章　固体结构

固体结构是材料科学研究的核心内容之一。从结构的角度来看，固体分为有序固体和无序固体。有序固体是指其内部结构具有对称性的固体，晶态物质(或称晶体、结晶体)是典型的有序固体；非晶态物质是指其组成原子处于拓扑无序状态的固体，称为非晶体。在有关固体结构的研究领域中，晶体结构的理论和相关实验技术已经相当完善，而对非晶体结构的研究则还处在发展阶段。

2.1　晶　　体

在通常的温度和压力下，大多数材料为固态。其特征在于原子间有足够强的相互作用，从而使材料有确定的体积和形状。固体内邻近原子的间距，与原子周围电子云的直径有相同的数量级。

晶态物质的一个基本特点是其内部结构具有明显的空间排列上的周期性，这种周期性的结构，赋予它们许多的特殊性质。非晶态在一定的温度条件下会自发转变为晶态，这意味着，晶态是平衡条件下的固态，晶体是物质存在的一种基本的稳定的形式。从能量的角度讲，粒子能够结合成晶体的根本原因，在于他们结合起来后，整个系统具有更低的内能。

2.1.1　晶体的形成

物质在气态之时，稳定存在的粒子称为分子，可以是单原子的，也可能包含若干个原子。气态物质凝聚成液态或固态时，分子凝聚成为晶体。在分子的基础上考虑晶体构成，大致有以下两种情况。

1. 分子堆垛起来的晶体

分子凝聚依靠的是范德华力，分子由范德华键联结形成的晶体称为分子晶体。例如，NH_3、SO_2、HCl分子等在低温下构成的晶体。单原子分子依靠范德华键形成的晶体也可称为原子晶体(单原子分子晶体)，主要是惰性气体元素的晶体。

范德华键很弱，它几乎不会引起分子内部电子分布的变化，形成的晶体保留了每个分子的个性，所以称为分子晶体。分子晶体结合能低，相应地其熔点、沸点及机械强度也低。除了一些无机化合物分子会形成分子晶体外，一切有机化合物晶体多属于分子晶体。

分子堆垛成晶体时，分子可以是球形、线形、链形、平面形等。图2.1(a)画出CO_2直线形分子模型，近似地认为其中的原子占据着球截体形的空间。

2. 原子、离子堆垛起来的晶体

分子凝聚的时候，如果分子中的原子和相邻分子中的原子之间产生较强的相互作用，那么，原来的分子结构会发生变化，而由原子之间建立起新的更强作用键，形成巨型分子。依靠共价键形成的巨型分子称为共价晶体，依靠离子键形成的巨型分子称为离子晶体，依靠金属键形成的巨型分子称为金属晶体。因此，这种情况也可以把晶体看成是由原子(或离子)直接堆垛起来的。

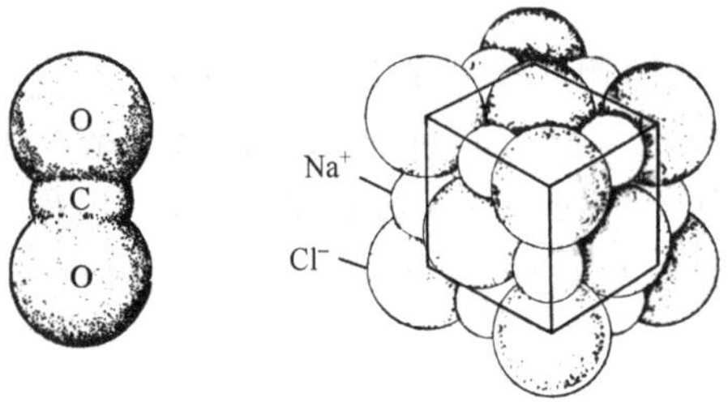

(a) CO_2　　(b) NaCl

图 2.1　CO_2 分子在晶体中的形状，以及 Na^+、Cl^- 在晶体中的堆垛方式

图 2.1(b)中 NaCl 晶体由 NaCl 分子堆垛起来的过程中，电子分布发生了明显的变化。在只有两个原子的 NaCl 分子中，正、负电荷中心的距离并不等于两原子间距；而在 NaCl 晶体中，正、负电荷中心则完全在 Na、Cl 原子的中心。

共价键和离子键属于强键，故共价晶体和离子晶体结构稳定，熔点较高，硬度较大。由于电子被原子(或离子)紧紧束缚，因而导电性能差。

金属键的特点是价电子为晶体所有原子共有，所以对正离子的排列没有特殊要求，表现为金属有很大的范性，且具有良好的导电、导热性能。

2.1.2　晶体结构

晶体的结构主要取决于键的要求。例如，共价键有方向性和饱和性的要求；离子键要求正、负离子尽量接近；金属键要求正离子紧密堆垛等。

1. 晶体点阵

晶体内部质点以点阵形式排列的思想 17 世纪就开始出现，并在人们尚未揭示晶体内部具体构造之前，理论上就达到了相当完备的程度。1912 年以后，用 X 射线对为数近万种的晶体进行了研究。这些工作的成果都表明，晶体是具有点阵构造的固体。

如果在晶体中任意取一点，那么，可以找到无限多个和它一模一样的点，这些点的几何环境和物质环境都相同。我们把这些等同点的集合称为晶体点阵。这些等同点是抽象的几何点称为阵点。

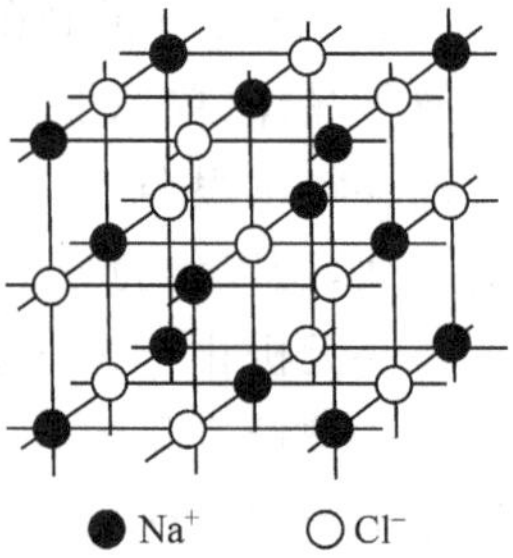

图 2.2　NaCl 晶体结构

以 NaCl 晶体为例，如图 2.2 所示，如果在晶体中任意取一点(如取在某个 Na^+ 的中心)，那么，可以看到所有 Na^+ 的中心点与所选的点都是完全等同的。因为每个点都是 Na^+ 的中心，而且周围的 Cl^- 及其他 Na^+ 的距离、方位都一样，就是说，所有这些点的几何环境和物质环境相同，它们是一类等同点。这些等同点构成的几何图形就是晶体点阵。当然，这个点也可以选

在 Cl^- 的中心，那么所有 Cl^- 的中心点也可形成一类等同点。应该指出，最初一点的选取是任意的，并非必须在离子中心。然而，不管最初点如何选取，所有的等同点构成的几何图形(晶体点阵)是相同的，相互间仅差一个平移矢量而已。

2. 晶格

点阵中任选一个阵点作为原点，连接原点到三个不在同一个方向上的阵点的矢量，用 $\boldsymbol{a}$、$\boldsymbol{b}$、$\boldsymbol{c}$ 表示。以 $\boldsymbol{a}$、$\boldsymbol{b}$、$\boldsymbol{c}$ 为棱可形成一个平行六面体，当它沿 $\boldsymbol{a}$、$\boldsymbol{b}$、$\boldsymbol{c}$ 方向在三维空间中无限地重复延伸时，会形成如图 2.3(a)所示的晶体格子，简称晶格。这样的平行六面体称为单位平行六面体，也称为点阵阵胞，是构成晶体格子的基本单元。$\boldsymbol{a}$、$\boldsymbol{b}$、$\boldsymbol{c}$ 可以有各种不同的选取方式，于是就有不同形式的格子，如图 2.3(b)所示。

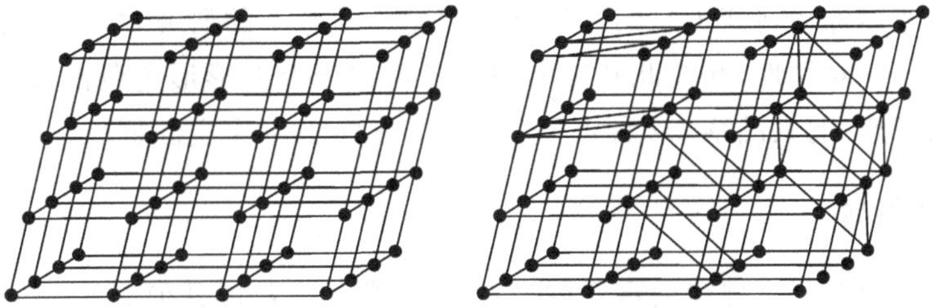

(a) 晶格　　(b) 晶格基本单元的选取

图 2.3　晶体格子与简单阵胞的选取

因为空间格子的直线交点常称为结点或格点，故阵点一般也称为结点或格点。建立晶体格子的概念只不过为了使晶体点阵有更鲜明的几何形象。

阵胞的面、棱、顶点上的结点，可以认为它们同属于相邻的阵胞，也可以认为它们分属于相邻的阵胞。例如，一个阵胞有 8 个顶点结点，可以认为该阵胞有 8 个 1/8 的顶点结点，也可以认为这 8 个结点分属于相邻的 8 个阵胞，即只有其中一个结点属于该阵胞。若选取的平行六面体体积最小，只有一个阵点，那么，这样构造的晶体格子称为简单格子。如果选取的平行六面体中含有两个或两个以上阵点，相应的晶体格子称为复杂格子。

阵胞的形状和大小用相交于某一顶点的三个棱边的边长 a、b、c 以及它们之间的夹角 α、β、γ 来描述。习惯上，$\boldsymbol{b}$、$\boldsymbol{c}$ 之夹角为 α，$\boldsymbol{c}$、$\boldsymbol{a}$ 之夹角为 β，$\boldsymbol{a}$、$\boldsymbol{b}$ 之夹角为 γ。这六个参数称为点阵常数或晶格常数。

3. 构造

晶体格子和晶体结构是相互关联的，但又是两种不同的概念。晶体格子并不是晶体结构，前者是从后者中抽象出来的几何图形，它反映晶体结构最基本的几何特征。

晶体内部周期结构最基本的单元称为基元。基元和结点有一一对应的关系。晶体格子就像是一套骨架，在这个骨架的结点上安置基元就构成了实际的晶体。基元可以只有一个原子，也可以含有几个或者更多的不一定是同类的原子。如图 2.2 所示 NaCl 晶体的基元包含 1 个钠离子和 1 个氯离子。

如果在上述的平行六面体中引入具体的晶体构造，就形成所谓的晶胞。***a***、***b***、***c*** 称为晶轴。晶体可以认为是晶胞在三维空间中堆垛起来的。我们把晶体的这种结构称为点阵结构，或者说晶体是具有点阵结构的固体。

平行六面体有不同的选取方法，所以晶胞是人为选取的晶体的基本结构单元，不一定是晶体最基本的结构单元。

2.2 晶体的对称性

有些晶体本身具有一定的外观对称形态，而绝大多数实际晶体因为生成条件的限制一般都是歪晶，它掩盖了晶体的内在规律性。晶体面角守恒定律的发现，使人们得以将千变万化的晶体实际外形转变为它的理想型。对晶体理想型的研究，揭示了晶体一个极重要的基本性质——对称性，并在此基础上完成了对成千上万形形色色晶体的分类。这就是所谓的三大晶族、七大晶系、32 种点群、14 种平移群、230 个空间群。

2.2.1 对称的概念

几何图形相同部分有规律的重复称为对称，对称是事物的几何属性。

如果一个物体经过一定的动作后能够恢复原来状况，物体上每一点的新位置与开始时另一点在这个位置上的情况完全重合，则这个物体是对称的。这个使物体回到原来状况的动作称为对称操作或对称变换。在对称变换中所凭借的几何元素称为对称元素。

对称原本是一种几何概念，但人们从对晶体外形的几何对称性的研究总要逐渐深化到对晶体对称性内在本质的认识。首先，既然人们确信晶体外形的对称是由其内在的晶格构造所决定的，那么，晶格构造本身也必然具有相应的对称性。其次，晶体所表现出来的对称性必定有其物理意义，所以构成晶体的各种原子、分子也必然具有一定的对称性。如此，引出了所谓晶体宏观对称性和微观对称性的概念。

2.2.2 晶体的宏观对称性

晶体的宏观对称性就是晶体外形所包围的点阵结构的对称性。晶体的宏观对称性来源于点阵结构的对称性，故对晶体宏观对称性的研究有助于了解晶体的内部结构。

1. 晶体宏观对称的特点

(1) 晶体的外形是一个有限的几何体。晶体的宏观对称性必须满足这个几何外形的对称性，主要是指其外表面晶面(法线)方向的对称性。

(2) 晶体的内部是抽象出来的几何点阵。晶体的宏观对称性必须满足这个点阵结构的对称性。

2. 宏观对称操作和对称元素

1）反映和对称面

几何体所有的点沿垂直于某平面的方向按等距离移动到平面的另一端之后，该几何体与原来的自身重合，这种对称操作称为反映。这个平面为对称元素，称为对称面或镜面，用符号 m 表示。在图 2.4(a)中所绘的就是反映对称变换的情况，A_1 与 A_2 两点被平面 m 垂直平分，m 为反映面，经对称变换后 A_1 与 A_2 交换位置，整个图形不变。

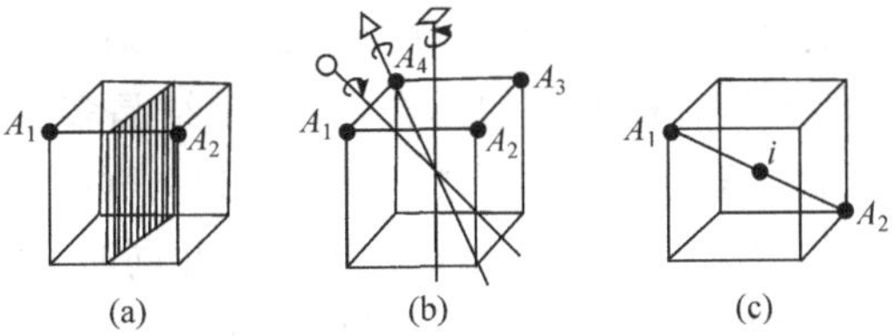

图 2.4　立方体的一些对称元素

2）旋转和对称轴

几何体绕某固定的轴线旋转 360°/n 后能与原来的自身重合，这种对称操作称为旋转，该固定轴为对称元素，称为 n 次对称轴。对称轴只有一次、二次、三次、四次、六次五种，分别用 1、2、3、4、6 等数字符号及相应的图形符号表示，如图 2.5 所示。五次及七次以上的对称轴不存在，道理很简单，只能分别用长方形、正三角形、正方形或正六角形填满一个平面而不能用正五边形填满一个平面。

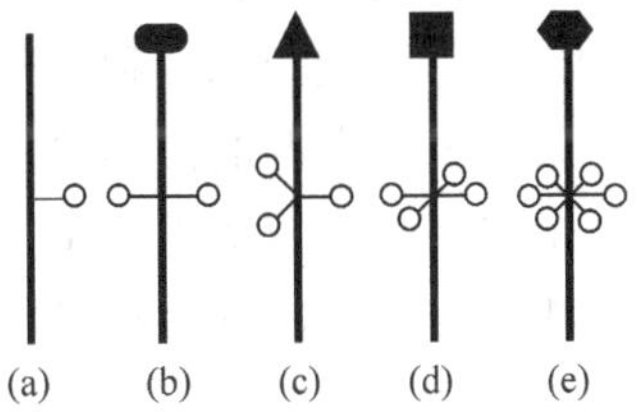

图 2.5　旋转对称轴

在图 2.4(b)中所绘的是几种旋转对称变换的情况。连接立方体面心的直线为四次旋转轴，立方体对角线为三次旋转轴，连接对棱边中点的直线为二次旋转轴。

3）反演和对称心

几何体所有的点沿着与某个点的连线按等距离移到该点的另一端之后，该几何体与原来的自身重合，这种对称操作称为反演，这个点为对称元素，称为对称心，用符号 i 表示。图 2.4(c)所绘的是反演对称变换，立方体体心为对称心，经对称变换后对顶角上的两点 A_1 和 A_2 互换位置，整个图形不变。

4）旋转反演和对称反轴

几何体绕一定的旋转轴转 360°/n，再经反演操作，几何体与原来的自身重合，这种对称操作称为旋转反演，它是一种复合的对称操作，其对称元素称为对称反轴。对称反轴也有一次、二次、三次、四次、六次五种，分别用数字符号$\bar{1}$、$\bar{2}$、$\bar{3}$、$\bar{4}$、$\bar{6}$表示。

如果将旋转反演对称轴与其他种对称元素联系起来进行分析便能发现，一次对称反轴相当于对称中心，即$\bar{1}=i$；二次对称反轴相当于对称面，即$\bar{2}=$m；三次对称反轴相当于三次旋转轴加上对称中心，即$\bar{3}=3+i$；六次对称反轴相当于三次旋转轴加上对称面，即

$\bar{6}=3+m$。只有四次对称反轴$\bar{4}$是新的独立的对称元素。在图 2.4(d)中所绘的是四次旋转反演对称操作的情况,经对称变换后 A_1 变成 A_2。

综合上述四种宏观对称变换,独立的基本对称元素只有 8 种,即 1、2、3、4、6、i、m、$\bar{4}$。

3. 点群

数学意义上,空间某种变换的集合即构成所谓"群"。于是,对称变换的集合称为对称变换群,相应的对称元素的集合称为对称元素群。两者通常概称为对称群。例如,正六方体所有的对称元素包括:1 个六次轴,6 个二次轴,7 个对称面,1 个对称心。

一个结晶多面体所有的全部宏观对称元素的集合,称为该结晶多面体的点群。所以称之为点群,是因为构成它的对称元素必须是共点的,此点称为点群中心。所谓全部对称元素的集合,应包括一切原始的以及复合的对称元素在内。与此同时,各对称元素的安置还应具有明确的方向,因为这是与对称元素的组合紧密相关的。

对称元素的组合要遵守一定的数学规律,如二次轴和三次轴重合必定导致新的六次轴,故不可能出现二次轴、三次轴和六次轴的组合。从晶体学的角度来看,它们的组合要受到更多的限制,因为对称元素必须同时符合内部晶格构造的对称变换。因此,晶体中可能有的对称元素组合方式大为减少。经过认真的数学分析,实际上只有 32 种不同的组合,也就是只可能有 32 种点群。所有晶体的对称群都在这 32 种点群之内。

用来表示点群的国际符号由三个主要晶向上的对称元素符号组成。例如,六方晶系的三个主要晶向依次为 $\boldsymbol{c}$、$\boldsymbol{a}$、$2\boldsymbol{a}+\boldsymbol{b}$。沿 $\boldsymbol{c}$ 方向的对称元素有 1 个六次轴、1 个对称面(对称面法线与 $\boldsymbol{c}$ 重合);沿 $\boldsymbol{a}$ 方向有 1 个二次轴、1 个对称面;沿 $2\boldsymbol{a}+\boldsymbol{b}$ 方向也有 1 个二次轴、1 个对称面,故记作$\frac{6}{m}\frac{2}{m}\frac{2}{m}$。各晶系的三个主要晶向及点群的国际符号列于表 2.1 中。

表 2.1 32 种点群的国际符号

晶 族	晶 系	点群的国际符号		三个主要晶向(依次)
		全 写	简 写	
低级(无高次轴)	三斜(只有一次轴)	1 $\bar{1}$	1 $\bar{1}$	只有 1 和$\bar{1}$两个点群,不选取特殊方向
	单斜(有 1 个二次轴)	2 m $\frac{2}{m}$	2 m $\frac{2}{m}$	$\boldsymbol{b}$
	正交(有 3 个二次轴)	2 m m 2 2 2 $\frac{2}{m}\frac{2}{m}\frac{2}{m}$	m m 2 2 2 m m m	$\boldsymbol{a}$、$\boldsymbol{b}$、$\boldsymbol{c}$

续表

晶族	晶系	点群的国际符号		三个主要晶向(依次)
		全写	简写	
中级 (有 1 个高次轴)	正方 (有 1 个四次轴)	$\bar{4}$ 4 $\frac{4}{m}$ $\bar{4}2m$ $4mm$ 422 $\frac{4}{m}\frac{2}{m}\frac{2}{m}$	$\bar{4}$ 4 $\frac{4}{m}$ $\bar{4}2m$ $4mm$ 42 $\frac{4}{m}mm$	$\boldsymbol{c}, \boldsymbol{a}, \boldsymbol{a}+\boldsymbol{b}$
	六方 (有 1 个六次轴)	$\bar{6}$ 6 $\frac{6}{m}$ $\bar{6}2m$ $6mm$ 622 $\frac{6}{m}\frac{2}{m}\frac{2}{m}$	$\bar{6}$ 6 $\frac{6}{m}$ $\bar{6}2m$ $6mm$ 62 $\frac{6}{m}mm$	$\boldsymbol{c}, \boldsymbol{a}, 2\boldsymbol{a}+\boldsymbol{b}$
	菱方 (有 1 个六次轴)	3 $\bar{3}$ $3m$ 32 $3\frac{2}{m}$	3 $\bar{3}$ $3m$ 32 $\bar{3}m$	$\boldsymbol{c}, \boldsymbol{a}, 2\boldsymbol{a}+\boldsymbol{b}$
高级 (2 个以上高次轴)	立方 (有 4 个三次轴)	23 $\frac{2}{m}\bar{3}$ $\bar{4}3m$ 432 $\frac{4}{m}\bar{3}\frac{2}{m}$	23 $m3$ $\bar{4}3m$ 43 $m3m$	$\boldsymbol{a}, \boldsymbol{a}+\boldsymbol{b}+\boldsymbol{c}, \boldsymbol{a}+\boldsymbol{b}$

4. 晶族和晶系

在确认一切晶体的对称元素组合均不能超越 32 种点群范围之后，就能对晶体按其对称特点来进行合理的科学的分类。

首先，根据晶体是否具有高次轴而将其分为三大晶族；然后根据主轴的轴次再将其分为七大晶系。晶体的对称元素越多，意味着有序程度越高。晶族与晶系分类参见表 2.1。

2.2.3 晶体的微观对称性

晶体的微观对称性是指晶体(微观)构造的对称性。晶体可以理解为在点阵结点上安置基元而构成,而基元并非一定是关于结点为球对称的结构,故请注意区别晶体宏观对称性与微观对称性的概念区别。

1. 晶体微观对称性的特点

(1) 微观对称性借助于平移操作才能体现,而平移对称必定是对无限图形而言的。
(2) 晶体的微观对称性必须同时满足点阵结构的对称性。
(3) 微观对称操作中的每次平移量都是很小的,故称为微观对称变换。

2. 微观对称变换和对称元素

1) 平移和平移轴

某几何图形,使之沿一条直线移动一定的距离,该图形与原来的自身重合,这种对称操作称为平移。这条直线为对称元素,称为平移轴。平移用矢量 t 表示。对晶体来说,平移轴必定是结点线。平移轴的平移矢量可以表示为

$$\boldsymbol{t}=m\boldsymbol{T} \tag{2.1}$$

式中,$\boldsymbol{T}$ 为连接相邻结点的矢量;m 为整数。

晶体点阵本身就能进行平移对称变换。$\boldsymbol{a}$、$\boldsymbol{b}$、$\boldsymbol{c}$ 就是平移矢量。平移是晶体最明显的对称性,即晶体呈周期性结构。

2) 旋转平移和螺旋轴

图形绕某个轴线旋转 $360°/n$ 后,再沿此轴平移一定距离,与原来的自身重合,这种对称操作称为旋转平移,它是旋转和平移复合的对称操作。这个轴称为 n 次螺旋轴。n 次螺旋轴的平移矢量为

$$\boldsymbol{t}=\frac{m}{n}\boldsymbol{T} \tag{2.2}$$

式中,$n=1,2,3,4,6$;$m=1,2,3,\cdots,(n-1)$,标记为 n_m,如 $\boldsymbol{t}=\boldsymbol{T}/6$ 的 6 次螺旋轴记作 6_1。

事实上,共有 11 种螺旋轴,即 2_1、3_1、3_2、4_1、4_2、4_3、6_1、6_2、6_3、6_4、6_5。

假如 $m=0$,则 $\boldsymbol{t}=0$,螺旋轴蜕化为普通的旋转轴。

以金刚石晶体结构为例,可以说明旋转平移对称变换在晶体结构中出现的真实性。共价晶体金刚石立方结构的晶胞(图 2.6)中有八个碳原子,分别位于 000,$\frac{1}{2}\frac{1}{2}0$,$\frac{1}{2}0\frac{1}{2}$,$0\frac{1}{2}\frac{1}{2}$,$\frac{1}{4}\frac{1}{4}\frac{3}{4}$,$\frac{3}{4}\frac{3}{4}\frac{3}{4}$,$\frac{3}{4}\frac{1}{4}\frac{1}{4}$,$\frac{1}{4}\frac{3}{4}\frac{1}{4}$。这八个碳原子的几何环境并不完全相同,因此不都是等同点。A 类原子属于一类等同点,用圆点“●”表示,而 B 类原子属于另一类等同点,用圆圈“○”表示。A、B 两类原子均按同一形态的点阵作规律排列,一个基元包含 A、B 两类各一个原子。

我们注意到,虽然所有的圆点和圆圈均表示同一种类质点,但却不能凭借任何平移操作使所有的圆点和圆圈相互替换。但螺旋轴却可以作为联系所有圆点和圆圈的对称元素。图 2.6 所绘的是四次螺旋轴的对称变换情况。PP 为螺旋轴,图中画出的 B 类原子 1、3 和 A 类原子 2、4 在绕轴旋转 90°后,沿平移矢量 $\boldsymbol{t}=\boldsymbol{c}/4$ 平移就分别与原来 A 类原子的位置 1′、3′(位置 3′即 4)及原来 B 类原子的位置 2′、4′重合。施行这样的对称变换,可以使晶体中所有的 B 类原子与 A 类原子的位置互换。这种变换记作 4_1。

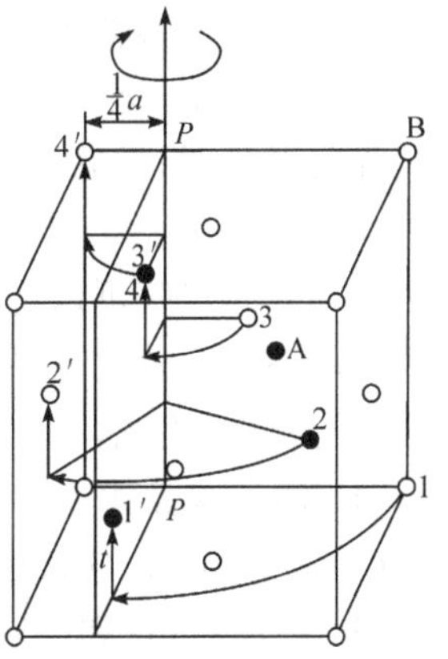

图 2.6　金刚石晶体结构中的螺旋轴

3) 反映平移和滑移面

图形对于某个平面反映后,再沿此平面内的一条直线平移一定距离,与原来的自身重合,这种对称操作称为反映平移,它是反映和平移复合的对称操作。这个平面称为滑移面。对晶体来说,滑移面必定是结点面,或是结点面的平分面。滑移面的平移矢量为

$$\boldsymbol{t}=\frac{1}{2}\boldsymbol{T} \tag{2.3}$$

事实上,有下列 5 种滑移面平移矢量:

(1) $\boldsymbol{t}=\frac{1}{2}\boldsymbol{a}$,记作 a。

(2) $\boldsymbol{t}=\frac{1}{2}\boldsymbol{b}$,记作 b。

(3) $\boldsymbol{t}=\frac{1}{2}\boldsymbol{c}$,记作 c。

(4) $\boldsymbol{t}=\frac{1}{2}(\boldsymbol{a}+\boldsymbol{b})$或 $\boldsymbol{t}=\frac{1}{2}(\boldsymbol{b}+\boldsymbol{c})$或 $\boldsymbol{t}=\frac{1}{2}(\boldsymbol{c}+\boldsymbol{a})$,记作 n。

(5) $\boldsymbol{t}=\frac{1}{4}(\boldsymbol{a}+\boldsymbol{b})$或 $\boldsymbol{t}=\frac{1}{4}(\boldsymbol{b}+\boldsymbol{c})$或 $\boldsymbol{t}=\frac{1}{4}(\boldsymbol{c}+\boldsymbol{a})$,记作 d。

仍以金刚石结构为例,说明反映平移对称变换在晶体结构中出现的情况。在图 2.7 中,平面 d 便是金刚石结构的一个滑移面。图中画出 1、2、3、4 位置的原子在反映平移对称变换后,沿平移矢量 $\boldsymbol{t}=(\boldsymbol{a}+\boldsymbol{b})/4$ 平移分别移到 2、3、4、5 位置。施行这样的对称变换,实际上也可以使晶体中所有的 B 类原子与 A 类原子的位置互换。这种变换记作 d。

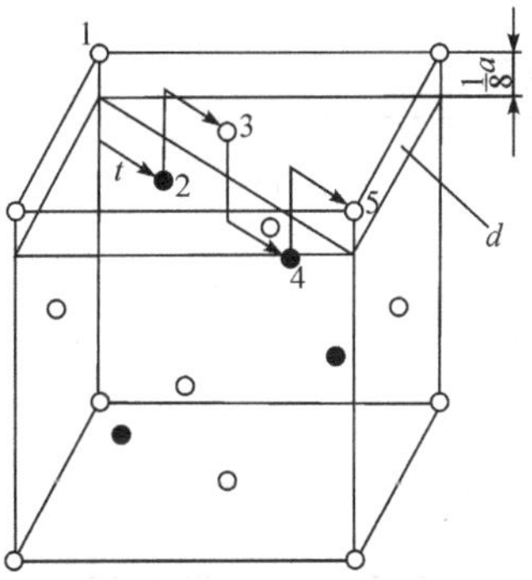

图 2.7　金刚石晶体结构中的滑移面

3. 平移群

在作为无限图形的晶体点阵中,各个方向上平移轴平移矢量所构成的对称群称为该晶体点阵的平移群。

任何一个晶体点阵均可由三个不在同一平面内的直线点阵来决定。因而,相应地,任何一个平移群都可以由

三个不共面的平移轴的组合来表示。就是说，平移群的图形就是一个三维的晶体格子，晶格的三个棱便是三个不共面的平移群。因此，如果确定了晶体格子的类型，也就确定了晶体点阵的平移群，而晶体格子的类型可以归结为如何取单位平行六面体作为单位阵胞的问题。

一个晶体点阵可以有无限多个选取单位平行六面体的方式。对称性是晶体的基本属性。简单格子可以代表晶体最基本的结构单元，然而，仅靠简单格子不能反映出晶体点阵的全部对称性，为此，布拉维(Bravais)规定了选择单位平行六面体的原则：

(1) 能反映晶体点阵的对称性，这个对称性应和晶体点阵的点群一致。

(2) 在满足(1)的条件下，棱与棱之间的直角关系力求最多。

(3) 在满足(1)和(2)的条件下，体积最小。

按此三条原则选取单位平行六面体，与七个晶系相适应，有 7 种不同类型，而各种类型的单位平行六面体又可按结点在其中分布的情况区分为简单、底心、体心、面心 4 种类型的晶体格子，用晶格符号 P、C、I、F 表示。于是，共有 $4\times7=28$ 种，然而，这 28 种类型的晶体格子中有些是相同的，如六方晶系的底心点阵就是正交晶系的简单点阵。研究结果表明，按上述三条原则选取的平行六面体只能有 14 种，相应地就有 14 种类型的点阵结构。图 2.8 中画出这 14 种阵胞，称为布拉维阵胞。表 2.2 给出它们的基本参数。

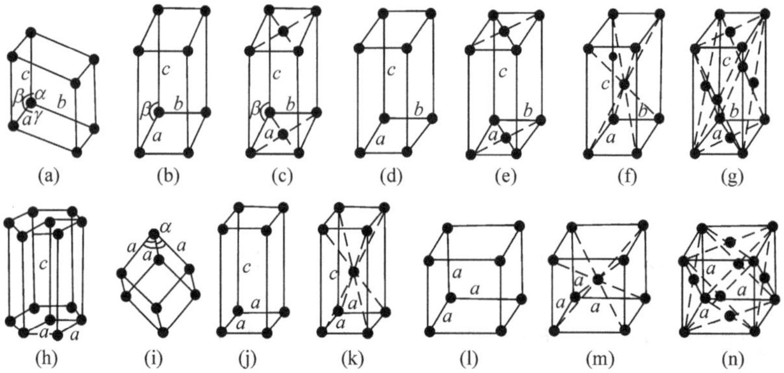

图 2.8　布拉菲点阵图

表 2.2　七个晶系及其所属的布拉菲点阵

晶　系	点阵常数	晶　格	结构符号	阵胞内结点数	结点坐标
三斜	$a\neq b\neq c$ $\alpha\neq\beta\neq\gamma\neq 90°$	简单	aP	1	000
单斜	$a\neq b\neq c$ $\alpha=\gamma=90°\neq\beta$	简单	mP	1	000
		底心	mC	2	000，$\frac{1}{2}\frac{1}{2}$0

续表

晶　系	点阵常数	晶　格	结构符号	阵胞内结点数	结点坐标
正交	$a\neq b\neq c$ $\alpha=\beta=\gamma=90°$	简单	oP	1	000
		底心	oC	2	$000,\frac{1}{2}\frac{1}{2}0$
		体心	oI	2	$000,\frac{1}{2}\frac{1}{2}\frac{1}{2}$
		面心	oF	4	$000,\frac{1}{2}\frac{1}{2}0,\frac{1}{2}0\frac{1}{2},0\frac{1}{2}\frac{1}{2}$
正方	$a=b\neq c$ $\alpha=\beta=\gamma=90°$	简单	tP	1	000
		体心	tI	2	$000,\frac{1}{2}\frac{1}{2}\frac{1}{2}$
六方	$a=b\neq c$ $\alpha=\beta=90°,\gamma=120°$	简单	hP	1	000
菱方	$a=b=c$ $\alpha=\beta=\gamma\neq 90°$	简单	hR	1	000
立方	$a=b=c$ $\alpha=\beta=\gamma=90°$	简单	cP	1	000
		体心	cI	2	$000,\frac{1}{2}\frac{1}{2}\frac{1}{2}$
		面心	cF	4	$000,\frac{1}{2}\frac{1}{2}0,\frac{1}{2}0\frac{1}{2},0\frac{1}{2}\frac{1}{2}$

在布拉维阵胞中按结点引入基元，就形成布拉维晶胞。晶体学中所讲的晶胞通常就是指布拉维晶胞，故也称晶体学晶胞。晶胞可以作为晶体结构的基本单元，虽然它不一定是晶体最基本的结构单元。

例如，图 2.1(b)所示的 NaCl 晶胞，为面心立方，边长为 a。以该立方体的一条棱为轴，平移距离 a，点阵的几何位形完全重合，表明 NaCl 点阵沿此轴具有步长 a 的平移不变性；以该立方体的一条棱为轴，转动 90°，点阵的几何位形也完全重合，表明 NaCl 点阵对此轴有 4 次对称性。这个 NaCl 晶胞完全表现了 NaCl 晶体点阵的各种对称性。

点阵结构常用结构符号(泊松符号)表示，它包括晶格符号以及前缀字母 a、m、o、t、h、c，这些前缀字母表示六个晶系，即三斜、单斜、正交、正方、六方和立方。其中没有菱方，因为菱方是一种特殊的六方点阵，用 hR 表示。

4. 空间群

在晶体结构内部的无限对称图形中，由晶体微观对称元素组合成的对称群，称为空间群。根据俄国晶体学家费多罗夫(Федоров Е. С.)的分析，空间群共有 230 种。每种空间群都有各自的符号，它包括晶体格子的符号和后面用以描述晶体对称性的字母和数字，可参见表 2.3。

表 2.3　一些常见的晶体结构型式

结构符号	晶体名称	空间群	单位晶胞的描述	例
*c*I2	α-Fe	Pm3m	2 个原子在 000, $\frac{1}{2}\frac{1}{2}\frac{1}{2}$	Cr, K, Na, W, Mo, Ta, Nb, V, α-Fe, β-Ti
*c*P4	$AuCu_3$	Pm3m	1 个金原子在 000 3 个铜原子在 $\frac{1}{2}\frac{1}{2}0$, $\frac{1}{2}0\frac{1}{2}$, $0\frac{1}{2}\frac{1}{2}$	$AuCu_3$, Au_3Cu, Cr_3Pt, Ni_3Fe, $FePd_3$, Sn_3U
*c*P5	$CaTiO_3$（钙钛矿）	Pm3m	1 个钙原子在 000, 1 个钛原子在 $\frac{1}{2}\frac{1}{2}\frac{1}{2}$ 3 个氧原子在 $\frac{1}{2}\frac{1}{2}0$, $\frac{1}{2}0\frac{1}{2}$, $0\frac{1}{2}\frac{1}{2}$	$AlCF_3$, $AlCMn_3$, $AlCMn_3$, $CaTiO_3$, Fe_3NNi, Fe_3NPd
*c*F4	Cu	Fm3m	4 个原子在 000, $\frac{1}{2}\frac{1}{2}0$, $\frac{1}{2}0\frac{1}{2}$, $0\frac{1}{2}\frac{1}{2}$	Ag, Al, Au, α-Ca, Cu, γ-Fe, Ni, Pb, Pt
*c*F8	ZnS（同锌矿）	F$\bar{4}$3m	4 个锌原子在 000, $\frac{1}{2}\frac{1}{2}0$, $\frac{1}{2}0\frac{1}{2}$, $0\frac{1}{2}\frac{1}{2}$ 4 个硫原子在 $\frac{1}{4}\frac{1}{4}\frac{1}{4}$, $\frac{1}{4}\frac{3}{4}\frac{3}{4}$, $\frac{3}{4}\frac{1}{4}\frac{3}{4}$, $\frac{3}{4}\frac{3}{4}\frac{1}{4}$	CdSe, CdTe, CaSb, ZnSe, ZnO, CdS, ZnS, β-SiC
*c*F8	NaCl（岩盐）	Fm3m	4 个钠原子在 000, $\frac{1}{2}\frac{1}{2}0$, $\frac{1}{2}0\frac{1}{2}$, $0\frac{1}{2}\frac{1}{2}$ 4 个氯原子在 $\frac{1}{2}00$, $0\frac{1}{2}\frac{1}{2}$, $00\frac{1}{2}$, $\frac{1}{2}\frac{1}{2}\frac{1}{2}$	BaS, CdO, NaCl, PbS, TiO, UC, UO, ZrO
*c*F8	C（金刚石）	Fd3m	8 个原子在 0 0 0, $\frac{1}{2}\frac{1}{2}0$, $\frac{1}{2}0\frac{1}{2}$, $0\frac{1}{2}\frac{1}{2}$ $\frac{1}{4}\frac{1}{4}\frac{1}{4}$, $\frac{1}{4}\frac{3}{4}\frac{3}{4}$, $\frac{3}{4}\frac{1}{4}\frac{3}{4}$, $\frac{3}{4}\frac{3}{4}\frac{1}{4}$	C(金刚石), Ge, Si, α-Sn
*c*F12	CaF_2（萤石）	Fm3m	4 个钙原子在 000, $\frac{1}{2}\frac{1}{2}0$, $\frac{1}{2}0\frac{1}{2}$, $0\frac{1}{2}\frac{1}{2}$ 8 个氟原子在 $\frac{1}{4}\frac{1}{4}\frac{1}{4}$, $\frac{1}{4}\frac{3}{4}\frac{3}{4}$, $\frac{3}{4}\frac{1}{4}\frac{3}{4}$, $\frac{3}{4}\frac{3}{4}\frac{1}{4}$, $\frac{3}{4}\frac{1}{4}\frac{1}{4}$, $\frac{3}{4}\frac{3}{4}\frac{3}{4}$, $\frac{1}{4}\frac{1}{4}\frac{3}{4}$, $\frac{1}{4}\frac{3}{4}\frac{1}{4}$	Be_2B, Be_2C, CaF_2, K_2O, K_2S, $CoSi_2$, Mg_2Si, UO_2
*h*P2	WC	P$\bar{6}$m2	1 个钨原子在 000 1 个碳原子在 $\frac{1}{3}\frac{2}{3}\frac{1}{2}$ 或 $\frac{2}{3}\frac{1}{3}\frac{1}{2}$	γ-MoC, TiS, WC, WN

续表

结构符号	晶体名称	空间群	单位晶胞的描述	例
$hP2$	Mg	$P6_3/mmc$	2 个原子在 000，$\frac{1}{3}\frac{2}{3}\frac{1}{2}$	α-Be，Cd，α-Co，Mg，α-Ti，Zn，α-Zr，Re
$hP4$	C（石墨）	$P6_3/mmc$	4 个原子在 00 $\frac{1}{4}$，00 $\frac{3}{4}$，$\frac{2}{3}\frac{1}{3}\frac{1}{4}$，$\frac{1}{3}\frac{2}{3}\frac{3}{4}$	C(石墨)
$hP4$	ZnS（纤维锌矿）	$P6_3/mc$	2 个锌原子在$\frac{1}{3}\frac{2}{3}0$，$\frac{2}{3}\frac{1}{3}\frac{1}{2}$， 2 个硫原子在$\frac{1}{3}\frac{2}{3}0.371$ 或$\frac{2}{3}\frac{1}{3}0.871$	AlN，BeO，CdS，ZnS，CdSe，CuH，LnN，InSb，ZnO
$hR1$	Hg	$R\bar{3}m$	1 个原子在 000	Hg
$hR2$	As	$R\bar{3}m$	2 个原子在 xxx，$\bar{x}\,\bar{x}\,\bar{x}$	α-As，Bi，Sb
$tI2$	In	$I4/mmm$	2 个原子在 000，$\frac{1}{2}\frac{1}{2}\frac{1}{2}$	In，$InPd_3$，δ-$GaNi_2$
$tI4$	β-Sn（白锡）	$I4/mmm$	4 个原子在 000，$\frac{1}{2}\frac{1}{2}\frac{1}{2}$，0 $\frac{1}{2}\frac{1}{4}$，$\frac{1}{2}0\frac{3}{4}$	AlSb，LnSb，β-Sn
$tI4$-x	Fe-C（马氏体）	$I4/mmm$	2 个原子在 000，$\frac{1}{2}\frac{1}{2}\frac{1}{2}$ 碳散乱分布在$\frac{1}{2}\frac{1}{2}0$ 和 00 $\frac{1}{2}$处	Fe-C 马氏体，α′Fe-N 马氏体

依据空间群可以对晶体进行科学的分类，为晶体结构的分析提供了数学工具。任何晶体都属于 230 种空间群中的一种，但并非是每种空间群都有实际晶体与之对应，目前人们所知道的晶体不过是其中的几十种。

2.2.4　晶体结构的表示式

要完全了解具体的晶体结构，必须了解晶体的结构型式，并确定晶胞的尺寸及晶胞内所有原子的种类和位置。

目前，有多种表示晶体结构的方式。其中，一种常用的方式可以是这样："典型的晶体名称＋泊松符号＋晶胞中的原子数"。

晶体名称，通常用包含相名的分子式表示，可在有着相同结构类型的晶体中随意选择一种晶体，当然最好是以人们比较熟悉的晶体作为典型。

例如，金刚石晶体、锗晶体、硅晶体有着完全相同的结构类型。一般选择金刚石晶体作为代表，其结构型式记作 C $cF8$，表示金刚石晶体是面心立方晶体，每个晶胞有 8 个原子。锗、硅晶体的结构型式也都表示为 C $cF8$，说明它们都属于金刚石结构的类型。自然界晶体繁多，典型的晶体结构型式也不少，表 2.3 仅是给出一些例子。

金属元素的晶体结构有着最简单的结构形态。常见的金属晶体结构主要有三种：面心立方结构（如 Cu）、体心立方结构（如 α-Fe）、密堆六方结构（如 Mg）。金属元素还有以菱方(Bi、Sb、Hg)、正方(In、β-Sn)、斜方(Ga、α-U)等结构形式存在的,但它们并不常见。

2.3　晶面与晶向

晶面和晶向是晶体学中的重要概念。晶面最初的意义是指晶体外形的平面,而晶棱的指向则称为晶向。在明确了晶体结构的周期性及引入了晶体点阵概念之后,晶面被定义为点阵的结点面,而晶向则被定义为结点线的指向。

晶体点阵中,相互平行的结点面都具有同样的结点排列。因此,晶面通常是指一簇平行等距的结点面,而不限于只指单一结点面。同样的,相互平行的结点线都具有同样的结点排列,晶向通常表示的是一簇平行的结点线,并不只是表示一条结点线。

应该指出,晶体中作为等同点的结点位置是任选的,并非一定位于某类原子的中心;所以,表征晶面主要特点的是结点面的取向及结点面间距(晶面距),而不是某个原子面;同样,表征晶向主要特点的是结点线的取向及结点线上结点间距,而不是某个原子列。

2.3.1　晶面指数与晶向指数

1. 晶面指数

晶体学中用晶面指数表示晶面特征,主要是晶面的取向及其面间距。

晶面指数的确定方法为:任选距结点面最近的一个结点为原点 O,此结点面在晶轴 $\boldsymbol{a}$、$\boldsymbol{b}$、$\boldsymbol{c}$ 上截距(以 a、b、c 为单位度量)的倒数即定义为晶面指数,也称为密勒指数。

当结点面与某晶轴平行时,则认为晶面与该轴的截距为∞,其倒数为 0。

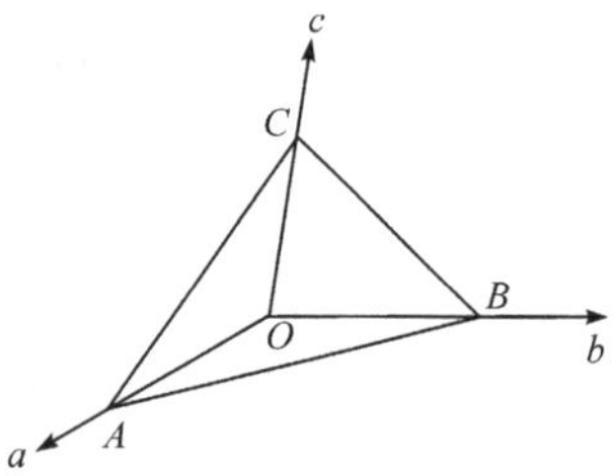

图 2.9　晶面指数的确定

晶面指数用圆括号括起表示,指数若为负值,负号加在指数上方。当泛指某一晶面指数时,一般用(hkl)代表。例如,图 2.9 中的晶面 ABC,在坐标轴上的截距分别为 x、y、z,则 $h=1/x$、$k=1/y$、$l=1/z$。

在图 2.10 中绘出晶体的几个主要晶面,并标出了晶面指数。要注意的是:

(1) 这样定义的晶面指数,只可能是整数,不会是分数,更不会是无理数。

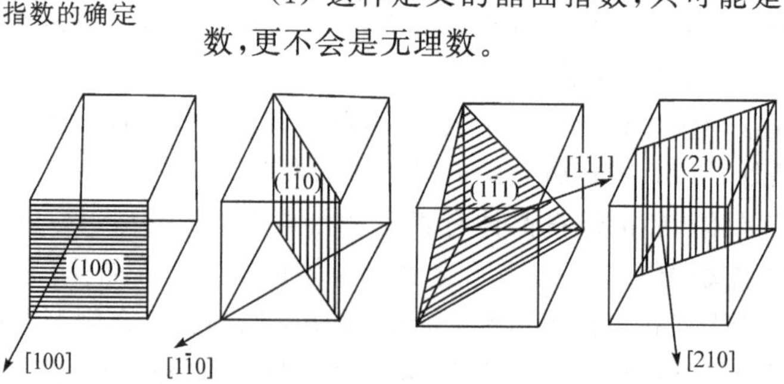

图 2.10　晶体中的几个主要晶面和晶向指数

(2) 这样定义的晶面指数，既表示晶面的取向，也表示晶面距。不过，在许多场合，如果只要求表示取向，也可以把它们简化为同比例的三个互质整数。

(3) 晶体中的某些晶面可能是完全相同的，它们能借助对称元素的作用相互替换，而不会使晶体有任何变化。这样的一组晶面称为等同晶面族，用$\{hkl\}$表示。在同一晶面族中，各晶面上原子排列相同，晶面距也相同。

等同晶面族所含晶面的个数与晶体对称性高低及晶面指数有关。以立方晶体为例，(100)、(010)、(001)、$(\bar{1}00)$、$(0\bar{1}0)$、$(00\bar{1})$共6个晶面属于一个等同晶面族，表示为$\{100\}$。正方晶体的$\{100\}$晶面族，包括(100)、(010)、$(\bar{1}00)$、$(0\bar{1}0)$四个晶面；它的(001)、$(00\bar{1})$晶面属于$\{001\}$晶面族。

2. 晶向指数

晶体学中用晶向指数表示晶向特征。晶向指数的确定方法为：在结点线上任选相邻的两个结点，以其中一个结点作为原点O，则另一点的三个坐标值(用点阵周期a、b、c度量)即为该结点线的晶向指数。

晶向指数用方括号括起表示。当泛指某晶向指数时，用$[uvw]$表示。如果结点的某个坐标值为负值时，则在相应的指数上加一负号来表示。

这样定义晶向指数，既能表示结点线取向，也能表示结点线上结点之距离。晶向$[uvw]$的方向，即矢量$u\boldsymbol{a}+v\boldsymbol{b}+w\boldsymbol{c}$的方向，结点距等于$|u\boldsymbol{a}+v\boldsymbol{b}+w\boldsymbol{c}|$。如果只要求表示取向，可以把这三个数简化为同比例的三个互质整数。

在图2.10中绘出晶体中的几个主要晶向，并标出它们的晶向指数。

3. 六方晶系的晶面、晶向指数

六方晶系的晶面、晶向指数除了上面介绍的三指数法外，还有四指数法。

如图2.11所示的是专门为六方点阵定义的六方体阵胞，它实际上包含了三个单位平行六面体。如果取$\boldsymbol{a}$、$\boldsymbol{b}$和$\boldsymbol{c}$为晶轴，按上述三轴定向的方法确定面指数，求出六个柱面的面指数为(100)、(010)、$(\bar{1}10)$、$(\bar{1}00)$、$(0\bar{1}0)$、$(1\bar{1}0)$，显然，这样的晶面指数不能显示出六次对称及等同面的特征；对晶向指数也存在同样的问题。因此，在晶体学中对六方晶系有时采用四轴坐标标定指数的方法，称为密勒-布拉维指数。

六方晶系的四坐标轴，即$\boldsymbol{a}_1$、$\boldsymbol{a}_2$、$\boldsymbol{a}_3$、$\boldsymbol{c}$，其中$\boldsymbol{a}_1$、$\boldsymbol{a}_2$、$\boldsymbol{a}_3$在同一平面上，它们之间的夹角为120°，$\boldsymbol{c}$轴与这个平面垂直。这样求出的晶面指数由四个数字组成，用$(hkil)$表示。其中hkl就是三轴坐标中的晶面指数，第三个数字i与h、k的关系为

$$i=-(h+k) \tag{2.4}$$

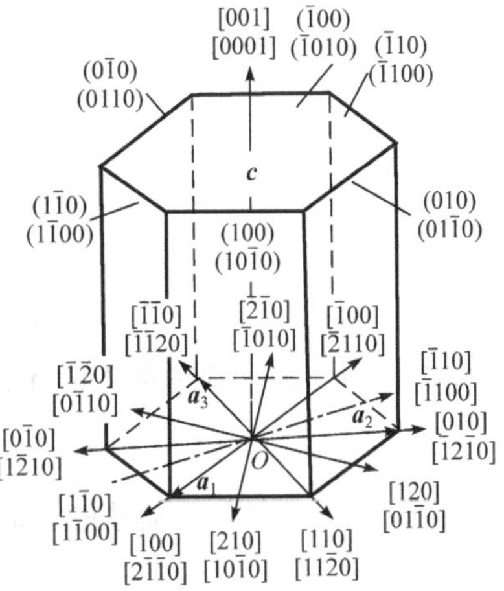

图2.11　六方晶系的晶面及晶向指数

在四轴坐标系中，六个柱面的晶面指数记作：$(10\bar{1}0)$、$(01\bar{1}0)$、$(\bar{1}100)$、$(\bar{1}010)$、$(0\bar{1}10)$、$(1\bar{1}00)$。它们都是由"1、$\bar{1}$、0、0"四个数字以不同的方式排列而成。这样的晶面指数可以明显地显示出六次对称及等同晶面的特征。

六方晶系中四轴坐标晶向指数的确定，稍许麻烦些。如果三轴晶向指数是$[uvw]$，那么，四轴晶向指数是为$[(2u-v)/3\ (2v-u)/3\ (-u-v)/3w\ ]$。

四轴指数纯粹是为了凑指数在形式上的对称性，但给有些计算带来不便。

2.3.2 晶面间距、晶面夹角

1. 晶面间距

晶面(hkl)的晶面间距通常用d_{hkl}表示，或简写为d。为求得晶面间距的计算公式，假定图2.12中的ABC面为某平行晶面族中最靠近坐标原点的一个晶面(hkl)。根据晶面指数的定义，可知，ABC面在晶轴$\boldsymbol{a}$、$\boldsymbol{b}$、$\boldsymbol{c}$上截距分别为$1/h$、$1/k$、$1/l$。显然，$\boldsymbol{a}/h$在晶面法线$\boldsymbol{n}_{hkl}$上的投影就等于这个晶面的面间距d，即

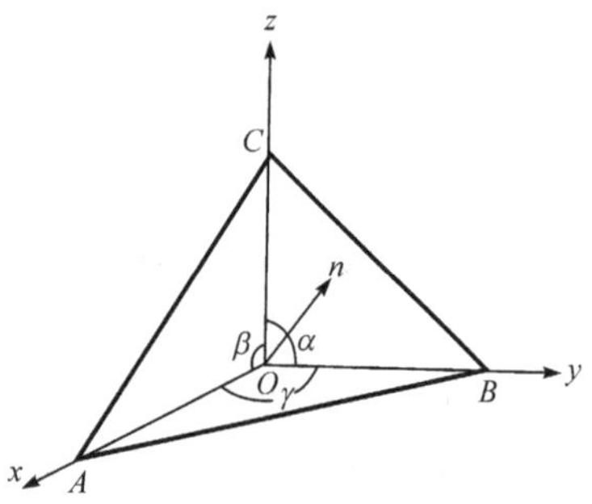

图 2.12　晶面距的计算

$$d_{hkl}=\frac{\boldsymbol{a}}{h}\cdot\boldsymbol{n}_{hkl}=\frac{\boldsymbol{b}}{k}\cdot\boldsymbol{n}_{hkl}=\frac{\boldsymbol{c}}{l}\cdot\boldsymbol{n}_{hkl}\tag{2.5}$$

由图2.12可知，ABC面的单位法向量表示为

$$\boldsymbol{n}_{hkl}=\frac{\overline{AB}\times\overline{BC}}{|\overline{AB}\times\overline{BC}|}\tag{2.6}$$

因为

$$\overline{AB}\times\overline{BC}=\left(\frac{\boldsymbol{b}}{k}-\frac{\boldsymbol{a}}{h}\right)\times\left(\frac{\boldsymbol{c}}{l}-\frac{\boldsymbol{b}}{k}\right)=\frac{h(\boldsymbol{b}\times\boldsymbol{c})+k(\boldsymbol{c}\times\boldsymbol{a})+l(\boldsymbol{a}\times\boldsymbol{b})}{hkl}\tag{2.7}$$

故

$$\boldsymbol{n}_{hkl}=\frac{h(\boldsymbol{b}\times\boldsymbol{c})+k(\boldsymbol{c}\times\boldsymbol{a})+l(\boldsymbol{a}\times\boldsymbol{b})}{|h(\boldsymbol{b}\times\boldsymbol{c})+k(\boldsymbol{c}\times\boldsymbol{a})+l(\boldsymbol{a}\times\boldsymbol{b})|}\tag{2.8}$$

代入式(2.5)，可得

$$d_{hkl}=\frac{V_0}{|h(\boldsymbol{b}\times\boldsymbol{c})+k(\boldsymbol{c}\times\boldsymbol{a})+l(\boldsymbol{a}\times\boldsymbol{b})|}\tag{2.9}$$

式中，V_0为$\boldsymbol{a}$、$\boldsymbol{b}$、$\boldsymbol{c}$构成的晶胞的体积，即

$$V_0=\boldsymbol{a}\cdot(\boldsymbol{b}\times\boldsymbol{c})=\boldsymbol{b}\cdot(\boldsymbol{c}\times\boldsymbol{a})=\boldsymbol{c}\cdot(\boldsymbol{a}\times\boldsymbol{b})\tag{2.10}$$

由式(2.9)求得的各晶系的晶面距公式，参见表2.4。

表 2.4　各种晶体的晶面距

晶　系	d
立方	$\dfrac{a}{\sqrt{h^2+k^2+l^2}}$
正方	$\dfrac{a}{\sqrt{(h^2+k^2)+\left(\frac{a}{c}\right)^2 l^2}}$
正交	$\dfrac{1}{\sqrt{\left(\frac{h}{a}\right)^2+\left(\frac{k}{b}\right)^2+\left(\frac{l}{c}\right)^2}}$
六方	$\dfrac{a}{\sqrt{\frac{4}{3}(h^2+hk+k^2)+\left(\frac{a}{c}\right)^2 l^2}}$
菱方	$\dfrac{a}{\sqrt{\frac{(1+\cos\alpha)(h^2+k^2+l^2)-2\cos(hk+kl+lh)}{1+\cos\alpha-2\cos^2\alpha}}}$
单斜	$\dfrac{1}{\sqrt{\frac{h^2}{a^2\sin^2\beta}+\frac{k^2}{b^2}+\frac{l^2}{c^2\sin^2\beta}-\frac{2lh\cos\beta}{ac\sin^2\beta}}}$
三斜	$\sqrt{\dfrac{1-\cos^2\alpha-\cos^2\beta-\cos^2\gamma-2\cos\alpha\cos\beta\cos\gamma}{\frac{h^2}{a^2}\sin^2\alpha+\frac{k^2}{b^2}\sin^2\beta+\frac{l^2}{c^2}\sin^2\gamma+\frac{2hk}{ab}(\cos\alpha\cos\beta-\cos\gamma)+\frac{2kl}{bc}(\cos\gamma\cos\beta-\cos\alpha)+\frac{2lh}{ac}(\cos\alpha\cos\gamma-\cos\beta)}}$

2. 晶面夹角

晶面夹角 ϕ 可以用晶面法线的夹角来表示。若晶面$(h_1k_1l_1)$和$(h_2k_2l_2)$的单位法向量为 $\boldsymbol{n}_1$、$\boldsymbol{n}_2$，则

$$\cos\phi=\boldsymbol{n}_1\cdot\boldsymbol{n}_2 \tag{2.11}$$

将式(2.8)代入，可得

$$\cos\phi=\frac{h_1(\boldsymbol{b}\times\boldsymbol{c})+k_1(\boldsymbol{c}\times\boldsymbol{a})+l_1(\boldsymbol{a}\times\boldsymbol{b})}{|h_1(\boldsymbol{b}\times\boldsymbol{c})+k_1(\boldsymbol{c}\times\boldsymbol{a})+l_1(\boldsymbol{a}\times\boldsymbol{b})|}\cdot\frac{h_2(\boldsymbol{b}\times\boldsymbol{c})+k_2(\boldsymbol{c}\times\boldsymbol{a})+l_2(\boldsymbol{a}\times\boldsymbol{b})}{|h_2(\boldsymbol{b}\times\boldsymbol{c})+k_2(\boldsymbol{c}\times\boldsymbol{a})+l_2(\boldsymbol{a}\times\boldsymbol{b})|} \tag{2.12}$$

由式(2.12)可以求得各晶系的晶面夹角公式，参见表 2.5。式(2.12)及其所推导的公式也可以用来计算晶向夹角及晶向与晶面间的夹角。在计算晶向夹角时，只要把公式中的晶面指数换成晶向指数就可以了。

表 2.5　各种晶体的晶面夹角

晶　系	$\cos\phi$
立方	$\dfrac{h_1h_2+k_1k_2+l_1l_2}{\sqrt{h_1^2+k_1^2+l_1^2}\cdot\sqrt{h_2^2+k_2^2+l_2^2}}$

续表

晶　系	$\cos\phi$
正方	$\dfrac{h_1h_2+k_1k_2+\left(\dfrac{a}{c}\right)^2 l_1l_2}{\sqrt{h_1^2+k_1^2+\left(\dfrac{a}{c}\right)^2 l_1^2}\cdot\sqrt{h_2^2+k_2^2+\left(\dfrac{a}{c}\right)^2 l_2^2}}$
正交	$\dfrac{h_1h_2+\left(\dfrac{a}{b}\right)^2 k_1k_2+\left(\dfrac{a}{c}\right)^2 l_1l_2}{\sqrt{h_1^2+\left(\dfrac{a}{b}\right)^2 k_1^2+\left(\dfrac{a}{c}\right)^2 l_1^2}\cdot\sqrt{h_2^2+\left(\dfrac{a}{b}\right)^2 k_2^2+\left(\dfrac{a}{c}\right)^2 l_2^2}}$
六方	$\dfrac{h_1h_2+k_1k_2+\dfrac{1}{2}(k_1h_2+h_1k_2)+\dfrac{3}{4}\left(\dfrac{a}{c}\right)^2 l_1l_2}{\sqrt{(h_1^2+h_1k_1+k_1^2)+3\left(\dfrac{a}{c}\right)^2 l_1^2}\cdot\sqrt{(h_2^2+h_2k_2+k_2^2)+3\left(\dfrac{a}{c}\right)^2 l_2^2}}$

3. 完整晶面与不完整晶面

结点都是等同的，所以一簇平行等距的结点面可以囊括所有结点，而无遗漏。然而，在布拉维点阵中，有些整数指数的晶面却不能囊括所有的结点。例如，如图 2.13 所示体心点阵中(010)晶面在 $\boldsymbol{b}$ 轴上截距等于 1，即(010)的晶面距等于 b。(010)晶面指的是一组相互平行的间距为 b 的结点面，显然它没有包括所有的点阵结点(漏掉了体心结点)，我们把这种晶面称为不完整晶面。

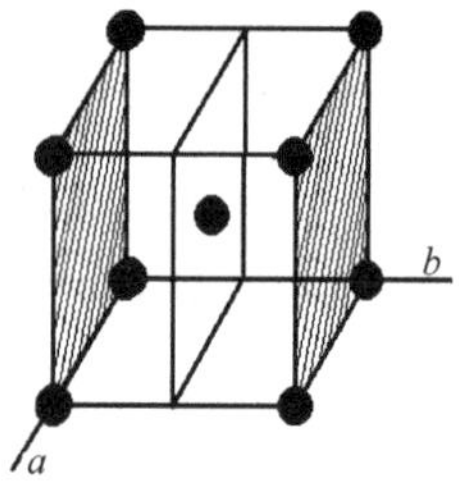

图 2.13　(010)晶面

事实上，欲求图 2.13 中结点面的晶面指数，根据晶面指数的定义，原点应该选距离该面最近的结点，即体心结点，这样，该结点面在 $\boldsymbol{b}$ 轴上的截距等于 1/2，晶面指数应该表示为(020)，显然(020)晶面包括了点阵所有的结点，故称为完整晶面。

那么，如何判断(hkl)是否完整晶面呢？其实也很简单，就是要看是否所有的点阵结点到(hkl)的某个结点面的距离都是 d_{hkl} 的整数倍。

例如，判断(hkl)在体心晶体中是否完整晶面，可以看是否所有的点阵结点到过原点 O 的(hkl)结点面的距离都是 d_{hkl} 的整数倍。

事实上，体心晶体有两类结点，位于晶胞顶点的结点 $\boldsymbol{r}_0$ 和位于晶胞体心的结点 $\boldsymbol{r}_1$，其中

$$\boldsymbol{r}_0=n_1\boldsymbol{a}+n_2\boldsymbol{b}+n_3\boldsymbol{c}\qquad (n_1、n_2、n_3\text{ 为整数})$$

$$\boldsymbol{r}_1=\boldsymbol{r}_0+\left(\frac{1}{2}\boldsymbol{a}+\frac{1}{2}\boldsymbol{b}+\frac{1}{2}\boldsymbol{c}\right)$$

于是，位于晶胞顶点的结点到过 O 点的(hkl)晶面的距离表示为

$$\boldsymbol{r}_0\cdot\boldsymbol{n}_{hkl}=(n_1\boldsymbol{a}+n_2\boldsymbol{b}+n_3\boldsymbol{c})\cdot\boldsymbol{n}_{hkl}=(n_1h+n_2k+n_3l)d_{hkl}$$

位于晶胞体心的结点到过 O 点的 (hkl) 晶面的距离表示为

$$\boldsymbol{r}_1 \cdot \boldsymbol{n}_{hkl} = \left[\boldsymbol{r}_0 + \left(\frac{1}{2}\boldsymbol{a} + \frac{1}{2}\boldsymbol{b} + \frac{1}{2}\boldsymbol{c}\right)\right] \cdot \boldsymbol{n}_{hkl} = (n_1 h + n_2 k + n_3 l) d_{hkl} + \frac{h+k+l}{2} d_{hkl}$$

可见，$\boldsymbol{r}_0 \cdot \boldsymbol{n}_{hkl}$ 定是 d_{hkl} 的整数倍；而 $\boldsymbol{r}_1 \cdot \boldsymbol{n}_{hkl}$ 则必须当 $(h+k+l)$ 为偶数时才是 d_{hkl} 的整数倍。所以，体心晶体中，只有 $(h+k+l)$ 为偶数的晶面才是完整晶面。

同样可以证明，面心晶体中，只有 h、k、l 同为偶数或者同为奇数的晶面才是完整晶面。

4. 广义晶面

我们已经定义了晶面为结点面。再定义结点面及其二等分面称为二级晶面；结点面及其三等分面称为三级晶面等。广义晶面，则是晶面、二级晶面、三级晶面、…… 的集合。由定义可知，广义晶面是完整晶面，因为它将所有的结点都包罗无遗，并且还可以包括结点面的各等分面。在引入广义晶面的概念之后，凡是晶面，若无特别说明，将都是指广义晶面。广义晶面有着明显的物理意义，表述如下：

1) 广义晶面可以代表完整的原子面

若结点选在原子中心，则晶面就是一组等距的原子面，但晶面不一定能将所有的原子面都包罗无遗。例如，如图 2.6 和图 2.7 所示的金刚石晶体中，由 B 类原子“○”构成的(020)晶面就不包含 A 类原子，然而(040)晶面却可以把所有的 A、B 类原子都包括。也就是说，(020)晶面是完整晶面，但却不是完整的原子面，(040)晶面才是完整的原子面。

2) 广义晶面是周期性物质分布的等位相面

若通过某点沿晶面法线方向的物质分布用函数 $f(x)$ 表示，那么用傅里叶分析方法，$f(x)$ 可以由简谐函数合成出来。虽然函数可能相当复杂，需要用很多项才能把它足够好地表示出来，但只要物质分布的函数形式已知，这一步是可以做到的。如此，广义晶面的物理意义也就明显了，它是物质分布函数的各次谐波的等位相面。

2.3.3　晶带

晶体点阵中平行于某一轴向的所有晶面构成一个晶带。同一晶带中的晶面的交线互相平行，称为晶带轴。晶带轴的晶向指数即为该晶带的指数。例如，[001]晶带中所包括的晶面有(100)、(010)、(110)、(120)、… 如图 2.14 所示。

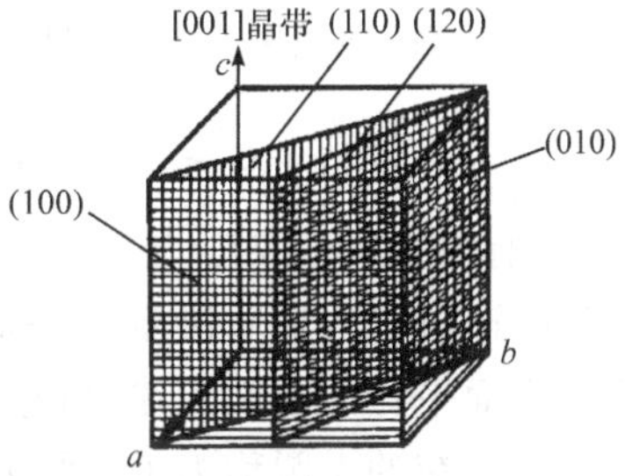

图 2.14　[001]晶带中的某些晶面

如果晶面 (hkl) 属于晶带轴 $[uvw]$，那么必定有

$$hu + kv + lw = 0 \tag{2.13}$$

这就是所谓的晶带定律。

事实上，晶带轴 $\boldsymbol{R}$ 的指向可用矢量表示为

$$\boldsymbol{R} = u\boldsymbol{a} + v\boldsymbol{b} + w\boldsymbol{c}$$

晶面 (hkl) 的法线 $\boldsymbol{n}_{hkl}$ 由式(2.8)给出，于是可求得

$$\boldsymbol{R}\cdot n_{hkl}=(hu+kv+lw)\frac{\boldsymbol{a}\cdot(\boldsymbol{b}\times\boldsymbol{c})}{|h(\boldsymbol{b}\times\boldsymbol{c})+k(\boldsymbol{c}\times\boldsymbol{a})+l(\boldsymbol{a}\times\boldsymbol{b})|}$$

根据晶带的定义，$\boldsymbol{R}\cdot\boldsymbol{n}_{hkl}=0$。但因为 $\boldsymbol{a}\cdot(\boldsymbol{b}\times\boldsymbol{c})\neq0$，所以必定有

$$hu+kv+lw=0$$

2.4　晶体投影

在结晶多面体和晶体点阵这类三维几何图形中，晶向和晶面的空间取向以及它们之间的夹角是经常要探讨的对象。但是这类几何形象在三维空间远不如在二维平面上那样容易表示。描述晶向、晶面的取向需要两个自由度，因而用二维图形来表示晶向和晶面不会有太大问题。所谓晶体投影，是用二维的投影图形来表示晶向和晶面取向的一种几何方法。

在各种晶体投影方法中用得最多的是球面投影和极射平面投影。

2.4.1　球面投影

1. 迹点和极点

空间直线或平面的取向可用它们的球面投影来表示。以原点 O 作一个球，称为参考球，或投影球。直线的球面投影用过 O 点的平行直线与投影球面的两个交点表示，称为直线的迹点；平面的球面投影用过 O 点的法向直线与投影球面的两个交点表示，称为平面的极点。

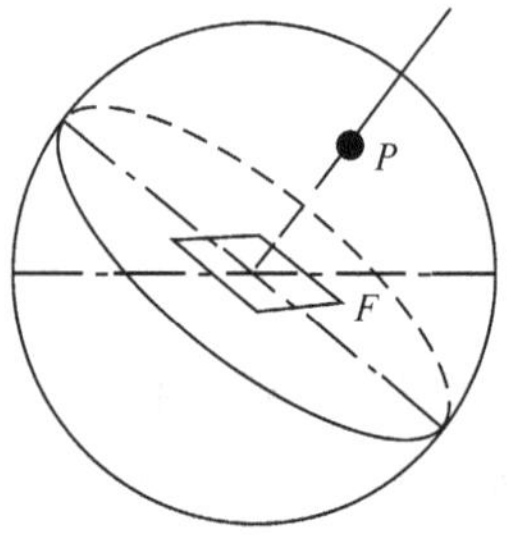

图 2.15　晶面的投影

于是，晶体中晶向的球面投影用结点线的迹点表示，晶面的球面投影用结点面的极点表示。晶向、晶面与它们的球面投影建立了一一对应的关系。

图 2.15 中所绘是晶面 F 的球面投影，P 为晶面法线迹点，即晶面的极点。

2. 球面坐标系的建立

如果把投影球面想象为一个布满经纬度网的地球仪(图 2.16)，便可通过球面上的经纬度表示晶向迹点和晶面极点的位置及它们之间的关系。以投影球中心 O 为坐标原点，三条互相垂直的直径 NS、WE、CD 为坐标轴(图 2.17)。定义过 O 点的平面称为大圆平面，不过 O 点的平面称为小圆平面。WE 轴与 CD 轴所决定的平面称为赤道平面，赤道平面与球面相交的大圆为赤道。与赤道平面平行的平面和球面相交的小圆称为纬线。过 NS 轴的平面称为子午面，子午面与球面相交的大圆称为子午线或经线。过 WE 轴的子午面称为本初子午面，与其相应的子午线称为本初子午线。

任一子午面与本初子午面间的二面角称为经度，用 ϕ 表示。本初子午线 NWS 的经度定为 0°。从 N 极沿子午线大圆向赤道方向至某一纬线间的弧度称为极距，用 ψ 表示，

图 2.16　球面经纬度网

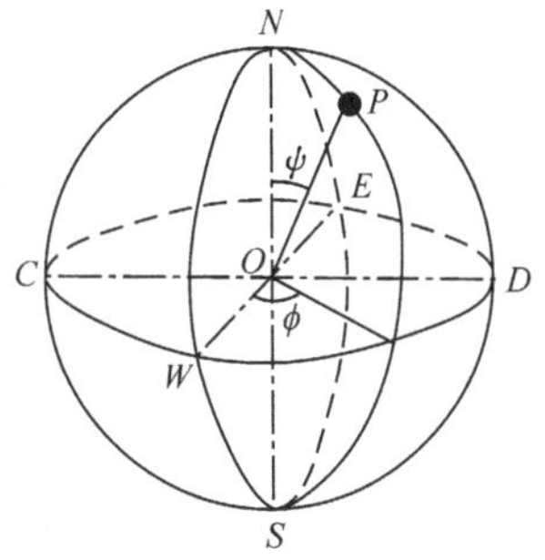

图 2.17　球面坐标

赤道的极距为 90°。球面上任一点 P 的位置可以用其所在处的经度 ϕ 和极距 ψ 定出，ϕ 和 ψ 称为 P 点的球面坐标。

3. 球面投影的度量

两晶向的夹角等于相应两迹点之间的弧长。两晶面的夹角等于相应两极点之间的弧长。球面两点之间的弧长是用大圆的弧长来度量的，因此测量球面上两点之间的弧长，必须过这两点作大圆。大圆分为 360 等分，每等分为 1°。

子午线是大圆，可用于测量弧长。我们可以转动晶体，或转动参考球面，使要测量的两点落在同一子午线上，于是这两点的纬度差就是两点之间的夹角。赤道也是大圆，故也可以转动晶体，使要测量的两点落在赤道上，这两点的经度差就是两点之间的夹角。

4. 晶体的球面投影

在参考球面的球心放置一个晶体，把晶体中一些重要晶面的极点在投影球面上表示出来，这就是晶体的球面投影图。例如，图 2.18 是一个立方晶系的球面投影图。图中给出了一些低指数晶面的球面投影。

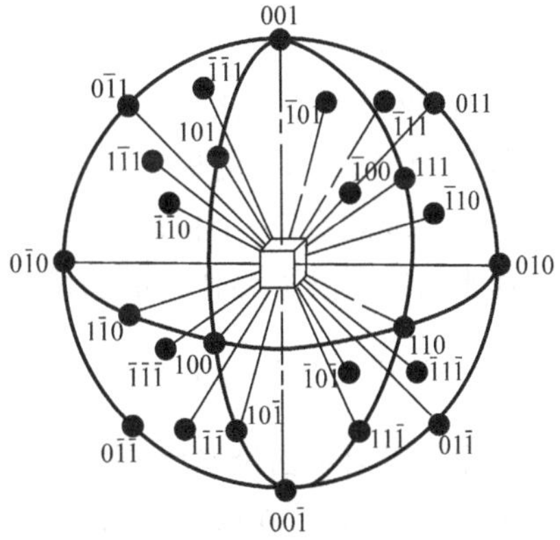

图 2.18　立方晶体的球面投影

2.4.2　极射平面投影和乌氏网

1. 极射平面投影

球面投影图虽然是二维图形，但毕竟是球面，使用不太方便。极射平面投影是将球面投影再投影到平面上去的一种投影方法。具体地说，可以任选一个投影平面，以它的一个极点作为投影中心。在图 2.19 中，投影平面垂直于直径 CD，垂足为 D，C 为投影中心。假如 P 为某晶面的极点或为某晶向的迹点。那么，连接 CP，称为投影线，投影线（或其延长线）与投影平面的交点 P' 即为 P 的极射平面投影。与投影平面平行的大圆 $NESW$ 的极射平面投影称为投影基圆 $N'E'S'W'$。D 点与它的极射平面投影 D' 同位于基圆的中心。

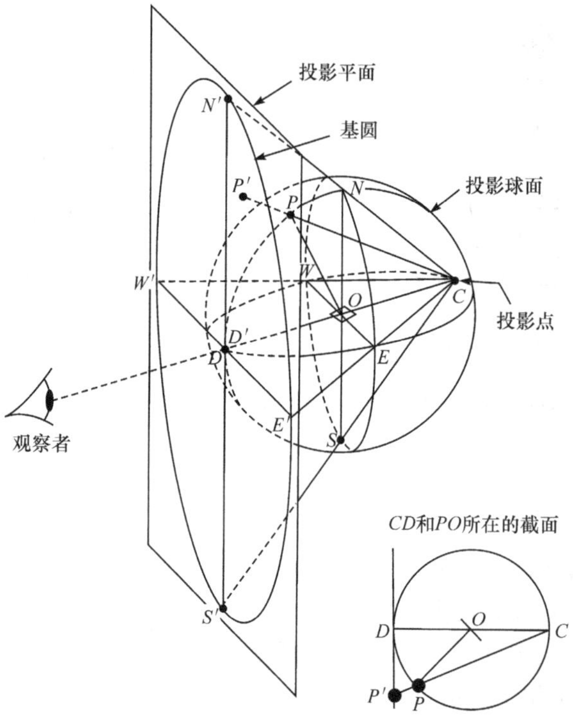

图 2.19　极射平面投影

显然,投影中心好比是光源,它把半个球面上的极点或迹点投影到投影平面的基圆之内;而把另半个球面上的极点或迹点投影到投影平面的基圆之外。因为任何一个晶面或晶向的极点或迹点,一个在这个半球,一个在那个半球,或者两个都在基圆上。所以,用一个半球来投影不会遗漏任何晶面或晶向。

2. 经纬线网的极射平面投影

在作出极射平面投影之后,还必须解决如何从极射平面投影上度量晶面和晶向的位向关系。我们知道,在球面投影中晶面和晶向的位向关系是通过球面上的经纬线坐标网来度量的。由于极射平面投影是球面投影向平面的再投影,所以如果将经纬线网也以同样的方法进行极射平面投影,作出相应的极射平面投影网,在它的帮助下,就能够从极射平面投影上直接度量出晶面和晶向的位向关系。常用的经纬线网的极射平面投影有极式网和乌氏网。

1) 极式网

以赤道平面为投影面作极射平面投影,所得的经纬线坐标网的极射平面投影网称为极式网(图 2.20)。在极式网中,子午线大圆的极射平面投影为一族过圆心的直径,而纬线小圆的极射平面投影为一族同心圆。

利用极式网可以直接在极射平面投影上读出极点的球面坐标,测量绕投影基圆中心轴的转动角,测量在同一子午线上两个投影点间的夹角。但是,极式网不能测量落在不同直径上的两极射平面投影点之间的角度，因此应用并不广泛。

2）乌氏网

俄国晶体学家乌氏（Вупьф Г. В.）将经纬线网投影到本初子午面（以本初子午面为投影面）上，作出了如图 2.21 所示的极射平面投影，称为乌里夫网或乌氏网。在乌氏网中，子午线大圆的极射平面投影是一族以 N、S 为端点的大圆弧，而纬线小圆的极射平面投影是一族圆心位于 SN 延长线上的小圆弧。

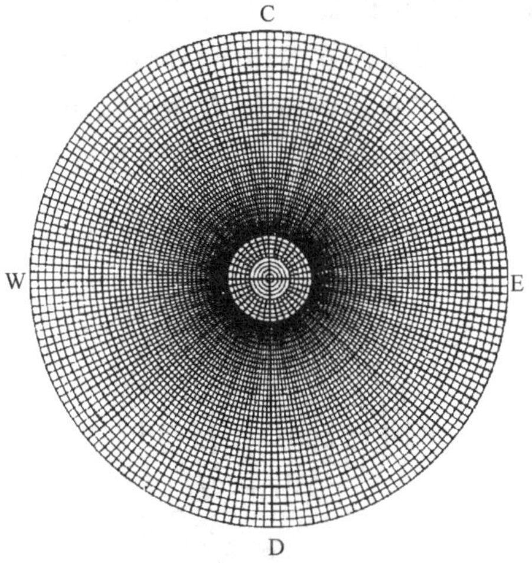

图 2.20 极式网

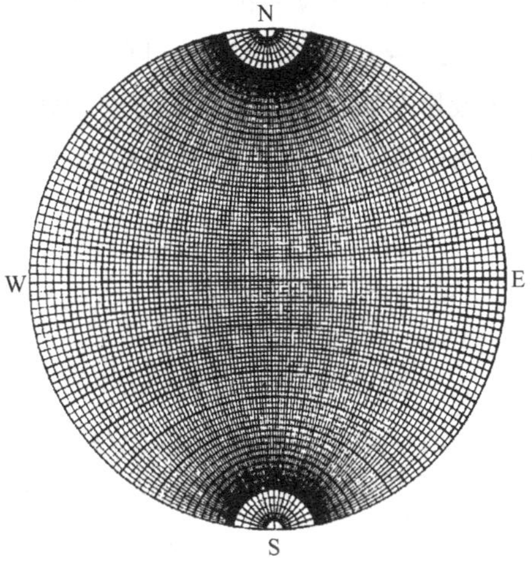

图 2.21 乌氏网

乌氏网的应用是很广泛的。其中最基本的是利用它在晶体的极射平面投影图上直接测量晶面和晶向间的夹角。当晶体转动时，在乌氏网的帮助下可测量转动角和确定转动后的新位置。

3）测量晶面和晶向间的夹角

测量时，首先将极射平面投影图描绘在一张基圆直径与乌氏网相同的透明纸上，然后将它放在乌氏网上，并使二者的基圆重合。以投影基圆的圆心为轴，转动透明纸上的极射平面投影图，使被测的极点位于同一个大圆弧或大圆直径上，两个极点间的角度即为两晶面间的夹角。例如，在图 2.22 中晶面极点 A 与 B 或 C 与 D 之间的夹角可沿其所在的大圆弧或大圆直径测量出其间相隔的度数。假如 A、B、C、D 为晶向的极射平面投影时，所求得的角度即为晶向间夹角。

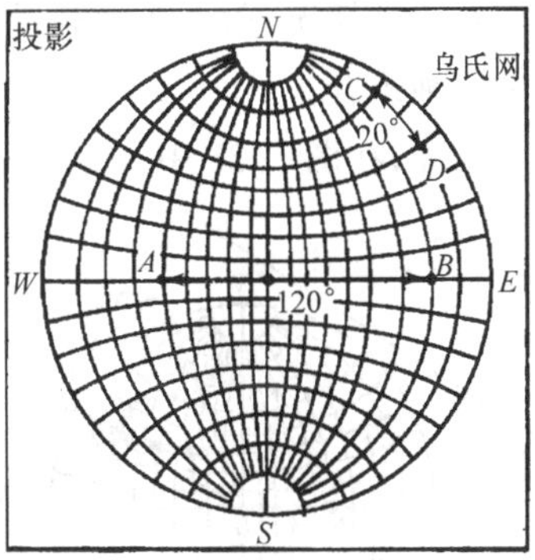

图 2.22 极点间的夹角

3. 晶体转动

当晶体绕已知轴转动时，可在乌氏网的帮助下测量其转动角，转动角测量出来后，新的位向也就确定了。在乌氏网上测量转动角是沿着纬线小圆弧或投影基圆的圆周来度量。下面分析几种转动情况。

1）晶体绕投影平面的中心轴转动

晶体绕 CD 轴顺时针方向转动 ϕ 角时，如图 2.23 所示，晶体某极点的极射平面投影 A_1 相应地绕 O 点顺时针方向转动 ϕ 角，A_2 即为 A_1 转动后的新位置。在这种情况下，转动角沿投影基圆的圆周度量。

2）晶体绕 NS 轴转动

如果晶体绕 SN 轴转动 60°，如图 2.24 中，晶体的两个极点 A_1、B_1 相应地绕 SN 轴转动 60°。A_1 沿其所在的纬线小圆弧移动 60°到 A_2，B_1 沿其所在的纬线小圆弧移动 40°时便到了投影基圆的边缘的 B_1'，再继续转 20°，极点就到了投影背面，其位置可以用过球心直径的另一端迹点的极射平面投影 B_2 点来表示。这种情况下，转动角沿纬线小圆弧度量。

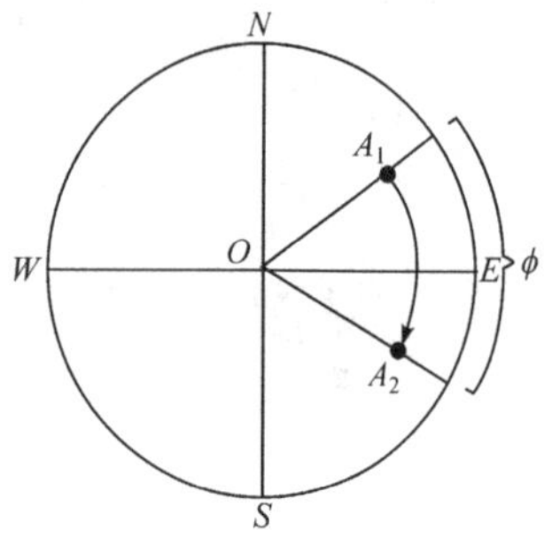

图 2.23　极点绕中心轴转动

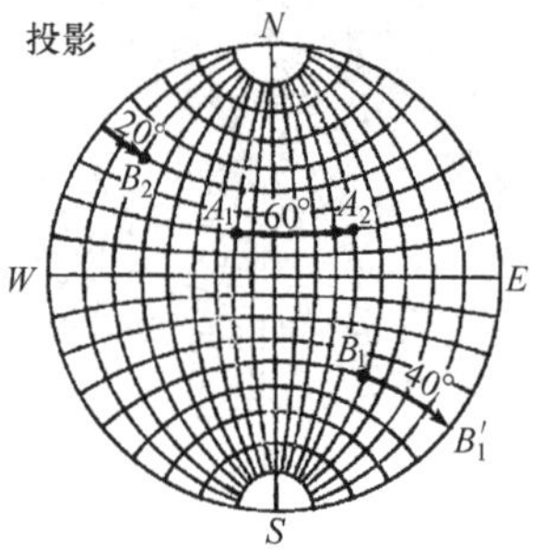

图 2.24　极点绕 SN 轴转动

3）晶体绕任意轴转动

在这种情况下，首先要转动晶体，设法把转动轴转动到与 SN 轴重合，或与投影平面的中心轴重合。

例如，在图 2.25 中，如果要将极点 A_1 绕 B_1 轴转动 40°，需要以下几个步骤：

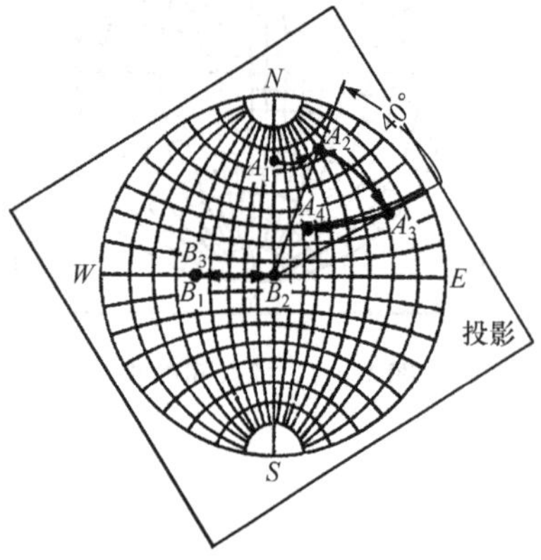

图 2.25　极点绕倾斜轴转动

（1）转动描绘有极射平面投影图的透明纸，使 B_1 落到乌氏网的赤道直径 EW 上。

（2）将 B_1 沿赤道直径移到投影面中心 B_2 处，与此同时 A_1 也要沿其所在的纬线小圆弧移动同样的角度到 A_2 处。

（3）将 A_2 沿着以 B_2A_2 为半径的小圆周转动 40°到 A_3 处。

（4）将 B_2 移回到原来的位置 B_1 处，同时 A_3 也要沿其所在的纬线小圆弧移动同样的角度到 A_4 处，此 A_4 便是 A_1 绕 B_1 转动 40°后的新位置。

4）转换投影面

投影面极点的极射平面投影就是投影基圆的圆心。假设要将原投影面上的极射平面投影转换到另一个新的投影面上去，就是要在乌氏网的帮助下将新投影面的极点转移到投影基圆的中心，同时也将投影面上所有的极射平面投影都转动同样的角度移到相应的新位置。

4. 晶带的极射平面投影

根据晶带定义，同一晶带内各晶面的法线都在与晶带轴垂直的平面上。此平面与投影球面相交的大圆称为晶带大圆，晶带所属晶面的极点都在此大圆上。晶带大圆平面的极点就是晶带轴的迹点。如图2.26所示的是一些晶带的极射平面投影，包括晶带轴的迹点和晶带大圆。在一般的情况下，晶带大圆是一个大圆弧，如 K_1、K_2，对应的晶带轴用 T_1、T_2 表示。但当晶带轴垂直于投影面时，晶带大圆 K_3 与投影基圆重合，其晶带轴迹点 T_3 与投影基圆的圆心重合；当晶带轴平行于投影面时，晶带大圆 K_4 成了投影基圆的一条直径，晶带轴的两个迹点 T_4 则落在了投影基圆上。

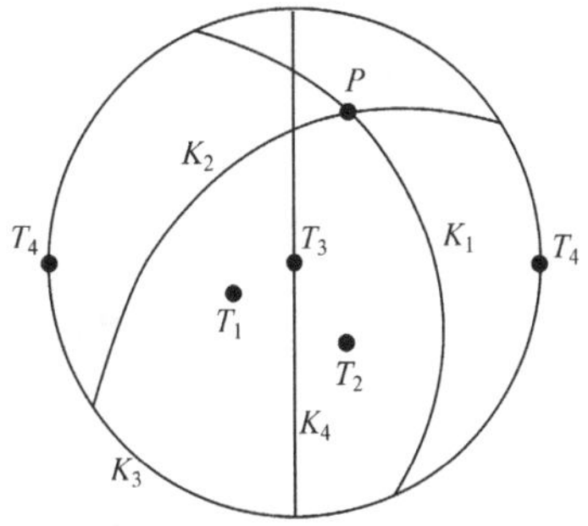

图2.26 晶带轴的极射平面投影

2.4.3 标准投影图

在作晶体的极射平面投影时，可以选择某个对称性明显的低指数晶面，如(001)、(011)、(111)和(0001)等作投影面，将晶体中各个晶面的极点都投影到所选择的投影面上去，这样构成的极射平面投影图称为标准投影图。

在测定晶体取向时，标准投影图是很有用处的。因为它能一目了然地表明晶体中所有的重要晶面的相对取向和对称关系。利用标准投影图可以不必经过计算就能定出投影图中所有极点的指数。

附录中给出立方晶体的一些低指数的也是最常用的标准投影图。如果在实际工作中需要用某些较高指数的晶面作投影面的标准投影图时，可以利用转换投影面方法，在已有的低指数标准投影图的基础上绘制出来。

在立方晶系中，由于晶面间夹角与点阵常数无关，因此，所有立方晶系的晶体皆可使用同一组标准投影图。但对其他晶系来说，晶面间夹角与轴比(点阵常数之间的比值)有关(表2.5)，因此，不同轴比的晶体，即使是指数相同的晶面，它们的夹角也是不相等的。所以每种轴比的晶体都要有自己的标准投影图。例如，图2.27是锌晶体($c/a=1.86$)以(0001)为投影面的标准投影图。

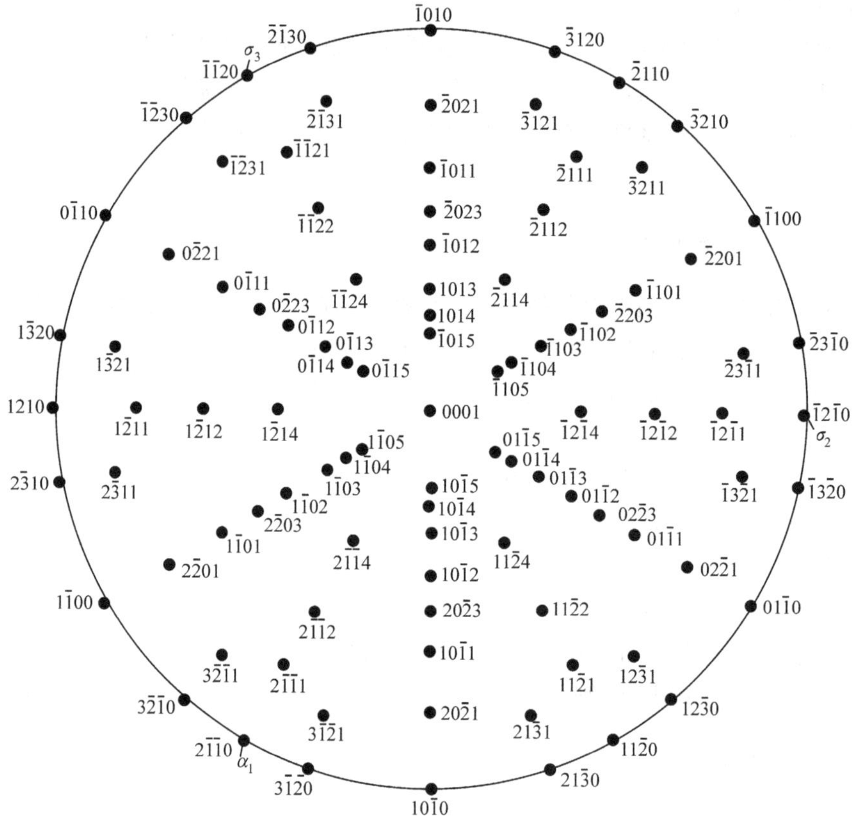

图 2.27 六方晶体(0001)标准投影图($c/a=1.86$)

2.5 晶体衍射理论(一)

2.5.1 晶体衍射的运动学理论

晶体衍射理论讨论晶体在入射波的作用下,衍射波强度的空间分布。为简单起见,对晶体衍射的讨论将限于较为简单的衍射运动学理论范围。

衍射运动学理论所包含的基本假设是:

(1) 忽略原子之间的相互作用,即每个原子作为一个独立的散射体。

(2) 入射波在试样内传播的过程中,因散射和吸收导致的强度衰减可以忽略,就是说,晶体中每个原子所受到的入射波照射的强度都相同。

(3) 不考虑衍射波的再衍射,即假定散射波的强度很小。

(4) 观察点相对晶体足够远,可以认为到达观察点的散射波是平面波。

一般来说,研究小体积晶体对 X 射线的衍射,上述假设容易得到满足,因为原子对于 X 射线的散射能力很小;对于电子波,因为原子对电子的散射作用很强,只有在一定的条件下才能应用运动学理论,如采用足够薄的试样,使入射波受到多次散射的机会减少到可以忽略的程度,同时由于参与散射作用的原子不多,衍射波强度也较弱。

晶胞是晶体的基本单元，晶体的构造特点都会体现在晶胞的结构中。因此，下面讨论晶体衍射问题将以晶胞作为散射单元。

2.5.2 劳埃方程与布拉格方程

1. 劳埃方程

设小晶体由 N 个晶胞构成，为问题简化起见，假定沿晶轴 $\boldsymbol{a}$、$\boldsymbol{b}$、$\boldsymbol{c}$ 方向上的晶胞数分别为 N_1、N_2、N_3，显然

$$N=N_1N_2N_3 \tag{2.14}$$

设晶体顶点晶胞的位置为原点 O，则晶体中任一晶胞的位置可表示为

$$\boldsymbol{r}_n=n_1\boldsymbol{a}+n_2\boldsymbol{b}+n_3\boldsymbol{c} \tag{2.15}$$

式中，$n_1=0,1,2,\cdots,N_1-1$；$n_2=0,1,2,\cdots,N_2-1$；$n_3=0,1,2,\cdots,N_3-1$。

在单色平面波的照射下，晶体的每个晶胞都成为散射源。其中，第 n 个晶胞的散射波与原点 O 处晶胞的散射波的位相差为

$$\phi_n=-2\pi\frac{\boldsymbol{s}-\boldsymbol{s}_0}{\lambda}\cdot\boldsymbol{r}_n=-2\pi(n_1\xi+n_2\eta+n_3\zeta) \tag{2.16}$$

其中

$$\left.\begin{aligned}\xi&=\boldsymbol{a}\cdot\frac{s-s_0}{\lambda}\\ \eta&=\boldsymbol{b}\cdot\frac{s-s_0}{\lambda}\\ \zeta&=\boldsymbol{c}\cdot\frac{s-s_0}{\lambda}\end{aligned}\right\} \tag{2.17}$$

设位于原点 O 的晶胞的散射波用 ψ_c 表示，则 $\boldsymbol{r}_n$ 处的第 n 个晶胞的散射波复振幅表示为

$$\psi_n=\psi_c\mathrm{e}^{-2\pi i\cdot(n_1\xi+n_2\eta+n_3\zeta)} \tag{2.18}$$

于是，晶体中全部 N 个晶胞的散射波的合成就是晶体的衍射波，其复振幅表示为

$$\psi=\sum_{n=0}^{N-1}\psi_c\mathrm{e}^{-2\pi i(n_1\xi+n_2\eta+n_3\zeta)}=\psi_c\sum_{n_1=0}^{N_1-1}\mathrm{e}^{-2\pi in_1\xi}\sum_{n_2=0}^{N_2-1}\mathrm{e}^{-2\pi in_2\eta}\sum_{n_3=0}^{N_3-1}\mathrm{e}^{-2\pi in_3\zeta} \tag{2.19}$$

设一个晶胞的散射波强度用 I_c 表示，则整个晶体的衍射波强度表示为

$$I=I_c\cdot\left|\sum_{n_1=0}^{N_1-1}\mathrm{e}^{-2\pi in_1\xi}\right|^2\cdot\left|\sum_{n_2=0}^{N_2-1}\mathrm{e}^{-2\pi in_2\eta}\right|^2\cdot\left|\sum_{n_3=0}^{N_3-1}\mathrm{e}^{-2\pi in_3\zeta}\right|^2 \tag{2.20}$$

根据式(1.20)，可得

$$I=I_c\cdot\left(\frac{\sin\pi N_1\xi}{\sin\pi\xi}\right)^2\cdot\left(\frac{\sin\pi N_2\eta}{\sin\pi\eta}\right)^2\cdot\left(\frac{\sin\pi N_3\zeta}{\sin\pi\zeta}\right)^2 \tag{2.21}$$

式(1.23)定义了 $|G_1|^2$，同样可以定义 $|G_2|^2$、$|G_3|^2$，于是式(2.21)可改写成

$$I = I_c |G_1|^2 |G_2|^2 |G_3|^2 \tag{2.22}$$

根据第 1 章中关于干涉函数 $|G|^2$ 的定义。这里讨论的晶体衍射是以晶胞为散射单元的，所以干涉函数就是整个晶体的衍射波强度与一个晶胞的散射波强度之比，即

$$|G|^2 = \frac{I}{I_c} = |G_1|^2 \cdot |G_2|^2 \cdot |G_3|^2 = \left(\frac{\sin\pi N_1\xi}{\sin\pi\xi}\right)^2 \cdot \left(\frac{\sin\pi N_2\eta}{\sin\pi\eta}\right)^2 \cdot \left(\frac{\sin\pi N_3\zeta}{\sin\pi\zeta}\right)^2 \tag{2.23}$$

这是三维干涉函数，等于三个一维干涉函数的乘积。于是，晶体的衍射波强度表示为

$$I = I_c \cdot |G|^2 \tag{2.24}$$

显然，$I \neq 0$ 的条件，即晶体产生衍射波的条件是 I_c、$|G|$ 都不等于零。

一般情况下，晶体的 N_1、N_2、N_3 值都是很大的，根据第 1 章对干涉函数的讨论，$|G|^2$ 不等于零的条件是 ξ、η、ζ 都等于整数，表示为

$$\left.\begin{aligned} \xi &= \boldsymbol{a} \cdot \frac{s - s_0}{\lambda} = H \\ \eta &= \boldsymbol{b} \cdot \frac{s - s_0}{\lambda} = K \\ \zeta &= \boldsymbol{c} \cdot \frac{s - s_0}{\lambda} = L \end{aligned}\right\} \tag{2.25}$$

ξ、η、ζ 是表征衍射方向的参数，整数 H、K、L 定义为干涉指数。说明 N_1、N_2、N_3 都很大时，只有在 ξ、η、ζ 都严格等于整数的方向上，才可能出现衍射波，所以常称为衍射线。在这些方向上所有晶胞的散射波完全同位相。

式(2.25)就是著名的劳埃方程，是描述晶体衍射的基本方程。劳埃方程说明晶体衍射的必要条件是 $\boldsymbol{a}$、$\boldsymbol{b}$、$\boldsymbol{c}$ 在衍射矢量($\boldsymbol{s} - \boldsymbol{s}_0$)上的投影都必须等于波长的整数倍。

当单色波照射单晶体时，也就是在 λ、$\boldsymbol{s}_0$、$\boldsymbol{a}$、$\boldsymbol{b}$、$\boldsymbol{c}$ 均已确定的条件下，劳埃方程一般是无解的，因为这是试图用三个方程求解两个未知数(表示 $\boldsymbol{s}$ 方向的两个参数)。然而，在入射波为连续波谱时，或者在晶体连续转动时，那么，对某个波长或者对晶体的某个位置，式(2.25)可以得到满足。劳埃方程有解，意味着在 $\boldsymbol{s}$ 方向上出现衍射线。

2. 布拉格方程

晶体在入射波的照射下出现了衍射线，说明劳埃方程得以满足。因为 H、K、L 不会同时为零，若设 $L \neq 0$，劳埃方程(2.25)可变换为

$$\left.\begin{aligned} &\left(\frac{\boldsymbol{a}}{H} - \frac{\boldsymbol{b}}{K}\right) \cdot \frac{\boldsymbol{s} - \boldsymbol{s}_0}{\lambda} = 0 \\ &\left(\frac{\boldsymbol{b}}{K} - \frac{\boldsymbol{c}}{L}\right) \cdot \frac{\boldsymbol{s} - \boldsymbol{s}_0}{\lambda} = 0 \\ &\frac{\boldsymbol{c}}{L} \cdot \frac{\boldsymbol{s} - \boldsymbol{s}_0}{\lambda} = 1 \end{aligned}\right\} \tag{2.26}$$

根据晶面指数的定义，如图 2.28 所示，可知 $(\boldsymbol{b}/K-\boldsymbol{c}/L)$ 和 $(\boldsymbol{a}/H-\boldsymbol{b}/K)$ 是晶面 (HKL) 上的矢量，说明 $(HKL)\perp(\boldsymbol{s}-\boldsymbol{s}_0)$。这意味着，如果认为 $\boldsymbol{s}$ 是 $\boldsymbol{s}_0$ 的反射线，那么，(HKL) 就是反射面。用 $\boldsymbol{n}_{HKL}$ 表示反射面的单位法矢量，则有

$$\boldsymbol{n}_{HKL}=\frac{\boldsymbol{s}-\boldsymbol{s}_0}{|\boldsymbol{s}-\boldsymbol{s}_0|} \tag{2.27}$$

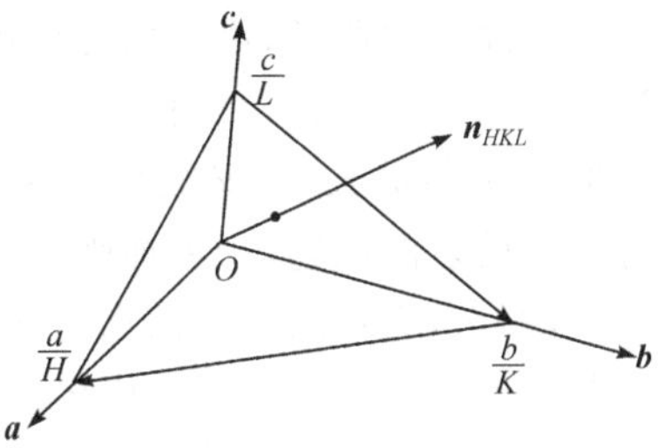

图 2.28　晶面 (HKL)

由式(1.9)，可得

$$\boldsymbol{s}-\boldsymbol{s}_0=|\boldsymbol{s}-\boldsymbol{s}_0|\cdot\boldsymbol{n}_{HKL}=(2\sin\theta)\cdot\boldsymbol{n}_{HKL} \tag{2.28}$$

代入式(2.26)中的第三式，得

$$\frac{\boldsymbol{c}}{L}\cdot\frac{\boldsymbol{s}-\boldsymbol{s}_0}{\lambda}=\left(\frac{2\sin\theta}{\lambda}\right)\frac{\boldsymbol{c}}{L}\cdot\boldsymbol{n}_{HKL}=1 \tag{2.29}$$

用晶面距公式(2.5)，得

$$2d_{HKL}\sin\theta=\lambda \tag{2.30}$$

这个关系式由英国物理学家布拉格父子于 1913 年提出，称为布拉格方程。在完成上述推导后，对晶体衍射的必要条件可作如下表述：在入射波的照射下，晶体如果有衍射线产生，就必定是晶体中的某个晶面反射的，且该晶面必定满足布拉格方程。θ 称为掠射角，或半衍射角，衍射角则记作 2θ。

3. 有关布拉格方程的讨论

1) 晶体衍射的必要条件

布拉格方程描述晶体衍射，认为晶体中的平行原子面能反射入射波，当这些原子面的反射波的相位相同时，反射波干涉加强；否则干涉抵消。

上面讲述了劳埃方程推导出布拉格方程的过程，相反的过程也是可行的。因此，满足劳埃方程和布拉格方程，以及干涉函数不等于零，这些说法是等价的。它们都是说明晶体产生衍射线的必要条件。但布拉格方程应用更普遍些，因为它描述衍射的物理图像易于理解。

单晶体对单色波在一般情况下不满足衍射的必要条件，因此不会产生衍射波，然而，如果转动晶体，则将在满足布拉格方程的方向上出现衍射波。

2) 选择反射

晶体的原子面反射和可见光的镜面反射不同。一束可见光以任意角度投射到镜面上都可以产生反射，而原子面对入射波的反射并不是任意的，只有当满足布拉格方程时才能发生反射。所以把晶体的这种反射称为选择反射，如图 2.29 所示。

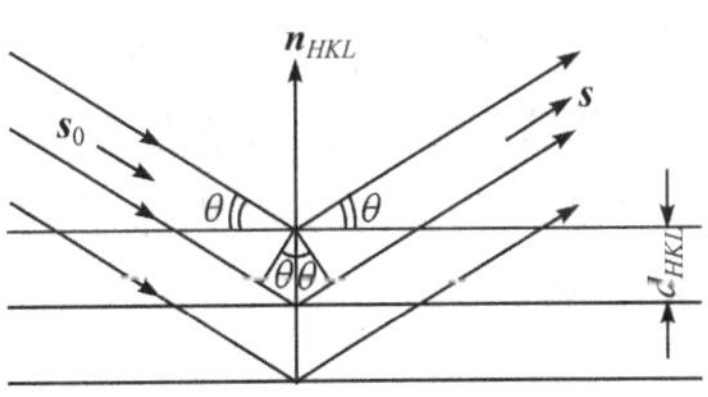

图 2.29　晶面反射

如果具有连续谱特征的 X 射线或电子波照射到单晶体上，晶体中各晶面将选择反射其中某些波长，也就是说，反射波是单一波长(或几种波长)。

一个面上的原子，沿反射方向的散射波，总是同位相的，故形成反射波。可见光的波长远大于原子面间距，表面及近表面原子面的反射波都是同位相的，故没有选择反射的问题。但 X 射线波长短，又能贯穿许多原子层，各原子面的反射波就不一定都是同位相的，故有选择反射的问题，干涉加强的条件是满足布拉格方程。如果相邻面的反射波不是同位相的，那么，大量的原子面衍射波叠加的结果，强度就几乎等于零。

晶体衍射实质上是晶体中各原子散射波之间的干涉结果。只是由于衍射波的方向恰好相当于原子面对入射波的反射，所以才借用镜面反射来描述晶体的衍射方向。但是人们经常习惯性地用“反射”这个术语来描述一些衍射问题，有时也把“衍射”和“反射”作为同义语混合使用。这样的说法从形式上的理解并不歪曲衍射方向的确定，但却给应用上带来方便。

3）晶面指数和干涉指数

在布拉格方程的推导过程中，我们看到，干涉指数其实就是晶面指数，特别在我们定义了广义晶面后，干涉指数与晶面指数就完全是等价的了。所以，以后在讨论衍射问题时，晶面指数 hkl 和干涉指数 HKL 不再区分，也不能随意按比例约简，因为晶面及晶面指数的定义都是考虑到了晶面距的。

上面从劳埃方程到布拉格方程的推导过程中，使用了晶面指数的定义，所以按此定义的(HKL)必定是完整晶面。完整晶面是选择反射的必要条件，不完整晶面不会反射入射波。不完整晶面至少遗漏了一半实际存在晶面，这些被遗漏晶面产生的反射波将抵消不完整晶面产生的衍射波。

4）晶体衍射的极限条件

晶体衍射的波长是有限度的。在电磁波宽阔的波长范围里，只有 X 射线才适合探测晶体结构。这个结论可以从布拉格方程中得出，即

$$\sin\theta=\frac{\lambda}{2d_{hkl}}\leqslant 1 \tag{2.31}$$

此式表明，产生晶体衍射的必要条件为 $\lambda<2d_{hkl}$，也就是说，能够被晶体衍射的电磁波或电子波的波长必须小于反射晶面中最大面间距的两倍，否则不会被反射。当入射波长一定时，晶体中有可能参加反射的晶面也是有限的，即只有那些晶面间距大于 $\lambda/2$ 的晶面才能发生衍射。

5）衍射花样和晶体结构的关系

在入射波长一定的情况下，晶体衍射的方向是晶面距 d 的函数。比较各种点阵的晶面距公式，可明显地看出，不同晶系的晶体，或者同一晶系而晶胞大小不同的晶体，其衍射花样是不相同的。由此可见，布拉格方程反映了衍射线方向与晶体结构之间的关系。

要指出的是，布拉格方程并未反映出晶胞中原子的品种和位置。例如，铝晶体（面心立方，点阵常数 $a=0.4049$nm）和点阵常数相同的铜金合金（也是面心立方），它们的衍射线方向都是一样的。从布拉格方程中看不出两者的区别。但是，铜、金原子和铝原子的衍射波强度会有不同，所以这两种晶体的衍射线会有强度上的差别。

2.5.3　劳埃方程和布拉格方程的不确定性

根据第 1 章中对干涉函数的讨论，当 N_1、N_2、N_3 不太大的时候，表征衍射方向的量 ξ、

η、ζ不一定必须严格地等于整数，可作如下表示：

$$\left.\begin{aligned}\xi&=\boldsymbol{a}\cdot\frac{\boldsymbol{s}-\boldsymbol{s}_0}{\lambda}=h\pm\frac{1}{N_1}\\\eta&=\boldsymbol{b}\cdot\frac{\boldsymbol{s}-\boldsymbol{s}_0}{\lambda}=k\pm\frac{1}{N_2}\\\zeta&=\boldsymbol{c}\cdot\frac{\boldsymbol{s}-\boldsymbol{s}_0}{\lambda}=l\pm\frac{1}{N_3}\end{aligned}\right\}\tag{2.32}$$

这说明衍射线的方向多少有些不确定，即衍射线方向 $\boldsymbol{s}$ 多少有些发散。这就是晶体衍射线的发散程度问题，用角宽度来度量。

有必要指出，所谓 N_1、N_2、N_3 不太大，大约可认为在 10^3 以下；但 N_1、N_2、N_3 至少是两位数，否则就称不上是晶体了。所以，ξ、η、ζ 总还是比较接近整数的数。这就意味着，晶体衍射线的发散度是很小的。

在布拉格方程的基础上讨论小晶体某晶面衍射线的角宽度，最好重新设定晶体的三个基本矢量，用 $\boldsymbol{a}'$、$\boldsymbol{b}'$、$\boldsymbol{c}'$ 表示。令 $\boldsymbol{a}'$、$\boldsymbol{b}'$ 在反射晶面上，且 $\boldsymbol{a}'$ 在入射平面上，$\boldsymbol{b}'$ 与 $\boldsymbol{a}'$ 垂直，$\boldsymbol{c}'$ 与 $\boldsymbol{a}'$、$\boldsymbol{b}'$ 垂直。当然，这样设定的 $\boldsymbol{a}'$、$\boldsymbol{b}'$、$\boldsymbol{c}'$ 所构成的晶胞不一定是体积最小的晶胞，但 $\boldsymbol{a}'$、$\boldsymbol{b}'$、$\boldsymbol{c}'$ 是正交的。$\boldsymbol{s}$、$\boldsymbol{s}_0$ 和 $\boldsymbol{a}'$ 同在入射平面内，反射面为 $(00l')$ 面，即 (001) 的 l' 等分面。相应的劳埃方程表示为

$$\left.\begin{aligned}\xi&=\boldsymbol{a}'\cdot\frac{\boldsymbol{s}-\boldsymbol{s}_0}{\lambda}=\pm\frac{1}{N_1'}\\\eta&=\boldsymbol{b}'\cdot\frac{\boldsymbol{s}-\boldsymbol{s}_0}{\lambda}=\pm\frac{1}{N_2'}\\\zeta&=\boldsymbol{c}'\cdot\frac{\boldsymbol{s}-\boldsymbol{s}_0}{\lambda}=l'\pm\frac{1}{N_3'}\end{aligned}\right\}\tag{2.33}$$

这里，N_1'、N_2'、N_3' 是晶体在新设定的 $\boldsymbol{a}'$、$\boldsymbol{b}'$、$\boldsymbol{c}'$ 方向上的晶胞数。应该注意，新设定坐标系并没有改变晶体的实际位置，晶体取向、入射波、衍射波以及反射晶面实际上都没有变化，变化的仅仅是坐标系。

式(2.33)说明：当 N_1'、N_2'、N_3' 都很大的时候，$\boldsymbol{a}'$、$\boldsymbol{b}'$ 与衍射矢量 $(\boldsymbol{s}-\boldsymbol{s}_0)$ 垂直，晶面 $(00L')$ 是反射面，可导出布拉格方程。过程如下：

$$\boldsymbol{c}'\cdot\frac{\boldsymbol{s}-\boldsymbol{s}_0}{\lambda}=d_{001}\boldsymbol{n}_{001}\cdot\frac{\boldsymbol{s}-\boldsymbol{s}_0}{\lambda}=d_{001}\frac{2\sin\theta}{\lambda}=l'\tag{2.34}$$

其中用到 $\boldsymbol{c}'=d_{001}\boldsymbol{n}_{001}$，是因为 $\boldsymbol{a}'$、$\boldsymbol{b}'$、$\boldsymbol{c}'$ 为直角系。由于 $d_{00l'}=d_{001}/l'$，可将式(2.34)直接改写成

$$2d_{00l'}\sin\theta_{\mathrm{B}}=\lambda\tag{2.35}$$

式中，相应的 θ 值用 θ_{B} 表示，称为布拉格角，即严格满足布拉格方程的角。

现在要讨论的问题是当 N_1'、N_2'、N_3' 不很大时，衍射线的发散度究竟有多大？

1. 反射面取向不确定问题

当 N_1'、N_2' 不太大的时候，$\boldsymbol{a}'$、$\boldsymbol{b}'$ 与 $(\boldsymbol{s}-\boldsymbol{s}_0)$ 就不一定严格地垂直。所以，不妨将晶面和

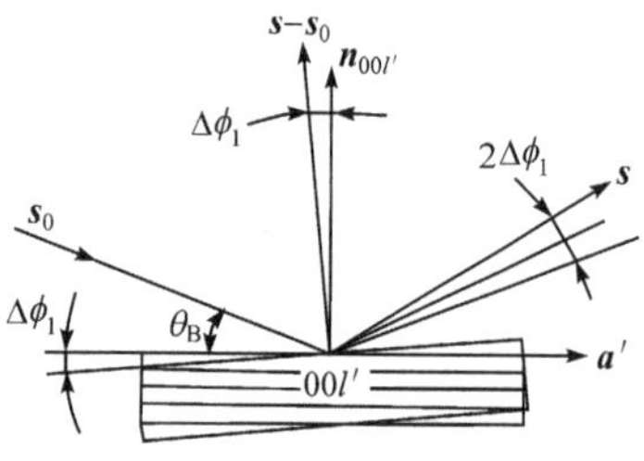

图 2.30　晶面取向的不确定性

“反射面”区别为两个概念：晶面是相对晶体固定的，晶面$(00l')$即$\boldsymbol{a}'$、$\boldsymbol{b}'$所在的平面，法矢量用$\boldsymbol{n}_{00l'}$表示；“反射面”则是对入射方向$\boldsymbol{s}_0$与散射方向$\boldsymbol{s}$而言的，是以$(\boldsymbol{s}-\boldsymbol{s}_0)$为法线的平面。只有当$N_1'$、$N_2'$很大的时候，反射面$(00l')$与晶面$(00l')$才完全吻合；否则，反射面$(00l')$可能偏离晶面$(00l')$，即$(\boldsymbol{s}-\boldsymbol{s}_0)$的方向可能偏离$\boldsymbol{n}_{00l'}$，如图 2.30 所示。

令$\Delta\phi_1$表示反射面与矢量$\boldsymbol{a}'$的夹角，$\Delta\phi_2$表示反射面与$\boldsymbol{b}'$的夹角，则$\boldsymbol{a}'$与$(\boldsymbol{s}-\boldsymbol{s}_0)$的夹角等于$(90°-\Delta\phi_1)$，$\boldsymbol{b}'$与$(\boldsymbol{s}-\boldsymbol{s}_0)$的夹角等于$(90°-\Delta\phi_2)$，于是

$$\left.\begin{aligned}\xi&=\boldsymbol{a}'\cdot\frac{\boldsymbol{s}-\boldsymbol{s}_0}{\lambda}=a'\frac{|\boldsymbol{s}-\boldsymbol{s}_0|}{\lambda}\cos(90°-\Delta\phi_1)=\frac{2a'\sin\theta}{\lambda}\sin\Delta\phi_1\\ \eta&=\boldsymbol{b}'\cdot\frac{\boldsymbol{s}-\boldsymbol{s}_0}{\lambda}=b'\frac{|\boldsymbol{s}-\boldsymbol{s}_0|}{\lambda}\cos(90°-\Delta\phi_2)=\frac{2b'\sin\theta}{\lambda}\sin\Delta\phi_2\end{aligned}\right\}\tag{2.36}$$

与式(2.33)比较，可得

$$\left.\begin{aligned}\sin(\Delta\phi_1)_{\max}&=\frac{\lambda}{2a'N_1'\sin\theta}\\ \sin(\Delta\phi_2)_{\max}&=\frac{\lambda}{2b'N_2'\sin\theta}\end{aligned}\right\}\tag{2.37}$$

设晶体沿$\boldsymbol{a}'$、$\boldsymbol{b}'$方向的晶体尺度分别用A'、B'表示。也就是，A'为晶体沿反射面与入射面交线方向上的长度，B'为晶体垂直此方向上的长度，则有

$$\left.\begin{aligned}A'&=a'N_1'\\ B'&=b'N_2'\end{aligned}\right\}\tag{2.38}$$

一般情况下，$\Delta\phi_1$、$\Delta\phi_2$很小，$\theta\approx\theta_B$，于是式(2.37)写成

$$\left.\begin{aligned}(\Delta\phi_1)_{\max}&=\pm\frac{\lambda}{2A'\sin\theta_B}\\ (\Delta\phi_2)_{\max}&=\pm\frac{\lambda}{2B'\sin\theta_B}\end{aligned}\right\}\tag{2.39}$$

$\Delta\phi_1$表示在入射平面上，反射面可能偏离晶面的角度；$\Delta\phi_2$表示在与入射平面垂直的方向上，反射面可能偏离晶面的角度。这就说明，如果晶面尺寸很大，那么晶面就是反射面，否则反射面的取向可能偏离晶面。

2. 广义的布拉格方程

若N_3'不很大，由式(2.33)依然可以导出布拉格方程。过程如下：

$$\zeta=\boldsymbol{c}'\cdot\frac{\boldsymbol{s}-\boldsymbol{s}_0}{\lambda}=d_{001}\boldsymbol{n}_{001}\cdot\frac{\boldsymbol{s}-\boldsymbol{s}_0}{\lambda}=\cos\Delta\phi\cdot\frac{2d_{001}\sin\theta}{\lambda}\tag{2.40}$$

式中，$\Delta\phi$表示晶面与反射面之夹角，即$\boldsymbol{n}_{001}$与$(\boldsymbol{s}-\boldsymbol{s}_0)$的夹角。与式(2.33)比较，可得

$$2d_{00l'}\cos\Delta\phi\cdot\frac{\sin\theta}{\lambda}=1\pm\frac{1}{l'N_3'}\tag{2.41}$$

令

$$C' = N'_3 c' = N'_3 d_{001} = l' N'_3 d_{00l'} \tag{2.42}$$

式中，C'为晶体沿$\boldsymbol{c}'$方向晶体的尺寸大小，就是晶体沿反射面法线方向的尺寸，代入式(2.41)，可得

$$2d' \cdot \sin\theta = \lambda \tag{2.43}$$

其中

$$d' = \frac{d_{00l'} \cos\Delta\phi}{1 \pm d_{00l'}/C'} \tag{2.44}$$

式中，d'为反射面间距。d'包含了两个不定因子，即$\cos\Delta\phi$和$(1 \pm d_{00l'}/C')$，从而导致θ值的不确定，这意味着布拉格方程变得不太严格，如图2.31所示。

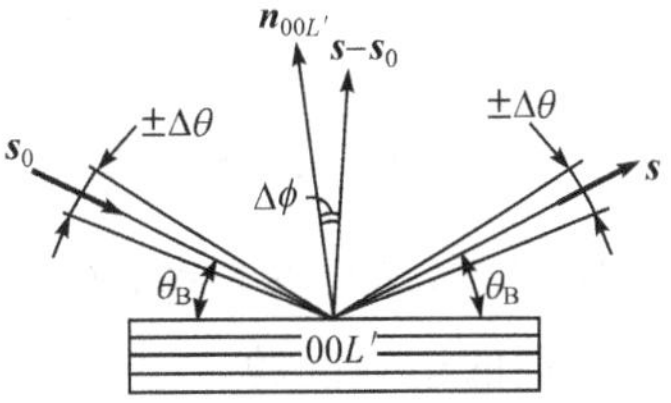

图2.31 布拉格方程的不确定性

这里把反射面间距d'和晶面间距$d_{00l'}$区分了开来。晶面间距是结点面间距，对一个晶体来说是确定不变的；而反射面间距却是一个不太确定的量，其不确定程度与晶体的尺寸有关。只有当晶体的三维方向的尺寸都足够大时，反射面间距d'才严格等于晶面间距$d_{00l'}$。

$d_{00l'}$是在$\boldsymbol{a}'$、$\boldsymbol{b}'$、$\boldsymbol{c}'$坐标系中的晶面$(00l')$的晶面距，上面已经谈过，晶面及其晶面距是晶体中客观存在，并不因为人为设定坐标系的改变而改变。如果现在将坐标系改回到原来的$\boldsymbol{a}$、$\boldsymbol{b}$、$\boldsymbol{c}$坐标系，除了晶面指数从$00l'$改回到hkl外，一切都不会有所变化。于是，式(2.44)改写成

$$d' = \frac{d \cdot \cos\Delta\phi}{1 \pm d/C'} \tag{2.45}$$

式中，d就是d_{hkl}，即晶面(hkl)的晶面距；d'为反射面间距。一般情况下，$\Delta\phi_1$、$\Delta\phi_2$很小，$\Delta\phi$也必定很小，故式(2.45)可化简为

$$d' = \frac{d}{1 \pm d/C'} \tag{2.46}$$

式(2.43)与式(2.30)比较，式(2.30)要求N_1、N_2、N_3都很大，式(2.43)则对N_1、N_2、N_3没有限制。所以，式(2.43)是比式(2.30)更为广义的布拉格方程。

d'的不确定导致θ的不确定。令$\theta = \theta_B + \Delta\theta$，由式(2.43)和式(2.46)，可得

$$(\Delta\theta)_{max} = \pm \frac{\lambda}{2C' \cdot \cos\theta_B} \tag{2.47}$$

3. 小结

综合上述，关于晶体衍射的必要条件再作表述：

(1) 晶体衍射线必定是晶体中某反射面反射的，且满足布拉格方程(2.43)。如果晶体的三维尺寸都较大，那么，反射面就是晶面，反射面间距就是晶面间距；否则，如果是小晶面反射，那么反射面的取向可能偏离晶面取向；如果反射晶面数很少，反射面间距则可能偏离晶面间距，他们的最大偏离如式(2.39)和式(2.47)所示。

(2) 表征衍射方向的参数是 ξ、η、ζ。他们严格等于整数时的方向是理想的衍射方向，这时，严格满足布拉格方程(2.30)，理想的布拉格角用 θ_B 表示。$\Delta\phi_1$、$\Delta\phi_2$、$\Delta\theta$ 表示对理想方向偏离程度的几个参数。在理想方向附近的 ξ、η、ζ 与 $\Delta\phi_1$、$\Delta\phi_2$、$\Delta\theta$ 的关系为

$$\left.\begin{aligned}\xi&=\frac{2a'\sin(\theta_B+\Delta\theta)}{\lambda}\Delta\phi_1\approx\frac{2a'\sin\theta_B}{\lambda}\Delta\phi_1=\frac{\Delta\phi_1}{N_1'(\Delta\phi_1)_{max}}\\ \eta&=\frac{2b'\sin(\theta_B+\Delta\theta)}{\lambda}\Delta\phi_2\approx\frac{2b'\sin\theta_B}{\lambda}\Delta\phi_2=\frac{\Delta\phi_2}{N_2'(\Delta\phi_2)_{max}}\\ \zeta&=\frac{2c'\sin(\theta_B+\Delta\theta)}{\lambda}\approx l'+\frac{2c'\cos\theta_B}{\lambda}\Delta\theta=l'+\frac{\Delta\theta}{N_3'(\Delta\theta)_{max}}\end{aligned}\right\}\tag{2.48}$$

2.5.4 薄晶体以及晶体表面的衍射

所谓薄晶体，或者指晶体表面，其厚度仅几个最多几十个原子层。下面讨论薄晶体或晶体表面的衍射问题。

1. 反射晶面平行于晶体表面

这是大晶面的反射问题，但反射面数量很少，即 $\Delta\phi\approx0$，但 $\Delta\theta$ 却较大。所以单色平面波入射，反射线必定是尖锐的，严格满足反射定律，但对掠射角 θ 没有严格的要求。

例如，单晶 Au 薄膜试样，点阵常数 $a=4.078$Å，试样厚度 40Å，表面是(111)晶面，入射波波长 $\lambda=1.542$Å。

$$d_{111}=\frac{a}{\sqrt{3}}=\frac{4.078}{\sqrt{3}}=2.354(\text{Å})$$

$$\sin\theta=\frac{\lambda}{2d}=\frac{1.542}{2\times2.354}=0.328$$

即

$$\theta=19.12°$$

$$(\Delta\theta)_{max}=\pm\frac{\lambda}{2C'\cdot\cos\theta_B}=\pm\frac{1.542}{2\times40\times\cos19.12°}=\pm0.020=\pm1.1°$$

说明当平面波以 $\theta=(19.12\pm1.1)°$入射时有反射线，反射线角宽近似为零。

2. 反射晶面垂直于晶体表面

这是小晶面的反射问题，但反射面数量很多，即 $\Delta\theta\approx0$，但 $\Delta\phi$ 却较大。所以单色平面波入射，反射线方向取决于晶面距，而对晶面取向没有严格要求。

薄晶体的表面是一个平面点阵。令 $\boldsymbol{a}$、$\boldsymbol{b}$ 为此平面点阵的两个基本矢量，$\boldsymbol{c}'$垂直于 $\boldsymbol{a}$、$\boldsymbol{b}$。这样，晶体表面就是晶面(001)。

设单色平面波垂直某薄晶体入射。晶面($hk0$)与 $\boldsymbol{c}'$平行，即与入射束平行，似乎不可能反射入射波，但由于晶面($hk0$)沿 $\boldsymbol{c}'$方向仅几个结点面的厚度，故其反射面取向是不确定的。

设反射面偏离晶面($hk0$)的角度为 $\Delta\phi$，那么，如果反射面($hk0$)产生反射线的话，它必定满足：

$$d' = d_{hk0}\cos\Delta\phi = d_{hk0}\cos\theta \tag{2.49}$$

代入式(2.43)，可得

$$d_{hk0} \cdot \sin 2\theta = \lambda \tag{2.50}$$

这就是垂直入射条件下的薄晶体衍射的布拉格方程式。

反射面法线方向($\boldsymbol{s}-\boldsymbol{s}_0$)、入射线方向 $\boldsymbol{s}_0$、反射线方向 $\boldsymbol{s}$ 都在入射平面上，它们之间的关系如图 2.32 所示。

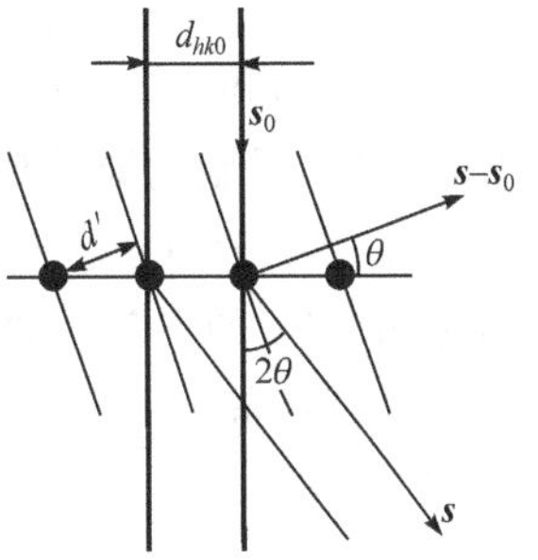

图 2.32　薄晶体衍射示意图

我们注意到，晶面($hk0$)与表面(001)的交线为[$\bar{k}h0$]。晶面($hk0$)与(hkl)同属晶带[$\bar{k}h0$]，说明晶面(hkl)的法线也在此入射平面上。与($hk0$)夹角为 θ 的晶面(hkl)的晶面距 $d_{hkl}=d_{hk0}\cos\theta$。可见不能区分反射面究竟是($hk0$)还是那一个($hkl$)，但反映衍射方向的方程式是确定的，这便是 $d_{hk0}\sin 2\theta=\lambda$。

薄晶体的极限情况是只有一层原子，相应的是一个二维光栅衍射的衍射问题。在垂直入射情况下，二维光栅衍射的必要条件由式(1.38)或(1.39)给出。容易证明，式(1.38)和式(2.50)是等价的。

2.6　晶体衍射理论(二)

前面已经阐述了 X 射线晶体衍射波的方向，本节将进一步讨论晶体衍射线强度的空间分布。

2.6.1　晶胞的衍射强度

X 射线的晶体衍射线的强度分布由式(2.24)给出，即 $I=I_c \cdot |G|^2$。其中，干涉函数 $|G|^2$ 已讨论过，故现在需要解决晶胞衍射强度的空间分布问题。

1. 单个晶胞的衍射强度

构造简单的晶体，一个结点只有一个原子；构造复杂的晶体，一个结点可以有几个或许多个可能是不同种类的原子。

设某晶胞有 n 个原子，以该晶胞的一个顶点作为坐标原点 O，则其第 j 个原子的坐标位置为

$$r_j = x_j\boldsymbol{a} + y_j\boldsymbol{b} + z_j\boldsymbol{c} \tag{2.51}$$

位于 r_j 处的第 j 个原子的散射波与它位于 O 处时的散射波的位相差为

$$\phi = -2\pi\frac{\boldsymbol{s}-\boldsymbol{s}_0}{\lambda}\cdot r_j = -2\pi(x_j\xi + y_j\eta + z_j\zeta) \tag{2.52}$$

该原子的散射波表示为

$$(\psi_a)_j e^{-2\pi i\frac{\boldsymbol{s}-\boldsymbol{s}_0}{\lambda}\cdot r_j} = (\psi_a)_j e^{-2\pi i(x_j\xi + y_j\eta + z_j\zeta)} \tag{2.53}$$

于是，整个晶胞的 n 个原子对入射波的衍射波表示为

$$\psi_c = \sum_{j=0}^{n-1} (\psi_a)_j e^{-2\pi i \frac{s-s_0}{\lambda} \cdot r_j} = \sum_{j=0}^{n-1} (\psi_a)_j e^{-2\pi i (x_j \xi + y_j \eta + z_j \zeta)} \tag{2.54}$$

晶胞原点通常选择在晶胞的一个角顶，这样，除单原子晶胞外，晶胞结构都是不对称的，故 ψ_c 计算的结果往往是一个复数。因此，晶胞的衍射线强度可计算为

$$I_c = |\psi_c|^2 \tag{2.55}$$

式(2.54)和式(2.55)表明，在单色平面波的照射下，晶胞的衍射线强度是衍射方向的函数，并且与晶胞内原子种类、原子数、原子位置有关。

例如，有一个 Fe 晶胞，波长 $\lambda=1.542$Å 的 X 射线沿[111]方向入射，问该晶胞散射波的角分布？Fe 的点阵常数 $a=2.866$Å。

解答：Fe 晶胞有两个原子，沿[111]方向排列。由于 $\boldsymbol{s}_0$ 沿[111]方向，所以，该晶胞的散射波的空间分布，必定以[111]为轴对称。已知

$$\boldsymbol{r}_0=0 \qquad \boldsymbol{r}_1 /\!/ \boldsymbol{s}_0 \qquad \boldsymbol{r}_1=\frac{\sqrt{3}}{2}a$$

于是

$$\boldsymbol{r}_0 \cdot \frac{\boldsymbol{s}-\boldsymbol{s}_0}{\lambda}=0$$

$$\boldsymbol{r}_1 \cdot \frac{\boldsymbol{s}-\boldsymbol{s}_0}{\lambda}=\frac{\boldsymbol{r}_1 \cdot \boldsymbol{s}-\boldsymbol{r}_1 \cdot \boldsymbol{s}_0}{\lambda}=\frac{1}{\lambda} \cdot \left(\frac{\sqrt{3}a}{2}\cos 2\theta-\frac{\sqrt{3}a}{2}\right)=-\frac{\sqrt{3}a}{2\lambda}(1-\cos 2\theta)$$

由式(2.54)和式(2.55)，得

$$\psi_c=\psi_{Fe} \cdot \left[1+e^{\pi i \frac{\sqrt{3}a}{\lambda}(1-\cos 2\theta)}\right]$$

即

$$I_c=|\psi_c|^2=2I_{Fe} \cdot \left[1+\cos \frac{\sqrt{3}\pi a}{\lambda}(1-\cos 2\theta)\right]$$

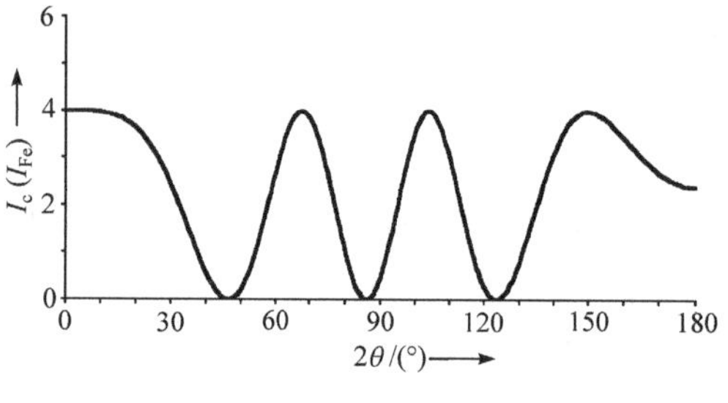

图 2.33　Fe 晶胞衍射波强度的角分布

根据上述计算结果画出的衍射强度 I_c 与衍射角 2θ 的关系曲线如图 2.33 所示。可以看到，在有些方向上衍射波的强度等于零。

此例描述当 X 射线沿 Fe 晶胞[111]方向入射时，该晶胞衍射强度的角分布。这不过是一个特殊的简单例子，一般情况下，要全面描述单个晶胞的衍射强度的空间角分布问题，是不太容易的。

2. 点阵消光

晶面(hkl)能够产生布拉格反射，因为在反射线方向上的 $|G| \neq 0$。然而，如果在此方向上 $I_c=0$，那么，晶面(hkl)不会产生反射，这种现象称为消光。

将劳埃方程(2.25)代入式(2.54)和式(2.55)，也就是式中 ξ、η、ζ 分别用晶面指数 h、k、l 替代，于是

$$I_c = |\psi_c|^2 = \sum_{j=0}^{n-1} \psi_{aj}^* e^{2\pi i(x_j h + y_j k + z_j l)} \sum_{j=0}^{n-1} \psi_{aj} e^{-2\pi i(x_j h + y_j k + z_j l)} \tag{2.56}$$

式(2.56)描述的是在晶面(hkl)反射线方向上的一个晶胞的衍射强度。下面我们讨论在何种情况下 $I_c=0$。

我们讨论一个点阵结点只包含一个原子的晶体的情况。

对于简单点阵，每个晶胞只有 1 个结点，也就是只有 1 个原子，其坐标为 000。这时 $\psi_c=\psi_a$，ψ_a 是一个原子的散射波振幅。因为 $\psi_a\neq0$，所以简单点阵不产生消光现象，任何指数的晶面都可以产生布拉格反射。对于复杂点阵，每个晶胞有 2 个以上的结点，情况有所不同，我们做如下讨论。

1）体心点阵的晶胞

体心点阵的每个晶胞中有 2 个结点，其坐标为 000 和 $\frac{1}{2}\frac{1}{2}\frac{1}{2}$，每一个结点对应有 $n/2$ 个原子。所以，整个晶胞 2 个原子的散射波强度表示为

$$I_c=[\psi_a^* +\psi_a^* e^{2\pi i\left(\frac{h}{2}+\frac{k}{2}+\frac{l}{2}\right)}][\psi_a+\psi_a e^{-2\pi i\left(\frac{h}{2}+\frac{k}{2}+\frac{l}{2}\right)}]=2I_a[1+\cos\pi(h+k+l)] \tag{2.57}$$

可见，当($h+k+l$)为奇数时，$I_c=0$。

2）面心点阵的晶胞

面心晶体中每个晶胞有 4 个结点，其坐标为 000，$0\,\frac{1}{2}\frac{1}{2}$，$\frac{1}{2}0\,\frac{1}{2}$，$\frac{1}{2}\frac{1}{2}0$，每一个结点有 $n/4$ 个原子。所以，整个晶胞 4 个原子的散射波强度表示为

$$\begin{aligned} I_c &=\psi_a^* [1+e^{\pi i(h+k)}+e^{\pi i(k+l)}+e^{\pi i(l+h)}]\cdot \psi_a[1+e^{-\pi i(h+k)}+e^{-\pi i(k+l)}+e^{-\pi i(l+h)}] \\ &=4I_a[1+\cos(\pi h)\cos(\pi k)+\cos(\pi l)\cos(\pi k)+\cos(\pi l)\cos(\pi h)] \end{aligned} \tag{2.58}$$

可见，当 h、k、l 不都是奇数或不都是偶数(非同性指数)时，$I_c=0$。

3）底心点阵的晶胞

底心点阵的每个晶胞中有 2 个结点，其坐标为 000 和 $\frac{1}{2}\frac{1}{2}0$。每一个结点有 $n/2$ 个原子。所以，整个晶胞 2 个原子的散射波表示为

$$I_c=[\psi_a^* +\psi_a^* e^{\pi i(h+k)}]\cdot[\psi_a+\psi_a e^{-\pi i(h+k)}]=2I_a[1+\cos\pi(h+k)] \tag{2.59}$$

可见，当($h+k$)为奇数时，$I_c=0$。

综上所述，体心点阵的 $h+k+l$ 为奇数时，面心点阵的 h、k、l 非同奇或非同偶时，底心点阵的 $h+k$ 为奇数时，这些晶面产生的衍射线强度等于零，也就是说，出现了消光现象。这种消光现象的出现与点阵类型有关，故称为点阵消光。“$h+k+l$=奇数”、“h、k、l 为异性指数”、“$h+k$=奇数”分别称为体心、面心、底心点阵的消光条件。点阵消光实际上就是不完整晶面不能产生布拉格反射。

3. 结构消光

一个原子的散射波在任何方向上都不为零。然而，如果一个点阵结点包含有多个原子的话，那么这个结点的散射波实际上是多个原子散射波之叠加，其强度就有可能在某些

方向上等于零。如果这个强度等于零的方向正好是某个晶面的反射线方向，那么这个晶面就不可能出现布拉格反射。这种消光现象的出现与晶体基元的结构有关，称为结构消光。

例如，求密堆积六方晶体的晶胞在满足布拉格反射方向上的衍射强度？

解答：密堆积六方晶体属简单点阵。一个晶胞有 2 个同类原子，坐标为 000，$\frac{1}{3}\ \frac{2}{3}\ \frac{1}{2}$。由式(2.56)可知

$$I_c=\psi_a^*\psi_a\left[1+e^{2\pi i\left(\frac{1}{3}h+\frac{2}{3}k+\frac{1}{2}l\right)}\right]\left[1+e^{-2\pi i\left(\frac{1}{3}h+\frac{2}{3}k+\frac{1}{2}l\right)}\right]=2I_a\left[1+\cos 2\pi\left(\frac{h+2k}{3}+\frac{l}{2}\right)\right]$$

所以有如下结论：

(1) $h+2k=3m$ 时，若 $l=$奇数，则 $I_c=0$；$l=$偶数，则 $I_c=4I_a$。

(2) $h+2k=3m\pm1$ 时，若 $l=$奇数，则 $I_c=3I_a$；$l=$偶数，则 $I_c=I_a$。

此例说明密堆积六方晶体的(111)等晶面不能产生衍射线，这种消光现象是因为密堆积六方结构引起的，“$h+2k=3m$ 及 $l=$奇数”则称为密堆积六方晶体的结构消光条件。

2.6.2 单晶体的衍射强度

1. 单晶体衍射波的强度的计算

我们曾经通过设定晶轴 $\boldsymbol{a}'$、$\boldsymbol{b}'$、$\boldsymbol{c}'$使衍射晶面的指数成为$(00l')$。如此，表征衍射方向的参数 ξ、η、ζ 就是近似等于整数 0、0、L'的数。根据式(2.21)，晶体$(00l')$面的衍射线强度可表示为

$$I_{00l'}=I_c'\left(\frac{\sin^2\pi N_1'\xi}{\sin^2\pi\xi}\right)\cdot\left(\frac{\sin^2\pi N_2'\eta}{\sin^2\pi\eta}\right)\cdot\left(\frac{\sin^2\pi N_3'\zeta}{\sin^2\pi\zeta}\right)\tag{2.60}$$

式中，I_c'表示在远处观察点看到的一个晶胞（由 $\boldsymbol{a}'$、$\boldsymbol{b}'$、$\boldsymbol{c}'$为棱）的衍射强度；N_1'、N_2'、N_3'为沿晶轴 $\boldsymbol{a}'$、$\boldsymbol{b}'$、$\boldsymbol{c}'$方向的晶胞数。晶面反射线强度的空间角分布用 $\Delta\phi_1$、$\Delta\phi_2$、$\Delta\theta$ 表示较为清楚。于是，将式(2.48)代入式(2.60)，得

$$I_{00l'}=I_c'\cdot\left[\frac{\sin\dfrac{\pi\Delta\phi_1}{(\Delta\phi_1)_{\max}}}{\sin\dfrac{\pi\Delta\phi_1}{N_1'(\Delta\phi_1)_{\max}}}\right]^2\left[\frac{\sin\dfrac{\pi\Delta\phi_2}{(\Delta\phi_2)_{\max}}}{\sin\dfrac{\pi\Delta\phi_2}{N_2'(\Delta\phi_2)_{\max}}}\right]^2\left[\frac{\sin\dfrac{\pi\Delta\theta}{(\Delta\theta)_{\max}}}{\sin\dfrac{\pi\Delta\theta}{N_3'(\Delta\theta)_{\max}}}\right]^2\tag{2.61}$$

一般来说，N_1'、N_2'、N_3'是很大的数，故有

$$I_{00l'}=I_c'(N')^2\left[\frac{\sin\dfrac{\pi\Delta\phi_1}{(\Delta\phi_1)_{\max}}}{\dfrac{\pi\Delta\phi_1}{(\Delta\phi_1)_{\max}}}\right]^2\left[\frac{\sin\dfrac{\pi\Delta\phi_2}{(\Delta\phi_2)_{\max}}}{\dfrac{\pi\Delta\phi_2}{(\Delta\phi_2)_{\max}}}\right]^2\left[\frac{\sin\dfrac{\pi\Delta\theta}{(\Delta\theta)_{\max}}}{\dfrac{\pi\Delta\theta}{(\Delta\theta)_{\max}}}\right]^2\tag{2.62}$$

式中，$N'=N_1'N_2'N_3'$，表示衍射晶体的晶胞（由 $\boldsymbol{a}'$、$\boldsymbol{b}'$、$\boldsymbol{c}'$为棱）总数。

式(2.62)给出单晶体某个晶面的衍射线强度。在晶面的理想反射方向上（$\Delta\phi_1$、$\Delta\phi_2$、$\Delta\theta$ 都等于零）衍射强度为最大，这时

$$(I_{00l'})_{\max}=I_c'(N')^2\tag{2.63}$$

我们知道，单晶体在单色波的照射下，一般是难以出现衍射的，只能找到某一晶面在

特定取向时出现的衍射线，式(2.62)似乎已经解决了衍射线的强度计算问题，它给出了晶面反射波在偏离理想方向时，衍射波强度的角分布。但衍射波强度对反射面的取向十分敏感，$\Delta\phi_1$、$\Delta\phi_2$、$\Delta\theta$ 值稍有不同，就会强烈影响衍射波在该方向的强度。实验中是很难保证晶体相对于入射线的精确取向的，况且实验中也很难给出完全的平面入射波，故此式是难有使用条件的。

2. 定点转动晶体的衍射波强度

因为晶体衍射线的强度对晶体的位置取向非常敏感，所以在某点观察晶体衍射，以测量该点衍射线的平均强度为宜。所谓平均强度即假设晶体转动，反射晶面法线匀速地扫过空间的每一个方向，这种情况下，该晶面产生反射线的强度平均值。

设有一个定点转动的单晶体，现在讨论晶面(hkl)所产生的衍射线的强度。晶体反射晶面的法线扫过空间所有方向，晶面总会有满足布拉格方程的时候，产生的衍射线分布在一个的锥顶角为 $4(\theta_B \pm \Delta\theta_{max})$ 的衍射锥面内。在其中某观察点处所见到的衍射强度是变化的，仅仅当晶面法线扫过空间的一个很小范围时(反射面进入 $\pm\Delta\phi_1$、$\pm\Delta\phi_2$ 范围内)，观察点处才出现衍射强度。如此，观察点处的衍射强度应该是晶体长时间转动时，晶体衍射强度的平均值，可由式(2.62)积分计算求出，即

$$\bar{I}_{00l'} = \frac{1}{4\pi}\int_{(-\Delta\phi_2)_{max}}^{(\Delta\phi_2)_{max}}\int_{(-\Delta\phi_1)_{max}}^{(\Delta\phi_1)_{max}} I_{00l'} \cdot d(\Delta\phi_1)d(\Delta\phi_2) \tag{2.64}$$

已知数学定积分公式

$$\int_{-\infty}^{+\infty} \frac{\sin^2 u}{u^2}du = \pi \tag{2.65}$$

$$\int_{-\pi}^{+\pi} \frac{\sin^2 u}{u^2}du \approx \int_{-\infty}^{+\infty} \frac{\sin^2 u}{u^2}du = \pi \tag{2.66}$$

令

$$\varepsilon_1 = \frac{\pi\Delta\phi_1}{(\Delta\phi_1)_{max}} \tag{2.67}$$

得

$$\int_{-(\Delta\phi_1)_{max}}^{(\Delta\phi_1)_{max}} \left[\frac{\sin\dfrac{\pi\Delta\phi_1}{(\Delta\phi_1)_{max}}}{\dfrac{\pi\Delta\phi_1}{(\Delta\phi_1)_{max}}}\right]^2 d(\Delta\phi_1) = \frac{(\Delta\phi_1)_{max}}{\pi}\int_{-\pi}^{\pi}\left(\frac{\sin\varepsilon_1}{\varepsilon_1}\right)^2 d\varepsilon_1 = (\Delta\phi_1)_{max} \tag{2.68}$$

同样，可得

$$\int_{-(\Delta\phi_2)_{max}}^{(\Delta\phi_2)_{max}} \left[\frac{\sin\dfrac{\pi\Delta\phi_2}{(\Delta\phi_2)_{max}}}{\dfrac{\pi\Delta\phi_2}{(\Delta\phi_2)_{max}}}\right]^2 d(\Delta\phi_2) = \frac{(\Delta\phi_2)_{max}}{\pi}\int_{-\pi}^{\pi}\left(\frac{\sin\varepsilon_2}{\varepsilon_2}\right)^2 d\varepsilon_2 = (\Delta\phi_2)_{max} \tag{2.69}$$

代入式(2.64)，并使用式(2.39)，可得

$$\overline{I}_{00l'}=\frac{I'_{c}(N')^{2}\lambda^{2}}{16\pi A'B'\sin^{2}\theta_{B}}\left[\frac{\sin\dfrac{\pi\Delta\theta}{\Delta\theta_{\max}}}{\dfrac{\pi\Delta\theta}{\Delta\theta_{\max}}}\right]^{2}=\frac{I'_{c}\lambda^{2}C'(\Delta V)}{16\pi(v'_{0})^{2}\sin^{2}\theta_{B}}\left[\frac{\sin\dfrac{\pi\Delta\theta}{\Delta\theta_{\max}}}{\dfrac{\pi\Delta\theta}{\Delta\theta_{\max}}}\right]^{2} \tag{2.70}$$

此式是转动晶体的晶面$(00l')$在$2(\theta_B+\Delta\theta)$的散射方向上产生的衍射强度的平均值。其中,A'、B'、C'为沿$\boldsymbol{a}'$、$\boldsymbol{b}'$、$\boldsymbol{c}'$方向的晶体尺寸,$\Delta V=A'B'C'$表示被入射波覆盖的晶体体积。令$v'_0=a'b'c'$是以$\boldsymbol{a}'$、$\boldsymbol{b}'$、$\boldsymbol{c}'$为晶轴的一个单胞的体积。

在推导式(2.70)的过程中,我们曾重新划分过晶体的空间格子,因此,式中v'_0是新定义晶胞的体积,I'_c也是新定义晶胞的衍射强度。然而,晶体空间格子不过是人为的划分,并没有改变晶体的结构和晶体的取向。因为I'_c与$(v'_0)^2$成正比,故无论晶格是如何划分的,式(2.70)都是成立的。于是,式(2.70)可改写为

$$\overline{I}_{hkl}=I_c\frac{\lambda^2 D}{16\pi v_0^2\sin^2\theta_B}\left[\frac{\sin(\pi\Delta\theta/\Delta\theta_{\max})}{\pi\Delta\theta/\Delta\theta_{\max}}\right]^2\Delta V \tag{2.71}$$

此式是转动晶体的晶面(hkl)在$2(\theta_B+\Delta\theta)$的散射方向上产生的衍射强度的平均值。其中,v_0代表原来定义的晶胞的体积,I_c代表原来定义的晶胞衍射强度,D代替C'表示该晶体沿晶面(hkl)法线方向的尺寸。

2.6.3 多晶体的衍射强度

所谓多晶体,是由小晶体组成的,小晶体(晶粒)非常之多,取向无序,没有任何的择优取向,以至于无论何种取向的晶粒在晶体中都是存在的。

在波长为λ的平面波照射下,对任何一个晶面(hkl),只要满足$d_{hkl}\geqslant\lambda/2$,就能找到满足布拉格方程的$\theta_{hkl}$。在多晶体的众多晶粒中,总会有一部分晶面$(hkl)$,与入射线呈$\theta_{hkl}$角,它们的反射线分布在一个锥顶角为$4\theta_{hkl}$的衍射锥面上,称其为衍射锥。晶体中有许多不同晶面距的晶面,于是有各自相应的衍射锥,如图2.34所示。如果垂直入射方向放置一块照相底片的话,得到的衍射花样是一系列的同心圆。

过入射线作衍射锥的截面,如图2.35所示。该截面上两条张角为4θ的衍射线并非是两条几何线,而是有一定的角宽度。根据式(2.47),因为小晶体的反射面间距不确定所引起的角宽度应该是

$$\Delta(2\theta)_{\max}=\pm\frac{\lambda}{D\cdot\cos\theta_B} \tag{2.72}$$

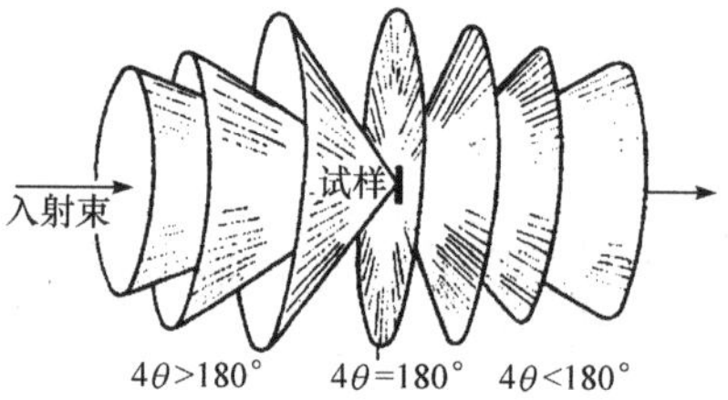

图2.34 多晶体衍射圆锥

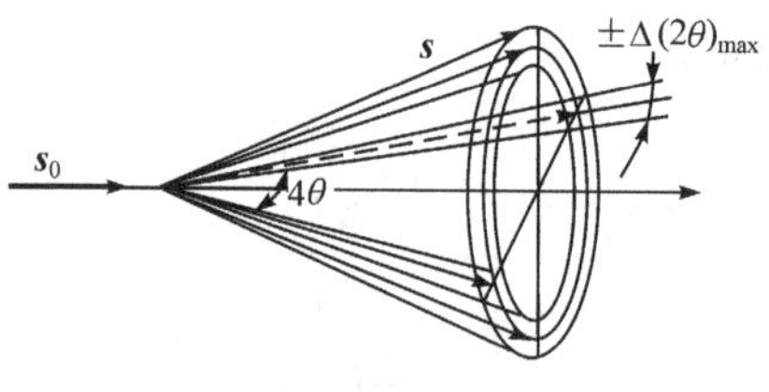

图2.35 多晶体衍射的锥面角宽度

这就是多晶体衍射线的角宽度，或者说是多晶体衍射锥锥面的角宽度。其中 D 代表的是组成多晶体的各小晶体的平均尺寸，通常称其为粒径。可见，粒径越小，$\Delta\theta_{\max}$ 值越大。

多晶体是由许多取向无序的小晶体组成的，可以假想如果这些小晶体都绕各自的中心定点转动，并不会影响多晶体衍射强度的空间分布。也就是说定点转动的单晶体和等体积的多晶体的衍射效应是等价的。

此外，因为晶体对称性的缘故，等同晶面的衍射角 2θ 都相同，它们的反射线都在这个锥顶角为 4θ 的衍射锥中。如果某(hkl)晶面有 P 个等同晶面，该晶面的衍射强度将变作原先的 P 倍。我们称等同晶面的个数 P 为影响衍射强度的多重性因数。所以，多晶体某个晶面的衍射线强度表示为

$$I_{hkl} = \sum \bar{I}_{hkl} = I_c \frac{\lambda^2 PD}{16\pi v_0^2 \sin^2\theta_B}\left[\frac{\sin(\pi\Delta\theta/\Delta\theta_{\max})}{\pi\Delta\theta/\Delta\theta_{\max}}\right]^2 \Delta V \tag{2.73}$$

式中，ΔV 为多晶体的体积；D 为组成多晶体的晶粒粒径。显然，D 越大，I_{hkl} 越大，但 $\Delta\theta_{\max}$ 值越小。因为 $\Delta(2\theta)_{\max}$ 很小，式(2.73)描述的 I_{hkl}-2θ 关系曲线形如峰状，故常称为衍射峰。

2.6.4　温度因子

实际晶体中，原子总是在它的平衡位置附近振动，这就是原子的热振动，温度越高，振幅越大。原子的热振动破坏了点阵的周期性，使晶体衍射波的振幅减弱，减弱的程度用温度因子 e^{-2M} 表示，也称德拜因子。因此，考虑到温度的影响因素，上述晶体衍射波强度公式中都需要伴随着一个温度因子 e^{-2M}。例如，式(2.73)改写为

$$I_{hkl} = I_c \frac{\lambda^2 PD}{16\pi v_0^2 \sin^2\theta_B}\left[\frac{\sin(\pi\Delta\theta/\Delta\theta_{\max})}{\pi\Delta\theta/\Delta\theta_{\max}}\right]^2 e^{-2M} \Delta V \tag{2.74}$$

由固体理论可知，对于“单原子构造”的晶体有

$$M = -\frac{8\pi^2 \bar{u}^2}{3}\left(\frac{\sin\theta}{\lambda}\right)^2 \tag{2.75}$$

式中，$\bar{u}^2$ 为原子均方偏移。德拜证明了原子由于热振动而产生的原子均方偏移为

$$\bar{u}^2 = \frac{9h^2 T}{4\pi^2 m_a k \Theta^2}\left[\phi\left(\frac{\Theta}{T}\right) + \frac{1}{4}\cdot\frac{\Theta}{T}\right] \tag{2.76}$$

式中，h 为普朗克常量；m_a 为原子质量；k 为玻耳兹曼常量；T 为固体温度；Θ 为德拜特征温度；$\phi(x)$为德拜函数。

$$\phi(x) = \frac{1}{x}\int_0^x \frac{x\,dx}{e^x - 1} \tag{2.77}$$

式(2.76)代入式(2.75)，得

$$M = -\frac{6h^2}{m_a k \Theta}\left(\frac{\sin\theta}{\lambda}\right)^2\left[\frac{1}{4} + \frac{T}{\Theta}\phi\left(\frac{\Theta}{T}\right)\right] \tag{2.78}$$

以上分析表示，T 越高，$\bar{u}^2$ 越大，e^{-2M}越小；同时，e^{-2M}随 $\sin\theta/\lambda$ 的增大而减小。

对于多种原子构造的晶体，温度因子是很难计算的。但温度因子随 T、$\sin\theta$ 的变化规

律与“单原子构造”的晶体是一致的。

2.7 晶体缺陷和实际晶体

2.7.1 理想晶体和实际晶体

理想晶体忽略晶体中的一切边界效应和缺陷。格点的排列具有平移对称性、旋转对称性和镜像反映对称性，每个原子在晶格中的位置严格确定。以此完美晶体的概念为基准，一块实际的固体，由于各种因素的影响，总是在不同方面在不个同程度上偏离理想点阵，而使晶体结构的有序程度下降。

第一，实际晶体有一定的外形和边界，因而只在一定区域才有理想的平移不变性。这样的晶体称为单晶。更多的情况下，我们遇到的晶体是多晶体。

第二，实际晶体的点阵结构，总有各种各样的缺陷，包括点缺陷、线缺陷和面缺陷。例如，Fe 晶体中可能存在少量的 C，称为掺杂，C 原子以间隙原子的形式挤进 Fe 的晶格之中。又如，Si 晶体中，极少量的 Si 原子可能离开它原来理想的点阵位置，这种缺陷称为空穴。再如，Cu 晶体是由它的密排面按顺序周期性地堆垛起来的，一旦局部堆垛顺序出了问题，就会出现层错或者位错。自然界存在的真实晶体实际上都是所谓的缺陷晶体。

第三，原子围绕其平衡点(晶格格点)的振动。任何晶体中都存在这种振动，而且振动是随着温度的增高而逐渐增大的。

2.7.2 调制结构

调制结构是在一个晶体结构既有的基本周期的基础上，叠加一个具有更大重复间距(其长度一般大于几十纳米)的周期结构，如图 2.36 所示。这样，原本的较小重复间距的基本结构就成为了“亚结构”。这种调制的长程周期，可以是严格意义上的周期，也可能是统计意义上的周期，即在一定范围内波动的平均周期。

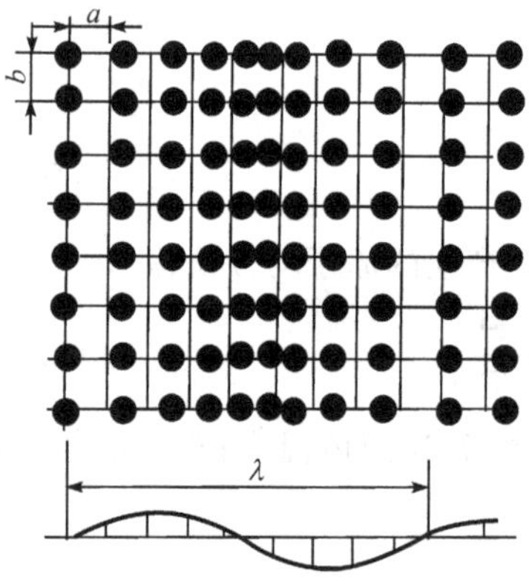

图 2.36 调制结构(调制波长 λ)

调制只是对基本晶格产生另一周期的微扰，基本晶格的衍射图样仍然保留，但在基本的衍射斑点之间出现附加的斑点。引起结构调制的原因有：

(1) 晶格中阳离子占位的有序化，如许多晶体的超结构，长石、辉石等固溶体分解所形成的成分调制波。

(2) 原子位置在空间的轻微移位，如青金石中氧原子移位引起的调制结构。调制周期 λ 和温度及其他外界条件有关。

2.8 准晶、非晶、胶体和液晶

2.8.1 准晶体

如图 2.37 所示的是一种急冷的 Al-Mn 合金的电子衍射图,表明这种合金的点阵具有 5 次旋动对称性。显然,这是违反晶体平移对称性的。我们把这种只有转动对称性而无平移不变性的固体称为准晶体,简称准晶。

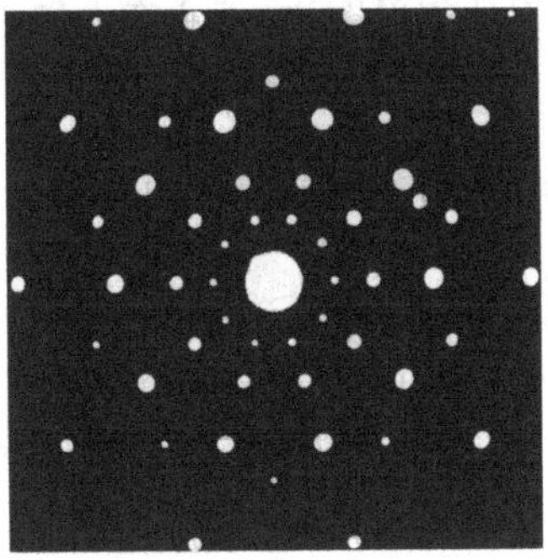

图 2.37 Al-Mn 合金的衍射花样

点阵的 5 次转动对称性与平移不变性不相容,也就是不能用一个原胞移复制出全部的晶格。在这个意义上,我们可认为一个准晶体就是一个晶胞,但这种认为有碍于对准晶体结构的进一步分析。所以,把准晶这样的结构归类为一种准周期结构,这从几何学上讲是一个复杂的问题。

准周期结构可以用拼砌的办法来构筑,这是解释准晶结构最直观的办法。关于平面的非周期拼砌问题,可以采用形状不同的基本拼块,无空隙地布满平面。构造准周期结构的方法有十多种,分别可以解释准晶的不同方面的问题。如图 2.38(a)所示的两种菱形,他们边长相等,角度分别为 36°和 72°。以这两种菱形为基本原胞,可以实现了二维平面的非周期拼砌,称为彭罗斯(Penrose)拼砌,如图 2.38(b)所示。从图上可以看出,拼砌的局域结构是相似的,而且存在五重取向序。

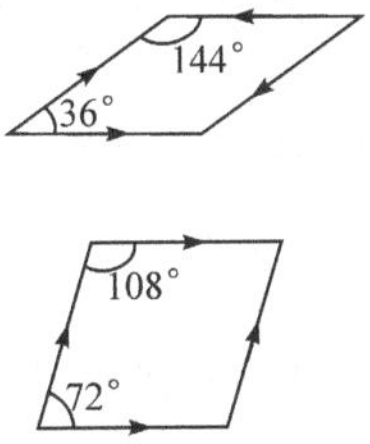

(a) 彭罗斯拼砌基本单元

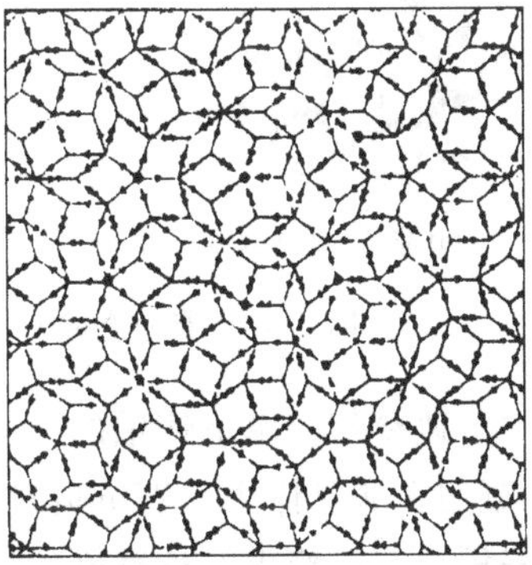

(b) 典型的彭罗斯拼砌图

图 2.38 彭罗斯拼砌

至于三维的准周期结构,可认为是彭罗斯拼砌的三维推广。三维准晶在多种合金系中观察到,都没有超出二十面体相的范畴。说明准晶体的原子堆垛仍然是以正四面体为基础的。

2.8.2 非晶体

如果固体中原子的排列既无平移不变性,也无转动对称性。这种固体称为非晶态固体。

晶态固体的结构是长程有序的，具有大范围内的空间周期性，在多晶体试样的衍射实验中可以观察到尖锐的衍射峰。非晶体和液体有极宽的衍射峰，表明非晶体的原子排列和液体的原子排列类似，是短程有序的，短到几个原子的尺度。至于气体，看不到衍射峰，说明组成它的质点处于完全无序状态。如图 2.39 所示的是晶体、非晶体(液体)、气体的 X 射线衍射图谱，可注意它们之间的区别。

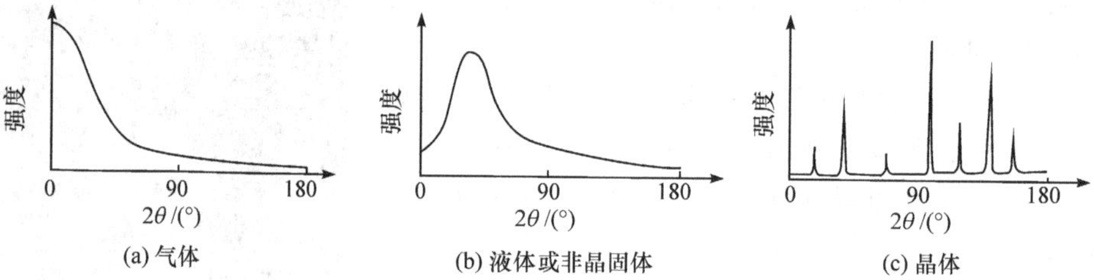

图 2.39 晶体、非晶体、气体的 X 射线衍射示意图

图 2.40(a)为非晶态 B_2O_3 固体的结构，图 2.40(b)是晶态 B_2O_3 结构。可以看到，无论是晶体还是非晶体，每个 B 原子均被 3 个 O 原子包围；近邻原子的间距(键长)及近邻原子配置的几何方向(键角)，非晶体与晶体相差无几。

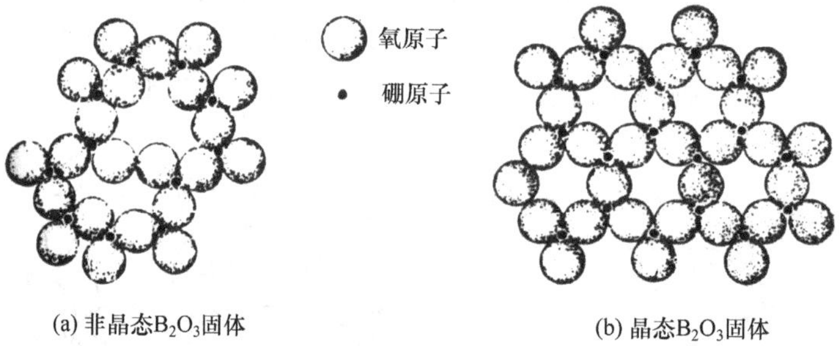

图 2.40 非晶态 B_2O_3 与晶态 B_2O_3 结构示意图

一般是通过急速冷却高温下熔融的液体来制备非晶体，这样，液体中无序分布的原子结构，被保留和凝固在非晶体中。石英玻璃是典型的非晶体，成分为无序化的二氧化硅。石英玻璃的原子排列可以看成石英晶格的拓扑变形，但二氧化硅的饱和共价键结构并不因拓扑变形而改变。

由于结构上的这种特征，非晶态固体的物理性质与液体很相似，如玻璃、沥青及各种塑料都可当作过冷的黏滞性很高的液体。非晶态固体没有确定的熔点，随着温度升高，只是黏滞性逐渐降低。这是由于它们的原子或分子间距不如晶体那样严格，从而键的强度可以在一个范围内变化，随着热运动的增强，最弱的键先断开，最强的键后断开，有一个温度区间。

通常把非晶态称为玻璃态，而用剪切黏滞性的数值($10^{12}\,N\cdot s\cdot m^{-2}$)区分液态与玻璃态。剪切黏滞性低于此值时称为液态，高于此值时称为玻璃态。

要指出的是，晶态和非晶态之间很难有绝对严格的界线。例如，晶体内部存在各种缺陷，局部地破坏了质点排列的有序性。此外，在一些橡胶等高聚物中及一些液晶中，可遇到分子呈一维方向的有序排列，而其他二维方向则谈不到有序。

2.8.3　胶体

1. 分散系统

分散体是自然界和人工合成的材料中广泛存在的体系。在此体系中，有一种或几种物质分散在另一种物质中，我们把前者称为分散相，后者则称为分散介质。例如，不同矿物分散在岩石中生成各种矿石，水滴分散在空气中形成云雾，奶油分散在水中成为牛奶等。

按照分散相粒径的大小，可以把分散体系分为分子分散系（粒径小于 1nm）、胶体分散系（粒径 1～100nm）和粗分散系（粒径大于 100nm）。

分子分散系也称溶液，如分子、离子溶液，只有一个相，是热力学稳定系统。粗分散系的分散相和分散介质一般属不同的相，如乳状液、泡沫、悬浮液等，不是热力学稳定系统。

胶体的含义就是高度分散的分散体，其共同特征是能透过滤纸，不能透过半透膜。胶体分散系包括溶胶、高分子溶液和缔合胶体。溶胶是两个相的分散系统；高分子溶液和缔合胶体则是单相系统（称均相分散系统）。

实验证明，无论任何物质都既可制成晶体状态也可制成胶体状态。例如，典型的结晶物质氯化钠在酒精中可形成胶体。因此，晶体与胶体并不是不同的两类物质，而是物质的两种不同的存在状态。

2. 溶胶

溶胶是指微小的固体颗粒悬浮分散在液相中，并且不停地进行布朗运动的体系，也称为憎液胶体。溶胶中固体颗粒的尺度处于胶体的范围内。溶胶中颗粒与溶液接触的表面积大，自由能也高，胶粒容易互相粘连而沉淀，所以溶胶不是热力学上绝对稳定的体系，但实际上还是可以保存相当长的时间的。

溶胶有丁铎尔（Tyndall）效应，即胶粒能够散射可见光。丁铎尔效应是溶胶区别于真溶液的一个基本特征。

溶胶能产生电泳和电渗现象，说明胶粒带有电荷。胶粒带电是由于胶核的选择性吸附带电荷离子和胶粒表面分子的解离。

3. 缔合胶体

表面活性剂分子中一般同时含有疏水性基团和亲水性基团。表面活性剂超过了某一特定浓度就会在溶液内部缔合形成以疏水基团为内核、亲水基团为外壳的分子有序聚集体，即所谓的胶团，也称为胶束，形成稳定的缔合胶体。这种缔合作用是自发的和可逆的，因而缔合胶体溶液是高度分散的、均相的、热力学稳定的系统。

如图 2.41 所示为肥皂水的相图。以肥皂代表的各种表面活性剂在水中存在时，活性

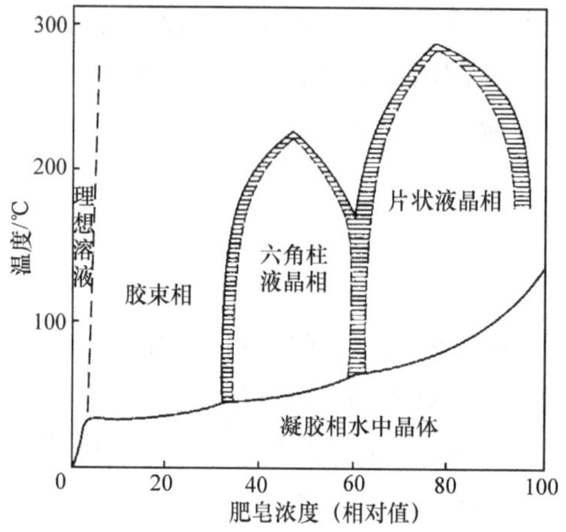

图 2.41　肥皂水相图

剂分子中的亲水基团被水吸引，而亲油基团则被水排斥，因此表面活性剂分子占据溶液表面，将其亲油基团伸向空气。这种表面吸附达到饱和后，如果表面活性剂的浓度继续增加，则溶液内部的表面活性剂分子将采取另一种对水进行排斥的方式，即分子中的长链亲油基团通过分子间吸引力相互缔合，形成胶束。表面活性剂溶液的浓度越大形成的胶束越多，胶束开始明显形成时，溶液中表面活性剂的浓度称为临界胶束浓度（CMC），多数表面活性剂的 CMC 值在 0.001～0.02mol/L。胶束在表面活性剂浓度不大时一般是球状，随着活性剂浓度的增大成为柱状或层状等。

在临界胶束浓度前后，表面活性剂的许多物理性质，如电导率、渗透压、光学性质、去污能力、表面张力等，都会发生显著变化。

胶束有正胶束和反胶束之分，前者内部为烃核，外层为极性基团，分散在水中；后者内部为极性基团，外层为碳氢链，分散在非极性介质中。

4. 高分子溶液

高分子溶液，是一维空间尺寸达到 1～1000nm 的大分子（蛋白质分子、高聚物分子等），溶于分散介质之中，成为高度分散的、均相的、热力学稳定的系统。

高分子溶液属于胶体，因为高分子的大小正好落在胶体颗粒的范围内，故某些性质与溶胶类似。高分子化合物在水溶液中往往以离子形式存在，其稳定性主要来自分散相高度的水化作用，所以把它称为亲液胶体，但其本质是真溶液。

5. 凝胶

若无其他条件限制，胶粒倾向于自发凝聚。凝胶是指胶体颗粒或高聚物分子互相交联，形成空间网状结构，在网状结构的空隙中充满了液体的分散体系，没有流动性。与一般的分散系统相反，凝胶中的分散相（溶质）较多，分散介质（溶剂）反而较少。形成凝胶的过程称为胶凝。并非所有的溶胶都能转变为凝胶，凝胶能否形成的关键在于胶粒间的相互作用力是否足够强，以至克服胶粒-溶剂间的相互作用力。

作为强相互作用的多相体系，凝胶的结构相当复杂，凝胶的种类非常丰富。根据化学成分，凝胶可以分为无机凝胶和有机凝胶。无机凝胶包括各种天然的矿物、泥浆、人工制备的多孔硅胶和多孔玻璃等。泥浆等凝胶结构不稳定，胶粒间仅以很弱的范德华力相连，在外力作用下很容易被破坏，但也容易重建。例如，看上去干燥的沼泽地是泥浆凝胶，动物走进去，凝胶被破坏，变成溶胶，动物下沉后表面上又恢复为凝胶状态。

有机凝胶往往是指高分子凝胶。有机凝胶既是高分子浓溶液，又是高弹性的固体；既能保持形状又比较柔软。油漆、橡胶、纤维等都是高分子凝胶。生物体也可以看成是高分子凝胶，各种较小的无机离子和分子颗粒，在生物体凝胶的三维交联网络中可以自由传输，完成生物体的新陈代谢功能。

干燥的弹性凝胶放置于合适的液体中，它自动吸收液体而使其体积增大，这种现象称为溶胀。

2.8.4 液晶

1888 年，奥地利植物学家埃尼采儿(Reinitzer)注意到：把胆甾醇苯酸酯 $C_6H_5CO_2C_{27}H_{45}$(简称 CB)晶体加热到 145.5℃会熔融成为浑浊的液体。继续加热到 178.5℃，浑浊的液体会突然变成清亮的液体；而且这种由浑浊到清亮的过程是可逆的。这种变化表明，液态的胆甾醇苯酸酯可以发生某种相变，这个由浑浊变成清亮的温度称为液体的清亮点，在熔点到清亮点的温度范围内液体处在一种不同于清亮液体的中介相。经过系统研究，人们发现许多有机化合物都有此类中介相。在熔点到清亮点的温度范围内，这些物质象各向同性液体那样具有流动性；但是它们的光学性质却和晶体相似，是各向异性的。于是，这种中介相称为液晶相，可以出现液晶相的物质笼统地称为液晶。要指出的是，称为液晶的物质并不总是处于液晶相，只有在一定的物理条件下液晶才显示出液晶相的物理特征。

液晶是介于各向同性的液体与晶体之间的一种物质状态，是部分长程有序的液体。组成液晶的有机物分子都呈线性，长度与直径比都在 4∶1 以上，这样的有机分子，才可能由外界微弱的电场、磁场、力、热等条件来控制排列取向，从而发生相变。

液晶主要分两类：热致液晶和溶致液晶，他们都是有机物。热致液晶在一定的温度范围内，显示出类似于晶体的光学各向异性，所以，与显示器件的关系密切。溶致液晶必须溶解于水或有机溶剂以后，才能显示出光学各向异性，主要与生物组织有关。

1. 热致液晶

热致液晶分为三类：向列型液晶、胆甾型液晶、近晶型液晶。

1) 向列型液晶

向列型液晶是结构最简单的液晶材料，分子的长度一般是几十 Å，直径为几个 Å，分子的重心在空间随机分布。分子的长轴大致是平行排列的，如图 2.42(a)所示，平行排列方向的单位矢量称为指向矢 $\boldsymbol{n}$。向列型液晶分子都含有两个苯环，以两个苯环之间的中心团为标志，可以分为五类。其中四类的中心团分别为—CH ═N—、—N ═N—、—N(O)═N—、—CO—O—，还有一类是两个苯环直接串联的。最有用的向列型液晶是甲氰胺化合物，其中，缩写名称为 MBBA 和 EBBA 的分子结构如图 2.42(b)所示。

2) 胆甾型液晶

由于首先在胆甾醇衍生物中观察到其液晶特性，故而得名。胆甾型液晶的分子排列在一系列互相平行的平面内，每个平面内部的液晶分子是互相平行的，指向矢 $\boldsymbol{n}$，但是不同平面间的指向矢 $\boldsymbol{n}$ 不平行，逐个平面的 $\boldsymbol{n}$ 依次旋转，成为一种螺旋结构，称螺旋相或胆甾相。螺距长度大致为可见光波长的数量级，如图 2.43(a)所示。

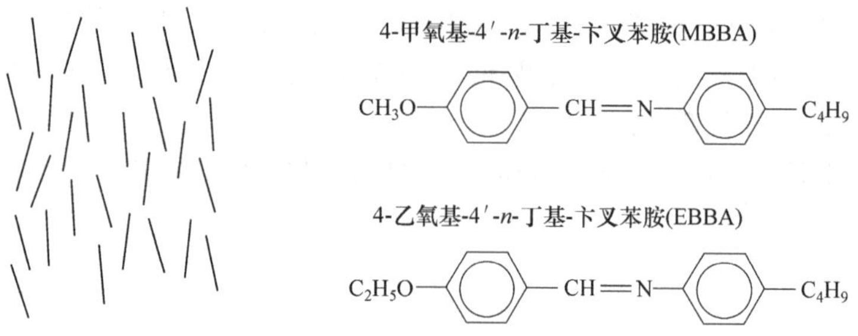

(a) 空间排列结构　　(b) MBBA和EBBA的分子结构

图 2.42　向列型液晶

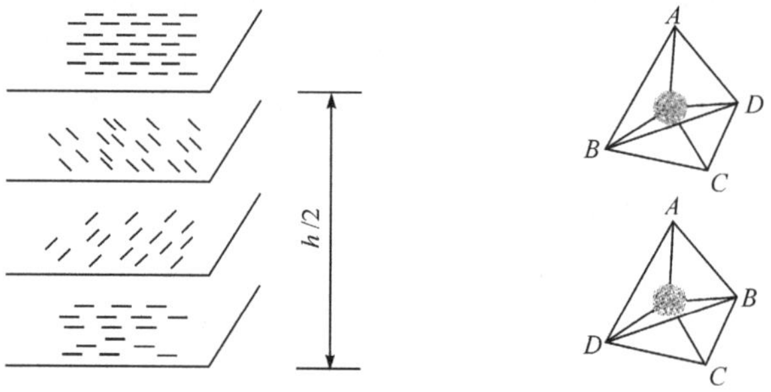

(a) 空间排列结构　　(b) 不对称碳原子的两种同分异构体

图 2.43　胆甾型液晶

有些手征性液晶也具有螺旋相结构。所以现在胆甾型液晶可以分为甾体液晶和非甾体液晶两类。

手征性物质指这样一种物质,同时具有两种互为镜像反映体的分子结构。不对称碳原子是手征性物质结构中的关键组成。碳原子 4 个价电子的杂化轨道指向正四面体的 4 个顶点,假设位于四面体 4 个顶点的是 4 个不同的原子团,那么位于四面体中心的碳原子称为不对称碳原子,在镜像对称操作下,可形成互为反映体的两种同分异构体,如图 2.43(b)所示。

胆甾相有左旋和右旋之分,它们实际上是向列相的一种畸变状态。向列相液晶的分子结构中含有不对称碳原子,很容易转变成胆甾型液晶。同样地,在一定的条件下,如将左旋和右旋胆甾相适当比例的混合,胆甾相也可以转变为向列相。

胆甾相有独特的光学性质,具有极强的旋光性和对波长的选择性反射。

3) 近晶型液晶

近晶型液晶中,分子分层排列,各层内的分子都互相平行,称为层状相,如图 2.44(a)所示。当层内分子排列无序,分子取向与层面垂直时,称为近晶 A 相;当层内分子呈六角晶格排列、分子取向与层面垂直时,称为近晶 B 相;当层内分子无序排列,分子取向与层面倾斜时,称为近晶 C 相。随着液晶温度的降低,近晶相按照 A→C→B 的次序出现。显然,构成近晶相的有机分子,分子侧面的相互作用必须比分子端部的相互作用强,这样液晶才能分层。例如,含有三个苯环的有机分子 TBBA 可以在 236℃以下构成近晶相,其分子结构如图 2.44(b)所示。

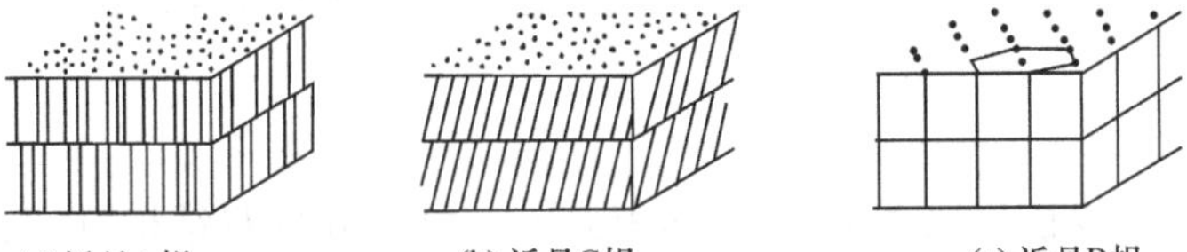

(a) 近晶A相　(b) 近晶C相　(c) 近晶B相

(d) TBBA分子结构

图 2.44　近晶型液晶

上述三种主要的热致液晶相可以用 X 射线衍射的方法分辨出来。液晶分子可以作为衍射单位,但对晶胞衍射波复振幅求和的方法在液晶中不再适用,需要用介于晶体和非晶之间的求和方法,计算出衍射强度。

2. 溶致液晶

溶致液晶大都是由表面活性剂和极性溶剂两种组分合成,最常遇到的溶剂是水,在溶液中溶质分子浓度处于一定范围内时出现液晶相。

如图 2.41 所示的肥皂水相图可见,在一定温度和一定的浓度范围,可以产生片状和六角形柱状的液晶态。

溶致液晶中的线形溶质分子的长宽比大约为 15。这种液晶中引起分子排列长程有序的主要原因是溶质与溶剂分子之间的相互作用,而溶质分子之间的相互作用是次要的。例如,磷脂类化合物在水中,其极性基团指向水,非极性基团因对水排斥而尾尾相连,与水隔开,形成层状结构,如图 2.45 所示,黑点代表亲水的头部。磷脂在细胞膜中以层状结构的形式存在,具有选择透过性,在细胞吸收外界物质和分泌代谢产物的过程中起着重要的作用。

图 2.45　溶致液晶的层状结构示意图

2.9　材料结构分析

每种材料都有是由有限的元素的原子组成,而且是遵循基本的物理原理组合起来的,所以材料的结构有其内在的规律,并且材料性能与材料结构之间有着明显的因果关系。这是材料结构分析可以进行的基本前提。

2.9.1　材料结构分析的概念

1. 材料的成分、组织和结构

1) 成分

材料的成分,或者称为化学成分,可以是指材料的元素成分,也可以是指材料的物质

(化合物)成分,不过通常是指元素成分,至于混合物中的化合物,我们称其为组分,以资区别。

2) 结构

材料的结构可以按层次予以认识,这就是宏观结构和微观结构,以及在这两者之间的介观结构。

(1) 宏观结构一般是指肉眼能够观察到的结构层次。最典型的可谓混凝土,它是卵石、砂粒和水泥灰浆的混合结构。

(2) 微观结构一般是指晶体结构(原子分布)以及原子、分子结构(电子分布)。对于机械工程材料来说,前者更重要一些;不过对功能材料来说,后者或许更为重要。

(3) 介观结构是微观和宏观的连接点,对材料性能的影响也很关键。例如,金属内部的晶粒尺寸即属于介观参量。同样的微观结构(如体心立方结构的铁)由于晶粒尺寸不同会使力学性能有很大的差异。

3) 组织

人们常把能观察到的材料各组成相的直观形貌称为组织。肉眼直接可见的称为宏观组织,利用显微镜可见的称为显微组织。电子显微镜出现之后,显微组织又有光学显微组织和电子显微组织之分。

材料不同层次的组织实际上是相应层次的宏观、介观结构的表现形式。

2. 材料结构分析的内容

描述或鉴定材料的结构,必定涉及它的化学成分,组成相的结构及其缺陷的组态,组成相的形貌、大小、分布以及各组成相之间的取向关系和界面状态等。所有这些特征都对材料的性能有着不同程度的影响。

材料结构分析包括两个方面的问题,其一,材料由哪一种或者哪几种原子组成?其二,这些原子以何种方式聚集起来?呈现何种空间几何形状?

有些人习惯把材料分析的这两个问题分开,认为前者是材料的成分分析,后者才是材料的结构分析。按照这样的说法,材料结构分析被理解成主要是对材料空间构型的分析。

广义的理解材料结构分析,应该包括材料成分分析在内。因为在原子、分子的层次上描述材料微观结构的同时,实际上已经描述了材料的成分。

3. 材料结构的表征

所谓"表征",即揭示、阐明之意,也指事物显露在外的征象。鉴于材料结构具有三维,又极其复杂的特点,很难直观地全面地描述,故对材料结构常常是从各个不同的侧面给以描述,这就是材料结构的表征。因此,对材料结构从宏观到微观不同层次的表征技术就成了材料科学的一个重要部分,是联系材料从设计、制造直到获得具有满意使用性能的各个阶段之间的桥梁。

4. 材料结构分析的基本方法

材料结构分析的基本方法是比较。一是用已知材料的结构与未知材料的结构相比较；二是根据理论推断的材料结构与未知的材料结构相比较。

2.9.2　材料结构分析的方法

人们是通过对材料性能的测试来认识材料结构的，包括各种物理的和化学的测试方法。反过来，人们也常通过对材料结构的分析来推断材料的性能。

1. 化学方法

1）简易化学分析法

简易化学分析，就是以少数几种药品，经过简便的实验操作，能迅速定性地检验出试样所含的主要化学成分或组分。

2）化学全分析法

化学全分析包括定性、定量的系统化学分析。需要较多的设备和标准试剂，以及较多的试样，并且需要较高的技术和较长的时间。因此，化学全分析仅在必要时才使用。

2. 物理性能分析方法

材料的物理性能分析方法是在对材料物理性能进行测试的基础上建立的各种材料结构分析的方法，如弹性分析法、内耗分析法、声发射分析法、光分析法、热分析法、电阻分析法、磁分析法等。

3. 光学分析方法

对于材料结构，最直接的了解是观察。因此，光学方法是材料表征最常使用的方法；其中，光束、电子束或其他粒子束是最不可缺少的工具。

人们对微观世界的认识，显微镜起着十分重要的作用。它曾经是观测微小结构的唯一手段。显微镜在 18 世纪用于对金属材料的研究，伴随物理化学的发展，直接导致材料科学的诞生。

1913 年，玻尔首次把光量子的概念用于原子的光发射，奠定了光谱分析的基础。光谱分析确定元素成分，比化学法简便、快速、准确。人们通过观察和分析物质的光谱，从假定的原子或分子构造模型中依据量子力学的数学推导，对物质的原子和分子结构有了正确的认识。

1895 年发现 X 射线。仅在此后一年内，它就被广泛地应用在医学和工业探伤方面。1913 年，布拉格父子利用第一台 X 射线摄谱仪测定了金刚石、水晶等几种晶体的结构，奠定了 X 射线结构分析的基础。从那个时候开始，X 射线衍射几乎分析了所有的晶体结构，成为物质结构分析的主要手段。

1948 年，X 射线荧光光谱仪问世；1949 年，出现了称为电子探针的仪器，这是用聚焦的电子束轰击试样表面某一微小区域，通过被激发 X 射线的光谱分析确定该微区的化学成分。

电子的发现及随后电子光学的兴起，推动了材料结构分析技术的发展。透射电子显微镜将人类观察微观世界的尺度提高到纳米量级以上，同时使得指定微区的电子衍射成为可能。目前,高性能电子显微镜的分辨率可达到2Å。

扫描电子显微镜利用电子探针在试样平面上扫描成像,这是另一种类型的电子显微镜。类似的,有离子探针、光探针等,用于微区分析和显微成像。

随着人们对材料表面或界面现象认识的深入,各种表面分析仪器应运而生,如低能电子衍射仪、俄歇电子能谱仪、光电子能谱仪等。目前已能取得一至几个原子层范围内原子类别、含量和排列结构等的重要资料。

1982年,扫描隧道显微镜问世,这是用金属针尖在试样表面上方扫描来获得试样表面的信息。由于避免了衍射效应,其分辨率比电子显微镜还高了两个数量级。以后相继出现了同扫描隧道显微镜技术相似的各种各样的新型扫描探针显微镜。

伴随核物理技术的快速发展,先后出现了核磁共振技术、穆斯堡尔谱技术、正电子湮灭技术、中子技术等,在材料分析中得到普遍应用。

质谱技术从20世纪初开始发展,目前已在分离、分析领域中占有了重要地位。此外,材料的三维层析探测技术,如X射线三维层析技术(CT)、核磁共振成像等,都是在很短的时间中获得广泛应用的新技术。

材料分析技术说到底其实就是各种分离技术。事实上,任何一种技术在应用中都会存在局限性。因此各种现代化的分析仪器层出不穷。材料的分析方法是多种多样的,只有采用多种方法综合研究,才能获得对材料的全面认识,得出准确的结论。

在实际分析工作中,应该预先作周密的考虑后再决定使用哪种方法。遇到前人已详细研究过的材料需要鉴定时,尽量借鉴已有的研究成果,能用简单方法解决的,就不必动用复杂的精密设备。

4. 计算机与材料结构分析

计算机的出现在材料分析领域引起革命化的进展,使得在短时间内获得有关材料结构的大量信息成为可能。现代分析仪器实际上都是通过一个个计算机系统实现对仪器的控制以及对测试结果的分析。

目前,计算机的谱图解析大致有三类方法:谱图检索系统、专家系统、模式识别系统。

1) 谱图检索

谱图检索的主要优点是能够在庞大的谱图库中检索出符合特征的谱图,通过比较而识别分析对象;但是,谱图的收集总是有限的,而且谱图库的发展总是滞后于科学技术的发展。因此,它并不能作为结构鉴定的完整手段。

2) 专家系统

专家系统解析谱图的一般方法是:在计算机里预先存储一些结构形成谱图的规律;由未知物谱图的一些特征推测出未知物的一些假想结构;根据存储规律推导出这些假想结构的理论谱图;再将理论谱图与实验谱图进行对照;不断对假想结构进行修正;最后得到正确的结构。但是,目前有关结构分析的许多规律,主要是通过经验获得的,而这些经验的知识难以用计算机处理。

3) 模式识别

模式识别就是用机器代替人对模式进行分类和描述,从而实现对事物的识别。模式识别在 20 世纪 60 年代得到了蓬勃发展，并在 20 世纪 70 年代初奠定了理论基础，从而建立了它自己独特的学科体系。模式识别已经应用到材料分析领域的有关方面，其中涉及最多的是分子光谱的谱图解析。

习　　题

2.1　参见表 2.3，请描述 W、NaCl、$AuCu_3$ 晶体的晶体结构型式。

2.2　写出 3 个与晶面$(11\bar{1})$ 和(011)同属于一个晶带的晶面。

2.3　写出晶面(110)和(201) 所确定的晶带。

2.4　写出 3 个立方晶体中与晶面$(11\bar{1})$和(011)都垂直的晶面。

2.5　已知 P_1 和 P_2 为同一晶带中的两个晶面$(h_1k_1l_1)$和$(h_2k_2l_2)$的极点，请在乌氏网的帮助下绘出该晶带大圆弧和晶带轴的极射平面投影。

2.6　T_1 和 T_2 为已知两个晶带轴的极射平面投影，请在乌氏网的帮助下画出它们的晶带大圆弧和两晶带轴所在平面的极射平面投影，并度量出两个晶带轴的夹角。

2.7　设某晶带包含两个晶面$(h_1k_1l_1)$和$(h_2k_2l_2)$，求该晶带的指数$[uvw]$。

2.8　画出立方晶体(001)的标准投影图，图中包括所有的{001}、{110}、{111}晶面。

2.9　利用乌氏网把上述立方晶体(001)的标准投影图转换成(111)的标准投影图。

2.10　试求立方、正方、正交晶系的面间距公式。

2.11　试求六方晶系的面间距公式以及晶面夹角公式。

2.12　试求立方、正方、正交晶系的晶面夹角公式。

2.13　如何判断(hkl)在面心晶体中是否完整晶面?

2.14　在单色 X 射线照射下，定轴转动的单晶体和多晶体的衍射图案是否相同?

2.15　在单色 X 射线照射下，面心立方多晶体(如 Cu)产生一系列的衍射锥，这些衍射锥都是有哪些晶面反射的? 按 2θ 由小到大的次序，写出 10 个晶面。

2.16　证明：描述二维光栅衍射条件的式(1.38)和描述薄晶体衍射条件的式(2.50)是等价的。

2.17　薄晶体表面为(110)面，电子束垂直晶体表面入射，光屏与透射方向垂直。若晶体属体心立方，则产生距透射斑点最近的衍射斑点是哪个晶面? 若晶体属面心立方呢?

2.18　薄晶体表面为(001)面，电子束垂直晶体表面入射，光屏与透射方向垂直。若晶体属体心立方，则产生距透射斑点最近的那个衍射斑点是哪个晶面? 若晶体属面心立方、密排六方呢?

2.19　实验测定结果表示，真正晶粒的尺度大约是 0.1μm 或更小，这意味着 $N_1 \sim 100$，估计由此引起的衍射线角宽度。

2.20　已知铜的点阵常数 $a=0.3612$nm，今用 CuK_α 辐射照射多晶体铜，衍射线在空间如何分布? 衍射角从小到大分别等于多少? 设晶体中嵌镶块尺度约 0.1μm，则最高角的衍射线因为嵌镶块的缘故导致的角宽度应等于多少?

2.21　衍射实验中 X 射线入射线多少有些不平行，若入射线的发散度为 0.5°，则衍射线因此导致的角宽度等于多少?

2.22　原子散射因子 f 的值与哪些因素有关?

2.23　计算 NaCl、Cu_3Au(有序)、Cu_3Au(无序)、金刚石晶体在满足布拉格方程的晶面反射方向上的衍射强度，并说明有无点阵消光和结构消光现象。

2.24　可见光的波长远大于原子的尺度，可认为核外电子散射波的相位均相同，原子的散射波振幅应等于所有电子散射波振幅简单地相加。能否认为原子对可见光的散射能力大于 X 射线?

2.25　计算锌晶体单个晶胞的(001)、(002)、(110)晶面在布拉格反射方向上的衍射波强度。

2.26 计算氯化钠晶体的(001)、(002)、(110)晶面在布拉格反射方向上的衍射波强度。

2.27 画出六方晶体的晶面(011)。共有几个晶面与(011)晶面距相同的晶面？给出他们的晶面指数。

2.28 能量100keV的电子束通过多晶薄铝片，已知铝的点阵常数$a=4.05\text{Å}$，最低角衍射线的衍射角2θ等于多少度？

2.29 简述晶态、准晶物质的特征和性质。

2.30 晶体内部的粒子是以怎样的相互作用方式结合成晶体的？

2.31 分析金属键结合力中，吸引作用和排斥作用产生的因素？

2.32 共价键有哪些特征？为什么会有这些特征？

2.33 用图表述氯化钠晶体、氯化铯晶体、金刚石晶体、立方硫化锌晶体、钛酸钡晶体、镁晶体的结构。他们分别属于那种布拉维点阵？每个晶胞中有几个原子？

2.34 求密排六方晶体的单胞的晶格常数之比c/a。该晶胞中可以容纳几个原胞？

2.35 求简单立方和面心立方的最大堆积密度。这两种晶胞中分别可以容纳几个原胞？

2.36 对于体心立方晶体，计算其一个晶胞的衍射强度表示式。指出在什么条件下，衍射强度等于零。

2.37 用计算机程序绘出干涉函数$|G_1|^2$的图像，并给予讨论。N_1可以任意设置。

2.38 晶体膨胀会引起布拉格衍射角的变化，设γ为体膨胀系数，证明$\delta\theta=-(\gamma/3)\cdot\tan\theta$。

第3章 光谱分析

根据光与物质相互作用性质的不同,光学分析方法可分为光谱法和非光谱法两大类。光谱法是利用物质内部能级的跃迁而建立的一系列光学分析方法。非光谱法则是测量辐射传播方向或某些物理性质(如折射、衍射和偏振等)变化的分析方法。

光谱分析的主要内容是测量与原子、分子内部能级间跃迁有关的各种光现象,分析材料的元素成分和分子结构。激发物质内部能级的方法很多,相应地产生了许多分析方法,见表3.1。

表3.1 光谱分析方法的分类

光谱种类	射频波	红外光	紫外和可见光	X射线
发射光谱		分子光谱	分子光谱、原子光谱	原子光谱
吸收光谱	核磁共振光谱	分子光谱	分子光谱、原子光谱	原子光谱
荧光光谱			分子光谱、原子光谱	原子光谱
散射光谱		拉曼光谱		

3.1 光的检测与光谱仪

电磁辐射极其广阔的频率范围内,光子的能量差别极大,故检测方式也不相同。可见光、紫外光可利用底片感光,也可利用光电效应;红外光可利用热效应;射频波则可利用电磁感应,将辐射能转化为电能。然而,这些检测方式都很难分辨光子的能量。如果要了解电磁辐射的频率组成以及各个频率的辐射强度,就必须使用光谱仪。

光谱仪用于展示光的频率组成以及频率与强度关系。从技术实现来说,目前有两种方法对信号频率进行分析:一是通过分频元件将各种频率的信号分开,直接测量各频率信号的强度,即频域测量;二是顺时采集信号,然后对其进行数学变换,转换成频谱,即时域测量。

时域测量是顺时接收所有频率的能量,频域测量则是分别接收各频率分量的能量。在频谱分析工作中,时域测量是一种动态信号的分析方法,比较频域测量,有着明显的优点;但是,利用数学变换分析辐射信号的最高频率受采样速率的限制,目前只能用于频率较低的信号(射频、红外)的分析。

3.1.1 光的检测

1. 可见光和紫外光的检测

光粒子计数器由光电倍增管、信号处理器和计算机组成,如图3.1所示。

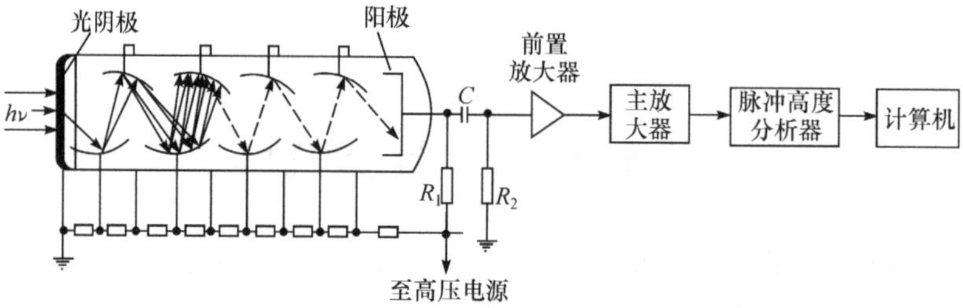

图 3.1　光子检测器

光电倍增管是光子计数器的探头，是一种真空光电器件，它利用光电效应将被检测的光子转化成电流信号。光电倍增管内，除了光阴极和阳极外，还装有好多个联极。从第一个联极向后，每个联极递增 100V 正电压。光阴极用光敏物质(如铯锑的金属间化合物)制成，改变光敏阴极材料，可测定不同波长范围的光。光阴极受光照射而发出光电子，一般是一个光子产生一个电子，一个电子撞到与之相邻的第一个联极，可从其表面激出约 4～5个电子，它们撞到第二个联极上，每个电子又都能激出 4～5 个二次电子，依此类推，最后一个联极激出的电子数可高达 10^6～10^7，这个数量巨大的电子被阳极收集，最终输出一个可测的电信号。

倍增管输出的电脉冲信号经放大后，输入给脉冲高度分析器。单一波长的光子所造成的脉冲幅度分布在一定的范围内。分析器的电子线路设置了两个脉冲幅度的阈值，下阈值称为基线，上、下阈值之差称为道宽。输入至分析器的脉冲，凡低于下阈值和高于上阈值者，均不能通过。这样就实现了对不同幅度信号的能量分辨，排除了干扰脉冲而提高了信噪比。

鉴别过的脉冲信号送至计算机进行计数和储存。单位时间的计数就是计数率，也就是光的强度。

实际上，光子进入计数器的时间间隔有长有短。如果两个光子先后进入计数器的时间间隔太短，那么后一个光子产生的脉冲与前一个光子产生的脉冲合二为一而被漏计，这将引起计数损失。我们把计数管输出一个脉冲后尚未来得及恢复其工作状态之前的时间称为“死时间”。无论哪种光子计数器，包括有关的计数电路，都有死时间问题。所以，计数器的最高计数率受到限制，而且，在较高计数率的情况时要考虑计数校正。光电倍增管的死时间不到 1μs，因此，使用光电倍增管的光子检测器的计数率可以高达每秒 10^5 脉冲。

2. 红外光的检测

1) 真空热电偶

真空热电偶如图 3.2 所示，它以一小片涂黑的金箔作为红外辐射的接收面，金箔的另一面与热电偶端点焊接，封于真空腔体内。红外辐射通过腔体前面的窗口射到涂黑的金箔上，使热电偶接点温度升高，产生温差电势。

红外检测器常用的窗片材料有氯化钠、溴化钾、氟化钡、氟化锂、氟化钙，它们适用于近、中红外区。在远红外区可用聚乙烯片或聚酯薄膜。

2) 热释电检测器

热释电红外检测器如图 3.3 所示。镀在热释电晶体表面上的一对金属膜电极与其自发极化方向垂直。当被调制的红外光照射到热释电晶体时，晶体表面电荷发生相应的变化，负载电阻两端输出与调制频率相同的电信号，用 $f(t)$ 表示。常用的热释电晶体有氘化硫酸三甘肽(DTGS)、钽酸锂($LiTaO_3$)等。

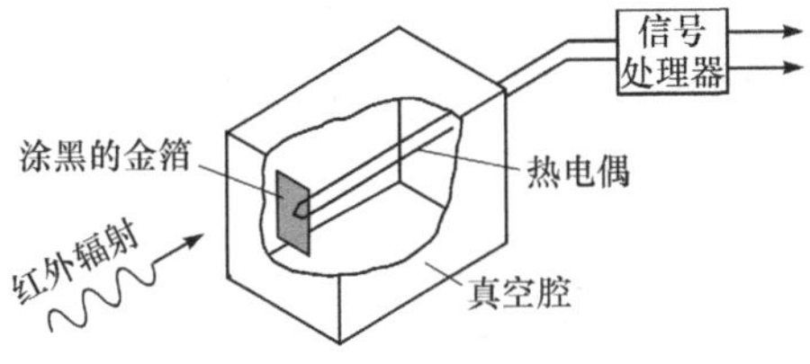

图 3.2　热电偶红外检测器示意图

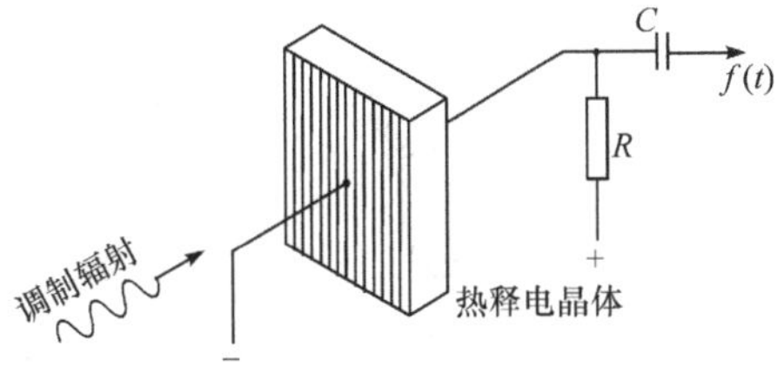

图 3.3　热释电红外检测器示意图

另外，也使用光敏电阻制作红外光检测器，其工作原理是利用红外光的热能使得某些材料的导电性能发生变化，此时通过测量电阻来衡量红外信号的强弱。常用的红外光敏电阻有锑化铟(InTe)、汞镉碲(MCT)等类型。

3.1.2 光栅光谱仪

利用分频元件获得光谱的光谱仪，也称分光光度计，早期分光光度计用棱镜作为色散元件，目前的分光计中几乎都采用反射光栅作为色散元件。反射光栅，通常是在玻璃胚上镀一层铝膜，然后在铝膜上划出很密的平行刻槽，光栅密度通常为 1200～2400/mm。反射光栅对入射光的衍射规律与狭缝光栅是完全一样的，不同的衍射方向上有与其对应的波长值。

光谱仪由光源、光栅分光系统(光栅单色器)以及检测记录系统组成，有顺序型和多通道两种类型。顺序型光谱仪获取波长连续变化的光谱图；通道型光谱仪则是测量固定波长的光的强度，固定通道一般至少 10 个。

1. 平面光栅分光光度计

顺序型光谱仪多采用平面光栅分光系统，故顺序型光谱仪通常就是平面光栅分光光度计，如图 3.4 所示。

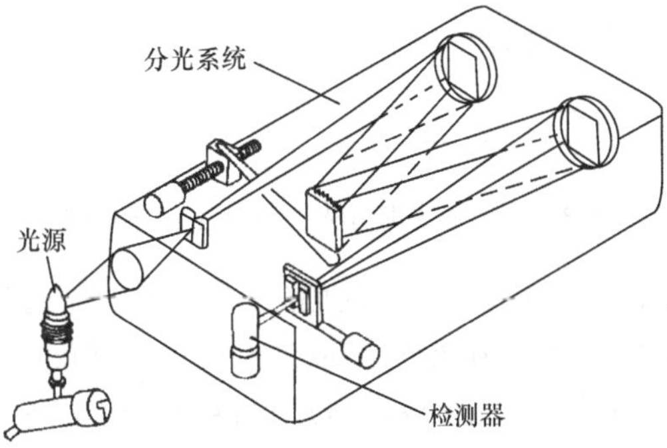

图 3.4　平面光栅分光光度计工作原理图

平面光栅分光系统如图 3.5 所示。从光源发出的光经过入射狭缝 S_1 照射在准光镜 M_1 上，经 M_1 反射的平行光束射到光栅 G 上，由光栅 G 色散成平行的单色光，由成像物镜 M_2，聚焦于出射狭缝 S_2 上。只要转动光栅 G，就有不同波长的单色光聚焦在出射光阑处，也就是说，光栅的位向与衍射光的波长是对应的。这种装置的特点是它的光路水平对称于光栅两侧。

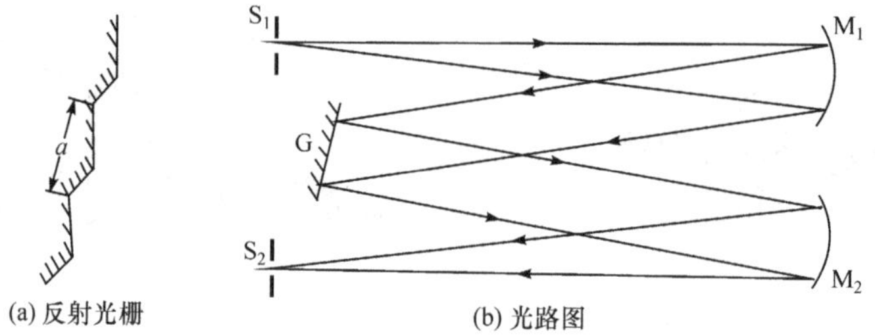

图 3.5　平面反射光栅分光系统原理图

2. 凹面光栅分光光度计

凹面光栅是在柱体凹面上的等距刻槽制成，它既起分光作用，又起成像作用。图 3.6 表示凹面光栅分光系统的光路图。与光栅凹面吻合的一个圆称为罗兰圆，或聚焦圆，入射狭缝 S_1 和出射狭缝 S_2 都位于罗兰圆上。光源经由 S_1 发出的光照射到光栅 G 上，被光栅衍射，其中波长为 λ 的光，若衍射角为 2θ，则必定会聚在距离 S_1 弧长等于$(2\pi-4\theta)$的 S_2 处。这样，由 G 色散形成一束束单色衍射光，按波长排列，依次聚焦在罗兰圆上。狭缝 S_2 可以不止一个，每个狭缝 S_2 都允许某特定波长的光通过，每个狭缝 S_2 后面都有一个光子计数器。计算机每隔一段时间(如 0.02s)对各个分析通道巡检一次，采集各单色光的光子数。最后，由计算机进行数据分析处理，打印出相应的结果或图形。

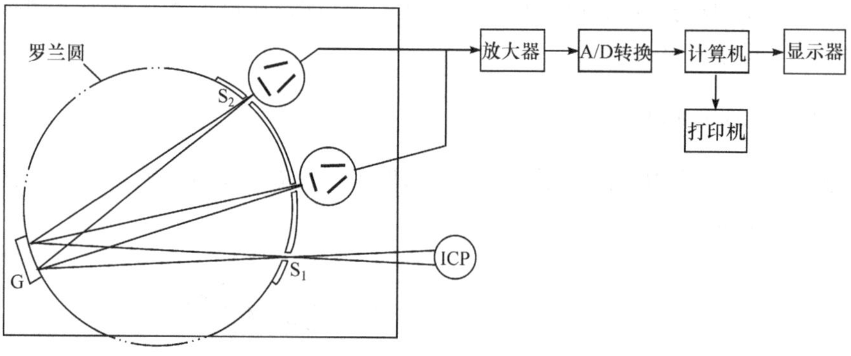

图 3.6　凹面光栅分光光度计工作原理图

凹面光栅光学系统元件少，适合用作单通道或多通道的光谱仪。由于它使用光子计数器测量各通道的发光强度，故称为光量计，或光电直读光谱仪。

对于相对确定的谱线分析，单通道或多通道仪器分析效率高；然而，受固定通道的限制，改变分析谱线比较困难，为了克服这一缺点，单通道或多通道光谱仪往往另备有顺序型光谱仪。

光谱仪有看谱仪、摄谱仪和光电光谱仪几种类型。看谱仪用人眼去观察，摄谱仪用照相底片或摄像头接收，而光电光谱仪则用光子计数器接收。

目前，可见和紫外分光计普遍使用光粒子计数器作为光的检测器；红外分光光度计中最常用的检测器是真空热电偶。

3.1.3　傅里叶变换

1. 傅里叶变换

如果 $f(t)$是单值连续函数，且$|f(t)|$在$(-\infty,\infty)$上可积分，那么，$f(t)$一定可以展开成如下形式的傅里叶积分：

$$f(t)=\frac{1}{2\pi}\int_{-\infty}^{\infty}F(\omega)e^{-i\omega t}d\omega \tag{3.1}$$

其中

$$F(\omega)=\int_{-\infty}^{\infty}f(x)e^{i\omega x}dx \tag{3.2}$$

这里，$F(\omega)$称为函数 $f(t)$的傅里叶变换，而 $f(t)$则称为 $F(\omega)$的傅里叶逆变换。具体来说，傅里叶变换就是计算傅里叶积分中的系数 $F(\omega)$，而傅里叶逆变换则是用积分的形式将 $f(t)$表示出来。

如果 $f(t)$是偶函数，式(3.1)、式(3.2)可以化简为

$$f(t)=\frac{1}{2\pi}\int_{0}^{\infty}F(\omega)\cos(\omega t)d\omega \tag{3.3}$$

$$F(\omega)=\int_{0}^{\infty}f(u)\cos(\omega u)du \tag{3.4}$$

将 $F(\omega)$和 $f(t)$互称为傅里叶余弦变换。

2. 傅里叶原理

一般情况下，对一个可测量的物理量，数学上一定满足展开成傅里叶积分的条件，或者说可以进行傅里叶变换。式(3.1)的物理意义在于，一个随时间变化的物理量可以分解成无穷多个不同频率的谐振动之和。这些连续变化的各种频率组成了该物理量的频谱，$F(\omega)$则为 $f(t)$的一个频谱成分的幅度的大小，这就是傅里叶原理。而根据该原理创立的信号分析方法是利用直接测量的时域信号 $f(t)$，对其进行傅里叶变换，将其转换成频域信号 $F(\omega)$。这是一种动态信号的分析方法。

确定一个任意非周期信号的频谱在计算机普及应用之前并非易事。自从快速傅里叶变换(FFT)算法出现以后，人们可以用计算机将非周期时间函数信号的频谱函数迅速求出。

实际物理世界的各种非周期信号，随频率上升到一定程度，其频谱函数总趋势是衰减的。所以，选择适当的 ω_c 点(截止频率)把频率高端截去，并不过多地影响信号的特性。

通常把保留的部分称为信号的带宽。

3. 傅里叶变换的频移性质

定理：若 $F(\omega)$和 $f(t)$互为傅里叶变换，那么 $F(\omega-\omega_0)$ 和 $e^{-i\omega_0 t}\cdot f(t)$互为傅里叶变换。

证明：由式(3.2)，$e^{-i\omega_0 t}\cdot f(t)$的傅里叶变换记作：

$$\int_0^{\infty} e^{-i\omega_0 t} f(t) e^{i\omega t}\,dt = \int_0^{\infty} f(t) e^{i(\omega-\omega_0)t}\,dt = F(\omega-\omega_0) \tag{3.5}$$

由式(3.1)，$F(\omega-\omega_0)$的傅里叶逆变换记作：

$$\frac{1}{2\pi}\int_{-\infty}^{\infty} F(\omega-\omega_0) e^{-i\omega t}\,d\omega = \frac{e^{-i\omega_0 t}}{2\pi}\int_{-\infty}^{\infty} F(\omega-\omega_0) e^{-i(\omega-\omega_0)t}\,d(\omega-\omega_0) = e^{-i\omega_0 t}\cdot f(t) \tag{3.6}$$

傅里叶变换的频移特性说明：函数 $f(t)$在时域乘以 $e^{-i\omega_0 t}$，在频域中，整个频谱沿频率轴搬移一个常数值 ω_0。

3.1.4　傅里叶射频波谱仪

射频波谱仪用于分析射频波的波谱。然而，对于频率达几十乃至几百 MHz 的射频信号，直接采样测量其瞬时电场强度值是很困难的，必须经过适当的频率变换，然后再行采样，并利用傅里叶变换分析其频谱。

1. 射频波的接收

射频波的接收与检测和常见的无线电广播接收机十分相同。不过，远程接收需要天线，而近程接收只要线圈就可以了。射频波在线圈中因电磁感应产生电信号，将此电信号放大即可进入测量程序。

接收微弱的射频信号，电子技术广泛采用外差方法，即首先把输入射频信号变换成为某个预先确定的较低的频率，称为中频，然后再行处理，其工作原理如图 3.7 所示。这种接收方式的性能优于射频直接放大接收。

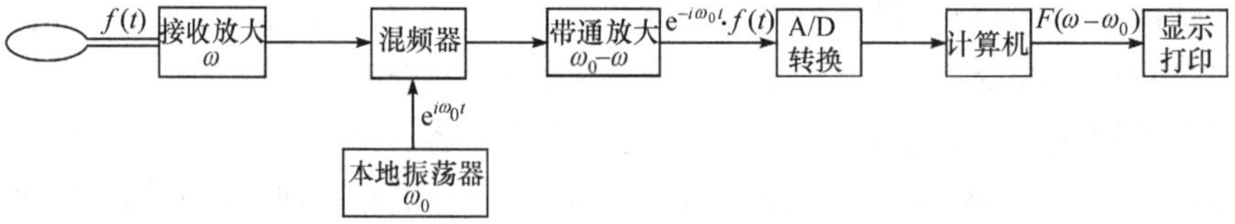

图 3.7　傅里叶射频波谱仪

设接收线圈输出的射频信号用 $f(t)$表示，令本地振荡器产生一个频率为 ω_0 的等幅正弦信号，这两个信号在混频器中混合，输出两者的差频分量，称为中频，这就是变频过程。该中频信号可以表示为 $e^{-i\omega_0 t}\cdot f(t)$。显然，信号经过变频，频率改变，但强度没有变化。

2. 射频波谱的傅里叶变换

根据傅里叶变换的频移性质，$e^{-i\omega_0 t}\cdot f(t)$的傅里叶变换等于 $F(\omega-\omega_0)$，而 $F(\omega)$就是 $f(t)$的频谱函数。

中频信号很微弱，在进行 A/D 转换之前，需要放大。中频放大器是带通放大器，若其中心频率为 ω_{IF}，那么中频放大器允许也只允许($\omega_{IF}\pm\Delta\omega$)频率范围的信号通过并得到放大，$\Delta\omega$ 一般在几百 kHz。

中频频率远比射频频率低，可以设定在十几 MHz 甚至更低。这种频率的电信号容易实现采样并 A/D 转换，最终由计算机实现傅里叶变换。

如果射频信号 $f(t)$的中心频率为 ω，那么 $\omega_0=\omega+\omega_{IF}$(或 $\omega_0=\omega-\omega_{IF}$)。傅里叶变换得到的频谱将限制在($\omega\pm\Delta\omega$)的范围，所以，这种傅里叶变换方法适用于分析窄频带射频信号的频谱。

3.1.5　傅里叶红外光谱仪

红外光谱仪用于分析红外光的光谱。红外光的频率远高于射频频率，测量其瞬时电场强度值更不可能，采样测量的物理量通常是振幅或强度。目前的技术是利用迈克尔孙干涉仪对红外光进行调制，然后再行采样，并利用傅里叶变换分析其频谱。

1. 迈克尔孙干涉仪

迈克尔孙干涉仪由定镜、动镜、分束器和探测器组成，如图 3.8 所示。分束器可在碘化铯或溴化铯晶片上沉积铝膜制成。

光源发出的光(待检测的光)被分束器分为两束，光束 1 透射到达定镜，光束 2 反射到达动镜；两束光分别经定镜和动镜反射再回到分束器，合并成一个光束。这是完全相同的两束光，仅仅存在光程差别，两者合并成干涉光，离开干涉仪。

下面讨论如何从干涉仪输出的干涉光中求得输入光的频谱。

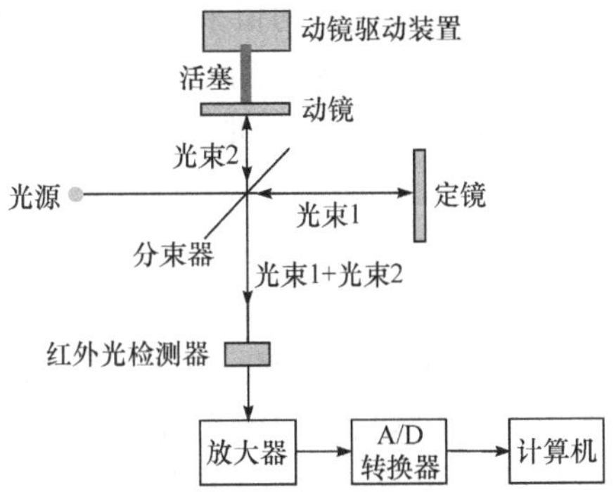

图 3.8　迈克尔孙干涉仪

1) 单色光的调制

假如使用角频率为 ω 的单色光源，光源发出的光进入干涉仪的能流密度用 $I_0(\omega)$表示。在干涉仪中被分成两束等强度的光，如果被固定反射镜反射的一束光的电场可以写成：

$$E_1=E_0e^{i\omega t}\tag{3.7}$$

则可动反射镜反射的一束辐射写成：

$$E_2=E_0e^{i\omega(t-\delta/c)}\tag{3.8}$$

式中，E_0 为光电场的振幅；c 为光速；δ 为两光束的光程差。这两束光的能流密度相同，都等于 $I_0(\omega)$的二分之一，即

$$\frac{1}{2}I_0(\omega)=\frac{1}{2}\varepsilon_0 cE_0^2 \tag{3.9}$$

这两束频率为 ω 的单色光叠加为干涉光的能流密度用 $I(\omega)$ 表示，即

$$I(\omega)=\frac{1}{2}\varepsilon_0 c\,|E_1+E_2|^2=\varepsilon_0 cE_0^2+\varepsilon_0 cE_0^2\cos\frac{\omega\delta}{c}=I_0(\omega)+I_0(\omega)\cos\frac{\omega\delta}{c} \tag{3.10}$$

可见，干涉光的能流密度 $I(\omega)$ 与 δ 有关。干涉仪利用改变两束光的光程差的方法对等幅红外波进行调制。设动镜的移动速度为 v，则 $\delta=vt$，说明调制波的频率等于入射光频率的 v/c 倍，式(3.10)改写成

$$I(\omega,t)=I_0(\omega)+I_0(\omega)\cos\frac{v\omega t}{c} \tag{3.11}$$

2）连续光的调制

一般情况下，光源发出的光是连续光谱。设光源发出的光的频谱密度函数用 $F_0(\omega)$ 表示，干涉仪射出的干涉光的频谱密度函数用 $F(\omega)$ 表示。根据式(3.11)可以写出：

$$F(\omega)=F_0(\omega)+F_0(\omega)\cos\frac{v\omega t}{c} \tag{3.12}$$

式(3.12)对时间积分，计算频谱密度函数 $F(\omega)$ 的平均值，即

$$\overline{F(\omega)}=F_0(\omega)+\frac{1}{T}\int_0^T F_0(\omega)\cos\frac{v\omega t}{c}\mathrm{d}t=F_0(\omega) \tag{3.13}$$

式中，T 为周期，$T=2\pi c/\omega v$。可见，虽然干涉光的频谱密度函数 $F(\omega)$ 随时间 t 变化(频率等于 $1/T$)，但就其平均值来说，干涉光和入射光具有相同的频谱。

干涉光的能流密度用 $f(\delta)$ 表示，应等于所有频率的光的能流密度之和。于是，式(3.12)对所有频率积分，即

$$f(\delta)=\int_0^\infty F_0(\omega)\mathrm{d}\omega+\int_0^\infty F_0(\omega)\cos\frac{\delta\omega}{c}\mathrm{d}\omega \tag{3.14}$$

式中，第一项积分是恒定的，即入射光的能流密度；第二项积分是随 δ 变化的，也就是随干涉仪中动镜的位置而变化，其平均值应该等于零。所以，调制波的能流密度随 δ 变化，但其平均值等于入射光的能流密度。

从 $f(\delta)$ 中减去第一项的恒定值，令

$$f_s(\delta)=f(\delta)-\overline{f(\delta)} \tag{3.15}$$

则有

$$f_s(\delta)=\int_0^\infty F_0(\omega)\cos\frac{\delta\omega}{c}\mathrm{d}\omega \tag{3.16}$$

与式(3.3)比较，可知，$F_0(\omega)$ 就是 $f_s(\delta)$ 的傅里叶余弦变换，而 $F_0(\omega)$ 正是所求的红外光的频谱，即

$$F_0(\omega)=\frac{1}{2\pi c}\int_0^\infty f_s(\delta)\cos\frac{\omega\delta}{c}\mathrm{d}\delta \tag{3.17}$$

积分过程中，光程差 δ 的变化范围由 0 到 ∞，实际上 δ_{max} 有几个厘米就足够了。实际测量中，动镜从某一起始点以恒定的速度向一侧运动，到达终端后迅速地回到起点；以后再开始恒速运动，进行第二次测量。若动镜扫描速度 $v=0.5$cm/s，对于频率不超过 0.6×10^{14} Hz 的红外光，$f(t)$ 的频率不超过 1kHz，这样频率的信号采样已不存在困难。

由上所述，可得如下结论：其一，迈克尔孙干涉仪把入射光变换成干涉光并进行低频调制；其二，调制的干涉光，就随时间的平均值来说，和入射光具有相同的频谱；其三，测量调制干涉光的强度，并进行傅里叶变换可以得到入射光的频谱。

2. 红外光谱的傅里叶变换

傅里叶变换红外光谱仪常使用热释电红外检测器。检测的是用动镜调制的干涉光的强度 $f(\delta)$。

把检测器输出 $f(\delta)$ 变换成 $f_s(\delta)$，然后对某一固定频率 ω 进行式(3.17)所示的变换。取遍所有频率，就得到 $F_0(\omega)$ 的曲线，即红外光谱图。

3.2 发射光谱分析

原子激发产生辐射所形成的光谱称原子发射光谱；分子激发产生辐射所形成的光谱称分子发射光谱。一般用高温激发获得原子发射光谱，用常温化学反应激发获得分子发射光谱。

原子发射光谱可对物质的元素组成进行定性定量分析；分子光谱主要用于监测某些化学反应的产物或中间体。

本节主要介绍原子发射光谱的分析方法，简记 AES。

3.2.1 原子发射光谱仪

发射光谱仪由光源及紫外-可见分光光度计构成。现代光谱仪均配置了计算机，可实现自动分析。目前常用的光源有电弧、电火花及电感耦合高频等离子体光源。

原子发射光谱仪有顺序型和通道型两种。前者能顺序测定各个元素，适用于试样种类较多的实验室应用；后者则可同时测定几十种元素，适用于大批量试样的多元素分析。

1. 火花光源

火花光源利用气隙的火花放电获得等离子体，其工作原理如图 3.9 所示。金属试样可直接做成电极，制备较容易，只需磨平即可；上电极(辅助电极)通常采用碳、石墨电极或铜电极。

放电回路采用低电压(200～100V)、大电容(数十微法)来获得瞬间放电能量，放电间隙电流密度很高，温度可达 10000K 以上，能将固体金属试样直接气化并形成等离子体。

2. 电弧光源

电弧光源有直流和交流之分。直流电弧的电路工作原理也可以用图 3.9 表示，通过改变供电电压、电容、电感等参数，可以从火花放电过渡到电弧放电。电弧结构如图 3.10 所示，在大约 2.5mm 的电极间隙之间起弧，点火电压 12kV，电弧电压 35V，电流 2～5A，电弧温度可达 4000～7000K，可用于产生高温等离子体。

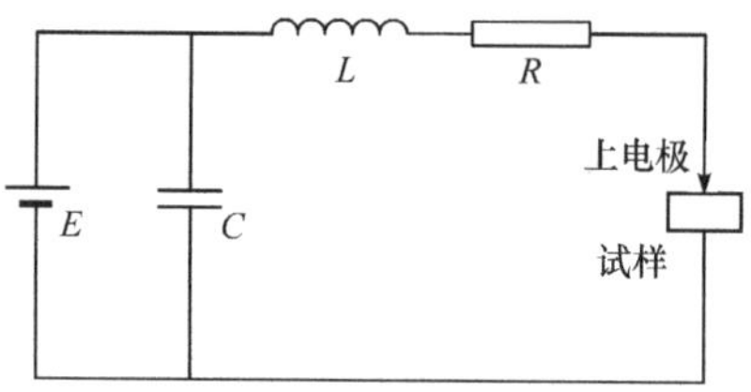

图 3.9　火花放电光源

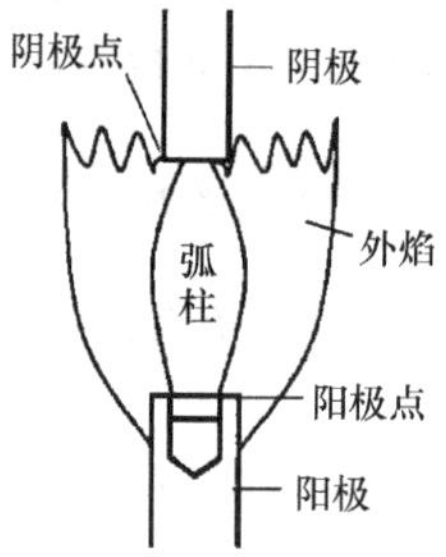

图 3.10　直流电弧结构

交流电弧的放电是间歇性的，需用引燃装置维持放电。交流电弧比直流电弧稳定，但温度比直流电弧低。

金属或合金试样可以直接加工成电极。其他情况通常使用石墨棒作为下电极，在其顶端打一个小孔，粉状试样可装入这个电极小孔中，用电弧光源使试样蒸发到弧焰中而激发；溶液试样，则应先蒸发浓缩，然后滴入电极孔中烘干再行激发。

3. 电感耦合等离子炬光源

电感耦合等离子体激发光源，即 ICP 光源，利用高频感应加热使工作气体电离，产生火炬状的等离子体。ICP 光源主要由射频发生器、等离子炬管以及进样装置组成，如图 3.11 所示。

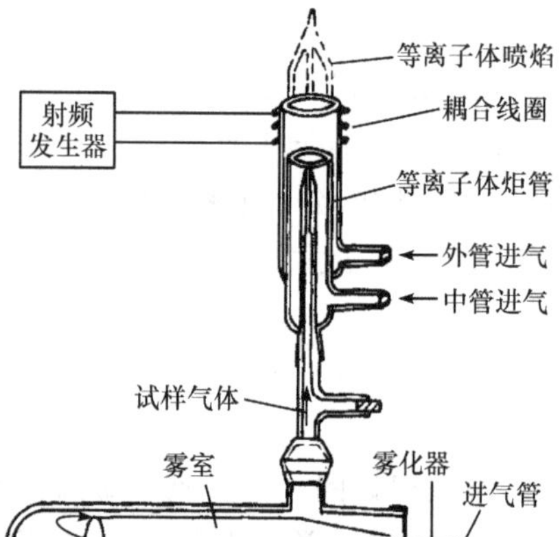

图 3.11　ICP 光源

1）射频发生器

射频发生器产生的射频电流通过耦合线圈，在其中产生一个射频电磁场。一般要求频率为 27～50MHz，输出功率为 0.5～5kW。

2）等离子炬管

等离子炬管简称炬管。炬管由三层石英管制成同心型结构，置于耦合线圈中。这三层石英管都有各自的气体入口，通常用氩气作为工作气体，因为氩气不与试样中的元素形成化合物，同时氩等离子体很容易被点燃，放电稳定。

中管引进 0.5～1.5L/min 氩气，进入耦合线圈的电磁场中，电子在射频电磁场作用下碰撞气体原子并使之电离，形成更多的电子和离子。这一过程持续下去，可在耦合线圈中形成一个等离子炬，达到 7000～10000K 的高温。

外管通入 10～20L/min 的氩气，利用切向进气的方法使管内形成一股螺旋式上升并且中心部分具有较低压力的气流，迫使等离子体收缩，离开管壁，从而达到冷却外管壁和稳定等离子体的目的。一般认为这股气流是建立和维持 ICP 炬焰的主要气流。

内管注入 0.5～1L/min 的氩气作为载气，载带试样的气溶胶(液体或固体微粒分散在气体介质中的溶胶，如雾或烟)送入等离子体放电区。高温作用将试样蒸发和激发，产生光辐射。当内管载气引入后，中管进气可以关闭。

理想的炬管应是容易点火、炬焰稳定、气体耗量小，试样气溶胶易于注入等离子体内。

3) 进样装置

ICP 采用气体、液体(或溶液)试样。进样常用的气体雾化装置如图 3.11 所示。载气由进气管进入，通过很小的出口高速喷出，在出口处形成负压，进样管中的液体(或气体)试样被吸出并被高速气流冲击粉碎成细雾滴。固体试样一般需要转化成蒸气、溶液或溶胶后再引入进样管。

载气对测量的精密度影响很明显，所以载气的稳流是非常重要的。载气流量的大小决定着进样速率，从而影响气溶胶微粒的蒸发、原子化和激发。应该结合具体条件选择适宜的载气流量。

4. 几种光源的比较

火花光源设备简单，具有很强的激发能力，缺点是不适用于粉末试样。电弧光源设备简单，激发能力强，缺点是电弧不够稳定，因此重现性较差。

电感耦合等离子体激发的原子发射光谱仪(ICP-AES)是目前较为理想的原子发射光谱仪。ICP 光源的优点明显，具体表现在：

(1) 激发温度高，有利于试样完全离解，也有利于激发电位高的原子激发，因此对各类元素都有较好的检出能力，检出限一般可达到 0.001～0.01ppm[①]。

(2) 稳定性能好，故 ICP-AES 精密度相当高。在实用的分析浓度范围内，相对标准偏差约为 1%。

ICP 的局限性是对非金属灵敏度低，仪器价格较贵，维持费用也较高。

3.2.2 制样

1. 取样和试样的处理

原子发射光谱分析法所需的试样量可很少，所以固体试样的取得，应考虑到成分不均匀性对检测结果的影响。对成分偏析较大的铸件，可采用重熔试样的方法以提高定量分析的可靠性。液体试样的均匀性高于固体试样，但玻璃容易吸附其中的微量元素而影响

① ppm 非法定单位，表示百万分比浓度，现在统一用 μg/mL 或 mg/L 或 g/m^3 表示。

测定结果，所以液体试样一般采用聚乙烯或聚丙烯塑料容器。气体试样在分析过程中应防止带入其他气体。

对于炉前分析，不同类型的金属和合金，取样和试样处理都有相应的规定。例如，低碳钢要求将红料放入流水中急冷，促使形成马氏体和奥氏体。

无机物试样可采用高纯度的无机酸溶解。生物组织和聚合物等有机试样，往往需要除去有机基体。其中，采用高温的高浓度无机酸溶解的方法称为湿法灰化，加热使有机试样在高温下分解的方法称为干燥灰化。

为了提高分析灵敏度，有时需要将被分析的杂质从分析试样的主要成分中分离出来，然后再进行光谱分析。

2. 标准试样的制备

固体标准试样中各元素含量要有准确的标准化学分析结果，且各元素分布均匀，无偏析。有害杂质应不超过技术条件的规定范围。在制备成套的标准试样时，各主要成分的元素含量范围必须比被分析元素的含量范围稍宽。

3.2.3 原子发射光谱的谱线

在原子发射光谱的谱线中，原子受到激发产生的特征谱线称为原子光谱线。离子受到激发产生的特征谱线称为离子光谱线。

1. 灵敏线

每种元素的特征光谱通常包含很多谱线，有的竟达数千条。其中，一些强度较大的谱线称为“灵敏线”，它们是元素谱线中比较容易激发的原子光谱线或离子光谱线，其中第一激发态向基态跃迁所辐射的谱线（共振线）的强度最强，往往是元素的最灵敏线。

常见元素的灵敏线多处于近紫外区。具体的波长值，可由光谱波长表①中查到。在波长表中常用Ⅰ表示原子谱线，用Ⅱ、Ⅲ、Ⅳ分别表示为一价、二价及三价离子谱线。例如，He Ⅰ 587.56nm，表示 He 原子的波长为 587.56nm 的谱线；He Ⅱ 468.58nm，表示 He 一价离子的波长为 468.58nm 的谱线。

2. 谱线的强度与宽度

谱线的强度与处在该激发态的原子数成正比，而激发态上的原子数则取决于该原子的含量及其激发能，此外还和激发温度有关。图 3.12 表示谱线强度与激发温度之间的关系，可见为了提高某元素的谱线强度，应确定其最佳激发温度。

原子在热状态下激发，谱线处于一定频率范围内，如图 3.13 所示。中心频率 ν_0 处，谱线有最大强度 I_0（峰值），ν_0 两侧强度迅速降低并渐趋于 0，相对于最大强度 I_0 的 1/2 处所覆盖的频率范围 $\Delta\nu_0$ 称为谱线的宽度（半高宽）。激发温度越高，谱线越宽。

---

① 冶金工业部科技情报产品标准研究所. 光谱线波长表[M]. 北京：中国工业出版社. 1971.

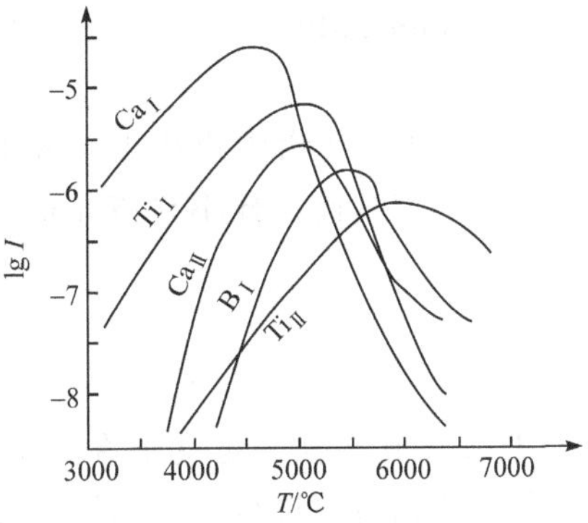

图 3.12 谱线强度与激发温度的关系

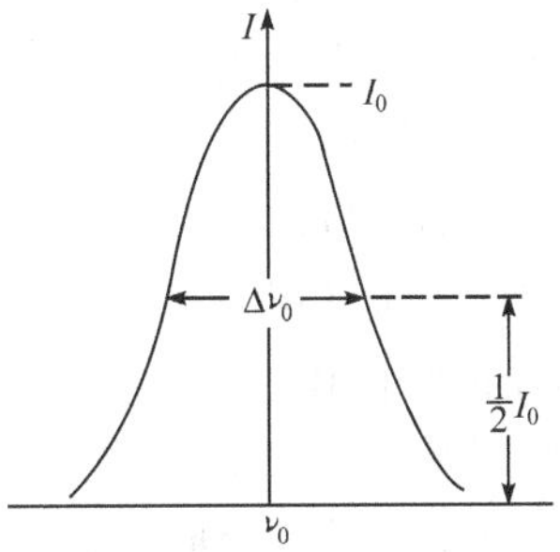

图 3.13 谱线强度的频率分布

3. 自吸现象

一般来说，光源中心区域的温度最高，处于激发态的原子最多，光源边缘的温度则低些，处于激发态的原子少些。可以认为原子的辐射主要是从中心区域出来的，当辐射通过边缘这段路程时，其中的一部分将为同种原子所吸收，而使谱线的中心强度减弱，这种现象称为自吸收。严重之时，谱线中央消失，成为双线的形状。

谱线自吸收程度，与光源中蒸气云的范围有关，蒸气云半径越大，自吸也越严重。电弧弧层较厚，故自吸严重；火花光源的自吸最轻；ICP 光源的轴向通道被高温氩气所包围，故自吸也很轻。

自吸效应轻微，有利于扩大分析含量的线性范围。线性范围宽对发射光谱分析非常有利，同一份试样溶液可同时用于主要元素和痕量元素的分析。

3.2.4 原子发射光谱的分析方法

原子发射光谱分析法对于大部分元素都有很高的灵敏度，可对七十多种元素作定性或半定量分析。所以，AES 广泛应用于金属、矿物、高分子、石油化工、医药及环境等科学领域。

1. 定性分析

光谱定性分析就是根据谱图确定试样中是否存在某种元素。光谱定性分析工作的基本方法就是在摄取的光谱中逐条检查灵敏线。

每种元素的特征光谱通常包含很多谱线，实际上，只要检查出某种元素两条以上的灵敏线，就可判断该元素存在与否。因为光谱分析是根据灵敏线来检测元素的，因此这些谱线又可称为分析线。当灵敏线不在工作的光谱波段内或受其他干扰时，可采用强度较低的次灵敏线作分析线。

必须注意，实际工作中，灵敏线并非固定不变，它和所采用的光源、光检测器等有关，因此对分析线的选择还应考虑到具体条件。例如，在分析 Mn 时，若用电弧光源，原子谱线较强，可采用 Mn Ⅰ 403.1nm、Mn Ⅰ 403.3nm、Mn Ⅰ 403.4nm 为主要分析线；若用火花光源及 ICP 光源，离子线较强，宜采用 Mn Ⅱ 257.6nm、Mn Ⅱ 259.4nm、Mn Ⅱ 260.6nm 等作为分析线。

光谱定性分析中要确定某一元素的存在，必须在该试样的光谱中辨认出其分析线。反过来，如果在某试样的光谱中没有某种元素的谱线，并不表示此试样不含该元素，而仅仅表示该元素的含量低于检测方法的灵敏度。

光谱定性分析常用的有以下几种方法。

1）标样谱图比较法

如果要判断试样中是否存在某个元素，可采用标样谱图比较法。也就是将试样的光谱图与在相同的条件下摄取的含有欲鉴定元素的化合物的光谱图进行比较，以确定这种元素是否存在。例如，欲检查某 TiO_2 试样中是否含有 Pb，只需将 TiO_2 试样和含铅的 TiO_2 标准试样并列摄谱于同一感光板上，比较并检查试样光谱中是否有铅的谱线存在，便可确定试样中是否含有铅。这种方法很简便，但只适用于试样中指定元素的定性鉴定。

2）铁谱图比较法

对测定复杂组分以及进行光谱定性全分析时，常用铁的光谱来进行比较。因为铁的光谱谱线较多，在波长为 210.0～660.0nm，大约有 4600 条谱线，其中每条谱线的波长，都已作了精确的测定，载于谱线表内。所以用铁的光谱线作为波长的标尺是很适宜的。将各个元素的分析线按波长位置标插在铁光谱图的相应位置上，就是元素标准光谱图。图 3.14 是元素标准光谱图的部分示意图。

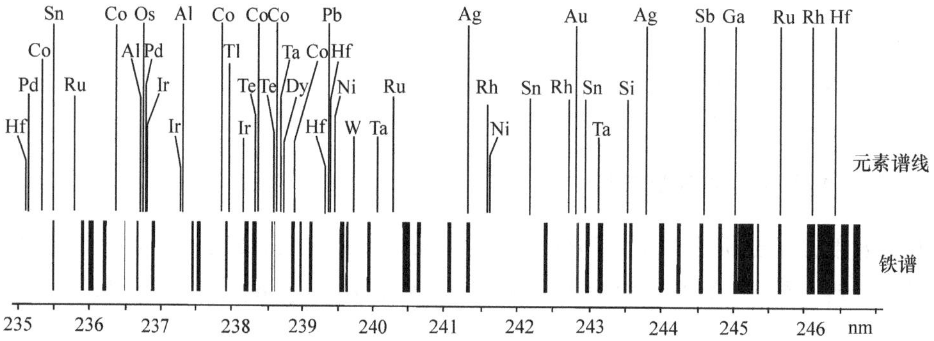

图 3.14　元素标准光谱图

将试样与铁样并列摄谱，然后在映谱仪上将摄取的光谱与标准光谱图相比较，使两者的铁光谱重合，如果试样光谱中某些谱线与元素标准光谱图中已标明的某些元素谱线的位置相重合，则可判断试样中存在该元素。

使用标准光谱图比较法作定性分析，是以铁光谱作为基准，并据此判断其他元素的谱线，因此进行光谱工作时必须熟悉铁光谱。

3）特征线组判断法

对于试样中某些含量较高的元素，还可以用一些特征线组作判断，如表 3.2 给出几种元素的特征谱线组。

表3.2 几种元素的特征谱线组

元 素	线组波长/nm	线 数
Na	330.23,330.30	双线
B	249.68,249.77	双线
Fe	301.62,301.76,301.90,302.06	四线
Mg	279.55,280.27 (离子)	双线
	277.67,277.83,277.98,278.14,278.30 (原子)	五线
Al	308.22,309.27	双线
Cu	324.75,327.40	双线
Mn	279.48,279.83,280.11	三线
Cr	301.48,301.52,301.76	三线
Ti	323.45,323.66,323.90,324.20	四线
Si	250.69,251.43,251.61,251.92,252.41,252.85	六线
Zn	334.50,334.56	双线
V	318.34,318.39,318.54	三线
Be	298.65,298.66	双线

4）波长测定比较法

波长测定比较法就是利用光谱仪准确测出各条较强谱线的波长，再从元素的波长表中查出与它们相对应的元素。

例如，如果光谱中代表B的两条分析线249.77nm、249.67nm均出现，而且谱线的强度关系也与谱线表符合，可以判断试样中含有元素B。

应该注意的是，对于成分复杂的试样，应考虑谱线相互重叠干扰的影响，否则会使判断错误。当观察到有某元素的一条谱线时，如果不能完全确信该元素的存在，则必须继续查找该元素的其他灵敏线和特征谱线，或者分析元素灵敏线的强度是否大于干扰元素谱线的强度，以便断定分析元素的存在。例如，含锆的铁试样光谱，Zr Ⅱ 343.823nm被Fe的343.831nm、343.795nm两条谱线所重叠，可将此光谱与Fe谱相比较，如该谱线的强度大于该处的Fe谱线，可确信锆是存在的。当然，使用高分辨的光谱仪有可能识别波长差别很小的互相干扰谱线。

2. 定量分析

定量分析是根据被分析元素谱线的强度确定其浓度。元素的谱线强度与其浓度的关系可用赛伯-罗马金经验公式表示，即

$$I=Ac^b \tag{3.18}$$

式中，I为谱线强度；c为被分析元素的浓度；A和b是两个未知的常数；A取决于试样的蒸发、激发过程和试样组成等；b主要取决于谱线的自吸收。

应该说明，光谱线强度不总是稳定的，因此测量时间越长，测量精度越高。

1）显线法

元素谱线的强度随试样中该元素的含量的减少而降低，并且在元素含量降低时其中有一部分灵敏度较低的谱线将渐次消失，最后消失的谱线称为“最后线”。例如，含有10％Cd的溶液的光谱中，可以出现14条Cd谱线；当Cd的含量为0.1％时，出现10条；在0.01％时出现7条，而到0.001％时仅出现一条光谱线(226.5nm)，因此这条谱线是Cd的最后线。由此可见，特定谱线的出现是与元素的含量相对应的。

一般来说，最后线是光谱中的最灵敏线，但也不一定总是如此，特别是当元素含量较高时，自吸现象会使谱线的强度变低。

在摄谱法中采用显线法来估计元素含量较为方便。可以在确定的实验条件下通过标准试样的校准，把元素含量和相应出现的谱线编制成元素的分析线表。按上述条件对分析试样摄谱后，利用此表就能迅速估计出某些元素的近似含量。

2）外标法(峰值比较法)

选择被测元素的一条谱线为分析线。在确定的分析条件下，用2个或2个以上含有不同浓度被测元素的标准试样激发光谱，分别测出它们的谱线强度，以分析线强度 $\lg I$ 对浓度 $\lg c$ 作工作曲线。然后在相同条件下测量试样相同的分析线强度，由校准曲线可求得试样中被测元素的含量。

3）内标法

在待分析试样中掺入已知含量的其他元素，该元素称为内标元素。选择一条被测元素的谱线为分析线，再选择内标元素的一条谱线为内标线。所选用的分析线和内标线的组合称为分析线对。用此分析线对的强度比来确定被分析元素的浓度的方法称为内标法。

如果以 s 表示内标线的有关参数，分析线与内标线的强度比用 R 表示，那么，由式(3.18)可得

$$R=\frac{I}{I_s}=\frac{Ac^b}{A_s c_s^{b_s}} \tag{3.19}$$

令

$$K=\frac{A}{A_s c_s^{b_s}} \tag{3.20}$$

在内标元素及其浓度确定的条件下，c_s 为常数，K 也为常数。于是

$$R=Kc^b \tag{3.21}$$

取对数，得

$$\lg R=b\lg c+\lg K \tag{3.22}$$

式(3.22)即为内标法定量分析的基本公式，式中的 K 和 b 仅适用于同类型的试样，而且要求 c 在一定的范围内。为了使 $\lg R$ 和 $\lg c$ 呈线性关系，要求 K 和 b 是常数，或近似为常数，分析线和内标线的选择最好满足下列条件：

(1) 内标元素与分析元素具有相近的相对原子质量及物理、化学性质，如熔点、电离

电位、化学活性等。

(2) 分析线及内标线自吸收小，内标线一般选用非共振线。

(3) 分析线与内标线附近无干扰谱线；在分析钢铁时可采用基体元素铁作为内标。

如果 lg$R$ 和 lg$c$ 偏离线性关系，那么，通过实验确定工作曲线的标准试样应不少于 3 个，一般采用二次或三次方程拟合实验数据，即

$$\lg R = a_0 + a_1(\lg c) + a_2(\lg c)^2 + \cdots \quad (3.23)$$

$a_0, a_1, a_2, \cdots$为待定常数，由实验确定。实际应用中，可根据分析元素的谱线强度在工作曲线上求出实际含量。图 3.15 是根据不同浓度 La 的标准试样的 333.749nm 谱线强度所绘制的工作曲线，用于分析同类型试样的 La 含量。

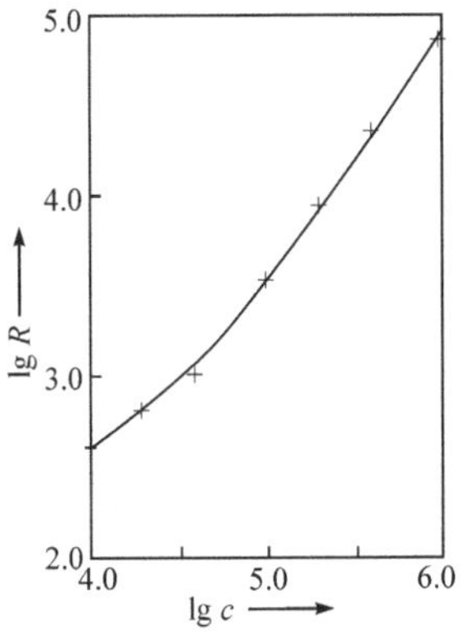

图 3.15　La 光谱定量工作曲线

3.3　紫外-可见吸收光谱分析

连续光照射试样时，光被有选择地吸收，透射光经过展谱就是吸收光谱。物质的吸收光谱曲线也可以这样获得：令不同波长的单色光依次通过被分析的物质，测得不同波长下的透射光强度，然后绘制吸收光谱。

由于空气强烈吸收波长小于 190nm 的紫外光，故人们把波长为 10～190nm 称为真空紫外光区，或远紫外光区，在光谱仪中很少使用。光谱分析主要使用近紫外光和可见光，波长为 190～800nm。

紫外-可见吸收光谱图通常以波长 λ(nm)作横坐标，以吸光度 A 或摩尔吸收系数 $\varepsilon(L \cdot mol^{-1} \cdot cm^{-1})$作纵坐标。

紫外吸收光谱的产生是分子或原子对紫外光子选择性俘获的过程，是电子跃迁的结果。吸收光谱描述了物质对不同波长的光的吸收能力，它反映了物质原子和分子的能级结构，所以可以对物质结构进行定性、定量分析，特别是进行官能团鉴定、相对分子质量测定、配合物的组分及稳定常数的测定等。

3.3.1　紫外-可见吸收光谱仪

在紫外-可见分光光度计中配置光源及吸收池(安放试样的透明容器)，即构成紫外-可见吸收光谱仪，所以紫外-可见吸收光谱仪往往称为紫外-可见分光光度计。吸收光谱仪有单光束和双光束两种类型，如图 3.16 所示。

光栅单色器的位置，可以在吸收池之后(图 3.16)，也可以在吸收池之前。如果参比池和吸收池的位置分别由两个光栅单色器取代，而光栅单色器的位置由吸收池取代，那么双光束仪器可以改造成双波长仪器。

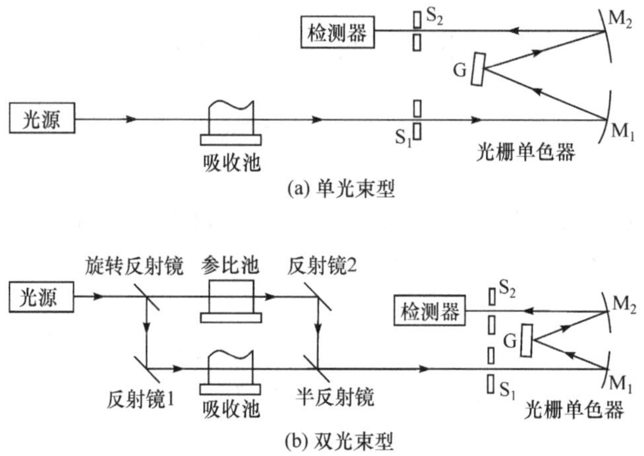

图 3.16 紫外-可见吸收光谱仪的基本结构

1. 光源

紫外-可见吸收光谱仪常用白炽灯或气体放电灯作为光源，前者用于可见光区，如钨丝灯和卤钨灯；后者用于紫外光区，如氢灯和氘灯。

2. 吸收池

吸收池放置在从光源到检测器的光路中。吸收池一般用石英材料制成。吸收池厚度的规格从几毫米到几厘米不等，最常用的是 1cm 的吸收池。

3. 工作原理

对于单光束型仪器，来自光源的辐射通过置有试样的吸收池，透射光经过分光系统后形成光谱。

对于双光束型仪器，来自光源的辐射被旋转反射镜分为交替出现的两束：一束为试样光束，再经反射镜 1 反射，然后通过吸收池和半反射镜进入分光系统；另一束为参比光束，通过参比池(空的或安放参比样的吸收池)，而后经反射镜 2 和半反射镜反射后，进入分光计。最后在记录仪上显示两光束的强度之比。当吸收池中无试样时，通过参比池和试样池后的两光束的强度相等；当吸收池中有试样时，由于试样对光的吸收，两光束的强度出现差异。试样浓度越大，强度差越大。双光束仪器在一定程度上消除了光源波动造成的影响。

若吸收池中注入的试样处在分子状态，吸收光谱是分子吸收光谱；吸收池中的试样处在原子状态，吸收光谱是原子吸收光谱。根据这两种光谱的特点所设计的吸收光谱仪略有不同。为有所区别，人们所说的紫外-可见吸收光谱仪实际上专指获得分子吸收光谱的仪器；而把获得原子吸收光谱的紫外-可见吸收光谱仪称为原子吸收光谱仪。

4. 吸收谱带的数据表示

吸收谱带可以用光谱图显示，另外也常用谱带中最大吸收处的波长 λ_{max} 和摩尔吸收

系数 ε_{max} 来表示，或记作 $\lambda_{max}(\varepsilon_{max})$。例如，$CH_3I$ 的吸收谱带记作 $\lambda_{max}=258nm(\varepsilon_{max}=387)$，其中，ε 的单位往往被略去。

3.3.2 紫外吸收光谱

1. 有机化合物的紫外吸收光谱

有机化合物的紫外吸收光谱决定于分子的结构、分子轨道上电子的性质(化学键的性质)。

从化学键的性质来看，有机化合物与紫外吸收光谱有关的电子主要有 3 种，即形成单键的 σ 电子、形成双键的 π 电子以及未成键的 n 电子(孤对电子)。对于位于周期表第 2、3 周期的元素来说，n 电子是 p 电子。根据分子轨道理论，分子中这 3 种电子的能级从低到高的次序是：$\sigma<\pi<n<\pi^*<\sigma^*$。图 3.17 显示了几种分子轨道能量的相对大小，可能发生的电子跃迁所需要吸收的能量大小以及相应的吸收峰的波长范围。

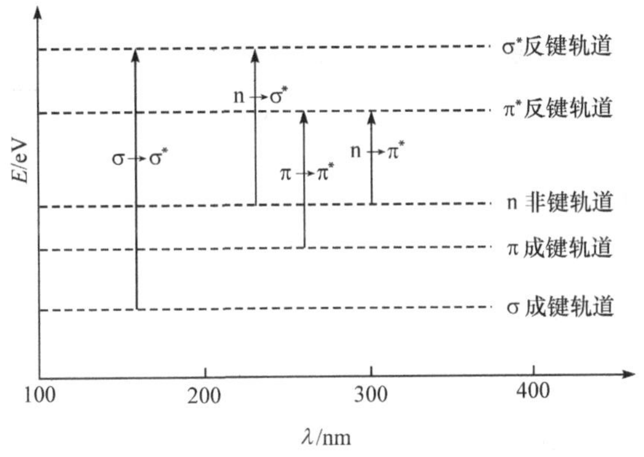

图 3.17 几种电子跃迁相应吸收的能量及吸收峰波长范围

在近紫外区和可见光区，有机化合物分子有几个谱带系，不同的谱带系相当于不同电子能级的跃迁。

在一定的测试条件下，谱带的 ε_{max} 近似地表示跃迁概率的大小。对有机分子而言，通常认为 $\varepsilon_{max}>5000$ 为强吸收带；$\varepsilon_{max}=200\sim5000$ 为中等强度吸收带；$\varepsilon_{max}=10\sim200$ 为弱吸收带。

2. 饱和烃化合物吸收带

1) 远紫外吸收带($\sigma\to\sigma^*$ 吸收谱带)

饱和烷烃分子只有 σ 键，产生 $\sigma\to\sigma^*$ 跃迁需要较大的能量，波长范围在 190nm 以下，属于远紫外区，如 CH_4 的吸收峰在 125nm、C_2H_6 在 135nm。

2) 尾端吸收带($n\to\sigma^*$ 吸收谱带)

当饱和烃分子中的氢被氧、氮、卤素、硫等杂原子取代时，因有 n 电子，可能发生 $n\to\sigma^*$ 跃迁。吸收波长为 150～250nm，位于远紫外区末端，以及到近紫外的交界处。例如，碘甲烷 $\sigma\to\sigma^*$ 吸收峰在 150～210nm，$n\to\sigma^*$ 的吸收峰在 259nm。$n\to\sigma^*$ 属禁阻跃迁，故吸收弱，ε_{max}=100～3000。

$n\rightarrow\sigma^*$ 所需要的能量主要取决于 n 电子所属原子的性质，而与分子结构的关系较小。例如，O、Cl 的电负性大，含 O、Cl 的饱和化合物比含 S、N、Br、I 的饱和化合物 $n\rightarrow\sigma^*$ 的吸收谱带出现在更短波长处。

3. 不饱和烃化合物吸收带

1）生色团

如果有机化合物含有不饱和基团，则提供 π 键电子。由于 $\pi\rightarrow\pi^*$、$n\rightarrow\pi^*$ 跃迁所需能量较小，可吸收波长 200nm 以上的光而显色。将这种不饱和基团称为生色团，也称发色基。生色团是吸收近紫外光或可见光的结构单元。常见的生色团有碳碳双键 $>C=C<$、羰基 $>C=O$、偶氮基—N=N—、硝基—NO_2、亚硝基—N=O 等。常见的生色团见表 3.3。

表 3.3 一些常见生色团的吸收峰

生色团	化合物	溶 剂	λ_{max}/nm	ε_{max}	跃迁类型
$>C=C<$	$H_2C=CH_2$	蒸气	171	15530	$\pi\rightarrow\pi^*$
—C≡C—	HC≡CH	蒸气	173	6000	$\pi\rightarrow\pi^*$
H(—)C=O	CH_3CHO	蒸气	182 289	10000 12.5	$\pi\rightarrow\pi^*$ $n\rightarrow\pi^*$
$>C=O$	CH_3COCH_3	环己烷	190 279	10000 15	$\pi\rightarrow\pi^*$ $n\rightarrow\pi^*$
—COOH	CH_3COOH	乙醇	204	41	$n\rightarrow\pi^*$
—COOR	$CH_3COOC_2H_5$	水	204	60	$n\rightarrow\pi^*$
Cl(—)C=O	CH_3COCl	戊烷	240	34	$n\rightarrow\pi^*$
NH_2(—)C=O	CH_3CONH_2	甲醇	205	160	$n\rightarrow\pi^*$
—N=N—	$CH_3N=NCH_3$	水	254 343	205 25	$\pi\rightarrow\pi^*$ $n\rightarrow\pi^*$
—N=O	$CH_3(CH_2)_3$—NO	乙醚	300 665	100 20	$\pi\rightarrow\pi^*$ $n\rightarrow\pi^*$

续表

生色团	化合物	溶　剂	λ_{max}/nm	ε_{max}	跃迁类型
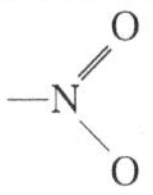	CH_3NO_2	乙烷	202	4400	π→π*
			279	16	n→π*
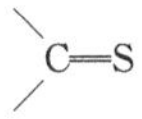	CH_3CSCH_3	水	400	20	n→π*
—O—N═O	$CH_3(CH_2)_7ON═O$	正己烷	230	2200	π→π*
			370	55	n→π*

2）助色团

某些有机化合物有一些基团本身没有生色作用，但却能增强生色团的生色能力，这类基团称为助色团，它们都含有孤对电子。由于 n 轨道与生色团中的 π、π* 轨道相互混合产生 π_1、π_2、π_3 轨道，而 $\pi_2 \rightarrow \pi_3$ 跃迁能量低于 π→π* 跃迁能量，如图 3.18 所示，所以生色团的吸收峰向长波方向移动并增加其强度。常见的助色团如—OH、—OR、$—NH_2$、$—NR_2$、—SH、—SR、—Cl、—Br 等。

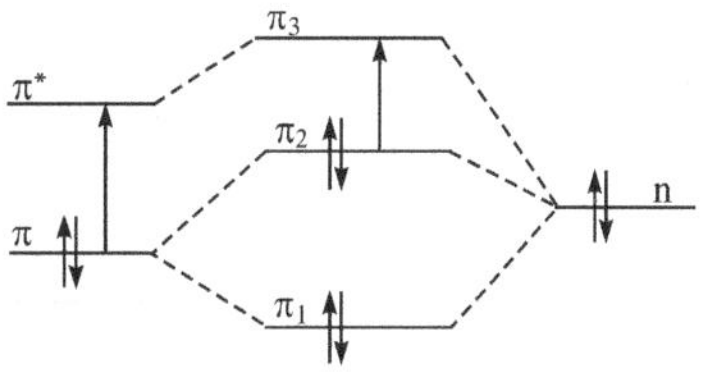

图 3.18　n-π 共轭形成的分子轨道能级图

3）红移与蓝移

生色团的吸收峰波长因为引入某些取代基，或者因为相邻基团的影响而向长波方向移动，这种效应称为红移，或深色移动。与红移相反，吸收峰的波长向短波方向移动的效应称为蓝移，或浅色移动。

4. 具有共轭双键的化合物的吸收带

如果一个化合物的分子含有数个生色团，但它们并不发生共轭作用，那么该化合物的吸收光谱包含这些生色团原有的吸收带。如果多个生色团彼此形成了共轭体系，即相间的 π 键与 π 键相互作用（双键共轭效应）产生 π_1、π_2、π_3、π_4 轨道。那么，原来各个生色团的吸收谱就会消失，而产生新的吸收带，如图 3.19 所示。含有这种共轭体系的化合物分子称为共轭分子，如共轭二烯（环状二烯，链状二烯）、α,β-不饱和酮、α,β-不饱和酸、多烯、芳香核与双键或碳基的共轭等。

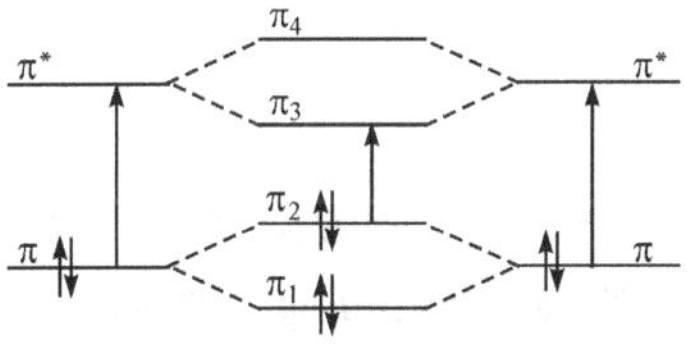

图 3.19　π-π 共轭形成的分子轨道能级图

由于 $\pi_2 \rightarrow \pi_3$ 跃迁能量较小，所以吸收峰红移，有的可能进入可见光区，生色作用大为加强。例如，乙烯吸收峰为 171nm（ε_{max}＝15530）；而丁二烯的吸收峰移动到 217nm，吸收强度也显著增加（ε_{max}＝21000），见表 3.4。

表 3.4 共轭分子的吸收峰

化合物	溶 剂	λ_{max}/nm	ε_{max}
$CH_2=CH-CH=CH_2$	正己烷	217	21000
$CH_3-CH=CH-CH=O$	正己烷	218 320	18000 30
$CH_2=CH-CO-CH_3$	正己烷	219 324	3600 24
$CH_2=CH-CH=CH-CH=CH_2$	正己烷	258	35000
$CH_2=CH-C\equiv C-CH=CH-CHOH-CH_3$	正己烷	257	17000
二甲基辛四烯	甲醇	296	52000
二甲基十二碳六烯	甲醇	360	70000
α-羰基-β-胡萝卜素	甲醇	415	210000
苯 C_6H_6	甲醇	184 204 254	68000 8800 250
联苯 $C_6H_5-C_6H_5$	环己烷	247	17000

生色团越多，共轭双键越多，红移越显著。共轭体系的吸收谱带通常有以下几种。

1) K 吸收带

K 吸收带从德文 konjugation(共轭作用)得名，是共轭双键中 $\pi\rightarrow\pi^*$ 跃迁所产生的吸收带。共轭烯烃，烯酮等化合物有此吸收带。K 带的特点是吸收强度大，ε_{max} 一般大于 10000；吸收峰位置一般为 217～280nm。K 吸收带的波长及强度与共轭体系的数目、位置、取代基的种类等有关。

2) E 吸收带

E 吸收带是芳香族化合物的特征吸收带，由苯环结构中三个乙烯的环状共轭体系的 $\pi\rightarrow\pi^*$ 跃迁所产生，分为 E_1 带和 E_2 带。E_1 带吸收峰约在 180nm；E_2 带吸收峰约在 200nm，都属于强吸收带，ε_{max} 一般都大于 10000。

3) B 吸收带

B 吸收带因 benzenoid(苯环型的)得名，是芳香和杂环化合物的特征吸收带。苯蒸气在 230～270nm 出现包含有多重峰的宽吸收带，称为精细结构吸收带，也称 B 吸收带，是由于 $\pi\rightarrow\pi^*$ 跃迁和苯环的振动的重叠引起的。

若在苯环上引入助色团，吸收强度增加，同时发生红移，但 B 带精细结构往往会消失。

4) R 吸收带

R 吸收带因德文 radikal(基团)得名，是共轭分子中含杂原子的不饱和基团 $n\rightarrow\pi^*$ 跃迁产生的吸收带。醛、酮类等化合物有此吸收带。R 带处于较长的波长范围(约 300nm)，当吸收带的波长移至可见光区域时，该物质就有了颜色。$n\rightarrow\pi^*$ 为禁阻跃迁，故 R 带属于弱吸收带，ε_{max} 一般小于 100。

上述几个吸收带是具有共轭双键的化合物的紫外光谱的主要特点，特别是强烈的K吸收带，ε_{max}往往大于10^4。

图3.20为苯的紫外光谱，有三个吸收带：E_1带、E_2带、B带。图3.21是乙酰苯的紫外吸收光谱。由于乙酰苯中的羰基与苯环的双键共轭，K吸收带与E_2吸收带合并，吸收更强，且发生红移。另外，还有B吸收带和R吸收带。

B吸收带的精细结构常用来辨认芳香族化合物，但在苯环上有取代基时，复杂的B吸收带简单化，但吸收强度增加，同时发生红移。苯环与生色团连接时，有B和K两种吸收带，有时还有R吸收带。

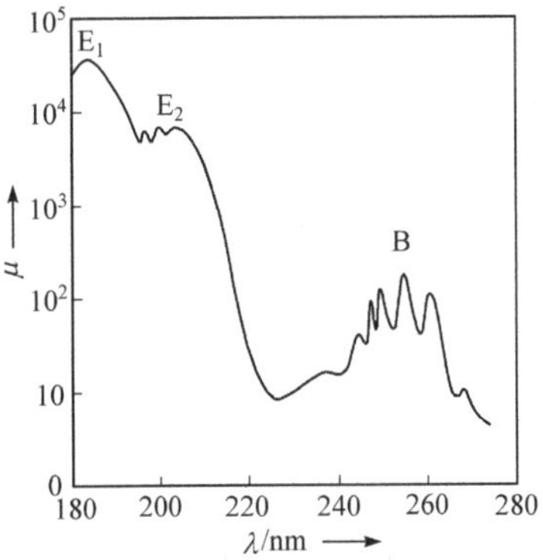

图3.20 苯的紫外光谱(环己烷溶剂)

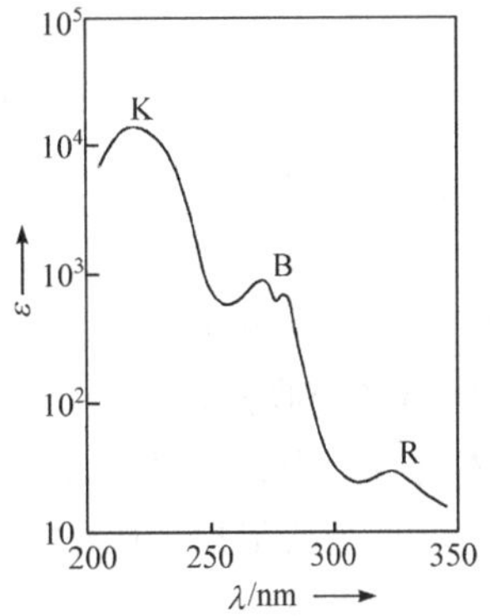

图3.21 乙酰苯的紫外吸收光谱(正庚烷溶剂)

5. 溶剂效应

极性化合物在极性溶剂中发生吸收光谱的红移或蓝移，称为溶剂效应。

在$\pi\rightarrow\pi^*$跃迁中，激发态的极性大于基态，当使用极性大的溶剂时，由于溶剂与溶质相互作用，激发态π^*比基态π的能量下降更多，因而激发态与基态之间的能量差减小，导致吸收谱带红移。而在$n\rightarrow\pi^*$跃迁中，基态n电子与极性溶剂形成氢键，降低了基态能量，使激发态与基态之间的能量差变大，导致吸收谱带蓝移。表3.5为异亚丙基丙酮在不同溶剂中吸收峰波长。

溶剂除了对吸收波长有影响外，还影响吸收强度和精细结构。由于溶剂与溶质分子间的相互作用，振动光谱表现不出来。例如，苯在环己烷溶剂中，B带包含有多重峰；但在极性溶剂中，B带只是呈现一个宽峰。

表3.5 异亚丙基丙酮在不同溶剂中的λ_{max}(nm)

跃迁类型	非极性溶剂	极性溶剂		
	环己烷	氯仿	甲醇	水
$\pi\rightarrow\pi^*$(K带)	230	238	237	243
$n\rightarrow\pi^*$(R带)	329	315	309	305

6. 无机化合物的紫外-可见吸收光谱

无机化合物主要有两类紫外-可见吸收带，一类是电荷转移吸收带，波长范围为200～450nm；另一类是配位体场吸收带，波长范围为300～500nm。

1）电荷转移吸收谱带（p→d跃迁）

某些分子同时具有电子给予体部分和电子接受体部分，它们会强烈吸收紫外光或可见光，使电子从给予体外层轨道向接受体跃迁，这样产生的光谱称为电荷转移光谱，许多无机化合物能产生这种光谱。例如：

$$Fe^{3+}—SCN^{-}\xrightarrow{h\nu}Fe^{2+}—SCN$$

电子从 SCN^- 跃迁到 Fe^{3+}，这样的激发态是一种内氧化还原过程的产物。一般情况下，电子还会迅速地回到其原来状态，但是有时候也可能发生激发配合物的解离。

电荷转移吸收带不仅谱带宽，而且强度大，一般 $\varepsilon_{max}>10^4$，因此，用这类谱带进行定量分析可获得较高的测定灵敏度。

2）配位体场吸收谱带（d→d、d→f跃迁）

配位体场吸收带指的是过渡金属水合离子或过渡金属离子与配位体所形成的配合物吸收紫外或可见光所形成的吸收光谱。

以三价钴的六配位配合物 CoA_6 为例，配位体A分布在以 Co^{3+} 为中心的八面体晶体场中，使Co离子的5个简并的d轨道发生分裂。由于d轨道未充满，就会发生电子在这些能级之间的跃迁，即d→d跃迁。

3.3.3 试样制备

紫外及可见光谱测定通常是在溶液中进行，因此，需要选用合适的溶剂将各种试样转变为溶液。选择溶剂的一般原则是：

（1）对试样有良好的溶解能力，但必须不和被测组分发生化学反应。

（2）在溶解度允许范围内，极性较弱。

（3）溶剂对紫外光的吸收波长应该小于210nm，或者至少在试样的吸收范围内无吸收（透明）。烷烃化合物的吸收带在远紫外区，故常用作溶剂。

（4）被测组分的浓度宜控制在吸光度为0.2～0.8，这时测量精度最好。

（5）挥发性小、不易燃、无毒性以及价格便宜。

（6）在可见光区进行测量时，还需要选择合适的显色剂将被测组分转变成有色化合物。

3.3.4 分析应用

紫外光谱显示分子中生色团和助色团及其附近环境的结构特性，而不能反映整个分子的特性。所以，紫外光谱并不适用于有机化合物的鉴定，但适用于有机化合物的结构分析，尤其是不饱和有机化合物共轭体系的鉴定。此外，紫外吸收光谱还能测定某些化合物的物理化学参数，如摩尔质量、配合物的配合比和稳定常数以及酸、碱电离常数等。

紫外吸收光谱分析法的灵敏度较高，准确度好，分析速度快，仪器简单和操作简便，易于普及，现已广泛地利用于地质、冶金、材料、医药、环境、化学等各个领域。仅以药物分析来说，一些国家已将数百种药物的紫外吸收光谱的 λ_{max} 和 ε_{max} 载入药典，作为定量分析的依据。紫外吸收光谱检测抗坏血酸，其最低检出浓度可达 1μg/mL。

紫外吸收光谱法主要用于有机化合物的结构分析，对无机物的结构分析应用较少。下面举例说明紫外吸收光谱的一些应用。

1. 化合物纯度检查

如果某化合物在紫外区没有吸收峰，而杂质有较强吸收，或者如果某化合物在紫外区有较强的吸收带，而杂质没有强吸收，这时可用吸光系数来检查其纯度。例如，要检定甲醇或乙醇中的杂质苯，可利用苯在 256nm 处的 B 吸收带，如图 3.22 所示。再如，已知菲的氯仿溶液在 296nm 处有强吸收（$\varepsilon_{max}=12500$）。用某法精制的菲，用紫外光谱测得 $\varepsilon_{max}=11500$，表明其纯度不会超过 90%、其余很可能是蒽等杂质。

2. 未知试样的鉴定

在相同溶剂和相同浓度的条件下，把未知试样的紫外吸收光谱图与标准试样（或与标准图谱）作比较，若两者的谱图相同，说明它们是同一个化合物。例如，图 3.23 为维生素的合成产品与天然产品的吸收光谱，它们的吸收光谱可以认为是相同的。

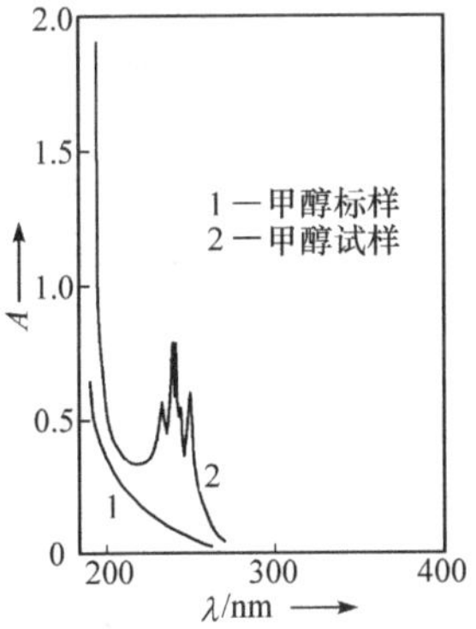

图 3.22　甲醇中杂质苯的检定

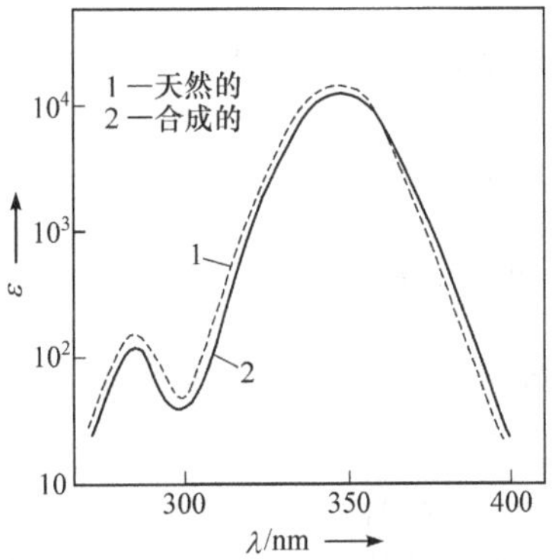

图 3.23　合成的维生素 A_2 与天然产品的紫外光谱

但应注意，如果物质组成的变化不影响生色团及助色团，就不会显著地影响其吸收光谱。因为紫外吸收光谱常常只有 2～3 个较宽的吸收峰，有相同生色团而分子结构不同的情况是很常见的，如甲苯和乙苯，它们的紫外吸收光谱可能十分相似，但它们的吸光系数是有差别的，所以在比较 λ_{max} 的同时，还要比较它们的 ε_{max}。

3. 有机化合物分子结构的推断

紫外吸收光谱可以提供分子中可能具有的生色团、助色团以及共轭程度的一些信息，这对有机化合物结构的推断和鉴别往往是很重要的。以下是几个常用的推断依据：

（1）如果化合物在紫外区没有吸收峰，说明不存在共轭体系，没有醛、酮或溴、碘等基团；它可能是脂肪族碳氢化合物、胺、腈、醇、羧酸等不含双键或环状共轭体系的化合物。

(2) 如果化合物在 210～250nm 有强吸收的 K 带，则可能含有两个双键共轭体系。如果在 250～300nm 有中强吸收的 K 带，则可能含有 3～5 个共轭系统。

(3) 如果化合物在 250～300nm 有中等强度的 B 带，表示可能有苯环。

(4) 如果化合物在 260～350nm 出现很弱的 R 带而无其他强吸收峰，说明只含非共轭的、具有 n 电子的生色团，如羰基。

(5) 300nm 以上的高强度吸收，说明化合物具有较大的共轭体系。若高强度具有明显的精细结构，说明为稠环芳烃、稠环杂芳烃或其衍生物。

例如，水合氯醛是由三氯乙醛水化而成，三氯乙醛在己烷中最大吸收是 290nm($\varepsilon_{max}=33$)，这是羰基 $>C=O$ 的典型吸收；而三氯乙醛在水中，在 290nm 处无最大吸收，从而可推断三氯乙醛水合物结构中没有 $>C=O$，其结构式应该是 $CCl_3—CH(OH)_2$，而不是 CCl_3CHO。

再如，乙酰乙酸乙酯存在下述酮式←→烯醇式互变异构体：

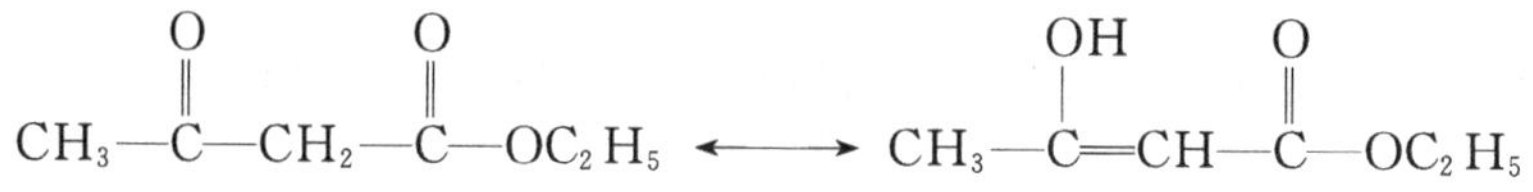

酮式结构有两个孤立的羰基，没有共轭双键，它在 204nm 处仅有弱吸收；烯醇式结构由于有共轭双键，因此在 245nm 处有强的 K 吸收带($\varepsilon_{max}=18\ 000$)。由此可判别这两种同分异构体。

4. 定量分析

紫外吸收光谱法定量分析的基本依据是朗伯-比尔定律，即溶液的吸收度 A 与吸光物质浓度 c 和液层厚度 t 成正比。

1) 单组分溶液的浓度测量

(1) 校准曲线法：配制一系列被测组分含量不同的标准溶液(包括不含被测组分的空白溶液)，在相同条件下测量这些标准溶液的吸光度，绘制吸光度-浓度曲线作为校准曲线。然后，在相同条件下测量未知试样的吸光度，从校准曲线上就可以找到与之对应的未知试样的浓度。

(2) 标准对比法：在相同条件下测量试样溶液的吸光度 A_x 和标准溶液的吸光度 A_s，由标准溶液的浓度 c_s 可计算出试样中被测物的浓度 c_x，即

$$c_x=\frac{A_s}{A_x}c_s \tag{3.24}$$

2) 多组分溶液的浓度测量

多组分溶液的紫外吸收光谱中包含各组分的吸收峰，或多或少是互相重叠的。以两个组分的溶液为例，溶液中组分 1 和组分 2 的浓度分别用 c_1、c_2 表示；液层厚度用 t 表示。

选定两个合适的波长 λ_1 及 λ_2，分别测定混合溶液的吸光度，用 $A(\lambda_1)$、$A(\lambda_2)$ 表示，根据式(1.107)、式(1.109)，可得

$$\left.\begin{array}{l}A(\lambda_1)=\varepsilon_1(\lambda_1)c_1t+\varepsilon_2(\lambda_1)c_2t \\ A(\lambda_2)=\varepsilon_1(\lambda_2)c_1t+\varepsilon_2(\lambda_2)c_2t\end{array}\right\} \quad (3.25)$$

式中，ε_1、ε_2 分别为组分 1 和组分 2 的摩尔吸收系数，它们是波长的函数，故记作 $\varepsilon_1(\lambda_1)$、$\varepsilon_1(\lambda_2)$、$\varepsilon_2(\lambda_1)$、$\varepsilon_2(\lambda_2)$。

选择合适的 λ_1 及 λ_2 主要是希望解方程所得的 c_1、c_2 的误差比较小。

例如，测定混合物中磺胺噻唑(ST)及氨苯磺胺(SN)的含量，应先做出 ST 及 SN 两个纯物质的吸收光谱，如图 3.24 所示。选择 $\lambda_1=262\text{nm}$，$\lambda_2=293\text{nm}$，然后分别在 λ_1 及 λ_2 处测定混合物的吸光度 A。

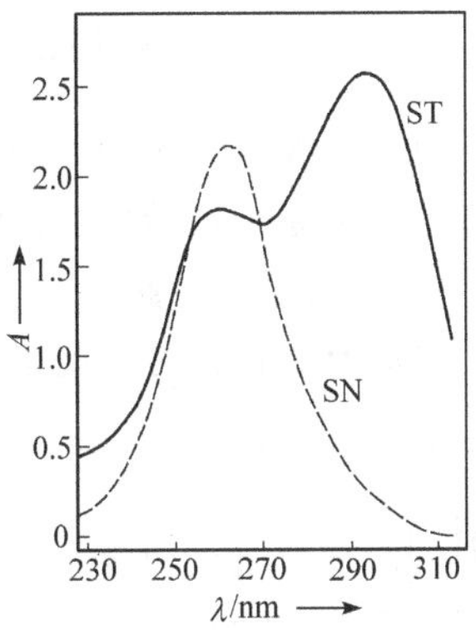

图 3.24 ST 及 SN 在乙醇中的紫外光谱

3.3.5 原子吸收光谱法

原子吸收光谱仪(AAS)也称原子吸收分光光度计，也是一种紫外-可见吸收光谱仪。在图 3.16 的工作原理图中，只要用原子化器代替普通的试样吸收池，就成为原子吸收光谱仪。原子化器所要完成的工作是把试样的分子蒸发、解离，并原子化。

1. 光源

由于原子的吸收谱线是锐线，故现在的原子吸收光谱仪都选用各种空心阴极灯光源代替普通分光光度计中的连续光源，其基本功能是发射高强的能被测元素基态原子所吸收的特征共振辐射，以利于提高分析灵敏度和精确度。

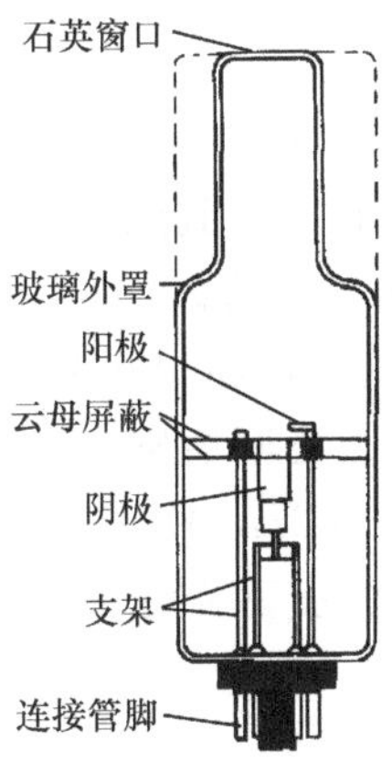

图 3.25 空心阴极灯示意图

如图 3.25 所示为封闭型空心阴极灯结构示意图，它由一个用被测元素纯金属或其合金制成的圆柱形空心阴极与一个用高熔点金属钨或钛、锆制造的阳极组成。阴极与阳极封闭在充有几百帕惰性气体氖或氩的玻璃套管内，套管正对阴极口的前端是能透光的窗口。

空心阴极灯是一种气体放电管，在管内产生辉光放电。放电电压不高，约 300～500V，但电流密度大，放电主要集中在阴极空腔内的负辉光区。放电产生的电子在飞向阳极的加速过程中，与惰性气体的原子碰撞并使之电离。产生的正离子从电场获得动能，当其撞击在金属阴极表面，将原子从阴极表面溅射出来并积聚在空心阴极内。积聚在空心阴极内的原子受到电子、惰性气体原子以及离子的非弹性碰撞而被激发，发射被测元素的特征辐射。

2. 进样装置和原子化器

原子吸收光谱仪的原子化器有火焰原子化器、电热原子化器、氢化物发生原子化器和冷原子发生原子化器(或称化学原子化器)等。

1) 火焰原子化器

火焰原子化器是目前最普遍应用的原子化器。常用的是预混合型原子化器,它由雾化器、混合室与燃烧器组成,如图 3.26 所示。

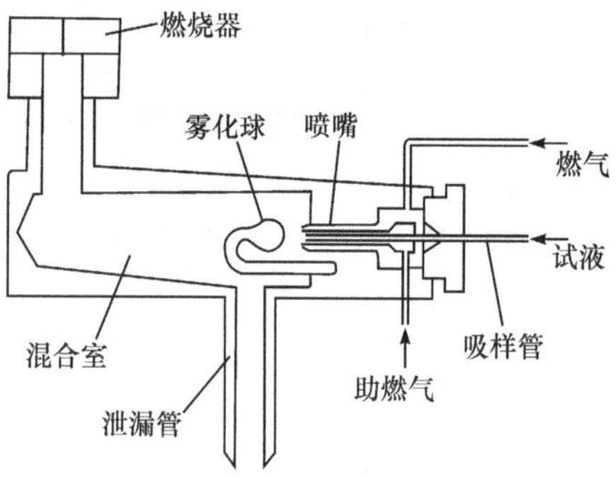

图 3.26　预混合型火焰原子化器

雾化器由吸样管与喷嘴组成。燃气和助燃气高速通过喷嘴时,在喷口造成负压区,吸引试液喷成雾珠,雾珠碰撞雾化球可进一步细化,形成气溶胶,并与燃气、助燃气混合后进入燃烧器。较大的雾珠在混合室内凝结成液珠,沿泄漏管排走。

目前多使用缝式燃烧器,用不锈钢材料制造,缝宽约 0.5mm。必须保持供气速度大于燃烧速度,以防回火。常用的火焰为空气-乙炔火焰、氧化亚氮-乙炔火焰,它们的温度分别可达到 2500K 与 2950K。燃烧的结果是将进入火焰的气溶胶原子化。

火焰原子化器操作简单,火焰稳定,重现性好,精密度高,应用范围广,但原子化效率低,通常只可以液体进样。

2) 电热原子化器

最常见的是石墨炉原子化器,是一种电阻加热器。石墨管作为吸收池与电阻发热体,最高温度可达 3000℃。内外气路通保护气氩气,避免炽热的石墨成分与大气中的氧接触而烧蚀,同时保护已原子化了的原子不再被氧化。

3) 低温原子化法

低温原子化法又称化学原子化法,常用的有汞低温原子化及氢化物法。

汞低温原子化器用于汞的测定。通常用石英管制作,加热温度在室温到数百摄氏度之间。工作时,先将试样转化为易于气化的汞化学形态,再将其导入石英管。

氢化物原子化器主要由氢化物发生器、吸收池等部件组成。用于 Ge、Sn、Pb、As、Sb、Bi、Se 与 Te 等元素的测定。被测试样先在氢化物发生器中与强还原剂发生还原反应,生成被测元素的低沸点共价型氢化物。最常用的强还原剂是 $NaBH_4$、KBH_4。产生的氢化物用惰性气体载入吸收池。氢化物不稳定,在不是很高的温度下易分解为自由原子。

3. 光检测器

空心阴极灯发射被测元素的特征辐射。当某元素的特征辐射通过原子蒸气时,光线能否被吸收将取决于试样中有没有与产生此特征辐射的元素相同的元素。所以,选用单通道的紫外-可见分光光度计作为光检测器就能满足要求。原子吸收光谱仪对分光器的分辨率要求不高，能分辨开镍三线 Ni230.003、Ni231.603、Ni231.096nm 就可以了。

4. 试样制取

原子吸收光谱法使用液体试样。如果浓度过大，无机试样可用水稀释至合适的浓度范围，有机试样可用甲基异丁酮(MLBK)或石油醚稀释，降低其黏度。

对于固体试样，主要是溶解，把试样转变为溶液。对金属、合金和矿石最常采用酸溶法；在酸溶无效时可采用碱熔法，但熔融步骤一般较慢，而且容易引入少量的无机离子污染。对有机固体试样，在溶解之前要先进行灰化。

在作痕量分析时，应使用二次蒸馏水和分析纯试剂，要注意选择溶解和存储溶液的容器的材料。对很稀的试样溶液或标准溶液，玻璃器皿对离子的吸附是引起误差的主要因素，故稀溶液不应在玻璃容器中存储过久，最好即时配用。玻璃器皿在多次使用中由于前吸附离子的释出，会造成对测量的干扰，故在盛放前应该用盛放溶液先行处理。

5. 测量条件的选择

原子吸收光谱法中，测量条件的选择对测定的准确度、灵敏度等都会有较大的影响。测量条件主要包括分析线、狭缝宽度、灯电流、原子化条件和进样量。通常选择元素灵敏度高的共振线作分析线；在分析被测元素浓度较高试样时，可选用灵敏度较低的非共振线作分析线。狭缝宽度影响光谱通带宽度与检测器接收辐射的能量。进样量过大或过小都会影响测量过程。

消除光谱干扰的方法，通常是减小狭缝宽度与灯电流，或另选谱线。

6. 分析方法

原子吸收光谱属于紫外-可见吸收光谱，其定量分析的基本关系也可用朗伯-比尔定律，即 $A=\varepsilon ct$。

1) 外标法

外标法也称标准曲线法。首先配制一组含有不同浓度被测元素的标准溶液，依浓度顺序测定吸光度，绘制吸光度与浓度的关系曲线，作为测量的标准曲线；然后，在完全相同的测试条件下，测量试样的吸光度值；最后，在标准曲线上求得被测元素的含量。

2) 内标法

内标法也称标准加入法。具体做法如下：

(1) 取几份相同量的试液(原始试液)，分别加入不同量的被测元素的标准溶液(包括零加入量在内)，都稀释至相同的体积。在这些经稀释后的溶液中，包括原始试液中所含的被测元素(浓度为 c_x)，以及内标加入的标准溶液中所含的被测元素(浓度为 0、c_1、c_2、…)。所以，如此配制的系列试样，所含的被测元素的浓度应该是 c_x、c_1+c_x、c_2+c_x、…

(2) 测量该系列试样的吸光度，记作 $A(0)$、$A(c_1)$、$A(c_2)$、…

(3) 绘制 A-c 关系曲线，再将该曲线外推至与 c 轴相交。交点至坐标原点的距离即是被测元素经稀释后的浓度 c_x。

7. 原子吸收光谱的特点以及和原子发射光谱的比较

原子吸收光谱分析法是痕量元素分析的有效手段。可用来分析 70 多个元素，约 60 多个元素的检出限优于 10ng/mL，许多情况下可达到 1ng/mL。至于定量分析的精密度，火焰原子吸收法可达到 0.3%～0.5%，石墨炉原子吸收法可达 2%～10%。

由于原子吸收光谱分析法的灵敏度高，准确度好，分析速度快，仪器比较简单和操作简便，易于普及，现已广泛地利用于地质、冶金、材料、医药、环境、化学等各个领域。

原子吸收光谱和原子发射光谱分析技术在仪器、分析对象、应用范围及技术性能等方面有许多相似之处。但是，原子发射光谱技术和原子吸收光谱技术也有很多不同之处。具体表现在：

(1) 在原子吸收光谱中，谱线干扰的机会很少；而在原子发射光谱中，光谱干扰是一个比较严重的问题。由于发射谱线数目很多，所以辨认谱线和消除干扰就成为建立分析方法的一项重要任务。

(2) 原子吸收法对于一些高熔点金属和难挥发元素（如铌、锆、钽、硼等），检测灵敏度差。然而，ICP 光源可以使最难离解的化合物分解并原子化，所以对各元素都有较好的灵敏度。

(3) 原子吸收光谱法工作曲线的线性范围一般只有两个数量级。然而，ICP 光谱法的工作曲线线性范围很宽，所以分析时可避免多次稀释试样的麻烦。

3.4　红外吸收光谱分析

对物质自发发射或受激发射的红外射线进行分光，可得到红外发射光谱。物质的红外发射光谱主要决定于物质的温度和化学组成。对通过某物质的红外射线进行分光，可得到该物质的红外吸收光谱。每种分子都有由其结构决定的独有的红外吸收光谱。

红外发射光谱由于测试比较困难，实验技术尚不成熟，目前仍处于发展阶段。现在使用的红外光谱技术主要是吸收光谱方法。红外吸收光谱图，除了用波长 λ 作为横坐标外，更常使用波数 $\tilde{\nu}$ 作为横坐标，用透射光的强度或者吸光度为纵坐标。

3.4.1　基本原理

当具有连续波长的红外光通过物质时，如某频率的光子能量与分子两能级的能量差相等，该频率的光被该分子吸收，宏观表现为透射光强度变小。

红外吸收光谱又称为分子振动转动光谱。红外光谱法实质上是一种根据分子内原子间的相对振动和分子转动等信息来确定物质分子结构和鉴别化合物的分析方法。

红外光谱的最大特点是具有特征波数，红外吸收峰的位置与强度反映了分子结构上的特点。在研究了大量化合物的红外光谱后发现，不同化合物中，同一类型基团（官能团）的吸收谱带总是出现在一个很窄的波数范围内，这种吸收谱带的波数称为基团波数或特征波数。这种基团波数不是一个固定不变的值，而是有一定变化范围。引起基团波数位移的因素是多方面的：由于分子中邻近基团的相互作用（如溶剂效应、配位作用、共轭效应),使同一基团在不同分子中所处的化学环境产生差别;此外还有环境温度的影响等。

根据基团波数以及基团波数位移特征,不但可以用来鉴别物质的结构组成或确定其化学基团,而且可以用来进行定量分析和纯度鉴定。另外,红外光谱有时也用在化学反应的机理研究上。

1. 红外吸收的条件

红外光谱是由于分子振动能级(同时伴随转动能级)跃迁而产生的,物质分子吸收红外辐射应满足两个条件:

(1) 辐射光子具有的能量与发生振动能级跃迁所需的能量相等。

(2) 分子振动必须伴随偶极矩的变化。偶极矩在电磁场作用下振动而吸收电磁场的能量。所以,并非所有的分子振动都会产生红外吸收;偶极矩等于零的分子振动就不能产生红外吸收。将能吸收红外光的振动方式称为是红外活性的;反之,不能产生红外吸收的振动方式称为是红外非活性的。

二氧化碳分子的振动,可作为直线形分子振动的一个例子。其基本振动自由度数等于 4,如图 3.27 所示。

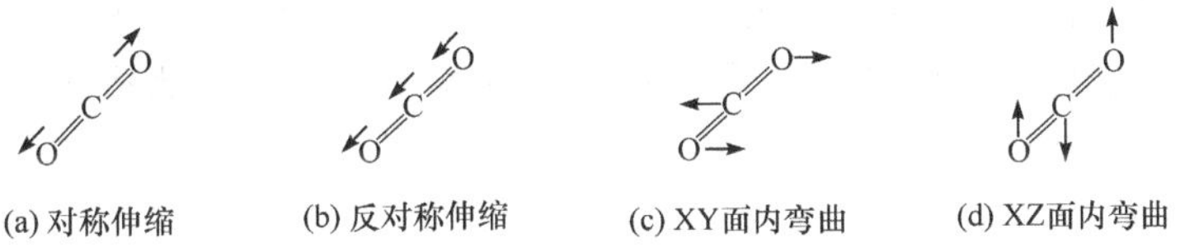

图 3.27 二氧化碳分子振动的四种形式

图 3.27 中(c)、(d)表示的弯曲振动是同一种类型(仅方向不同),故实际上 CO_2 分子的振动只有三种基本振动形式。其中,对称伸缩振动不发生偶极矩的变化,是非红外活性的,不吸收红外光;反对称伸缩振动和弯曲振动发生偶极矩的变化,是红外活性的,它们吸收红外光的波数分别为 2349cm^{-1}和 667cm^{-1}。

2. 基频跃迁及其谱线数量

分子某种形式的振动的固有频率称为该振动的基频,基频振动相邻能级之间的跃迁称为基频跃迁,这是最主要的振动跃迁形式。我们知道,一般的振动都包含一系列的频率成分,除基频之外,还有二倍频、三倍频、……不过,倍频跃迁的概率很低,相应的吸收带自然很弱。

分子的基频吸收带中所含振动谱线的数量应该等于该分子中所有原子的振动自由度,即线性分子($3N-5$)、非线性分子($3N-6$)。但实际上,绝大多数化合物在红外光谱图上出现的谱线数没有那么多。这是由以下原因引起的:

(1) 没有偶极矩变化的振动,不产生红外吸收。

(2) 相同频率的振动可能包含若干个自由度,即简并。

(3) 仪器分辨率不高,不能区别频率十分接近的振动。

(4) 有些吸收带很弱,仪器检测不出,或有些吸收带落在检测范围之外。

(5) 液体和固体的分子间相互作用较强，谱峰增宽，相邻谱线重叠，一个谱带有时只显示一个峰。

3. 影响吸收峰强度的因素

红外谱带的强度是一个振动跃迁概率的量度。跃迁概率与基团极性有关。基团极性越强，振动时偶极矩变化越大，吸收谱带越强。例如，C=O 基的吸收非常强，常是红外谱图中最强的吸收带，就是因为 C=O 基极性强，在伸缩振动时偶极矩变化很大。

跃迁概率也与基团的振动形式有关，如反对称伸缩的偶极矩变化大于对称伸缩的偶极矩变化，伸缩的偶极矩变化大于弯曲的偶极矩变化，而偶极矩变化越大，吸收谱带就越强。

4. 红外光区的划分

通常将红外光谱分为三个区域：近红外（12800～4000cm^{-1}）、中红外（4000～400cm^{-1}）、远红外(400～10cm^{-1})。分述如下：

1) 中红外区

绝大多数有机物和无机物分子振动的基频吸收带都出现在中红外区，因此中红外区是红外吸收谱中信息最丰富的区域，研究和应用最多，仪器技术最为成熟。通常所说的红外光谱实际上是中红外光谱。

2) 近红外区

一般说来，近红外光谱是由分子的倍频、合频吸收产生的。近红外的振动能级间距较大，有的还和电子能级跃迁有关，因而跃迁概率比中红外的基频跃迁少 1～2 个数量级，谱峰一般弱且宽。单靠这个区域的谱峰进行定性分析比较困难，但常利用它们来做定量分析。

3) 远红外区

远红外光谱主要是分子的转动能级跃迁及分子中重原子(如溴、碘等原子)的伸缩振动、弯曲振动和金属有机化合物中金属原子的振动跃迁。分子晶体的晶格振动也大都出现在这一区域。因此远红外光谱对研究分子的转动光谱、分子缔合及晶格振动特别有用。

3.4.2 傅里叶红外吸收光谱仪

红外光谱仪用于对通过试样的红外光进行分光，获得该试样的红外吸收光谱。20 世纪 40 年代诞生的以棱镜为色散元件的红外分光光度计称为第一代红外光谱仪器。第二代则是以光栅为色散元件的光谱仪。20 世纪 60 年代后出现的傅里叶变换红外光谱仪可谓第三代光谱仪器。

在如图 3.4、图 3.6 所示的光栅分光光度计，或者在如图 3.8 所示的迈克尔孙干涉仪的光路通道中放置试样，并采用红外光源，就成了红外吸收光谱仪。如图 3.28 所示的傅里叶变换红外光谱仪。

试样池的窗口以及试样载片常用材料有 KBr、NaCl 等，常称盐片，它们对红外光是透明的。使用红外光谱分析仪器很重要的一点是保持干燥，不仅因为红外窗口和试样载片十分怕潮湿，而且因为水对红外光的吸收很强，会对试样光谱产生很大干扰。

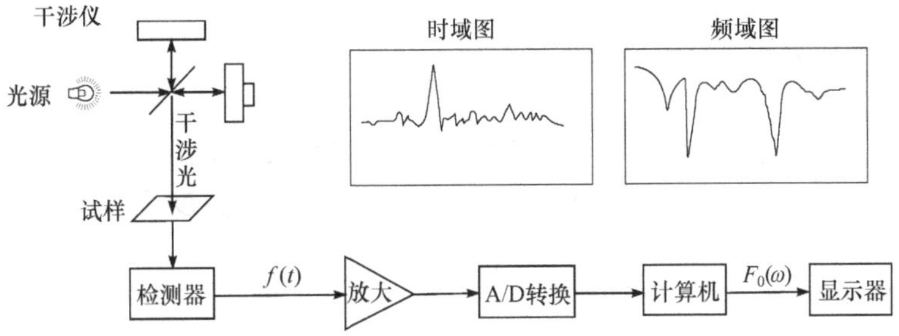

图 3.28 傅里叶变换红外光谱仪工作原理

1. 光源

红外吸收光谱仪常用的红外光源是硅碳棒和能斯特灯，辐射波数为 5000～400cm^{-1}。硅碳棒用碳化硅烧结而成，工作温度 1300～1500K。能斯特灯是用稀土金属氧化物灯丝的固体辐射器，灯丝室温不导电，800℃以上为导体，开始发光，工作温度约 1500℃。

还有其他光源，如碘钨灯辐射波数为 10000～5000cm^{-1}。

2. 傅里叶变换测量光谱的特点

与采用分光的办法的红外光谱仪相比，傅里叶红外光谱仪具有快速、高信噪比和高分辨率等特点。主要有以下几个原因：

(1) 色散型分光计靠狭缝将不同波长的辐射依次分离出来。扫描整个波长范围需要相当长的时间；傅里叶变换红外光谱仪则同时接收所有波长的辐射，在不到 1s 时间内即可完成时域范围的扫描，因此，可以用于动态分析。

(2) 色散型分光计由于受狭缝的限制，到达探测器上的只是 $\Delta\lambda$ 范围内的辐射能量。而傅里叶变换光谱仪的光束没有狭缝限制，因而光通量高，提高了仪器的灵敏度，可用于微量试样等弱光谱条件下的测量。

(3) 傅里叶变换红外光谱仪不像色散型分光光度计受色散元件等的限制，因此其光谱范围宽得多，遍及整个红外区域(10000～10cm^{-1})。

(4) 傅里叶变换红外光谱仪的分辨能力取决于两束干涉光的光程差。当 $\delta_{max}=5$cm 时，波长分辨能力可达到 0.1cm^{-1}。高分辨的傅里叶变换红外光谱仪甚至可达 0.005cm^{-1}。

上述这些优点使傅里叶变换红外光谱仪的应用越来越广泛。

3.4.3 试样

1. 气体、液体和溶液试样

气态或液态的物质可以直接注入试样池中检测，厚度一般为 0.01～1mm。试样也可以用适当的溶剂制成溶液后注入试样池。

沸点较高的试样，直接滴在两块盐片之间，形成液膜。

2. 固体试样

固态物质制成分析试样的常用方法有以下几种。

1）压片法

将1～2mg试样与200mg纯KBr研细混匀，置于模具中，用(5～10)×10^7Pa在油压机上压成薄片即可。试样和KBr都应经干燥处理，研磨到粒度小于2μm，以免散射光影响。

2）石蜡糊法

将干燥后的试样研细，与液体石蜡或全氟代烃混合，调成糊状，夹在盐片之中。要注意的是石蜡油糊法会带来CH_3、CH_2吸收峰的干扰。

3）薄膜法

薄膜法主要用于高分子化合物，可将它们加热熔融后涂制成膜。也可将试样溶解在低沸点的易挥发溶剂中，涂在盐片上，待溶剂挥发后成膜。

3.4.4 红外光谱解析

分子的红外光谱与其结构的关系，是通过实验手段在比较了大量已知化合物的红外吸收光谱后，总结出来的规律。实验表明，组成分子的各种基团，如O—H、N—H、C—H、C═C、C═OH和C≡C等，都有自己特定的红外吸收区域，分子的其他部分对其吸收频率的影响较小。通常把这种与一定的结构单位相联系的振动频率称为基团频率，相应的吸收谱带有时也称为特征吸收峰。

基团频率主要是由基团中原子的质量和原子间的化学键力常数决定的，因此红外光谱的特征性与化学键是分不开的。有机化合物的种类很多，但大多数都由C、H、O、N、S、卤素等元素构成，而其中大部分又是仅由C、H、O、N四种元素组成。所以说有机物质的红外光谱基本上是由这四种元素所形成的化学键的振动贡献的。同一类型的化学键的振动频率非常相近，但是它们又有差别，因为同一类型的基团在不同的物质中所处的环境各不相同，这种差别常常能反映出结构上的特点。因此，只要掌握了各种基团的振动频率及其位移规律，就可应用红外光谱来检定化合物中存在的基团及其在分子中的相对位置。

在4000～400cm^{-1}的中红外光谱图中，按吸收峰的来源，常以1330cm^{-1}分界，把高频区称为特征频率区，把低频区称为指纹区。

1. 特征频率区

特征频率区中的吸收峰基本是由基团的伸缩振动产生，数目不是很多，但具有很强的特征性，因此在基团鉴定工作上很有价值。为便于对光谱进行解释，这里介绍一些常见的主要吸收带。

1）X—H伸缩振动区(4000～2500cm^{-1})

主要包括O—H、N—H、C—H、S—H等的伸缩振动。

O—H基的伸缩振动出现在3650～3200cm^{-1}，它可以作为判断有无醇类、酚类和有机酸类的重要依据。

胺和酰胺的N—H伸缩振动也出现在3500～3100cm^{-1}，因此可能与O—H基伸缩振动相互干扰。

C—H键的伸缩振动可分为饱和的和不饱和的。饱和C—H伸缩振动出现在3000cm^{-1}以下(约3000～2800cm^{-1})；不饱和C—H伸缩振动出现在3000cm^{-1}以上。一般有机化合物中所含C—H键是很多的，无论是气态、液态或固态，都出现在这个范围之内，并且取代基对它们的影响也很小。

2) 叁键伸缩振动区(2500～1900cm^{-1})

主要包括炔键—C≡C—、腈键—C≡N等叁键的伸缩振动，以及丙二烯基—C=C=C—、烯酮基—C=C=O、异氰酸酯基—N=C=O等累积双键的反对称伸缩振动。

对于炔类化合物，可以分成R—C≡CH和R′—C≡C—R两种类型，前者出现在2100～2140cm^{-1}，后者出现在2190～2260cm^{-1}。如果R′与R相同，则分子结构对称，无红外活性。

腈基—C≡N的伸缩振动出现在2240～2260cm^{-1}。如果分子中只含C、H、N原子，—C≡N基吸收比较强而尖锐。如果分子中含有氧原子，—C≡N基的吸收减弱，且氧原子离—C≡N基越近，吸收越弱，甚至观察不到。

3) 双键伸缩振动区(1900～1200cm^{-1})

主要包括C=C、C=O、C=N等的伸缩振动，以及芳环的骨架振动等。

烯烃的C=C伸缩振动出现在1680～1620cm^{-1}，其吸收强度与分子结构的对称性有关，对称性越好，吸收越弱，甚至是非红外活性的。单核芳烃的C=C伸缩振动出现在1620～1450cm^{-1}，这是芳环的骨架振动，主要有四个吸收带，其中1500cm^{-1}附近的吸收带最强，1600cm^{-1}附近的吸收带居中，1580cm^{-1}的吸收带较弱，常被1600cm^{-1}附近的吸收带所掩盖；1450cm^{-1}的吸收带最弱，常观察不到。

羰基C=O伸缩振动出现在1850～1650cm^{-1}，是红外光谱中很特征的波数，往往是最强的吸收，以此很容易判断酮类、醛类、酸类、酯类以及酸酐等有机化合物。

当C=O基团相连接的原子是C、O、N时，C=O谱带分别出现在1715cm^{-1}、1735cm^{-1}、1680cm^{-1}处，根据这一差别可以区分酮，酯和酰胺。

醛的C=O基和酮的C=O基的吸收波数差不多。然而，在C—H伸缩振动的低频侧，醛有两个中等强度的特征吸收峰，分别位于2820cm^{-1}和2720cm^{-1}附近，和其他C—H伸缩振动吸收不相混淆。因此根据C=O伸缩振动吸收以及2720cm^{-1}峰就可判断有无醛基存在。

4) 某些弯曲振动的倍频吸收

基团弯曲振动的频率一般比较低，但其倍频是可能出现在特征频率区的。例如，苯衍生物的吸收出现在2000～1650cm^{-1}，来源于C—H面外和C=C面内弯曲振动的倍频吸收，虽然强度很弱，但它们在表征芳核取代类型上有一定的意义。

2. 指纹区

该区峰多，没有强的特征性，除单键的伸缩振动外，还有因弯曲振动产生的谱带和

C—C 骨架的振动。这些振动以及它们之间的相互偶合，使这个区域里的吸收带变得非常复杂，并且对结构上的微小变化非常敏感，因此当分子结构稍有不同时，该区的吸收就有细微的差异。这种情况就像每个人都有不同的指纹一样，因而称为指纹区。

指纹区的图谱复杂，有些谱峰无法确定是否为基团频率，但其主要价值在于表示整个分子的特征。因此指纹区对于区别结构类似的化合物很有帮助。

1）单键伸缩振动区（1330～900cm^{-1}）

主要是 C—O、C—N、C—F、C—P、C—S、P—O、Si—O 等单键的伸缩振动和 C ═S、S ═O、P ═O 等双键的伸缩振动吸收区域。

甲基的对称弯曲振动出现在 1370～1380cm^{-1}，这个吸收带的位置很少受取代基的影响，且干扰也较少，因此甲基的对称弯曲振动是一个很特征的吸收带，可作为判断有无甲基存在的依据。

C—O 的伸缩振动在 1300～1000cm^{-1}，是该区域最强的峰，也较易识别。

2）弯曲振动区（900～650cm^{-1}）

该区域的某些吸收峰可用来确定化合物的顺反构型或苯环的取代类型。

例如，烯烃的═CH—面外弯曲振动出现的位置，很大程度上决定于双键取代情况。

对于反式构型 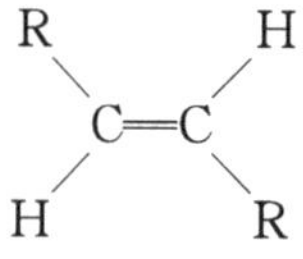 和顺式构型 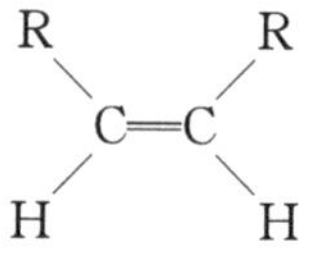 ，前者出现在 990～970cm^{-1}；而后者则出现在 690cm^{-1}附近。

芳烃的 C—H 弯曲振动的吸收峰位置取决于环上的取代形式，即与环上相邻的 H 原子数有关，而与取代基的性质无关。谱带的位置，为决定取代类型提供了很好的依据。例如，苯环一元取代，C—H 面外弯曲振动在 770～730cm^{-1}和 710～690cm^{-1}；1，2-二元取代，在 770～735cm^{-1}；1，3-二元取代，在 900～860cm^{-1}和 810～750cm^{-1}等。

以上按区域讨论了一些基团的红外吸收谱带，表 3.6 进行了简要的总结。有关基团的更为详细的红外光谱性质可参看有关书籍。

表 3.6　红外光谱中一些基团的吸收谱带

基　团	吸收波数 /cm^{-1}	振动形式	吸收强度	基　团	吸收波数 /cm^{-1}	振动形式	吸收强度
—OH（游离）	3650～3580	伸缩	中	═CH—	3010～3040	C—H 伸缩	强
$—NH_2$，—NH（游离）	3500～3300	伸缩	中	$—CH_3$	2975～2950	反对称伸缩	强
—OH（缔合）	3400～3200	伸缩	强	$—CH_2—$	2940～2915	反对称伸缩	强
$—NH_2$，—NH（缔合）	3400～3100	伸缩	强	—C—H	2900～2880	C—H 伸缩	弱
≡C—H	3300 附近	C—H 伸缩	强	$—CH_3$	2885～2850	对称伸缩	中
末端 $═C—H_2$	3085 附近	C—H 伸缩	中	$—CH_2—$	2870～2845	对称伸缩	中
三元环中的$—CH_2$	3050 附近	反对称伸缩	强	—SH	2600～2500	伸缩	弱
苯环中 C—H	3030 附近	C—H 伸缩	强	—N≡N	2310～2135	伸缩	中

续表

基团	吸收波数/cm^{-1}	振动形式	吸收强度	基团	吸收波数/cm^{-1}	振动形式	吸收强度
—C≡N	2260～2220	伸缩	强	—C(—)(—)—H	～1340	弯曲	弱
R′—C≡C—R	2260～2190	伸缩	中	$—NO_2$	1300～1250	对称伸缩	中
R—C≡CH	2140～2100	伸缩	弱	C—O	1300～1000	伸缩	强
—C═C═C—	1950 附近	伸缩	可变	S═O	1220～1040	伸缩	强
芳环中 C═C	1600,1580,1500,1450	伸缩	可变	醚类中 C—O—C	1050～1150	反对称伸缩	强
—C═O	1850～1600	伸缩	强	═CH—(反式)	990～970	面外弯曲	强
C═C	1680～1620	伸缩	可变	C—O—C	900～1000	对称伸缩	弱
$—NH_2$	1650～1560	弯曲	可变	$═CH_2$	910～890	面外摇摆	强
$—NO_2$	1600～1500	反对称伸缩	强	C—Cl	800～600	伸缩	强
$—CH_3$	1470～1440	反对称弯曲	中	C—Br	600～500	伸缩	强
$—CH_2—$	1470～1450	弯曲	中	═CH—(顺式)	730～665	面外弯曲	强
C—F	1400～1000	伸缩	强	C—I	500～200	伸缩	强
$—CH_3$	1380～1370	对称弯曲	中	$\leftarrow CH_2 \rightarrow_n$ 注：$n>4$	720	面内摇摆	可变

3．基团的组峰

基团频率可用于鉴定基团，但很多情况下，一个基团有好几种振动形式，而每一种红外活性振动，相应产生一个吸收峰，有时还能观测到倍频峰。可见，用一组相关峰可更确定地鉴别基团。

例如，图 3.29 中的 1-辛烯 $CH_3—(CH_2)_5—CH═CH_2$ 的红外光谱图。其中 $—CH═CH_2$基团至少应该包括这样的一组特征峰：C═C 伸缩振动($1640cm^{-1}$)；不饱和═C—H 伸缩振动($3040cm^{-1}$)；═CH—面外摇摆振动($990cm^{-1}$)；$═CH_2$ 面外摇摆振动($910cm^{-1}$)。

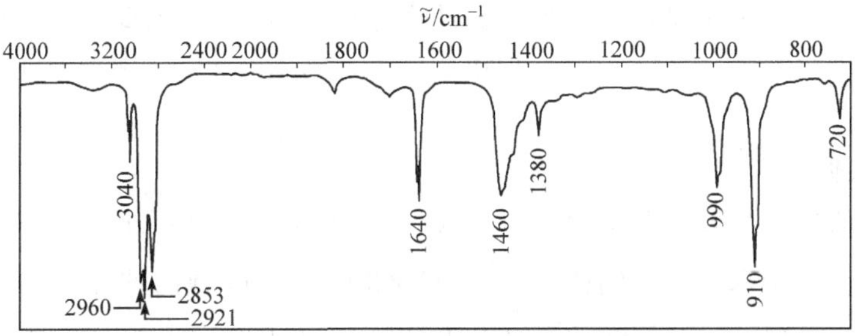

图 3.29　烯烃(1-辛烯)的红外光谱图

—CH_3 基团的组峰应包括：饱和 C—H 伸缩振动（2960～2853cm^{-1}）；CH_3 基反对称弯曲振动（1460cm^{-1}）；CH_2 基剪式弯曲振动（1468cm^{-1}）；CH_3 基对称弯曲振动（1380cm^{-1}）。

—$(CH_2)_5$ 基团的组峰应包括：饱和 C—H 伸缩振动（2960～2853cm^{-1}）；—$(CH_2)_5$ 的面内摇摆振动（720cm^{-1}）。

4. 影响基团频率位移的因素

基团的振动频率不仅与其性质有关，还受分子的内部结构和外部因素影响。相同基团的特征吸收并不总在一个固定频率上。影响基团频率位移的大致有如下一些因素。

1）取代基诱导效应

取代基具有不同的电负性，通过静电诱导作用，引起分子中电子分布的变化。从而改变键力常数，使基团的特征频率发生了位移。

例如，当烷基酮 C ═O 基上的烷基被 Cl 取代后形成酰氯，由于 Cl 对电子的诱导，电子云由氧原子转向双键的中间，增加了 C ═O 键的力常数，使 C ═O 的振动频率升高，吸收峰向高波数移动。

2）共轭效应

如果多个基团彼此形成了共轭体系，共轭效应使共轭体系中的电子云密度平均化，则双键上的电子云密度降低，力常数减小，使吸收频率向低波数位移。含有孤对电子的原子（O、S、N 等）与具有多重键的原子相连时，也会有类似的共轭作用。

例如，腈基—C≡N 的伸缩振动在非共轭的情况下出现在 2240～2260cm^{-1}，当与不饱和键或芳核共轭时，该峰位移到 2220～2230cm^{-1}。

3）氢键的影响

氢键的形成使电子云密度平均化，从而使伸缩振动频率降低。例如，游离羧酸 C ═O 键的吸收出现在 1760cm^{-1} 左右，在固体或液体中，羧酸形成二聚体，由于氢键作用，C ═O键的吸收出现在 1700cm^{-1}。

4）振动偶合

当两个振动频率相近的基团相邻且具有一公共原子时，这两个基团振动相互作用的结果是使振动频率一个向高频移动，另一个向低频移动，谱带分裂。例如，当一个碳原子上存在两个甲基时，由于两个甲基的对称弯曲振动相互耦合而使 1370cm^{-1}附近的吸收带发生分裂，从而出现两个峰。

再如，C—O 的伸缩振动能与其他的振动产生强烈的偶合，因此 C—O 伸缩振动的吸收频率变动很大（1300～1000cm^{-1}）。但由于它的吸收强度很大，因而易于判断 C—O 链的存在。

5）费米共振

当一振动的倍频与另一振动的基频接近时，二者发生相互作用而产生强的吸收峰发生分裂的现象称为费米共振。例如，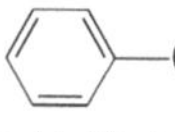—COCl 中 C ═O 键的伸缩振动（1774cm^{-1}）和 C—C 键的弯曲振动（880～860cm^{-1}）的倍频发生费米共振，使 C ═O 的吸收峰分裂成 1773cm^{-1}和 1736cm^{-1}两个峰。

6) 物质的状态与溶剂效应

分子在气态时，其相互作用力很弱，可以观察到伴随振动光谱的转动精细结构。液态和固态分子间作用力较强，导致特征吸收带频率、强度和形状的变化。例如，丙酮在气态时的 C—H 为 1742cm^{-1}，而在液态时为 1718cm^{-1}，同时转动精细结构消失。

在溶液中，由于溶剂的种类、浓度和温度不同，产生的光谱也不同。在极性溶剂中，可能发生分子间的缔合或形成氢键，溶质分子的极性基团的伸缩振动频率随溶剂极性的增加而向低波数方向移动，并且强度增大。例如，醇和酚溶于 CCl_4，低浓度时（0.01mol·L^{-1}以下），游离 OH 基的伸缩振动吸收出现在 3650～3580cm^{-1}，峰形尖锐。当溶液浓度增加时，羟基化合物产生缔合现象，一个宽而强的吸收峰出现在 3400 ～3200cm^{-1}。

因此，红外光谱分析若制备试样溶液，应尽量采用非极性的溶剂。

3.4.5 红外光谱应用

红外光谱的应用，大体分为两个方面：用于分子结构的基础研究和用于化学组成的分析。前者，可以测定分子的键长、键角、键的强弱，以此推断分子的立体构型；后者，可以用于试样的定性，也可以得到较高精度的定量结果。

红外光谱法的试样适用性广，固、液、气态试样都可检测，而且具有快速灵敏、使用方便等特点。因此，它已成为结构化学、分析化学最常用的分析工具。

1. 定性分析——谱图检索

红外光谱是物质定性的重要的方法之一。与紫外光谱比较，红外光谱定性分析的特征性很高，紫外光谱不具有红外光谱那样的精细结构，故不如红外光谱那样广泛用于有机化合物的鉴定。

利用红外光谱法鉴定物质通常采用比较法，就是把试样的谱图与已知物的谱图进行对照。已知物的谱图可以通过实验获取，也可以查询已有的资料。

Sadtler 标准光谱集是一套连续出版的大型综合性活页图谱集，收集了十万多个化合物的红外光谱图。此外，还有 Aldrich 红外图谱库和 Sigma Fourier 红外光谱图库。有了这些图谱库，红外定性工作就成了谱图检索。

谱图检索的主要优点是只要根据未知物的光谱谱图就能识别化合物而无需其他数据（如分子式等），它的程序也比较简单。显然，谱图检索的前提是谱图库存储了足够数量的化合物。

近年来，已将各种标准图谱储存在计算机中，并利用计算机解析红外光谱，大大提高了解谱的速度。然而，依靠各种计算机检索系统也会受到各种限制，如谱图库中的数据有限，具体实验条件与标准图谱所用的条件不同而造成的数据差异。所以谱图检索不能作为结构鉴定的一种完整手段。

如果在谱图库中无法检索到一致的谱图，则只能人工解谱。谱图解析除了要有必要的理论知识外，主要凭借经验。大多数化合物的红外谱图是复杂的，即便是有经验的专家，也难以从一张孤立的红外谱图上得到全部分子结构信息。尽管如此，红外谱图仍是提供官能团信息最方便快捷的方法。

图 3.30 为一聚合物的红外谱图，在 3100～3000cm^{-1}有吸收峰，可知含有芳环或烯类的 C—H 伸缩振动，但究竟属于哪种类型就要看 C—H 的其他峰。由 2000～1668cm^{-1}区域的一系列峰和 757cm^{-1}及 699cm^{-1}出现的峰，可知为苯的单取代，这样可判断 3100～3000cm^{-1}的峰为苯环中的 C—H 的伸缩振动。再检查苯的骨架振动，在 1601cm^{-1}、1583cm^{-1}、1493cm^{-1}和 1452cm^{-1}的谱带可证实是有苯环存在。再依据 3000～2800cm^{-1}的谱带判断是饱和碳氢化合物的吸收，而且 1493cm^{-1}和 1452cm^{-1}的强吸收也可以说明有 CH_2 或 C—H 弯曲振动与苯环骨架振动的重叠，由上可初步判断为聚苯乙烯。

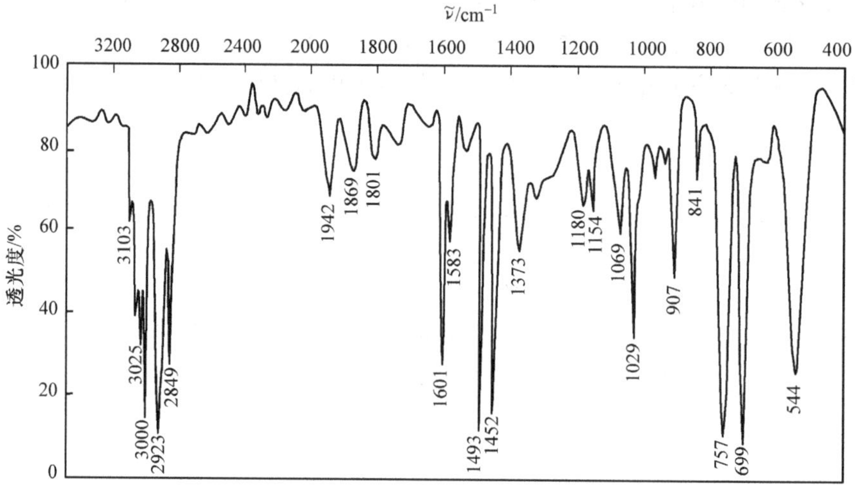

图 3.30　某聚合物的红外谱图

必须指出：要判断物质的分子结构，应选择纯物质试样，否则谱图分析极难进行。其次，应尽可能详尽地了解试样，如了解试样来源、元素组成、相对分子质量、熔点、沸点、溶解度等。有必要的话，还应采用其他的材料分析方法。这对图谱的解析有很大的帮助，并可验证光谱解析结果的合理性。

目前，红外光谱仪器与其他光谱仪器的联用得到较快发展，大大拓宽了红外技术的应用领域。

2. 定量分析

红外光谱定量分析是依据物质组分的吸收峰强度来进行的，依据是朗伯-比尔定律。它要求所选择的定量分析峰应有足够的强度，且不与其他峰相重叠。气体、液体和固态物质均可用红外光谱法进行定量分析。

红外光谱的定量方法和紫外吸收光谱类似，有外标法和内标法等，常用于异构体的分析。与紫外吸收光谱相比，红外光谱的灵敏度较低（红外吸收光谱的 ε 很少超过 10^3），因此定量分析一般首选紫外光谱法。红外光谱的定量分析只在特殊的情况下使用。

用红外光谱作定量分析，由于试样池的窗片对辐射的反射和吸收，以及试样的散射会引起辐射损失，故必须对这种损失予以补偿，或者对测量值进行必要的校正。此外，必须设法消除仪器的杂散辐射和试样的不均匀性。

3.4.6　拉曼散射光谱分析

1. 概述

单色光照射试样，除产生与原入射光相同频率的瑞利散射外，还有一系列很弱的偏离入射光频率的拉曼散射，包括斯托克斯散射和反斯托克斯散射。由于拉曼谱线的数目、频率位移的大小、谱线的强度直接与试样分子的振动或转动能级有关，所以拉曼散射光谱是一种分子光谱，用于研究晶体或分子结构。

拉曼光谱图通常以拉曼位移(波数)为横坐标，散射强度为纵坐标。通常只记录斯托克斯谱带，而略去反斯托克斯谱带。

一般化合物的分子都是各向异性的，当入射光为偏振光时，分子散射出不同偏振方向的光。所以，除了波数和强度这两个参数，拉曼光谱还有一个参数为去偏振度，以它来衡量分子振动的对称性，增加了有关分子结构的信息。测量去偏振度，需要在散射光的光路中设置检偏器，当检偏器与入射光的振动方向平行时，检测器检测到的散射光强度用 $I_{/\!/}$ 表示；当检偏器与入射光的振动方向垂直时，检测到的散射光强度用 $I_{\perp}$ 表示，那么，定义去偏振度 $\rho=I_{\perp}/I_{/\!/}$。

拉曼散射光谱仪和红外吸收光谱仪结构类似，可以采用光栅分光，也可以采用傅里叶变换技术。拉曼散射采用单色光入射，波长范围从紫外到红外都可以；而红外吸收只能选择连续波长的红外光作为光源。

激光器的问世，提供了优质高强度单色光。激光拉曼光谱与傅里叶变换红外光谱相配合，有力地推动了拉曼散射的研究。如今，激光拉曼光谱的应用范围已经遍及化学、物理学、生物学和医学等各个领域。

2. 拉曼散射的条件

散射是带电粒子在光作用下受迫振动而产生的辐射。拉曼散射产生的条件：分子的极化率随原子振动频率 ν_i 作周期变化。这样，在频率为 ν_0 的入射光作用下，散射光的频率会变成$(\nu_0+\nu_i)$和$(\nu_0-\nu_i)$。如果分子的极化率不随原子振动而变化，那么散射光的频率就不会发生变化，依然是 ν_0。

我们把能产生拉曼散射的振动方式称为是拉曼活性的；反之，不能产生拉曼散射的振动方式称为是拉曼非活性的。

可以证明，凡具有对称中心的分子，其完全对称的振动是非红外活性的，而是拉曼活性的；完全非对称的振动则完全相反，是红外活性的，而不是拉曼活性的。如图 3.27 所示二氧化碳分子的振动为例，其中，对称伸缩振动是拉曼活性的，不是红外活性的；反对称伸缩振动和弯曲振动是红外活性的，不是拉曼活性的。对于无对称中心的分子，其振动过程中分子的极化率和偶极矩都发生变化，因此同时具有拉曼活性和红外活性。

3. 拉曼光谱的应用

拉曼光谱分析是以拉曼效应为基础建立起来的分子结构表征技术，其信号来源是分子的振动和转动。

拉曼光谱和红外光谱都是反映物质分子的振动特征的，但它们的机理不同，分子振动在两种光谱中表现的活性是不同的，其光谱也有差别。这两种光谱有时可以作为互补来确定分子的结构。

1）定性分析

拉曼光谱分析的原理和方法与红外光谱是类似的。不同的物质具有不同的特征光谱，因此可以通过光谱进行定性分析。

拉曼光谱特别适合于高聚物碳链骨架或环的测定，并能很好地区分各种异构体，如单体异构、位置异构、几何异构、顺反异构等。对含有黏土、硅藻土等无机填料的高聚物，可不经分离而直接作为分析试样。

2）定量分析

拉曼谱线的强度与试样分子的浓度成正比，这是拉曼光谱定量分析的根据。拉曼光谱用于有机化合物和无机阴离子的分析，检出限在 $\mu g \cdot cm^{-1}$ 数量级。

在定量分析中，入射光的功率，试样池厚度和光学系统的参数对拉曼信号强度有很大的影响，故多选用能产生较强拉曼信号并且其拉曼峰不与待测拉曼峰重叠的基质或外加物质的分子作内标加以校正。

4. 拉曼光谱技术的特点

拉曼光谱技术最近发展很快，已经在界面和表面科学、材料乃至生命科学研究中发挥越来越重要的作用。其原因，一方面是激光技术的发展；另一方面是纳米科技的迅猛发展，推动拉曼光谱成为迄今很少的可达到单分子检测水平的技术。

1）拉曼光谱用于分析的优点

（1）因为激光束在它的聚焦部位的直径通常只有 0.2～2mm，而且，拉曼显微镜物镜可将激光束进一步聚焦至 20μm 甚至更小。所以，拉曼光谱可分析很小面积的试样，这是拉曼光谱相对常规红外光谱一个很大的优势。

（2）拉曼光谱是一种无损伤的分析方法，不需要对试样进行何种处理，可直接通过玻璃、光纤对试样进行测量，操作简便，快速。

（3）由于水的拉曼散射很微弱，所以拉曼光谱是研究水溶液中的生物试样和化学化合物的理想工具。

（4）拉曼散射一次可以覆盖 $50\sim4000cm^{-1}$。

（5）当激发光频率与待测分子的某个电子的吸收峰接近或重合时，这一分子的某个或几个特征拉曼谱带强度可达到正常拉曼谱带的百倍以上，这就是共振拉曼效应，有利于低浓度和微量试样的检测。

2）拉曼光谱用于分析的不足

（1）拉曼散射谱线的强度容易受光学系统参数等因素的影响。

（2）荧光容易对拉曼光谱的分析形成干扰。

（3）由于拉曼的信号很弱，只有入射光强度的 $10^{-6}\sim10^{-8}$。相对来说，红外的信号要强得多，所以在目前的实际应用中，红外更广泛一些。

3.5 核磁共振吸收波谱分析

核磁共振波谱(NMR)是射频电磁波(频率在MHz量级)照射置于强磁场下的原子核而产生的一种吸收光谱。

核磁共振是测定有机化合物结构的一个十分重要的工具。到目前为止,核磁共振与其他仪器分析方法相配合,已经鉴定了十几万种以上的化合物。

3.5.1 基本原理

在外磁场 B_0 中,核能级分裂成$(2I+1)$个能级。如果再加一个射频场,就可能引起相邻能级间的跃迁。核磁共振吸收的条件由式(1.75)给出,即

$$\nu=\frac{\gamma B_0}{2\pi} \tag{3.26}$$

式中,ν 为射频场频率;γ 为核的旋磁比。所以,除了 $I=0$ 的原子核之外,对一定磁场,不同的原子核都有不同的核磁共振吸收频率。

式(3.26)给出的NMR条件是指"裸露"核的共振条件,在一定外磁场强度 B_0 中,同一种核只有一个共振频率。然而,化合物分子中的原子核的周围分布着电子云,电子云的运动也产生磁场,其强度和方向取决于电子云的状态,而电子云状态又取决于分子的结构状态。所以说,核的共振频率不完全取决于核本身,还与被测核在分子中所处的化学环境有关;但是,核的微环境不同所导致的附加磁场强度是很小的,相应的频率变化范围一般不会超过1kHz。

由上所述,我们知道,核磁共振吸收的频率取决于外磁场的强度和核的微环境,共振吸收的强度与产生核磁共振原子核的数目有关。所以说,NMR谱提供了有关分子的结构与含量的信息。

H、C是构成有机化合物的基本元素,所以^{1}H、^{2}H、^{13}C的核磁共振谱对确定有机结构分子有很大作用,是核磁共振研究的主要对象。至今,核磁共振技术发展最成熟、应用最广泛的是氢核共振谱,核磁共振仪器也多以^{1}H的工作频率为指标。

3.5.2 核磁共振波谱仪

用来获取核磁共振谱图的仪器称为核磁共振波谱仪。根据核磁共振条件可知,NMR仪器必须具备一个强磁场、一个射频源以及一台射频波谱仪。

NMR仪器根据射频源的类型分有两种类型:连续波核磁共振波谱仪(CW-NMR)和脉冲傅里叶变换核磁共振波谱仪(PFT-NMR)。

1. 磁体

在核磁共振波谱分析仪器中,需要强磁场,因为只有磁场越强,核能级分裂的间隔越大,单位时间吸收电磁波的能量越大,仪器灵敏度越高。

外磁场的磁体分为永磁铁、电磁铁和超导磁体三种。永磁铁磁场强度固定不变,通常

B_0=1.4092T，在该磁场强度下 ^{1}H 核的共振频率为 60MHz。目前大多数仪器采用电磁铁，B_0 最高一般定在 2.3490T，这时 ^{1}H 核的共振频率为 100MHz。超导磁体是用超导材料制成的，需浸在液氦中，B_0 可高达十几个 T，100MHz 以上的仪器均采用超导磁体，由于价格昂贵，目前还不普及。

2. 探头

探头是核磁共振仪器的心脏部件。探头位于磁铁间隙，探头中装有试样管和向试样发射以及从试样接受射频波的线圈。外磁场、线圈发射的磁场和线圈接收的磁场，三者方向相互垂直。射频源向发射线圈提供射频电流，发射线圈向试样辐射电磁波，接收线圈感应到的信号输出至射频波谱仪。

工作时试样管以一定的速率旋转以消除由磁场的不均匀性产生的影响。

3. 连续波核磁共振波谱仪

CW-NMR 波谱仪的基本结构如图 3.31 所示。射频振荡器发射射频波的频率由低于共振频率开始向高于共振频率的方向连续扫描，称为扫频；也可以采用固定射频波频率而改变外磁场强度，使它从低于共振条件的磁场强度连续地向高于共振条件的磁场强度方向扫描，称为扫场。在扫频或扫场的过程中，射频波接收器将得到的电信号放大，送入记录器，记录的信号是频率（或磁场）的函数，就是 NMR 谱图。

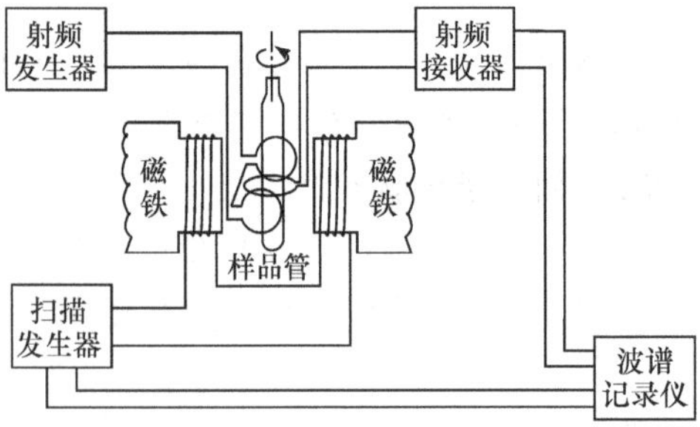

图 3.31　CW-NMR 波谱仪

以扫场方式绘制的 NMR 谱图习惯上是低场在左，高场在右；所以以扫频方式绘制的谱图是高频在左，低频在右。

如果图谱需要的扫描范围为 1000Hz，扫描速度为 2Hz/s，那么，完成一张谱图需要 500s。扫描速度不宜过快，否则共振核来不及弛豫，谱线会有失真。

4. 脉冲傅里叶变换核磁共振波谱仪

PFT-NMR 波谱仪和 CW-NMR 类似，区别在于：射频发生器采用射频脉冲发生器，射频接收器采用傅里叶变换射频波谱仪（如图 3.7 所示）。不再需要扫描发生器，但需要由计算机系统控制射频发射的时间、能量和脉冲形状。

1) 射频脉冲

一个频率为 ν_0（在射频范围）的等幅正弦波，持续时间为 τ，这样的一个信号称为射频矩形脉冲，其频谱特点是以 ν_0 为中心频率，频率范围（$\nu_0 \pm 1/\tau$），如图 3.32 所示，$f(t)$ 表示射频脉冲信号，$F(\nu)$ 是其频谱函数。这就意味着，如果该射频脉冲输入系统，相当（$\nu_0 \pm 1/\tau$）范围内所有频率的信号作用于该系统。

2) 自由感应衰减（FID）信号

射频振荡器发出射频脉冲波照射试样，受激发的核在脉冲之后是一个弛豫过程。在射频线圈中形成感应电流信号，其频率为受激核的共振频率，强度则逐渐衰减至零。这种信号称为“自由感应衰减”(FID)信号，如图3.33所示。

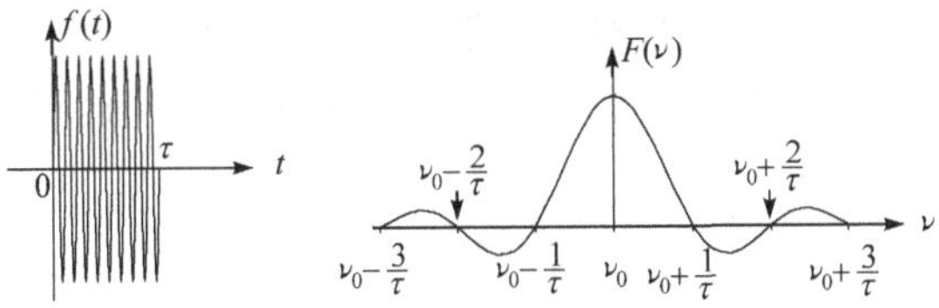

(a) 射频脉冲　(b) 射频脉冲的频谱

图3.32　射频脉冲及其频谱函数

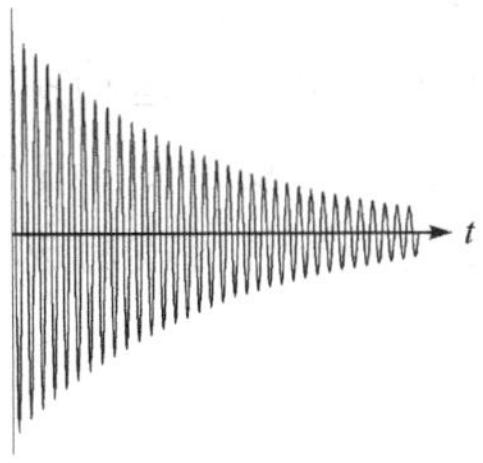

图3.33　FID信号

自由感应衰减信号是时间的函数，通过测量该时序信号，用傅里叶变换处理后，可以把FID信号变换成常用的扫频或扫场波谱。

5. PFT-NMR仪器的优点

与CW-NMR仪相比，PFT-NMR仪有以下优点：

(1) 提高了仪器的灵敏度。这样使自然丰度小的^{13}C核的测定成为可能。

(2) 测量速度快。PFT仪每发射一次脉冲，相当于CW-NMR仪的一次扫场(或扫频)，故PFT-NMR仪记录一次全谱，所需时间短，便于多次累加。

3.5.3　试样

试样制备是NMR技术的基础，往往是NMR分析测试的关键。

NMR仪器目前限于液态试样。对固体试样，要选择合适的溶剂制成试液。这是因为固体试样的弛豫时间很长，所以谱线非常宽，因此，要得到高分辨的共振谱，须先配成溶液。

测定^{1}H-NMR谱时，最理想的溶剂是CCl_4和CS_4，因为其中不含氢，不会产生干扰信号。但由于极性化合物在其中溶解度很小，常需用氯仿($CHCl_3$)、丙酮(CH_3COCH_3)、水为溶剂。为了避免其中氢的共振信号的干扰，一般采用氘代衍生物，即用的同位素^{2}H(氘)将溶剂中的^{1}H取代，如用氘代氯仿。

现在通常使用5mm的核磁试样管，0.5mL的溶剂量在核磁管中的深度约4cm。一般对于^{1}H-NMR来说，需要准备的试样量比较小，大概几个毫摩尔就可以了，对于碳谱，试样量最好有几十个毫摩尔。

3.5.4　化学位移与自旋分裂

应用NMR谱图进行结构分析主要依据的信息是吸收峰的位置、强度和精细结构(谱峰的分裂情况)等。

1. 化学位移

1）化学位移及其产生的原因

由于核外电子的运动所在外磁场作用下会产生抗磁性，抵消一部分外磁场，使原子核实际感受到的磁场强度小于外磁场强度，这就是电子云对外磁场的屏蔽效应。因此，分子中原子核共振条件可改写成如下形式：

$$\nu=\frac{\gamma}{2\pi}B_0(1-\sigma) \tag{3.27}$$

式中，σ 为屏蔽常数。核周围的电子云密度越大，屏蔽效应越强，屏蔽常数越大，其共振频率越低，在谱图上吸收峰的位置就向低频方向移动。这种由于磁屏蔽作用引起吸收峰位置的变化称为化学位移。

2）化学位移的相对值表示

从理论上讲，某核的化学位移应该以它的裸核为基准进行比较，但由于磁屏蔽常数 σ 值很小，^{1}H 核的 σ 一般在 10^{-5} 以内，要通过准确测定某核的共振频率来计算其化学位移，误差较大。所以在实际应用中都采用某个适当的化合物作标准，测量它们的化学位移之差。最常用的标准物质是四甲基硅烷（TMS）。因为 TMS 中的所有氢核所处的化学环境相同，其共振信号只有一个峰。化学位移用频率差 $\Delta\nu$ 表示，即

$$\Delta\nu=\nu_s-\nu_{TMS} \tag{3.28}$$

式中，ν_s 为试样物质中待测氢核的共振频率。由于化学位移与磁场强度有关，为了统一标定化学位移的数据，化学位移的表示宜采用相对值，用符号 δ 表示，即

$$\delta=\frac{\nu_s-\nu_{TMS}}{\nu_{TMS}}\times10^6(\text{ppm}) \tag{3.29}$$

δ 值与磁场强度的选择无关，不同仪器测得的结果是一致的。

TMS 中的^{1}H 核所受的磁屏蔽效应比绝大多数化合物中的^{1}H 核都要大，其共振频率最小。规定 TMS 的化学位移 $\delta=0$，所以其他^{1}H 核的化学位移一般都为正。在^{1}H-NMR 谱中，一般 δ 为 0～10ppm。图 3.34 给出 $B_0=1.4092$T 时，^{1}H 核频率位移与化学位移的对应值。

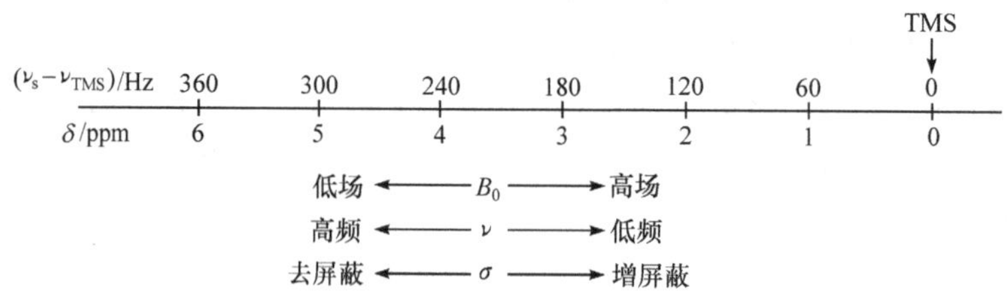

图 3.34　^{1}H 核频率位移与化学位移的对应值（$B_0=1.4092$T）

熟悉各化学基团出现的化学位移范围，对分析 NMR 谱图来说是十分重要的。表 3.7 列出了一些化学基团的^{1}H 核的化学位移的大致范围。

表 3.7　一些基团的^{1}H-NMR 谱化学位移

结构类型	δ/ppm	结构类型	δ/ppm	结构类型	δ/ppm
CH_3—Si—	0.0～0.1	CH_3—$C(=O)$—	1.9～2.7	>CH—O—	3.7～5.2
CH_3—C—	0.8～1.0	R—OH	1.0～5.3	CH_2=C<	4.5～6.0
CH_3—C—C—X	0.9～1.1	—C≡CH	1.7～3.4	—CH=CH—	4.5～8.0
CH_3—C—X	1.2～1.9	—CH_2—CO—	2.0～3.2	C_6H_5—OH	4.0～10.0
CH_3—C—O—	1.0～1.4	CH_3—C_6H_5	2.1～2.5	H—N—$C(=O)$—	5.5～8.5
—C—CH_2—C—	1.2～1.4	—CH_2—C_6H_5	2.6～3.4	>C=N—OH	8.8～10.2
—CH_2—（环）	1.3～1.6	CH_3—O—	3.3～4.0	R—CHO	9.2～10.0
H—C—	1.4～1.65	>CH—X	2.7～5.9	—COOH	9.0～12.0
CH_3—C=C<	1.6～2.0	—C—CH_2—O—	3.5～4.4	无机酸	11.7～12.7

注：表中 X 代表卤素。

3）氢核化学位移的影响因素

任何影响电子云分布的因素都将影响其化学位移，常见的影响因素有：

（1）诱导效应。一些电负性较大的原子（如氧、氮原子、卤素原子等）具有较强的吸电子能力，它们诱导 H 原子中的 s 电子云发生偏移，H 核受到的屏蔽减弱，化学位移加大。其中，氢键的形成对—OH、—NH、—NH_2 中 H 的化学位移的影响是很大的，如羧酸的—COOH的 δ=12ppm。

例如，图 3.35（a）是用低分辨仪器测定的乙醇的^{1}H 核磁共振谱。乙醇（CH_3CH_2OH）有 6 个^{1}H，如果没有磁屏蔽作用，它应该只出现一个吸收峰，实际上谱图中出现三个吸收峰。这意味着乙醇分子中的 H 核受到的磁屏蔽的程度有 3 个档次：OH 中的 H 与电负性强的氧原子相连，形成氢键，故其化学位移很大；CH_2 中的 H 远离氧原子，其电子云密度受到氧原子的影响较小，相应化学位移也较小；CH_3 中的 H 离氧原子更远，所以其化学位移最小。三个吸收峰的面积比为 1∶2∶3，这与分子中 OH、CH_2、CH_3

三个基团中的^{1}H 核数对应。由此可见，磁屏蔽效应能够反映出氢原子在分子中所处的部位，吸收峰的面积与对应的^{1}H 核数成正比。

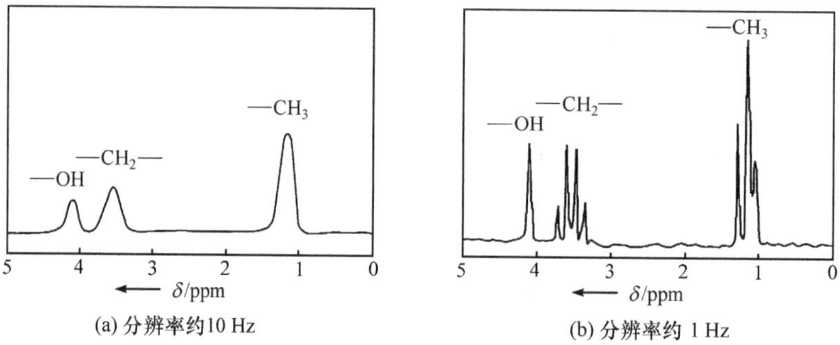

图 3.35　$CH_3—CH_2—OH$ 的 ^{1}H-NMR 谱

(2) 磁各向异性效应。分子中的电子磁矩产生的局部感应磁场 $\boldsymbol{B}_1$ 叠加在外加磁场强度 $\boldsymbol{B}_0$ 上。当 $\boldsymbol{B}_1$ 与 $\boldsymbol{B}_0$ 同向时，相当于去屏蔽效应，使化学位移增加；反之，当 $\boldsymbol{B}_1$ 与 $\boldsymbol{B}_0$ 反向时，则相当于增屏蔽效应，使化学位移减少。这就是磁各向异性效应。

例如，苯环的 π 电子环流产生磁感应强度 $\boldsymbol{B}_1$，苯环中 ^{1}H 处在该感应磁场与外加磁场 $\boldsymbol{B}_0$ 同方向的位置，使该处微环境的磁感应强度得以增强，产生去屏蔽效应，使苯的化学位移达到 7.3。

(3) 溶剂效应。在溶液中，各种 ^{1}H 受到不同溶剂的影响而引起化学位移的变化称为溶剂效应。

2. 自旋-自旋偶合

低分辨的乙醇的 ^{1}H-NMR 谱只出现三个吸收峰，但如果用高分辨的仪器，则可以发现，NMR 谱中的一些吸收峰进一步裂分成多重峰。如图 3.35(b)所示，其中乙醇分子中 CH_3 峰被分裂为三重峰，CH_2 峰被分裂为四重峰。这种谱峰分裂的现象是 CH_2 中的 H 核和 CH_3 中的 H 核之间的自旋相互作用引起的，称为自旋-自旋偶合，简称自旋偶合。自旋偶合也可以这样理解：核的自旋磁矩会给邻近的核造成一个附加磁场，从而对邻近核产生影响。

由于自旋偶合使谱峰增多的现象称为自旋分裂，分裂所产生的谱线间距与核磁矩的偶合强弱有关，用自旋偶合常数 J 表示。

现以乙醇分子为例进行说明自旋偶合现象。CH_2 对 CH_3 的偶合：^{1}H 核的自旋量子数为 $I=1/2$，磁量子数 $m_I=\pm 1/2$，所以^{1}H 核在外磁场中有两种自旋取向，用↑与↓表示，两种取向的概率几乎相同。CH_2 中的两个^{1}H 核，自旋取向可以相同也可以相反，共有四种排列方式，即↑↑、↓↑、↑↓、↓↓，但第二种和第三种排列由于两个^{1}H 核的等价性可归为一种，即表观上只有 3 种排列方式，它们出现的机会是 1∶2∶1。同向取向使 CH_3 的^{1}H 核感受到外磁场强度稍增强，其共振吸收稍向高频端位移，反向取向使 CH_3 的^{1}H 核感受到的外磁场强度稍降低，其共振吸收稍向低频端位移，故 CH_2 使 CH_3 分裂为三峰，强度比为 1∶2∶1。同理 CH_3 对 CH_2 的偶合，使 CH_2 的谱峰分裂为四重峰，强度比为 1∶3∶3∶1。OH 中的 ^{1}H 核由于远离其他 ^{1}H 核，仍然只出现单峰。

类推可知，如果某氢核相邻的碳原子上有 n 个状态相同(化学等价)的 H 核，那么，此核的吸收峰将被分裂为 $(n+1)$ 个，通常称 $(n+1)$ 规则，分裂峰的强度比为二项式 $(a+b)^n$ 展开的各项系数比，见表 3.8。需要指出，表 3.8 的规则只适用于氢核和其他自旋量子数 $I=1/2$ 的核。

表 3.8 多重峰的相对强度

相邻 C 上的 H 数	分裂峰数 $(n+1)$	相对强度比
0	1	1
1	2	1∶1
2	3	1∶2∶1
3	4	1∶3∶3∶1
4	5	1∶4∶6∶4∶1

自旋分裂的大小是由分子结构决定的，与外磁场强度无关。自旋分裂的间距用偶合常数 J 表示，单位为 Hz。一般来说，长程偶合和同碳偶合的 J 很小，主要是邻碳偶合。表 3.9 列出一些化合物的 ^{1}H—^{1}H 自旋偶合常数。从偶合常数和谱峰的分裂数，可了解氢在分子中所处的部位和它的邻近官能团的性质。

表 3.9 偶合常数

系统	偶合常数 J/Hz		系统	偶合常数 J/Hz	
	可能范围	通常值		可能范围	通常值
>C(H)(H′)	0～25	10～15	=C(H)(H′)	0～35	2
>CH—CH′<	0～8	～7	>CH—C=C—CH′<	0～2	1
CH_3—CH'_2—	6～8	～7	>C=CH—CH′=C<	6～13	10～13
(CH_3)$_2$CH′—	5～7	～6	>CH—CH′O	0～3	2
>CH—C—CH′<	0～1	0	>C=CH—CH′O	5～8	7
>C—CH—CH′<	4～10	5～7	H(C=C)H′	0～12	7～10

续表

系统	偶合常数 J/Hz		系统	偶合常数 J/Hz	
	可能范围	通常值		可能范围	通常值
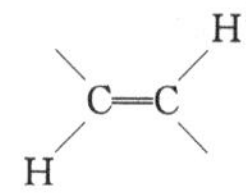	12～18	14～16	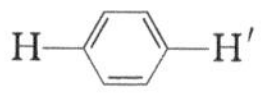	0～1	1
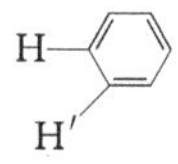	6～10	8	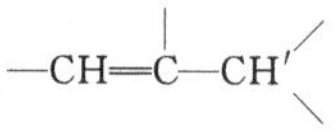	0～3	0.5～2
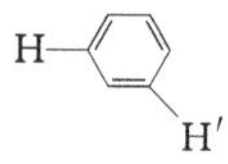	0～3	2	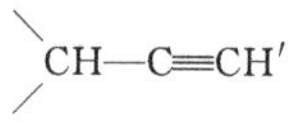	2～3	2.5

3. 积分强度

NMR 谱中峰的积分强度是指强度对频率的积分值，即谱图中峰的面积。

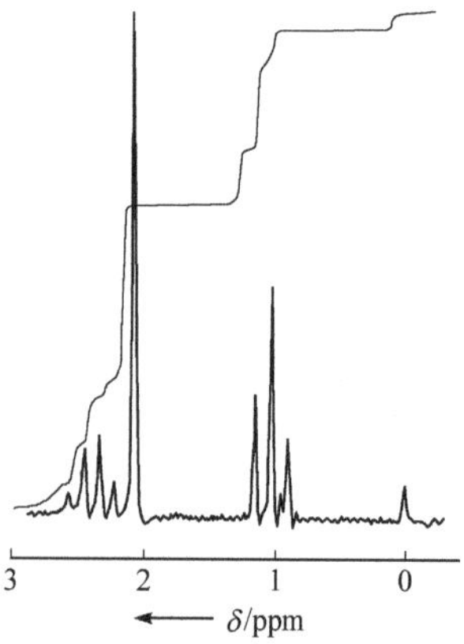

图 3.36　丁酮的^{1}H-NMR 谱及其积分曲线

谱峰的积分强度对应着处于某种化学环境的^{1}H 核的数目。各峰的面积比等于相应的 H 原子数之比，这个关系可作为^{1}H-NMR 谱中定量分析的基础。这里所讲的谱峰是指由化学位移引起的共振吸收峰以及由于自旋偶合形成的分裂峰。谱峰的积分强度可由积分曲线的各台阶高度直接求出，如图 3.36 所示。

化学位移值和偶合常数，在 NMR 波谱学各专著中都列有详细数据表，供谱图解析和研究分子结构使用。如果要鉴定的化合物的谱峰数目、峰形、相对强度与标准谱图完全相符合，则认为验证完成。假如鉴定的化合物是新化合物，无标准谱图可对照时，则必须对每个谱峰及其分裂峰进行解析，还要尽可能多的收集由其他方法得来的信息，进行综合分析，以便推断新化合物的分子结构。必要时还要进行化学性质试验，甚至进行合成试验来验证。

3.5.5　核磁共振氢谱及应用

1. 简单核磁共振氢谱

简单 NMR 谱称为一级 NMR 谱，其相互偶合的两组（或几组）^{1}H 核的化学位移 $\Delta\nu$ 比其偶合常数 J 大得多（如 $\Delta\nu/J\leqslant10$），简单的^{1}H-NMR 谱通常具有以下特征和信息：

（1）吸收峰的组数说明分子中处于不同化学环境的^{1}H 核的组数。

（2）各组峰的中心为该组^{1}H 核的化学位移 δ，其数值说明分子中基团的情况；各峰之间的裂距相等，等于偶合常数 J，其数值与化学结构密切相关。

（3）各组峰的分裂符合 $(n+1)$ 规律，分裂后各峰的强度比符合 $(a+b)^n$ 展开式的系数比。峰的分裂个数说明各基团的连接关系。

(4) 吸收峰的面积与引起该吸收峰的^{1}H 核的数目成正比。

2. 复杂^{1}H-NMR 谱及简化

如果化学位移 $\Delta\nu$ 较小，而偶合常数 J 值较大(如 $\Delta\nu/J<10$)，会使峰发生畸变而使谱图变得复杂，这样的谱图称为二级(或高级)谱图。要对它进行解释比较困难，通常可用一些措施使谱图简化以利于解析，如加大 B_0、使用同位素代换、采用去偶技术等。

1) 增大 B_0

由于偶合常数 J 不受磁场影响，而化学位移却会因此而增加，所以增大 B_0 可使 $\Delta\nu/J$ 增大，从而把复杂光谱变为便于解释的一级谱。

2) 去偶技术

去偶技术又称双共振技术。当用一个射频 ν_1 正常扫描观测一个核共振的同时，用另一个强射频 ν_2 来激发与观测核有偶合作用的核，使之产生强的共振吸收而“饱和”，不再对观测核产生偶合作用，故而可以大大简化谱图。

3) 氘同位素取代

由于^{2}H 核共振频率与^{1}H 相差很远，在氢谱中无^{2}H 核的信号峰，用^{2}H 核取代分子中的部分^{1}H 核可以去掉部分波谱。同时由于^{2}H 核与^{1}H 核间的偶合作用小而使谱图进一步简化。

3. ^{1}H-NMR 谱的解析实例

依据化学位移、自旋偶合造成的谱峰分裂和解析谱的积分面积就可以解析许多简单的^{1}H-NMR 谱。^{1}H-NMR 氢谱主要应用于结构鉴定、定量分析以及动力学方面的研究。^{1}H-NMR 谱是有机物结构鉴定的重要方法，在有机物结构鉴定前应该尽量多地了解待鉴定试样的物理、化学性质，最好能确定其化学式。一般来说，^{1}H-NMR 图谱解析的大致过程如下：

(1) 根据分子式计算不饱和数，初步确定化合物的环和双键的情况。

每一个双键或一个苯环相当于 1 个不饱和数，叁键相当于 2 个不饱和数。不饱和数通常用 Ω 表示，不同类型的分子有不同的计算式。

对于含有碳、氢、氧、硫的分子通式为 $C_nH_hO_pS_q$，它的不饱和数为

$$\Omega=n-\frac{h}{2}+1 \tag{3.30}$$

(2) 根据积分面积确定各基团中氢核数的比值，决定各基团的氢原子数。

(3) 根据 NMR 峰的化学位移确定基团类型。对于一级 NMR 谱首先可以确定没有自旋分裂的峰所对应的基团，这些基团常含有氧、氮及苯环。需要注意的是—OH 与—NH_2，因为容易产生氢键从而使化学位移发生很大的变化，但这类氢可用氘代办法确定。

(4) 根据自旋分裂的峰数并结合偶合常数值以确定基团之间的连接顺序，确定可能的结构式若干。

(5) 谱图指认。各基团都应在谱图上找到相应的峰，且峰的化学位移、分裂数、J 值都应和结构式相符，去除不合理的结构式，确定最可能的结构式。

例如，已知某化合物的分子式为 $C_5H_{10}O_2$，其^{1}H-NMR 谱如图 3.37 所示。我们以此例说明 NMR 图谱解析的过程。

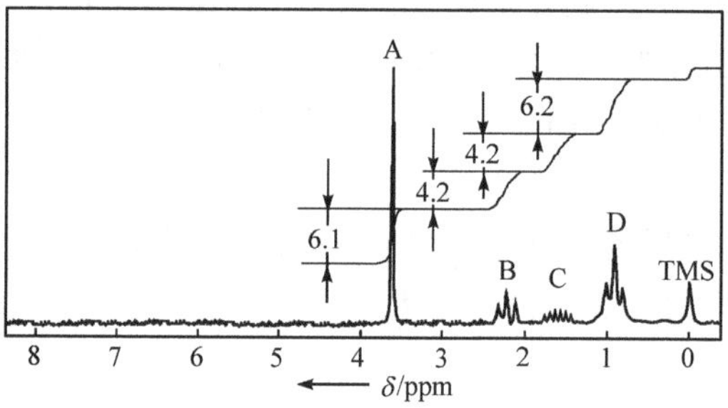

图 3.37 化合物 $C_5H_{10}O_2$ 的^{1}H-NMR

(1) 该化合物的一个分子中有 5 个碳原子，10 个氢原子数，所以其不饱和数 $\Omega=1$，该化合物的分子应该有 1 个双键。由于所有峰的 δ 都小于 4，故不会是 C ═C，而可能是 C ═O。

(2) 四个峰的积分强度由积分曲线可以直接看出，即 A∶B∶C∶D=6.1∶4.2∶4.2∶6.2，可知各基团中^{1}H 核数的比值=3∶2∶2∶3。

(3) A 峰为单峰，$\delta=3.6$，推断可能是 CH_3—O—基团中的甲基峰。其余^{1}H 核数的分布为 2∶2∶3。推测分子的结构式可能是 CH_3O—CO—$CH_2CH_2CH_3$。

(4) 其余三组峰的位置和分裂情况符合这一推测：D 峰为三重峰，$\delta=0.9$，是典型的和—CH_2—基相邻的甲基峰；B 峰为三重峰，$\delta=2.2$，是和羰基相邻的 CH_2 基的两个^{1}H 核产生的峰；另一个 CH_2 基在 $\delta=1.6$ 处产生 12 个峰，这是由于受两边的 CH_2 及 CH_3 的偶合分裂所致。但是图中的 C 峰只有 6 个峰，这是由于仪器分辨率不够的缘故。

(5) 确定可能的结构式为 $CH_3O—\overset{\overset{\large O}{\|}}{C}—CH_2CH_2CH_3$（丁酸甲脂）。

3.5.6 ^{13}C 核磁共振

^{12}C 没有核磁共振现象，但^{13}C 核却是 NMR 研究的对象，记作^{13}C-NMR。然而，^{13}C 灵敏度太低，就一个^{13}C 与一个^{1}H 而言，^{13}C 的灵敏度约为^{1}H 的 1/64，加上^{13}C 自然丰度仅为总碳的 1%左右，所以^{13}C 的灵敏度约为^{1}H 的 1/6000。因为这个原因，虽然 1957 年已观测到^{13}C-NMR 现象，但直到 20 年后采用了宽带去偶技术以及傅里叶变换技术以后，才获得迅速发展。

1. ^{13}C 谱的特点

(1) 有机化合物主要是碳碳相连结。^{13}C 谱能够提供有机化合物骨架结构信息，还能提供碳氢偶合信息，显然比^{1}H 谱提供的信息更重要。

(2) ^{13}C 核像 ^{1}H 核一样有化学位移、谱峰分裂等现象。^{1}H 谱的化学位移一般少于20ppm，而 ^{13}C 谱的位移范围可达到600ppm，因而谱线容易分开。

(3) ^{13}C 谱可以观测不与 ^{1}H 相连的基团，如 C═O、C═N 等。

(4) 由于 ^{13}C 的丰度极小，^{13}C 谱中观测不到 C—C 间的偶合，使谱线简化。

(5) 由于灵敏度低，^{13}C 谱所需试样量比较大，其定量分析也较氢谱困难。

2. 宽带 ^{1}H 去偶法

宽带 ^{1}H 去偶 ^{13}C-NMR 谱是采用双共振技术得到的。第一个射频振荡器发射的射频波，其中心频率为 ν_1，频率宽度大于 ^{1}H 共振的频率宽度，连续地均匀地照射试样，使 ^{1}H 核全部饱和，可消除试样中全部 ^{1}H-^{13}C 偶合；第二个射频振荡器发射的射频波也照射试样，使其频率 ν_2 满足 ^{13}C 共振条件，这样得到的 ^{13}C-NMR 谱，称为宽带 ^{1}H 去偶 ^{13}C 谱。宽带 ^{1}H 去偶 ^{13}C 谱只呈现一个个单峰，容易解析。一般说来，在分子中没有对称因素和不含 F、P 等元素时，往往是分子中有几种化学类型的碳就有几个峰。

3.5.7 核磁共振成像原理

核磁共振成像的核心问题是把核磁共振原理同空间编码技术结合起来，同时把物体内部各位置的特征信息显示出来。核在静磁场 B_0 作用下的共振频率 ν_0 与空间位置无关，不能提供物体内的空间分布信息。如果在静磁场 B_0 上叠加一个梯度磁场，就可以把物体的共振频率与物体内部的空间分布联系起来，从而达到空间编码的目的。

在空间编码的基础上，通过射频磁场 B_1 的激发产生核磁共振。射频脉冲过后，给出自由感应衰减信号，测出衰减的时间即弛豫时间，最后通过傅里叶变换并以图形的形式表示出来，就是物体的核磁共振像。

习 题

3.1 原子发射光谱是怎样产生的？常用的激发光源有哪几种？各具有哪些优点？

3.2 简述 ICP 原子发射光谱的工作原理。如何制备试样？如何进样？

3.3 简述原子发射光谱的定性、定量分析工作原理。

3.4 原子光谱如何形成的？分子光谱如何形成的？

3.5 比较原子发射光谱和原子吸收光谱法的优缺点。

3.6 何谓元素的灵敏线、共振线、分析线、最后线？它们之间有何联系？

3.7 简述原子吸收光谱仪工作原理。

3.8 原子吸收光谱分析中为什么选择共振线作吸收线？

3.9 说明原子吸收光谱法定量分析基本关系式。

3.10 哪些类型的电子跃迁能在紫外吸收光谱中反映出来？

3.11 CH_3Cl 分子中有几种类型的价电子？在紫外辐照下可发生何种类型的电子跃迁？

3.12 以亚甲基为例说明分子的基本振动形式。

3.13 水分子和二氧化碳分子的振动自由度分别是多少？

3.14 何谓助色团及生色团？试举例说明。

3.15 有机化合物的紫外吸收光谱中有哪几种类型的吸收带？有什么特点？

3.16 在有机化合物的鉴定及结构推测上，紫外吸收光谱所提供的信息具有什么特点？

3.17 何谓基团频率？影响基团频率的因素有哪些？

3.18 举例说明紫外吸收光谱在分析上有哪些应用。

3.19 $CH_3—C(CH_3)═CH—CO—CH_3$ 及 $CH_2═C(CH_3)—CH_2—CO—CH_3$ 是异丙叉丙酮的两种异构体。若有异丙叉丙酮试样的紫外光谱显示 $\lambda_{max}=235nm$，$\varepsilon_{max}=12000$，如何判别它是哪一种异构体？

3.20 根据下述化学键的力常数 k 的数值，计算各化学键的振动的波数：

(1) 乙烷的 C—H 键，$k=5.1\times10^2N/m$；

(2) 乙炔的 C—H 键，$k=5.9\times10^2N/m$；

(3) 乙烷的 C—C 键，$k=4.5\times10^2N/m$；

(4) 苯的 C—C 键，$k=7.6\times10^2N/m$；

(5) 甲醛的 C—H 键，$k=12.3\times10^2N/m$。

3.21 红外光谱分析中如何进行试样的处理和制备？

3.22 红外吸收光谱定性分析的基本原理是什么？进行定性分析时可以有哪几种方法？

3.23 如何判断物质结构中是否含有苯环？

3.24 产生红外吸收的条件是什么？是否所有的分子振动都会产生红外吸收？

3.25 —OH 和 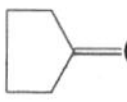═O 是同分异构体，如何应用红外吸收光谱来鉴别它们？

3.26 何谓“指纹区”？它有什么特点和用途？

3.27 何为拉曼散射？

3.28 射频矩形脉冲信号，如图 3.32(a)所示，可表示为

$$f(t)=\begin{cases}0 & (t<-\tau/2)\\ A\cos\omega_0 t & (-\tau/2\leqslant t\leqslant\tau/2)\\ 0 & (t>\tau/2)\end{cases}$$

计算并讨论该射频脉冲信号的频谱。

第4章 质谱和色谱

粒子按质量大小排列，同时显示他们的相对丰度，描述这种关系的图表就是质谱。质谱分析是把组成物质的粒子(原子、分子、原子团)分离出来，获得并记录这些粒子的数量，由此推断材料的成分和结构。

质谱技术中，离子质量 m 以 u 为单位，称为质量数，记作 M，即 $m=M\mathrm{u}$；离子电量 q 以 e 为单位，称为电荷数，电荷数必定为正整数，记作 z，即 $q=z\mathrm{e}$。

色谱法是一种物质的分离技术，将混合物中各物质分离。这种分离技术用在材料分析中，常称为色谱分析。

4.1 离子的检测与质谱仪

质谱仪是用于展示离子束组成离子的质谱的仪器。质谱仪由质量分析器和离子检测器组成，质量分析器将入射离子按质量的大小分开，然后由离子检测器检测它们的强度。

为保证离子在分析系统中正常运行，消减不必要的粒子碰撞，避免复合和离子-分子反应，要求质谱仪中的有关部位保持一定的真空度，所以质谱仪器都具有整套高、低真空系统。目前，许多仪器采用钛泵或涡轮分子泵，可以避免因使用油扩散泵而产生的油蒸气本底。

离子检测器与质量分析器种类繁多，现仅介绍常用的几种。

4.1.1 离子检测器

1. 光学检测方法

1) 荧光板

具有一定能量的离子能使荧光物质发光，由亮度鉴定离子流强弱。

2) 照相底片

离子轰击能使照相底片感光，由黑度鉴定离子流的强弱。底片的检测灵敏度很高，在 $1\mathrm{mm}^2$ 上能量 15keV 的 10^5 个离子就能形成可测的黑度。但是，底片的黑度与离子能量、离子流强度、曝光时间的关系不总是线性的。

2. 电学检测方法

1) 法拉第筒离子检测器

离子是带电粒子，只要用一块电极板便可收集并检测离子流的强弱。然而，在离子检测中，入射离子在碰撞接收缝板和收集极的时候，会产生二次电子和二次离子。显然，来自接收缝板的二次电子和二次离子，不应该被收集极收集；而收集极的产生二次电子和二次离子，则不应该离开收集极，否则都将成为虚假的离子流。

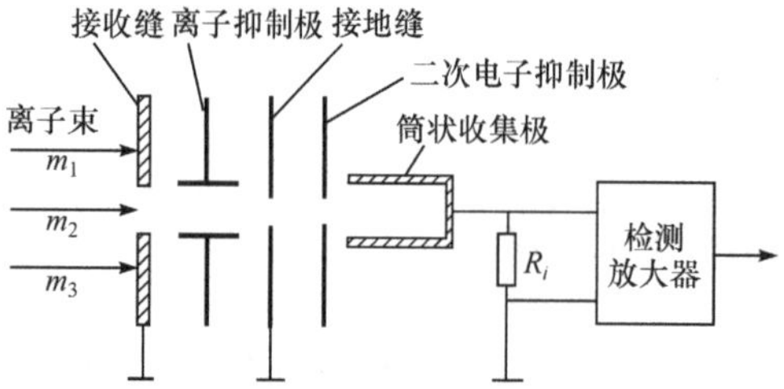

图 4.1　法拉第筒检测器

为避免虚假的离子流对测试信号的干扰，常使用图 4.1 所示的法拉第筒检测器。待检测的离子束通过接收缝、二次离子抑制极、接地缝和二次电子抑制极，最终到达收集极。收集极制成筒状，称为法拉第筒，可以防止收集极产生二次电子和二次离子逃逸。二次离子抑制极所施电压与离子加速电压的极性相同、数值相近，可吸收来自接收缝的能量较小的二次离子；二次电子抑制极施加 $10^1 \sim 10^2$ V 负电压，可拒斥来自接收缝的二次电子而让接地缝吸收。接收缝的作用是阻止不需要检测的离子进入检测器，改变入口狭缝宽度，在一定程度上可以改变仪器的分辨率。

法拉第筒检测器不存在固有噪声，无质量歧视（对于不同质量的离子同等对待），无放大作用，一般用于比较强的离子流的检测。

2）离子电子倍增器

离子电子倍增器与图 3.1 所示的光子检测器类似。不需要光阴极，将倍增器级联结构的第一联极作为转换极，转换极上不加电压，以免对离子束造成影响。高能量的离子由正确的方向撞击转换极，溅射出二次电子；二次电子在逐级被加速并撞击后置联极的过程中不断增值，最后到达阳极；这种检测器的增益可达 $10^5 \sim 10^8$，响应时间约 $10^{-8} \sim 10^{-9}$ s，最小可检测电流受到固有噪声的限制。由于二次电子的产额与离子的质量及能量有关，故存在质量歧视效应。

3）离子闪烁计数器

离子闪烁计数器如图 4.2 所示。离子束在入口处被电极 A、B 间的电压加速，撞击转换电极使之溅射出二次电子；继而电子撞击闪烁体而产生光子；通过光导管到达光电倍增器，使光子转换成光电子并加以增值。这种倍增器的检测效率达 100%，且无质量歧视效应，一个离子可转换成数十个光电子。

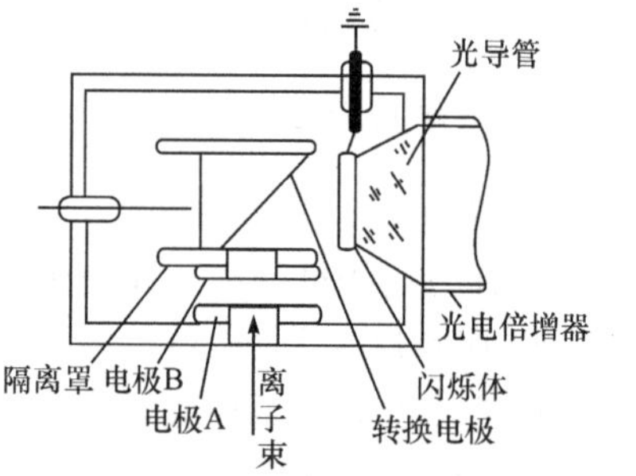

图 4.2　离子闪烁计数器

4）微通道板

微通道板是由大量微通道管组成，微通道管由高铅玻璃制成，管径约 20μm，管长约 1mm，具有较高的二次电子发射率。一个微通道管相当于一个通道型连续电子倍增器，整个微通道板则是大量的这种电子倍增器组成的阵列，可用于显示二维的离子像。

4.1.2　磁偏转型质量分析器

磁偏转型质量分析器的工作原理见图 4.3，由离子源出口缝 S_1 射出的离子束等速直线运动通过长度为 L_1 的无场空间后，进入开角为 Φ_M 的磁场范围内；在与离子运动方向垂直的均匀磁场 B 作用下，离子做圆周运动；离子离开磁场后，又以等速直线运动的方式通

过无场空间 L_2，到达检测器入口缝 S_2 附近。

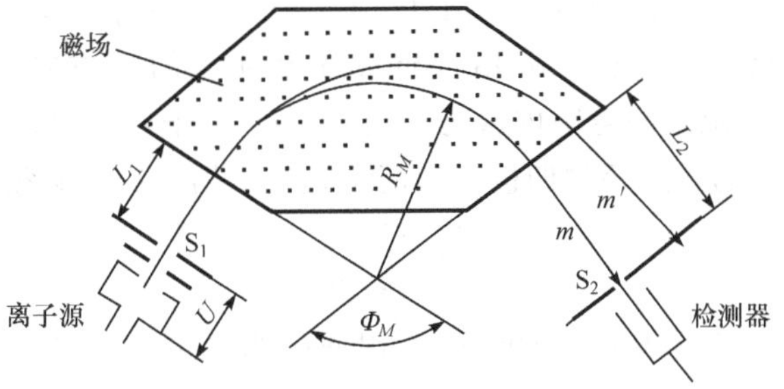

图 4.3　磁偏转型质量分析器示意图

设离子质量为 m，电量为 q，离子的速度为 v，那么，离子在磁场中运动的轨道半径可写成

$$R_M=\frac{mv}{qB}=\frac{1.44\times10^{-4}}{B}\sqrt{\frac{M}{z}U} \tag{4.1}$$

式中，U 为离子源中给予离子的加速电压；M/z 称为离子的质荷比，如果离子只带一个电荷，离子的质荷比在数值上就等于它的质量数。

如果固定入射离子的能量不变，那么，通过改变磁场就能在检测器入口缝 S_2 处得到不同质量(质荷比)的离子，也就是达到了分离质量的目的，这种情况称为质量色散。如果固定磁场(采用永久磁铁)，也可以通过改变入射离子的能量来实现质量分散。

由离子源的出口缝 S_1 射出的离子束以一定角度分散进入磁场中的，如果磁场安排得当(半圆形磁场或扇形磁场)，相同质荷比的离子通过磁场后能够重新会聚在检测器的入口缝 S_2，这种入射方向不同的离子的聚焦称为方向聚焦。

在理想情况下，如果质量分析器入口缝 S_1 是一条理想的线，那么离子束到达 S_2 也是一条理想的线。然而，离子束到达 S_2 时，会有一定的展宽，称为像差。其中，由于入射离子的角分散引起的展宽称为球差；由于入射离子能量(速度)分散而引起的展宽称为色差。

4.1.3　四极杆质量分析器

四极杆质量分析器的结构如图 4.4 所示。分析器由两组对称的圆柱电极组成，杆间距离 $2r_0$，r_0 称为场半径，在 X 与 Y 各两支电极上分别施加电压。

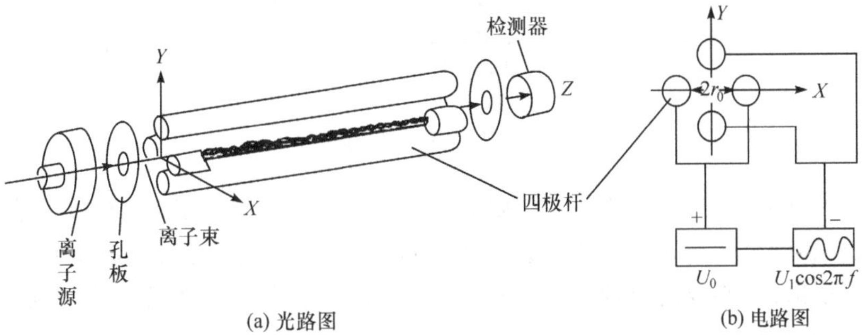

图 4.4　四极杆滤质器结构原理示意图

$$U_X = U_Y = U_0 + U_1 \cos 2\pi f t$$

式中，U_0 为直流分量；U_1 为高频电压幅值，$U_0/U_1 = 0.16784$；f 为频率；t 为时间。

从离子源射出的离子，通过孔板，沿着与 X、Y 轴垂直的 Z 方向进入四极杆之间的射频电场中，在场半径 r_0 限定的空间内振荡。用 M 表示离子质量数，z 表示离子电荷数，数学分析说明，能以稳定的轨迹穿过四极场空间到达检测器的离子必须满足的关系式为

$$\frac{M}{z} = \frac{13.8U_1}{r_0^2 f^2} \tag{4.2}$$

式中，U_1 用 V 为单位；f 用 MHz 为单位；r_0 用 mm 为单位。不满足式(4.2)的离子在沿 Z 方向前进的同时，振幅不断增大，振幅增大到一定的程度将撞击到四极杆上而被吸收过滤掉，达到质量分离的目的。因此，这种质量分析器常称为“滤质器”，利用电压或频率扫描，可以快速滤出不同质量的离子。

式(4.2)对入射离子的速度没有要求，说明四极滤质器可用于有能量分散的离子。然而为了保证一定的质量分辨能力，入射离子的速度不能太高，否则高速离子未等振幅增大就穿越了四极杆空间。

四极滤质器体积小、质量轻、参数调节方便，应用十分普遍。

4.2　质谱分析方法

早期的质谱仪器主要用于测定原子质量、同位素相对丰度等物理领域。20 世纪 30 年代，由于离子光学理论的建立，促进了质谱仪的发展，相继出现了各种类型和各种用途的质谱仪，形成了各种质谱分析方法。在材料分析领域，大致可分为无机质谱和有机质谱。

4.2.1　质谱仪工作原理

在上述质谱仪的基础上，加上离子源以及进样装置，便构成材料分析用的质谱仪，如图 4.5 所示。

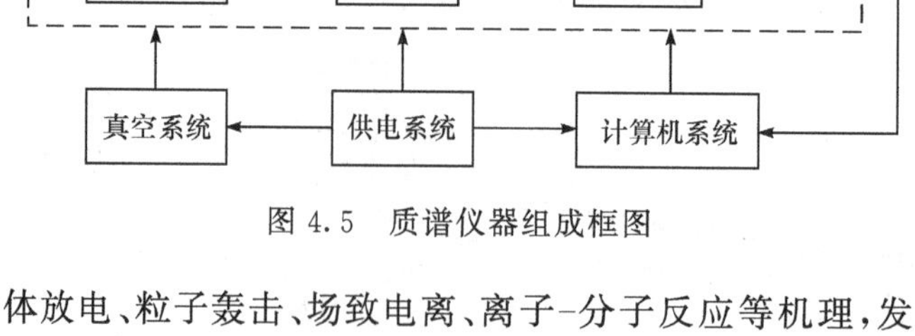

图 4.5　质谱仪器组成框图

人们利用气体放电、粒子轰击、场致电离、离子-分子反应等机理，发展了数十种使各种气相、液相和固相试样电离的方法。分子变成离子后，可将其引出、加速并被聚焦成束，以一定的能量射出，必要时可控制离子束的方向，这样的整个系统称为离子源，也称为离子枪。

质谱的形成过程与光谱的形成类似。首先，进样装置将被分析物质(试样)送进离子

源；离子源把试样中的分子分解并电离形成各种离子；接着，把离子加速、聚焦后引出离子源并进入质量分析器，质量分析器使离子按照质荷比的大小分离开来，其强度与收集的离子数成正比；最后，用离子检测器测量、记录离子流强度，得到按质量顺序排列的质谱图。

1. 电子轰击型电离源

1）工作原理

电子轰击型电离源，记作 EI，是最常见离子源，其原理图如图 4.6 所示，整个装置都处在高真空状态（$<10^{-4}$ Pa）。电离室是产生离子的地方，由于引入气体，真空度要低一些（约 10^{-2} Pa）。电离室两侧分别安装阴极和阳极，采用钨（或铼、钽）丝作为直热式阴极用于发射电子，通过电离室飞向阳极，在此过程中，电子轰击气体分子生成大量的分子离子及其碎片离子。为了延长电子飞向阳极的距离以增加电离效率，可向电离室施加一定的磁场。

在电离室的出口处安装有引出极和随后的离子光学系统。多数情况下，引出极接负电位，正离子受引出极的电场作用，从其中心孔飞出。聚焦极与加速极形成静电透镜，将离子聚焦成为离子束。偏转极用于调整离子束的方向。离子束的能量取决于加速极电压，与离子的质量无关。离子束截面的形状取决于出口缝，通常为矩形或圆形。

个别情况要求产生负离子束，这时引出极与透镜系统各电极上应加有相应极性的电位。

2）直接进样

进样装置使试样气化后直接送往电离室的气体入口，试样气体在电离室中电离，被引出电离室后聚焦成为待分析的离子束。进样装置种类繁多，图 4.7 是连续分析常用的气体进样装置，利用进样毛细管取样，气体试样减压并进入中间容器，然后使一部分试样通过分子漏孔进入电离室，其余被机械泵抽除。

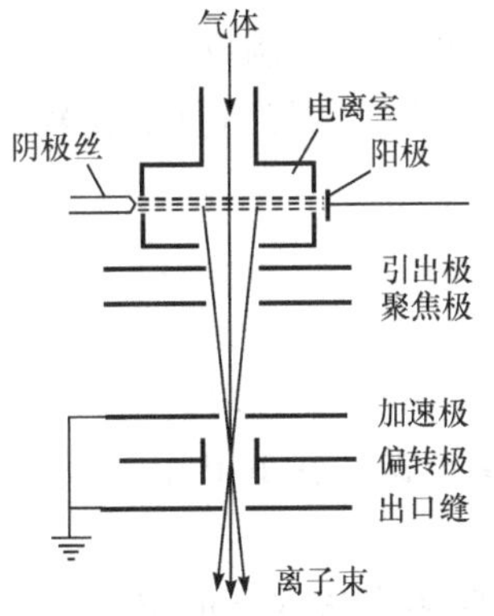

图 4.6　热阴极电离型离子源

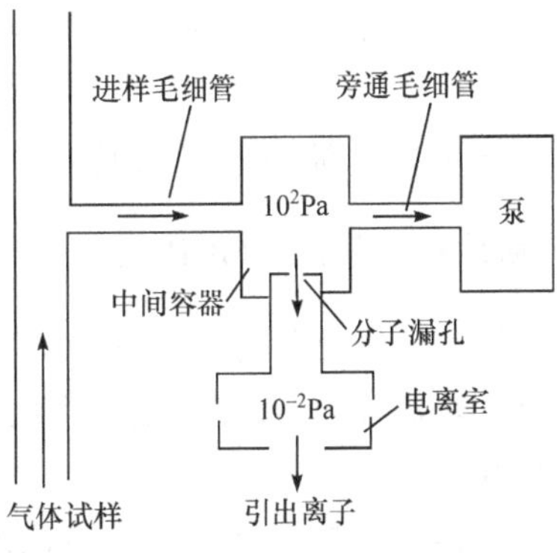

图 4.7　连续进样装置示意图

3）化学电离进样

进样装置用反应气（压强约 100～200Pa）携带试样蒸气进入电离室。由于试样气分压低（约为反应气的 10^{-3}），所以，在电离室中主要是反应气电离，然后，反应气的离子和试样分子通过一系列离子-分子反应，产生试样离子。最后，将这些试样离子聚焦成为待分析的离子束。

配备化学电离进样装置的EI通常称为化学电离源，记作CI。如果被分析试样的分子离子稳定性太差，直接进样得不到分子离子，化学电离源就是为解决这个问题而发展起来的一项新技术，目的在于获得较为稳定的分子离子。

化学电离源常用的反应气体有CH_4、N_2、He、NH_3等。现以CH_4作为反应气，XH为试样气说明化学电离的过程：

$$CH_4 \xrightarrow{-e^-} CH_4^+$$

$$CH_4^+ + CH_4 \longrightarrow CH_5^+ + CH_3$$

$$CH_5^+ + XH \longrightarrow XH_2^+ + CH_4$$

$$XH_2^+ \longrightarrow X^+ + H_2$$

可知，试样XH经过离子-分子反应，产生了XH_2^+、X^+两种离子。我们称它们为准分子离子，因为它们的质量较分子离子XH^+分别增减了1u。

2. 高频火花离子源

图4.8是高频火花源示意图。被分析试样加工成直径约2mm的棒状电极，试样电极和辅助电极相距约0.5mm。在真空条件下，两电极施加高频电压，幅值10～100kV，频率1MHz左右。在高频电压作用下，电极之间产生火花放电而引起强热，试样气化并被电离。此后，极间电压降低到10V量级，电流则上升到10A量级，温度可高达5×10^4K。高频火花电离产生的离子经加速后从狭缝射出，形成离子束。

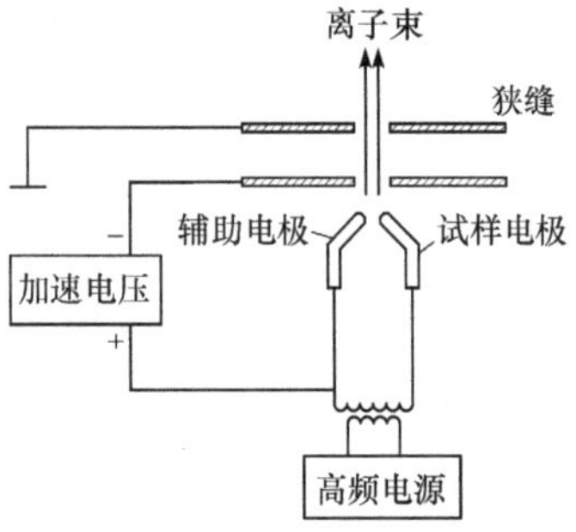

图4.8　高频火花源示意图

高频火花源对试样的基本要求就是导电，把要分析的试样做成电极。对于陶瓷、玻璃等绝缘体，可将它们磨成粉末，掺入高纯导电粉末压制成电极棒。

这种离子源产生的离子的能量分散比较大，必须使用双聚焦质量分析器(第8章有述)。

3. 电感耦合等离子(ICP)离子源

ICP作为激发光源应用于原子发射光谱分析，第3章中已有介绍。事实上，ICP不仅是一个好的热激发源，而且也是一个电离效率很高的离子源。在ICP中形成的离子几乎都是单电荷离子。

等离子体通过接口装置与质谱仪连接，接口装置要实现从常压的ICP中提取离子，通过差压区(约10^2Pa)进入质谱仪的真空系统(10^{-3}～10^{-5}Pa)。

4. 质量分析器与离子检测器

离子束从离子源射出，进入高真空态下的质量分析器，进行质量分离，然后被离子检测器检测。离子源类型不同，所用质量分析器的型式也不同。

记录检测器的检测结果，以及表征离子质荷比的相应扫描参数（如四极杆滤质器的扫描电压或扫描频率）。这些数据都被送往计算机进行处理和分析。

4.2.2　质谱仪主要性能

1. 离子化方式及离子束参数

离子化方式即使用离子源类型以及电离参数，如 EI 电离电压 70eV。

离子束参数包括离子种类、束能 E_p、束流 I_p、束斑面积 S、束流密度 J_p 等。离子束参数取决于离子束应用。这是一组典型参数：$E_p = 0.3 \sim 5\text{keV}$，$I_p \sim 10^{-11}\text{A}$，$J_p = 10^{-10} \sim 10^{-3}\text{A/cm}^2$，$S = 10 \sim 10^{-6}\text{mm}^2$。

2. 质量测定范围

不同用途的质谱仪质量测定范围差别很大，无机质谱仪所测对象的相对分子质量很小，质量测定范围一般从 2～250，而有机质谱仪的质量测定范围一般从几十到几千。

3. 灵敏度

不同用途的质谱仪，灵敏度的表示方法不同。有机质谱仪常采用绝对灵敏度，它表示某个试样在一定分辨率情况下，产生具有一定信噪比的分子离子峰所需要的试样量。目前，有机质谱仪灵敏度可优于 10^{-10}g。

无机质谱仪常采用相对灵敏度，它表示仪器所能分析试样中杂质的最低相对含量。目前，无机质谱仪的灵敏度可达 10^{-9}。

4. 分辨本领

质谱仪分辨率表征质谱仪分离开相邻质量离子的能力，通常以 $m/\Delta m$ 度量，表示仪器记录 m 与 $m+\Delta m$ 的谱线时，能够辨认出质量差 Δm 的最小值。

例如，分离氮气(28.006158u)和乙烯(28.031299u)两个离子，质谱仪的分辨率至少应为 $m/\Delta m = 1100$。

5. 扫描时间

对四极滤质器而言，扫描记录一道质谱的时间一般为几秒；在快扫描的场合可达 $10^{-2} \sim 10^{-3}$s。

4.2.3　质谱图及谱线的测量

1. 质谱图

由质谱仪记录给出的质谱图一般称为原始质谱图。对常见的二维图谱，其横坐标为质量 m 或质荷比 M/z；纵坐标表示离子相对强度，又称相对丰度，如图 4.9 所示。经过整理，大部分质谱都用棒状图表示，用一条直线代表一个峰，通常把丰度最大的离子峰的丰度定为 100%，如图 4.10 所示。

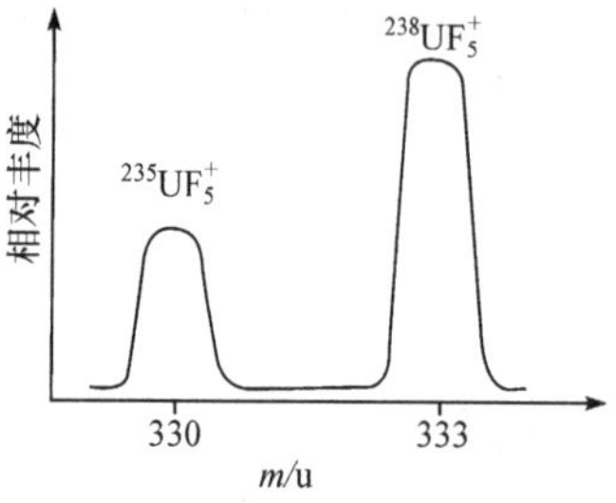

图 4.9 UF_5^+ 质谱图

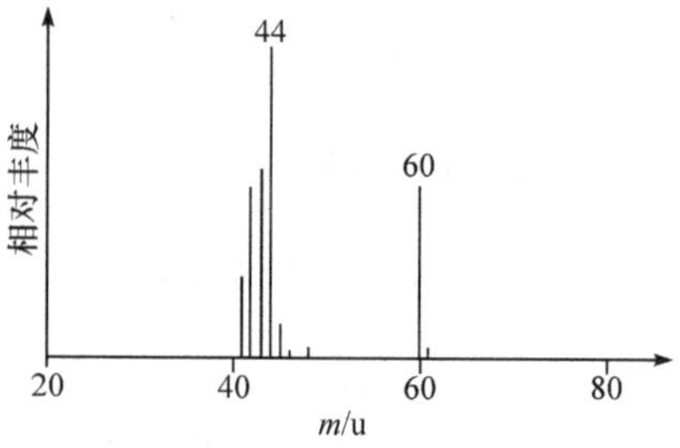

图 4.10 尿样 EI 质谱条图

2. 离子质量的精确测定

质谱仪的质量分辨率很高，是测定原子、分子质量最好的仪器。

要计算谱线的精确质量通常采用直接比较的方法：选择已知精确质量的任意两条谱线 m_0、m_1，用内插法或外推法求出处在两线之间或以外的其他谱线的精确质量 m_x，即

$$m_x = m_0 + (m_1 - m_0)\frac{x}{l} \tag{4.3}$$

式中，l 代表质谱图上 m_0 与 m_1 谱线间的距离；x 代表 m_0 和 m_x 谱线间的距离。利用 ^{12}C 本身和由它派生的一系列谱线作为参考谱线，求得的相对质量准确度非常高，可达到小数点后面 6～8 位数字。

4.2.4 有机质谱中的离子峰

有机质谱要求将试样的分子电离，生成分子离子和大量碎片离子（按分子中原子间化学键碎裂）。所以，质谱法获得的有关分子结构的信息是试样电离和碎裂的直接结果，而不像光谱法是特征能态变化的结果。

对于常用的大多数离子源来说，即使电离简单的分子，也可能产生大量具有不同质量的碎片离子，从而形成复杂的质谱图。

有机质谱多采用电子轰击型电离源。气体或蒸气分子（原子）受到电子轰击而形成各种类型的离子。因而在所得的质谱图中会出现下述一些质谱峰。

1. 分子离子峰

分子离子的质荷比就是它的相对分子质量。

在离子源中，当轰击电子的能量比较低（10eV 左右）时，有机化合物主要形成分子离子。当轰击电子能量较高（70eV 左右）时，分子离子会进一步发生断裂，生成带电荷的碎片离子和不带电荷的中性碎片。由于分子离子是离子中最大的，因此，在一个化合物质谱中，分子离子峰处在最右端。

分子离子的稳定性与分子结构有关。对于有机物，杂原子上未共用电子（n 电子）最易失去，其次是 π 电子，再其次是 σ 电子。所以，分子离子峰的强弱，因化合物而异。一般来说，带有侧链或有羟基的分子，分子离子峰较弱；含有芳环或共轭双键的分子，分子离子

峰较强。此外，分子离子峰的强弱也与电离室温度、轰击电子的能量等有关。

2. 同位素离子峰

组成有机化合物的常见元素，除 P、F、I 外都有同位素，它们的天然丰度见表 4.1，其中，轻同位素的质量数用 M 表示，重同位素的质量数则分别用 $M+1$、$M+2$、…表示。这些同位素组成的分子在质谱图中形成的离子峰称为同位素离子峰。同位素峰的强度比对应其丰度比。例如，自然界的氯的同位素有 ^{35}Cl 和 ^{37}Cl，比例为 3∶1，这样，它的质谱将有 2 个分子离子，以 2 个质量数分开，丰度比为 3∶1。

表 4.1　常见元素的天然同位素丰度

元　素	同位素 M	相对丰度/%	同位素 $M+1$	相对丰度/%	同位素 $M+2$	相对丰度/%
H	^{1}H	100	^{2}H	0.0015		
P	^{31}P	100				
F	^{19}F	100				
I	^{127}I	100				
C	^{12}C	100	^{13}C	1.1		
N	^{14}N	100	^{15}N	0.37		
O	^{16}O	100	^{17}O	0.04	^{18}O	0.20
Si	^{28}Si	100	^{28}Si	5.1	^{30}Si	3.4
S	^{32}S	100	^{33}S	0.80	^{34}S	4.4
Cl	^{35}Cl	100			^{37}Cl	32.5
Br	^{79}Br	100			^{81}Br	98.0

例如，在只含有 C、H 的化合物中，天然碳存在 ^{12}C 和 ^{13}C 两种同位素。由于 H 的 $M+1$ 同位素的丰度很小，故只要考虑 C 的同位素峰。如果分子中含有一个 C，则分子的 $M+1$ 峰的强度应为 M 峰的 1.1%，$M+2$ 峰的强度为 0；如果分子中含有 3 个 C，则 $M+1$ 峰应为 M 峰强度的 3.3%，$M+2$ 峰应为 M 峰强度的 0.04%。这样，由 $M+1$ 峰和 M 峰强度比可以估计出分子中含 C 原子的个数。同样，如果分子中含有 Cl、Br、S，通过 M 和 $M+2$、$M+4$、$M+6$ 峰的强度比，可以知道分子中 Cl、Br、S 原子的个数。

3. 碎片离子峰

产生分子离子只要几个或十几个电子伏特的能量，如果轰击电子的能量比较大（常用 70eV），那么，除产生分子离子外，尚有足够能量致使化学键断裂、形成带电的或是中性的碎片。例如：

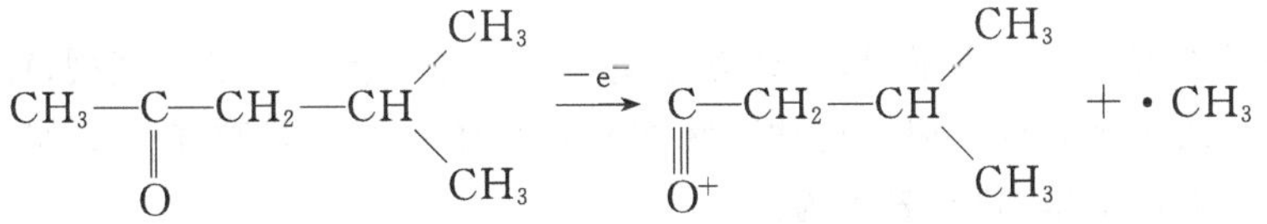

质谱图中常见的碎片离子见表 4.2。

表 4.2　常见的碎片离子

M/z	通　式	一般来源
15、29、43、57、…	C_nH_{2n+1}	烷基
26、40、54、68、…	$C_nH_{2n}CN$	烷基氰化物、双环胺类
27、41、55、69、…	C_nH_{2n-1}	烯烃、环烷基、环烷失去 H_2
30、44、58、72、…	$C_nH_{2n+2}N$	脂肪胺类
31、45、59、73、…	$C_nH_{2n+1}O$	脂肪族醇、醚
31、45、59、73、…	$C_nH_{2n+3}Si$	烷基硅烷
31、50、69、100、…	C_nF_m	全氟烷、全氟煤油
33、47、61、75、…	$C_nH_{2n+1}O_2$	酯、缩醛、半缩醛
33、47、61、75、…	$C_nH_{2n+1}S$	硫醇、硫醚
38、39、50、51、63、64、75、76		带负电性取代基的芳香族化合物
39、40、51、52、65、66、77、78		带给电子基团的芳香族化合物
39、53、67、81、…	C_nH_{2n-3}	二烯、炔烃、环烯烃
42、56、70、84、…	$C_nH_{2n}N$	烯胺和环烷氨、环状胺类
43、57、71、85、…	$C_nH_{2n+1}CO$	饱和羰基、环烷醇、环醚
45、59、73、87、…	$C_nH_{2n-1}O_2$	酸、酯类、环状缩醛、缩酮
45、59、73、87、…	$C_nH_{2n-1}S$	硫杂环烷烃、不饱和含硫化合物
46、60、74、88、…	$C_nH_{2n}NO_2$	亚硝酸酯
46、60、74、88、…	$C_nH_{2n+2}NO$	酰胺
55、69、83、97、…	$C_nH_{2n-1}CO$	环烷基羰基、环烷醇、醚
58、72、86、100、…	$C_nH_{2n+2}NCO$	酰胺、脲类、氨基甲酸酯类
63、77、91、105、…	$C_nH_{2n+1}O_3$	碳酸酯类
70、84、98、112、…	$C_nH_{2n}NCO$	异腈酸烷基酯
72、86、100、114、…	$C_nH_{2n}NCS$	异硫氰酸烷基酯
77、91、105、119、…	$C_6H_5C_nH_{2n}$	烷基苯化合物
78、92、106、120、…	$C_5H_4NC_nH_{2n}$	吡啶衍生物、氨基芳香化合物
79、93、107、121、…	C_nH_{2n-5}	萜类及其衍生物
81、95、109、123、…	$C_nH_{2n-5}O$	烷基呋喃化合物
83、97、111、125、…	$C_4H_3SC_nH_{2n}$	烷基噻吩类
105、119、133、147、…	$C_nH_{2n+1}C_6H_4CO$	烷基苯甲酰化合物

4. 重排离子峰

分子离子裂解为碎片离子时，有些碎片离子的形成不是简单的键断裂，而是通过分子内原子或基团的重排后再断裂。这种特殊的碎片离子称为重排离子。例如，正丁醛分子在电离过程中形成重排离子，表示为

$$CH_3—CH_2—CH_2—CH=O \xrightarrow{-e^-} (CH_2=CH_2)+(CH_2=CH—OH^+)$$

5. 两价离子峰

分子受到电子轰击，可能失去两个电子而形成二价离子 M^{2+}。在有机化合物的质谱中，M^{2+} 是杂环、芳环和高度不饱和化合物的特征。

6. 离子分子反应

在离子源压强较高的条件下，正离子可能与中性碎片进行碰撞而发生离子分子反应，形成质量大于原来分子的离子。

7. 亚稳离子峰

分子离子和碎片离子都是在电离室中形成的，这些离子经加速后进入分析器和检测器。但是，其中有一些离子，或由于内能较高，自身不稳定，或由于中途发生碰撞，在进入检测器前发生断裂。这种中途发生断裂的离子称为亚稳离子。亚稳离子断裂后生成的离子峰称为亚稳离子峰。

例如，在离子源中生成质量数为 M_1 的离子，当被引出离子源后，在进入检测器之前的飞行过程中，由于碰撞等原因失去中性碎片而形成质量数为 M_2 的离子，由于它的一部分动能被中性碎片夺走，这种 M_2 离子的动能要比在离子源直接产生的 M_2 小。在磁式质谱仪中，这种亚稳离子峰的记录质量数比较小，用 M^* 表示，以区别于正常情况下产生的 M_2。

亚稳离子峰较弱，其质荷比通常不是整数，如在十六烷的质谱图中可以发现好几个亚稳离子峰，其质荷比分别为 32.9、29.5、28.8、25.7 和 21.7。

亚稳峰对寻找母离子和子离子以及推测碎裂过程都是很有用的，从而帮助推断化合物的结构。

4.2.5　有机化合物相对分子质量的测定

从分子离子峰可以准确地测定该物质的相对分子质量，这是质谱分析的独特优点。关键是分子离子峰的判断，因为在质谱中最高质荷比的离子峰不一定是分子离子峰，这是由于存在同位素等原因，可能出现 $M+1$、$M+2$ 峰；另一方面，若分子离子不稳定，有时甚至不出现分子离子峰。因此，必须掌握判别分子离子峰的方法。通常判别分子离子峰和测定相对分子质量的方法如下：

(1) 分子离子峰是质谱中质量数最大的峰，多数情况下，质谱高质量端较强峰就是分子离子峰。

有些化合物没有分子离子峰，但 $M-1$ 峰却较大，醛就是一个典型的例子，这是由于发生如下的裂解而形成的：

$$R—\overset{\displaystyle H}{\overset{|}{C}}—O \xrightarrow{-e^-} R—C\equiv O^+ + \cdot H$$

某些化合物(如醚、酯、胺、酰胺等)形成的分子离子不稳定,分子离子峰很小,但$M+1$峰却相当大,这是分子离子在电离室中捕获一个 H 而形成的。例如:

$$R—O—R' \xrightarrow{-e^-} R—\overset{+\cdot}{O}—R' \xrightarrow{+\cdot H} R—\overset{H}{\overset{|}{O^+}}—R'$$

(2) 分子离子峰的邻近峰不会有不合理的碎片峰。例如,分子离子不可能裂解出两个以上的氢原子和小于一个甲基的基团,故分子离子峰的左面不可能出现比分子离子峰质量小 3~14 个质量单位的峰,否则,质量数最大的峰就不是分子离子峰,而是碎片离子峰或杂质峰。若出现 15 或 18 的质量差可以说是合理的,这是由于裂解出一个 $\cdot CH_3$ 或一个 H_2O。

表 4.3 列出从有机化合物中易于裂解出的碎片离子,这对判断质量差是否合理和解析裂解过程有参考价值。

表 4.3　一些常见的丢失的中性碎片

M/z	通　式	一般来源
1	H	烷基腈化物、醛、胺、低相对分子质量氟化烷
15、29、43、57、…	C_nH_{2n+1}	碎裂
16	O	砜、氮氧化物
16	NH_2	芳胺
17、31、45、59、…	$C_nH_{2n}OH$	酸、肟
17	NH_3	胺类
18、32、46、60、…	$H_2O+C_nH_{2n}$	醇、高相对分子质量的醛、酮、酯、醚、邻甲基芳香酸
19、33、47、61、…	$C_nH_{2n}F$	氟代烷
20	HF	一级氟代烷
26、40、54、68、…	$C_2H_2(CH_2)_n$	芳香碳氢化合物
26、40、54、68、…	$C_nH_{2n}CN$	R—CN
27	HCN	含氮杂环、芳胺、氧化物
27、41、55、69、…	C_nH_{2n-1}	麦克拉佛特(Mc Lafferty)重排反应
28	N_2	ArN═NAr
28	CO	芳香含氧化合物、环状酮、醌
28、42、56、70、…	C_nH_{2n}	重排
29、43、57、71、…	$C_nH_{2n+1}CO$	$C_nH_{2n+1}COR$
30	NO	
32	S	
35	Cl	RCl
42	CH_2CO	
44	CO_2	
44	CS	

续表

M/z	通　式	一般来源
46	NO_2	
46	CH_2O_2	脂肪族二元酸、亚甲二氧化合物
48	SO	芳香亚砜
59、73、87、101、…	$C_nH_{2n+1}COO$	ROCOR′或 RCOOR′
60、74、88、102、…	CH_3COOH	RCOOR′
60	COS	硫代碳酸酯
64	SO_2	砜、芳香磺酸酯
79	Br	RBr
127	I	RI

(3) 由 C、H、O 组成的有机化合物,分子离子峰的质量数一定是偶数。而由 C、H、O、N 组成的化合物,含奇数个 N,分子离子峰的质量数一定是奇数;含偶数个 N,分子离子峰的质量数一定是偶数。这就是分子离子峰质量数的氮规律(N 律)。凡不符合 N 律者,就不是分子离子峰。

(4) 在不能确定分子离子峰时,可以逐渐降低电子轰击源的能量,这时所有碎片离子峰的强度都会减小,但分子离子峰的相对强度会增加。最后消失的峰即为分子离子峰。

(5) 如果被分析的试样分子稳定性太差,电子轰击源可能得不到分子离子。为了得到分子离子峰,可以改用其他一些离子源。例如,利用化学电离源,即便是分析不稳定的有机化合物,也能得到很强的分子离子峰(严格讲是准分子离子 $M\pm1$ 峰),而且可以使谱图大大简化。

4.2.6　有机化合物定性分析

质谱图可提供有关分子结构的许多信息,它是化合物的指纹。因而定性能力强是质谱分析的重要特点。

根据质谱图鉴别物质,也就是确定化合物的结构式,一是通过谱图分析;二是求助于谱库检索。以下简要讨论质谱的图谱解析方法。

1. 化合物元素组成及分子式的确认

质谱仪的分辨能力有高低,提供的谱图的分析方法也略有不同。

1) 根据相对分子质量的精确质量确认分子式

组成有机化合物的各种元素所有天然同位素的质量除^{12}C外都不是整数。当质子和中子结合成原子核时,部分质量转化为结合能而造成"静质量亏损"。由于每一种原子核都有其特定的结合能,所以由相同数量的质子、中子和电子组成的不同分子会具有不同的质量。

例如，四氮杂茚 $C_5H_4N_4$、苯甲脒 $C_7H_8N_2$、乙基甲苯 C_9H_{12} 的分子具有相同的质量数 120，然而它们精确的相对分子质量是有差别的。其中，$C_5H_4N_4$ 等于 120.044；$C_7H_8N_2$ 等于 120.069；C_9H_{12} 等于 120.094。差别虽然很小，但是用高分辨质谱仪是完全可以区别的。

高分辨质谱仪能够准确地测出各种离子的精确质量，可以方便地确定化合物的分子式和碎片离子的组成式，因为对应于一种质量只有一种化学组成，具体数据有表可查。

2）根据同位素组的离子丰度确认分子式

低分辨质谱给出的离子质量都是整数。这时，可以根据同位素组的离子丰度来确认分子式。

质谱中除了有质量数为 M 的分子离子峰外，还有质量数为 $M+1$、$M+2$、…同位素峰。由于分子的元素组成不同，同位素峰的丰度比也就不同，因此如果知道 M、$M+1$、$M+2$ 的丰度，即可查表确定分子式。同理，也可以利用同位素峰的丰度比估计某些碎片离子的元素组成。

仍以上述 3 种化合物为例，$C_5H_4N_4$、$C_7H_8N_2$、C_9H_{12} 的 M 都等于 120。如果令它们 M 的丰度均为 100，那么，根据表 4.1 的数据，可以计算得到 $C_5H_4N_4$ 的 $M+1$、$M+2$ 的丰度分别等于 7.0、0.11；$C_7H_8N_2$ 的 $M+1$、$M+2$ 的丰度分别等于 8.4、0.29；C_9H_{12} 的 $M+1$、$M+2$ 的丰度分别等于 9.9、0.44。显然，根据同位素组的丰度比是可以区别这 3 种分子的。

利用同位素峰确定化合物的分子式，一般适用于相对分子质量小于 250 的化合物。若相对分子质量太大，准确度会降低。

2. 谱图解析一般程序

各种化合物在一定能量的离子源中是按照一定的规律进行裂解而形成的各种碎片离子的，因而表现为一定的质谱图。所以根据裂解后形成的各种离子峰就可以检定物质的组成及结构。

质谱图解析的一般步骤是：

（1）由质谱图的高质量端确认分子离子峰，确定化合物相对分子质量。

（2）确定未知化合物的分子式（元素组成式）。

（3）由分子式计算化合物的不饱和数，确定分子中环和双键的数目。

（4）研究高质量端离子峰。质谱高质量端离子峰，是由分子离子失去碎片形成的。从分子离子所失去的碎片，可以确定化合物中含有哪些取代基。

（5）研究低质量端离子峰。不同化合物分子断裂后会生成不同的特征离子峰。根据各类化合物的断裂方式和碎片离子的特点，可以推测化合物的类型。

（6）研究亚稳离子，找出某些离子之间的相互关系。

通过上述各方面的研究，通常可以提出几种可能的结构，然后分析哪种结构最符合得到的质谱数据，同时再考虑试样来源、物理化学性质以及由红外、核磁、紫外得到的资料，最后提出化合物的结构。

3. 质谱解析举例

已知某有机化合物只含有 C、H、O，其质谱图如图 4.11 所示，试确定该化合物的结构式？

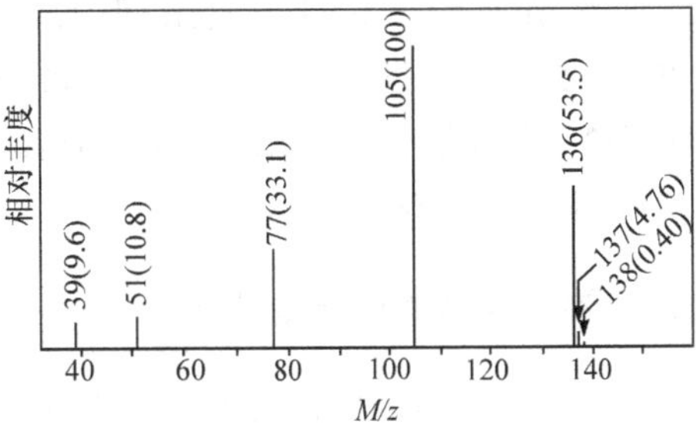

图 4.11　某化合物质谱图

解答：(1) 根据氮规则，可知该化合物相对分子质量为偶数。由谱图确定该化合物的相对分子质量 $M=136$，$M+1=137$、$M+2=138$ 是其同位素峰。

(2) $M+1$ 与 M 的丰度比等于 8.9%，$M+2$ 与 M 的丰度比等于 0.75%。根据同位素丰度表，推测未知物可能的组成为 $C_8H_8O_2$。

(3) 根据式(3.30)，化合物的不饱和数 $\Omega=8-8/2+1=5$，可推测此化合物含有 1 个苯环(环内有 3 个双键)，环外还应有 1 个双键。由于含有 $M/z=105$、77、51、39 峰，也表明化合物含有苯环。

(4) 分析主要质谱峰：$M/z=105$ 的离子是分子离子失去质量数为 31 的中性碎片(可能是 CH_2OH)产生的。$M/z=77$ 的离子是 $M/z=105$ 的离子失去质量数为 28 的中性碎片(C_2H_4 或 CO)产生的。因为质谱中没有 $M/z=91$ 的峰，所以，$M/z=105$ 对应的应该是 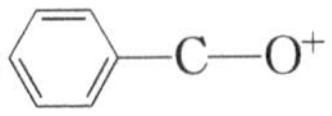 而不是 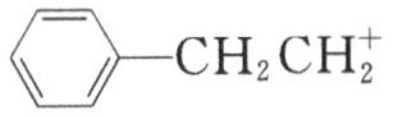。

(5) 经过综合分析，推断化合物的结构式为

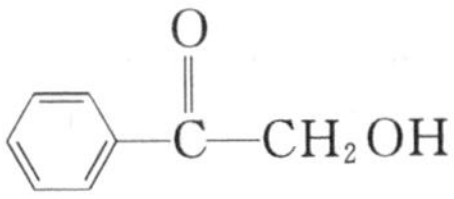　或　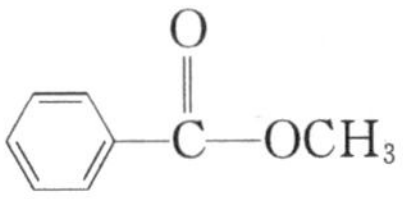

最终结果，还需由红外、核磁进一步确证。

4. 谱库与谱库检索

在解释质谱过程中，也可以借助于标准谱图集。纯化合物的质谱图是定性鉴定的重要资料，这和光谱图的作用是一样的。质谱图谱库是按一定法则简化的棒状归一化质谱图的集合。分通用谱库和专用谱库。通用谱库有 NIST 谱库、NBS 谱库、EPA/NIH 谱库、Wiley/NBS 谱库等；专用谱库有 Pfleger 药物库、毒物库、EI 农药库、CI 农药库。

质谱定性分析，首先根据质谱中得到的数据(如相对分子质量、最强离子峰等)推测该化合物；在得到几种可能的结构后，利用标准谱图进行核对；最后，根据匹配的完美程度以及人们对试样的了解，确定未知物结构。

现在谱库检索的工作，都是由计算机的专门检索程序完成的。计算机将待测的质谱图与谱库中的每一张谱图比较，提出若干个匹配比较好的化合物列表，供质谱工作者参考。

5. 混合物的定性分析

单一纯物质的质谱图已经比较复杂，对于混合物的质谱图，它是有多种物质的质谱图

叠加起来的，自然更加复杂。上面讲到分子离子峰是质谱中质量数最大的峰，显然只适用于纯物质的质谱。因此，在一张质谱图上要求准确识别出每一个分子离子峰是有一定难度的，但至少能识别出某些特征碎片峰，以辨认出化合物中可能存在的官能团。例如，某些混合物(如石油产品)十分复杂，但人们注意到，脂肪族烃类通常在质量数为 43、57、71、85 和 99 处有非常强的峰；环烷烃、单烯烃类则在质量数为 41、55、69、83 和 97 处呈现特征的强峰；其他类型化合物的峰也会有其相应的质量数系列。这种方法可用于汽油、润滑油、沥青和石蜡的化合物类型的分析。

4.2.7 有机化合物的定量分析

质谱法定量是以标样的经验校准为基础的。在最佳情况下，质谱峰高正比于各组分的含量，因此要求每一个组分必须至少有一个与其他组分明显不同的峰。但是，对于复杂混合物，往往很难找到一个完全属于某一组分的质谱峰。为此必须解一组联立方程式，即

$$\left.\begin{aligned} I_{11}c_1+I_{12}c_2+\cdots+I_{1n}c_n&=I_1 \\ I_{21}c_1+I_{22}c_2+\cdots+I_{2n}c_n&=I_2 \\ &\vdots \\ I_{m1}c_1+I_{m2}c_2+\cdots+I_{mn}c_n&=I_m \end{aligned}\right\} \tag{4.4}$$

式中，I_m 是在混合物质谱中的第 m 个峰的强度；c_n 是混合物中第 n 组分的含量；I_{mn} 是第 n 组分对第 m 个峰的强度所作的贡献，由在已知含量 c_n 下使用标样校准而得。

对混合物的定量分析的例子很多，其中包括天然气、C_3～C_5 烃类、C_6～C_8 饱和烃类、C_1～C_6 醇类、醛类和酮类、C_2～C_4 氯化物和碘化物、大气污染物、废气等。如果将混合物加热至较高温度，可分析 C_{10}～C_{27} 醇类、芳香羧酸和酯类等。对于高分子聚合材料的鉴定和定量分析，需先将试样热解，然后将挥发性产物导入质谱仪内进行分析。

4.2.8 有机质谱的应用

质谱方法以其高灵敏度、高分辨率和高分析速度在有机物分析中占有重要地位。通常只需要几个微克甚至更少的试样即可得到很好的、可供结构鉴定的质谱图。有机质谱与红外、紫外、核磁共振并称为有机化学近代分析的四谱，用于有机化合物分子的结构分析。

如今，质谱仪已广泛地应用于化学、化工、石油、地质、原子能、半导体、医药、环境科学及宇航等各个领域。质谱仪与质谱仪的联用，质谱仪与其他分析仪器的联用，进一步开拓了质谱仪的应用前景。

4.2.9 无机质谱分析方法

无机质谱分析方法主要用于固体的多元素分析。用于无机成分分析的质谱仪，一般是使用高频火花离子源，或采用 ICP 离子源。这两种离子源可分析那些难以蒸发的金属、半导体、绝缘体等固体材料。顺便指出，这两种离子源的能量太高，故不适用于有机化合物的质谱分析。

1. 定性分析

定性分析是利用元素同位素的已知质量和丰度来检定元素的含量。

高频火花源对各种元素的气化效率和电离效率基本上相同，所以不需要进行校正，就能得出定性和半定量结果，可同时检定周期表中绝大部分元素。

分析生物试样和有机试样（如植物叶子、骨头、血浆之类）中含有的微量元素，先要经灰化除去碳氢化合物，然后将残渣与纯石墨混合制成电极。

定性分析中遇到的问题主要在于大量干扰谱线的存在，使谱图的检定工作变得复杂。例如，分析铁中微量铝，$^{54}Fe^{2+}$ 谱线干扰 $^{27}Al^{+}$ 谱线，要区分这两条线，要求仪器的分辨率 $m/\Delta m > 2300$。

2. 定量分析

无机质谱是测定高纯材料中微量杂质的重要方法。例如，光导纤维玻璃中的金属杂质分析，真空残余气体分析等。无机质谱仪的灵敏度极高，可以分析含量 10^{-9} 的微量杂质。

同位素丰度分析是质谱仪器的独特手段，如用于原子能工业中 UF_6 的 U-235 浓度分析，地质学中地质年龄的分析，同位素示踪分析等。采用同位素稀释法可进行定量分析。

4.3 色　　谱

色谱分离法也称为层析法，是利用不同物质的溶解、吸附或其他亲和性能的差异对混合物进行分离的技术，配合适当的检测手段，成为色谱分析。

色谱法的最早应用是分离植物色素：在一玻璃管中放入粒状碳酸钙，将含有植物色素（植物叶的提取液）的石油醚倒入管中。此时，玻璃管的上端的碳酸钙即被染成几种颜色。然后用纯石油醚冲洗，随着石油醚的加入，被染色的区域不断地向下移动，并逐渐分开形成几个不同颜色的谱带，继续冲洗就可获得各种颜色的色素，再行分别鉴定。色谱法由此而得名。

现在的色谱法早已不局限于色素的分离，其方法也早已得到了极大的发展，但其分离的原理仍然是一样的，所以仍然称为色谱分析。

色谱法能解决那些物理性质、化学性质类似的复杂的多组分混合物的分离分析问题，而且色谱仪器简单、操作方便。目前已成为有机合成、天然产物、生物化学、石油、医药及环境等许多领域中不可缺少的一种分析方法。

4.3.1　概述

1. 色谱分离原理

使流动相（气体、液体）流经与之互不相溶的固定相表面。当流动相中携带某种混合物（试样）时，由于混合物中各组分在性质和结构上的差异，导致它们与固定相之间的亲和作用的强弱不同，从而它们的移动速度也不同。随着流动相的移动，各组分将按一定次序在流动相中分离，先后通过固定相流出。

2. 固体固定相

固体固定相通常采用吸附剂、离子交换树脂或凝胶体。

1）活性吸附剂

吸附剂对不同物质吸附作用的能力有差异（吸附系数不同），据此可进行物质分离。吸附剂分为非极性吸附剂和极性吸附剂两大类。

2）离子交换剂（离子交换树脂）

以多孔性高分子聚合物（如苯乙烯-苯二乙烯）为基，导入酸性或碱性的化学活性基团，制成阳离子树脂和阴离子树脂。离子交换树脂不溶于水和一般溶剂，但可以与溶液中的阳离子和阴离子进行离子交换而达到平衡。不同物质产生的离子对于离子交换树脂有不同的亲和力（离子交换系数不同），因此可以实现物质分离。

凡在溶剂中能够离解的物质都可用离子交换剂分离。离子交换剂选用的原则是：分离强碱性化合物选用弱酸性阳离子交换剂，分离弱碱性化合物选用强酸性阳离子交换剂，分离强酸性化合物选用弱碱性阴离子交换剂，分离弱酸性化合物选用强碱性阴离子交换剂。

3）凝胶体

利用各种物质分子对多孔凝胶的选择渗透（大分子不进入凝胶孔洞，沿胶粒间隙流出；小分子易进入凝胶孔洞而被滞留）来进行物质分离。

3. 液体固定相

液体固定相指的是覆盖于某种载体表面的液体薄层，称为固定液。载体作为固定液的支持物也称为担体，通常选用惰性多孔材料，如硅藻土、玻璃微球等。

固定液不能溶解流动相，但能溶解流动相所携带的试样中的待分离组分。当含有试样的流动相流经固定液时，试样中各组分在两相间不断地进行分配平衡，由于各组分在两相间分配系数不同而逐渐彼此分离。

固定液的选择主要靠实践经验，不过一般认为存在“相似相溶”规律，即选择的固定液与某组分的化学结构相似、极性相似，则该组分在固定液中的溶解度就较大，在固定液中的保留时间就较长。选择固定液的基本原则是：

(1) 分离非极性或弱极性物质，一般选用非极性或弱极性固定液，如鲨鱼烷、甲基硅油、阿批松、邻苯二甲酸二壬酯、聚乙二醇己二酸等。被分离组分和固定液之间的作用力是色散力或诱导力，由于色散力与相对分子质量成正比，各组分按相对分子质量大小顺序分离，相对分子质量大的组分保留时间长。

(2) 分离强极性试样，选择强极性固定液，如 β,β'-氧二丙腈、聚丙二醇己二酸等。被分离组分和固定液之间的作用力主要是静电力，这时试样中的各组分主要按极性顺序分离，极性组分的保留时间长。

(3) 分离非极性和极性混合物，是选用非极性固定液，还是选用极性固定液，应视组分的性质差别而定。如果沸点差别为主要的,应选非极性固定液。若极性差别为主要的,则应选极性固定液。例如,欲分离苯和环己烷的混合物,二者沸点相差只有 0.6℃(苯沸点 80.1℃,环己烷沸点 80.7℃)。苯为弱极性化合物,环己烷为非极性化合物,与二者的沸点相比,极性差别是主要的,应选用极性固定液。

(4) 除了按极性来选择固定液外,还可按化学官能团相似来选择。例如,被分离化合物为醇,可选醇类或聚乙二醇等为固定液,被分离化合物为酯,则可选酯和聚酯为固定液。

(5) 对于复杂的难分离的物质,可以选用两种或两种以上的混合固定液。

4. 流动相

流动相可以是气体,也可以是液体。流动相的选择主要是经验性的,但也有一般的指导原则。流动相必须满足下列要求:

(1) 能溶解试样,但不与试样发生反应。

(2) 与固定相不互溶,也不发生化学反应。

(3) 黏度小,有较高的渗透性。

色谱法中,以气体作流动相的称为气相色谱法(GC),该气体称为载气。以液体作流动相的称为液相色谱法(LC)。

5. 色谱分离技术

固定相可以装在柱管内,也可以涂敷在平板上,前者称为柱色谱,后者称为平板色谱。根据色谱法原理制成的仪器称为色谱仪,目前,主要有气相色谱仪和液相色谱仪。

4.3.2 气相色谱分析

1. 气相色谱仪

气相色谱分析要求的试样是气态或能转化为气态的物质。

气相色谱仪由载气控制系统、进样系统、色谱柱、检测记录系统组成,如图 4.12 所示。其中,进样系统的气化室、检测器需要加热控制,色谱柱的温度还需要能够程序控制。

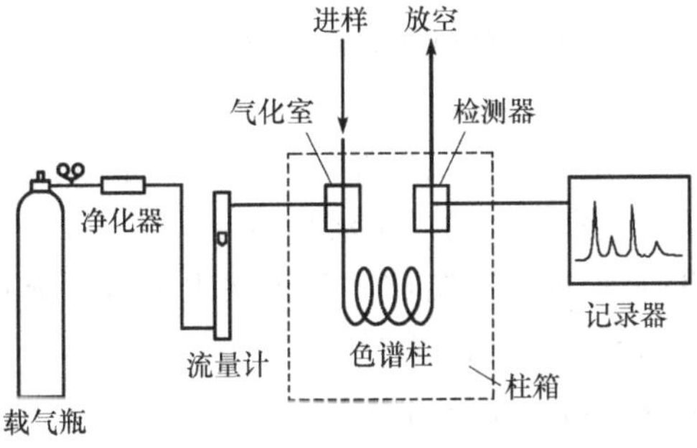

图 4.12 气相色谱仪示意图

载气经减压阀、稳压阀、净化器、流量计，到达进样系统的气化室。气态或液态试样注射到进样口，经过气化室被加热(液态试样首先被气化)后，随载气流入色谱柱，在色谱柱中分离。最后试样各组分随载气按时间先后从色谱柱出口端流出，经过检测器后放空。检测器的输出信号通常转换成数字信号，由计算机存储、处理并打印成色谱谱图。

因为物质之间的吸附、溶解性质与温度密切相关，故柱温条件的选择非常重要，另外还要配合适当的载气流量，才能实现最佳的色谱分离。

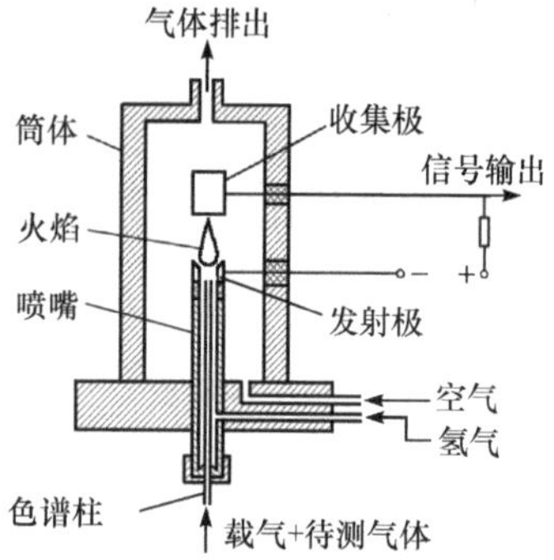

图 4.13　氢火焰离子化鉴定器

检测器检测色谱柱的流出物。因为色谱柱流出物是不同的物质，所以很难找到一种通用的检测器。

目前广泛使用氢火焰离子化鉴定器(FID)，FID 由电离室和放大电路组成，如图 4.13 所示，这是一种典型的离子化检测器。

电离室由金属圆筒作外罩，氢气管、空气管和色谱柱由底座引入。氢气在空气的助燃下由点火机构引燃，燃烧温度约 2100℃。燃烧气及水蒸气由外罩上方小孔逸出。喷嘴附近有环状发射极(又称极化极)，上端有一个筒状的收集极，两者间施以恒定的电压(90～300V)。

载气携带被测有机物组分从色谱柱冒出，在氢焰的高温作用下发生电离。在收集极和发射极间的电场作用下，正、负离子各自向收集极或发射极运动，形成电流。有机物分子在氢火焰中电离效率很低，所以产生的信号电流很微弱，必须经过放大。离子的数量与有机物组分的质量成正比。

氢焰离子化检测器对大多数有机化合物有很高的灵敏度，但对无机化合物、永久性气体和水基本上无反应。

氢火焰检测器由于结构简单、性能稳定、操作方便，所以成为应用最广泛的气相色谱检测器。应该注意的是氢火焰检测器对防爆有严格的要求。

2. 固定相和流动相

气相色谱法可以进一步分为气-固色谱法和气-液色谱法。

气-固色谱法的固定相常用的有活性炭、氧化铝、硅胶、分子筛等，主要用于分离永久性气体、烷烃气体及微量水分。

气-液色谱法以液体为固定相。可供选择的担体和固定液种类很多，可以解决许多复杂物质的分离和分析问题。经常使用的固定液见表 4.4。

色谱柱柱管用不锈钢、玻璃或石英制成。色谱柱主要有填充柱和毛细管柱两种。填充柱的内径 2～4mm，长度 1～5m，柱内填充固定相。毛细柱的内径 0.1～0.5mm，长度几十米，甚至几百米，固定液均匀地涂在内壁上。

气相色谱法中，毛细管柱的使用十分普遍。由于毛细柱内固定液的涂敷需要专门的技术和设备，因此使用者多购买商品色谱柱。至于毛细柱的进样量，气体试样以毫升计，液体试样为 0.2～1μL。

表 4.4　几种常用的固定液

固定液	型　号	相对极性	最高温度/℃	分离对象
角鲨烷	SQ	非	150	一般烃类和非极性化合物
聚二甲基硅氧烷	OV-1 OV-101 SE-30	弱	350	各种高沸点弱极性化合物
含苯基的甲基聚硅氧烷	OV-17	中等	300	各种高沸点化合物
三氟丙基甲基聚硅氧烷	QF-1	中等	250	含卤素化合物、甾类化合物、糖的衍生物
聚乙二醇 20000	PEG-20M	强	220	含氧、含氮官能团,杂环化合物、烷烃及环烷烃
聚己二酸二乙二醇酯	DEGA	强	250	脂肪酸酯香精油、类酯化合物、甲酚异构物

载气,即 GC 的流动相,一般选用氮、氦、氩等气体。

3. 气相色谱图及有关术语

气相色谱图显示的是色谱柱流出物通过检测器所产生的响应信号对时间的关系曲线,也称为色谱流出曲线。通常纵坐标表示组分浓度,横坐标表示流出时间,如图 4.14 所示。

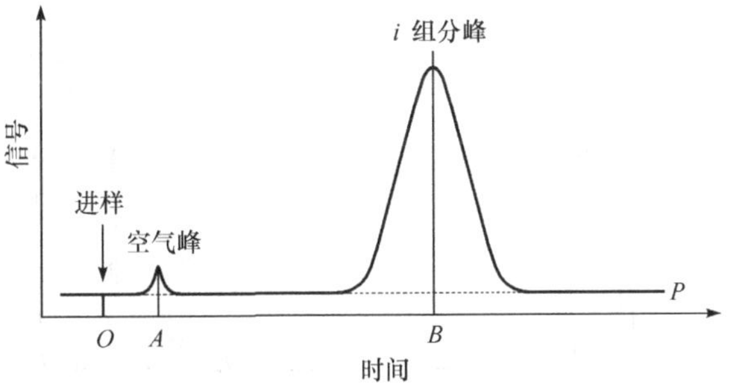

图 4.14　色谱图

1) 基线

当色谱柱中只有载气通过(没有组分流出)时的流出曲线称为基线,如图 4.14 中的 OP 线。

2) 保留值

保留时间 t_R:被测组分从进样开始到流出(出现浓度最大值)所需的时间,即组分在色谱柱内停留时间,如图 4.14 中 OB 段的时间。

死时间 t_M:不被固定相吸附或溶解的气体(主要指载气)从进样开始到流出所需的时间,如图 4.14 中的 OA 段的时间。

调整保留时间 t'_R:扣除死时间后的保留时间,如图 4.14 中 AB 段的时间。某组分的 t'_R可理解为该组分比载气在色谱柱中多滞留的时间。

保留体积 V_R：保留时间内色谱柱流出的载气体积。

死体积 V_M：死时间内色谱柱流出的载气体积。

调整保留体积 V'_R：扣除死体积后的保留体积。

3）峰高和峰面积

画出峰底的两端连接线，自峰顶向横坐标作垂线，与峰底连接线相交，交点至峰顶的距离为峰高；峰和峰底连接线所围的面积为峰面积。

4. 定性分析

气相色谱定性分析就是确定各个色谱峰所代表的组分，下面介绍几种常用的色谱定性分析方法。

1）利用保留时间定性

在相同的色谱条件（包括固定相、柱温、载气流速、柱长、柱径等）下，保留时间决定于组分的性质。因此保留时间是定性的基本参数。

具体做法是将标准试样与待测试样在相同色谱条件下获得的色谱图进行比较，相同组分的保留时间应该相同。

由于保留时间受柱温、柱长、固定液含量等因素的影响，所以用保留时间鉴定物质，必须严格控制实验条件。

图 4.15 为一种未知醇试样和醇的标准溶液在同一分析条件下的色谱图。比较两色谱图可鉴定出图中 B、C、D、G 和 I 峰分别是甲醇、乙醇、正丙醇、正丁醇和正戊醇。

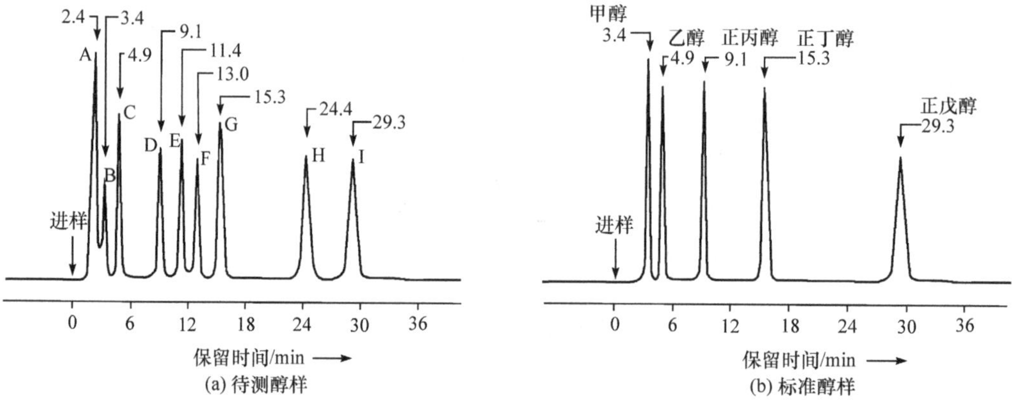

图 4.15　使用标准试样鉴定未知峰

2）利用相对保留值定性

相对保留值 r_{is} 是待测 i 组分的调整保留时间与标准物质 s 的调整保留时间之比，即它们的调整保留体积之比，记作

$$r_{is}=\frac{(t'_R)_i}{(t'_R)_s}=\frac{(V'_R)_i}{(V'_R)_s} \tag{4.5}$$

相对保留值 r_{is} 只是柱温、固定液性质的函数，而与柱长、柱径、载气流速等操作条件无关。所以，只要控制柱温、固定液性质不变，就可以采用相对保留值来鉴定物质。

具体操作可根据有关资料所规定的色谱条件及标准物进行：选一个规定的标准物，将其加入到被测试样中，混匀进样，测出$(t'_R)_1$，$(t'_R)_2$，…，$(t'_R)_n$，$(t'_R)_s$，便可得到r_{1s}，r_{2s}，…，r_{ns}。然后，与资料提供的相对保留值数据进行比较，即可定性。一般来说，标准物应是一个容易获得的纯品，其保留值在各待测组分的保留值之间，通常在苯、正丁烷、对二甲苯、甲酮、乙酮、环己烷、2,2,4-三甲基戊烷等物质中选择。

3）加入已知物增加峰高法

如果未知试样中组分较多，且峰间距离又太近，准确测定保留值有一定困难，可采用加入已知物增加峰高的办法定性。首先作出待测试样的色谱图，然后在待测试样中加入一种已知的纯物质（与试样中估计的某一组分为同一化合物），在相同的条件下作出色谱图。如果后一色谱图中色谱峰相对增高，则可确认该色谱峰所对应的组分与加入的已知纯物质是同一化合物。

应该指出，不同的化合物在相同的色谱条件下也可能具有非常接近或完全相同的保留时间。因此，色谱适宜于鉴定一些来源清楚，大致知道范围的物质。对于完全未知的试样，则应该与其他方法结合起来进行鉴定，如化学方法、红外光谱、质谱或核磁共振等方法。

5. 定量分析

检测器输出信号的大小与进入电离室的被测有机物组分的质量成正比，据此测量色谱峰的峰面积或峰高，便可对有机物进行定量分析。

1）定量校正因子

实验表明，检测器的灵敏度是有选择性的，同一检测器对不同的物质具有不同的响应值，因而两个相等量的物质得出的峰面积往往不相等。故不能用峰面积来直接计算物质的含量，而必须引入校正因子。

由前述，在一定的操作条件下，某个组分的峰面积与其进样量成正比，即

$$A_i = f_i w_i \tag{4.6}$$

式中，w_i、A_i 和 f_i 分别表示 i 组分的进样量、峰面积及校正因子。f_i 主要由仪器的灵敏度所决定，不易测得。因此定义相对校正因子，记作：

$$F_{ic} = \frac{f_i}{f_c} = \frac{A_i/A_c}{w_i/w_c} \tag{4.7}$$

式中，w_c、A_c 和 f_c 分别表示标准样的进样量、峰面积及校正因子；F_{ic} 为 i 组分与 c 标准物的相对校正因子。从式(4.7)可见，引入相对校正因子可以避免仪器灵敏度对测量结果的影响。应该指出，常用的标准物质随使用的检测器不同而异。对于氢焰离子化检测器，常用的标准物质是正庚烷。

相对校正因了与试样、标准物质及检测器的类型有关，而与柱温、载气流速、固定相等选择无关，是一个能通用的常数。化合物的校正因子可通过实验测定，或可查阅有关资料。

2）归一化法

如果已记录下混合物所有的色谱峰，各谱峰的峰面积用 A_i 表示，则有

$$\frac{w_i}{W}=\frac{w_i}{\sum w_i}=\frac{A_i w_c/F_{ic}A_c}{\sum(A_i w_c/F_{ic}A_c)}=\frac{A_i/F_{ic}}{\sum(A_i/F_{ic})} \tag{4.8}$$

式中，$W=\sum w_i$ 为所有组分的进样量之和，即总进样量；w_i/W 为 i 组分的质量分数，通过该方程组解出。显然，这个方法要求混合物中的每个组分都出峰。

3）内标法

内标法就是将一定量的纯物质作为内标物加入到准确称取质量的试样中，根据被测试样和内标物的色谱峰面积之比来计算被测组分的含量。

试样中加入内标物之后，内标物就是试样组分中的一个，由式(4.8)可得

$$\frac{w_s}{W}=\frac{A_s/F_{sc}}{\sum(A_i/F_{ic})} \tag{4.9}$$

式中，w_s 为内标组分的进样量；w_s/W 为内标组分的质量分数。式(4.8)和式(4.9)相除，得

$$\frac{w_i}{W}=\frac{F_{sc}}{F_{ic}}\frac{A_i}{A_s}\frac{w_s}{W} \tag{4.10}$$

此式是内标法进行定量分析的基本计算式。可见，内标法是通过测量待测组分与内标物的峰面积比值来进行计算的，因而可以抵消由于色谱条件变化而引出的误差，得到较准确的结果。

具体做法是：首先准确称取一定质量的试样及内标物，混合均匀；然后将其注入色谱柱，分别测量被测组分和内标物的色谱峰面积 A_i 和 A_s；最后，根据式(4.10)，由内标物的质量分数 w_s/W 计算出被测组分的质量分数 w_i/W。

在内标法中，内标物的选择是非常重要的，它应满足以下要求：

(1) 内标物是试样中不存在的纯物质，否则将会使色谱峰重叠，无法准确测量内标物的峰面积。

(2) 加入的内标物的量应接近于被测组分。

(3) 内标物的色谱峰应位于被测组分色谱峰的附近，但与之完全分离。

(4) 内标物与被测组分的物理及物理化学性质相近。

4）外标法

外标法是用待测组分的纯物质来绘制标准曲线，所以也称为标准曲线法。

在一定的色谱条件下，用待测组分的纯物质加稀释剂，配制一系列不同浓度的标样 c_i，分别取一定体积的标样注入色谱仪。在所得的色谱图上测出各谱峰的面积 A_i，绘制工作曲线 $A(c)$，这应该是一条过原点的直线，如图 4.16 所示。然后用相同体积的试样注入色谱仪，同样在色谱图上测出待测组分的峰面积 A_x，使用标准曲线即可得到被测组分的浓度 c_x。

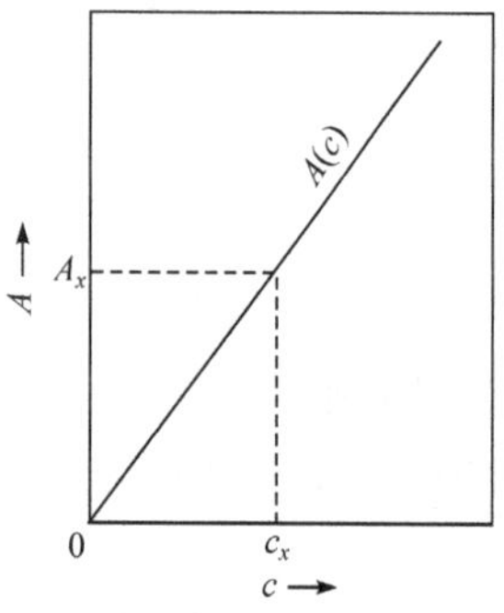

图 4.16　外标法标准曲线

外标法不必用校正因子 F_i，其分析结果的准确性主要取决于色谱条件的稳定程度。

4.3.3 气相色谱-质谱联用分析

把气相色谱仪看作质谱仪的进样系统，或者说将质谱仪作为气相色谱仪的检测器，这就是色谱与质谱技术的结合，即利用了气相色谱对混合物的高效分离能力和质谱对纯物质的准确鉴定能力，称为 GC/MS 技术，主要用于分析有机试样的组成。这种仪器实际上是由色谱仪和质谱仪组成，故也常称其为色谱-质谱联用分析仪，简称 GC/MS 仪。

1. 组成和工作原理

GC/MS 仪由气相色谱仪、质谱仪以及计算机组成，如图 4.17 所示。

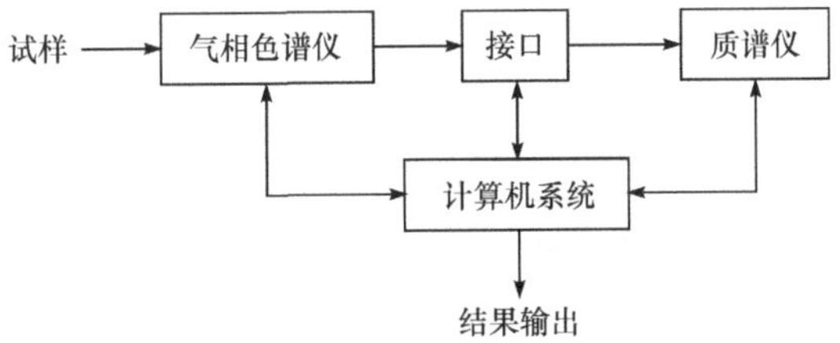

图 4.17　GC/MS 仪组成方框图

载气携带试样各组分从毛细管色谱柱末端冒出，进入离子源被电离，而后通过质谱仪分析而给出质谱，如图 4.18 所示。

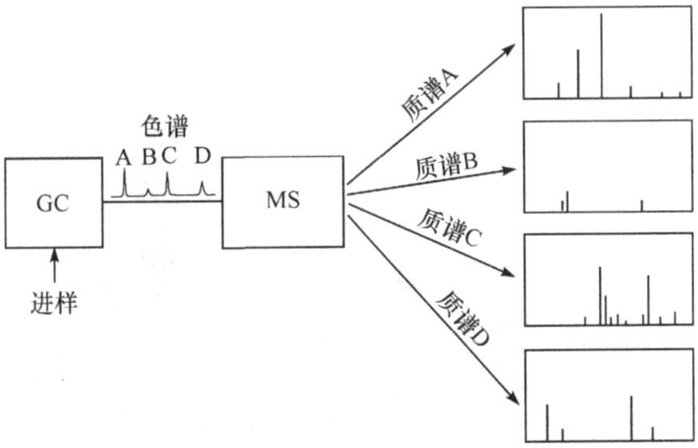

图 4.18　GC/MS 分离的组分产生各自的质谱

毛细管直接插入质谱离子源，实现 GC/MS 联用。但需解决两个问题：一是 GC 的大气压工作条件和 MS 的真空操作条件要求相匹配；二是要求在流出色谱峰的时间内有足够的速度完成质谱鉴定。

毛细管柱流出口压强接近为大气压，而离子源内的真空度在 10^{-2} Pa 量级。GC/MS 使用大泵速的真空系统来解决这个问题，用真空泵将毛细管柱流出载气（携带试样组分）的大部分排入大气，以便维持离子源内部的真空。

毛细管分离的组分冒出的持续时间很短，离子源中待测组分的浓度从零开始，经过一个最大值后又到零，通常只有几秒。扫描最好是在组分流出最大浓度的时候（色谱峰的顶端），而且必须快速扫描质谱，使得在扫描一张质谱图的时间内，进入离子源的待测组分的浓度几乎不变化。

扫描开始的时间如何控制，最简单的方法是设置质谱仪进行连续的扫描。当试样注射进入色谱柱后不久，就开始在设定的质量数范围内（如 50～500），以设定的时间间隔（如每 0.5s）重复扫描，如图 4.19 所示，每扫描一次便获得一张质谱图的数据。如此这样，从头到尾地扫描整个色谱图。于是，在一次 GC/MS 实验中，几百个质谱图的数据被采集下来，构成了 GC/MS 仪的原始数据。显然，必须使用计算机来保存和处理这些质谱图数据。

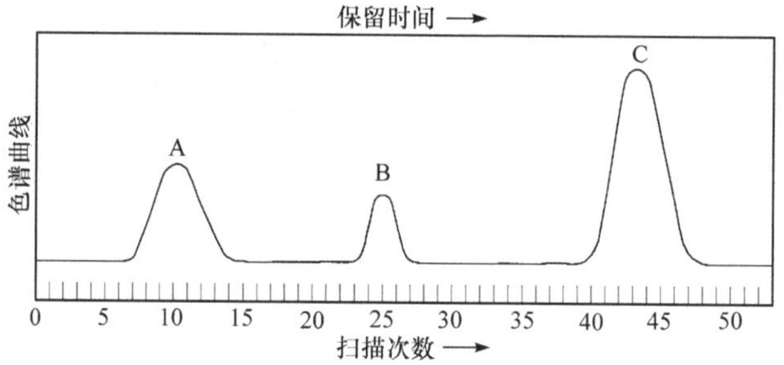

图 4.19　色谱图以及与质谱扫描时间的关系

色谱流程的全部数据可以用三维图形显示出来，表示色谱流出物随时间变化而引起的质谱图随时间变化的情况。三维图中 X 轴代表离子的质荷比 M/z，Y 轴代表时间 t，Z 轴代表离子流强度 I，如图 4.20 所示。

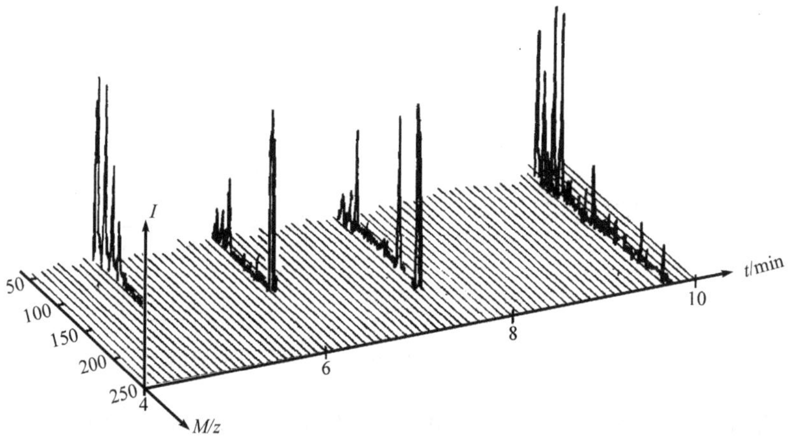

图 4.20　GC/MS 仪的三维谱图

2. 仪器工作方式

1）GC/MS 仪全扫描监测工作方式

质量分析器某一时刻只允许某一质量数的离子通过分析器，检测器接收的是该质量数的离子流强度。当质量分析器作一次质量数扫描时，可检测到离子流强度随质量数变化的质谱图。将质谱图中所有质量数的离子流强度求和，就是总离子流的强度。如图

4.21(a)所示为色谱流程开始以后的总离子流色谱图。

当色谱流程结束,计算机可以取出存储的数据文件,作进一步后处理。GC/MS 仪的这种工作方式称全扫描监测工作方式。全扫描工作方式适用于未知化合物的定性分析。

2) GC/MS 仪选择离子监测工作方式

当质量分析器只允许某一质量数的特征离子通过时,就可检测到该选定质量的离子流随时间变化的谱图,称为选择离子流色谱图,简称离子色谱图,如图 4.21(b)所示。GC/MS 仪的这种工作方式称为选择离子监测工作方式。

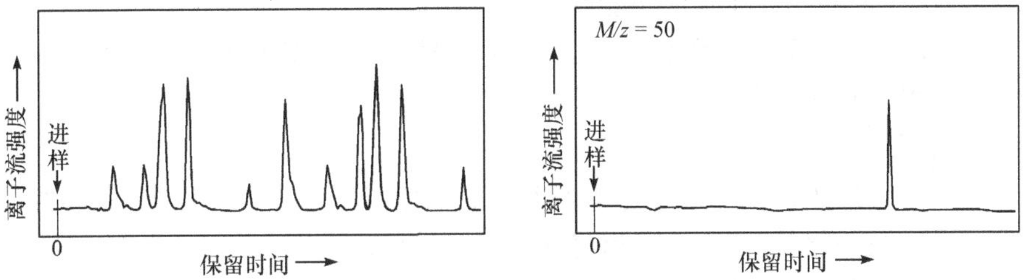

(a) 总离子流色谱图　　(b) 选择离子流色谱图

图 4.21　GC-MS 仪的总离子流色谱图与选择离子色谱图

对于每个选定的离子质量,可以获得一张离子色谱图。当表征某一化合物的数个特征质量(如分子离子、功能团离子或强的碎片离子的质量)的离子色谱图同时出峰时,该时刻的流出组分就是欲寻找的目标化合物。

有时,气相色谱图的一个单峰可能不是只对应一个待测物质,就是说,这个峰实际上是由几个靠得很近的峰合成的。对于这种情况,在 GC/MS 中,可使用选择离子色谱图,把特定质量提取出来。

由上述可知,采用全扫描监测工作方式时的质谱仪是 GC 的一种通用性检测器;而采用选择离子监测工作方式时的质谱仪是 GC 的选择性检测器。

离子色谱图也可以从全扫描工作方式下采集的数据文件作后处理得到,方法是用计算机按同样的选定质量数离子提取它们的离子流强度。当然,这种用后处理方法得到的离子色谱图,其检测灵敏度不如用选择离子工作方式获得的离子色谱图。

3) 去除背景

气相色谱常常是在色谱柱足够高的温度下获得的,这将引起柱内壁静止的液体相挥发,也从柱的末端流出到离子源中。因此,最终记录的将不是纯的待测组分的质谱,而是混进了柱壁渗出物的质谱。

计算机将已知的柱壁渗出物质谱从混合的质谱中减去是一件相当简单的事,如此可得到所需要的待测组分的纯的质谱,如图 4.22 所示。这个过程称为去除背景。在进一步分析质谱之前,去除背景是一项常规性的工作。

3. 计算机系统

气相色谱仪与质谱仪联用后,以每秒数百至数千个质量数的离子流的信息向外发送数据,所以计算机成为 GC/MS 仪的一个重要组件。

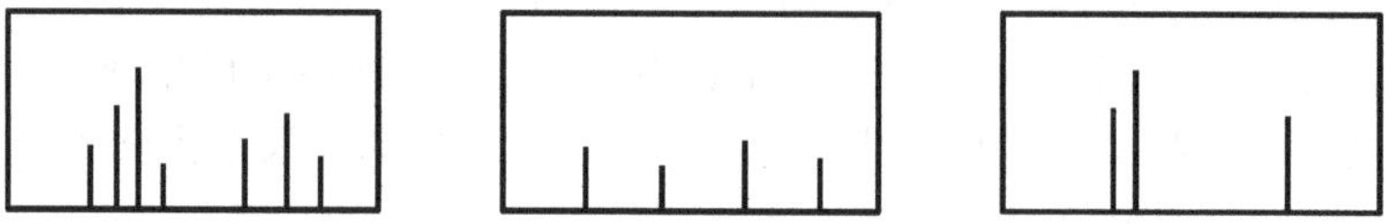

图 4.22　去除柱壁渗出物的质谱背景

计算机通过接口板和通信电缆对仪器各硬件实行部分或全面控制。它的软件包括系统操作软件、谱库检索软件和其他功能软件。

GC/MS 系统有附属的质谱库,其中收集的标准质谱数据覆盖了大多数已知的在分析工作中很可能遇到的化合物。

1) 定性报告

从总离子流色谱图或选择离子色谱图上选取某色谱峰对应的质谱图,经适当处理,如扣除背景、平滑、归一化等,获得该色谱峰的归一化棒状质谱图。

通过专门检索程序,将待测的质谱图与谱库中的标准图谱逐一比较,根据匹配的完美程度,以及色谱的保留时间,最终提供匹配度最高的数个标准物作为检索结果,以定性报告的格式打印出来。报告包括标准物名称、相对分子质量、分子式或结构式等,并提供试样谱和标准谱的比较谱图。

2) 定量报告

在获得色谱图后,选定色谱峰阈值电平,基线选择方法等积分条件后,对色谱峰作面积积分,获得色谱峰面积比或峰高比的计算结果,并形成新文件保存。如果进行外标法或内标法的校准,则可从标样的色谱图求得组分与标准物的相对校正因子,用它修正未知样的峰高和面积,给出校准后的定量报告。

4. GC/MS 仪的应用

GC/MS 仪在石油、化工、医药、环境、食品、轻工等的科研生产、质量控制等方面,获得了广泛应用。由于 GC/MS 仪在各科学领域中的独特地位,已形成或即将形成一系列法定性或公认的标准分析方法,如法医毒品的检定、公安案例的物证、体育运动中兴奋剂的检测等。

最后,需要指出,色谱作为一种物质分离的方法,原则上可以和任何一种适合的分析方法连用。除了与质谱联用之外,色谱与红外光谱的联用也是很有意义的分析技术。

4.3.4　高效液相色谱

前面讲到的最早应用于分离植物色素的色谱法属于液相柱色谱,现在称它为经典液相色谱。在这种色谱的操作过程中,液体流动相在常压下输送,分析周期一般较长。在20 世纪 60 年代,引入气相色谱分析技术,采用高压液体作流动相(最高可达 34 个标准大气压),并采用了新型固定相和高灵敏度检测器,从而分离效率、分析速度和灵敏度大大提高。人们称这种新型的液相柱色谱技术为高效液相色谱分析,英文缩写 HPLC。

气相色谱只适合分析较易挥发、化学性质稳定的有机化合物,而 HPLC 对一般的液体试样均能分析，故特别适用于分析气相色谱法难以分析的如高沸点、大分子、强极性、易热分解的化合物。所以，HPLC 的应用范围已经远远超过了气相色谱，在生物化学、化学、医药学和环境科学的研究中发挥着重要作用。

高效液相色谱就其分离机理的不同，可以分为液-固吸附色谱、液-液分配色谱、离子交换色谱和凝胶渗透色谱四类。这四类色谱中，应用最广泛的是液-液色谱，适用于从极性到非极性的范围很宽的各类试样。

1. 高效液相色谱仪

高效液相色谱仪由输液系统、进样系统、分离系统、检测系统、数据处理和记录系统组成，如图 4.23 所示。整个系统由计算机协调控制。

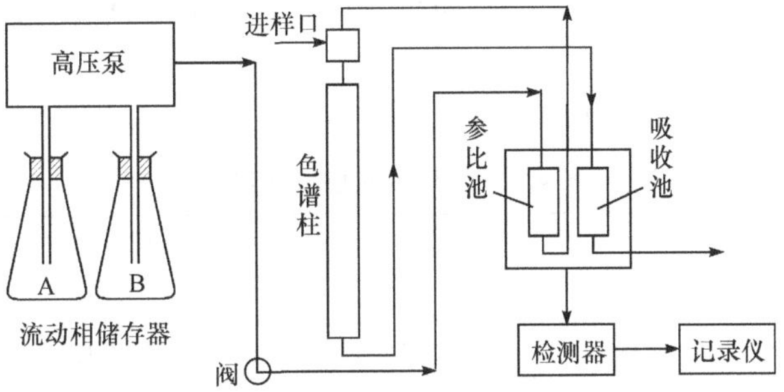

图 4.23　液相色谱仪工作原理图

1）输液系统

高效液相色谱的输液系统包括流动相储存器、高压泵和梯度淋洗装置。流动相储存器为不锈钢或玻璃制成的容器，可以储存不同的流动相。梯度淋洗装置可以将两种或两种以上的不同极性的溶剂，按一定程序交替送进色谱柱。高压泵使流动相以较快的速度流过色谱柱。

2）进样系统

进样系统包括注射器、试样室、切换阀门。试样在常压下用注射器注入试样室之后，进样系统便切换阀门，令高压泵输送流动相将试样送入色谱柱。

3）分离系统

分离系统包括色谱柱、连接管、恒温器等。

色谱柱由不锈钢管制成，一股长 10～50cm，内径 2～5mm，柱内装有直径约 3～10μm 的超细固定相。由于适当提高柱温可改善传质，提高柱效，缩短分析时间。因此，通常有可控加热系统来保持色谱柱的温度。

4）检测系统

高效液相色谱的检测器很多，目前最广泛使用紫外检测器，它适用于对紫外光（或可见光）有吸收的试样的检测。紫外检测器就是一台紫外吸收光谱仪，由于检测器要求通用性，故可略去分光系统。

由于高效液相色谱分析的物质绝大多数都有红外吸收，所以将红外光谱仪作为

HPLC 的检测器具有很大的实用意义。

2. 固定相与流动相的选择

1）正相色谱和反相色谱

液液色谱分为正相色谱和反相色谱。正相色谱是固定液的极性大于流动相的极性，而反相色谱是固定液的极性小于流动相的极性。正相色谱适宜于分离极性化合物，反相色谱则适宜于分离非极性或弱极性化合物。

2）固定相的选择

涂渍在担体上的固定液容易流失，所以液相色谱的固定相多是利用化学反应把有机分子通过化学键结合到担体表面，称为键合固定相。例如，硅胶表面进行酯化反应或硅烷化反应可以形成键合固定相。键合固定相对极性有机溶剂有良好的化学稳定性，避免了固定液的流失。

在液液色谱中可用的固定相种类很多，常用的固定相见表 4.5。

表 4.5　常用液液色谱固定相

类　型	名　称	键合相	粒度/μm
正相色谱（氰基、氨基可用于反相色谱）	Lichrosorb Diol	二醇	10
	YWG-CN	氰乙基	10
	Micropak CN	氰丙基	10
	Vydac 501 TP	氰基	10
	Bondapak NH_2	氨基	10
反相色谱	GYQG-C_{18}	十八硅烷	5、7、9
	Partisil ODS 系列	十八硅烷	5、10
	Lichrosorb RP 系列	十八硅烷	5、10
	ODS-sil-X-1	十八硅烷	10
	Hitachi Gel 3050 系列	十八硅烷	5、10、15
	Vydac 201 C_{18}	十八硅烷	10
	ZY_{1102}	十八硅烷	5、10
	Zorbax C_8	辛基硅烷	6

正相色谱使用的色谱柱称为正相柱，最常用的有氰基柱，其固定相是表面键合氰基的硅胶。反相色谱使用的色谱柱称为反相柱，最常用的有 C_{18} 柱，其固定相是十八烷基键合硅胶。

反相色谱的固定相稳定，可选择多种流动相，是当今液相色谱最主要的分离模式。使用时要注意的是，大多数反相柱要求流动相的 pH2～8。流动相的 pH 太小，会导致键合相水解；pH 太大，硅胶易溶解。

3）流动相的选择

选择流动相主要考虑溶剂强度。所谓溶剂强度就是溶剂对某试样的洗脱能力。在正相色谱中，极性溶剂对极性试样有很好的溶解能力，所以具有较强的洗脱能力，溶剂强度随极性的增强而增加。在反相色谱中,极性溶剂洗脱能力弱,溶剂极性越强,溶剂强度越弱。

流动相通常是水或有机溶剂。一些常用溶剂的极性顺序是:正戊烷＜正己烷＜环己烷＜四氯化碳＜二甲苯＜甲苯＜氯仿＜四氢呋喃＜苯＜二氯甲烷＜乙醇＜乙腈＜甲醇＜水。

正相色谱最常用的流动相是正己烷及适量的极性调整剂。反相色谱最常用的流动相是甲醇-水溶液,另外有乙腈-水溶液。

在选择流动相时,应首先确定最佳溶剂强度。当一种溶剂不能很好地展开各组分时,可用混合溶剂作为流动相。选择合适溶剂强度的方法可以从强溶剂开始逐渐加入弱溶剂,或从弱溶剂开始逐渐加入强溶剂。每改变一次溶剂强度,得到一个色谱图,直到实现好的分离结果。

若改变流动相不能得到满意的结果,可以考虑更换固定相。在分离含极性差别较大的多组分样品时,则需采用梯度洗脱技术。

3. 定性与定量分析

高效液相色谱的定性、定量分析方法与气相色谱基本相同。另一种方法是利用高效液相色谱作为分离工具,对复杂试样进行分离,得到纯的化合物,然后利用其他分析方法进行定性、定量分析。

4. 高效液相色谱-质谱联用分析

高效液相色谱-质谱(HPLC/MS)联用分析的试样来自于液体流动相,而 MS 是在气相中进行离子化的。所以 HPLC/MS 对接口的要求比 GC/MS 苛刻得多,接口技术就成为 HPLC/MS 分析的关键。例如,1mL 液态的乙腈在大气压条件下成为 540mL 的气体,典型的 HPLC 所用的流速为 1mL/min,MS 离子源真空系统抽速为 1000L/s,若要保持离子源的真空度在 10^{-2}Pa,只能允许千分之一的流出液进入离子源。目前,HPLC 接口装置解决这个问题有两条途径:一种是除去大量溶剂后进行常规的气相电离;另一种是在液态的条件下使试样分子离子化并排除大量的溶剂。

4.3.5　平板色谱法

1. 薄层色谱法

常用的薄层色谱属于液-固吸附色谱。在薄层色谱法中,习惯地把流动相称为展开剂。

1) 薄层色谱的操作

完成薄层色谱分析通常需经制板、点样、展开、检视四步操作。

(1) 将适宜的固定相涂布于玻璃板上,形成薄薄的平面涂层,晾干。试样的分离、检测就在此薄层色谱板上进行。

(2) 用微量吸管吸取溶剂,在涂层的一端点样,一般为圆点,直径 2～4mm。

(3) 用适合薄层板大小的有盖玻璃缸作为薄层色谱的展开室,如图 4.24(a)所示。在展开室中加入足够量的展开剂,将点好试样的薄层板浸入展开剂中,浸入深度约 1cm(切勿将样点浸入展开剂中)，密封室盖。由于毛细管作用，展开溶剂在薄层板上缓慢前进，试样组分因移动速度不同而彼此分离。等展开至规定距离(一般为 10～15cm)，取出薄层板晾干，如图 4.24(b)所示。

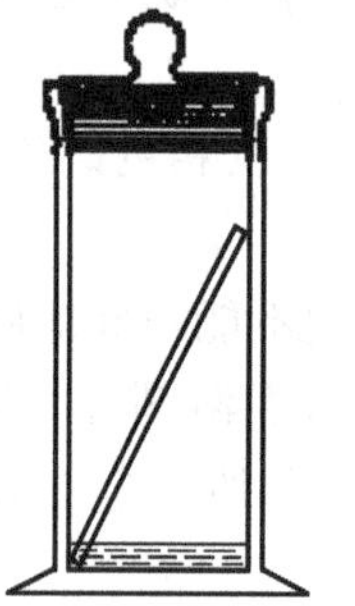
(a) 薄层色谱的展开室

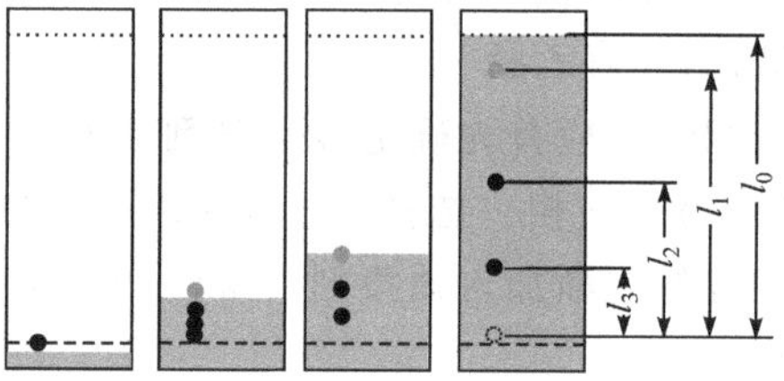

(b) 薄层色谱的展开过程

图 4.24　薄层色谱工作原理图

(4) 分离的化合物若有颜色，很容易识别出来各个样点。但多数情况下化合物没有颜色，要识别样点，必须使样点显色。通用的显色方法有碘蒸气显色和紫外线显色。

2) 分析

量出展开剂和各组分的移动距离，化合物各组分斑点在薄层板上的位置用相对移动值(或称比移值)R_f 来表示，即

$$R_f = \frac{l_i}{l_0} \tag{4.11}$$

式中，l_0 表示溶剂前沿至原点的距离；l_i 表示第 i 个组分斑点中心至原点的距离。R_f 值一般控制在 0.3～0.8，若 R_f 值太大或太小，应适当改变流动相的组成。

在相同条件下测得的比移值可作为化合物的薄层色谱特征值。

根据试样中组分的 R_f 值和显色情况，同时用标准作对照，一般即能确证为某一化合物。例如，在毒物分析中检验是否巴比妥安眠药中毒时，取胃内容物或尿试样，先用盐酸酸化后，用乙醚提取，乙醚提取液脱水，过滤蒸干，溶于无水乙醇中，点在硅胶版上用氯仿-乙醇(36∶1)展开，用硫酸汞二苯偶碳酰肼试剂显色，并用标准品对照。鉴别很快(1h)，对于抢救中毒患者极为重要。

由于薄层色谱操作简单，试样和展开剂用量少，展开速度快，薄层色谱法常用于进行药品的鉴别，杂质检查或含量测定；也经常被用于探索柱色谱分离条件和监测柱色谱过程。

2. 纸色谱法

纸色谱法以滤纸为担体，固定相一般为滤纸纤维上吸附的水，流动相为有机溶剂。纸色谱的流动相也称展开剂。

纸色谱法可视为溶质在固定相和流动相之间的连续分配的过程。由于组分在两相间的分配系数不同，因而随展开剂迁移的速度不同而分离。

纸色谱法的一般操作方法以及分析方法与薄层色谱法相似。

习　题

4.1　简述质谱仪器的基本结构和工作原理。举例说明其主要用途。

4.2　某质谱仪使用磁场强度为 0.24T 的 180°扇形磁场，分析器半径 $R=12.7$cm，为了扫描 15～200 的质量数范围，求相应加速电压的变化范围。

4.3　某质谱仪能够分开 $C_2H_4^+$ 和 H_2^+ 两离子峰，该仪器的分辨率至少是多少？

4.4　双聚焦质谱仪为什么能提高分辨率？

4.5　四极滤质器的基本原理是什么？它有何特点？

4.6　比较电子轰击电离源、高频火花离子源及化学电离源的特点。

4.7　有机化合物在离子源中有可能形成哪些类型的离子？从这些离子的质谱峰中可以得到一些什么信息？

4.8　某化合物 $M=142$，$M+1$ 峰为 M 峰强度的 1.1%，写出该化合物可能的分子式。

4.9　某化合物在质量数等于 122 处有很强的分子离子峰，并且有 92(65%)、91(100%)、65(15%)等离子峰。此外，还有亚稳离子峰 46.5 和 69.4，推断其可能的结构。

4.10　某化合物的质谱数据如下：

M/z	25	26	27	28	35	37	47	48	49	59	60	61	62	63	64	65
相对丰度	5.7	22	27	1.5	2.2	0.8	2.5	1.2	0.92	1.5	5.8	8.7	100	4.8	31	0.71

试确定其相对分子质量和分子式。

4.11　从分离原理、仪器构造及应用范围上简要比较气相色谱及液相色谱的异同点。

4.12　如何实现色谱-质谱联用？

第 5 章　X 射线分析

X 射线在材料分析领域中应用十分普遍，这是由其特点所决定的。

首先，X 射线对物质有很强的穿透能力，X 射线被发现后不久便用于医疗诊断上，后来又发展了各种无损伤的材料检查仪。

其次，X 射线的波长与物质微观结构中的原子、离子间的距离相当，这一特点使它能被晶体衍射。晶体衍射理论说明，衍射光在空间中的强度分布，除了取决于入射光的方向、性质以外，还取决于散射质点的性质以及散射质点的空间分布。如此，通过对衍射光在空间中的强度分布，便可推测散射体的结构。这就是物质结构的 X 射线衍射分析的基本原理。X 射线衍射分析技术包括获取 X 射线衍射图谱以及对衍射图谱的分析技术。X 射线衍射分析是物质结构分析，尤其是固态物质结构分析的最重要、最有效、最普遍的方法。后来的电子衍射、中子衍射基本上是移植了 X 射线衍射的理论和技术，获得了迅速的发展。

最后，X 射线光子的能量与原子内层电子的激发能量相当，这一特点使物质的 X 射线发射谱和 X 射线吸收谱在物质的成分分析中有重要的应用。X 射线发射光谱可用于物质的化学分析，X 射线吸收谱则主要用于研究物质微观局部结构。

5.1　X 射线的检测与 X 射线谱仪

5.1.1　二维图像的记录

1. 荧光板

荧光板是将 ZnS、CdS 等荧光材料涂布在纸板上制成。X 射线能使荧光物质发光，由亮度鉴定 X 射线的强弱。但荧光屏灵敏度太差，只能检测较强的 X 射线。

2. 照相底片

X 射线也能使感光乳剂感光。不过 X 射线穿透性很强，故底片常常需要长时间感光。因此 X 光片乳剂颗粒比较粗，乳胶层较厚，且是双面的。感光后的黑度大致与 AgBr 的吸收系数成正比。

3. X 射线电荷耦合器件

在电荷耦合器件（参见第 6 章）表面涂敷荧光物质，将 X 射线转换成微弱的可见光图像，通过光耦合由图像增强器倍增，然后用电视系统接收。

5.1.2　X 射线光粒子计数器

光子检测器用于检测一定能量范围的 X 射线的强度，也就是对光子进行计数。光子检测器由光子探头、信号处理器、显示记录器和电源等几部分组成。光子检测器通常只能用来测量来自一个方向的光束。

1. 闪烁计数器

如果在图 3.1 所示的光电倍增管的光阴极的窗面上贴一片闪烁体,就构成测量 X 射线的闪烁计数器。闪烁体大多使用掺有 Tl 的 NaI 晶体,厚度 1～2mm。晶体封装在盒中,以防止 NaI 晶体受潮损坏。密封盒的一面是对 X 射线透明的薄铍片(不透光),用作接收 X 射线的窗,另一面是对可见光透明的玻璃片,紧贴光阴极窗面。NaI 晶体受 X 射线照射能激发出蓝紫色的可见光,每个入射 X 射线光子将使晶体产生一次闪烁,从而使光阴极发出一次光电子。

2. 正比计数器

X 射线正比计数器,由正比计数管和脉冲高度分析器以及显示记录器组成,如图 5.1 所示。

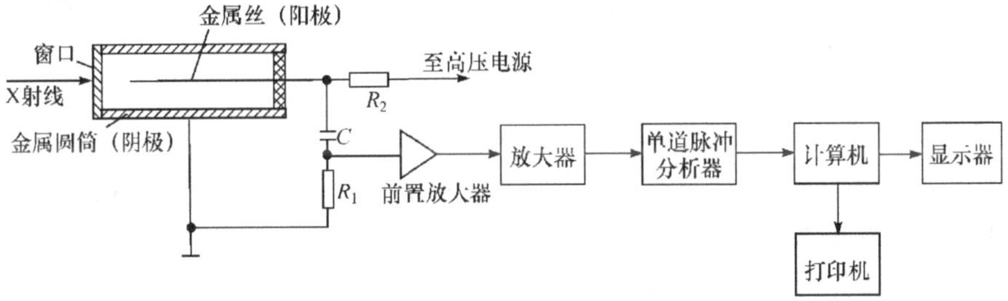

图 5.1　正比计数管探头 X 射线计数器的基本电路

正比计数器的光子探头是正比计数管,是以气体电离为基础的气体计数管。它是由一个充气(低压惰性气体)的圆筒形金属管(作阴极)和一根与圆筒同轴的细金属丝(作阳极)构成,极间电压 1000～2000V。在圆筒的一端或侧壁开有窗口,用云母或铍片(对 X 射线透明)将窗口密封。自窗口射入的 X 射线光子引起气体的电离,产生若干数量的自由电子-离子对,它们在电场作用下分别向两极移动,同时从电场获得能量。电子在获得足够的能量后会与气体分子碰撞而激发次级电子,如此反复不已,从而产生所谓"雪崩效应",这就是气体放大。气体放大倍数与计数管的阳极电压有关,一般为 10^2～10^6。当大量的电子涌到阳极丝时,便有一个微小的电流脉冲通过电容器 C,在电阻 R_1 的两端产生一个电压脉冲,经前置放大器输出,成为测量到一个光子的依据。正比计数管适用检测 0.5～5Å 波长的 X 射线。

对于入射的 X 射线,每发生一次初级电离事件约消耗 25～30eV 能量,引起一次"雪崩",故初级电离引发"雪崩"的数日正比于入射光子的能量,由于一次"雪崩"产生次级电子的平均数量大致相同,所以正比计数管输出的电压脉冲高度大致正比于入射光子的能量,这是正比计数器名称的由来。实际上,单一能量光子所造成的脉冲幅度分布在一定的范围内,于是,只有能量间隔足够大的光子才能产生足以分辨的脉冲幅度。正比计数器的能量分辨率约为 1keV。

一次雪崩产生的电子为 0.1～0.2μs 就可被阳极吸收，而质量较大的正离子则需要 1～2μs才陆续到达阴极。正离子同样会在电场中获得能量，在与气体分子以及与阴极的碰撞中激发出电子，这些电子在奔向阳极时将引起新的电离，雪崩将持续不断。为避免这种现象，计数管内除了氩、氪之类的检测气体外，还要充入少量的卤素或甲烷之类的猝灭气体。猝灭气体的电离电位很低，猝灭气体分子中的电子很容易转移到检测气体的正离子中，而使其中和。代替的猝灭气体正离子由于质量较大，不能在气体分子和阴极物质中激发出电子。正比计数管的死时间小于 2μs，意味着计数率可高达 10^5/s。

3. 位敏正比计数管(多丝正比计数管)

测量正比计数管阳极丝两端产生脉冲的时间差，有可能使正比计数管在丝线方向上具有位置分辨力，这就是一维的位敏正比计数管。从这基本思想出发，正比计数管的阳极采用并排平行的多根丝，便发展成为二维面积型的位敏正比计数管。这类器件的位置分辨能力可达 0.1mm，可以对整个窗口范围内的每个位置同时进行测量。所以可以在极短的(微秒级)时间内同时完成 X 射线衍射的强度和方向的测量，动态跟踪 X 射线衍射图的变化。

5.1.3 X 射线能谱仪

将 X 射线按能量展开，即得到能谱。X 射线能量分散谱仪(EDX)，简称能谱仪，由固体检测器和多道分析器组成，其基本结构如图 5.2 所示。

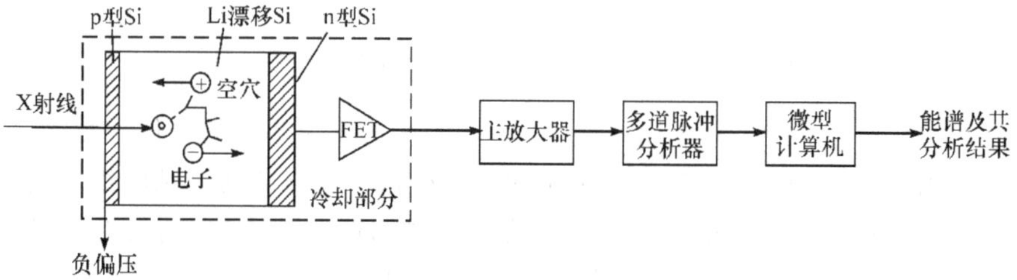

图 5.2 Si(Li)探头 X 射线能谱仪的工作原理示意图

1. X 射线固体检测器

固体检测器或半导体检测器(SSD)，20 世纪 60 年代开始应用于检测 X 射线。作为能谱仪的探头，现在常用的是锂漂移硅固态检测器，习惯上记作 Si(Li) 检测器。

用半径很小的锂原子扩散(漂移)到 p 型硅中，补偿 p 型硅中的空穴，可形成一定宽度的 Si(Li)类本征半导体层。在上面做一层 n 型硅，就成了具有“Si(p)—Si(Li)—Si(n)”结构的半导体检测器。在它的两端面上施以一定的偏压，因高电阻的 Si(Li)层所隔，几乎无电流形成。显然，Si(Li) 层电阻越高，越有利于抑制检测器噪声。

当 X 射线通过铍窗口射入 Si(Li)晶体时，产生一些自由电子-空穴对，在电极间的电场作用下，电子向 n 区集中，空穴则向 p 区聚集，其结果是有小脉冲电流向外电路输出。

在液氮温度下，电离产生一个电子-空穴对所需的能量 $\varepsilon=3.8\text{eV}$。于是，能量为 E 的 X 射线光子所激发的电子-空穴对的数量表示为

$$N=\frac{E}{\varepsilon} \tag{5.1}$$

SSD 不存在"气体放大作用"，其输出的电流脉冲直接由 N 决定，所以与入射光子的能量成正比，且有很好的能量分辨率（可达 160eV），几乎没有死时间（脉冲分辨时间约 10^{-8}s），可见 SSD 是性能优异的检测器。其缺点是噪声太大，需要在液氮温度（-196℃）下才能正常工作，而且在不用时也必须存放在液氮温度下，否则晶体内锂的浓度分布状态将因扩散而变化。

能谱仪根据检测器输出信号的高度，对 X 射线进行分散。Si(Li)检测器是能谱仪的关键部件。正比计数管输出脉冲高度虽然也取决于入射光子能量，但其能量分辨率很低，用于能谱分析没有实用价值。

2. 前置放大器

检测器输出的电压脉冲首先由低阻抗、高信噪比的场效应晶体管(FET)放大，它直接与晶体检测器组装，并一起被冷却到低温下工作。

3. 主放大器

主放大器也称为脉冲处理器，它对前置放大器送来的信号进行再放大并整形，最后每个能量的光子的信号转变成脉冲，其幅度与光子的能量成正比。

4. 多道脉冲高度分析器

多道脉冲高度分析器(PHA)的任务是处理一系列由脉冲处理器送来的脉冲，它要完成模数变换和多道计数两项工作。

模数变换将脉冲高度变换成数字。为了说明问题，设有一组假想的脉冲，如图 5.3(a)所示。纵坐标将输入的脉冲按高度等分成 10 个间隔，每个脉冲必然处于某一确定的间隔内。于是，它们依次变换成用间隔编号表示的数字，即 5、3、6、4、0、8、6、5、7、4、3、5、9、4、0、2、6、5、7、4、1、5。显然，这些数字代表的是入射光子的能量。在实际应用中不是分成 10 个间隔，而是几百几千个。脉冲的数目也是成千上万个。

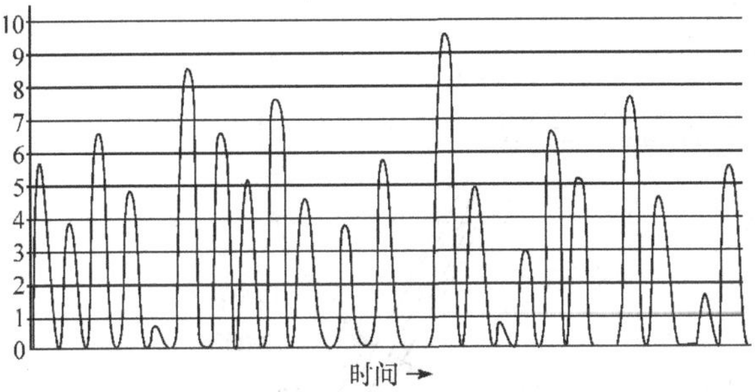

(a) 脉冲处理器输出信号

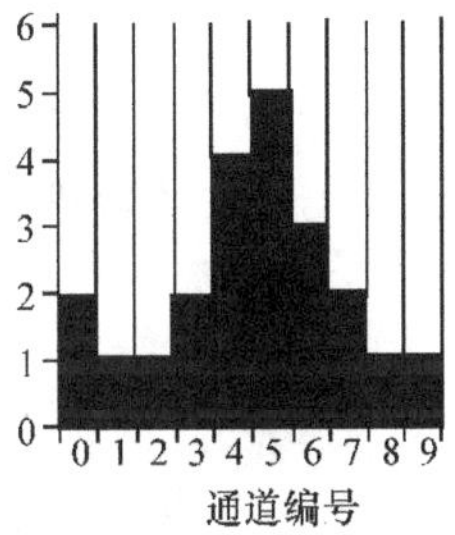

(b) 多道分析器输出信号

图 5.3　模数变换和多道分析的工作原理示意图

多道计数就是统计模数变换所得到的各个数字的个数，也就是统计不同能量的光子的计数。如果将图 5.3(a)中每个间隔的编号作为多道分析器一个通道的地址，模数变换得到的数字将分别进入各自的通道，并在这个通道内增加一个计数(初计数为零)。上述 22 个数字进入 0～9 通道的个数分别为 2、1、1、2、4、5、3、2、1、1。如果把通道的地址作为横轴，每个通道内的计数作为纵轴，当图 5.3(a)的输出信号通过多道计数后，将得到如图 5.3(b)所示的能谱信号。在图 5.3(b)中可以看到，通道 4、5 中积累的脉冲数最多，出现了一个峰，说明在被检测的 X 射线中含有很多这样能量的光子。如果采用 1024 道的脉冲高度分析器，道宽为 20eV，即可得到覆盖 0～20.47keV 能量范围的能谱。

能谱仪经常作为一种光子检测器用在各种 X 射线分析仪器上。

5.1.4　X 射线分光计

将 X 射线按波长展开，即得到波谱。就 X 射线的本质而言，波谱和能谱是一样的，不同的仅仅是横坐标按波长标注还是按能量标注。但如果从它们的分析方法来说，差别就比较大，后者是用电子学的方法展谱，前者却是用光学的方法展谱。

X 射线波长分散谱仪，简称波谱仪(WDS)，是利用晶体衍射把不同波长的 X 射线分开，故称这种晶体为分光晶体，这种波谱仪也称为分光光度计。

1. 平面晶体波谱仪

设分光晶体(hkl)晶面与表面平行，晶面距为 d，那么，对于任意一个给定的掠射角 θ，仅有一个确定的波长 λ(也可能包括其谐波 $\lambda/2$、$\lambda/3$、…)满足布拉格方程而被反射。只要连续地改变 θ 角，就可以在偏离入射方向 2θ 角的相应方向上接收到各种单一波长的 X 射线信号，从而展示 X 射线波谱。

1) 波谱仪的工作原理

图 5.4 示意平面晶体波谱仪的工作原理。测角器是波谱仪的核心部件，计数管及其接收狭缝可围绕测角器的轴线转动，接收狭缝画出的圆称为测角器圆。分光晶体放置在测角器的中心，其表面与测角器的轴线重合。待分析的 X 射线入射到分光晶体，测角器

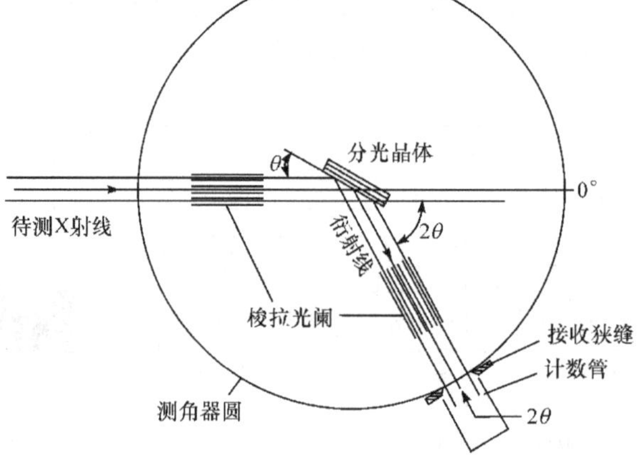

图 5.4　X 射线平面晶体波谱仪

显示其入射方向为 0°，其中波长为 λ 的 X 射线被晶体反射，反射线通过接收狭缝进入计数管，测角器可精确地读出接收狭缝所在的角度位置，即 2θ 值。

平面波谱仪要求待测的 X 射线是平行光束，所以设计了梭拉光阑。梭拉光阑由一组互相平行、间距约 0.5mm 的重金属（Ta 或 Mo）薄片组成。梭拉光阑的金属薄片与测角圆平面垂直，其尺寸决定了入射束在测角圆平面上的发散度。如果梭拉光阑的长度 $l=101.6$mm，金属片间距 $S=0.127$mm，那么，照射到晶体上的 X 射线的最大发散为 $\arctan(S/l)=0.07°$。

为了保证反射线能够通过接收狭缝进入检测器，当接收狭缝处于 2θ 角的位置时，分光晶体表面与入射线方向的夹角应为 θ 角。也就是说，必须让分光晶体与接收狭缝同时绕测角器的中心轴向同一方向转动，并且保持 1∶2 的角速度比值。

波谱仪中 X 射线检测器多使用正比计数器。检测软 X 射线最好创造真空光路，并使用薄窗口计数管，窗口常用厚度在 6μm 以下的塑料，如聚酯薄膜（$C_{12}H_{11}O_{22}N_6$）、火棉胶薄膜（$C_{22}H_{11}O_{22}N_6$）等。

检测器接收的是不同波长的光子，因此脉冲高度分析器的道宽需要打开足够的宽度。

2）分光晶体

由于衍射是一种效率极低的过程，进入检测器的衍射线将是极其微弱的。因此要求分光晶体有尽可能高的衍射效率，以提高衍射强度。分光晶体一般有以下几个特点：

（1）分光晶体的衍射效率与晶面有关，故通常都是使用反射效率高的晶面，如 LiF 的（200）晶面。

（2）分析晶体尽可能由一些原子序数较低的元素组成。这是为了减少对入射波和衍射波的吸收。

（3）分析晶体的衍射效率与 2θ 值有关。高角衍射线强度是比较低的，所以，2θ 角一般不超过 130°。

（4）晶体经过简单的表面研磨处理，往往会使衍射效率大大增加。这是因为在理想晶体中，衍射波因满足布拉格条件将会被再衍射，使离开晶体的衍射波强度大为降低，这就是所谓初级消光现象。经过研磨后的 LiF 晶体，其表层由于形变、缺陷、应力等的综合效应，出现大量的尺度约几十纳米，取向略有偏差的亚晶粒（嵌镶块），可以避免出现初级消光现象。

（5）分光晶体表层由取向略有偏差的嵌镶块所组成。因此，当一束平行的单色光投射晶体时，衍射束有一定的角发散，用衍射峰的峰宽 $W_{1/2}$ 来衡量。最常用的 LiF 晶体，表面磨制前后，$W_{1/2}$ 值约从原来的 10^{-3} 度增大到 10^{-2} 度。

3）波谱仪的分辨率

波谱仪的分辨率是指单位波长变化所引起的衍射角的变化。

仪器的分辨率主要取决于分光晶体，它可由布拉格方程的微分形式表示：

$$\frac{d\theta}{d\lambda}=\frac{\tan\theta}{\lambda} \tag{5.2}$$

可见，分辨率与衍射角密切相关。一般要求 $2\theta>20°$，否则分辨率太差。

检测器的接收狭缝控制进入计数管的衍射束宽度，这个宽度对衍射线的强度和分辨率都有很大影响。

入射束在测角圆平面上的发散度，与晶体波谱仪的分辨率密切相关。梭拉光阑就是应此而设。分光晶体的 $W_{1/2}$ 一般都小于梭拉光阑的角发散，故晶体 $W_{1/2}$ 值的大小，对波谱仪分辨率的影响并不太显著。

4）波谱仪测量波长的范围

由布拉格方程可知，波谱仪测量波长的范围是

$$2d\sin\theta_{\min}\leqslant\lambda\leqslant 2d\sin\theta_{\max} \tag{5.3}$$

由上所述，我们知道，2θ 不能太小，否则分辨率太低，衍射角 2θ 不能太大，否则衍射强度太低。所以，一种特定的晶体只能检测某个波长范围的 X 射线，常用的分光晶体见表 5.1。氟化锂是短波（<3Å）X 射线分光用的标准晶体。对于长波的色散，需要晶面间距更大的有机晶体。使用一种多层皂膜赝晶体，可将检测波长的范围延伸到几个 Å 以上。其实，它们并不是真正的晶体，而是由 100～150 层直链脂肪酸的金属衍生物组成的平行结构，散射能力由结合在 CH_2 链上的重金属原子（铅或钡等）所产生，其“衍射晶面”间距达几十 Å。

表 5.1 几种常用晶体的参数

晶　体	化学式	反射晶面	晶面距/Å	检测波长范围/Å	可检测元素范围
氟化锂	LiF	200	2.013	0.89～3.5	K 系：$_{20}$Ca～$_{38}$Sr L 系：$_{51}$Sb～$_{92}$U
异戊四醇（PET）	$C(CH_2OH)_4$	002	4.375	2.0～7.7	K 系：$_{14}$Si～$_{26}$Fe L 系：$_{37}$Rb～$_{66}$Dy M 系：$_{72}$Hf～$_{92}$U
邻苯二甲酸氢铷（RAP）	$C_6H_4(COOH)(COORb)$	001	13.05	5.8～23	K 系：$_{9}$F～$_{15}$P L 系：$_{24}$Cr～$_{41}$Nb M 系：$_{57}$La～$_{80}$Hg
硬脂酸铅（STE）	$Pb(C_{17}H_{35}COO)_2$	—	50.1	22～88	K 系：$_{5}$B～$_{8}$O L 系：$_{16}$S～$_{23}$V
廿六烷酸铅（CER）	$Pb(C_{25}H_{51}COO)_2$	—	68.5	29～114	K 系：$_{4}$Be～$_{7}$N L 系：$_{14}$Si～$_{21}$Sc

2. 弯曲晶体波谱仪

如果要展示来自近处点源或线源的 X 射线的波谱，往往要求波谱仪能够在对 X 射线分光的基础上，会聚相同波长的 X 射线，以便逐个检测。这种波谱仪必须采用弹性弯曲的分光晶体。弯曲晶体波谱仪有好几种，如图 5.5 所示的是一种的直进式波谱仪。

弯曲晶体分光及聚焦成像的原理和第 3 章所述的凹面光栅分光光度计是一样的。入射狭缝 S 和出射狭缝 P 都位于与弯晶凹面吻合的聚焦圆上。来自 S 的光照射到分光晶体上，晶体凹面反射的光一定聚焦在聚焦圆上。图 5.5(a)就是这样的弯曲晶体聚焦的光

路图。图中，B、C、A 为晶体表面上(也是聚焦圆上)的点，聚焦圆半径 OB、OC、OA 即晶体表面法线。S、P 分别为光源点和接收点，若衍射角为 2θ，SP 弧长等于 $2(\pi-2\theta)$。M 为弧 SP 的中点，MC、MA、MB 则是反射晶面的法线。由于反射晶面不一定都平行于晶体表面，为了实现完全聚焦，应当对晶体作如下的加工：首先，将片状晶体弯成半径为 $2R$ 的凹面(反射晶面的曲率半径等于 $2R$)；再将分光晶体凹面的半径磨至 R(晶体表面与聚焦圆重合)。完全聚焦充分利用了衍射束的能量，提高了检测灵敏度和分辨率。

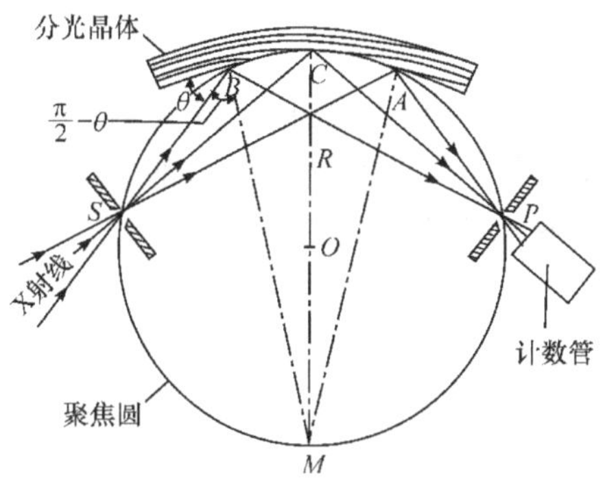

(a) 弯晶聚焦原理

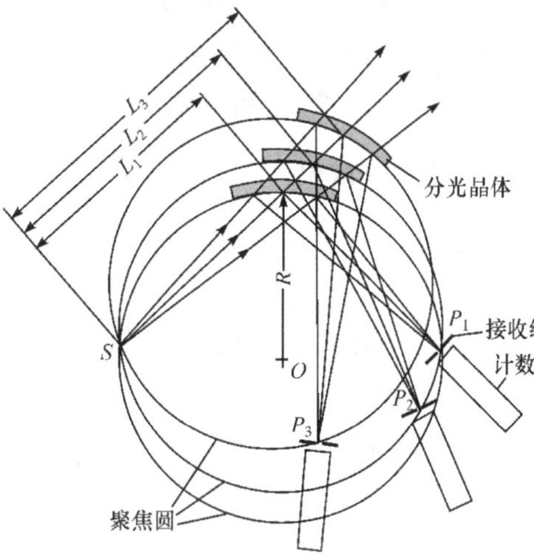

(b) 直进式弯晶波谱仪

图 5.5 弯曲晶体 X 射线波谱仪工作原理

设 L 为光源狭缝至分光晶体的距离，也就是分光晶体至接收狭缝的距离。根据图 5.5(a)的几何关系可以得出其聚焦条件为

$$L=2R\sin\theta=\frac{R\lambda}{d} \tag{5.4}$$

由式(5.4)可知，对于给定的分光晶体(d 固定)，L 与 λ 之间存在着简单的线性关系。聚焦圆的半径 R 是固定的，分光晶体的 d 是固定的。波谱仪要接收不同波长 λ 的 X 射线，必须相应地改变 L，也就是要求晶体沿聚焦圆滑动，同时，检测器以两倍于分光晶体的角速度滑动，才能实现分光晶体位于 θ 角时，检测器正好处于 2θ 位置。

实际的装置可以使晶体沿着固定的导臂(平行于待检 X 射线的入射方向)滑动。计数管可沿另一个绕晶体的转动轴摆动的导臂滑动，同时可绕一根通过其狭缝的竖轴转动，使得其窗口随时指向分光晶体，如图 5.5(b)所示。扫描时，L 由小逐渐变大，意味着被检测的 X 射线的波长 λ 由短变长。作为一种典型仪器的尺寸，$R=20$cm，相应的 L 值变动范围为 10～36cm。

5.1.5 单色器

获得单色 X 射线的器件就是单色器。能谱仪和波谱仪都能展示 X 射线的波谱(能谱)，如果只选择接收其中某个波长(能量)的 X 射线或者只允许该波长(能量)的 X 射线通过，那么能谱仪和波谱仪就简化成了单色器。

5.2　X 射线荧光谱分析

用 X 射线照射试样，试样中各元素的原子若受到激发，将产生特征 X 射线，把它们按波长或能量展开，得到波谱或能谱，统称 X 射线荧光光谱(XRFS)。

将待分析元素的特征谱线辨认出来，并测得它们的强度，据此分析材料的化学成分，这就是 X 射线光谱分析。XRFS 可测试固体(块状)、粉末、薄膜、胶体、液体等各种形态的试样，其特点是快速、准确、制备试样方便、测试过程中不损坏试样。

5.2.1　X 射线荧光谱仪

X 射线荧光谱仪主要由 X 射线源、试样室、X 射线平面晶体波谱仪或 X 射线能谱仪组成，所以 X 射线荧光光谱仪有波谱仪和能谱仪之分。图 5.6 是它们的基本结构示意图。现代光谱仪都配备计算机，对谱仪进行控制并联机处理数据。

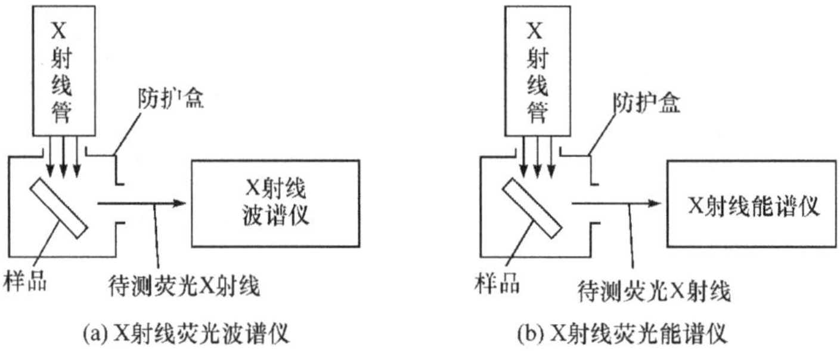

图 5.6　X 射线荧光谱仪的基本结构

1. X 射线源

X 射线荧光谱仪的 X 射线源通常采用电子式(也称热阴极式)封闭型的 X 射线管，管内真空度为 $10^{-3}\sim10^{-5}$Pa；有时也使用可拆式 X 射线管作为激发源，工作时，将管内抽成真空。

X 射线管及其电源设备的工作原理如图 5.7 所示。当灯丝通电加热时，产生大量的热电子，在极间电场作用下被加速。管中的阳极是高速电子轰击的目标，故称为靶，或阳极靶。高能电子束在轰击阳极靶时，因速度损失而产生韧致辐射，以及因激发靶原子而产生特征辐射。管身在阳极附近开了窗口，用对 X 射线吸收系数很小的材料(通常是金属铍)封住窗口，允许来自靶表面的 X 射线射出。

X 射线管电源设备的主要任务是提供稳定的可调的阳极电压和阳极电流(也称管电压和管电流)。X 射线管的管电流取决于灯丝温度，实际上是由灯丝电流所控制，灯丝电流由灯丝变压器 T_1 供给。高压变压器 T_2 以及整流电路供给 X 射线管所需的管电压。管压和管流的控制多采用“二次侧检测，一次侧控制”的方式，即通过测量实际施加在 X 射线管的工作电压或工作电流的值，反馈控制输入侧电源的电压，使实际值与设定值相

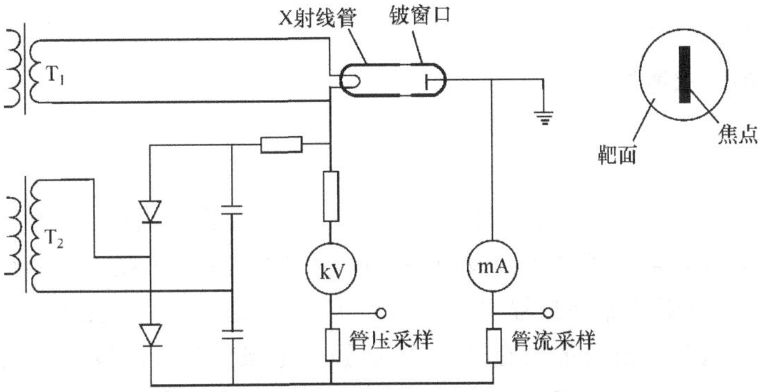

图 5.7　X 射线管及其电源设备示意图

等，达到控制和稳定管电压和管电流的目的。

靶面用各种纯金属(如铬、铁、钴、铜、钨、钼等)涂敷，以获得不同波长的特征 X 射线。当高速电子撞击靶面时，只有极少部分的能量转换为 X 射线的能量，绝大部分的能量都转换为热能。因此，阳极靶必须有冷却水保护，以免阳极靶面烧损。

靶面上遭电子轰击的区域，即产生 X 射线的区域，称为 X 射线管的焦点，焦点呈长条矩形。从窗口外看到的焦点称为表观焦点，垂直于焦点长边方向，表观焦点接近一个直线段，称为线状焦点；垂直于焦点短边方向，表观焦点接近一个点，称为点状焦点。

2. X 射线谱

X 射线管发出的 X 射线光谱是连续谱背景基础上叠加的线状谱，一个 X 射线管通常只产生简单的几个较强的特征谱线。

图 5.8 是钼靶 X 射线管所生辐射的光谱。当管压高于 L 激发电压(2kV)时，在波长 6.2Å 附近的连续谱的基础上产生一些钼 L 特征辐射，当管压超过 K 激发电压(20kV)时，又在波长 0.7Å 附近的连续谱上产生一些钼 K 特征辐射。当管电压或管电流增加时，无论是连续谱或特征谱，强度都增加；但特征谱线的波长只取决于靶材；连续谱的短波限

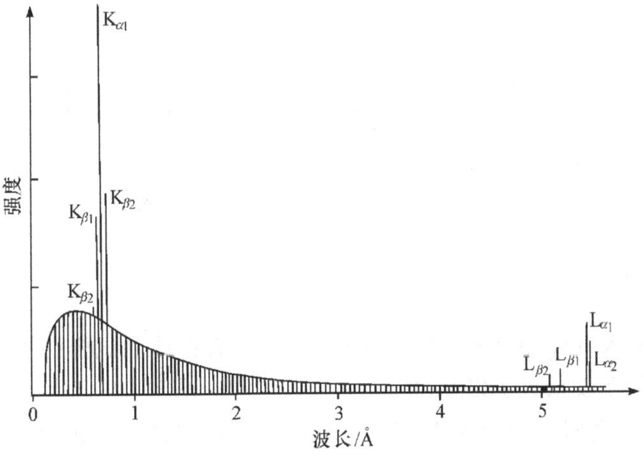

图 5.8　钼靶 X 射线管所生辐射的光谱

波长 λ_0 只和管电压有关。

5.2.2　X 射线的二次激发

1. 激发方式

初级 X 射线激发试样荧光有三种方式：其一，X 射线管发出的 X 射线直接照射在试样上，可以得到对各元素都较高的激发效率，在实践中常选用钨靶，主要利用连续谱中波长短于受激元素吸收限的那部分辐射；其二，初级 X 射线通过滤片照射试样，主要是用特征辐射照射试样，这时的激发更具有选择性，能强烈地激发吸收限波长稍大于特征辐射的元素；其三，使用二次靶，即让初级 X 射线轰击一个金属靶，用它产生的荧光辐射去照射试样，这样能完全避免初级 X 射线的连续谱部分照射试样。

为了使试样接收的辐射尽可能强，应该使试样尽量接近 X 射线管，并在许可情况下选择能强烈激发待测元素的特征辐射，施加尽可能高的功率。

轻元素的吸收系数小，激发效率很低。为提高对轻元素的激发效率，希望初级 X 射线中的长波成分多一些，这时减少窗材料的吸收很重要，宜用薄铍窗(如厚度 0.25mm)，但要注意的是薄铍窗容易破损。

2. 荧光产额

K 系荧光产额 W_K 是指每一次 K 激发引起 K 发射的概率，如平均每一百个铜原子 K 激发后能发出 44 个铜 K 系光子，则 $W_K=0.44$。同理，L 系荧光产额就是由 L 层激发的原子发射荧光的概率。图 5.9 列出了某些元素的 K 系和 L 系平均荧光产额。可以看到，低原子序数元素的荧光产额较低。

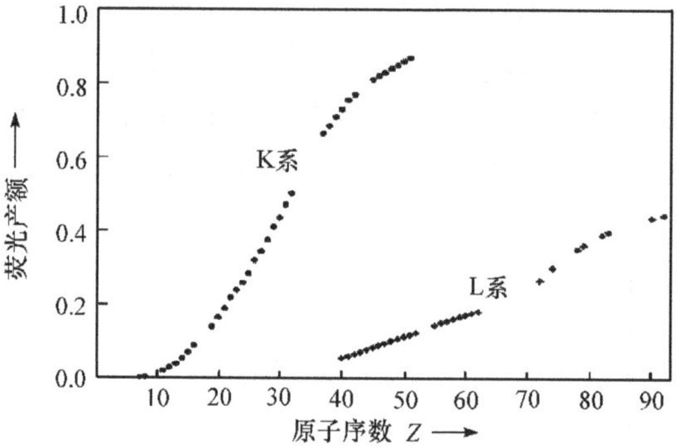

图 5.9　某些元素的 K 系和 L 系平均荧光产额

3. 基体吸收效应

当初级辐射射入试样和荧光辐射射出试样时，两者都涉及试样的吸收问题，吸收的多少可用试样的质量吸收系数予以衡量。

现从图 5.10 说明吸收对荧光 X 射线强度的影响。图中 I_{Fe} 和 $(I_{Fe})_0$ 分别为合金 Fe 及纯 Fe 的 FeK_α 强度。对于 Fe-Al 和 Fe-Ag 两个合金试样，由于 Fe-Al 合金的吸收系数低于含铁量相同的 Fe-Ag 合金，使得初级辐射在 Fe-Al 合金中的贯穿深度较 Fe-Ag 合金为大，因此，在 Fe-Al 合金中有较多数目的铁原子发射出荧光辐射；此外，铁的荧光辐射在射出 Fe-Al 合金试样的过程中所遭受的吸收也较在 Fe-Ag 合金中为少，因此，其总结果是射出 Fe-Al 合金外部的 FeK_α 荧光辐射的强度较 Fe-Ag 合金为高。

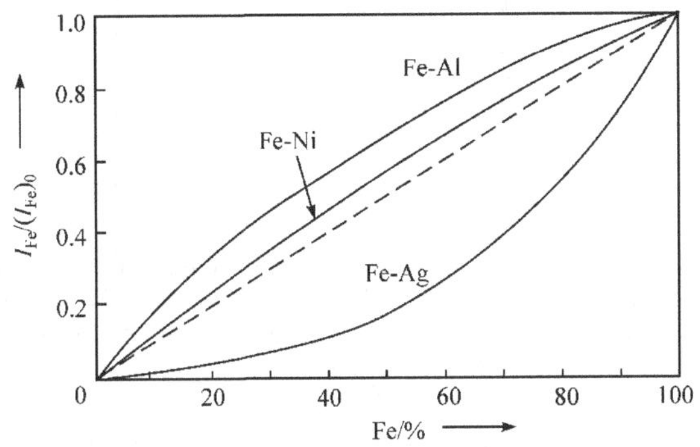

图 5.10　不同浓度 Fe 合金所发射的 FeK_α 荧光强度的影响

4. 增强效应

对多元素试样而言，若初级辐射使试样中的 B 元素发出波长为 λ 的荧光，如果它小于 A 元素的 K 吸收限波长，则不但初级辐射能激发 A 元素使之发射 K 系荧光，并且来自 B 元素的荧光辐射也能激发 A 元素，这就是二次荧光。这种增强效应在图 5.10 的 Fe-Ni 合金曲线上非常明显。Ni 对 FeK_α 辐射的吸收大于 Fe 对 FeK_α 辐射的吸收，如果只考虑到基体吸收效应，Fe-Ni 合金的曲线应该在靠 Fe-Ag 合金曲线一侧，但由于 NiK_α 能激发 FeK_α 辐射，结果使 Fe-Ni 合金发出的荧光辐射与含铁量相同的 Fe-Al 合金比较接近。

综上所述，试样发射的荧光 X 射线强度主要决定于初级 X 射线的波长、强度分布、试样各元素原子的激发概率和荧光产额以及试样的基体吸收效应和增强效应。这些效应是很复杂的。

5.2.3　波谱图

波谱仪记录的波谱图是一种衍射图谱，由一些强度随 2θ 变化的峰曲线与背景曲线（或称本底）组成，如图 5.11 所示角闪石矿物试样的波谱图。每一个峰都是由分析晶体衍射出来的特征 X 射线；至于试样的相干的或非相干的散射波，也会被分光晶体所反射，成为波谱的背景。连续谱波长的散射是造成波谱背景的主要因素。直接使用来自 X 射线管的辐射激发试样，其中强烈的连续辐射被试样散射，引起很高的波谱背景，这对波谱的分析是不利的。用特征辐射照射试样，可克服连续谱激发的缺点。

直接影响波谱分析的三个主要问题：检测元素范围、分辨率和灵敏度，表现在波谱图上就是横坐标范围、衍射峰的宽度和高度。

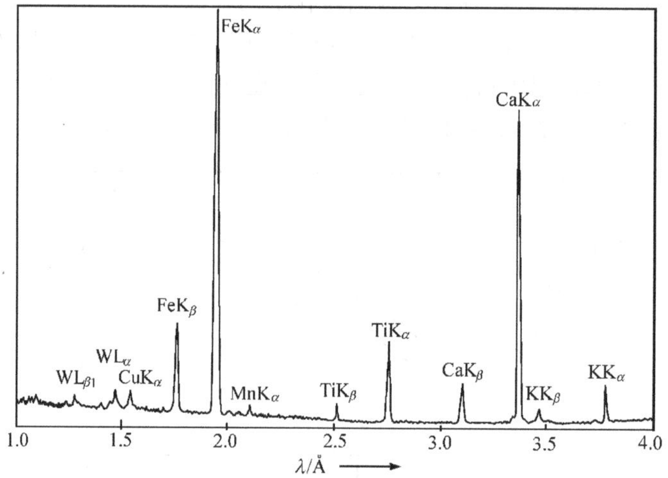

图 5.11　角闪石矿物试样的 X 射线波谱图

1. 检测元素范围

氟化锂作为分光晶体可检测元素范围是：${}_{20}Ca$～${}_{92}U$。表 5.1 中晶体联合使用，可以覆盖 $Z=4\sim92$ 的所有元素，相应的波长为 1～110Å。所以，为了使可分析元素尽可能地覆盖周期表中所有的元素，必须配备不止一种分光晶体。

2. 分辨率

波谱的分辨率主要取决于波谱仪。波谱的波长分辨率是很高的，如波长十分接近的 VK_α(2.28434Å)、$CrK_{\alpha1}$(2.28962Å)和 $CrK_{\alpha2}$(2.29351Å)三根谱线在波谱图中可以清晰地分开。

3. 灵敏度

由试样发出的荧光辐射，其强度远较一次辐射为低，若受激元素仅为试样中次要成分时，则荧光强度更是微弱。当这种荧光辐射再由分光晶体衍射时，其衍射束将是极其微弱的。

波谱仪的灵敏度取决于信号噪声比，即峰高度与背景高度的比值。实际上就是峰能否辨认的问题。波谱仪的灵敏度测试主要看轻元素，因为轻元素的荧光产额较低，信号较弱。

一般说来，波长分散谱仪的灵敏度是比较高的，可能测量的最低浓度，对于固体试样，达 0.0001%(质量分数)，对于液体试样，达 0.1μg/mL。

5.2.4　荧光 X 射线定性分析

对试样所含元素进行定性分析是比较容易的。根据谱线的位置 2θ 和分光晶体的面间距 d，可算出谱线波长，从而确认试样所含有的元素。对于配备微机的波谱仪，可以直接在图谱上打印谱线的名称，实际上完成了定性分析。

定性分析必须注意一些具体问题。例如，要确认一个元素的存在，至少应该找到两条谱线，以避免干扰线的影响而误认。又如，要区分哪些峰是来自试样的，哪些峰是由 X 射线管的特征辐射散射而产生的。对于轻元素试样，可能会出现康普顿散射。如果试样中所含的元素的原子序数很接近，则其荧光波长相差甚微，就要注意波谱是否有足够的分辨率把它们分离。

参见图 5.11，几乎每种元素都有两个以上的衍射峰。其中，Mn 的含量很少，故只出现 K_α 谱线。至于 W 的衍射峰，显然是来自 X 射线管的 W 靶。

5.2.5 荧光 X 射线定量分析

荧光 X 射线定量分析是在光学光谱分析方法基础上发展建立起来的。可归纳为数学计算法和实验标定法。

1. 计算法

试样内元素发出的荧光 X 射线的强度应该与该元素在试样内的原子分数成正比，就是与该元素的质量分数 W_i 成正比，即

$$W_i = k_i I_i \tag{5.5}$$

原则上，系数 k_i 可以根据试样中各元素原子激发的概率、荧光产额以及基体吸收效应和增强效应等从理论上计算出来。计算是非常复杂的，而且荧光产额、质量吸收系数等参数目前尚不能准确地了解。所以，计算结果误差可能比较大。

一般情况下，人们宁愿采用相似物理化学状态和已知成分的标样进行实验测量标定，而不用考虑那些复杂的因素。常用的有外标法和内标法两类。

2. 外标法

外标法是以试样中待测元素的某谱线强度，与标样中已知含量的这一元素的同一谱线强度相比较，来校正或测定试样中待测元素的含量。

在测定某种试样中元素 A 的含量时，应预先准备一套成分已知的标样，测量该套标样中元素 A 在不同含量下荧光 X 射线的强度 I_A 与纯 A 元素的荧光 X 射线的强度 $(I_A)_0$，作出相对强度 $I_A/(I_A)_0$ 与元素 A 百分含量之间的关系曲线，即校正曲线（图 5.10）。然后测出待测试样中同一元素的荧光 X 射线的相对强度，再从校正曲线上找出待测元素的百分含量。

因为波谱分析多用于检验工作，目的是检查数量庞大、成分相近的试样，看其成分是否在规定范围内。因此，绘制校正曲线时，无需绘制像图 5.10 中含量在 0%～100%的完整曲线，只需作出其中一段即可。例如，1Cr18Ni9 奥氏体不锈钢的 Cr 成分范围为 17.0%～19.0%，因此，在分析该钢的 Cr 含量时，只要取该钢号两个化学成分已知（17%和 19%Cr）的标样，就可绘制出所需部位的校正曲线，从而可进行大批试样的检验工作。

3. 内标法

待测试样是粉末或溶液时，采用内标法较为方便。内标法是在未知试样中均匀混入一定数量的已知元素 j，作为参考标准，然后测出待测元素 i 和内标元素 j 相应的X射线强度 I_i、I_j；设它们在混合试样中的质量分数用 W_i、W_j 表示，则有

$$\frac{I_i}{I_j}=K\frac{W_i}{W_j} \tag{5.6}$$

式中，K 为校准常数，可用待测元素和内标元素含量都已知的标样求出。然后，根据所测的 I_i、I_j 和 W_j，计算得到 W_i。在采用内标法时，还必须注意如下两点：

(1) 只适用于含量较低的元素的测量(如低于10%)。这是因为内标元素的加入量不能太大，否则会使基体成分发生变化而引进较大的测量误差。

(2) 内标元素的吸收系数应该接近待测元素。内标元素的荧光辐射不能强烈激发待测元素，内标元素也不能强烈吸收待测元素的荧光辐射。例如，RhK_α 辐射能强烈地激发Mo，故Rh不能作为Mo的内标元素；同样，Y能强烈地吸收 MoK_α 辐射，故Y也不能作为Mo的内标元素。

通常，若待测元素的原子序数为 Z，内标元素的原子序数则为($Z\pm1$)。也可以用同种元素作为内标物质，这时校准常数 $K=1$，这是特殊的内标法，称峰值增强法。

4. 检测计数的精密度

X射线波谱定量分析的精密度取决于强度测量的精密度，但成分测量的准确度则必须通过对标准试样测量后才能确认。

衍射线的积分强度定义为在观察点 R 处，衍射强度沿 2θ 在底宽区间内的积分，也就是谱图中本底之上的衍射峰面积。若接收狭缝足够宽，当它对准衍射峰位时，所获计数就是积分强度，当然要从中扣除背景计数。

检测器定时测量谱线强度时，计数 N 有着明显的涨落现象，符合随机过程的统计规律。数学上可以证明，在总计数为 N 的单次测量中，标准偏差为

$$\sigma=\sqrt{N} \tag{5.7}$$

相对标准偏差为

$$\frac{\sigma}{N}=\frac{1}{\sqrt{N}} \tag{5.8}$$

相对标准偏差表示了单次测量的精密度。谱线强度测量的精密度仅决定于所测得的脉冲总数，而与脉冲速率无关。为了使测值有高的精密度，就要求作大数目的计数；如果谱线强度微弱，则必须要有很长的计数时间。

因为峰强度的计算需要扣除背底的强度，所以，如果用 N_{L} 表示谱线的总计数，N_{B} 表示背底的总计数(两者测量时间相同)，则

$$\sigma=\sqrt{\sigma_{\mathrm{L}}^2+\sigma_{\mathrm{B}}^2}=\sqrt{N_{\mathrm{L}}+N_{\mathrm{B}}} \tag{5.9}$$

5. 举例

测定由 Fe_2O_3 和其他化合物组成的矿石中铁的含量时，以 Fe_2O_3 作为内标物质。设矿石中铁的含量为 W_{Fe}，相应的 FeK_α 谱线的强度测量为 1min 计数 9000 脉冲(包括本底 1200 脉冲)；当在 97g 矿石中加入 3g Fe_2O_3 后，相应的 FeK_α 谱线强度为 1min 计数 22800 脉冲(包括背底 1800 脉冲)。求矿石中的铁含量，并分析测量精确度？

解答：含量为 W_{Fe} 矿石试样，谱线强度测量值 $I_1=9000-1200=7800$ 脉冲。

在 97g 矿石中加入 3g Fe_2O_3，相当加入 2.1g Fe，于是，混合试样的 Fe 含量较原来试样增加 2.1%，即含量为($W_{Fe}+0.021$)，谱线强度 $I_2=22800-1800=21000$ 脉冲。

由式(5.6)知，$\dfrac{W_{Fe}}{W_{Fe}+0.021}=\dfrac{I_1}{I_2}$，得

$$W_{Fe}=\frac{0.021\cdot I_1}{I_2-I_1}=0.012$$

I_1 的标准偏差为

$$\sigma_1=\sqrt{9000+1200}=101$$

I_2 的标准偏差为

$$\sigma_2=\sqrt{22800+1800}=157$$

(I_2-I_1)的标准偏差为

$$\sigma_{2-1}=\sqrt{\sigma_1^2+\sigma_2^2}=\sqrt{101^2+157^2}=187$$

I_1 相对标准偏差为

$$\frac{\sigma_1}{I_1}=\frac{101}{7800}=0.013$$

(I_2-I_1)相对标准偏差为

$$\frac{\sigma_{2-1}}{I_2-I_1}=\frac{187}{21000-7800}=0.014$$

最终可得 W_{Fe} 的相对标准偏差等于 0.027，即 2.7%。

5.2.6 能谱图与定性、定量分析

能谱的定性分析和定量分析和波谱类似，能谱图和波谱图十分相像，但背景较高，峰重叠现象比较多，分析会稍困难些。图 5.12 所示角闪石矿物试样的能谱图，与图 5.11 所示的波谱图比较，两者的异同点是明显的。

5.2.7 能谱仪和波谱仪的比较

在波长分散谱仪中，试样发出的各种波长，在检测之前已按波长大小在空间分散，检测器只需要接收一种波长。能谱仪的检测器则是同时接收试样中所有元素发出的荧光 X 射线，然后，根据检测器输出信号的能量大小，把它们分开到各个通道进行计数，展示试样所发射的 X 射线信号的能谱组成，从而对试样进行定性、定量分析。

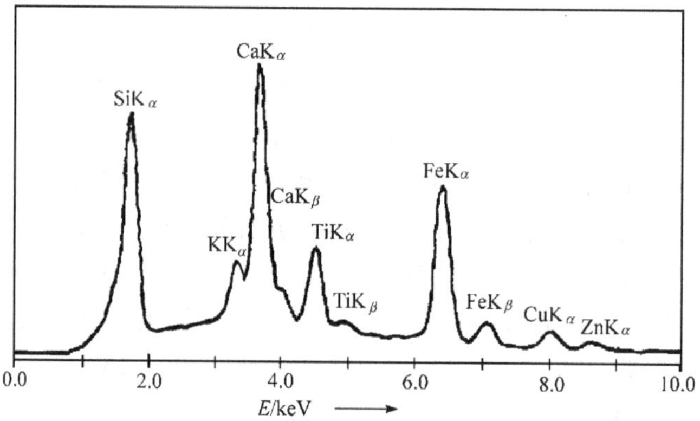

图 5.12　角闪石矿物试样的 X 射线能谱图

能谱仪和波谱仪的比较，能谱仪有一些突出的优点，具体表现在：

(1) 能谱仪分析速度快。因为它同时接收所有不同能量的 X 射线光子，可以在几分钟的时间内对 $Z>11$(新型能谱仪 $Z>5$)的所有元素进行定性分析；而波谱仪的一次扫描要用几十分钟时间，还只能在有限的波长范围内进行，若更换晶体，则要用更多的时间。

(2) 能谱仪的灵敏度比波谱仪高一个数量级。这是因为能谱仪的检测器可紧靠着试样放置(几个厘米)，增加了接收辐射的立体角，同时它无需经过晶体衍射。因此，能谱仪可以使用小型、低功率、不需水冷却的 X 射线管。

(3) 能谱仪的结构比波谱仪紧凑得多，它没有运动部件；因为它同时接收不同能量的光子信号，所以对系统的稳定度无严格要求，甚至可以使用同位素源产生 γ 射线，成为便携式仪器。

(4) 能谱仪没有聚焦的要求，对试样表面发射点的位置没有严格的限制，适合于比较粗糙表面的分析工作。

可是，能谱仪在某些方面仍然无法与波谱仪匹敌，主要表现在：

(1) 波谱仪在常用波长范围内的能量分辨率高达 5～10eV。能谱仪的能量分辨率一般为 140～150eV，因而在能谱仪中谱线的重叠现象严重。常需要借助于电子计算机进行谱线的分解，由此会造成一定的分析误差。

(2) 波谱仪可以分析的浓度下限(约 0.5%)以及定量分析精度比能谱仪高得多。能谱仪的信噪比低，仅为 50 左右，而波谱仪可高达 1000。相比之下，能谱分析只能是半定量的。

(3) Si(Li)探头必须始终保持在液氮冷却的低温状态。

5.3　粉末衍射分析

粉末衍射是 X 射线衍射最基本也是最常用的一种方法。多晶试样常制成粉末(微米尺度)，一是因为粉末试样容易制取，二是因为粉末试样最符合多晶试样的条件，它没有块状试样难以避免的结构。另一方面，也可以把多晶体中的每一个晶粒视作微粉。因为以上理由，多晶衍射也称粉末衍射。

5.3.1　多晶体的 X 射线衍射强度

多晶试样在波长为 λ 的 X 射线照射下，产生一个个锥顶角为 4θ 的衍射圆锥（图 2.34 和图 2.35），这是由许多与入射束夹角为 θ 的晶面 (hkl) 反射形成的，它们满足布拉格方程（2.30），即

$$2d_{hkl}\sin\theta=\lambda \tag{5.10}$$

根据式（2.72），因为晶粒粒径 D 很小而导致的衍射线角宽度为

$$\Delta(2\theta)_{\max}=\pm\frac{\lambda}{D\cdot\cos\theta_{\mathrm{B}}} \tag{5.11}$$

多晶体 (hkl) 晶面（包括 P 个等同晶面）的衍射线强度由式（2.74）给出，即

$$I_{hkl}=I_c\,\frac{\lambda^2 PD}{16\pi v_0^2\sin^2\theta_{\mathrm{B}}}\left[\frac{\sin(\pi\Delta\theta/\Delta\theta_{\max})}{\pi\Delta\theta/\Delta\theta_{\max}}\right]^2\mathrm{e}^{-2M}(\Delta V) \tag{5.12}$$

式中，P 为多重性因子；v_0 为晶胞体积；e^{-2M} 为温度因子；ΔV 为多晶体试样受 X 射线照射的体积。需要强调的是，此式描述小体积多晶体对 X 射线衍射强度的空间分布。之所以只适用于小体积晶体，是因为该式是用衍射运动学理论推导的，该理论假设晶体中每个原子所受到的入射波照射的强度都相同。

定义一个晶胞对 X 射线的散射波强度 I_{c} 与一个电子的散射波强度 I_{e} 之比为晶体的结构因子，用 $|F|^2$ 表示，即

$$|F|^2=\frac{I_{\mathrm{c}}}{I_{\mathrm{e}}}=\frac{|\psi_{\mathrm{c}}|^2}{|\psi_{\mathrm{e}}|^2} \tag{5.13}$$

用表述电子对 X 射线散射的式（1.94）代入，得

$$I_{\mathrm{c}}=I_0\,\frac{r_{\mathrm{e}}^2\cdot|F|^2}{R^2}\cdot\frac{1+\cos^2 2\theta}{2} \tag{5.14}$$

式中，I_0 为入射 X 射线的强度；R 为观察点到衍射晶体的距离。

定义洛伦兹偏振因子，或称角因子，记作：

$$\Phi=\frac{1+\cos^2 2\theta}{\sin^2\theta\cdot\cos\theta} \tag{5.15}$$

将式（5.14）、式（5.15）、式（5.11）代入式（5.12），得

$$I_{hkl}=I_0\,\frac{r_{\mathrm{e}}^2\lambda^3}{32\pi v_0^2 R^2}\cdot\left[\frac{P\Phi|F|^2\mathrm{e}^{-2M}}{\Delta(2\theta)_{\max}}\right]\cdot\left[\frac{\sin(\pi\Delta\theta/\Delta\theta_{\max})}{\pi\Delta\theta/\Delta\theta_{\max}}\right]^2(\Delta V) \tag{5.16}$$

此式适用于小体积试样，就是说其尺度应该远小于 X 射线的透射深度。这是为了确保试样所受到的 X 射线照射的强度处处相等。然而，X 射线在金属中的透射深度不过十

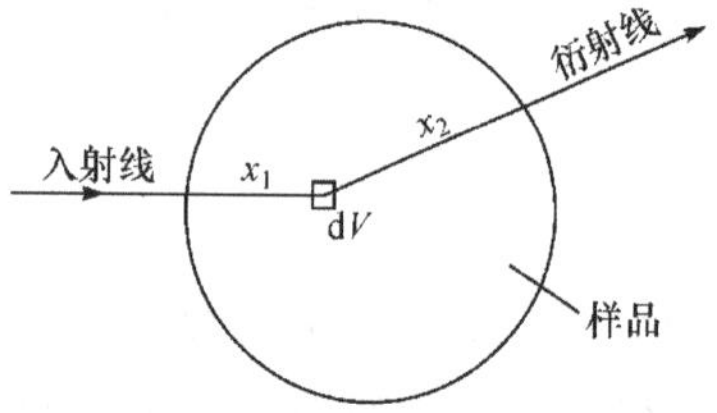

图 5.13　X 射线通过试样时的情况

几微米，实际试样的尺度一般都远大于这个深度，所以必须考虑 X 射线通过试样时的强度衰减。

设 dV 为试样中的一个体积元，如果入射 X 射线进入试样到达 dV 经过的距离用 x_1 表示，dV 产生的衍射线又经过 x_2 的距离后才离开试样，如图 5.13 所示。如果试样的线吸收系数为 μ，那么该体积元产生的衍射线的强度应该表示为

$$I_{hkl}=I_0\frac{r_e^2\lambda^3}{32\pi v_0^2R^2}\cdot\left[\frac{P\Phi|F|^2e^{-2M}}{\Delta(2\theta)_{\max}}\right]\cdot\left[\frac{\sin(\pi\Delta\theta/\Delta\theta_{\max})}{\pi\Delta\theta/\Delta\theta_{\max}}\right]^2e^{-2\mu(x_1+x_2)}dV \quad (5.17)$$

于是，整个试样的衍射强度为

$$I_{hkl}=I_0\frac{r_e^2\lambda^3}{32\pi v_0^2R^2}\cdot\left[\frac{P\Phi|F|^2e^{-2M}}{\Delta(2\theta)_{\max}}\right]\cdot\left[\frac{\sin(\pi\Delta\theta/\Delta\theta_{\max})}{\pi\Delta\theta/\Delta\theta_{\max}}\right]^2\int_V e^{-2\mu(x_1+x_2)}dV \quad (5.18)$$

定义吸收因子，记作：

$$A=\frac{1}{V}\int_V e^{-2\mu(x_1+x_2)}dV \quad (5.19)$$

可见，A 取决于试样的形状、尺寸以及入射线和衍射线的方向。根据式(5.19)，式(5.18)改写成

$$I_{hkl}=I_0\frac{r_e^2\lambda^3}{32\pi v_0^2R^2}\cdot\left[\frac{P\Phi|F|^2e^{-2M}}{\Delta(2\theta)_{\max}}\right]\cdot\left[\frac{\sin(\pi\Delta\theta/\Delta\theta_{\max})}{\pi\Delta\theta/\Delta\theta_{\max}}\right]^2AV \quad (5.20)$$

式中，AV 代表了试样的有效衍射体积。式(5.20)为多晶体试样的(hkl)晶面所产生的衍射束在 $2(\theta_B\pm\Delta\theta)$方向上 R 距离处的强度，其中，两个方括号中的各变量以及吸收因子 A 都是 θ 的函数，也就是取决于(hkl)的晶面距 d_{hkl}。

5.3.2　德拜法照相

德拜法是用照相底片记录粉末试样衍射线方位的典型方法。德拜相机为一圆柱形金属盒，底片紧贴相机内壁放置。圆柱形试样的轴线与圆筒底片的轴线重合，如图 5.14 所示。通过入射光阑(也称为准直光阑)的单色 X 射线束垂直入射到圆柱试样上，衍射束构成锥顶角为 4θ 的衍射圆锥，这些衍射圆锥与底片相交会使底片感光，形成衍射环，也称德拜环。

如图 5.14 所示的德拜照片采用的是侧装法(不对称装法)，底片在感光后展开平放，可对衍射花样进行测量。德拜环的直径与 4θ 角对应，其中 $2\theta<90°$ 的德拜环以出射光阑孔 O 为中心，$2\theta>90°$ 的德拜环以入射光阑孔 O' 为中心。对直径 57.3mm(内径)的相机而言，底片上 1mm 的长度相当于 2°。至于衍射线的强度，则是由衍射环的黑度来表征的。

5.3.3　粉末衍射仪

因为多晶体的衍射圆锥关于入射线束为轴对称，因此在任一个入射平面上记录衍射线的强度都是一样的，在德拜照片中需要测量的仅仅是 OO' 连线上的衍射强度。于是可

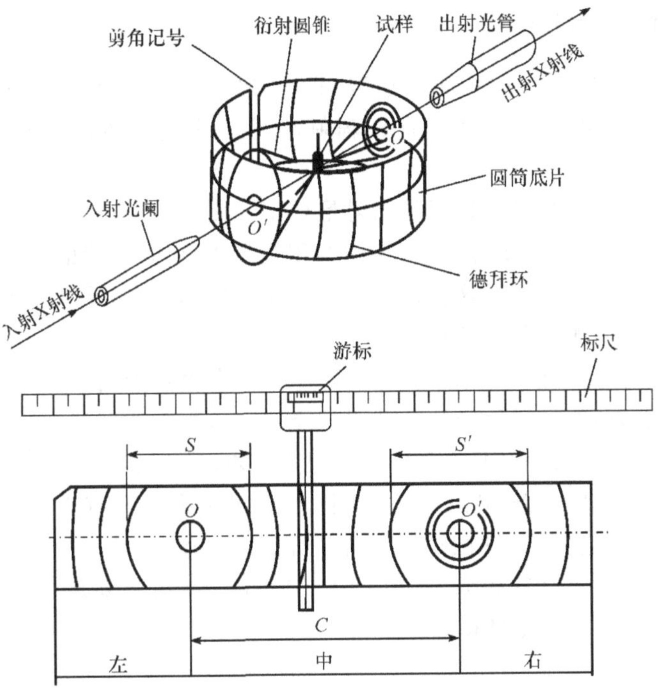

图 5.14　德拜法原理及侧装德拜照片测量示意图

以用一个光子检测器扫描来代替底片记录衍射线，这就是 X 射线粉末衍射仪。衍射仪测量衍射线强度的精度比照相法高得多，而且可省去底片安装、曝光、冲洗等繁琐操作。X 射线衍射仪问世后迅速普及，并向大功率和全自动化的方向发展。如今衍射仪与计算机联合使用，许多分析可以直接给出结果。

如图 5.15 所示的是粉末衍射仪的工作原理图，粉末衍射仪由 X 射线源、测角器、X 射线检测器、电源设备及防护装置等组成。可以看到，它和 X 射线荧光谱仪十分相似，不过是用平面粉末试样替代了平面分光晶体。

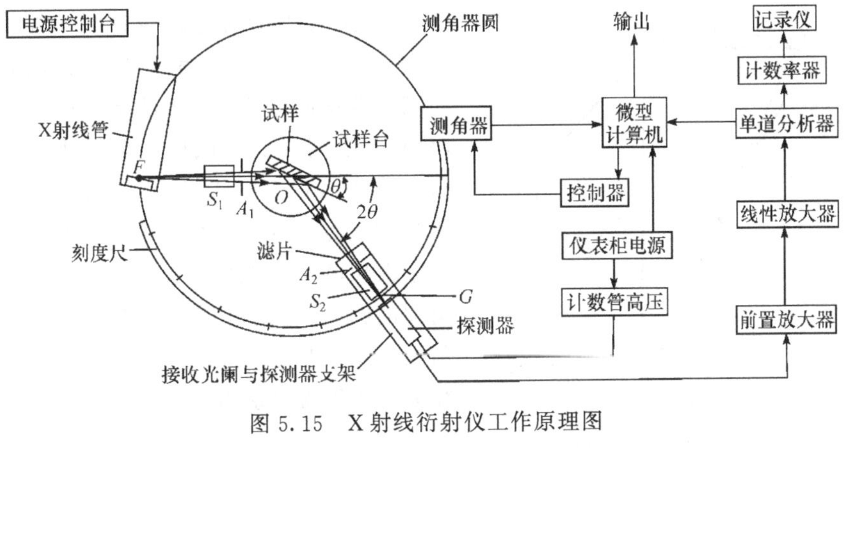

图 5.15　X 射线衍射仪工作原理图

1. 衍射分析中辐射的选择

通常选择波长为几个 Å 的特征 X 射线用于结构分析，这是因为一般物质的点阵常数为几个 Å。从附录Ⅱ可见，一些元素的 K 辐射，以及一些重元素的 L 辐射的波长在此范围内。

在一般的衍射分析中，最常选用的辐射是 CuK_α，其波长 1.542Å。这不仅是因为这个波长适合于许多衍射分析的场合，而且还因为用铜制作 X 射线管的阳极靶，其散热性能极好。但是，这并不意味着选择这种辐射是处处皆宜的，于是分析中还是应该考虑辐射的选择问题，即打算选用哪一种 X 射线管。

一般来说，辐射选择有三个原则：其一，试样不应产生强烈的荧光，否则，将有大量的荧光辐射伴随衍射束，使衍射信号的信噪比下降；其二，衍射线的数量、位置、强度符合分析要求；其三，X 射线的入射深度符合分析要求。例如，对于 CuK_α 辐射，会强烈吸收这种辐射的元素有 Co、Fe、Mn、Cr、V、Ti。这意味着，如果试样中含有大量的这些元素，便应考虑更换 X 射线管。再如，钢铁试样的衍射分析如果希望在 $2\theta>150°$ 的位置出现一条有足够强度的衍射线，通过计算可知，选择 CoK_α 或 CrK_α 就可以满足要求。至于入射束的入射深度，可以通过计算或测试得知。

2. 测角器

测角器是衍射仪的核心组成部分，可精确地测得试样各晶面的衍射角度。测角器的基本结构如图 5.15 所示。

X 射线管焦点 F 和接收狭缝 G 同位于一个测角器圆上。F 的位置固定不变，G 所在的角度位置 2θ 是可以精确测量的。若安放一个细圆柱试样与测角器中心轴 O 重合，那么，当检测器沿测角圆在测角器平面(与测角器中心轴垂直的平面)上移动时，能够逐一地扫测所有的衍射锥。

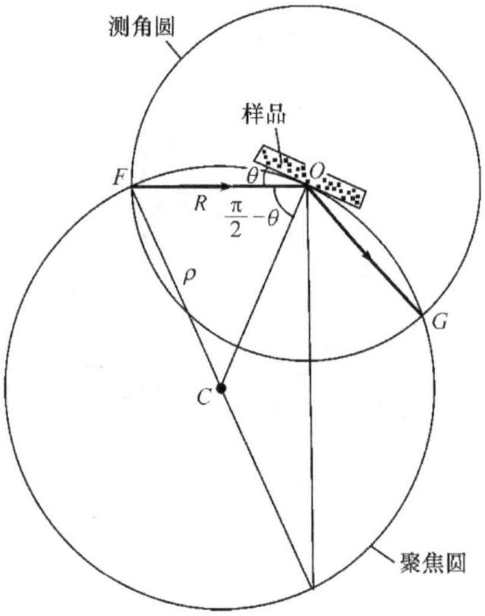

图 5.16　测角器聚焦衍射光路图

使用细圆柱试样的最大问题是试样体积太小，衍射束强度太低。因此采用较大的平板试样，并根据聚焦衍射光路设计测角器。测角器使用 X 射线管的线状焦点，线焦点的长边方向与测角器平面垂直，以便试样可以获得较大的辐照面积，同时要求试样表面产生的衍射角为 2θ 的衍射线都会聚于 G 点。实际上，只要 X 射线管的焦点 F、试样表面和接收狭缝 G 位于同一个聚焦圆上，如图 5.16 所示。其中，O 是测角圆的圆心(也是试样表面上的点)，F、G 在测角圆上。不难看出，测角圆的半径 R、聚焦圆半径 ρ 与 θ 角的关系为

$$\rho=\frac{R}{2\sin\theta} \tag{5.21}$$

如果能保持这样的几何关系，那么，沿测角圆转动的接收狭缝 G 同时又在聚焦圆上，检测器接收到的将是会聚的 2θ 衍射束。

从式(5.21)可以看出，聚焦圆半径 ρ 是掠射角 θ 的函数，当 $\theta=0°$时，$\rho=\infty$；随着 θ 角的增大，ρ 逐渐缩小，当 $\theta=90°$时，$\rho=R/2$。聚焦条件要求试样表面保持与聚焦圆有相同的曲面，这是难以实现的。因此，只能作近似处理，采用平板试样，使试样表面与测角器中心轴重合并始终保持与聚焦圆相切，即聚焦圆的圆心永远位于试样表面的法线上。为了作到这一点，必须让试样与接收狭缝同时绕测角器的中心轴向同一方向转动，并且保持 1∶2的角速度比值。也就是说，当计数器处于 2θ 角的位置时，试样表面与入射线的掠射角应为 θ。这样的几何关系当然不是理想聚焦，而是半聚焦。

应该指出，其一，X 射线在试样中的透射深度有限，不过几十微米，故测试扫描时，产生衍射线的仅仅是试样表层的一些晶面；其二，只有那些平行于试样表面的晶面(严格地说是与入射方向呈 θ 角的晶面)产生衍射才可能通过接收狭缝。

在测角器中采用由狭缝光阑与梭拉光阑组成的联合光阑系统。梭拉光阑的平行薄片与测角器平面平行，以便控制入射束在垂直于测角器平面的方向上的发散度(一般可在2°之内)。

图 5.17 表示测角器中的光阑系统，即各狭缝在光路中的位置。在 X 射线管线焦点与试样之间采用由一个梭拉光阑 S_1 和一个发散光阑 A_1 组成的入射光阑系统。S_1 只允许平行于测角器平面的衍射线通过；A_1 用于控制入射线束在测角器平面方向上的发散度，从而控制入射束在试样上的照射面积。

在试样与检测器之间采用由一个梭拉光阑 S_2、防散射狭缝 A_2、接收狭缝 G 组成的接收光阑系统。A_2 使检测器只能接收到来自试样表面的 2θ 的衍射线，S_2 使检测器只能接收到平行于测角器平面的衍射线；G 则控制衍射束进入计数管的宽度，这个宽度对衍射线的强度和分辨率都有很大影响。

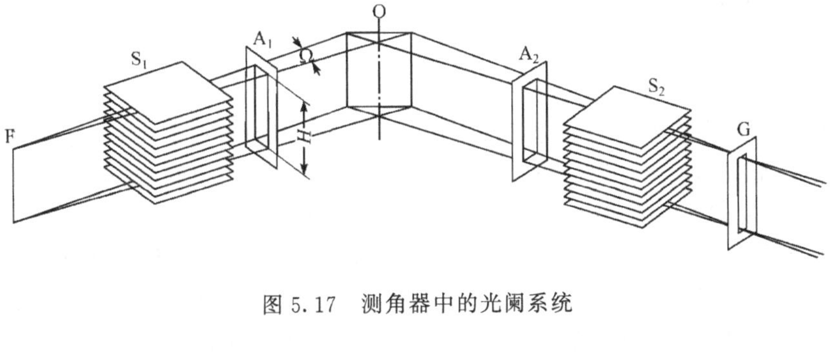

图 5.17　测角器中的光阑系统

3. 滤波片、单色器与 X 射线检测器

以往，粉末衍射仪中最常见的 X 射线检测器是正比计数器和闪烁计数器。现在，高能量分辨率的固体检测器也成为衍射仪基本配置的一种选择。

1) 干扰和信号

粉末衍射要求单色 X 射线，通常是使用 X 射线管辐射中最强的 K_α 辐射，显然，只有试样对这种辐射的衍射才是要检测的信号；但是，最终进入检测器的除了信号 X 射线外，还有各种干扰 X 射线。这些干扰大致有如下来源：

(1) 除 K_α 辐射外的其他特征辐射(主要是 K_β)，以及连续谱各种波长的辐射，都可能被试样衍射而进入计数管。

(2) 窗口、空气、光阑等，凡是 X 射线照射到的地方，都可能发生相干散射而进入计数管。

(3) 试样和非试样物质的荧光辐射。

(4) 非相干散射。对轻元素来说，非相干散射比较明显。

从以上分析来看，干扰 X 射线和信号 X 射线的能量是不同的。据此，可以设法把信号和干扰分开。

2) 滤波片

阻止 K_β 进入计数管最简单的办法是使用滤片。滤片通常置于防散射狭缝 A_2 之前。

选择滤片材料，要求此材料对 K_β 有较大的吸收系数，而对 K_α 则是呈现较小的吸收系数。当包含 K_α 和 K_β 的 K 辐射通过该滤片时，K_β 以及 K_β 附近的 X 射线被强烈地吸收，而 K_α 则较少地被吸收。从而获得 K_α 的单色 X 射线。例如，CuK 辐射通过 Ni 薄片就能获得 CuK_α 的单色辐射，因为 Ni 能强烈地吸收 CuK_β 辐射，而对 CuK_α 的吸收很少。

3) 脉冲高度分析器

正比计数器和闪烁计数器可以通过控制脉冲高度分析器的上、下阈值，对干扰 X 射线的光子不予计数。然而，如前所述，这两种计数管的能量分辨率不高，难以消除波长与 K_α 相近的 X 射线的干扰，所以脉冲高度分析器通常与滤波片一起使用。

4) 单色器

以 SSD 为探头的 X 射线能谱仪或者以晶体分光的 X 射线波谱仪都可用作单色器。使用单色器取代滤片，其效果比使用滤波片好得多。单色器可以过滤绝大多数的干扰 X 射线，即使选用了可以引起试样强烈荧光的辐射，也不至于影响对信号 X 射线的检测。

5.3.4 试样制备与扫描测试

1. 粉末平板试样的制备

粉末试样可压在玻璃制的通框或浅框中，所加压力以粉末粘牢为宜；也可用胶水或凡士林将之粘在平玻璃片上；另外，可直接采用平面块状试样。试样架与试样接触的表面与主轴轴线重合，使试样表面紧贴它便可保证与测角器主轴共面。

制样是衍射分析的重要环节，必须要了解分析的对象，正确制样。例如，分析黏土矿物，直接把黏土磨成粉末并压制成试样是不行的，因为要分析的矿物在黏土中含量太少，黏土试样的制备必须经过严格的前处理。由于黏土矿物的颗粒极细($<5\mu m$)，所以首先应该让各种矿物颗粒充分分散，再利用物理、化学等方法除去非矿物颗粒，最后采取沉降法或离心法分离出矿物颗粒。

2. 试样的衍射扫描

1) 扫描方式

衍射仪有两种常用的扫描方式：连续扫描和步进扫描。前者是试样和接收狭缝以

1∶2的角速度做匀速转动；后者的转动是一步一步地，当然也是 1∶2 的角度关系。接收狭缝每一步所走的角度称为步进角度，每在一个角度停留的时间称为步进时间。

2）测试参数

扫描测试的参数较多，如管电压、管电流、计数管电压、脉冲高度分析器的上下阈值、发散狭缝、防散射狭缝、接收狭缝的大小、扫描范围、扫描速度（或步进角度和步进时间）等。这些参数都影响到谱图绘制的效果。

5.3.5　衍射图谱

衍射仪的采样数据在平滑处理（一般由微机系统完成）后给出衍射图谱。

X 射线衍射谱由连续背景以及叠加在背景上一些谱线所组成，谱线也称衍射线或衍射峰。在衍射谱分析工作中，最主要的是判断总共有多少衍射线，它们的位置、峰宽和强度。下面将介绍一些衍射图谱的分析方法。

图 5.18 和图 5.19 是衍射仪记录下来的两张典型的 X 射线衍射图谱，是在 I-2θ 坐标上描述的。一般来说，多晶衍射图谱中明显的衍射峰是容易辨认的，背景则通常用一条光滑的曲线来描述。

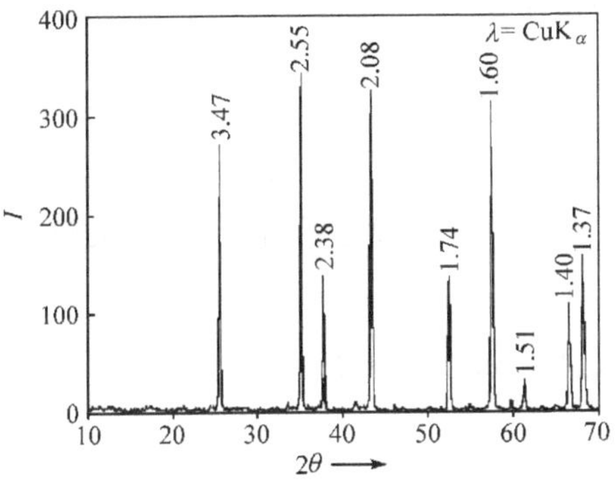

图 5.18　晶体衍射图谱

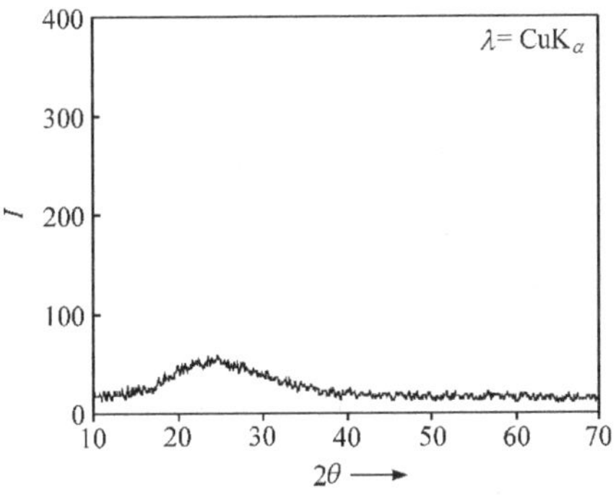

图 5.19　非晶体衍射图谱

1. 背景

背景产生的原因，可归纳如下：

(1) 各种干扰 X 射线，上面已有所述。它们的绝大部分已经被滤片、单色器和检测器的脉冲分析器清除，但尚存残余。其中，相干散射的 X 射线（非信号）的强度一般是低角区比较高，并随 θ 角的增大而减小；而非相干散射的 X 射线强度，则随 2θ 的增加而增大；至于荧光的强度，角分布一般比较均匀。

(2) $2\theta=0°$的衍射峰。与透射束无法区分，这个峰的强度远大于其他衍射峰，一般是把它当作背景处理的。

(3) 自然界的放射性发射。大约为 2 计数/s。

(4) 检测器电子学系统的热噪声。热噪声一般能量都很小，用脉冲分析器基本上能消除。

从上述分析可以了解背景强度的大致情况：第一，在小角度时很高，随 2θ 的增加而急剧减小，然后基本是水平线，到了高角区后，随 2θ 的增加而逐渐增大；第二，背景计数一般较少，故光子本身的涨落现象表现就比较明显。根据统计学原理，用增加计数时间的方法，可以消除这种无序起伏。实际上，常用数学方法对曲线进行平滑处理。

扣除背景，是对各衍射峰进行分析的前提。应该指出，背景很难严格画出，有时给分析工作带来困难。可以借助数学的方法，或者参考同样衍射条件下标准物质的衍射图谱。但无论怎样做，背景强度曲线与各衍射峰叠加之后必须与原始的衍射图谱重合。

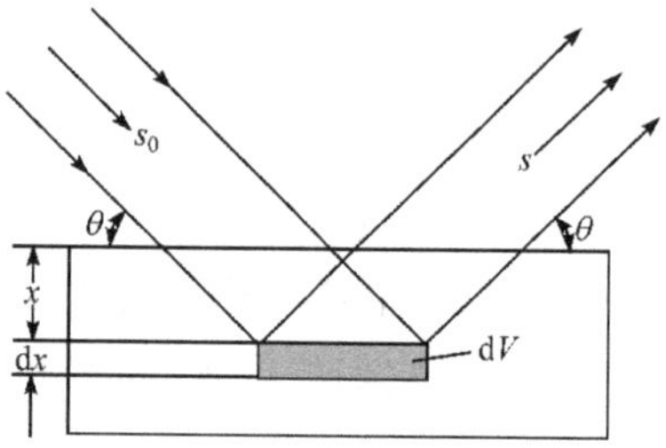

图 5.20　X 射线通过试样时的情况

2. 峰形

衍射峰的理论峰形由式(5.20)给出。如果需要绘出 I_{hkl}-2θ 关系曲线，首先必须求出其中的吸光系数 A。

考察衍射仪平板试样的衍射情况，如图 5.20 所示。设通过入射光阑的入射线束的横截面高度为 H，沿测角器平面的发散角为 Ω，如图 5.17 所示。入射束以掠射角 θ 照射在平板试样上，覆盖面积为($\Omega RH/\sin\theta$)，于是，dx 薄层中受 X 射线照射的体积应该是

$$\mathrm{d}V=\frac{\Omega RH}{\sin\theta}\mathrm{d}x \tag{5.22}$$

入射线到达试样距表面深度 x 处，经过的距离 $x_1=(x/\sin\theta)$，产生的衍射线从 dx 层离开试样时，又经过距离 $x_2=(x/\sin\theta)$。由于平板试样的厚度远大于 X 射线的透射深度，所以根据式(5.19)，平板试样的有效衍射体积应该为

$$AV=\int_V \mathrm{e}^{-2\mu(x_1+x_2)}\mathrm{d}V=\int_0^{\infty}\frac{\Omega RH}{\sin\theta}\mathrm{e}^{\frac{2\mu x}{\sin\theta}}\mathrm{d}x=\frac{\Omega RH}{2\mu} \tag{5.23}$$

可见，粉末衍射仪所用平板试样的吸收因子是一个常数，令

$$Q=\frac{r_e^2\lambda^3\Omega H}{64\pi} \tag{5.24}$$

选择入射光阑，如果入射束全部射落在试样平面上，那么，Q 是常数，代表入射线束的横截面大小。把式(5.23)、式(5.24)代入式(5.20)，得

$$I_{hkl}=\frac{I_0 Q}{\mu v_0^2 R}\left[\frac{P\Phi|F|^2\mathrm{e}^{-2M}}{\Delta(2\theta)_{\max}}\right]\cdot\left[\frac{\sin(\pi\Delta\theta/\Delta\theta_{\max})}{\pi\Delta\theta/\Delta\theta_{\max}}\right]^2 \tag{5.25}$$

此式就是在粉末衍射仪中，位于测角器圆上的检测器所接收到的(hkl)晶面所产生的衍射线束的强度。式中，$|F|^2$、Φ、e^{-2M}都是 θ 的函数，但它们在$(\Delta\theta)_{\max}$范围内的变化量很小，可作为常数处理。依据式(5.25)所绘的衍射强度的角分布曲线如图 5.21(a)所示。这个衍射峰的理论峰形属于 $\sin^2 x/x^2$ 类型的函数，是一种对称型的函数。

实际峰形比较复杂，常是不对称的，如图 5.21(b)所示。峰形复杂不对称的原因很多，主要可概括为几点：

(1) 背景不是水平线。

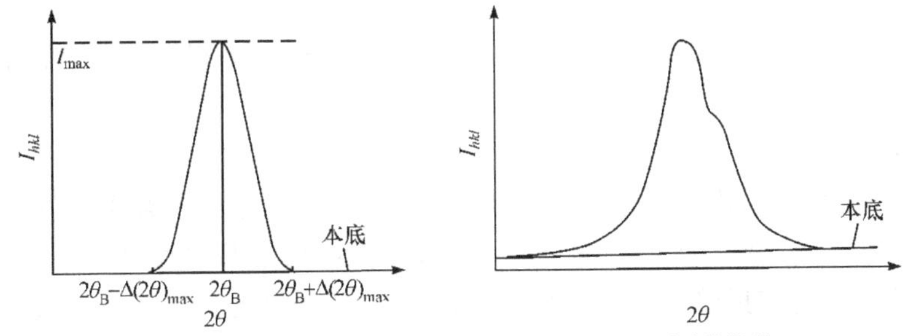

(a) 对称峰形　　(b) 不对称峰形

图 5.21　衍射峰的峰形

(2) X 射线衍射常用的 K_α 特征谱线实际上是由强度不等的 $K_{\alpha1}$ 和 $K_{\alpha2}$ 双线构成，相应的衍射线当然是双线。不过因为它们的波长间隔很小，通常不把它们分开处理，但峰型因此不对称。

(3) 严格地说，结构因子 $|F|^2$、角因子 Φ、温度因子 e^{-2M} 都是 θ 的函数。

(4) 若试样安放不对称，A 也会是 θ 的函数。

3. 峰高

当 $\Delta\theta=0$ 时，I_{hkl} 有最大值，称为峰高强度，记作 I_{max}，即

$$I_{max}=\frac{I_0 Q}{\mu v_0^2 R}\frac{P\Phi|F|^2 e^{-2M}}{[\Delta(2\theta)]_{max}} \tag{5.26}$$

4. 峰位

确定衍射峰的位置(2θ 值)的操作称为定峰，定峰在扣除背景后进行。根据上述对衍射峰的讨论，我们知道，如果衍射峰是对称的，峰位就是峰的对称轴的位置，也就是峰顶位置，峰的重心位置；如果峰型不对称，峰位就难以确定。于是，就生出了许多定峰的方法，典型的有以下几种。

1) 重心法

从理论上讲，衍射峰的位置应该由其重心位置来确定。于是，无论双线是否分离，用重心法定峰总是可行的，但需要通过计算。

2) 半高法

半高法是在峰半高处作平行于背景的弦，以弦中点作为峰位，如图 5.22 所示。在峰顶不那么尖锐的时候，特别是高角区，背景倾斜，峰漫散且不对称的情况下，常用半高法定峰。

半高法依靠衍射峰的腰部来确定峰位，因为一般衍射峰腰部的强度变化较大。不过，当衍射峰的双峰明显分离时，半高法将变得无所适从。

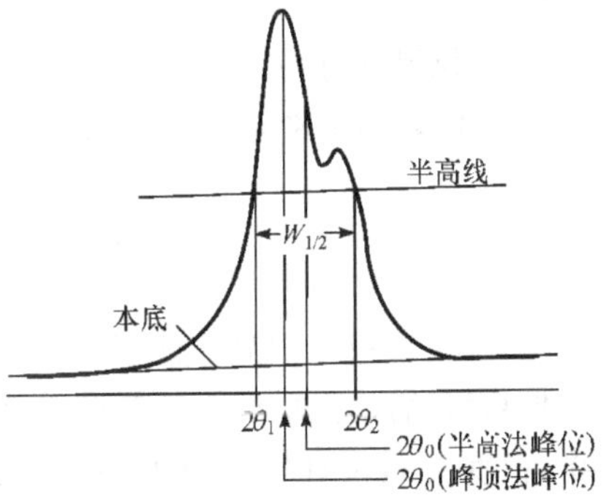

图 5.22　半高法和峰顶法定峰

3）峰顶法

峰顶法确定峰位最为直观、简单。但一般只适用于衍射峰很尖锐的情况。峰顶主要是 $K_{\alpha1}$ 线引起的。

4）抛物线法

当衍射峰不很尖锐，或者由于衍射仪结构的限制，高角衍射峰描画不全的情况下，背底强度难以确定，重心法、半高法定峰将有困难，此时可采用抛物线法确定峰顶。其原理是将一根抛物线拟合衍射峰顶部，以抛物线的对称轴作为峰的位置。具体做法是，测量峰顶附近等间距的三处 2θ 位置的强度，以此三点拟合抛物线。抛物线法实质上就是精度较高的峰顶法。

5）分峰法

在不同物相的衍射峰在部分重叠的情况下，$K_{\alpha1}$ 和 $K_{\alpha2}$ 双峰在部分重叠的情况下，分峰往往是必须的。最好通过数学方法（计算或作图）分离出两个衍射峰，同时确定峰位和峰值。此项操作借助于计算机还是容易做到的。

峰位 2θ 的测量误差主要取决于测角器精度、接收狭缝的宽度、试样放置以及扫描测试的一些参数。具体的分析将在点阵常数的精确测定中介绍。

5. 峰宽

衍射峰的底宽不易判断，故实际工作一般使用半高峰宽，即在衍射峰的半高处测量峰宽，简称峰宽或线宽，用 $W_{1/2}$ 表示，如图 5.22 所示。决定峰宽的因素主要有如下几个方面。

1）波长的不确定导致的峰宽

特征辐射是十分稳定的。波长的不确定实际上是指 $K_{\alpha1}$ 和 $K_{\alpha2}$ 双线。令 $\Delta\lambda=\lambda_{K_{\alpha2}}-\lambda_{K_{\alpha1}}$，由此导致衍射峰的宽度可由布拉格方程的微分计算得到，即

$$W_{1/2}=2\frac{\Delta\lambda}{\lambda}\tan\theta_B \tag{5.27}$$

式中，$W_{1/2}$ 是以弧度为单位的。$\Delta\lambda$ 很小，它引起的低角衍射线的峰宽是很小的，高角衍射线的峰宽增大，最终引起峰分离。例如，Cu 的 $K_{\alpha1}$ 和 $K_{\alpha2}$ 波长差 $\Delta\lambda=0.0038$Å，若 $2\theta=60°$，$W_{1/2}=0.16°$；若 $2\theta=150°$，$W_{1/2}=1.05°$。

2）晶粒尺寸导致的峰宽

用 D 代表沿晶粒粒径尺寸，由式(5.25)不难求得衍射峰的半高宽，可写成

$$W_{1/2}=\left|4(\Delta\theta)_{1/2}\right|=\frac{0.89\lambda}{D\cdot\cos\theta_B} \tag{5.28}$$

计算表明，只有微晶才能引起可观察的峰宽，而且 2θ 越大，宽化越明显。

非晶体的原子排列是短程有序的。图 5.19 是玻璃的衍射图谱，一个典型的非晶衍射峰，根据其峰位计算的反射面间距约 3.6Å。式(5.28)计算表明，其“晶粒”尺寸不超过 8Å，这意味着只有较少的原子尚属有序，称不上晶体。非晶峰在晶体分析时常把它当作背景处理。衍射图谱中出现非晶峰，说明试样中有相当数量的非晶成分。

3) 仪器和试样安放位置导致的峰宽

式(5.27)、式(5.28)是在理想平行光入射,或者在理想聚焦条件下的峰宽。实际上入射线束的总有一定的发散,直接导致峰宽增大。此外,X射线管的线焦点不会是几何线,平面试样不能确保聚焦条件,平面试样安放倾斜等等,都将引起衍射峰的额外的增宽。一般来说,2θ越大,平面试样越偏离聚焦条件,导致的峰的额外增宽越大。

4) 微观应力导致的峰宽。

微观应力是在一个或少数晶粒范围内存在并保持平衡的内应力。在X射线所照射试样的范围内,应力是不均匀的,有大有小,有正有负;相应地,晶面距的变化也是有大有小,有正有负。如此,导致衍射峰变宽,而且也是高角区的衍射峰对宽化更敏感。

6. 峰的积分强度

式(5.25)要求入射线是平行光束,而实际上入射线束的总有一定的发散,结果导致峰宽增加,峰高减小。意味着峰高强度这个参数受实验条件的影响较大,所以用它来衡量衍射线的强度不一定合适。

衍射线的积分强度用$(I_{hkl})_{\text{integ}}$表示。物理意义上,积分强度就是单位弧长的衍射环在单位时间内通过的光子数。

将式(5.25)表示的强度I_{hkl}在R处沿$\Delta(2\theta)$积分,即

$$
\begin{aligned}
(I_{hkl})_{\text{integ}} &= \int_{-\Delta(2\theta)_{\max}}^{\Delta(2\theta)_{\max}} I_{hkl} R\,\mathrm{d}(\Delta 2\theta) = \int_{-(\Delta\theta)_{\max}}^{(\Delta\theta)_{\max}} 2I_{hkl} R\,\mathrm{d}(\Delta\theta) \\
&= \int_{-(\Delta\theta)_{\max}}^{(\Delta\theta)_{\max}} I_0 Q \frac{P\Phi\,|F|^2 \mathrm{e}^{-2M}}{\mu v_0^2(\Delta\theta_{\max})} \cdot \left[\frac{\sin(\pi\Delta\theta/\Delta\theta_{\max})}{\pi\Delta\theta/\Delta\theta_{\max}}\right]^2 \mathrm{d}(\Delta\theta)
\end{aligned}
\tag{5.29}
$$

令

$$
\varepsilon_3 = \frac{\pi\Delta\theta}{(\Delta\theta)_{\max}} \tag{5.30}
$$

式(5.29)变换为

$$
(I_{hkl})_{\text{integ}} = \int_{-\pi}^{\pi} Q \frac{P\Phi\,|F|^2 \mathrm{e}^{-2M}}{\pi v_0^2 \mu} \cdot \left(\frac{\sin\varepsilon_3}{\varepsilon_3}\right)^2 \mathrm{d}\varepsilon_3 \tag{5.31}
$$

式中,$|F|^2$、Φ、e^{-2M}在积分区间内(衍射峰底宽的范围内)的变化量很小,可作为常数处理,于是,积分结果为

$$
(I_{hkl})_{\text{integ}} = \frac{I_0 Q}{v_0^2 \mu} P\Phi|F|^2 \mathrm{e}^{-2M} \tag{5.32}
$$

这是多晶体试样中一个晶面(包括P个等同晶面)衍射线的积分强度公式。我们看到,多晶衍射线的积分强度取决于参与衍射的物质量,反射晶面的数量以及结构因子等因素,与组成多晶体的晶粒大小无关。实际上,对仪器的聚焦情况,对试样的微观应力状况等,都不再有严格要求。

因为上述原因,一般情况下,如无特殊说明,衍射线强度指的就是其积分强度,$(I_{hkl})_{\text{integ}}$记作I_{hkl}。

根据定义，积分强度与衍射峰的面积成正比，所以积分强度可通过测量峰面积求得，或者简单地可通过峰高强度与峰宽的乘积求得。

比较式(5.32)和式(5.26)，两者之间的差异不过是一个因子 $R[\Delta(2\theta)]_{max}$，即 $\lambda R/D\cdot\cos\theta_B$。对低角衍射线而言，$\cos\theta_B$ 变化不大。所以，比较同一个试样低角区内的同一种物相的各衍射峰的相对强度，可以简单直观地比较峰高。

5.3.6　单相物质的晶型分析

衍射图谱中各衍射峰的位置取决于晶体的结构参数，因此可以根据试样的衍射花样进行晶体结构分析。其中，鉴别物相的晶型，判断各条衍射线相应的晶面指数是衍射分析工作的基本功，这种工作称为衍射花样的指标化。

1. 立方晶型鉴别

令立方晶体晶面指数的平方和 M，即

$$M=h^2+k^2+l^2 \tag{5.33}$$

可得立方晶体的晶面距公式为

$$\frac{1}{d^2}=\frac{M}{a^2} \tag{5.34}$$

晶面指数 h、k、l 是整数的组合，M 可能取的值从小到大排列的数列是

1,2,3,4,5,6,8,9,10,11,12,13,14,16,17,18,…

这个 M 数列是对简单晶型，有一个结点且只有一个原子的晶体而言的。此类晶体的所有的晶面(指数可由任意整数组合)都能反射 X 射线。然而，从点阵消光和结构消光的原理来看，并非任意整数的 h、k、l 的任意组合表示的$\{hkl\}$晶面都可能产生衍射。于是，M 可取的值(必定是整数)因晶体类型而异，这是判断晶体类型并在此基础上对各衍射线进行指标化的依据。所以，通常将 M 由小到大排成的数列称为立方晶系各晶型的特征数列。

对体心立方晶系，考虑点阵消光条件，数列中部分数项被去除，于是，M 数列变成

2,4,6,8,10,12,14,16,18,20,22,24,26,30,…

对面心立方晶系，M 数列为

3,4,8,11,12,16,19,20,24,27,32,35,36,40,…

对某些物质，如果它们的晶体点阵中每个阵点所对应的原子在两个以上，就有可能因结构消光而失去更多的数项。例如，属于面心立方晶系的金刚石立方的 M 数列为

3,8,11,16,19,24,27,32,35,40,43,48,51,…

如果把某物质的衍射线条由低角到高角顺序排列，那么，比较相应的$1/d^2$数列与上述 M 特征数列是否成比例，便可以判断试样晶体是否属于立方晶系。若是立方晶系又是哪种类型的立方晶体？如何判断各衍射线的晶面指数呢？有关立方晶体衍射特征之所述，归纳于表 5.2 中。

表 5.2　立方晶体衍射晶面及其 *M* 值

M	$\{hkl\}$	体心立方	面心立方	金刚石立方	M	$\{hkl\}$	体心立方	面心立方	金刚石立方
1	100				20	420	√	√	
2	110	√			21	421			
3	111		√	√	22	332	√		
4	200	√	√		24	422	√	√	√
5	210				25	500,430			
6	211	√			26	510,431	√		
8	220	√	√	√	27	511,333		√	√
9	300,221				29	520,432			
10	310	√			30	521	√		
11	311		√	√	32	440	√	√	√
12	222	√	√		33	522,441			
13	320				34	530,433	√		
14	321	√			35	531		√	√
16	400	√	√	√	36	600,442	√	√	
17	410,322				37	610			
18	411,330	√			38	611,532	√		
19	331		√	√	40	620	√	√	√

注：表中“√”表示有衍射产生。

2. 正方晶系

令

$$N=h^2+k^2 \tag{5.35}$$

可得正方晶体的晶面距公式为

$$\frac{1}{d^2}=\frac{1}{a^2}\left[N+\left(\frac{a}{c}\right)^2 l^2\right] \tag{5.36}$$

N 可以等于 0，除此之外可能的 N 为

1,2,4,5,8,9,10,13,16,17,18,20,…

这是当 $l=0$ 时，即对于$\{hk0\}$类型的晶面，$(1/d^2)$数列所对应的数项。由此可见，$(1/d^2)$比值的递增系列中常出现 1∶2 的情况是正方晶体点阵衍射花样的主要特征。对于任一个确定的(a/c)值，可以得到一个完整的数列，如果衍射晶体的$(1/d^2)$数列与其成比例，即可判断衍射晶体是正方晶体，并给以指标化。

3. 六方晶系

令

$$P=h^2+hk+k^2 \tag{5.37}$$

可得六方晶体的晶面距公式为

$$\frac{1}{d^2}=\frac{1}{a^2}\left[\frac{4}{3}P+\left(\frac{a}{c}\right)^2 l^2\right] \tag{5.38}$$

可能的 P 值为 0,1,3,4,7,9,12,13,16,19,21…

显然,($1/d^2$)数列中常出现 1∶3 的情况是六角晶体点阵衍射花样的特点。晶型判断及其指标化类似正方晶体。

由上述可知,为晶型判断容易起见,衍射图谱最好能记录下低角的第一条衍射线。对于未知晶型的物相,可以假设其晶型结构,并预测其衍射花样。如果实验所得的衍射图谱与预测的结果不符,那么便可判断该试样不是预想的结构。

5.3.7 物质的物相定性分析

X 射线衍射技术可用于物质的相分析(简称物相分析),即用于判别试样的晶体结构、晶体的完善性等,从而鉴别试样是由哪些物相组成、各个物相的含量。前者称为物相定性分析,后者称为物相定量分析。

化学分析、光谱分析等可测定成分组成,但不能鉴别物相。对于单质元素或其混合物时,物相所指的就是以某种状态存在的元素;但当元素相互组成化合物或固溶体时,物相所指的是化合物或固溶体;对于同样成分的化合物或固溶体,其存在的结构形式可能是多样的。例如,已经了解的各种结构的 Al_2O_3 就有 14 种以上。

X 射线物相分析的应用十分广泛。例如,鉴别钢铁材料中的碳化物和夹杂物、区分物质的同素异构体等。

物质的定性相分析的结果往往是其他分析工作的基础。其中,鉴别物相以及判断各条衍射线相应的晶面指数,是衍射分析工作的前提。

1. 物相定性分析基本原理及历史简介

每一种结晶物质都有其特定的结构参数,包括点阵类型、晶胞大小、晶胞中原子的数目及其位置等。这些参数在 X 射线的衍射图谱上均有所反映。尽管物质的种类千千万万,但却难以找到衍射图谱完全相同的不同物质。

多晶体衍射线条的数目、位置及其强度,就像人的指纹一样,是每种物质的特征,可以成为鉴别物相的标志。哈那瓦特(Hanawalt J. D.)首先提出为各种物质建立卡片,卡片上列出一系列 d 及对应的强度 I,代替衍射图谱。

1942 年,美国材料实验协会整理并出版了约 1300 种物质的卡片,这就是 ASTM 卡片。此种卡片后来逐年增添。1969 年起,ASTM 和英、法等国家的有关协会共同组成名为粉末衍射标准联合委员会(JCPDS)的国际机构来负责卡片的收集、校订和编辑工作,改称为粉末衍射卡片,即 PDF 卡片。1992 年后,PDF 卡片统一由国际衍射资料中心(ICDD)出版,包括纸质卡片、电脑数据库等。PDF 卡片迄今已经出版了 47 组,67000 多张。

因为有了大量的 PDF 卡片,物相分析就变成了简单的寻找卡片对照卡片的工作。然而,面对几万张 PDF 卡片,一般需要通过索引才能找到用于对照的 PDF 卡片。在 PDF

卡片的数据收入电脑数据库之后，检索的工作量大为减轻了。

2. PDF 卡片

到目前为止，已有各种形式的 PDF 卡片出版。图 5.23 为 α-Al_2O_3 的 PDF 卡片，我们以此为例来说明卡片中各栏的内容以及各缩写符号的意义。

10-173　　★

α-Al_2O_3
alpha aluminum oxide

Rad. Cu$K_{\alpha1}$　λ1.54 05　Filter Ni　Dia.
Cut off　I/I_1　Diffractometer　$d_{corr.}$ abs?
Ref. National Bureau of Standards(US) Circ 5393(1959)

Sys. Trigonal　S. G. D_{3D}^{6}-R3C(167)
a_0 4.755 8　b_0　c_0 12.991　A　C2.730 3
α　β　γ　Z6　D_x3.987
Ref. Ibid

Sample anealed at 1,500℃ for four hours in an Al_2O_3 crucible spectanal showed <0. 1%: K、Na、Si;<0. 01%: Ca、Cu、Fe、Mg、Pb; <0. 001%: B、Cr、Li、Mn、Ni. Corundum structure pattern made at 26℃

d/Å	I/I_1	hkl	d/Å	I/I_1	hkl
3. 479	75	012	1. 239	16	1. 0. 10
2. 552	90	104	1. 234 3	8	119
2. 379	40	110	1. 189 8	8	220
2. 165	<1	006	1. 116 0	<1	301
2. 085	100	113	1. 147 0	6	223
1. 964	2	202	1. 138 2	2	311
1. 740	45	024	1. 125 5	6	312
1. 601	80	116	1. 124 6	4	128
1. 546	4	211	1. 098 8	8	0. 2. 10
1. 514	6	122	1. 083 1	4	0. 0. 12
1. 510	8	018	1. 078 1	8	134
1. 404	30	124	1. 042 0	14	226
1. 374	50	030	1. 017 5	2	402
1. 337	2	125	0. 997 6	12	1. 2. 10
1. 276	4	208	0. 985 7	<1	1. 1. 12

图 5.23　粉末衍射卡片的格式和内容

1）方框上部

左上角为 PDF 卡片序号，记作××-××××。

右上角符号为数据可靠性标记："★"表示非常可靠；"i"表示可靠；"○"表示可靠性较低；"C"表示数据是计算的；无符号者表示空缺。

2）名称栏

给出物相的化学式和英文名称。化学式后面常有数字及英文字母，数字表示单胞中的原子数，英文字母（有下划线）表示布拉维点阵类型。

3）实验条件栏

说明获得本卡片衍射数据的实验条件：Rad.（辐射种类）；λ（波长，以 Å 为单位*）；Filter（滤片）；Dia.（相机直径）；Cut off（实验装置所能测得的最大晶面间距）；Coll.（入射光阑尺寸）；I/I_1（衍射线相对强度的测量方法）；$d_{corr.}$ abs?（d 值是否经过吸收校正?）；Ref.（本栏目和第 8 栏目的资料来源）。

4）结晶学数据栏

说明本卡片物相的一些主要结晶学数据：Sys.（晶系）；S. G.（空间群）；a_0、b_0、c_0（晶轴长度）；A（轴比 a_0/b_0）；C（轴比 c_0/b_0）；α、β、γ（晶轴夹角）；Z（晶胞中相当于化学式的原子或分子数目）；D（质量密度）；D_x（X 射线法测量的密度）；mp（熔点）；Color（颜色）；Ref.（本栏目资料来源）。

5）备注栏

说明试样的化学成分、来源、制备方式、测试时的温度，有时也标明物质的 S. P.（升华点）、D. F.（分解温度）、T. P.（转变点）以及卡片的更正情况等。

6）数据栏

列出衍射晶面的晶面距 d（以 Å 为单位）、相对强度 I/I_1 和衍射晶面指数 hkl。此栏目可能见到一些字母，例如，b（宽线或漫散线）；d（双线）；n（不是所有资料上都有的线）；nc（与晶胞参数不符的线）；ni（用晶胞参数不能指数化的线）；np（空间群不允许的指数）；β（因 β 线存在或重叠而使强度不可靠的线）；fr（痕迹）；+（可能是另一指数）。

3. PDF 卡片索引

寻找 PDF 卡片需要使用卡片档案的索引。纸质索引分为“有机”和“无机”两类，每类又分为字母索引和数字索引两种。

1）字母索引（alphabetical index）

根据物质英文名称的字母顺序排列而成。在名称后面列有物质的化学式、衍射线条中三条最强线的 d 值和相对强度值以及物质的卡片序号。

2）数字索引（numerical index）

此索引采用哈那瓦特组合法，即将已知物相的三条最强线的面间距组合按照大小顺序排列。索引上列出八条最强线的 d 值及其相对强度，并给出物质的化学式以及卡片序号。

3）PDF 卡片电脑检索

电脑检索的途径十分丰富，晶面距、化学式、化合物名称、熔点、颜色等都可以作为检索的条件。

4. 定性相分析的过程

1）对衍射图谱的要求

定性相分析的扫描范围一般在前角区内，金属试样约 30°～90°，非金属试样的起始扫描角度则经常要求小于 10°或更小。

一般来说，d 值的测量要有足够的精度，误差不宜超过 0.5%，I/I_1 的误差则允许较大一些。先将最高峰定为 100，并按此定出其他峰的相对高度。

2）检索卡片

对试样的了解有助于缩小检索范围，十分有益于分析工作。检索者应尽可能结合试样的化学成分估计可能含有的物相。尽量利用字母索引将有关卡片找出，与实验所得的衍射图谱对比。这样，可以迅速确定所含物相。

当待测试样所含物相或组成元素不知道时，可以使用数字索引。从三强线直到八强线的对照。最后从中找出最可能的物相。将实验所得的 d 及 I/I_1 值与卡片上的数据详加对照，如果符合，物相鉴定完成。

单相物质一般是容易检索的。如果是几种物相混合的物质，所得的衍射线条将是各个单相物质衍射结果的简单叠加。根据这一原理，就有可能从混合物的衍射图谱中将各个物相逐个寻找出来。在衍射线条比较多的情况下，要考虑到所有的三强线组合，需一一尝试。

PDF卡片的衍射数据是在一定的实验条件下获得的，在其他的实验条件下，同种物相的衍射图谱可能稍有差别，检索者应该对衍射图谱可能的误差范围有恰当的估计。因为d是由晶体结构决定的基本量，而衍射线的强度与晶体择优取向的程度有很大关系，所以d是主要的比较量，而I则是第二位的。此外，应该注意，固溶体的d值与纯物相比较可能会有偏差。例如，含碳的铁和纯铁，它们的点阵常数是有差异的，这不是实验误差，而是试样的实际情况。

物相定性分析的原理很简单，但在实际工作中往往会碰到很多困难。例如，若某个相含量过少，将不足以产生自己完整的衍射图样，甚至根本不出现衍射峰，此类物相能否检索出来，就要看检索者对试样的了解程度。在分析钢中的碳化物、夹杂物时常出现这种情况，这时有必要对试样中的待测物相进行萃取后再做分析。再如，多相混合物的衍射图谱中，属于不同相的某些衍射线条会因面间距相近而互相重叠，致使图谱中的最强线可能是几个相的线条(非三强线)叠加的结果，若以这样的线条作为某相的三强线之一，将找不到任何对应的卡片，于是必须重新假设和检索。比较复杂的相分析工作，往往需经多次尝试方可成功。

应该指出，这里介绍的是粉末衍射的物相分析，对于块状的多晶材料，只要它的织构不太明显，原则上是适用的。

5. 自动检索

物相检索往往耗费大量的人力和时间。现在，人们普遍借助电脑进行自动检索，不过，尚未能实现“傻瓜”型的检索方法，这是因为物相检索本来就没有一个固定不变的程式。计算机检索的思路和方法基本上和人脑一样，人工检索遇到的困难，计算机也会遇到。

计算机可以储存全部PDF卡片的资料。为检索方便，也可将资料按类建成分库。计算机检索大致按以下步骤进行。

1）粗选

将数据库的各物相的衍射峰数据(主要是晶面距)依次与图谱的峰数据对照，参考实验数据给出的合理的误差范围，凡卡片上的强线与试样谱图符合者，均被检索出来。

2）精选

根据试样图谱与卡片的吻合情况，以及检索者对试样组成元素和物相的了解，将不可能的物相淘汰掉。

3）合成谱图

将经筛选的候选卡片的衍射图谱进行假定组合得到合成谱图，与试样谱图进行对比，一般能给出确定结果。

5.3.8 物质的物相定量分析

1. 物相定量分析原理

物相的定量分析是在定性分析的基础上进一步分析试样中某物相或各物相的含量。

单一物相的多晶试样的衍射峰积分强度由式(5.32)给出。如果试样是由 n 个物相组成的混合物，用 V_i 表示试样中第 i 相的体积分数，则其中第 i 相第 j 条衍射线的积分强度可以表示为

$$I_{i,j}=I_0Q\left[\frac{P|F|^2\Phi\mathrm{e}^{-2M}}{v_0^2}\right]_{i,j}\cdot\frac{V_i}{\mu} \tag{5.39}$$

式中，μ 为试样的线吸收系数。如果试样中第 i 相的质量分数用 W_i 表示，那么，W_i 和 V_i 的关系为

$$V_i=\frac{\rho}{\rho_i}W_i \tag{5.40}$$

式中，ρ 表示试样(混合物)的密度；ρ_i 表示试样中第 i 相的密度。将式(5.40)、式(1.110)代入式(5.39)，可以得到

$$I_{i,j}=I_0Q\left[\frac{P|F|^2\Phi\mathrm{e}^{-2M}}{v_0^2}\right]_{i,j}\cdot\frac{W_i}{\rho_i\mu_\mathrm{m}} \tag{5.41}$$

$$\mu_\mathrm{m}=\sum_{i=1}^{n}(\mu_\mathrm{m})_iW_i \tag{5.42}$$

式(5.41)是X射线物相定量分析方法的基本关系式。其中 μ_m 为试样的质量吸收系数；$(\mu_\mathrm{m})_i$ 则表示试样中各相的质量吸收系数。由于 μ_m 是 W_i 的函数，所以各物相衍射峰的强度和它们的质量分数之间的关系不一定是线性的。

需要指出的是，X射线物相定量分析的基本关系式是在粉末衍射的基础上导出的，要求试样各相晶粒足够小且混合均匀、无织构。

下面简单介绍几种常用的定量分析方法。

2. 外标法

外标法，也称为单峰法。此法首先要制作与待测相相同的纯物质试样，用作标样。然后，在相同的实验条件下测量多相混合物试样中待测相的某个衍射峰的积分强度，与标样的同指数衍射峰的积分强度相对比，求算待测物相在混合试样中的含量。

设试样中含有 n 个相，其中待测物相为第 α 相。在试样的衍射图谱中，任选 α 相的一个衍射峰(第 j 个衍射峰)，其强度用 I_α 表示。当然，被选取的衍射峰应具有较高的强度，且不与其他衍射峰有重叠。于是，由式(5.41)得

$$I_\alpha=I_0Q\left[\frac{P|F|^2\Phi\mathrm{e}^{-2M}}{v_0^2}\right]_\alpha\cdot\frac{W_\alpha}{\rho_\alpha\mu_\mathrm{m}} \tag{5.43}$$

在纯 α 相的衍射谱中，同指数衍射线的积分强度用 $(I_\alpha)_0$ 表示，即

$$(I_\alpha)_0=I_0Q\left[\frac{P|F|^2\Phi\mathrm{e}^{-2M}}{v_0^2}\right]_\alpha\cdot\frac{1}{\rho_\alpha(\mu_\mathrm{m})_\alpha} \tag{5.44}$$

两式相除，就得

$$\frac{I_\alpha}{(I_\alpha)_0}=\frac{(\mu_m)_\alpha}{\mu_m}W_\alpha=\frac{(\mu_m)_\alpha W_\alpha}{\sum_{i=1}^{n}(\mu_m)_i W_i} \tag{5.45}$$

显然，由于试样对 X 射线的吸收，使得 α 相的衍射线强度并不与其含量成正比。所以，实际上只有当待测物相的质量吸收系数与试样的质量吸收系数相同的情况下，混合样中 α 相某衍射峰与其纯相同一衍射峰的强度之比，才等于 α 相的质量分数。这意味着，当试样是由几个同素异构的物相组成时，可使用式(5.45)的关系进行定量分析。例如，氧化铝的工业生产中，测试产品中的 α-Al_2O_3 与 γ-Al_2O_3 的相对含量就属于这种情况。可先测量纯 α-Al_2O_3 某衍射线的强度 $(I_\alpha)_0$，再在同样的衍射条件下测量混合试样中 α-Al_2O_3 同一根线的强度 I_α，于是 I_α 与 $(I_\alpha)_0$ 的比值即为 α-Al_2O_3 在混合试样中的质量分数。

当然，如果知道待测物相及试样的质量吸收系数，那么外标法定量分析就可不受同素异构物相的限制。

3. 内标法

内标法，也称双峰法。欲测试多相混合物中某一相(如 α 相)的含量时，可往试样中加入已知量的标准物质 s 相作为内标。在混合试样的衍射图谱中，任选 α 相和 s 相的各一条衍射线(通常选用最强线)，测量它们的积分强度 I_α 和 I_s，由式(5.41)，可得

$$\left.\begin{aligned}I_\alpha&=I_0Q\left[\frac{P|F|^2\Phi e^{-2M}}{v_0^2}\right]_\alpha\cdot\frac{W'_\alpha}{\rho_\alpha\mu_m}\\ I_s&=I_0Q\left[\frac{P|F|^2\Phi e^{-2M}}{v_0^2}\right]_s\cdot\frac{W_s}{\rho_s\mu_m}\end{aligned}\right\} \tag{5.46}$$

W'_α、W_s 为在掺进 s 相的混合试样中 α 相、s 相的质量分数。两式相比，得

$$\frac{I_\alpha}{I_s}=K_s^\alpha\cdot\frac{W'_\alpha}{W_s} \tag{5.47}$$

其中

$$K_s^\alpha=\frac{\left[\dfrac{P|F|^2\Phi e^{-2M}}{\rho\cdot v_0^2}\right]_\alpha}{\left[\dfrac{P|F|^2\Phi e^{-2M}}{\rho\cdot v_0^2}\right]_s} \tag{5.48}$$

K_s^α 与 α 及 s 相的含量无关，与其他相是否存在无关，也与衍射各参数无关；K_s^α 值只取决于 α 及 s 两相以及用以测试的晶面和波长。因此，对于特定的衍射线条，K_s^α 为常数。如果 α 及 s 两相的晶体结构均为已知，可以通过计算得到。K_s^α 值也可以通过测试求得，如配制质量相等的 α 相及 s 相的混合试样，因 $W_\alpha/W_s=1$，故 $K_s^\alpha=I_\alpha/I_s$。

测得 W'_α 后，即可算出试样中实际的 α 相含量 W_α，即

$$W_\alpha=\frac{W'_\alpha}{1-W_s} \tag{5.49}$$

可以选用某种物质作为通用的内标物质。α-Al_2O_3（刚玉）由于纯度、化学稳定性、易获得以及制样时无择优取向效应而被采用。在PDF卡片资料中，载有几百种常用物质的“参比强度”值，就是该物质与α-Al_2O_3的1∶1粉末混合物的X射线衍射图谱中两相最强线的强度比。当采用通用内标物质时，K_s^α用K_c^α表示，其值可从PDF卡片资料中查出。若采用其他内标物质时，K_s^α可由K_c^α、K_c^s计算，即$K_s^\alpha=K_c^\alpha/K_c^s$。

内标法求解试样中指定物相的含量，不一定要知道试样中的所有物相。

内标法具有简便、快速、通用性好等特点，在冶金、化工、地质、石油、食品等行业中广泛应用。

4. 自标法(无标样法)

1）自标法关系式

如果已经确认混合物试样由n个物相组成，那么，在其衍射图谱中，可从每个物相任意选取一个衍射峰作为测量的依据，当然，被选取的衍射峰应具有较高的强度，且不与其他衍射峰有重叠。n个物相的被测量的衍射峰强度分别用$I_1, I_2, \cdots, I_n$表示，根据式(5.41)可得如下联立方程组：

$$\begin{cases}\dfrac{I_2}{I_1}=K_1^2\dfrac{W_2}{W_1}\\[2ex]\dfrac{I_3}{I_1}=K_1^3\dfrac{W_3}{W_1}\\ \vdots\\ \dfrac{I_n}{I_1}=K_1^n\dfrac{W_n}{W_1}\end{cases}\tag{5.50}$$

如此，$(n-1)$个方程，可解$(n-1)$个未知数。显然，此法所求的是各物相之间的相对比值。如果试样中的n个物相都是晶态物质，那么，就可解得全部n个物相的绝对含量，因为此时还有一个关系式成立，即

$$\sum_{i=1}^{n}W_i=1\tag{5.51}$$

自标法是建立在试样各相晶粒足够小且混合均匀、无织构的假设基础上的，它能够自动清除质量吸收系数的影响。

如果试样不能制成粉末，也不能获取纯物相试样，或许只有采用自标法测定该物相含量了。自标法中，虽然衍射峰的选取可以是任意的，但因为实验条件与理论假设毕竟会有所差异，故最好选取图谱中较为邻近的衍射峰。

2）例——钢中残余奥氏体量的测定

α-Fe和γ-Fe两相混合物质的衍射峰依次是γ_{111}、α_{110}、γ_{200}、α_{200}、γ_{220}、α_{211}、γ_{311}、…其中，γ_{111}、α_{110}虽同为最强线，但它们靠的太近，相互重叠，难以采用。常考虑选用γ_{311}和α_{211}作为对比，因为这是一对邻近的可完全分离的较强的线条。因为马氏体和奥氏体晶胞中所含碳原子不多，故计算结构因子时可不予考虑。

如果钢试样中只有奥氏体及马氏体(铁素体)两个相，则$W_\gamma+W_\alpha=1$。于是可得到该

试样的奥氏体含量为

$$W_\gamma=\frac{I_\gamma}{I_\gamma+K_\alpha^\gamma I_\alpha} \tag{5.52}$$

奥氏体和马氏体是同素异构物质，故它们的体积分数和质量分数差别不大。应该指出，在扫描过程中，θ 是变化的，故入射束在试样平面上覆盖的面积也随之变化，因而如果是用式(5.41)计算衍射线积分强度的话，就应控制入射束的发散度 Ω 在整个扫描范围内，试样表面能接收到全部的入射光。

5.3.9　点阵常数的精确测定

纯物质点阵常数的精确值可以在有关资料中查得，一般不必再行测量。然而，材料领域中的许多问题，如固相溶解度曲线的测定，化学热处理层的分析，过饱和固溶体分解过程的研究等，都牵涉到点阵参数的测定。考虑到这些课题中点阵参数的变化通常都很小(约为 10^{-4} Å 数量级)，因而有必要研究点阵参数的精确测量。

1. 点阵常数计算

获得衍射图谱，完成对衍射线条的指标化后，根据有关衍射线条可算出该物质晶体的点阵常数。对立方晶体来说，这项工作比较容易，可任取一条衍射线条，由其相应的 d 值计算点阵常数。

$$a=d\sqrt{h^2+k^2+l^2} \tag{5.53}$$

六方晶体有两个点阵常数 a、c，于是需要选取两根衍射线条进行计算。

2. 误差分析

h,k,l 是整数，无所谓误差。因此，点阵参数 a 的误差主要取决于晶面距 d 的测量误差。由式(5.53)可得立方晶体点阵常数的误差计算公式为

$$\frac{\Delta a}{a}=\frac{\Delta d}{d} \tag{5.54}$$

特征辐射的波长是极其稳定的，它们经过精确测定，有效数字甚至可达七位。一般的衍射测量不必考虑波长 λ 的误差，于是，由布拉格方程全微分可得

$$\frac{\Delta d}{d}=-\Delta\theta\cot\theta \tag{5.55}$$

可见，d 的误差取决于 θ 值及其误差。设衍射线应有位置用 $2\theta_T$ 表示，测量值用 2θ 表示，则

$$\Delta\theta=\theta-\theta_T \tag{5.56}$$

式(5.55)说明，当 $\Delta\theta$ 一定时，采用高 θ 角的衍射线，面间距误差 Δd 小；当 θ 趋近于 90°时，误差将会趋近于零。因此，应选择角度尽可能高的衍射峰进行测量。表 5.3 是一些常见物质高角衍射线的数据，可作为选择的参考。

表 5.3　一些常见物质高角衍射线的数据

物　质	弹性模量 E /(MPa/m²)	泊松比 ν	采用辐射	波长 λ/Å	衍射晶面	衍射角 2θ
Al	70000	0.34	$CoK_{\alpha1}$	1.78892	331	148.70°
			$CrK_{\alpha1}$	2.28962	222	156.72°
α-Fe(马氏体)	205000	0.28	$CoK_{\alpha1}$	1.78892	310	161.42°
			$CrK_{\alpha1}$	2.28962	211	156.10°
γ-Fe(奥氏体)	203000	0.30	$CrK_{\alpha1}$	2.28962	311	148.73°
Ni	200000	0.30	$CuK_{\alpha1}$	1.54056	420	155.66°
			$CrK_{\beta1}$	2.08490	311	157.76°
Cu	120000	0.34	$CuK_{\alpha1}$	1.54056	420	144.72°
CuZn(黄铜)	90000	0.35	$CoK_{\alpha1}$	1.78892	400	151.00°
Si			$CuK_{\alpha1}$	1.54056	444	159.05°
			$CoK_{\alpha1}$	1.78892	531	154.02°
NaCl			$CuK_{\alpha1}$	1.54056	640	160.06°

3. θ 值测量误差的来源

正确估计及消除误差，需要了解误差的来源，往往还要借助于数理分析。θ 的误差取决于测量仪器和测量方法，具体分析如下：

1）测角器 2θ 的 0°误差

接收狭缝的真实 0°位置是 X 射线管线焦点和测角器轴心连线与测角圆的交点。测角器若未经精确调整，接收狭缝的 0°值将偏离真实 0°位置。这种误差是恒定的。

2）测角器 2θ 的刻度误差

这主要是测角器的机械误差，对一台测角器而言，这种误差是固有的。

上述两项误差所导致的 $\Delta(2\theta)$，一般的调试后约±0.01°。若采用光学方法校正，可达±0.001°。

3）平面试样偏离聚焦条件的误差

衍射仪采用平面试样，而入射束又有一定的发散度，衍射束只能半聚焦。所以除试样的中心点外，其他各点的衍射线均将偏离 $2\theta_T$ 角，可以估算因此引起的峰位移为

$$\Delta(2\theta)=\frac{\Omega^2}{12}\cdot\cot\theta \tag{5.57}$$

式中，Ω 代表入射光阑的角宽度，减小 Ω 可以减小此误差。

4）垂直于测角器平面方向上的发散误差

衍射仪采用线焦点，不同的测角器平面上的入射 X 射线都有相应的衍射锥，它们与接收狭缝平面相交是一个个的衍射环，通过接收狭缝而被计数管接收的是这些环的一部分，图 5.24 是从计数管向试样方向看过去的示意图。显然，实测衍射线的重心并不在各衍射环的公切线处，而是向衍射锥内部的方向偏移。如此，因垂直发散所引起的峰位移可

表示为

$$\Delta(2\theta)=-\frac{H^2}{32R^2}\cot 2\theta \tag{5.58}$$

式中，H 代表入射光阑的高度。此式说明，这种误差在 $2\theta=90°$时为零，减小 H 可以减小这种误差。

5）试样表面离轴误差

如图 5.25 所示，如果试样表面偏离其正确位置的距离用 s 表示（设试样表面向聚焦圆外移动为正），若测角器半径用 R 表示。那么，

$$\Delta(2\theta)=\frac{OA}{R}=-\frac{2s\cdot\cos\theta}{R} \tag{5.59}$$

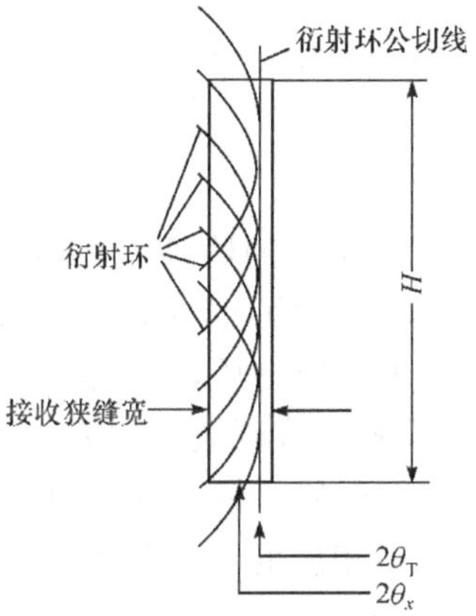

图 5.24　垂直发散误差示意图

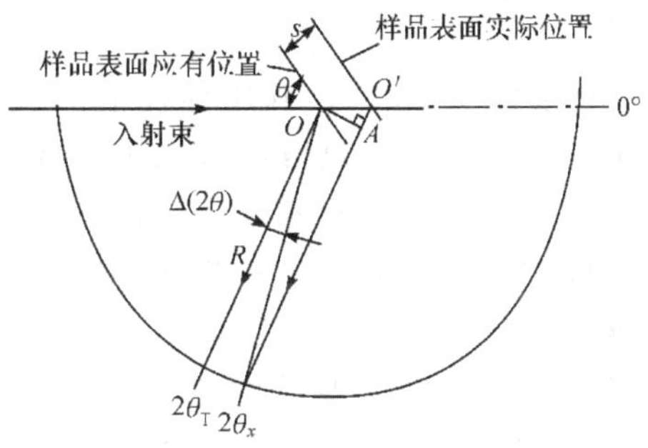

图 5.25　试样表面离轴误差示意图

6）试样的透明度误差

只有当 X 射线在试样表面反射时，2θ 的测量值才是正确的。实际上，由于 X 射线有一定的穿透能力，试样内部也有衍射，从而使 2θ 的测量值偏小。如果试样对 X 射线的线吸收系数用 μ 表示，平板试样能产生衍射的表面层的厚度约为 $\sin\theta/\mu$，相当于试样表面离轴的距离等于 $\sin\theta/2\mu$。对高角衍射线而言，引起的峰位移应该是

$$\Delta(2\theta)\approx-\frac{\cos\theta}{\mu R} \tag{5.60}$$

4. 外推法

上述各项误差中，第 1、2 两项只有通过精心调整和校正将其减小到最低程度，第 3、4 两项则可以通过减小入射光阑的角宽度和高度减小其误差，同时可以通过估算进行校正。第 5、6 两项计算比较困难，但我们注意到它们有这样的特点，即当 θ 趋近于 90°时，$\Delta(2\theta)$ 趋近于零，即 a 趋近于其真值 a_T。然而 $\theta=90°$却是无法获得的测量参数。

由式(5.54)、式(5.55)、式(5.59)、式(5.60)可知，对立方晶体的高角衍射线而言，当 θ 趋近于 90°时，如下关系成立：

$$\frac{\Delta a}{a_T} \approx k \cdot \cos^2\theta \tag{5.61}$$

式中，k 为常数；a_T 为点阵参数的精确值；a 为点阵参数的测量值，于是

$$a = a_T + \Delta a = a_T + a_T k\cos^2\theta \tag{5.62}$$

可见，a 是 $\cos^2\theta$ 的线性函数。于是，可以测量若干条高角衍射线，求出对应的 $\cos^2\theta$ 及 a 值。然后，以 $\cos^2\theta$ 为横坐标，a 为纵坐标，画出实验点，这些点应该在一条直线上(实际上可根据这些点用最小二乘方法拟合直线)，这条直线与纵坐标的交点 a_T 即为精确的点阵参数值。

上述处理实验数据的方法称为外推法。外推法是一种实验数据处理的方法。如果实验数据具有的系统误差因测量参数的变化呈现有规律的变化，那么就可以设想通过外推法推断某种无法获得的测量参数下的测量值。

一般情况下，做到衍射仪 2θ 的测量误差小于 0.02°是问题不大的。

5. 标准样校正法

"标准样校正法"是利用标样消除误差。有一些比较稳定的物质，如 Ag、Si、水晶(SiO_2)等，其点阵参数已经被计量机构精心测定过。例如，纯度为 99.999%的 Ag 粉，a=4.08613Å；99.9%的 Si 粉，a=5.43075Å 等，这些物质称为标准物质，可以将它们的点阵参数值作为标准数据。将标准粉末掺入待测样粉末中，或者在待测块样的表面上撒上一薄层标准物。于是，在衍射图谱上，就出现了两种物质的衍射峰。标准物相的 a 已知，根据所用 λ，可算出某衍射峰的理论 θ 值。它与衍射图上所得相应的 θ 会有微小的差别，而这是未知的误差因素的综合影响所造成的。以这一差别对测试试样的数据进行校正就可得到比较准确的点阵参数。从原则上说，只有当两根线相距极近时，才可以认为误差对它们的影响相同。标准样校正法的实验和计算都较简单，不过所得的点阵参数精确度将在很大程度上依赖于标样数据的精度。

5.3.10 宏观应力分析

1. 宏观应力与宏观残余应力

宏观应力是在材料内部相当大区域范围内均匀分布着的一种内应力。

宏观残余应力是指当产生应力的各种因素不复存在时(如外力已去除，温度已达均匀，相变已停止等)，由于不均匀的塑性变形或相变使材料内部依然存在并自身保持平衡的应力。构件经受各种冷热加工或工艺处理后，其内部将存在残余应力。宏观内应力的存在对构件的使用寿命和尺寸稳定有着明显的影响。X 射线应力测试，是一种无损的应力测试方法，可测定表层的应力，也可测定复相合金中各个相的应力。

2. 表层应力测定原理

试样在无内应力状态下，其内部同指数的晶面，无论取向如何，其面间距都是一样的。但是，在有应力存在时，不同取向的晶面，其面间距就可能产生微小的变化。如图 5.26 所示的多晶试样受拉伸而变形，处于单轴应力状态。试样内部晶粒中晶面的间距相应会有

变化，其中，晶面法线与拉应力方向垂直的晶面的晶面距会收缩（如 d_1），晶面法线与拉应力方向一致的晶面的晶面距会增大（如 d_3），其他取向的晶面的晶面距都可能有不同程度的变化（如 d_2）。

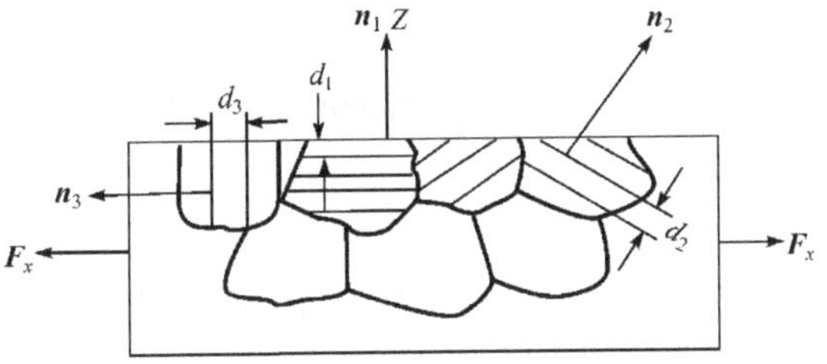

图 5.26　单轴应力状态

如果试样在 X 射线所照射的范围内，应力是均匀的，那么同位向、同指数晶面的晶面距的变化量是相同的，显然，这将引起衍射线的位移。X 射线宏观应力测试实质上是对不同取向的晶面距测试。不过，由于 X 射线透射的深度很小，这种测试涉及的只是参加衍射的表面薄层（金属材料一般不超过几十微米）。

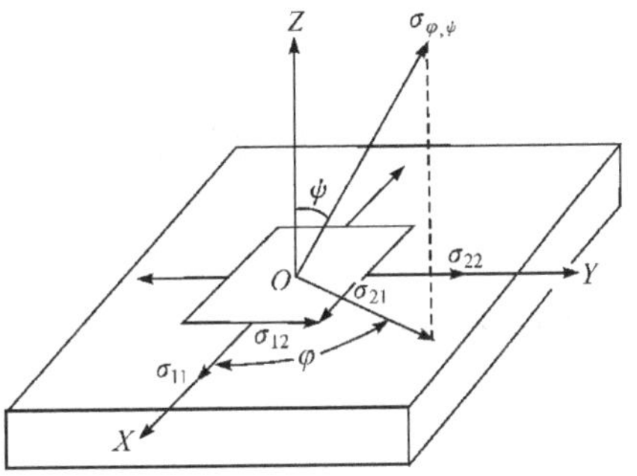

图 5.27　试样表面

材料自由表面附近的单元体通常处于二轴应力状态。如果假设待测试样是为连续、均质、无织构的多晶体。那么，在如图 5.27 所示的试样坐标系中（XY 面为试样表面，Z 轴为试样表面法线），根据弹性力学原理，固体表面附近一点，沿任意方向 (φ,ψ) 的应变 $\varepsilon_{\varphi,\psi}$ 由下式给出：

$$\varepsilon_{\varphi,\psi}=\frac{1+\nu}{E}(\sigma_{11}\cos^2\varphi+\sigma_{12}\sin^2\varphi+\sigma_{22}\sin^2\varphi)\sin^2\psi-\frac{\nu}{E}(\sigma_{11}+\sigma_{22}) \tag{5.63}$$

式中，E 为弹性模量；ν 为泊松比。

设有晶面（hkl），无应力状态下的面间距用 d_0 表示，相应的衍射角用 $2\theta_0$ 表示；在有应力存在时，法线取向为$(\varphi=0)$ 的晶面，晶面距用 $d_{\varphi,0}$ 表示，相应的衍射角用 $2\theta_{\varphi,0}$ 表示，法线取向为(φ,ψ)的晶面，晶面距用用 $d_{\varphi,\psi}$ 表示，相应的衍射角用 $2\theta_{\varphi,\psi}$ 表示。由应变定义：

$$\varepsilon_{\varphi,\psi}=\frac{d_{\varphi,\psi}-d_0}{d_0} \tag{5.64}$$

由布拉格方程的微分式[式(5.55)]，可得

$$\theta_{\varphi,\psi}-\theta_0=-\left(\frac{d_{\varphi,\psi}-d_0}{d_0}\right)\tan\theta_0=-\varepsilon_{\varphi,\psi}\tan\theta_0 \tag{5.65}$$

$$\theta_{\varphi,0}-\theta_0=-\left(\frac{d_{\varphi,0}-d_0}{d_0}\right)\tan\theta_0=-\varepsilon_{\varphi,0}\tan\theta_0 \tag{5.66}$$

两式相减，得

$$\theta_{\varphi,\psi}-\theta_{\varphi,0}=-(\varepsilon_{\varphi,\psi}-\varepsilon_{\varphi,0})\tan\theta_0 \tag{5.67}$$

式(5.63)分别代入式(5.66)和式(5.67),并考虑到实验测量的是 $2\theta_{\varphi,\psi}$,而不是 $\theta_{\varphi,\psi}$,可得

$$2\theta_{\varphi,0}-2\theta_0=\frac{2\nu\cdot\tan\theta_0}{E}(\sigma_{11}+\sigma_{22}) \tag{5.68}$$

$$2\theta_{\varphi,\psi}-2\theta_{\varphi,0}=\frac{1}{k}(\sigma_{11}\cos^2\varphi+\sigma_{12}\sin2\varphi+\sigma_{22}\sin^2\varphi)\sin^2\psi \tag{5.69}$$

式中,k 为应力常数。

$$k=-\frac{E}{2(1+\nu)}\cdot\cot\theta_0\approx-\frac{E}{2(1+\nu)}\cdot\cot\theta_{\varphi,0} \tag{5.70}$$

式(5.68)表达的是试样表面的正应力引起的 $2\theta_{\varphi,0}$ 对 $2\theta_0$ 的位移。式(5.69)表达的是 ψ 偏离 $\psi=0$ 引起的 $2\theta_{\varphi,\psi}$ 对 $2\theta_{\varphi,0}$ 的位移。ψ 已被定义为衍射晶面与试样表面的夹角。

令 $\varphi=0$,如图 5.27 所示。由式(5.69)可得

$$\sigma_{11}=k\frac{\partial(2\theta_{0,\psi})}{\partial\sin^2\psi} \tag{5.71}$$

令 $\varphi=\pi/2$,用同样的方法可求得

$$\sigma_{22}=k\frac{\partial(2\theta_{\pi/2,\psi})}{\partial\sin^2\psi} \tag{5.72}$$

再设 $\varphi=\pi/4$,可求得

$$\sigma_{12}=k\frac{\partial(2\theta_{\pi/4,\psi})}{\partial\sin^2\psi}-\frac{\sigma_{11}+\sigma_{22}}{2} \tag{5.73}$$

于是,试样表面的应力状态得解,如图 5.27 所示。各应力的数值随所选单元体的方位而改变,不过两相互垂直的正应力之和总是常数。可以找到这样的单元体,它只有正应力而无切应力,这样的正应力称为主应力,表示为 σ_1 和 σ_2。实际上,如果由工艺过程的分析知道主应力方向,可将此方向定为 X 方向($\varphi=0$),并直接用式(5.71)求解。

从以上过程不难看出,X 射线宏观应力测定,实际上是应变的测量,而且是对弹性应变的测量。测试的结果,应该是 X 射线射深范围内的平均值。

3. 衍射仪法测试应力

对于应力测试的试样,如果表面平整光滑,无需处理;如果表面粗糙,可用化学侵蚀抛光,以避免试样表面产生新的应力。

在粉末衍射仪上测试应力大致步骤如下:

(1) 安装试样在试样台上,确认试样的 X 方向与测角器平面平行。

(2) 通过预测试扫描或从有关资料中,选择一根高角衍射线。之所以选择高角衍射线,是因为相应晶面距的测量误差较小。一些常见物质高角衍射线的数据参见表 5.3。

(3) 令 $\psi=0$,扫描一个衍射峰,如图 5.28(a)所示,测得的晶面衍射角是 $2\theta_{\varphi,0}$。

(4) 令 $\psi=45°$,即令试样台围绕测角器主轴向右转动 ψ 角,扫描同样的衍射峰,如图 5.28(b)所示,测得的晶面衍射角是 $2\theta_{\varphi,\psi}$。

(5) 若有可能,不妨再设 ψ 取其他值,重复上述操作。

衍射测试时，为满足聚焦条件，扫描时试样必须以 ω 角速度绕测角器主轴转动，以便始终保持 $\psi=0$（严格地说，仅在测角器轴线处如此）。试样台围绕测角器主轴转动 $\psi=45°$ 之后，扫描时试样也应该转动，以便始终保持 ψ 不变（严格地说，也是在测角器轴线处如此），然而，在图 5.28(b)中，我们看到，衍射线聚焦在测角圆之内，检测器所接收的是经聚焦后再发散的衍射线。试样表面偏离其原有的聚焦位置，会导致衍射峰位的测量误差，这个误差是可以计算的，但一般可不予计较。

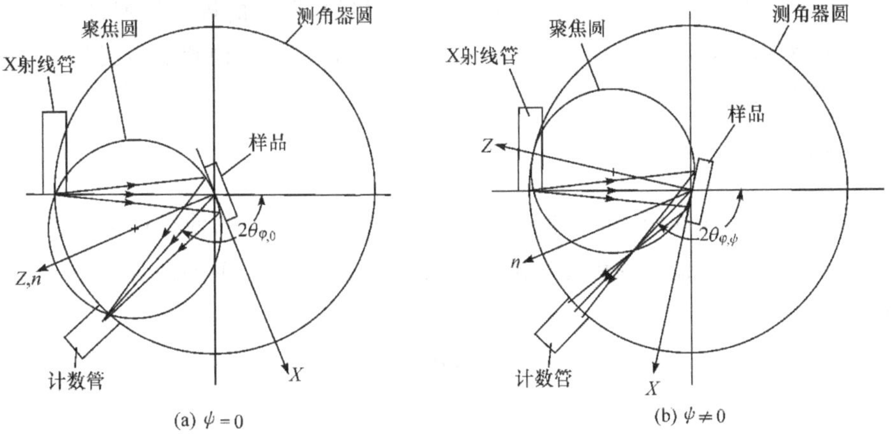

图 5.28　衍射仪 X 射线应力测试的聚焦几何

残存宏观应力的材料，一般都伴随有微观应力及晶粒碎化等效应，这些结构上的变化会导致衍射峰的漫散（宽化，轮廓不整齐），但这并不至于对宏观应力的测量造成很大影响，因为宏观应力测量只需要精确测量衍射峰位之差而非其绝对值。测试中为获得强度较高且平滑的衍射峰，可适当放宽接收狭缝（如 2mm），以及选择较低的扫描速度。

因为衍射峰往往漫散且不对称，也因为高角衍射峰往往描绘不全，故最常用的定峰法是半高法或抛物线法。

4. 应力常数

机械法测量的弹性模量 E 反映的是多晶材料的宏观弹性性能，是各向同性的量。X 射线法测定宏观应力，测量的是晶面距的改变量，应该采用被测晶面法向的弹性模量 E_{hkl}，这个量因晶面不同是有差别的。因此，严格地说，X 射线应力常数 k 应该通过实验来确定。可以制作与测量对象同材料、同状态的试样，通过加载产生已知数值的应力，用 X 射线法测得 $2\theta_{\psi}$-$\sin^2\psi$ 关系直线的斜率，由此求得 k。

5.3.11　微晶尺寸和微观应力的测试

如前所述，晶粒细化和微观应力会引起衍射线条的宽化，这是测定微晶尺寸和微观应力的依据。然而，还有一些引起衍射峰宽化的因素，如入射线并非严格单色、不严格满足聚焦条件、试样安放倾斜等，都会引起衍射峰的宽化。从实测衍射峰的峰形中扣除这些实验因素，才能获得真实反应试样内部情况的峰形，即真实峰形。

1. 微晶尺寸的测定

在获得真实峰形的基础上，若试样中无微观应力，由式(5.28)可以判断微晶尺寸，即

$$D=\frac{0.89\lambda}{W_{1/2}\cdot\cos\theta_{\mathrm{B}}} \tag{5.74}$$

式中，$W_{1/2}$为衍射峰的半高宽，是以弧度为单位的。

历史上，曾认为多晶体中每个晶粒(晶体)是完整的，原子的周期排列贯穿整个晶粒。然而，衍射实验的结果表明，晶体是由大小约 0.1μm 数量级、取向差数秒至数分的亚晶块(或嵌镶块)组成的。

2. 微观应力的测定

考察试样中某一晶面距为 d_0 的晶面，由于微观应力的作用，使试样中该指数晶面的晶面距对 d_0 有所偏离，偏离的程度与微观应力的大小相对应，平均微观应力 $\sigma_{平均}$ 所对应的平均应变 $\varepsilon_{平均}$ 可以表示为

$$\varepsilon_{平均}=\left|\frac{\Delta d}{d_0}\right|_{平均} \tag{5.75}$$

由布拉格方程的微分式[式(5.55)]，可得

$$\varepsilon_{平均}=\cot\theta\cdot(\Delta\theta)_{平均} \tag{5.76}$$

由图 5.22 可知，$\Delta(2\theta)=2\theta_2-2\theta_0=W_{1/2}/2$，因此仅由微观应力引起的峰宽为

$$W_{1/2}=4(\Delta\theta)_{平均}=4\varepsilon_{平均}\tan\theta=4\frac{\sigma_{平均}}{E}\tan\theta \tag{5.77}$$

即

$$\sigma_{平均}=\frac{W_{1/2}}{4}E\cdot\cot\theta \tag{5.78}$$

如果试样中同时存在微晶宽化和微观应力宽化，问题就复杂了。目前，虽然有若干数学分离方法，但误差都很大。实验中，常采用与标样对比的方法。

5.4 单晶衍射分析

单晶体的衍射花样比多晶体复杂，照相底片可以记录二维衍射花样，故照相法在单晶衍射中使用比较普遍。用照相底片记录衍射线的仪器称为晶体分析仪，晶体分析仪结构简单，由 X 射线源、试样架和 X 射线照相机组成。用光子检测器记录单晶衍射花样的衍射仪也是有的，但仪器结构比较复杂。照相法依然有其优点。本节只介绍照相法。

5.4.1 劳埃法

这是劳埃在 1912 年首先采用的 X 射线衍射方法。用连续 X 射线照射固定的单晶体，以平板底片来记录衍射花样。常用于测定晶体取向，测定晶粒度和材料织构等。

1. 劳埃法装置

1) X 射线源

劳埃法用 X 射线管作为 X 射线源。劳埃法使用 X 射线管所生辐射的连续谱部分，其短波限波长 λ_0 应根据被测试样的成分结构及分析要求来合理地决定。实验表明，连续 X 射线的能量集中分布在 $1.1\lambda_0 \sim 11\lambda_0$ 的波长范围，其中，最大强度辐射的波长约在 $1.5\lambda_0$ 处。为获得较强的连续 X 射线，劳埃法常选用重元素 W 作为靶的 X 射线管。W 是高熔点物质，使用寿命长，且不易被钨丝阴极污染。

结构分析用 X 射线管的焦点呈长条矩形，垂直于短边方向的表观焦点接近一个点，称为点状焦点。劳埃法使用点焦点。

2) 劳埃相机

劳埃法使用平板相机，也称劳埃相机。来自 X 射线管的 X 射线经圆管状的入射光阑(准直光阑)形成细束，照射在试样上。底片垂直入射束放置，根据底片的位置不同分为透射劳埃法和背射劳埃法，如图 5.29 所示。摄取的相片称为劳埃照片。

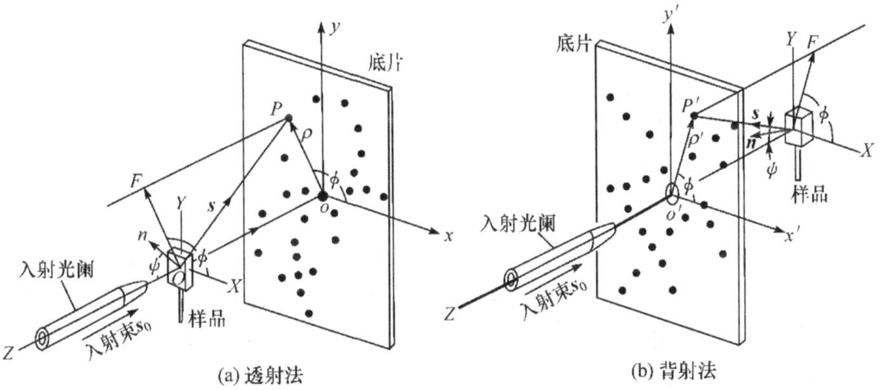

图 5.29　劳埃法照相的工作原理

透射劳埃法通常用来分析薄片状试样，它对 X 射线来说是透明的。背射劳埃法可以使用块状的不透明试样。测试的晶体可以是独个的单晶体，也可以是多晶体中一个较大的晶粒。

2. 劳埃法原理

1) 衍射斑点的形成

照相时单晶试样是固定不动的，所以入射束与各个晶面(hkl)都有确定的夹角 θ，于是各个晶面都会反射入射束中波长为 $\lambda = 2d_{hkl}\sin\theta$ 的光子。结果，在反射束与底片交汇处留下了衍射斑点，称为劳埃斑点。如果入射束的截面呈圆形，则劳埃斑点呈椭圆形。照片上的劳埃斑点构成劳埃图像。显然，晶面距小于 $\lambda_0/2$ 的晶面是不能成为反射面的。应该指出，劳埃斑点不一定是单色的，因为平行晶面具有同方向的反射束。如果某晶面(hkl)所生反射束的波长为 λ，那么晶面$(2h,2k,2l)$、$(3h,3k,3l)$、…、(nh,nk,nl)所生反射束的波长分别为$\lambda/2$、$\lambda/3$、…、λ/n。n的取值是有限的，因为λ/n不可能小于λ_0。如此，晶面(hkl)的反射束中包含了λ及其谐波的波长成分。

同一晶体中，一般来说，低指数晶面的晶面距比较大，常称为主要晶面。主要晶面的反射束中所包含的波长成分比较多些，相应的衍射斑点比较强。

2）衍射晶面取向与衍射斑点位置的几何关系

在劳埃法装置中，以试样被照射处为原点建立空间坐标系$OXYZ$，Z轴迎向入射束$\boldsymbol{s}_0$方向，X轴沿水平方向，Y轴垂直于X轴与Z轴，方向向上。设晶体中有晶面(hkl)，其法线$\boldsymbol{n}$在XY面上的投影OF与X轴的夹角等于ϕ，与Z轴的夹角等于ψ。显然，如果入射束被晶面(hkl)反射，则反射束$\boldsymbol{s}$与$\boldsymbol{s}_0$、$\boldsymbol{n}$、及OF共面。在这个平面上，由图5.29中几何关系可知

$$\theta=90°-\psi \tag{5.79}$$

若$\psi<45°$，则$2\theta<90°$，如图5.29(a)所示，衍射束在透射底片上产生一个劳埃斑点P，在透射底片上建立平面坐标oxy，x、y轴与试样坐标系中的X、Y轴有同样的方向，o为Z轴与底片平面的交点。若试样到透射底片的距离为D，则P的平面极坐标表示为(ρ,ϕ)，且有

$$\rho=D\cdot\tan2\theta \tag{5.80}$$

若$\psi<45°$，则$2\theta>90°$，如图5.29(b)所示，衍射束在背射底片上产生一个劳埃斑点P'，以同样的方法在背射底片上建立平面坐标$o'x'y'$。若试样到背射底片的距离为D'，则P'的平面极坐标表示为(ρ',ϕ)，且有

$$\rho'=D'\cdot\tan(180°-2\theta) \tag{5.81}$$

于是，通过测量衍射斑点的位置坐标，就可了解相应晶面在试样坐标系中的取向。

设试样晶体中有一晶带，属于该晶带的晶面的法线$\boldsymbol{n}(\phi,\psi)$必定位于同一平面上。容易证明，这些晶面所生劳埃斑点的ρ与ϕ的关系曲线是过o点的椭圆或直线，而ρ'与ϕ的关系曲线是不过o'点的双曲线或过o'点直线。这就是说，由同一个晶带的晶面反射形成的劳埃斑点分布在同一条圆锥曲线上，这样的圆锥曲线称为晶带曲线。

低指数的晶带包含的主要晶面较多，在晶体学中称为主要晶带。在劳埃照片上，有一些晶带曲线所包含的劳埃斑点多而强，它们一般是由主要晶带产生的。

3. 球面投影和极射平面投影

描述试样外形取向以及试样中各晶面取向可用球面投影和极射平面投影。

以试样坐标系原点O为球心，作一个投影球，那么，试样坐标系的三个坐标轴X、Y、Z可用投影球面上的迹点表示；各晶面则通常用极点，即晶面法线(ϕ,ψ)在投影球面上的迹点表示。

在底片平面上建立极射投影平面，如此，试样坐标系的坐标轴X、Y、Z以及各晶面可用极射平面投影来表示。X、Y轴在底片平面上的投影位于投影基圆上，记作X、Y；Z轴的投影在圆心，记作Z。图5.30(a)为透射底片及在此平面上建立的极射投影平面，图5.30(b)为背射底片及在此平面上建立的极射投影平面。这两个图描述了劳埃斑点与衍射晶面极点投影之间的几何关系。透射劳埃斑点P与对应的晶面极点投影Q位于投影

中心 O 的两侧，P、O、Q 三点在一条直线上，Q 与 O 的夹角为 ψ，与基圆的夹角为 θ。背射劳埃斑点 P' 与对应的晶面极点 Q' 位于 O' 的同侧，三点也在一条直线上，Q' 与 O' 的夹角为 ψ，与基圆的夹角为 θ。劳埃图像的晶带曲线是由一个晶带形成的，故而相应的晶面极点分布在投影球面的大圆上，称为晶带大圆。

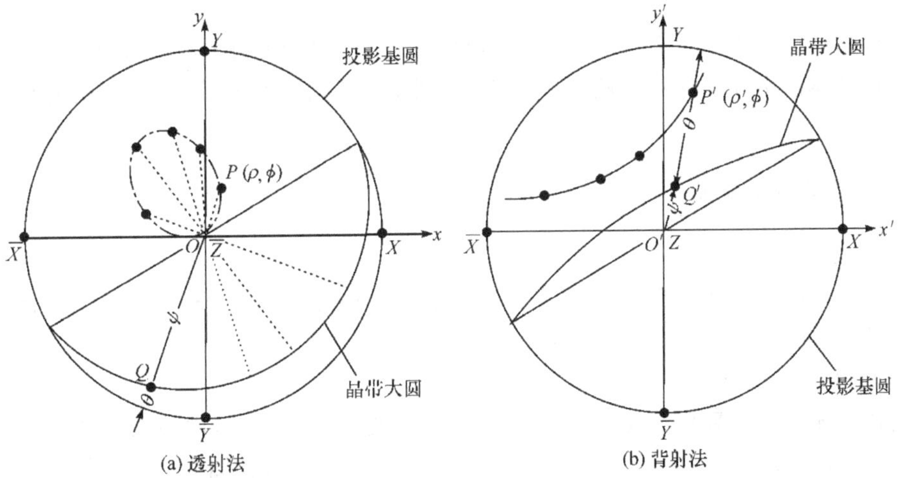

图 5.30　劳埃照片的劳埃斑与晶面极点的几何关系

4. 劳埃斑点指数化

判断劳埃相片中各衍射斑点相应的晶面指数，是单晶体衍射分析工作的前提。

如上所述，劳埃图像上的劳埃斑点组成一些晶带曲线，与之对应的是投影平面上的晶带大圆。如果转动晶体试样，晶体中的晶面以及试样的 X、Y、Z 轴将随之转动，各晶面投影也将随之转动。设想转动晶体，使其中一个晶带大圆与投影基圆重合，这意味着该晶带大圆所代表的晶带轴的投影将与投影平面的中心重合。与此同时，所有晶面极点的投影均相应转动。转动后的晶体投影图，就是以该晶带轴法平面为投影面的投影图。

经验证明，最清晰的晶带曲线往往对应着低指数的晶带轴，如 [001]、[110]、[111] 等。于是，我们可选择一个最清晰的晶带曲线，然后把它转至与投影基圆重合。这时晶体的投影就是以该晶带的晶带轴法平面为投影面的投影图。将这个晶体投影图依次与 (001)、(011)、(111) 等标准投影图比较印证，一旦找到对应之后，即可对所有晶面极点的投影进行指标化，并可指出任意晶面的位置。

5. 晶体取向的测定

测定晶体取向，就是要求描述晶体中某个晶面，如 (100) 晶面，与晶体外形表面之间的夹角关系。常用试样坐标系来表示晶体外形的几何取向。于是，测定晶体取向，就是要求确定晶体中的某个晶面在试样坐标系中的取向。

完成晶体劳埃斑点指标化后，在乌氏网上，测量相应晶面与 X、Y、Z 轴之间的夹角，于是，该晶面与晶体外形的关系即可唯一地确定。

一般来说，记录在透射劳埃图像上的晶带曲线，其晶带轴与 Z 轴夹角较小，晶面极点的投影离中心较远且分散，背射图像则相反，故透射法测量比背射法准确。但透射法只能用于薄晶体试样。

5.4.2 旋转晶体法

旋转晶体法是用单色 X 射线照射旋转单晶体，用改变晶体位向的办法来获得衍射线。旋转晶体法多在晶体结构测定中使用，特别是对于对称性较低的晶体，是重要的结构分析方法。

1. 旋转晶体法装置

1）X 射线源

旋转晶体法用 X 射线管作为 X 射线源，使用其点焦点。利用 X 射线管所生的特征辐射，与滤波片配合，获得点源单色辐射。

2）针孔圆筒相机

旋转晶体法一般采用针孔圆筒相机，其构造与德拜相机相同，用圆柱形底片记录衍射花样，底片直径多为 57.3mm，不同的是底片较宽（约 80mm），如图 5.31(a)所示。单色 X 射线经入射光阑（准直光阑）形成细束，垂直圆筒轴线照射在试样上。

旋转晶体法采用单晶试样（长 1～2mm，粗 0.2～0.3mm），先将晶体粘在玻璃丝上，再将玻璃丝置于试样夹头上，摄照前须确定晶体的取向。晶体旋转轴与圆柱底片同轴。摄取的底片展开如图 5.31(b)所示，这是 NaCl 晶体的衍射花样。

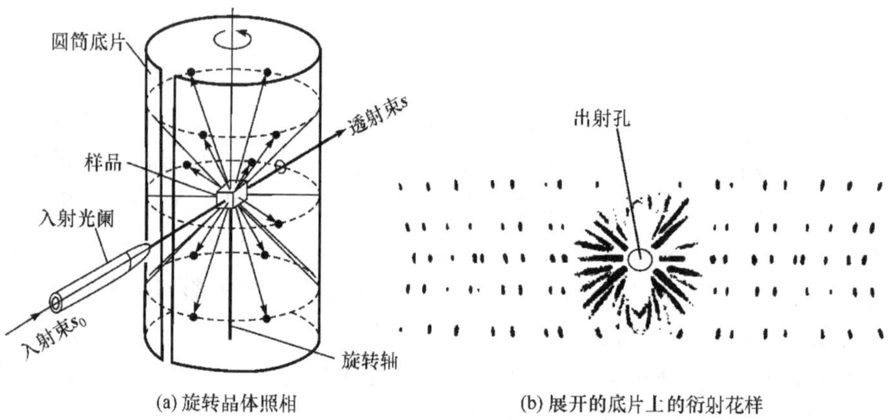

(a) 旋转晶体照相　　(b) 展开的底片上的衍射花样

图 5.31　旋转晶体法照相和展开底片上的层线

2. 旋转晶体法原理

以任意轴线旋转晶体所得的衍射照片没有实际价值，在分析工作中都是以晶体的主要晶向为旋转轴，而入射束与此轴线垂直。

设单晶体绕某晶向轴$[uvw]$旋转，它产生衍射线束有两个必要条件：

(1) 衍射线束与旋转轴的夹角 γ 满足劳埃方程组中的一个方程，即

$$\cos\gamma=\frac{n\lambda}{D_{uvw}} \tag{5.82}$$

式中，D_{uvw}为晶向$[uvw]$的结点距；n为整数。此式直接由式(2.25)导出，只要令旋转轴为$\boldsymbol{c}$轴，则$\boldsymbol{c}\cdot\boldsymbol{s}_0=0$，$\boldsymbol{c}\cdot\boldsymbol{s}=c\cdot\cos\gamma$，$c=D_{uvw}$，$L=n$。

(2) 衍射线束与入射线束的夹角2θ满足布拉格方程的数学式，即

$$\sin\theta=\frac{\lambda}{2d} \tag{5.83}$$

应该注意到，这两个必要条件分开来，都只是部分地满足劳埃方程和布拉格方程，合起来才是完全地满足劳埃方程或布拉格方程。

这两个衍射条件说明：在旋转单晶体中，只有部分取向的晶面才产生衍射线。所产生的衍射线束同时在以入射线为轴线的锥顶半角为2θ的圆锥面上，以及在以旋转轴为轴线的锥顶半角为γ的圆锥面上。前者在底片上留下一系列的德拜环，后者则形成一组水平线，称为层线。过出射孔中心的层线称为第零层线($n=0$)，其他的依次称为第一层线($n=1$)、第二层线($n=2$)等，如图5.31(b)所示。衍射斑点只可能出现在层线和德拜环的交点处。每个德拜环上只有4个衍射斑点($\gamma=90°$时是2个)。

3. 衍射斑点的指标化

用拍摄的衍射花样研究晶体的结构，首先须标注各斑点的指数。

以y表示底片上某衍射斑点P到第零层线的竖直距离，x表示斑点到射出孔中心的水平距离，或用$2x$表示某层线上对称的两个斑点的距离；R表示晶体到底片的距离，如图5.32所示。通过一般的数学运算，可得

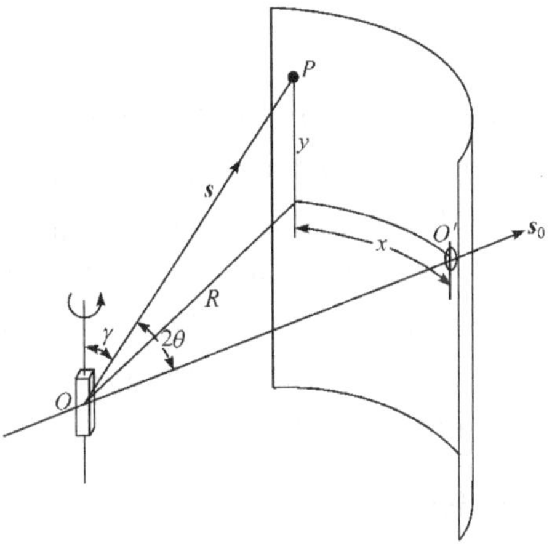

图 5.32 衍射斑点位置与2θ、γ的对应关系

$$\sin^2\theta=\frac{1}{2}-\frac{R}{2\sqrt{R^2+y^2}}\cos\left(\frac{x}{R}\right) \tag{5.84}$$

$$\tan\gamma=\frac{R}{y} \tag{5.85}$$

由此可以求算反射面的晶面距，根据衍射线的方向，容易确定反射面的取向，并在投影图中表示出来。根据反射晶面的晶面距以及反射晶面的夹角关系，可对各衍射斑点予以指标化。

4. 晶体点阵等同周期的测定

旋转晶体法可以测量旋转轴方向上的点阵周期，即$[uvw]$晶向的结点距D_{uvw}。

图5.31(b)是NaCl单晶试样，以[001]为旋转轴所摄取的衍射花样。我们以此为例来说明晶体点阵周期的测定。已知相机的直径$2R=57.3\text{mm}$，使用CuK_α辐射。测量第

二层线到第零层线的距离为 $y=18.3\text{mm}$，于是根据式(5.85)，求得 $\gamma=57.43°$，根据式(5.82)求得 $D_{001}=n\lambda/\cos\gamma=2\times1.542\text{Å}/\cos57.43°=5.73\text{Å}$。

5.5　多晶织构分析与针孔法

5.5.1　织构

多晶材料中的晶粒取向趋于一定方向的聚集现象称为择优取向或织构。织构会在金属材料的冷加工变形过程中出现，也可以在液态凝固、气相沉积、电解沉积、再结晶等过程中产生。织构的形成导致材料的各向异性。织构的存在有时是有益的，有时却是有害的。例如，当板材深冲时，由于织构的存在会形成刺耳，在这种情况下希望消除织构；但在生产变压器用的硅钢片时，却希望沿晶体的易磁化方向形成织构。

金属材料中比较典型的织构是冷拉丝织构和冷轧板织构。

1. 丝织构

在冷拔金属丝的过程中，抽拉力使晶粒发生转动并沿着流变方向形成一定的取向排列。因为应力和应变是单向轴对称的，故形成轴向对称的结构，称为丝织构。

丝织构材料的晶体学特点是各晶粒的某一个或几个晶体学方向倾向平行于某一特定方向(如冷拔金属丝的抽拉方向)，其他晶体学方向则以此方向为轴呈对称分布。这个特定方向称为丝织构轴，并用倾向与其平行的晶向指数〈*uvw*〉来表示。如果试样中有两种或两种以上的晶体取向与织构轴平行，则称为双重织构或多重织构。例如，冷拉 Fe 丝具有〈110〉丝织构，冷拉 Al 丝具有〈100〉+〈111〉双重丝织构。

2. 板织构

在金属轧板过程中，晶粒的取向不仅受到轧向的影响，而且也受到轧面的限制，故各晶粒相对于轧向不可能呈旋转对称分布，而形成板面的左右对称结构，称为板织构。

板织构材料的晶体学特征是各晶粒的某一个或几个晶体学面倾向平行于某个特定面，一个或几个晶体学方向倾向平行于某个特定方向。前者即金属的轧面，用倾向与其平行的晶面的指数(*hkl*)表示；后者即金属的轧向，用倾向与其平行的晶向的指数〈*uvw*〉表示。例如，冷轧锆板具有{0001}〈1010〉板织构。

5.5.2　织构的表示与多晶体极图

描述材料的织构状态就是描述材料中各个晶粒取向相对材料外形坐标之间的关系。极图是一种较为理想的表达方法，所谓多晶体极图，就是表示多晶体中所有晶粒的某一晶面极点在极射平面投影图上的分布情况，同时以极点的名称命名极图的名称。为避免混淆，“标准极图”只用于单晶体，而“极图”则用于多晶体。

图 5.33 是多晶体{100}极图，它表示多晶体中所有晶粒的(100)及其等同晶面的极点分布。图 5.33(a)表示无织构，{100}取向无规，在投影球面上均匀分布，在极图中也是均匀分布的(严格地说，是按乌氏网的网格密度分布)，用阴影线表示极点的分布区。图

5.33(b)表示理想的〈110〉丝织构,该图以平行丝轴的面为投影面,晶粒全部以〈110〉方向平行于丝轴方向。从晶体学角度来看,具有理想丝织构的多晶材料与旋转单晶体相似。图 5.33(c)描绘的是理想的〈211〉{110}板织构,晶粒全部以{110}面平行于轧面,全部以〈211〉方向平行于轧向。从晶体学的角度来看,具有一种理想板织构的多晶材料与对称的双晶体相似。从上述图中看出,对于板织构,极图一般是左、右对称的;对于丝织构,则是以丝轴为对称轴。

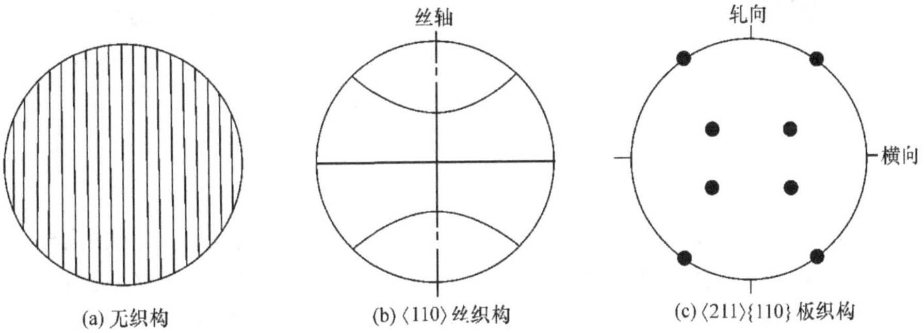

图 5.33 多晶体{100}理想织构极图

实际材料中的织构状态与理想织构状态不同。例如,图 5.34(a)所示为 Fe 丝的〈110〉丝织构极图,图 5.34(b)所示为冷轧铝板的〈211〉{110}板织构极图。与图 5.33 所示的理想织构状态比较,可知在实际的织构状态中,{100}极点是一种有倾向的分布,而且主要聚集分布在理想织构位置(理想织构的晶面极点位置)附近。

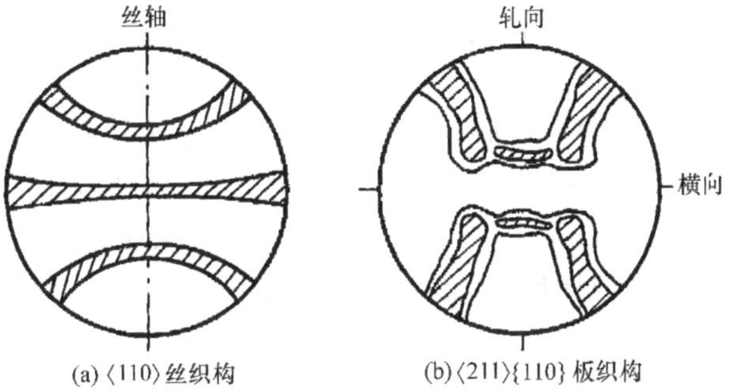

图 5.34 多晶体{100}织构极图

一种织构可以用多种极图来表示。图 5.35 表示与图 5.33 同样的织构,不同的是图 5.35 是{111}极图,图 5.33 是{100}极图。

5.5.3 针孔法与多晶织构试样的衍射

1. X 射线源

针孔法用 X 射线管的点焦点为 X 射线源。利用 X 射线管所生的特征辐射,与滤片配合,获得单色辐射。

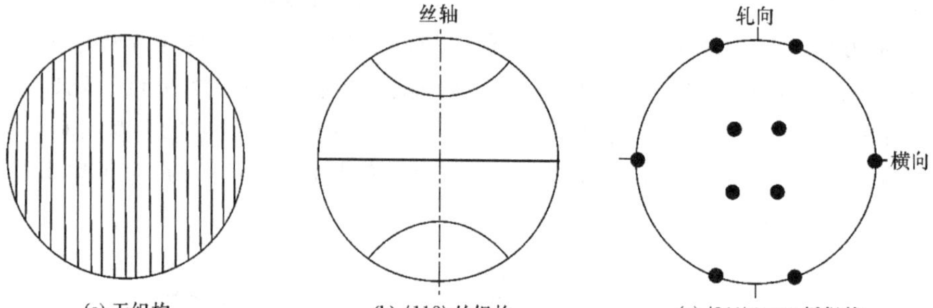

(a) 无织构　　(b) 〈110〉丝织构　　(c) 〈211〉{110} 板织构

图 5.35　多晶体{111}极图

2. 针孔相机

针孔法使用针孔相机，其结构与劳埃相机相同，采用平板底片记录衍射花样，不过是使用单色 X 射线摄照。针孔法也有透射相机和背射相机。不过在织构分析时，一般都是用透射法摄照，采用细圆柱试样。入射束垂直丝轴(或轧面)照射，如图 5.36 所示。

3. 衍射花样

如果金属试样中晶粒的取向是混乱的，则应得到连续均匀的德拜环，而织构试样的每个衍射环上的衍射强度都分别集聚在某几个弧段处。通常把这些强度集聚的衍射弧段称为织构斑。这种图像，意味着多晶体中晶粒的方位分布已受到限制，有些方位已经没有晶体占据，而趋向于某些方位的晶体却剧增。晶体取向的集中程度与织构程度有关。当织构不十分完善时，将有小部分晶粒仍然按无规则排列，这使得混乱多晶的衍射环隐约可见。

具有理想丝织构的多晶体，某晶面(hkl)在空间的可能方位相当于单晶体围绕$[uvw]$旋转时(hkl)的可能取向。因此，当用单色 X 射线垂直织构轴照射时，其衍射花样等同于旋转单晶体的衍射花样。也就是说，它的衍射斑点落在一系列层线与德拜环上的交点上。因使用平底片，层线将以双曲线排列，如图 5.37 所示。

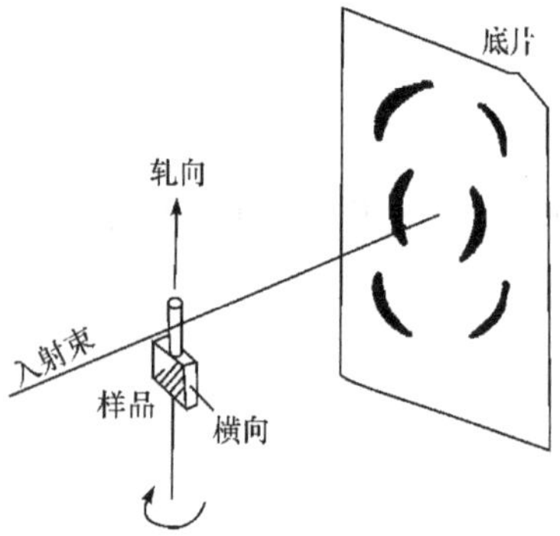

图 5.36　丝织构斑位置示意图

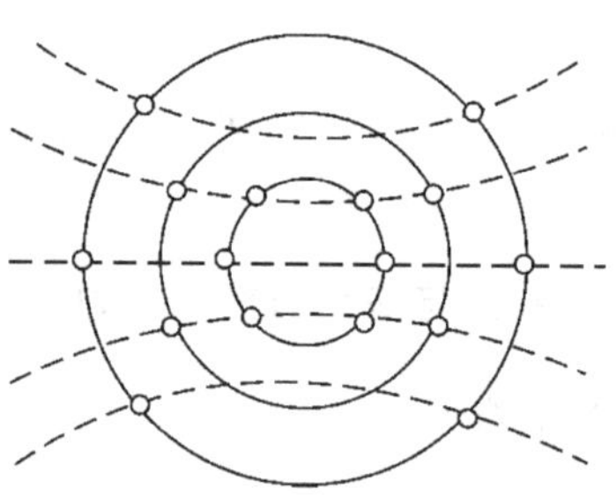

图 5.37　透射法测定多晶体织构装置

具有理想板织构的多晶体，某晶面(hkl)在空间的可能方位相当于单晶体正反放置(围绕[uvw]转 180°)两种情况时(hkl)的可能取向。因此，当用单色 X 射线垂直板面照射试样时，不一定能获得衍射花样。用劳埃法照相获得的衍射花样相当于两个单晶劳埃花样的叠加。

5.5.4　织构的测定

织构的测定，就是测定某个晶面的法线在试样外形坐标中的分布，一般用极图表示。因为某方位的晶面极点密度正比于它所对应的 X 射线衍射束的强度，所以通常是先测定某晶面的衍射束强度在外形坐标中的分布，然后再转化成晶面极点的分布。

原则上，劳埃法或是旋转晶体法拍摄的照片都能显示试样的织构，然而，实际织构试样毕竟不是单晶体，同普通的劳埃法和旋转晶体法所得的衍射花样很难进行分析，故一般使用下面介绍的方法进行织构测定。

1. 衍射照片的拍摄

针孔法拍摄试样的衍射花样，为避免试样对 X 射线的吸收影响，试样最好制成直径约 0.1～1.0mm 圆柱状。根据试样外形建立试样坐标系 XYZ，一般用 X 轴代表横向，Z 轴代表轧面法向，Y 轴竖直向上，代表丝轴方向或轧向，如图 5.36 所示。

对于丝织构试样，照相时要在底片上留下丝轴方向的痕迹。由于丝织构具有轴旋转对称的特点，故一般只要拍摄一张照片即可。

对于板织构试样，需要转动晶体以便改变入射束与试样的相对位置，转动一次，留下一张照片。因此，照相时不仅要在底片上留下轧向方向的痕迹，还需要标记底片与轧面的夹角大小。为标记底片的正反面，可切去底片一角。

首先将试样表面(轧面)平行于底片安放，用"0°"标记表示轧面与底片平行，即入射束与 Z 轴平行。然后将试样右转，每转 10°，拍照一张，并分别记为 10°、20°、…、90°。这样，就获得了 1 套共 10 张照片。我们以冷轧铝板试样为例介绍板织构的测定方法，图 5.38 所示的是其中的 0°、30°照片。照片上记录了两个断续的德拜环：内环{111}、外环{200}。

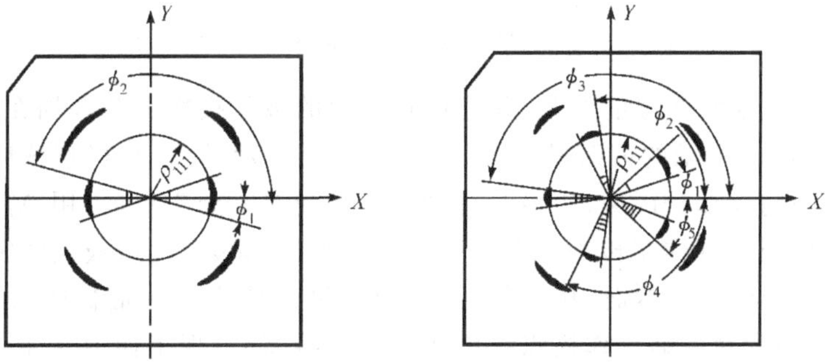

(a) 试样位置0°　　(b) 试样右转30°

图 5.38　冷轧铝板织构试样的针孔法照片

2. 极图的获得

利用上述的一套照片就可以获得试样的极图。对于立方晶系材料，一般是绘制{100}、{110}或{111}极图；对于六方晶系材料，则是{0001}、{1010}或{1120}极图。

以作{111}极图为例，就是设法将照片上不连续的{111}衍射环中的各个衍射点，转化成{111}晶面极点，并与试样坐标轴的迹点同时投影在底片平面上。

织构斑与晶面极点的关系如图 5.30 所示的劳埃斑与晶面极点的几何关系，由{111}晶面的德拜环半径用式(5.80)可以计算 θ_{111} 值。{111}的晶面极点分布在与投影基圆夹角为 θ_{111} 的小圆上，并位于与织构斑相反的方向上。晶面极点的强度(即晶面极点的分布密度)应该与相应的 ϕ 方向上的衍射线积分强度成正比。

图 5.39(a)是根据图 5.38(a)所示的 0°照片绘制的极射平面投影图，θ_{111} 小圆上的两个{111}极点密度区分别对应于照片上{111}德拜环中的两个强度区。这两个极点密度区形成两个线段，称为极点浓度线段。

图 5.39(b)是根据图 5.38(b) 的试样右转 30°照片绘制的极射平面投影图。要注意 X、Z 轴在投影中的位置。因此，只有将图 5.39(b)绕 Y 轴左转 30°，才能使投影的外形坐标与图 5.39(a) 中的一致。图 5.39(c)表示{111}小圆左转 30°以后形成的新小圆，以及其上的极点浓度线段 1、2、3、4、5，它代表了试样在相应方向上{111}极点的密度分布。

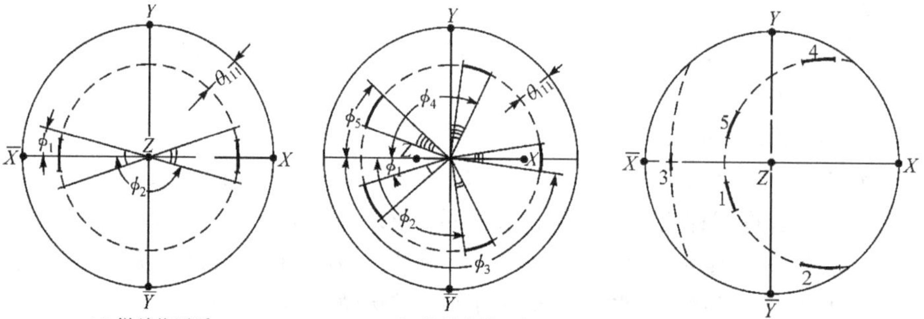

(a) 样品位置0°　　(b) 样品右转30°　　(c) 样品位置0° (转回)

图 5.39　试样{111}极点强度分布的极射平面投影

将所有的照片都作类似的处理，并且把转动后的极射投影图都叠加在一起，就获得了一张如图 5.40(a)所示的极射投影图。图 5.40(a)所示的{111}极点浓度线段分布已经覆盖了投影图的大部分区域，应该注意的是图中尚有 5 处空白区，用 A_1、A_2、A_3、N、S 表示。如果还摄照了试样左转 10°、20°、…、80°的照片，那么{111}极点的密度分布区也将覆盖 A_1、A_2、A_3 区域。然而，从工艺条件分析，可以认为冷轧铝板的极图是左、右对称的，故左转的照片被省略。作极点浓度线段的包线，便出现了如图 5.40(b)所示的极图的样子。

如图 5.40(b)所示的极图中的 N、S 区，即南、北极地(极距为 θ)仍是空白区。因为试样绕 Y 轴转动，极点位于南、北极圈内的{111}晶面与入射束的夹角恒小于 θ，得不到衍射斑，除非将试样倾斜放置。实际上，要检查极地空白区是否有{111}极点，可根据立方晶体

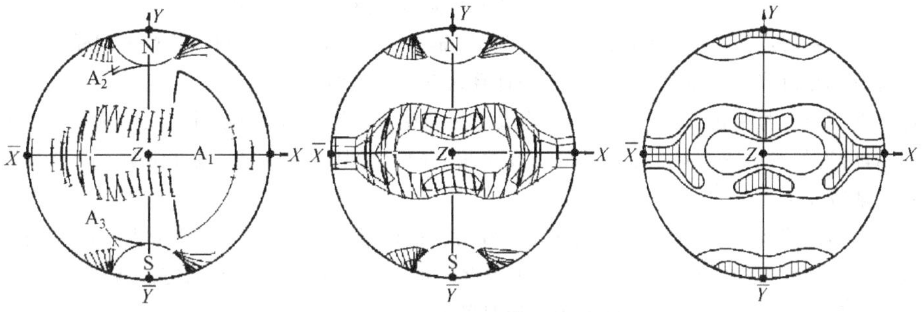

(a) 10张{111}极图的叠加　　(b) 等强度线的连接　　(c) 极图的完成

图 5.40　试样{111}极图的形成

的对称性。因为立方晶体{111}极点总是 4 个同时出现，而且它们之间的夹角恒为 70.53°。如此，在图 5.40(b)的基础上可画出 N、S 区内的极点密度分布，略经修饰后最终得到表示冷轧铝板试样织构的图 5.40(c)。

3. 理想织构位置的确定

用 X 射线衍射方法测定织构最终要确定试样所包含的理想织构成分。这通常是借助晶体的标准投影图，与试样的极图比较来完成的。

在图 5.41 中，"●"表示立方晶体 (110) 标准投影图中{111}的极点位置，"■"表示(112)标准投影图中{111}的极点位置。这说明上述试样的理想织构可以判断为〈112〉(110)和〈111〉(112)。

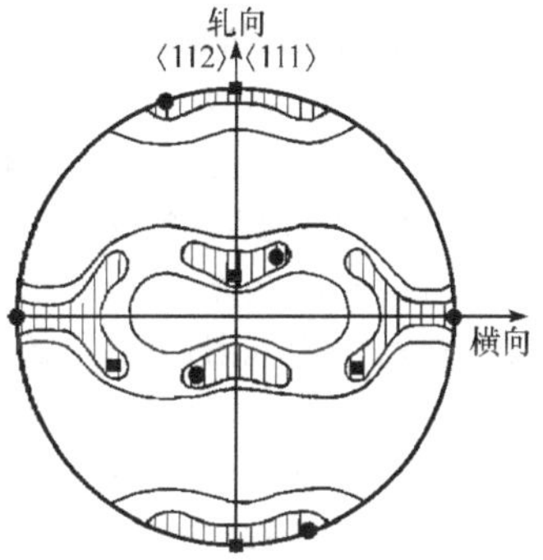

图 5.41　理想织构位置的确定

习　题

5.1　X 射线管用 1mm 厚的铍片作窗口，计算它对 2.3keV 的 X 射线的透射率。用 0.25mm 薄铍片呢？

5.2　现以 LiF 晶体和 RAP(邻苯二甲酸氢铷)为例，试比较它们对 CuK_α 辐射近邻的分散能力。

5.3　平面晶体波谱仪使用的梭拉光阑尺寸为 $l=101.6$mm，金属片间距 $S=0.127$mm。讨论当用 LiF 晶体作为分析晶体时，$CuK_{\alpha1}$，$CuK_{\alpha2}$ 双线和 CrK_α、MnK_α 近邻线能否分离。(设 LiF 晶体的 $W_{1/2}=0.033°$)

5.4　计算在 $|G|^2\neq0$ 方向上四种点阵类型的结构因子。

5.5　结构因子 $|F|^2$ 的值与哪些因素有关？干涉函数 $|G|^2$ 的值与哪些因素有关？

5.6　计算氯化钠晶体的(001)、(002)、(110)晶面在布拉格反射方向上的结构因子 $|F|^2$。

5.7　欲用铜靶 X 射线管获得 CuK_α 单色辐射，对管电压有何要求？宜采用什么滤片材料？欲使 CuK_β 的强度为 CuK_β 的 1%，则该滤片厚度应为多少？

5.8　获取衍射图谱，已知试样中含有相当多的铁的成分，试选用 X 射线管的靶物质。

5.9　若采用玻璃试样板压制的粉末试样，其面积 20mm×16mm，扫描范围 10°～ 90°，试确定发散狭缝参数。(设测角圆半径 $R=185$mm)

5.10　金刚石、石墨、碳制成 3 个粉末试样，它们的衍射图谱各有什么特点？

5.11　已知锌晶体点阵常数 $a=2.66$Å，$c=4.95$Å，今用 CuK_α 辐射在衍射仪上扫描测试其粉末试样，最低角的三条衍射线是由哪三个晶面反射的？分别计算这三个衍射角。

5.12 已知氯化钠的点阵常数 $a=5.64$Å，今用 CuK_α 辐射在衍射仪上扫描测试其粉末试样，最低角的三条衍射线是由哪三个晶面反射的？分别计算这三个衍射角。

5.13 已知钢试样由两相物质 α-Fe 和 γ-Fe 构成。如今在衍射仪上用 CoK_α 对此试样从 40°～120°进行扫描，所得的衍射图上有几个衍射峰？标注相应的反射晶面。（α-Fe 点阵常数 $a_\alpha=2.86$Å，γ-Fe 点阵常数 $a_\gamma=3.60$Å）

5.14 已知铝的点阵常数 $a=4.05$Å，今用 CuK_α 辐射在衍射仪上扫描测试其粉末试样，衍射仪扫描的最高角限于 160°，最高角的衍射峰峰位？因为 $K_{\alpha1}$ 和 $K_{\alpha2}$ 的缘故两峰分裂的宽度等于多少？设晶体中亚晶尺度约 0.1μm，则该衍射峰因为亚晶的缘故导致的峰宽等于多少？

5.15 用 X 射线衍射仪作物相分析，绘图表示 X 射线管焦点、入射束、衍射束、接收狭缝、试样表面及其法线、反射晶面及其法线、聚焦圆，衍射圆之间的相互位置关系。

5.16 用 X 射线衍射仪进行应力测试，在扫描过程中，多晶平板试样中能反射 X 射线并使之通过接收狭缝的反射晶面的取向与入射方向、试样表面有何特殊的几何关系？

5.17 X 射线衍射仪作宏观应力测试，绘图表示 X 射线管焦点、入射束、衍射束、接收狭缝、试样表面及其法线、反射晶面及其法线、聚焦圆，衍射仪圆之间的几何关系。

5.18 今用衍射仪，以 CoK_α 记录钢中 α 相(211)线（峰值 $2\theta=99.60°$）和 γ 相(311)线（峰值 $2\theta=111.10°$），测量表明 $I_\alpha/I_\gamma=4.1$。不考虑温度因子，求该试样残余奥氏体的含量。

5.19 已知 γ-Fe 的点阵常数 $a=(3.571+4.4x)$Å（x 为 γ-Fe 中碳的质量分数），如今用 CoK_α 辐射测得 γ 相 (311) 的峰位 $2\theta=111.00°$，γ-Fe 中的碳含量等于多少？

5.20 某立方晶体衍射图中，从低角到高角有八个衍射峰，读数 2θ 依次等于 38.56°、55.71°、69.82°、82.73°、95.26°、107.94°、121.90°、138.31°，能否判断该试样的点阵类型？

5.21 两个晶体的结构类型相同，如铝晶体和铜晶体，它们的取向相同，它们的劳埃相是否相同？有何区别？采用较高的管压和采用较低的管压，其劳埃相是否相同？

5.22 已知石墨晶体的 (002)晶面的面间距 $d=3.345$Å，用它做成晶体单色器。若令接收狭缝 S 到晶体表面 C 点的距离 $L=51.5$mm，那么，在使用 CuK_α 辐射时，聚焦圆半径 R 应等于多少？

5.23 用 W 靶 X 射线管对铝单晶体试样进行劳埃法摄照，X 射线束沿[100]入射，设透射底片距试样 5cm，背射底片距试样 3cm。{310}诸晶面或其平行晶面的反射线在底片上所形成的劳埃斑点到底片中心的距离？反射线中所包含的波长成分是什么？要形成这些斑点，管电压至少有多大？

5.24 试样由锐钛矿(α-TiO_2)和金红石(γ-TiO_2)两种物质组成。用 X 射线衍射方法进行物相定量分析，采用 CuK_α 辐射，实验测出 $I_\alpha/I_\gamma=0.56$，请计算金红石的含量。可借用 PDF 资料中的数据：采用 CuK_α 辐射，α-TiO_2 用 $d=3.51$Å 的衍射线，$K_c^\alpha=4.3$；γ-TiO_2 用 $d=3.25$Å 的衍射线，$K_c^\gamma=3.4$。

5.25 0.8mm 的冷拉铝丝，织构轴为〈111〉，今用透射平板相机摄照，Cu 靶，Ni 滤片，试样到底片的距离 $D=50$mm。画出衍射花样。

第 6 章　光学显微镜

光学显微属于非光谱法，其主要内容是测量光的传播方向、偏振性变化，据此观察物体的表面形貌和内部结构。

6.1　像的观察与记录

1. 眼睛

人眼是十分精巧的光学系统，大多数光学仪器的用途都是为了改善和加强人的视觉。人眼能够区分可见光的波长(颜色)和强度(亮度)。人眼最敏感的波长约 550nm，一般照度下，人眼瞳孔的直径约 3mm，于是由式(1.67)可知，人眼能够分辨的极限视角为 $2\theta_0 = 2.2\times10^{-4}\,\text{rad}$。

从讨论网膜上视神经细胞的大小和分布得知，一般人眼能分辨角距离不小于 $1'$ 的两物点，此值与式(1.13)求出的极限视角值十分相符。这种巧妙的相符显示出人眼对自然规律的适应。然而，为了使眼睛能够不太费力地分辨，视角应不小于 $2'\sim4'$。

人眼的近点因人而异，一般取 $D_0=250\text{mm}$，称为明视距离，用 D_0 表示。视角 $2'\sim4'$ 相当于明视距离处的分辨距离为 0.15～0.3mm，用 δ_{eye} 表示，即人眼的分辨率。

像是依靠衬度来反映物的形貌或构造的。像的衬度是指眼睛观察到的图像细节部位的光强度的差别，也称为反差。设 I_A、I_B 分别为同一试样相邻两区域 A、B 所对应的像的强度，则这两个区域的强度差 $\Delta I_B = I_B - I_A$(假定以 I_A 为像的背景强度)。于是，B 区域的衬度(或反差)定义为

$$\frac{\Delta I_B}{I_A}=\frac{I_B-I_A}{I_A}=\frac{I_B}{I_A}-1 \tag{6.1}$$

此式是衬度公式。一般认为人眼能辨认的最低衬度不应小于 5%。

2. 照相底片

底片上的感光乳剂受到光照后，其中的 AgBr 颗粒离解形成显影核，经过显影而游离出来的银微粒使感光处变黑。在适度曝光的条件下，黑度和曝光量成正比。照相胶片作为检测器，可以同时收集光强的空间分布信息。影响底片曝光时间的因素很多，如光的波长和强度、底片的灵敏度等，难以计算确定，通常是根据经验和实验来确定。

照相底片的分辨能力表示它能够记录物像细微部分的能力，取决于感光乳剂中银盐颗粒的大小和药膜厚度。底片分辨本领常以每毫米可分辨线条的数目来表示。例如，GB21°胶片每毫米范围内可以分辨 80～90 条细线，即能分辨相距 10～15μm 的两个像点。考虑到底片冲洗技术对分辨能力的影响，底片最低的分辨率也能达到 30～90μm。

3. CCD 图像传感器

CCD 是电荷耦合器件(charge coupled device)的英文缩写，是一种光敏芯片。通常是由大小仅几十个微米的半导体光电元件组成的一个二维阵列。当光成像在这个平面上的时候，每个光电元件便有了相应的电荷累积，用类似电视摄影的方式，逐行逐点扫描每个阵点上的光电池，测量每个光电元件的电荷数量并将结果转换为数字信号，送到计算机进行显示及存储。所以 CCD 是一种电视型检测器。

如果在 CCD 每个光电元件前设置红、绿、蓝滤镜，每个元件给出的电信号就是每种色光的反应值，再使用软件对得到的数据进行处理，可以确定每一个像素点的颜色。

目前 CCD 摄像头的静止图像的分辨率基本都可达到 1024×1024 像素以上，动态图像分辨率要低些。

6.2 光学金相显微分析

光学金相分析是利用金属试样表面各组成相的光学特性，观察金属材料的组织形貌、晶粒大小、非金属夹杂物、……并给以定性、定量描述的一种分析方法，研究材料的组织与化学成分以及加工工艺之间的关系，判别材料质量的优劣等。金相分析是研究金属材料最重要的方法之一，而且已经扩展到了非金属材料领域。

光学金相的放大率为 1～2500，故有低倍和高倍之分，前者是用眼睛(或借助放大镜)观察，后者是在显微镜下观察。本章主要介绍光学金相显微镜及其分析方法。

6.2.1 光学金相显微镜

金相显微镜是专门用于观察金属等不透明物体表面各组成相的显微镜。在金相显微镜中，照明光束从物镜方向射到被观察物体表面，经物面反射后再返回物镜成像。金相显微镜是由许多光学元件按一定要求组合而成的精密光学仪器，常见的有台式、立式、卧式等款式。金相显微镜一般由光学系统和机械系统组成，还附有图像采集装置，及配有各种用途的附件，以满足不同的分析研究需要。

光学系统是显微镜的主体，由镜筒和照明装置组成，其光路如图 6.1 所示。光源发出的光，经过聚光镜、光阑组件形成光束，由平面玻璃反射转向，聚焦在物镜后焦面，通过物镜投射到位于物镜前焦面外的试样 AB 上。产自 AB 的衍射光，通过物镜的再次衍射，在物镜像平面上形成一个倒立的实像 A_1B_1。当 A_1B_1 落在目镜焦点之内时被放大成虚像 $A_2'B_2'$，人眼通过目镜可进行显微观察，$A_2'B_2'$ 的位置可在人眼的近点与远点间的任何地方。

1. 照明装置

照明装置包括光源、聚光镜组和几个光阑，提供可调节的照明光束。

1) 光源

金相显微镜目前使用较多的光源有钨丝灯和卤素灯，属白炽灯。在需要强光照明的情况下，可用碳弧灯和氙灯。

2）聚光镜和光阑组件

新型显微镜都采用如图 6.1(a)所示的科勒照明的光路，其特点是光利用率高，照明效果好。光源灯丝通过第一聚光镜组聚焦在孔径光阑上，然后通过第二聚光镜组把孔径光阑连同灯丝像一起聚焦在物镜的后焦面，最后从物镜射出平行光束投射在试样表面。在第二聚光镜组中设置了视场光阑，视场光阑的位置使它正好成像在试样的观察表面。

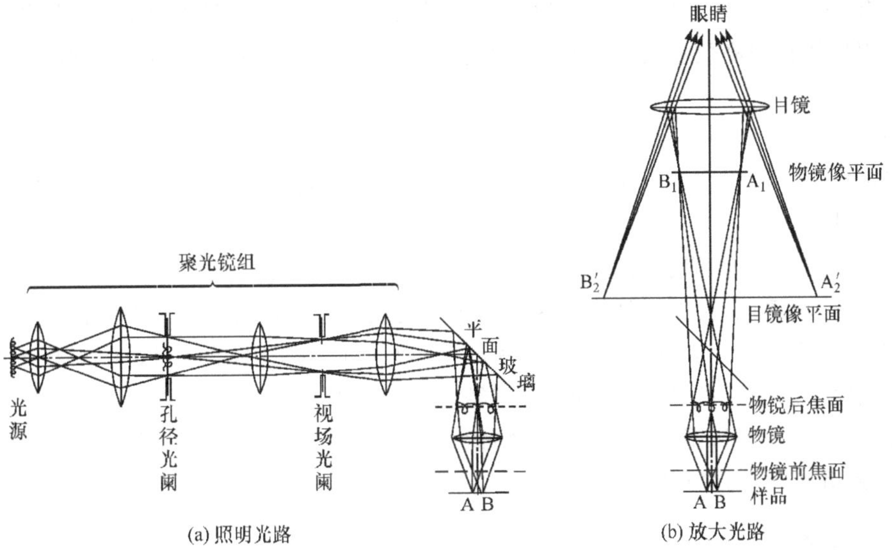

图 6.1　金相显微镜光学原理图

3）垂直照明器

金相显微镜的光源通常位于镜筒侧边，其光轴与镜筒光轴正交。侧面射入的光线要投射到试样表面需折转 90°，这种用来使光线垂直转向的装置称为垂直照明器。垂直照明器多采用与主光轴成 45°的平面玻璃。照明光束由平面玻璃反射后，经过物镜投射在试样表面。然后，试样表面的反射光，再经过物镜放大成像。整个过程中，光束两次穿过物镜。物镜起着聚光和放大的双重作用；平面玻璃则起着反射和透过光线的作用。

2. 镜筒

物镜和目镜，以及用于固定它们的金属圆筒，构成显微镜镜筒。如图 6.1(b)所示是镜筒内的光路。

1）物镜

物镜通常是一种固定在金属筒内有一定间隔的复式透镜，如图 6.2(a)所示。一般按像差校正程度分为消色差物镜、复消色差物镜。前者在红、绿光范围内校正了色差，在绿光范围内校正了球差；后者则是在整个可见光范围内校正了色差，在绿光到紫光范围

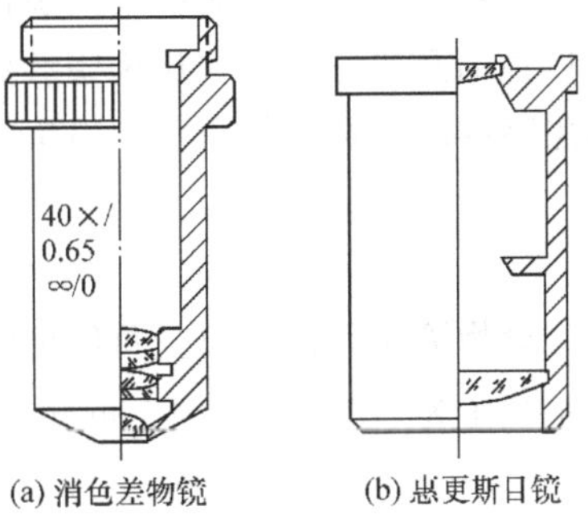

图 6.2　物镜和目镜

内校正了球差。一般的物镜仍存在像域弯曲，而平视场物镜则可使像散和像域弯曲得到很好的校正。

物镜与试样之间以空气为介质的，称干系物镜；用油作介质的称油浸系物镜，使用专用的物镜油。这类物镜在镜头上有专门标志，如“oil”、“Y”。

为校正像差，物镜是根据机械镜筒长度设计的，机械镜筒长度指固定物镜的螺纹的端面到目镜支承面之间的距离，我国规定为 160mm，在物镜镜筒上是有标记的。如果物镜镜筒上有“∞”符号，表示物镜像差是按任意镜筒长度校正的，说明该物镜在不同长度的镜筒中使用均能获得高质量的像。至于“/0”符号表示的是该物镜不使用盖片玻璃(生物显微镜使用)。

2）目镜

目镜也是一种固定在金属筒内有一定间隔的复式透镜，有惠更斯目镜、补偿目镜、平场目镜等种类。

惠更斯目镜最为常用，由两片平凸透镜组成，如图 6.2(b)所示。靠近眼睛的称目透镜，另一片称场透镜，其作用是收敛来自物镜的光线。惠更斯目镜的焦平面在这两镜片之间，若在其上安置一片有刻度的玻璃薄片即可作测微目镜使用，能从目镜中观察叠加在物像上的刻度。惠更斯目镜结构简单，没有经过像差校正。

补偿目镜、平场目镜通常与平视场物镜配合使用，前者补偿平视场物镜垂轴色差校正的不足，后者则可使视场的清晰范围扩大。

3. 机械系统

显微镜的机械系统主要有底座、载物台及其升降调节螺丝等。底座用于支撑整个镜体，将镜筒、载物台、各调节机构等部件有机装配起来。载物台用于放置金相试样，能在水平面内作前后、左右移动，或 360°旋转，用以改变观察部位。在机械结构中物镜转换器和调焦机构较为精密，特别是微动部分结构复杂、精度高，使用时需特别注意。

6.2.2 显微镜光学性能

显微镜的光学性能主要取决于物镜和目镜，尤其是物镜，它是显微镜里最重要的光学元件。物镜的主要性能参数大多标刻在物镜的金属外壳上，目镜的放大倍数则通常标刻在目镜端面或外圆上。从这些参数基本上就能了解显微镜的性能。顺便指出，目镜和物镜焦距指的是在空气介质中的焦距。

1. 放大率

设物镜在目镜的像空间焦距(用 f'_2表示)附近所成实像为 A_1B_1，眼睛对其虚像$A'_2B'_2$所张视角为 2β，参见图 6.1 可知

$$\tan\beta=\frac{A_1B_1}{2f'_2} \tag{6.2}$$

设眼睛在明视距离 D_0 处对物 AB 所张视角为 $2\beta_0$，则有

$$\tan\beta_0 = \frac{AB}{2D_0} \tag{6.3}$$

于是，定义视角放大率用 M 表示，即

$$M = \frac{\tan\beta}{\tan\beta_0} = \frac{A_1B_1}{AB} \cdot \frac{D_0}{f_2'} \tag{6.4}$$

A_1B_1/AB 为物镜横向放大率，用 M_1 表示；D_0/f_2' 为像距等于 D_0 时的目镜横向放大率，用 M_2 表示。由式(1.42)可知

$$M_1 = \frac{A_1B_1}{AB} = \frac{s' - f_1'}{f_1'} = \frac{L_0}{f_1'} \tag{6.5}$$

式中，f_1' 为物镜的像空间焦距；L_0 为物镜的像距。在显微镜中，物镜像平面总是位于目镜的前焦点内侧附近，故 L_0 也就是物镜后焦面到目镜前焦面的距离，定义为光学镜筒长度。因为物镜和目镜总是固定在机械镜筒两端，故光学镜筒长度基本上是由机械镜筒长度确定的。式(6.5) 代入式(6.4)，得

$$M = M_1M_2 = \frac{L_0D_0}{f_1'f_2'} \tag{6.6}$$

以上分析说明，表征物镜、目镜性能的应该是焦距，而不是放大倍数。不过，显微镜制造厂家还是习惯于在物镜和目镜上标刻 M_1、M_2，用户也是用 M_1 和 M_2 乘积来计算显微镜放大率，这是因为 L_0、D_0 不会有大的变化。当然，这样计算放大率只是估算。

如果镜筒中另有辅助透镜，其放大率还得考虑辅助透镜的放大率。

2. 分辨率

显微镜的分辨率基本上就是物镜的分辨率，目镜的作用只是放大物镜形成的实像，不可能提高像的分辨率。影响物镜分辨率的因素主要有衍射效应和像差。如果在设计和制造透镜时已将像差减低到最低程度，那么，影响透镜分辨率的主要就是衍射效应。

物镜与试样间介质的折射系数用 n 表示，空气中入射光的波长用 λ 表示，那么式(1.47)写成

$$\delta = \frac{0.61\lambda}{n \cdot \sin\alpha} \tag{6.7}$$

式中，α 为物点(焦点附近)对透镜所张的孔径半角。定义物镜的数值孔径，用 N. A. 表示，记作：

$$\text{N. A.} = n \cdot \sin\alpha = \sin\alpha_1 \tag{6.8}$$

式中，α_1 表示进入物镜光线的最大折射角，对干系物镜而言，$n=1$，$\alpha_1=\alpha$，如图 6.3 所示。可见，N. A. 表征物镜收集光线的能力。当折射率 n 一定时，物镜焦距越短，孔径半角 α 越大，N. A. 越大。当 α 一定时，n 越大，N. A. 越大。在干燥空气中，N. A. 可达 0.9 左右；在物镜与试样之间若充满松柏油，$n=1.515$，N. A. 最大可达 1.4。式(6.8)代入式(6.7)，得

$$\delta = \frac{0.61\lambda}{\text{N. A.}} \tag{6.9}$$

由此可知，光的波长越短，物镜的数值孔径越大，则物镜的分辨率越高。如图 6.3(a)

所示的物镜，外壳标注的字样“40×/0.65”，说明了该物镜的放大倍数为 40，数值孔径为 0.65。在黄绿光($\lambda=0.55\mu m$)照明时，其分辨率 $\delta=0.61\times0.55/0.65=0.52(\mu m)$。

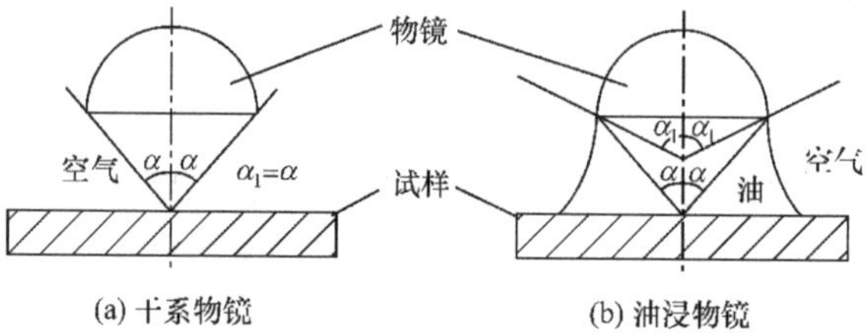

图 6.3　数值孔径示意图

3. 景深

景深是透镜的垂直分辨率，表明透镜对高低不平的物体能够清晰成像的能力。用式(6.9)代入式(1.48)，可得景深 D_f 与物镜的数值孔径关系为

$$D_f=1.22\frac{\sqrt{n^2-(\mathrm{N.A.})^2}}{(\mathrm{N.A.})^2}\tag{6.10}$$

可见，透镜的数值孔径越小，景深越大。若 N. A. =0.65、$\lambda=0.55\mu m$，则 $D_f=1.2\mu m$。这意味着，只要试样凹凸表面的最高与最低点之间的距离不大于 1.2μm，试样各部位的细节都能得到清晰的像。显然，景深越小，对试样表面平整度的要求就越高。

因眼睛具有变焦能力，故眼睛观察时的景深比照相时大，其关系式为

$$D_f'=D_f+\frac{D_0}{M^2}\tag{6.11}$$

4. 有效放大率

如上所述，物镜的分辨率 δ 可高达零点几个微米，这样的距离人眼是无法察觉的，因此显微镜必须要有相应的放大率，将物体的细节放大到足以被人眼分辨的程度，使能被显微镜分辨的两个物点同时被人眼看得清楚。因此，需要显微镜的放大倍数：

$$M=\frac{\delta_{eye}}{\delta}=\frac{\delta_{eye}}{0.61\lambda}\mathrm{N.A.}\tag{6.12}$$

取 δ_{eye} 为 0.15～0.3mm，$\lambda=0.55\mu m$。式(6.12)简化成便于记忆的形式，即

$$500\times\mathrm{N.A.}\leqslant M\leqslant1000\times\mathrm{N.A.}\tag{6.13}$$

满足式(6.13)的放大率称为有效放大率。由式(6.12)可知，显微镜的有效放大率取决于物镜的数值孔径和所用光波的波长。若 $M<500$N. A.，说明显微镜的分辨率没有充分利用，还有放大的余地。若 $M>1000$N. A.，图像属于虚伪放大，这时并不能看清有效放大率内所不能分辨的图像细节，反而显得不清楚。就是说，受到物镜分辨率的限制而不能分辨的细节，再放大也是无用的。

例如，采用 100×物镜，N. A. =1.25，其最高的有效总放大率为 1250，配用 12.5×目镜，恰好符合上述有效总放大率的要求。若采用 16×或 20×目镜，为无效放大；若放大率只需要 500，那么采用 5×目镜是不适宜的，因为物镜的分辨率没有充分利用，不如选用较

低放大倍数的物镜，以换取较好的景深。

综上所述，物镜的分辨率、像的明亮程度、景深等都与物镜的数值孔径有着密切的关系。数值孔径大，分辨率高，像的明亮度高，但景深小。

5. 工作距离与视场范围

物镜的工作距离是指显微镜准确聚焦后，试样表面与物镜前端之间的距离。物镜的放大率越高，工作距离越短。例如，10×的消色差物镜，其工作距离约 7.7mm，100×的消色差物镜，工作距离仅 0.1mm。

视场范围是指显微镜中所观察到的试样表面区域。视场范围与物镜的放大率成反比。普通物镜放大实像的直径一般为 18mm，对于 10×、100×的物镜，其视场的直径分别为 1.8mm、0.18mm。平视场物镜的放大实像直径可达 28mm，视场范围比普通物镜大得多。

6.2.3　试样制备

用于金相分析的试样有如下要求：其一，试样能代表所要研究的对象；其二，试样的检测面平整光滑，能显示所要研究的内部组织。

金相试样制备要经过取样、镶嵌、磨光、抛光以及浸蚀等几个步骤。每项操作都必须严格、细心，因为任何阶段上的失误都可能导致制样的失败。手工制样需要熟练的技巧和丰富的经验。使用微机控制的全自动制样设备，可大大提高制样的速度和质量。

1. 取样

取样部位应具有代表性。常规检测的取样部位及取样数量，有关技术标准中有明确规定。例如，钢锭、钢坯、棒材，在两端取样；锻、轧及经过冷变形的工件，在由表面到中心有代表性的部位取样。失效分析应根据零件受力、破裂等情况决定，一般是在失效部位和完好部位分别取样，以便对比。

取样部位确定后，还应明确检测面的方向，它也根据生产工艺、零件形状和所研究的组织特征而定。对锻、轧及经过冷变形的工件，通常取纵向截面为检测面，以观察组织和夹杂物等的变形情况；而脱碳层、淬火层、碳化物、晶粒度等的观察测定，检测面一般为横向截面。

切取试样用锯、车、刨、砂轮切割等方式。不论用何种方法，都要避免检测部位过热或变形而使试样组织发生变化。气割下来的试样需要再切取，切除气割的热影响区。目前，取样普遍使用的是装有砂轮片或金刚石片的金相切割机，以及电火花线切割机。

金相试样应该有规则的外形、合适的大小，以便于握持、磨光及保存。典型的是 ϕ12mm×12mm的圆柱体或 12mm×12mm×12mm 的立方体。用于低倍分析的试样，尺寸可以大得多。

2. 镶嵌

对形状特殊或太小不易握持的试样，或为防止发生倒角，可进行试样镶嵌。常用的方法有机械夹持、塑料镶嵌和低熔点合金镶嵌。

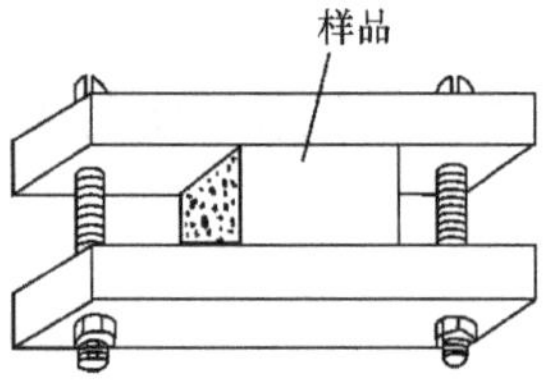

图 6.4　机械夹持法

1）机械夹持法

用如图 6.4 所示的方法将试样夹持起来，再进行磨光和抛光。夹具选择与试样硬度相似的材料，夹持力不宜过大，以防试样变形。

2）塑料镶嵌法

镶样的典型尺寸是 ϕ25mm×12mm。镶样塑料有热镶法和冷镶法两种。

热镶法常用酚醛树脂（热固性塑料）或聚氯乙烯（热塑性塑料）作镶嵌材料，在镶嵌机模具内加热加压成型，保温约 10min，冷却至 70℃脱模。

酚醛树脂固化温度在 120～150℃，质地较硬，但抗酸碱浸蚀能力较差。聚氯乙烯加热到 140～170℃软化，质地较软，但抗酸碱浸蚀能力强。

冷镶法一般使用环氧塑料作镶嵌材料，它是由环氧树脂加固化剂（约 10%）组成。固化剂主要是胺类化合物（如乙二胺）。把镶嵌料和试样同置于浇铸模中浇铸成型，如图 6.5 所示。环氧树脂可在室温凝固，但固化时间较长。硅橡胶或聚氟乙烯塑料很适于作浇铸模材料。

镶嵌时可加入氧化铝、碳化硅之类的耐磨填料来增加镶样硬度；有时也可加入银、铜等金属填料而使镶样导电。

研究试样表面的薄层组织，可用倾斜镶嵌，以便展宽薄层，如图 6.6 所示。

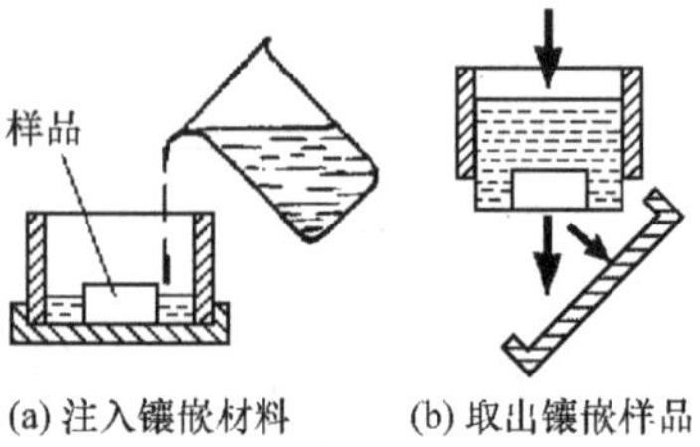

图 6.5　塑料镶嵌法示意图

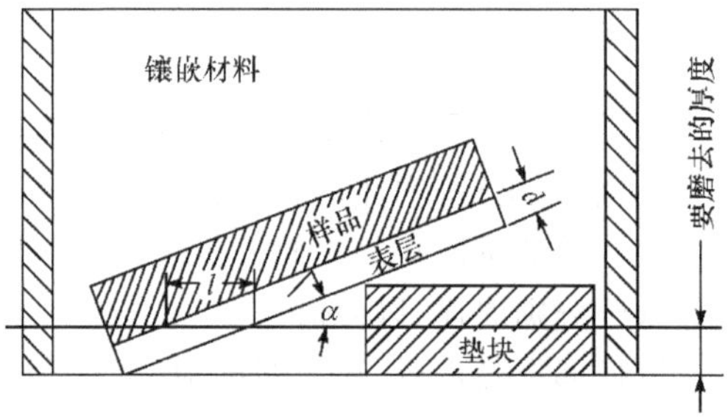

图 6.6　倾斜镶嵌示意图

3）低熔点合金镶嵌法

武德合金（50%Bi+25%Pb+12.5%Sn+12.5%Cd，熔点 65.5℃）及其他低熔点合金在某些特殊场合可用作镶嵌材料。例如，钠试样会和有机材料起作用，宜用低熔点合金做镶样。

3. 磨光

磨光的目的是去除取样时引入的试样表层损伤，获得平整光滑的试样表面。萨莫尔斯等提出的磨光机理是：在砂轮或砂纸上磨光，每个磨粒均可看成为是一把具有一定迎角的单面刨刀，其中迎角大于临界角的磨粒起切削作用，迎角小于临界角的磨粒只能在试样表面压出沟槽，这两者均要挤压周围的金属，使试样表层产生塑性变形，形成试样表面的损伤层，包括外部可见的划痕附近的严重变形层及其下面的显著变形层以及最下面的变形层。

损伤层的厚度随磨粒尺寸增加而增厚，而与磨光时对试样所施的压力关系不大。损伤层不除，金相观察所见的便是损伤层组织，这就是人们说的显微组织假象。为确保显微组织的真实性，必须去除损伤层。因此，在制作金相试样时，一方面要学会辨认损伤层造成的假象，另一方面要制订合理的磨光工艺，尽量减小损伤层。

磨光操作通常分为粗磨和细磨。磨制试样要充分冷却以免过热引起组织变化。

1）粗磨

粗磨的目的在于获得一个平整的检测面。钢等较硬的金属通常在砂轮机上进行粗磨；铝、铜等较软的金属，则可用车、铣床或用锉刀进行粗磨。操作中试样应受力均匀、压力适中。粗磨后试样表面的磨痕及其下面的变形层深度比较大，一般前者达几十微米，后者达几百微米。

2）细磨

细磨的目的是消除粗磨留下的磨痕，使检测面平整且光滑。细磨用砂纸由粗到细进行，每次不仅要磨去上一道的磨痕，还要去除上一道造成的变形层。砂纸依次换细，逐步将试样磨光，其变形层深度也逐渐变小。

图 6.7 表示磨光过程中表面损伤层逐渐减小的示意图。图中，“V”形槽表示磨痕，在磨痕下面的 A、B、C 分别代表严重变形层、明显变形层、微小变形层，D 代表无变形的原始组织。

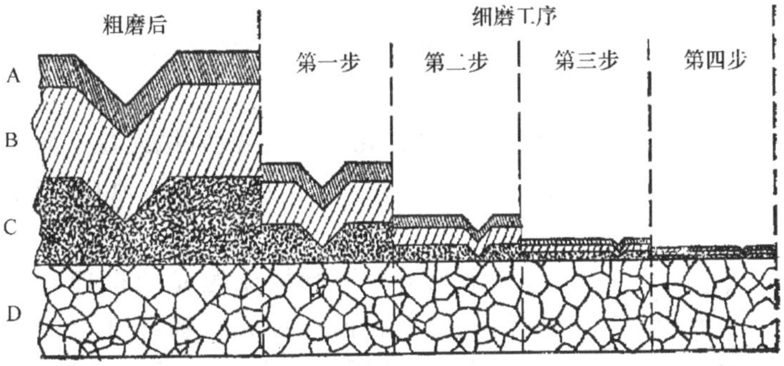

图 6.7　试样磨光过程中的磨痕与变形层

常用的金相砂纸以碳化硅为磨料，用非水溶性黏结剂黏结制成，俗称水砂纸，适用于在水冲刷的条件下进行细磨。细磨时水流冲洗砂纸，及时将大部分磨屑和脱落的磨粒冲走，这样可以在整个细磨过程中，始终显露磨粒的尖锐棱角，保持良好的磨削作用，并防止脱落的磨粒嵌入试样表面，保证细磨的质量。表 6.1 给出常用的碳化硅金相砂纸的规格与性能参数。

表 6.1　常用碳化硅金相砂纸的规格

粒度号	220	240	280	320	400	500	600	800
粒度尺寸/μm	—	63～50	50～40	40～28	28～20	20～14	14～10	10～7

细磨分手工细磨和机械细磨。实验表明，粒度大的砂纸磨削速度大，但当磨粒尺寸大于 60μm 以后，磨削速度不再明显地随粒度的增大而增大。因此，金属材料磨光宜从粒度号为 240 的砂纸开始，再依次使用 320、400、600 的砂纸。细磨后试样表面的损伤层一般可减至十几微米。

(1) 手工细磨：砂纸平铺在玻璃平板或其他平板上，一手紧压砂纸，另一手平稳地拿住试样。将磨面轻压砂纸，向前平推，然后提起、拉回，拉回时试样勿与砂纸接触，不可来回磨，否则磨面易成弧形。每次更换细一号砂纸时应将试样和双手洗净、擦干，以免将粗砂纸上的磨粒带入细砂纸上。细砂纸的磨削方向一般与粗一号砂纸的磨痕垂直，磨削一直进行到完全看不到旧磨痕的痕迹为止。

(2) 机械细磨：机械细磨在预磨机上进行，电动机带动一个平面圆盘高速转动，圆盘平面上贴着一层水砂纸，加水润滑兼冷却。试样磨面轻压在水砂纸上，沿径向移动并逆砂纸转动方向作缓慢地转动，待旧磨痕完全为新磨痕取代即可更换细一号砂纸。预磨机有多个磨光圆盘对细磨是十分有利的，不同粒度的砂纸分别安置在各个圆盘上，以免频繁更换砂纸。

4. 抛光

抛光的目的是去除细磨留下的细微磨痕，以获得光滑的镜面，并去除变形层。常用的方法有机械抛光和电解抛光。

1) 机械抛光

机械抛光使用最广，它是用附着有抛光粉(粒度很小的磨料)的抛光织物在试样表面高速运动，达到抛光的目的。

机械抛光在抛光机上进行，电动机带动抛光盘高速转动，抛光盘平面上贴着一层抛光织物。试样欲抛光的表面均衡地压在旋转的抛光盘上，并不断地在抛光织物上滴注抛光液。

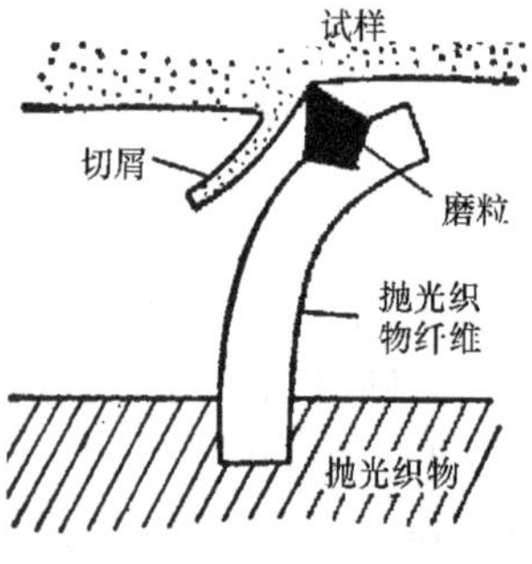

图 6.8　试样抛光原理图

在抛光机上进行机械抛光的机理和磨光是类似的，不同的是抛光粉嵌在抛光织物纤维上，不像磨粒在砂纸上是固定的，如图 6.8 所示。抛光粉只是以织物纤维的弹性力与试样起作用，将试样表面上磨光时产生的磨痕及变形层除掉，使其成为光滑镜面。抛光所能除掉的试样表层极薄，因此，只有经过反复细磨，得到均匀的磨痕及较浅的变形层时，才能进行抛光。抛光粉在试样表面产生的切削力很小，但仍不可避免地会产生塑性变形层。一般来说，抛光后试样表面的变形层可以降低到几个微米乃至 1μm 以下。

金相试样的抛光通常分有粗抛和细抛两道操作。粗抛用的抛光粉粒度为 1～5μm，精抛用的抛光粉粒度为 0.3～1μm。机械抛光所用的抛光织物和抛光粉种类较多。一般粗抛用帆布、呢绒等；细抛则用短毛细软呢绒、毡呢等。表 6.2 给出各种常用抛光粉的特性，应按不同要求选用。抛光时应注意的是：用力轻匀，干湿适当，不时移动，保持清洁。

表 6.2　常用抛光粉

编　号	莫氏硬度	特　点	适用范围
氧化铝	9	六方晶体，外形呈多角状	通用抛光粉，粗抛光和细抛光
氧化镁	6	白色，粒度均匀，外形呈八面体	铝、镁合金和钢中非金属夹杂物
氧化铬	8	绿色，抛光能力较氧化铝稍差	淬火后的合金钢、高速钢及钛合金
金刚石	10	刃口尖锐，抛光效率高，使用寿命长，变形层浅	理想的抛光粉，各种材料的粗、精抛光

2）电解抛光

电解抛光，即电化学抛光。在装有电解液的槽内，试样为阳极，阴极材料随试样而异。铝和铝合金常用铝板作阴极，钛和钛合金、铁与各种合金钢一般均用不锈钢作阴极。电解抛光装置如图 6.9(a)所示。接通电源后，阳极发生溶解，金属离子进入溶液，在一定电解条件下，阳极表面由粗糙变得平坦光滑。

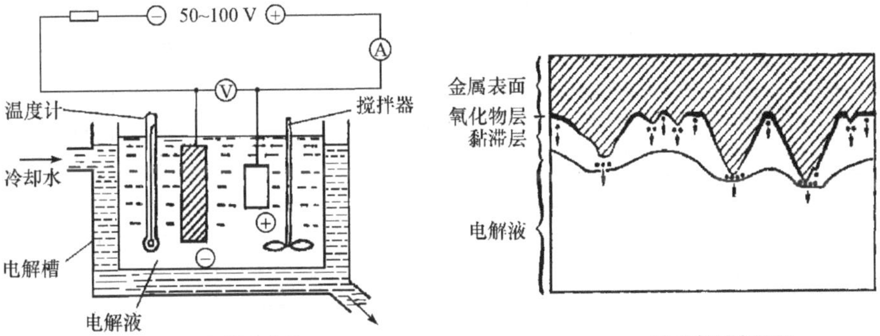

(a) 电解抛光装置　　(b) 电解抛光原理

图 6.9　电解抛光装置与电解抛光原理示意图

电解抛光是试样表面凸起部分选择性溶解的结果。由于金属和电解液的相互作用，在试样的粗糙表面上形成一层电阻较大的黏性液膜，如图 6.9(b)所示，凸起处液膜较薄，凹陷处液膜较厚。因此，在液膜较薄之处电流密度较大，使得试样凸起部分的溶解比凹陷处为快。如此进行，便形成平整的抛光表面。

影响抛光过程的因素很多，除了试样的材料、大小外，还有极板间距、电流密度，以及抛光液的成分、温度等。为了正确掌握抛光条件，需要了解在实际抛光工作条件下的电压-电流关系曲线，称为极化曲线，如图 6.10 所示。

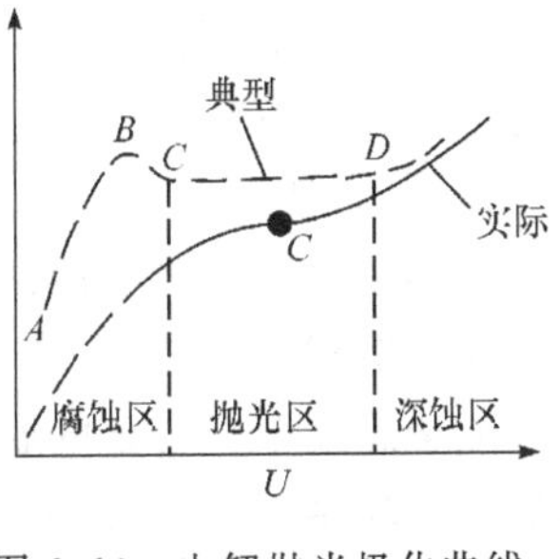

图 6.10　电解抛光极化曲线

对于典型的极化曲线，可分成四个阶段讨论。

AB 段：电流随电压增加而上升，这时电压较低，金属溶解速度尚小，溶解的金属离子及时扩散，金属表面没有形成黏滞层，故没有抛光作用，但有浸蚀现象。

BC 段：电压升高电流下降，原因是金属溶解速度大于扩散速度，反应产物在阳极表面形成一层黏滞层，阳极表面电阻增加。这是不稳定

阶段。

CD 段：电压增加，电流保持相对稳定，这时，在阳极表面形成稳定的氧化膜，且随电压的升高，膜的厚度也随之增加。这个阶段就是电解抛光的工作范围。

D 点后：电压升高，电流剧增，无法形成稳定薄膜，抛光作用随之破坏，将产生点蚀凹坑。

实际金属在抛光时，极化曲线不一定都是典型的，也就是极化曲线无明显的四段，但可通过实验找出正常的抛光范围，确定抛光参数，如图 6.10 中实际曲线上的 *C* 点。

电解抛光速度快，表面无磨痕，无变形层；但是，对不同的材料用不同的电解抛光溶液需要摸索具体的操作规范。一般来说，电解抛光特别适合于硬度较低的单相合金的抛光；对多相合金或有显微偏析的合金，容易发生某些相的选择浸蚀或基体与夹杂物界面处的剧烈浸蚀，抛光效果不好。常用的电解抛光液及其抛光规范见表 6.3。

表 6.3　常用的电解抛光液及使用规范

序　号	成　分	电流密度/(A/cm^2)	适用范围
1	高氯酸　20mL 乙醇　80mL	0.1～0.3	钢铁
2	高氯酸　20mL 乙酸　80mL	0.7～1.0	钢铁，不易出麻点
3	乙酸　700mL 75%铬酸　200mL 水　100mL	0.1～0.2 (20～40V)	钢及铸铁
4	磷酸(1.71)　700mL 水　300mL	0.7～1.0 (1.6～1.8V)	铜及铜合金

5. 浸蚀与显微组织的显示

抛光后的试样表面是平整的镜面，在显微镜下只能看到孔洞、裂纹、非金属夹杂物等。必须采用恰当的浸蚀方法，使不同组织、不同位向晶粒以及晶粒内部与晶界处各受到不同程度的浸蚀，形成差别，从而清晰地显示出材料的内部组织。浸蚀的另一个作用是去除抛光引起的变形层，防止可能因此出现的伪组织，确保显微组织的真实性。常用的浸蚀方法有化学法和电解法。

1) 化学浸蚀法

化学浸蚀法是最常用的浸蚀方法。具体来说，是将抛光好的试样检测面，在化学试剂中浸润或擦拭一定时间，便可显示出组织。

纯金属或单相合金的腐蚀是一个化学溶解过程。由于晶界上原子排列较不规则，缺陷及杂质较多，易被浸蚀而凹陷，在显微镜下观察时，光线照在晶界处被散射，不能进入物镜，因此显示出黑色的晶界和白亮色的晶粒，如图 6.11 所示的多晶体纯铁试样的组织。若腐蚀较深，由于各晶粒位向不同，不同晶面的溶解速度不同，各晶面会呈现不同程度的倾斜，显微镜中将看到明暗不同的晶粒。

两相合金的化学浸蚀主要是电化学溶解。两个组成相有不同的电极电势，在浸蚀剂中形成许多微电池。具有较高负电势的相成为阳极，易溶入浸蚀剂，逐渐凹陷；而具有较高正电势的另一相成为阴极，不易被腐蚀。以退火的中碳钢试样为例，如图 6.12 所示，其组织是铁素体和渗碳体相间隔的片层组织。

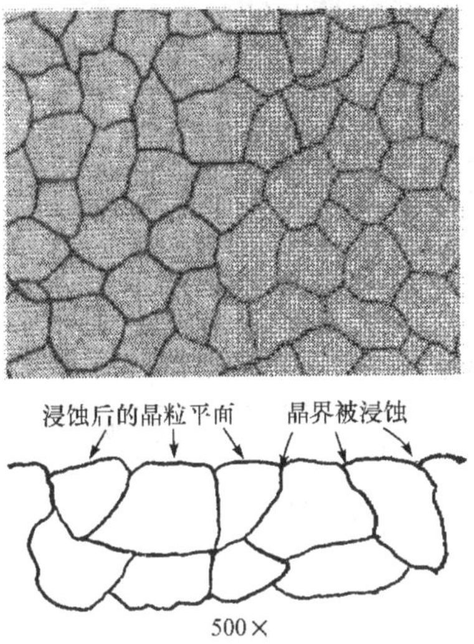

图 6.11　纯金属及单相合金的组织

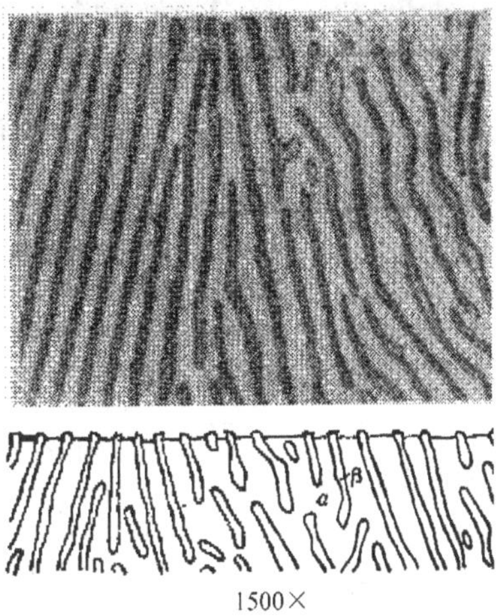

图 6.12　两相合金金相试样的组织显示

铁素体的电极电势−0.4～−0.5V，渗碳体的电极电势略低于+0.37V，在稀硝酸浸蚀剂中，铁素体为阳极，渗碳体为阴极，其电化学反应如下：

$$Fe \longrightarrow Fe^{2+} + 2e^{-} \qquad \text{(阳极反应)}$$

$$2H^{+} + 2e^{-} \longrightarrow H_2 \qquad \text{(阴极反应)}$$

铁离子进入溶液，过剩的电子则迁移至阴极，使溶液中的氢离子还原，进而形成 H_2，在阴极放出。结果，铁素体被溶去一薄层。

多相合金的腐蚀，主要也是电化学溶解过程。在浸蚀过程中浸蚀剂对各个相有不同程度的溶解。必须选用合适的浸蚀剂，甚至需要采用两种或更多的浸蚀剂依次浸蚀，使之逐渐显示出各相组织，这种方法称为选择浸蚀法。另一种方法是薄膜染色法，此法是利用浸蚀剂与抛光面上的各个相发生化学反应，形成一层厚薄不均的膜（或反应沉淀物），在白光的照射下，由于光的干涉使各相呈现不同的色彩，从而达到辨认各相的目的。

浸蚀剂不同，显示组织的效果不一。图 6.13 是 T12 钢退火组织用硝酸乙醇和碱性苦味酸钠浸蚀结果的对比。可以看到，前者浸蚀的渗碳体网呈白亮色，而后者浸蚀的渗碳体网则被染成棕黑色。

常用的化学浸蚀剂很多，最常用的列于表 6.4。应按金属材料的不同和浸蚀的目的，选择恰当的浸蚀剂。浸蚀剂加热，往往可加速试样的浸蚀过程。

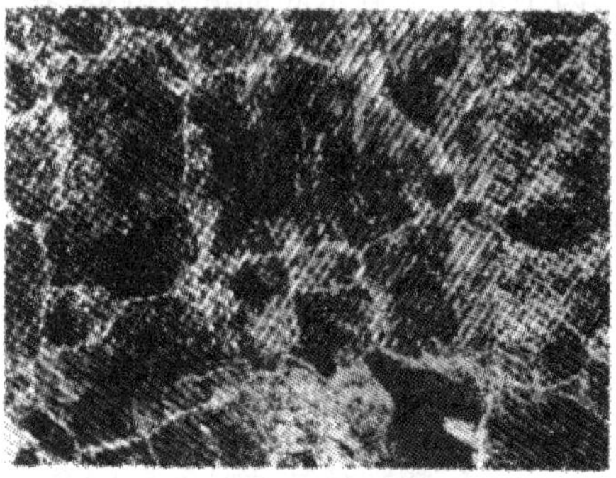

(a) 4%硝酸乙醇溶液浸蚀

(b) 碱性苦味酸钠煮沸10min

图 6.13　T12 退火组织 500×

表 6.4　常用化学浸蚀剂

序　号	试剂名称	成　分		适用范围
1	硝酸乙醇溶液	HNO_3(1.42) 乙醇	1～5mL 100mL	碳钢及低合金钢
2	苦味酸乙醇溶液	苦味酸 乙醇	4g 100mL	碳钢及低合金钢
3	苦味酸盐酸乙醇溶液	苦味酸 HCl 乙醇	1g 5mL 100mL	显示淬火及淬火回火钢组织，包括原奥氏体晶粒
4	王水溶液	HNO_3 HCl	30mL 90mL	奥氏体钢、镍铬合金等
5	氯化铁盐酸水溶液	$FeCl_3$ HCl H_2O	5g 50mL 100mL	高镍奥氏体钢、铬不锈钢，能良好地显示奥氏体和铁素体晶界
6	氯化铁盐酸水溶液	$FeCl_3$ HCl H_2O	5g 10mL 100mL	铜及铜合金，Ag-Ni 合金
7	氯化铁盐酸乙醇溶液	$FeCl_3$ HCl C_2H_5OH	5g 2mL 95mL	同上，腐蚀较缓和
8	氢氧化铵-双氧水混合溶液	NH_4OH H_2O_2	40mL 10mL	铸造铜合金
9	氢氟酸水溶液	HF H_2O	0.5mL 99.5mL	铸造铝合金

2）电解浸蚀法

对于化学稳定性较高的合金，如不锈钢、耐热钢、高温合金、钛合金等，难以用化学浸蚀法显示其组织，此时需要使用电解浸蚀法进行浸蚀。电解浸蚀的装置和操作与电解抛光相同，只是电解浸蚀时，采用电压-电流关系曲线上的 AB 段(图 6.10)。电解浸蚀与电解抛光可以分别进行，也可在电解抛光后随即降压进行浸蚀。几种常用的电解浸蚀液及规范列于表 6.5。

表 6.5　几种常用的电解浸蚀液及规范

序　号	成　分	规范：电流密度/(A/cm²)	规范：时间/min	规范：温度/℃	适用范围
1	硫酸 600mL 水 400mL	0.1～0.3	2～3	<40	纯铁和不锈钢
2	铬酐 5～15g 水 100mL	0.1～0.3	0.2～2	<40	奥氏体、铁素体钢及焊缝组织渗碳体最易浸蚀，奥氏体次之，铁素体再次之
3	盐酸 10mL 水 90mL	0.05～0.2	0.2～2	<40	铬钢及铬镍钢
4	草酸 10g 水 100mL	0.1～0.3	～1	<40	奥氏体不锈钢及高镍合金

3) 浸蚀过程中应注意的问题

(1) 浸蚀适度。浸蚀的时间以刚好能揭示组织的细节为度。

(2) 用于高倍观察的试样的浸蚀程度应比低倍观察的略浅。

(3) 浸蚀好的试样必须清洗干净。尽量立即观察、拍照，放置过久容易氧化或沾污。

(4) 浸蚀过头时，应该重新抛光后再浸蚀。

6.2.4　显微镜观察方式

像的衬度是图像质量的重要指标。金相观察中影响像衬度的原因很多。试样浸蚀改变表面形貌，是为了显示有关相的衬度；提高衬度的另一个途径是改变照明方式，通常分为明场照明和暗场照明。

1. 明场照明

如图 6.1 所示的就是明场照明，是金相研究中主要使用的照明方法。来自光源的光穿过物镜近于垂直地投射到试样表面，试样表面的平坦部分能将光大部分反射回物镜，所以称为明场照明。凹陷部分会将光散射到物镜外面，这样，凹陷部分以及反光能力差的相将以灰暗的影像衬映在明亮的视场内。

显微镜在明场照明下成像称为明场像。一般来说，直接反射光(零级波)总是参与明场成像的。

2. 暗场照明

暗场照明的光路原理如图 6.14 所示。在视场光阑后面插入一个环形光阑。来自光源的平行光束通过环形光阑后便形成环形光束，经过垂直照明器内的平面玻璃转向，再经物镜外围的抛物面反射镜，以大的倾斜角投射到试样表面，照明光线不穿过物镜。

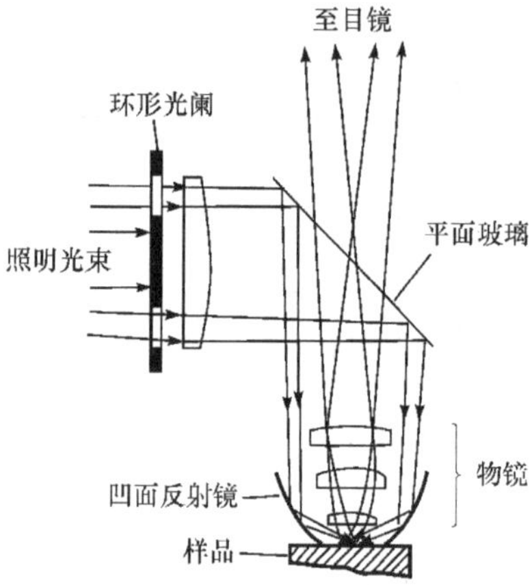

图 6.14 暗场照明

与明场照明相反，试样表面的平坦部分反射的光线仍以极大的倾斜角反射，不能进入物镜。只有试样凹洼处的反射光才可能进入物镜。试样上的组织将以亮白影像映衬在漆黑的视场内，如同夜空的星星，称为暗场照明。

显微镜在暗场照明下成像称为暗场像。如果试样表面是镜面，那么，在暗场照明下，通过物镜成像的只能是衍射波，此时零级波不参与成像。

暗场照明时，成像光束仅一次经过物镜，减少了光线多次通过物镜界面所形成的反射与炫光，提高了图像衬度。其次，能观察非金属夹杂物的透明度及其固有色彩，便于正确鉴别非金属夹杂物。因为暗场照明时，金属基体的反射光大部分不能进入物镜，光线投射在夹杂物与金属交界面时产生反射，透明的夹杂物成明亮色，不透明的夹杂物便成暗色。图 6.15 为不同照明条件下的非金属夹杂物。

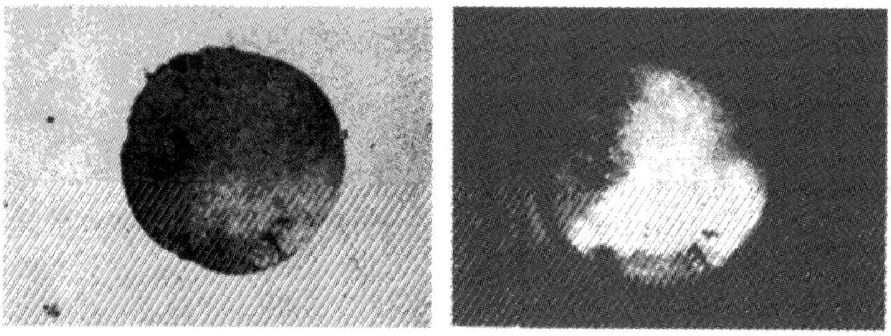
(a) 明场照明　　(b) 暗场照明

图 6.15 不同照明条件下的非金属夹杂物

3. 光阑

金相显微镜的光学系统中，均配置孔径光阑和视场光阑。正确地使用这两个光阑，才能获得高质量的图像。既充分发挥物镜的分辨能力，又兼顾景深，并获得良好的图像衬度。

孔径光阑位于光源聚光镜之后，所成的像在物镜的后焦面上，它的大小可改变照明光束的孔径角。缩小孔径光阑，孔径角也小，进入物镜的光束截面小，利于消除宽光束的单色像差，提高景深，提高像的衬度，使图像清晰；但孔径角小，相当于改变了物镜的数值孔径，会降低物镜的分辨能力，降低像的明亮程度。孔径光阑开得过大，将大大增加镜筒内的反射和炫光，虽然不降低物镜的分辨能力，但使图像衬度变差。因此，孔径光阑应调到使入射光束刚好充满或略小于物镜孔径为宜。各种物镜的孔径不同，更换物镜时，孔径光阑也应作相应调整。

视场光阑所成的像在试样的观察面上，像的大小就是试样表面被照亮区域的大小。调节视场光阑可以改变视场范围，视场光阑的大小对显微镜的分辨能力没有影响，适当缩小可减少镜筒内的杂散光，增加图像衬度。视场光阑像一般调节到稍大于目镜的视场。目镜的倍率不同，视场大小不一样，因此更换目镜，视场光阑需进行相应调节。

4. 滤色片

滤色片可以吸收来自光源的白色光中不合需要的部分，只让一定波长的光线通过。在金相显微镜的备件中，均备有黄、绿、蓝等滤色片供选用。滤色片的作用主要是：

(1) 校正残余色差。消色差物镜仅在黄绿光区校正完善，所以在使用消色差物镜时最好选用黄、绿色滤色片，可消除物镜的残余色差。复消色差物镜对各种波长的光都已校正，可不用滤色片。

(2) 提高分辨能力。照明光波长越短，物镜分辨能力越高，故采用蓝光比黄绿光有更高的分辨能力。

6.2.5　摄像

如图 6.16 所示的摄影装置常用作金相显微镜的附件。显微镜观察试样时，在物镜像平面上形成一个倒立的实像(中间像)。中间像经投影目镜放大，投射在底片平面上即可进行显微摄影。中间像另外还通过反射棱镜投射至调焦屏，摄影者可通过目镜观察调焦屏上的实像。用 CCD 取代照相底片，CCD 上的实像可以在显示屏上直接显示。

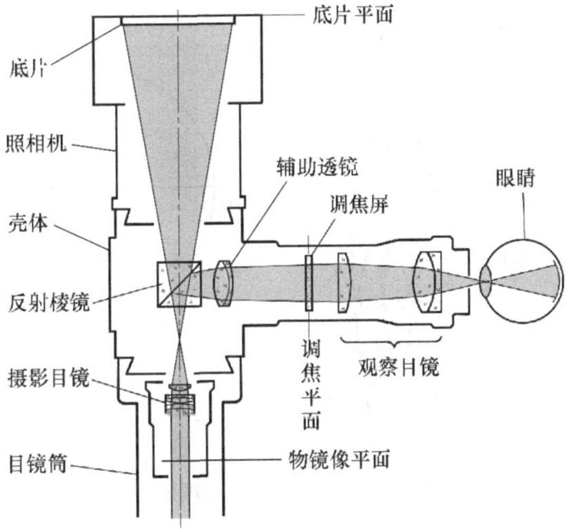

图 6.16　摄影装置光路简图

由于光线射至调焦平面与射至底片平面的光程相等，因此摄影的时候只要通过观察目镜看到的像清晰，在底片平面上必能得到清晰的映像。

对于一定的物镜、目镜组合，显微摄影的放大倍数可以在相当大的范围内变化。至于显微摄影的有效放大倍数应等于底片（或 CCD）的分辨率 δ_p 与物镜的分辨率 δ 之比值，即

$$M_p=\frac{\delta_p}{\delta}=\frac{\delta_p}{0.61\lambda}\text{N. A.} \tag{6.14}$$

设底片的分辨率 $\delta_p=30\sim90\mu m$，$\lambda=550nm$，则此时摄影的有效放大倍数 $M_p=100\sim300$N. A. 。因为底片的分辨能力比人眼高，照相底片能分辨的物点，人眼不一定能分辨，故往往需要将底片记录的显微图像放大。

6.2.6 偏振光显微

双折射性（各向异性）是晶体的基本特性，在偏振光照明下，可利用物质所具有的偏光性来区分不同的组分。因此，反射偏光显微镜被称为矿相显微镜，广泛地应用在矿物、化学等领域，在生物学和植物学也有应用。

1. 金相显微镜的偏光装置

将普通光改变为偏振光进行显微观察，只需要在照明装置及观察镜筒中各加一个偏振元件，如图 6.17 所示。前者称为起偏器，能将自然光变为线偏振光；后者称为检偏器，只允许振动方向与其偏振轴方向一致的光通过。起偏器位置应该调整到使入射偏振光的振动方向与垂直照明器平板玻璃平行，其目的是使平板玻璃反射到试样的光的强度最高，且仍为直线偏振光。设送入检偏器的光振幅为 A_1，振动方向与检偏器振动面的夹角为 ϕ，则通过检偏器的光振幅 $A_2=A_1\cos\phi$。当 $\phi=90°$ 或 $\phi=270°$ 时，两个偏振器的振动面正交，没有光线通过检偏器，这个现象称为消光现象。一般来说，起偏器的位置是固定的（出厂时已调好），检偏器是可以转动调整的。

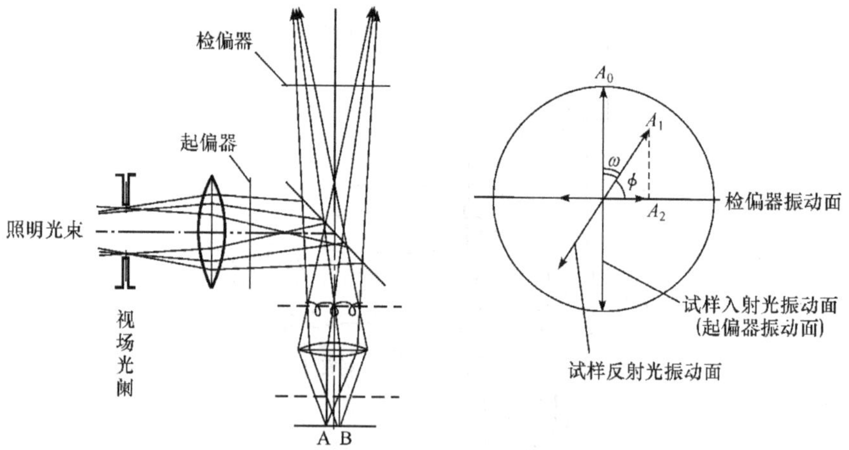

图 6.17 偏光装置原理图

2. 光学各向异性晶体的偏振光金相

物质按其光学性质,可分为各向同性和各向异性。一般来说,除了立方晶体(包括金属和非金属)外,一般的晶体都具有各向异性。

光学各向异性晶体对偏振光的反应极为灵敏。在偏振光垂直入射到晶体表面时,我们可把它分解成振动方向与晶体主截面垂直的 o 光,以及与主截面平行的 e 光。因为晶体的各向异性,对这两种光的反射强度是不同的。实验证明,晶体表面对 e 光的反射大于对 o 光的反射,但位相差别很小,这样合成的反射光仍是线偏振光,但其振动方向不再沿着入射光的振动方向 A_0,而变成了 A_1,即反射的线偏振光的振动面发生了旋转。对于不同取向的晶粒,其反射偏振光振动面的旋转角也不相同,故有晶粒明暗的区别。所以,各向异性试样在正交偏振光下观察,视场并不全暗,而是能清晰地显示若干精细的组织结构,如晶界、孪晶等。

在偏振光下研究的金相检测面要光滑无痕,且要求试样表面无氧化皮及非晶质层存在,由于机械抛光很难达到要求,所以用于偏振光研究的试样多采用电解抛光。

图 6.18 为六方结构的纯锌压延退火后的金相组织,明场像的衬度较差;正交偏光下同一视域的图像不但显示出不同深浅层次的晶粒,而且还显示出晶内的孪晶结构。

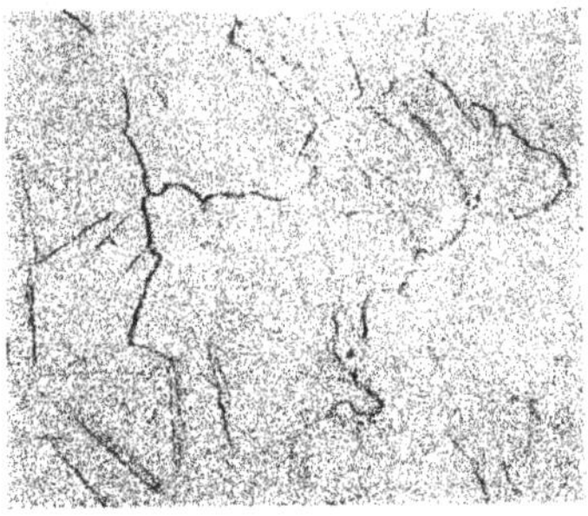

(a) 明场

(b) 正交偏光

图 6.18　纯锌试样金相组织

3. 光学各向同性晶体的偏振光金相

对光学各向同性晶体(一般为立方晶体)对偏振光不敏感,在偏振光垂直入射到试样表面时,合成的反射光振动方向不发生旋转,因而在正交偏振照明的条件下,无论是否转动试样,视野始终是黯黑一片。

如果直线偏振光倾斜地射在各向同性金属表面,那么,入射到各向同性晶体试样表面上的线偏振光,可以分解为平行于入射平面振动的光和垂直于入射平面振动的光。这两种光的反射强度不同,位相也不一致,于是合成的反射光为椭圆偏振光。椭圆偏振光的椭圆度取决于入射光和晶体表面的倾斜角度。利用这一现象,对于各向同性的金属试样,可采用深浸蚀方法得到倾斜的晶粒表面,各晶粒由于表面倾斜程度的差异,将以不同的明暗程度显示出来。

4. 多相合金试样的偏振光金相

如果试样中既有各向同性的相，也有各向异性的相，在正交偏振光下，各向异性相在暗的基体中是容易显示出来的。如果试样中有两个光学性能不同的各向异性相，或浸蚀程度不同的各向同性相，那么也可由偏振光加以区别。

5. 非金属夹杂物的鉴别

金属中常存在各种类型的非金属夹杂物，它们具有各种光学特性，如反射能力、透明度、固有色彩、均质及非均质性、各向同性或各向异性等。利用偏振光可观察到这些夹杂物的特性。图 6.19 为球状 SiO_2 透明夹杂在明场及偏光照明下的照片，透明球状 SiO_2 在正交偏光下显现出“黑十字”图像。

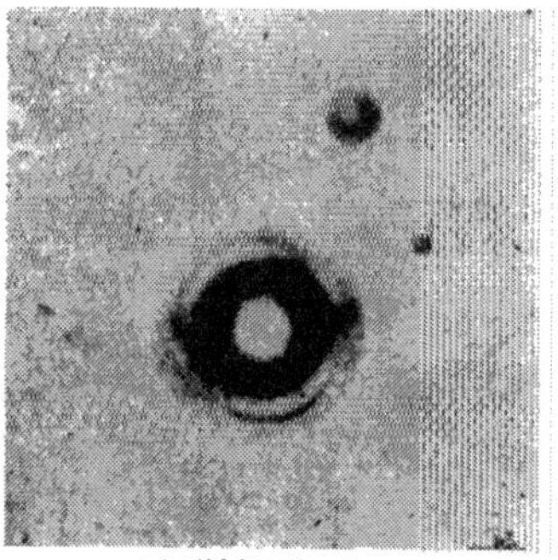
(a) 明场(200×)

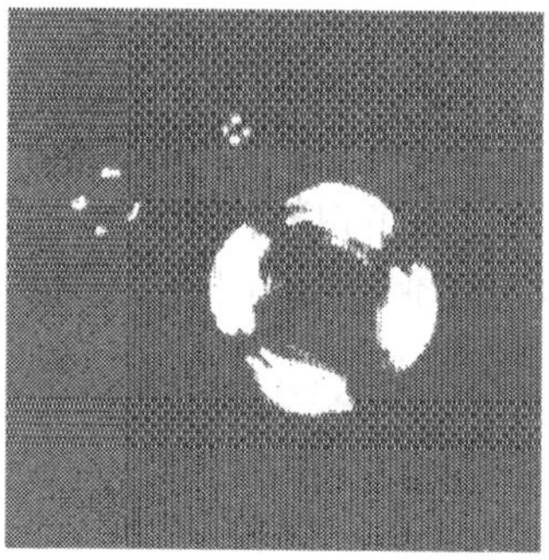
(b) 正交偏光(200×)

图 6.19 球状 SiO_2 夹杂

6. 鉴定和研究矿物

不透明矿物的反射率可以作为鉴定矿物的主要光学常数。

矿相学用矿相显微镜研究不透明矿物（金属矿物），实际上是把金相学引入到地质科学中而形成的分支学科，主要研究矿物的光学、物理、化学性质和形态特征等，鉴定矿物；以及研究矿石的构造、结构特征和矿物组合，判断矿床的矿化条件、矿化作用和矿化过程。

6.2.7 相衬金相

相衬显微镜，又称相差显微镜或位相显微镜，是一种特殊的显微镜。

金相显微镜是靠试样表面反射光的强弱来分辨金相组织中的各个相的，如果两个物相的反射能力相近，它们仅因浸蚀程度不同而略有凸凹差别，或者因塑性变形引起表面稍有浮凸，那么，试样表面反射光虽有相位差别，但几乎没有振幅差别。由于人眼及所有能量检测器只能辨别光波强度上的差别，因此用普通显微镜是难以观察到这些试样的表面形貌的。相衬法通过空间滤波器将物体的位相信息转换为相应的振幅信息，从而大大提高这一类表面微小高度差别的组织的可分辨性，所以从这个意义上说，相衬法是一种光学信息处理方法，在光学的发展史上具有重要意义。

1. 相位衬度

像由像点组成，每个像点对应各自的物点。因为分辨率的限制，像点对应的物点不可能是几何点，而是一个微区。来自一个微区的各级衍射波，在像平面上复合而构成像点。

图 6.20(a)中 A、B 是试样表面的两个相邻的微区，入射光垂直试样表面。A 区是一个光学平面，B 区则存在一个深度为 δy(δy 远小于入射光的波长)台阶，台阶两侧的平面和 A 区具有相同的反射能力。我们可以作出如下分析：

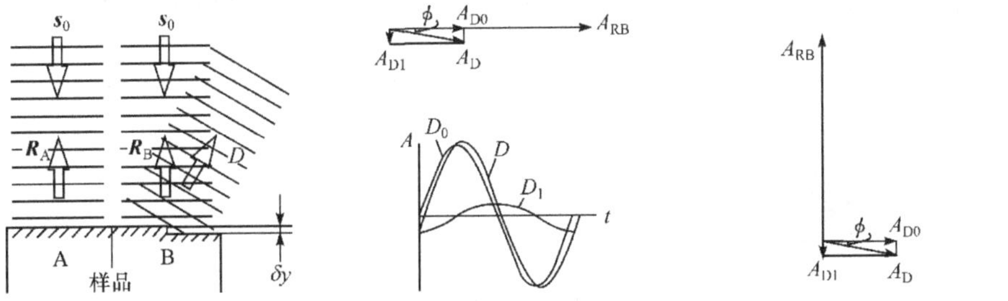

(a) 反射光和衍射光　(b) 反射光和衍射光的相位关系　(c) 反射光相移π/2后的相位关系

图 6.20　表面高度有微小差别的试样对入射光的反射

(1) A 区，平面微区。只有反射光(零级衍射)R_A，波振幅表示为 A_{RA}。

(2) B 区，台阶微区。台阶两侧平面的散射波，能合成反射光 R_B(台阶两侧的反射光的光程差等于 $2\delta y$)，也能在偏离反射光的方向上合成衍射光 D(台阶两侧的散射光的位相差等于 2π 的整数倍的方向上)。

(3) 反射光 R_B 和衍射光 D 出自同一微区，它们将汇聚在像平面上的同一点，所以 B 区对应像点的波振幅应该为两者之和。需要指出的是：因为 δy 的缘故，衍射光 D 与反射光 R_B 存在位相差，不过，δy 很小，故两者之间的位相差 ϕ 很小。

(4) 衍射光 D 可以分解成位相与 R_B 相同以及与 R_B 差 $\pi/2$ 的两个波，分别用 D_0、D_1 表示，D_0、D_1 的波振幅分别用 A_{D0} 和 A_{D1} 表示，如图 6.20(b)所示。这样，B 区对应像点的光强可以表示为

$$I_B = A_B^2 = (A_{RB} + A_{D0})^2 + A_{D1}^2 \tag{6.15}$$

式中，A_{D1} 与 ϕ 成正比，也就是与 δy 成正比。但由于 A_{D1} 很小，故 A_{D1} 对 I_B 几乎没有影响。

(5) B 区台阶两侧的平面和 A 区具有相同的反射能力，A 区相应像点的亮度和 B 区相应像点的亮度几乎是相同的，即 $I_A \approx I_B$。所以视觉对 A 区和 B 区难以区分。

相衬方法就是利用一种特殊的相衬照明装置将具有位相差的光转换为具有强度差的光，从而显著提高 B 区与 A 区的像点的反差。但这一转换工作需要采取下列措施：

(1) 衍射光 D 和反射光 R_B 方向不同，如果在它们的光路中设置不同厚度的透光介质将会改变它们的光程。我们可以把反射光 R_B 的位相向前或向后改变 $\pi/2$，于是，R_B 与 D_0 的位相差变到接近 $\pi/2$，同时，R_B 与 D_1 的位相差变到接近 π 或接近零。这样，B 微区对应像点的光强可以表示为

$$I_B = A_B^2 = (A_{RB} + A_{D1})^2 + A_{D0}^2 \tag{6.16}$$

(2) 如果把反射光 R_B 的波振幅 A_{RB} 降低到使 A_{D1} 能对它产生有效的抵消或增强作用，那么 A_{D1} 对 I_B 的影响就显而易见了。由于反射光 R_A 和 R_B 方向相同，不易分开，故 R_A 以同样比例降低。

当实现了这些措施之后，B 区的像点亮度相对于 A 区的像点亮度，有明显差异，产生了相位衬度。这种相位衬度可以将微小的台阶或浮凸、凹槽显现出来。

2. 相衬照明装置

实现相衬照明需要在显微镜光路中安插一个环形光阑和一块相板，如图 6.21 所示。

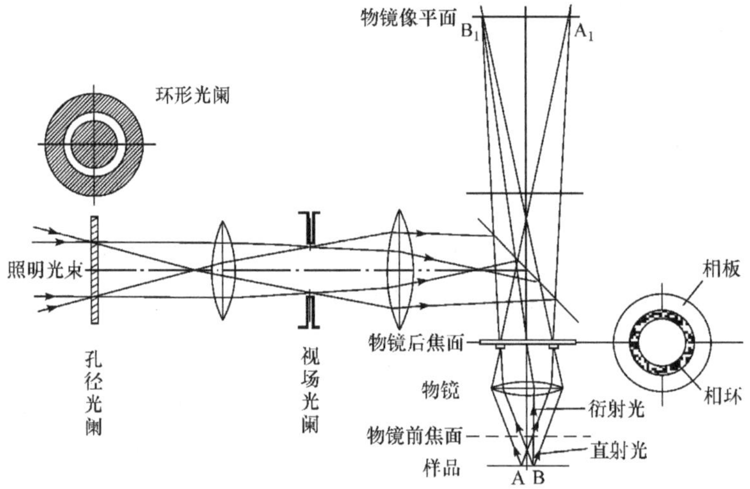

图 6.21　相衬装置

环形光阑紧贴孔径光阑安置。相衬照明时，由环形光阑取代普通照明装置中孔径光阑(原有孔径光阑开到最大)，成像于物镜的后焦面上。实际上，大小不同的环形光阑外面标有 10×、20×、40×、100×等字样，与不同放大倍数的物镜配套使用。

相板是一个圆玻璃片，上面有一个凹环(用于正相衬)或凸环(用于负相衬)，称为相环。相环的直径约为相板直径的 2/3，宽度约为相板直径的 1/15。相环上喷镀了一层金属膜。相板安放在物镜的后焦面上，相环正好与环形光阑的像重合。附有相板的物镜常称“相衬物镜”，外壳上常有“Ph”字样。

相衬显微镜的使用比较复杂，想要得到好的观察效果，显微镜的调试非常重要。其中，应该考虑使用滤色片，使光波近于单色。

3. 相衬成像原理

使用相衬照明时，照明光束将在物镜后焦面形成环形光阑的像。这个环形光阑的像所散射的光，通过物镜照射在试样表面，如果试样表面是一个理想的光学平面，那么只有直接反射光，反射光反向通过物镜并在物镜的后焦面上再度形成环形光阑的像。由于相板中相环的位置正好与环形光阑的像完全重合，因而来自试样表面的直接反射光将通过相环。如果试样表面有微小的凹凸差，除了直接反射光外，还会产生衍射光，衍射光的散射角度不同于反射光，它们不会聚焦在相环上，而是聚焦在相板的其他位置上。于是，可以认为直接反射光和衍射光已被分开，前者通过相环，而后者则通过相板（相环外部分）。因为相环是相板中的凹环（或凸环），且镀有金属膜，故直接反射光通过相环后位相会滞后（或超前）大约 $\pi/2$，且振幅也显著下降。如此，当零级波和衍射波到达像平面干涉时，它们正好是同位相（或反位相），所成的像称为正相衬图像（或负相衬图像）。

4. 相衬分析应用

一般认为两相的表面高度差在 10～150nm 情况下，"相衬法"辨别两相组织较适宜，如采用特殊相位板可以分辨到 5nm 左右。

图 6.22 为 18CrNiW 钢渗碳后高温淬火及冰冷处理的显微组织。在明场下可见粗大针片状马氏体分布在白色残余奥氏体的基体上，而用相衬装置观察时，在残余奥氏体中，新形成的白色针状马氏体被清晰地显现出来。

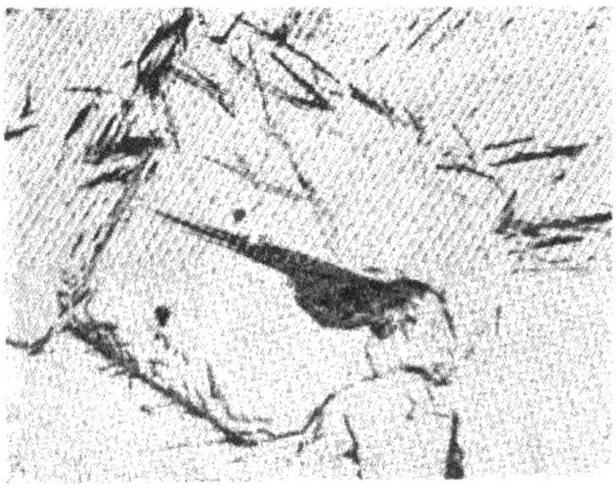

(a) 明场(300×)

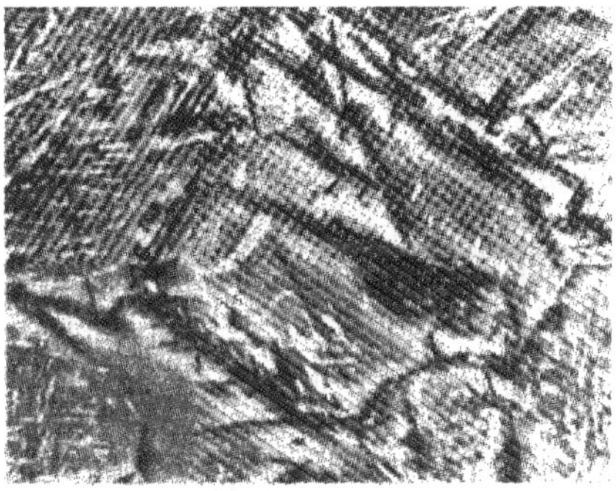

(b) 相衬(300×)

图 6.22　18CrNiW 钢高温淬火及冰冷处理后的显微组织

6.2.8　显微硬度及其测定

硬度测定是材料机械性能的一种测试方法，把硬度测定对象缩小到显微尺度以内，称为显微硬度。显微硬度测定与维氏硬度测定相仿，把一个金刚石的锥体压头，以极小的压力压入欲测定的金相组织，留下微小的压痕。然后，用显微镜观察和测量压痕大小。显微硬度值用压痕单位表面积上的压力来表示。目前采用的显微硬度压头有两种：一种是正方锥体压头，又称维氏锥体压头；另一种是菱面锥体压头，又称克诺伯（Knoop）型压头，如图 6.23 所示。

1. 维氏显微硬度值（HV）

维氏锥体压头的两面角等于 136°，使用的载荷 P 为 1、2、5、10、25、50、100 及 200gf①等多种。显微硬度值用 HV 表示，其计算式为

① 1kgf＝9.80665N。

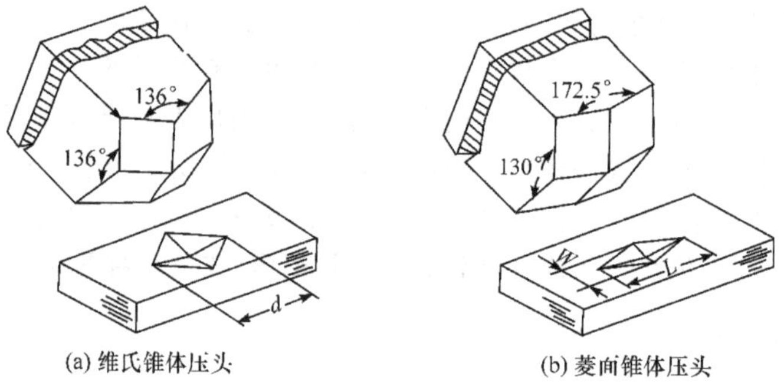

图 6.23　显微硬度压头

$$\mathrm{HV}=\frac{P}{A}=2\sin\frac{\alpha}{2}\cdot\frac{P}{d^2} \tag{6.17}$$

式中,A 为压痕表面积;α 为压头锥体的两面角;d 为压痕对角线长度,压痕深度约 $d/7$。已知 $\alpha=136°$,若 P 和 d 分别以 gf 和 μm 为单位,则

$$\mathrm{HV}=1854\frac{P}{d^2}\quad(\mathrm{kgf/mm^2}) \tag{6.18}$$

2. 菱面锥体显微硬度值(HK)

菱面锥体压头是钝角为 172°30′,棱线短对角线之间的夹角为 130°的金刚石锥体。实验载荷 P 在 5～2000gf 选取。压痕表面积 A 由压痕长对角线的长度 L 求得,压痕深度约 $L/30$。显微硬度用 HK 表示,其计算式为

$$\mathrm{HK}=\frac{P}{A}=\frac{2}{\cos(\alpha/2)\tan(\beta/2)}\cdot\frac{P}{L^2} \tag{6.19}$$

已知 $\alpha=172.5°$,$\beta=130°$。若 P 以 gf 为单位,L 以 μm 为单位,则

$$\mathrm{HK}=14260\frac{P}{L^2}\quad(\mathrm{kgf/mm^2}) \tag{6.20}$$

3. 显微硬度的比较

在测定硬度时,金刚石锥体以一定的载荷压入材料表面,在表面留下一个压痕,当载荷去除后,压痕将因材料的弹性回复而略有缩小,甚至会使压痕的形状歪扭。压痕弹性回复的量和压痕歪扭的程度,一方面取决于被测材料本身的物理性能,另一方面也与压头的型式有关。

菱面锥体压头压痕的长对角线长度是短对角线长度的 7.11 倍,在载荷卸除后,弹性回复主要发生在短对角线,长对角线方向的弹性回复可以忽略不计,故测得的压痕长对角线长度与未经弹性回复的压痕长度相当。由此可见,克诺伯硬度值实际上是根据未经弹性回复的压痕计算的,它与维氏锥体压头测得的结果比较,具有不同的物理意义。因此,可以根据压痕长、短对角线长度之比来研究材料的弹性回复现象,确立被研究材料的弹性与塑性之间关系。

弹性回复是材料的一种性能,它与载荷大小无关。也就是说,不管载荷如何、压痕大

小如何，弹性回复几乎是一个定值(弹性应变的极限值)。因此，对同一组织，选用不同载荷时测得的显微硬度值会有所不同。当载荷较小时，压痕很小，而压痕因弹性回复而收缩的比例相应就比较大，根据回复后的尺寸所求得的显微硬度值就比较高。

4. 显微硬度计及其使用

显微硬度计由金相显微镜和硬度压头装置组成。金相显微镜用来观察和确定试样的测定部位，并测量压痕的大小；硬度压头装置以一定的载荷加于压头压入确定的部位。根据压头压入装置和显微镜的组合特点，显微硬度计可分为异轴式和共轴式两类。

异轴式显微硬度计可以精确地将显微镜观察到的实验部位转移到硬度计的压头下方，得到压痕后又转移回原来位置，由显微镜的测微目镜测出压痕对角线长度。

共轴式显微硬度计的加荷轴与显微镜位于同一条轴线上，其金刚石压头镶在显微镜的物镜中心，其荷重机构和物镜组合成一体。这类硬度计的压头实质上是一个特殊物镜，成为显微镜的一种附件。

加荷装置是显微硬度计的重要组成部件。加荷速度和保荷时间对显微硬度的测量值有一定的影响。硬度定义中的载荷是指静载荷，但实际上硬度测试是一种动态实验，故在仪器上配置油缓冲器，使之近似静态的实验条件。加载时间一般控制在 10～15s。

6.3　定 量 金 相

金属材料的组织特征，如晶粒尺寸、合金相组成的百分数、单位体积中相界表面积、显微粒子在体积中的数量以及它们的大小分布等，和材料的各种力学性能和物理性能之间存在着内在关系。要想得到它们之间的函数关系，就必须对组织特征参数进行定量测量，这就是定量金相。

由于金属对可见光不透明，只能看到截面上的组织。就要研究如何从二维截面上的组织定量地推导出存在于三维空间的组织。体视学是借助于物体的平面图像对其进行三维解释的科学。当体视学应用于金相学时，就称为定量金相学。

金相组织在微观上一般都不太均匀，因而任何一个参数的测量，应该采用统计的方法在足够多的视场下进行多次测量。显然，定量金相工作需要进行大量的观测和必要的数学处理。

表 6.6　基本符号和组合记号

符　号	定　义	单　位
P_P	落在被测相中的网格点数与落在测试面积中的网格点数之比	—
P_L	单位长度测试线和片状组织或某相界面的交点数	1/mm
P_A	单位测试面积和线状物的交点数	1/mm^2
P_V	单位测试体积内的点状物的个数	1/mm^3
L_L	单位长度测试线中处于某个相内的线段长度	mm/mm
L_A	单位测试面积中的线段长度	mm/mm^2

续表

符　号	定　义	单　位
L_V	单位测试体积中的线状组织的长度	mm/mm^3
A_A	单位测试面积中被测相所占的面积	mm^2/mm^2
S_V	单位测试体积中的曲面面积	mm^2/mm^3
V_V	单位测试体积内被测相所占的体积	mm^3/mm^3
N_L	单位测试线长度上交截的特征物数	1/mm
N_A	单位测试面积上交截的特征物数	$1/mm^2$
N_V	单位测试体积内的特征物数	$1/mm^3$

6.3.1　基本测量方法

1. 计点法

通常的方法是用标准网格附在显微组织照片上，数出落在待测相区内的格点数，除以网格的格点总数，则可得 P_P。这种标准网格可以做成模板放在目镜里。以图 6.24 为例，网格共有 16 个格点，其中，有 1 个格点落在粒子上，故 $P_P=1/16=0.0625$。移动试样或网格，如此测量多次，求出平均值，测量次数越多，结果越准确。

2. 截线法

截线法有三种：用有标度的直线，测量在某长度范围内待测对象所占的截线长度，求 L_L；用已知长度的直线，测量它和测量对象相交的数量，求 N_L；用已知长度的直线或圆周，测量它和被测对象界面的交点数，求 P_L。

图 6.25(a)中，测量对象是 α 相颗粒，使用有标度的测试线，其真实长度为 1mm，测量结果表明 $L_L=0.28mm/mm$，$N_L=2/mm$，$P_L=4/mm$。图 6.25(b)所示的是一种比较常用的测试模板，由半径呈算术级数的三个同心圆组成的测试线，圆周总长为 500mm。

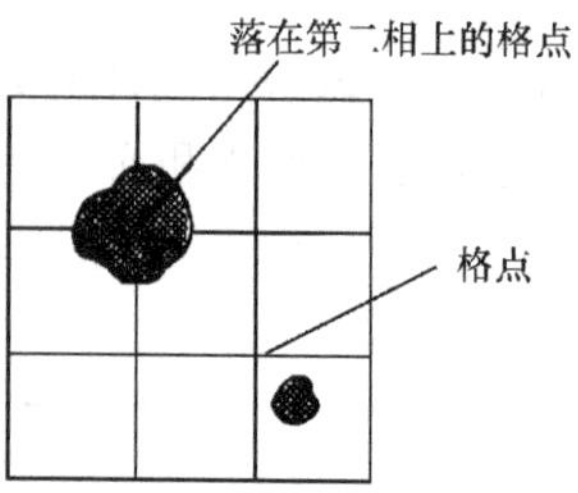

图 6.24　计点网格的使用

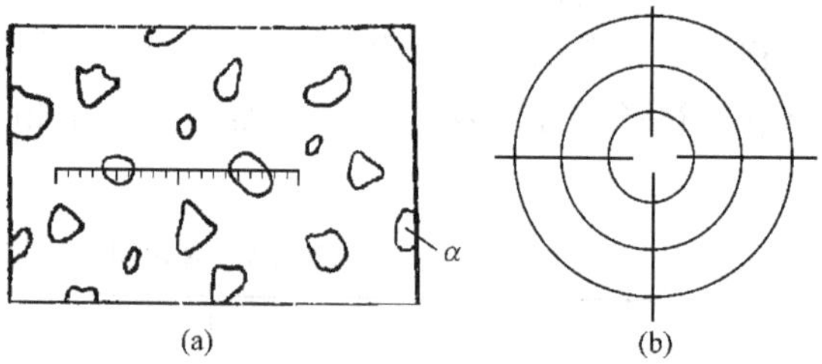

图 6.25　截线法应用说明

用截线法可以测量合金中第二相粒子的平均自由距离 λ，即沿任意直线相邻粒子间从边界到边界的平均距离。如果用 N_L 表示单位长度测试线所交截的粒子数，L_L 表示单位长度测试线上第二相粒子所占的线段长度，则有

$$\lambda=\frac{L_0-L_L}{N_L} \tag{6.21}$$

式中，L_0 为单位长度。因为 N_L 和 L_L 是可以直接测量的量，故 λ 容易求得。根据图 6.25(a)测量结果，α 粒子的平均自由距离 $\lambda=(1-0.28)/2=0.36$(mm)。

3. 面积法

测量测试面中第二相质点数或晶粒数，可在测试面的范围内计数，求出 P_A 或 N_A。至于测量待测相在测试面上的面积，最简单的办法是用足够密的网格，覆盖在金相照片上，数出落在待测相内的格点数，再乘以每个格点所代表的面积，最后求得 A_A。

评定晶粒大小是十分常见的金相分析工作。晶粒大小本来是三维的概念，不过在实际工作中，通常都采用二维的晶粒度标准，国家标准中的标准晶粒度评级图实质上是按单位面积内平均晶粒数 N_A 来分挡，晶粒度级别 g 定义为

$$g=\frac{\lg(N_A\cdot \mathrm{mm}^2)}{\lg 2}-2.954 \tag{6.22}$$

式中，N_A 为每平方毫米面积中的晶粒数。可见，单位面积中晶粒数目越多，晶粒度级别越大。显然，晶粒度的评定只需要在任意的测试面上数出其所含的晶粒数目，代入式(6.22)即可。

图 6.26 中，已知测试圆面积等于 0.5mm^2，被包围的晶粒数 $N=30.5$(其中被圆周截获的晶粒，每个以 1/2 计算)，则 $N_A=30.5/0.5=61/\mathrm{mm}^2$，即 $g=2.9$。

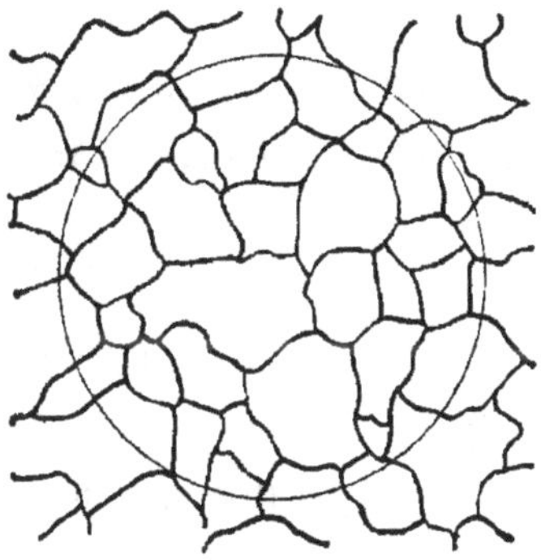

图 6.26　晶粒度的测量

6.3.2　定量金相的计算

1. 基本公式

定量金相中各种组织参数的量，有些可以直接测量，有些难以直接测量。例如，第二相粒子数、交截线长度等，是容易直接测量的量，而第二相粒子的周长、界面面积、体积等量就不易直接测量。这些不易直接测量的量，需要通过可以直接测量的量来加以推算，于是要建立这两类量之间的关系。

体视学中几个常用的基本公式为

$$V_V=A_A=L_L=P_P \tag{6.23}$$

$$S_V=\frac{4}{\pi}L_A=2P_L \tag{6.24}$$

$$L_V=2P_A \tag{6.25}$$

$$P_V=\frac{1}{2}L_VS_V=\frac{2}{\pi}L_VL_A=2P_AP_L \tag{6.26}$$

2. 基本公式的证明

(1) 证明 $V_V=A_A$，即三维组织中某相的体积分数等于在测试面积中该相所占的面积分数。

截取显微组织中一个边长为 L 的立方体，体积 $V=L^3$，其中含有第二相 β，如图 6.27(a)

所示。在距底面为 x 的高处作一平行于底面的测试截面，截面组织如图 6.27(b)所示。在测试截面上量出 β 相的面积为 A_x。设测试面(层)有一极小的厚度 dx，则该测试层中含有 β 相的体积为 $A_x dx$。

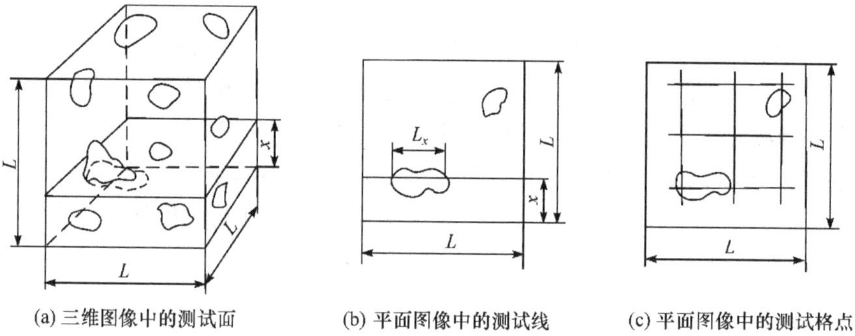

图 6.27　证明 V_V、A_A、L_L、P_P 示意图

如果在立方体体积中每隔 dx 从底面到顶面平行地取一系列测试面，把所有测试层中的 β 相的体积求和，然后除以立方体体积 L_3，可得 V_V。当 dx 趋向无穷小时，便有

$$V_V = \frac{1}{L^3}\int_0^L A_x dx = \frac{1}{L}\int_0^L \frac{A_x}{L^2}dx = \frac{1}{L}\int_0^L (A_A)_x dx = \bar{A}_A \tag{6.27}$$

(2) 证明 $A_A = L_L$，即平面图像中某相的面积分数，等于在测试线段中该相所截线段的百分比。

在该平面图像中取一个边长为 L 的正方形，作平行于底边的测试线，如图 6.27(b)所示，测试线和 β 相相截的长度为 L_x。设测试线有一极小的宽度 dx，则在这测试带中含有 β 相的面积为 $L_x dx$。从底边到顶边以间隔为 dx 依次作测试线，并分别把各测试带上测得的 β 相面积求和并除以正方形面积 L_2 就得 A_A。当 dx 趋于无穷小时，便有

$$A_A = \frac{1}{L^2}\int_0^L L_x dx = \frac{1}{L}\int_0^L \frac{L_x}{L}dx = \frac{1}{L}\int_0^L (L_L)_x dx = \bar{L}_L \tag{6.28}$$

(3) 证明 $A_A = P_P$，即平面图像中某相的面积分数，等于在测试网格的总点数中该相所占点数的百分比。

设测试网格的总格点数为 P_0，把测试网格放在测试截面上，如图 6.27(c)所示，数出落在 β 相上的格点数 P_x。如果测试网格的格点间距等于 dx，那么每个测试格点所占面积为 $(dx)^2$，整个测试面面积等于 $P_0(dx)^2$。当 dx 很小的时候，落在 β 相上的测试点 P_x 的面积等于 $P_x(dx)^2$，于是

$$A_A = \frac{P_x(dx)^2}{P_0(dx)^2} = \frac{P_x}{P_0} = P_P \tag{6.29}$$

在以上对式(6.23)的证明过程中可以了解，其中的 A_A、L_L、P_P 都是平均值，而且这些平均值都是在测试体积(或面积)里连续测量的平均结果。所以，具体进行测试操作时，只要在任意截面(或截线)上测量次数足够多时，所获得的平均值就不会有较大的误差。

选用合适的模型，同样可证明其他的几个公式。

3. 基本方程的应用

(1) 求测合金组织中某相的体积分数 V_V。例如，测定钢中铁素体和珠光体的相对量，钢中残余奥氏体量，铸铁中的石墨量等。

(2) 求测单位体积中某相的界面面积 S_V 或单位面积内某相界线的长度 L_A。例如，可求单相或多相合金中晶粒的表面积，第二相脱溶物的表面积；测量试样检测面上的晶界线长度，片状石墨的平均长度等。

(3) 求测单位体积内的线状组织的长度 L_V。典型的线性特征物(如位错线、针状沉淀物、条状硫化物等)与测试面的交点就是测量的依据。例如，测出单位测试面积内的位错腐蚀坑数 P_A，就可算出单位体积中的位错线长度 L_V，进而可求得位错密度。

(4) 求单位体积中的点单元 P_V 或 N_V。需要指出，在式(6.26)中，P_V 属于特殊情况，即这些点是由于一些线和面相交而得到的，此时可通过测定 P_A 及 P_L 来计算出 P_V 值。不过，对于透明的试样(如透射电镜试样)，直接对其中的质点计数即可得到 N_V。

4. 例

求图 6.28(放大倍数 $M=250$)中片状石墨平均长度、周长以及单位体积中的石墨的界面面积。

解答：以平行线组作测试线。共 $n=11$ 条线，每条线长度 $l=50$mm，线间距 $d=5$mm，在测试线组范围内的石墨片总数 $N=8$(超出范围的以 1/2 计算)，测试线与石墨片界面的交点数 $P=41$，测试线与石墨片的交点数 $P'=21$。于是有

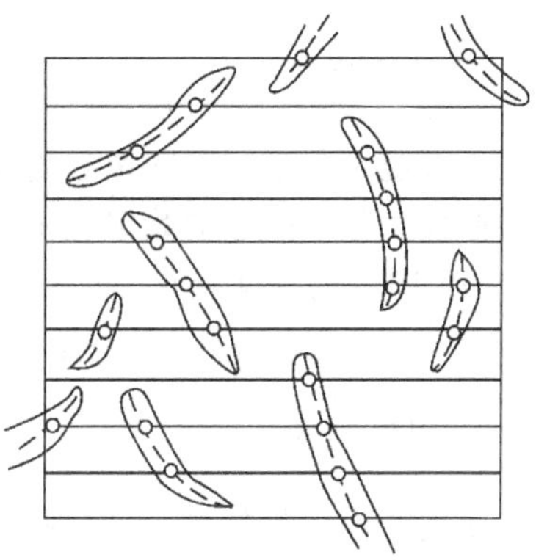

图 6.28　片状石墨特征参数的测量

单位面积上石墨片总长度为

$$L'_A=\frac{\pi}{2}P'_L=\frac{\pi}{2}\frac{P'M}{nl}$$

单位面积上石墨片界面总长度为

$$L_A=\frac{\pi}{2}P_L=\frac{\pi}{2}\frac{PM}{nl}$$

单位面积上石墨片总数为

$$N_A=\frac{N\cdot M^2}{(n-1)ld}$$

石墨片平均长度为

$$\bar{L}=\frac{L'_A}{N_A}=\frac{\pi(n-1)P'd}{2nNM}=\frac{3.14\times10\times21\times5}{2\times11\times8\times250}=0.075(\text{mm})$$

石墨片平均周长为

$$\bar{L}=\frac{L_A}{N_A}=\frac{\pi(n-1)Pd}{2nNM}=\frac{3.14\times10\times41\times5}{2\times11\times8\times250}=0.15(\text{mm})$$

单位体积中石墨界面面积为

$$S_V = \frac{4}{\pi} L_A = \frac{2PM}{nl} = \frac{2\times 41\times 250}{11\times 50} = 37.3(\text{mm}^2/\text{mm}^3)$$

6.3.3　计算机金相图像分析系统

人工进行金相显微组织的定量测量，是一项繁重的工作。计算机图像分析使定量工作能迅速方便地进行。

计算机金相图像分析系统通常包括图像采集、图像处理、图像测量以及结果输出等几个部分。金相图像分析要求观测的组织与周围基体间有良好的衬度，否则会导致较大的定量误差，这是试样制备时特别要注意的事项。

1. 图像的采集

金相照片可以用扫描仪输入计算机，或者通过 CCD 以及与之配合使用的模数转换器（图像卡），从试样直接摄取。两者的工作原理类似，都是逐行扫描图像。由于扫描线的宽度比粒子的平均线尺寸小得多，因此，扫描过程就像用割线法分析显微组织一样。

2. 图像处理

显微镜中观察到的图像是连续的模拟图像。所以，进行计算机图像处理之前，首先要将图像数字化。图像的数字化由两步组成：

(1) 图像的空间量化，将图像在空间域中离散化。

(2) 图像值域量化，将图像的色度值量化。

3. 图像测量

使用图像分析软件，可实现点数、线长、面积、角度、含量等测量。在金相分析方面，常用的图像测量有如下一些内容：

(1) 晶粒度的测量评级。

(2) 非金属夹杂物的测量评级。

(3) 珠光体、铁素体等相含量测量。

(4) 球墨铸铁、灰铸铁的测量分析。

(5) 脱碳层、渗层、涂层测量分析。

(6) 铝合金、钛合金相分析。

4. 结果输出

对图像处理的结果可采用数据表、数据图（如原图、散点图、标准图、直方图等），以及图像等形式输出。

6.4　低倍观察方法

6.4.1　概述

一般讲来，显微分析明显的不足之处是检验的范围小，而材料的不均匀性是普遍存在的现象，仅仅观察几个局部视场，很难对整个材料做出全面的评价。低倍检验能在很大的范围内显示金属组织的不均匀性、各种缺陷的形态和分布。对材料的分析如同对所有事物的分析，都应该是一个由大到小，由外及里的过程。因此，低倍检验与其他检验方法相配合，才能全面评定材料的质量。低倍检验一般包括如下内容：

(1) 铸造凝固组织以及凝固时形成的气孔、缩孔、疏松等缺陷。

(2) 某些元素的宏观偏析，如钢中的硫、磷偏析等。

(3) 压力加工形成的流线、纤维组织、层状组织等。

(4) 热处理件的淬硬层、渗碳层和脱碳层等。

(5) 各种焊接缺陷以及夹杂物、白点、发纹、断口等。

(6) 制备金相试样时对磨面的观察等。

6.4.2　检验方法

低倍检验方法很多，包括酸浸检验、断口检验和硫印等，应按有关标准的规定进行。

1. 酸浸检验

用于低倍分析的试样，一般要求深浸蚀，故磨光后无需抛光即可浸蚀。表 6.7 中的热酸浸蚀试剂和浸蚀时间供参考，以低倍组织能清晰呈现为宜。热浸蚀后的试样必须清洗干净，首先用热水刷洗，再用碱水刷洗(常用 2%氢氧化钠或 3%～5%碳酸钠溶液)，最后用热水刷洗后吹干。

表 6.7　热浸蚀试剂和浸蚀时间

试剂成分	浸蚀温度/℃	浸蚀时间/min	适用范围
盐酸水溶液(体积 1∶1)	70±5	5～10	易切削结构钢
盐酸水溶液(体积 1∶1)	70±10	10～40	碳钢、合金钢、弹簧钢、轴承钢、高塑钢
盐酸硝酸水溶液(体积 10∶1∶1)	65±5	5～25	不锈钢、耐热钢
5%硝酸水溶液	50±5	5～10	黄铜、青铜
盐酸硝酸混合溶液(体积 1∶1)	70±5	5～10	铜合金
10%～15%氢氧化钠水溶液	65～5	2～5	铝合金

2. 硫印

硫印可将钢中的硫萃取到印相纸上，以便显示硫在钢中的分布和偏析程度。

(1) 试样准备：取样、磨平、抛光。

(2) 硫印在较暗的室内进行：取略大于试样表面的印相纸，浸入 2%～5%硫酸溶液中 1min 后取出，抖掉多余的液滴。将印相纸药面紧贴试样抛光面，再用橡胶滚筒或用棉球压拭，除去气泡。3～5min 后取下印相纸，经水洗、定影、冲洗、干燥，便告完成。

在上述过程中，稀硫酸与钢中的硫发生反应，生成硫化氢气体。硫化氢再与印相纸乳剂层中的溴化银作用，在印相纸上生成棕色硫化银沉淀。

6.4.3 体视显微镜

双目体视显微镜又称“实体显微镜”或“解剖镜”，在将微物放大成像的同时，还使物与像相对于人眼的方位一致，并且有纵深感，符合人的常规视觉习惯。在生物、医学领域广泛用于切片操作和显微外科手术；在工业中用于微小零件和集成电路的观测、装配、检查等工作。它具有如下特点：

(1) 利用双通道光路，双目镜筒中的左右两光束具有一定的夹角(体视角)，一般为12°～15°，为左右两眼提供一个具有立体感的图像。它实质上是两个单镜筒显微镜并列放置，两个镜筒的光轴构成相当于人们用双目观察一个物体时所形成的视角，以此形成三维空间的立体视觉图像。

(2) 像是直立的，便于操作和解剖，这是由于在目镜下方的棱镜把像倒转过来的缘故。

(3) 虽然放大率不如常规显微镜，但其工作距离很长。

(4) 焦深大，便于观察被检物体的全层。

(5) 视场直径大。

体视显微镜的光学结构是：由一个共用的初级物镜，对物体成像后的两光束被两组中间物镜(变焦镜)分开，并成一体视角再经各自的目镜成像，它的倍率变化是由改变中间镜组之间的距离而获得的，因此又称为连续变倍体视显微镜。随着应用的要求，目前体视镜可选配丰富的选购附件，如荧光、照相、摄像、冷光源等。

6.5 透射光学显微方法

观察透明的物体可以使用透射显微镜，习惯上称为生物显微镜，因为它大量地被用来观察生物体。

6.5.1 复型

对于某些大型构件以及曲面、管道内壁、断口、放射性材料等，不允许破坏取样检验，这时可考虑制作分析对象的复型。复型是一种将试样表面形貌复印下来的浮雕薄膜，有断口复型和金相复型两种。透明复型可用生物显微镜观察。

1. 胶膜复型

制取断口复型不应破坏原始断口；制取金相复型的试样，同样需要磨光、抛光和浸蚀。

薄膜复型的制取过程如图 6.29 所示，它是将预先制备好的胶质溶液滴在试样表面上，如图 6.29(a)所示；再用透明胶片覆盖在溶液上，使试样浸蚀面与胶片黏合，并将气泡和多余的溶液挤压排除，最后凝固成膜，如图 6.29(b)所示；经 10～20min，待薄膜干燥后，再将其剥离取下，如图 6.29(c)所示，即得透明的薄膜复型。

胶质溶液可用 0.3～0.5g 醋酸纤维或硝酸纤维透明胶片溶于 10mL 丙酮中制成，为透明胶质溶液；若加入微量苦味酸(约 0.001kg)，即呈黄色，显示组织更为清晰。

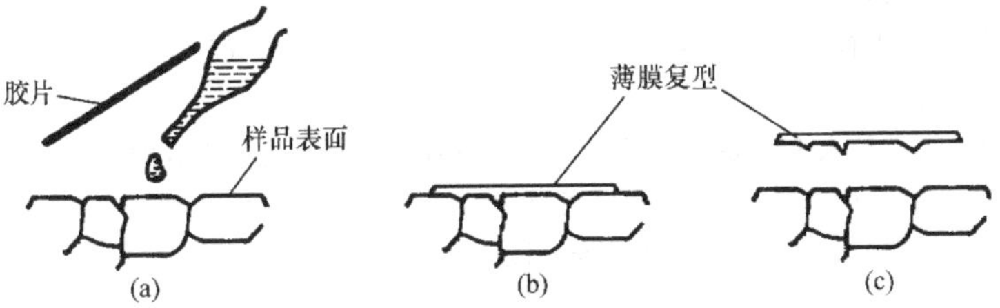

图 6.29　胶膜复型过程示意图

薄膜复型上的浮凸与浸蚀面上的凹凸相反，浸蚀面上凹陷的部位，恰是薄膜上的凸起部分，此处的薄膜较厚；反之，浸蚀面上凸起处是薄膜上的凹陷处，膜厚也相应减薄。由于复型在厚度上存在着微观差异，若用生物显微镜观察复型，膜上厚的部位透过的光线较少，而呈现暗色，薄处透过的光线多而呈明亮。在金相显微镜下观察复型时，光线投射在复型上，与投射在试样浸蚀面上所发生的反射与散射是一致的。

2. 投影处理

复型是厚度基本均匀的薄膜浮雕，显微图像不易产生足够的衬度。为了观察时图像更为清晰，可进行“投影”处理。

“投影”是在真空镀膜机内，向复型斜着喷镀碳或金属，如铬、锗等。使试样或复型凸凹部分的面向蒸发源的一面沉积有较多的碳或金属，如图 6.30 所示。经投影的复型更易显示浮雕的精细结构，并可根据投影所产生的阴影长度判定浮雕的高度。

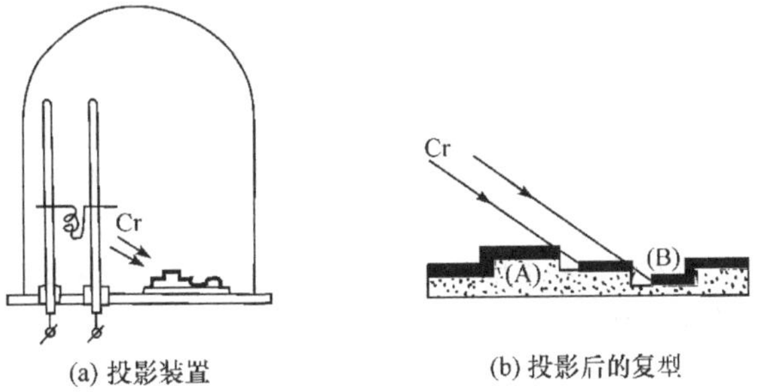

图 6.30　投影方法及其效果

6.5.2　透射偏光显微镜

透明矿物的折射率犹如不透明矿物的反射率一样，可作为鉴定矿物的主要光学常数。透射偏光显微镜可以观察透明矿物(非金属矿物)，用以测定矿物的晶形、解理面和各项光学性质(颜色、多色性、反射率、折射率、双折射、轴性、消光角以及光性符号等)。当然，必须将矿物、岩石或矿石磨制成薄片状的透明试样。

习　题

6.1　显微镜由几大部分组成？各部分主要零部件是哪些？说明显微镜的放大原理。

6.2 金相显微镜和生物显微镜的主要差别在哪里？

6.3 有两个物镜，镜筒上标记"10×；N. A. =0.25"，"40×；N. A. =0.65"，当采用黄绿光照明时，计算这两个物镜的分辨率。

6.4 如果要求显微镜总放大率为500，试比较如下两种选择物镜和目镜组合的方案。

a. 消色差物镜40×(N. A. =0.65)和平场目镜12.5×。

b. 消色差物镜25×(N. A. =0.4)和平场目镜20×。

6.5 显微镜的有效放大倍数如何确定？

6.6 阐述显微镜的科勒照明方式及光路图。它有什么特点？

6.7 切取试样时总的要求是什么？金相试样制备通常分为几个步骤？

6.8 显示金属显微组织有哪些方法？各有什么特点？举例说明电化学腐蚀单相和两相合金的原理。

6.9 若物镜数值孔径等于0.65，$\lambda=550\text{nm}$，底片分辨率$\delta_p=30\sim90\mu\text{m}$，试计算显微摄影时的焦长。

6.10 偏振光干涉的条件及结果如何？

6.11 偏振光在各向异性晶体金属磨面上的反射特性是什么？用偏光干涉解释这些特性。

6.12 偏振光在各向同性晶体金属磨面上反射特性如何？用偏振光研究各向同性金属时要经过什么预处理？

6.13 偏振光在金相研究中用于哪些方面？各举一例说明。

6.14 相衬方法出现的背景是什么？

6.15 试样表面某微区是一个理想的光学平面，长度为a，入射光垂直表面，试求散射光振幅的角分布？若表面上有一个宽度为b，深度为δy(δy远小于入射光的波长)的凹槽，凹槽底部和平面具有相同的反射能力，再求散射光振幅的角分布。

6.16 相衬金相附件有哪些？在显微镜中放置位置如何？主要起什么作用？

6.17 举例说明相衬金相在金相研究中的应用。

6.18 何谓体视学及定量金相？

6.19 定量金相学中常用的测量方法有几种？各有什么特点？

6.20 如何测量并计算晶粒度？

6.21 在金相晶粒度的测试工作中，常用平均截距长度$\bar{L}$来表示晶粒的大小。已知，$N_A=(\pi/4)N_L^2$，请证明$g=-6.64\cdot\lg(\bar{L}/\text{mm})-3.35$，并由此计算图6.26中的晶粒度等级。

6.22 目前显微硬度常用压头有哪两种类型？各有什么特点？如何计算显微硬度数值？

6.23 举例说明显微硬度在金相研究中的应用。

第7章　电子显微方法

电子束的波长比可见光波短得多，故电子显微镜有极高的分辨本领。从20世纪30年代制成第一台电子显微镜以来，电子显微分析技术发展迅速，可以在微观尺度上同时取得形貌、成分及结构分析等多方面的资料。在冶金、地质、生物、医学、物理及化学等各方面取得了大量重要成果，成为人们探索微观世界的有效工具。

7.1　电子像的观察和记录

1. 荧光屏

荧光屏对入射电子束较为敏感，又有较高的分辨率，一般能满足电子显像的要求。

2. 照相底片

电子感光片是一种对电子束曝光敏感、颗粒度很小的溴化物乳胶底片。它是一种红色盲片。由于电子与乳胶相互作用比光子强得多，照相曝光时间很短，只需几秒钟。由底片的感光黑度鉴定电子流的强弱。但是，底片的黑度与电子能量、电子流强度、曝光时间的关系不总是线性的。

3. CCD图像传感器

显示电子像的电荷耦合器件(CCD)的原理是先通过闪烁体把电子转换为可见光，再通过光导纤维把可见光传输到CCD的电极，这些电极再把可见光转换为电荷。通过逐行顺序扫描采集这些电荷，就可得到数字像素信号。

7.2　透射电子显微镜

用电子束作照明源，透射薄膜试样，由电磁透镜聚焦成像的电子光学仪器，称为透射电子显微镜，简称透射电镜(TEM)。电磁透镜和光学透镜作用相似，成像公式也相同。

7.2.1　仪器构造

透射电子显微镜由电子光学系统、电气系统和真空系统组成。电子光学系统是显微镜放大成像的核心。电镜可配置各种附件，以实现各种扩展功能，如化学成分分析等。

电镜的整个电子光学系统置于镜筒之内，镜筒一般做成直立积木式结构，如图7.1所示，它的光路原理与透射型式的光学显微镜十分相似。顶部的电子枪发射出来的高能电子束，经聚光镜会聚成所需直径的电子束。电子束穿过试样和物镜，在物镜焦平面上形成衍射图像，在物镜像平面上形成显微图像，衍射图像或显微图像可以被中间

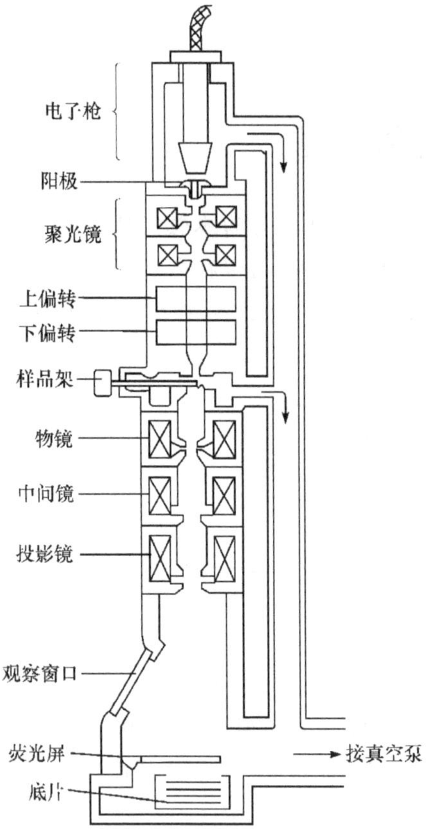

图 7.1　透射电子显微镜镜筒剖面图

镜、投影镜逐步放大，最后成像在感光器件（荧光屏、感光底片或 CCD）上。

普通电镜使用物镜、中间镜和投影镜三级成像透镜。若采用具有两个中间镜的四级成像透镜，可获得更高的放大倍数及更宽的变倍范围。

镜筒内保持高真空状态，防止高速电子受空气分子碰撞而改变运动轨迹，避免因空气分子电离引起放电而破坏电子枪电极间的绝缘，以及防止阴极氧化。

使用静电透镜需要高压，给设备的设计和操作带来不便，故现代电镜中静电透镜只在电子枪中使用；而聚光镜、物镜、中间镜和投影镜则都采用电磁透镜，可以通过改变激磁电流来调节透镜的聚焦能力。

1. 电子枪

电子枪即提供电子束的器件。透射电镜常用热阴极电子枪，如图 7.2 所示。阴极普遍使用 V 形钨灯丝或用钨丝加热的六硼化镧单晶，现代高性能电镜往往采用单晶钨杆热场发射电子。

热阴极电子枪由阴极、栅极帽和阳极组成。其实就是一个三极静电透镜，对阴极发射的电子束起着加速和聚焦作用，在阳极孔附近形成一个直径 50μm 左右的第一交叉点，即通常所说的电子源。

阴极电子发射率主要取决于阴极材料和阴极工作温度。阴极工作温度一般为 2500～2700K。自偏压线路给栅极提供比阴极负几百至近千伏的偏压，用以控制和稳定阴极发射的电子束电流强度（简称束流），因此栅极又称为控制极。考虑到操作安全，一般把阳极接地，阴极接负高压。

2. 聚光镜组和偏转器

聚光镜组和偏转器使电子枪发射的电子束成为可调节的照明光束，可以从各种入射角度照射到试样上所需的位置。

1）聚光镜组

透射电镜一般采用双聚光镜，现代电镜又多了一个会聚小透镜，如图 7.3 所示。第一聚光镜是强激磁透镜，可将电子枪第一交叉点像缩小为 1～5μm 的束斑；第二聚光镜是弱激磁透镜，把来自第一聚光镜的电子束再次会聚成一个束斑。电子束在通过会聚小透镜以及物镜的前方磁场后，照射到试样上，形成照明斑。会聚小透镜用来改变电子束照明的孔径角，配合使用聚光镜光阑，可以调节照明斑的大小。

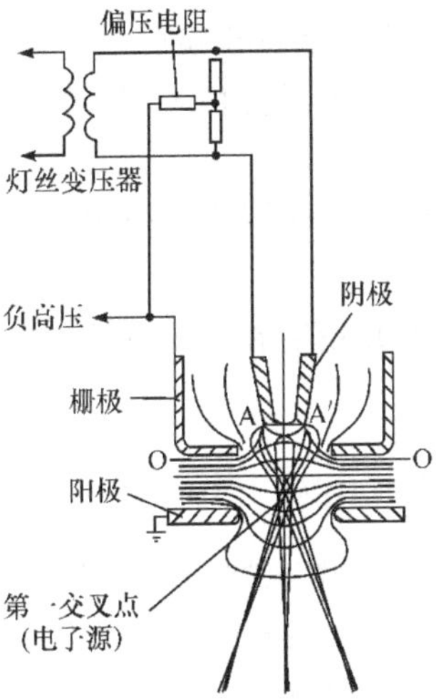

图 7.2　热阴极电子枪

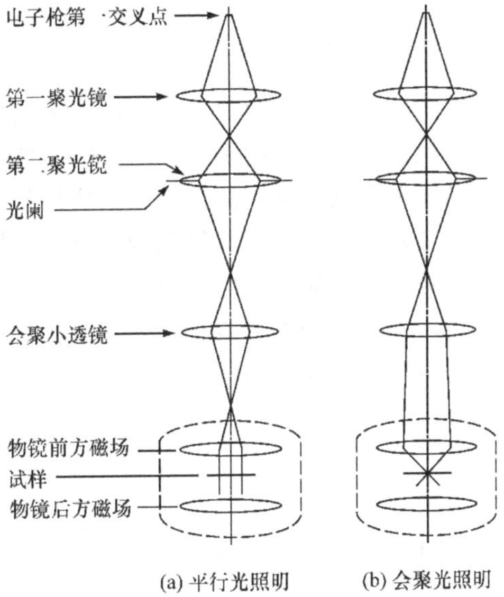

图 7.3　聚光镜光路图

如图 7.3(a)所示的聚光镜组使照明光束在物镜前方形成一个束斑，和物镜的前方磁场配合，可以使试样在相当大的区域获得平行光的照明。如图 7.3(b)所示的聚光镜组则是提供近乎平行的照明电子束，通过物镜的前方磁场后，电子束会聚在试样上，获得该点高强度的照明。

聚光镜光阑的典型孔径为 100～500μm，可在试样平面上获得 2～10μm 的照明斑。使用场发射电子枪可以获得更小的纳米级的照明斑。

2) 电磁偏转器

由聚光镜出来的照明电子束通过两个磁场方向相反的磁偏转器。可以调整电子束照明位置和倾斜角度。

3. 物镜和试样室

物镜是电镜的最关键部件，透射电子显微镜分辨本领的高低，主要取决于物镜。因为物镜的任何缺陷对成像的影响都将被系统中其他透镜进一步放大。通常采用强激磁、短焦距(1.5～3mm)的物镜。

设置在物镜背焦面上的一个多孔的活动光阑称为物镜光阑，用于调整物镜的孔径角，其典型孔径为 100μm、75μm、50μm、25μm。设置在物镜像平面上的一个可动光阑称为选区光阑，用于对成像区域进行选择。

试样室位于物镜磁场之中。试样台的作用是承载试样，并使试样能在物镜极靴孔内平移、倾斜、旋转，以便选择感兴趣的试样区域或位向进行观察。透射电子显微镜的试样很薄，通常需用铜网来支持(如 200 目的外径 3mm 的铜网)。铜网被夹持在试样座中并保持良好的热、电接触，这样可以减小因电子照射引起的试样过热或电荷堆积。

某些具有特定功能的试样台可以对试样进行加热、冷却和拉伸。

4. 中间镜和投影镜

中间镜是一个弱激磁长焦距的磁透镜，它的作用是放大来自物镜的电子像。只要改变中间镜的电流将其物平面定位在物镜像平面或定位在物镜后焦面上，就可以在中间镜的像平面上得到放大了的显微图像或衍射图像。

中间镜可以在0～20倍范围调节。当放大倍数大于1时，用来进一步放大物镜像；当放大倍数小于1时，用来缩小物镜像。

投影镜是一个强激磁、短焦距透镜，将中间镜像放大并投射在荧光屏或照相底片上。可改变极靴孔径和激磁电流以调节放大倍率。

5. 显像装置

显像装置包括荧光屏及照相装置两部分。当反映试样微观物征的透射电子强度分布，由成像透镜投射到荧光屏时，将被转换成与电子强度成比例的可见光图像。荧光屏底是照相室。翻起荧光屏(它被用作照相装置的快门)即可进行照相。

荧光屏有较高的分辨率，因此可用光学放大镜对图像进一步放大。

新型电镜多引入慢扫描CCD相机来采集图像。这样电镜图像就能为计算机接收并可用计算机图像处理技术对其进行处理。

6. 真空系统与电源系统

真空系统是为了确保电子光学系统的正常工作，通常要求优于10^{-3} Pa的真空度。电源系统由稳压、稳流及相应的保护电路所组成，提供透射电镜各部分所需要的电源。

7.2.2 仪器性能

分辨本领、放大倍数和衬度是电镜图像的主要性能指标，它体现了图像能否反映试样显微组织和结构细节。

1. 像差

与光透镜一样，电磁透镜也有各种像差。主要有球差、像散、色差和畸变。

1) 球差

球差是由于在透镜磁场中，远轴区域和近轴区域对电子束的折射能力不同而产生的。因球差导致的最小散焦斑半径δ_S与电磁透镜的孔径半角α的立方成正比，即

$$\delta_S = C_S \sin^3\alpha \tag{7.1}$$

式中，C_S为球差系数。电磁透镜都是会聚透镜，无法用组合光透镜的方法来消除球差，故只有采用小的孔径角来成像。不过，目前已研制成功球差矫正器，它的基本原理是交替使用远轴光和近轴光。

2) 像散

像散是透镜磁场非旋转对称所引起的，如极靴圆孔不圆或由于极靴内部被污染致使透镜磁场不对称。如果在透镜磁场中引入一个强度和方位可调节的磁场，这可以由均布

在极靴间隙四周的一些小电磁体组成，就能适当地补偿校正透镜在不同方位的聚焦性能，相应的装置称为消像散器。

3）色差

能量不同的电子通过透镜后具有不同的焦距。引起电子束能量变化的原因主要有两个：一是电子加速电压不稳定，引起电子束能量的波动；二是当电子束照射试样时，将与试样物质相互作用，从而损失一部分入射电子的能量。故要求试样尽可能地薄，或采用小孔径物镜光阑将这部分损失了能量的电子挡掉，以降低成像的色差。

2. 分辨率与景深

1）分辨率

由衍射效应确定的透镜物点分辨率 δ 由式(1.47)给出，即

$$\delta=\frac{0.61\lambda}{\sin\alpha} \tag{7.2}$$

式中，λ 为入射电子波波长；α 为透镜的孔径半角。在有球差存在的情况下，若要使透镜达到最佳分辨率，因衍射效应导致的衍射斑半径 δ 应与因球差导致的最小散焦斑半径 δ_S 两者匹配，即 $\delta_S=\delta$，于是可以得到

$$\sin\alpha=\left(\frac{0.61\lambda}{C_S}\right)^{1/4} \tag{7.3}$$

设电磁透镜的球差系数 $C_S=0.8$mm，入射电子波波长 0.037Å，可求得 $\sin\alpha$ 约为 0.007rad，透镜分辨率 $\delta=3$Å。这说明电磁透镜为了减小像差，只有采用小孔径角成像。因为如此，目前电镜显微像的分辨本领最多为 2Å，约为光学透镜的千分之一。

就图像而言，分辨率自然是越高越好，不过获得高分辨率的图像总要付出相应的代价。所以，对图像分辨率的追求，应该是有分寸的。

2）景深和焦长

因为电磁透镜是小孔径角成像，故景深大，焦长长就成了电镜的特点。

设物镜的 $\alpha=10^{-2}$rad，$\delta=10$Å，由式(1.48)可得景深 $D_f=2000$Å。这意味着，对于几百纳米厚度的试样，试样各部位的细节都能得到清晰的像。

设电镜放大倍数 $M=1000$，由式(1.49)计算得焦长 $D_L=200$mm。这意味着，该物镜的实际像平面可以在理想像平面的上下各 100mm 范围内移动。因此，电镜在选定视场后，只要荧光屏上的图像清晰，照相底片上的图像也是清晰的，照相时无需再调焦。

3. 放大倍数

1）电磁透镜的放大倍数

电镜所成的像，能否被如实地观察和拍成照片与放大倍数的选择有关。倍率过低，显示不出试样的精细结构。倍率过高，像的强度太低，而且视场内所能显露的试样范围太小，不利观察。因此，为了如实地把像反映出来，必须使所选择的放大倍率，既能反映出与显微镜本身分辨本领相近的精细结构，又能保持足够低的倍率，以使亮度和视场都不要太小。

2）眼睛观察时所需要的放大倍率

眼睛的分辨距离 $\delta_{eye}=0.2mm$。假设电镜的有效分辨距离 $\delta=30Å$，则电镜的放大倍率最大 $M\approx66000$，大于这个值是无意义的。如果用 5 倍的光学放大镜观察电镜观察屏上的像，电镜的放大倍数可以确定为 13000。

目前高性能透射电镜的分辨率优于 2Å，相应的有效放大倍数达 100 万。

3）照相时所需要的放大倍率

拍摄电镜照片，要考虑照相底片的分辨本领。假设所用底片每毫米 50 条线，那么，它的最小分辨距离 $\delta_{photo}=0.02mm$。如果用 $\delta=30Å$ 的电镜进行照相，电镜的放大倍率应该达到 6700。

4）放大倍率的标注

常用的照片放大倍数的表示法有两种：一种是把放大倍数写在底片下面，如“3000×”；另一种是在底片上画一线段，在其下标注相应的实物长度，如底片上 10mm 长的线段，标注“1μm”，说明像的放大倍率为 10000。

7.3　试样制备

因为电子束的穿透能力十分有限，透射电镜只能观察薄膜试样，这些薄膜试样的典型厚度为几十纳米。常用的试样大致可分三类：一是超细颗粒试样；二是试样的表面复型；三是薄膜试样，它可能是薄膜本身，也可能是由大块试样减薄制成。

制备合格的试样是电镜分析的前提。不失真是试样制备的基本要求。

7.3.1　粉末试样膜

粉末试样主要用于形态观察、颗粒度测定、结构分析。为承载粉末试样，必须在铜网上做一层薄的支持膜，这种载有显微颗粒的膜称为粉末试样膜。

支持膜材料应该具有这样的性能：首先，颗粒小，非晶体结构，不产生对像的干扰；其次，要有足够的强度及刚度，以及具有良好的导电、导热性；在高真空及强电子束轰击下不破裂等。目前常用的有塑料支持膜和碳支持膜。

1. 塑料支持膜

常用的塑料支持膜材料有火棉胶（硝化纤维素）和醋酸纤维素。

火棉胶膜常用浓度为 1%～3%（质量分数）的火棉-乙酸戊酯溶液制取，用滴管在水面上放一滴溶液。令其在水面展开，形成一层膜浮在水面上，静置片刻让溶剂挥发即可。AC 纸是醋酸纤维素膜的简称，常用 10%～15%的醋酸纤维素丙酮溶液制取。把这种液体倒在平滑的玻璃板上，使其在玻璃板上展开，干透后剪成所需小块即可。

塑料支持膜主要缺点是强度差，经受不住电子束的轰击，容易破裂。

2. 碳支持膜

在塑料支持膜表面上，蒸发沉积一层碳膜，简称喷碳。可以显著改善它在电子束轰击下的稳定性。具体操作如下：

将 AC 纸或火棉胶膜放在如图 7.4 所示的真空镀膜装置内，该装置内有一对碳极，在真空度优于 2×10^{-3} Pa 的情况下，电流通过两碳极时，在接触处因接触电阻产生高温，碳蒸发，真空室内充满碳蒸汽，碳原子会被塑料膜吸附而形成碳膜。一般在大电流下蒸发 1～2s，即可形成厚度为 200～300Å 的碳膜。

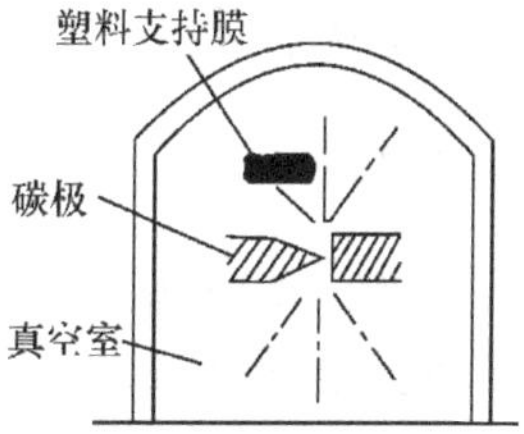

图 7.4　真空镀膜装置示意图

溶掉塑料膜，即得纯碳支持膜。碳支持膜强度较高，导电、导热性好，透明度高，化学性质稳定，故应用较多。

3. 粉末试样制备

粉末试样制备的关键在于能否使其均匀分散到支持膜上。往支持膜上分散粉末的方法很多，可以把粉末与蒸馏水或乙醇等溶剂混成悬浮液，滴到支持膜上，静置干燥后即可。

必要时粉末试样膜可增加一道投影的操作，有助于分析颗粒的形状。

7.3.2　试样复型

透射电镜试样的复型除了断口复型和金相复型外，还有萃取复型。

透射电镜试样的塑料复型与光学显微试样的复型制作方法相同，不同的仅仅是要求更薄。最后剪成小于 3mm 的小块即成。

塑料分子的尺寸较大，故塑料复型的分辨本领较低（100～200Å）；且在电子束照射下容易发生分解和烧损。

透射电镜常使用碳复型，这是因为碳粒子很小且稳定。碳复型按其制备方法可分为一级复型和二级复型。一级复型是直接从试样表面上制得的复型。二级复型是经由中间复型制得的复型，如图 7.5 所示。

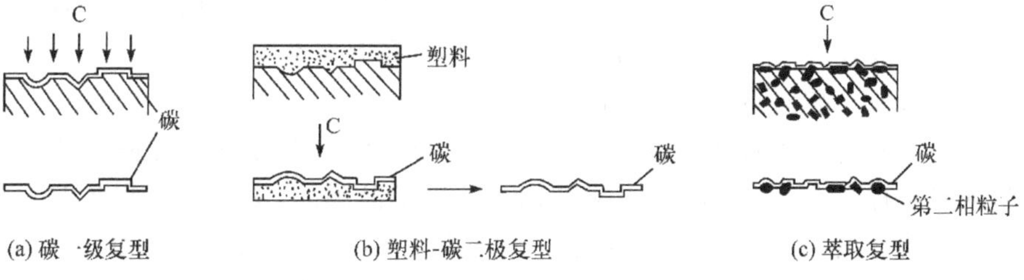

图 7.5　几种复型原理示意图

1. 一级复型

碳一级复型是对断口或金相试样直接喷碳制成的，方法同碳支持膜。喷碳最重要的是控制碳膜的厚度。然后，用针尖把喷过碳的试样表面划成略小于试样铜网的小块，浸入适当的化学试剂中，使碳膜与试样表面分离。最后，将分离下来的复型反复清洗，捞出晾干即可。碳一级复型制作之后试样遭到破坏，因此要求复型制作必须一次成功。碳膜的分辨本领可达 20Å。

2. 二级复型

塑料-碳二级复型是先制一级塑料复型(中间复型),再对中间复型进行碳复型,最后溶掉中间复型,得到碳二级复型。二级复型不破坏试样表面,但分辨本领大致与中间复型相同。

3. 萃取复型

为了观察试样材料中夹杂物和析出相的形状、大小、分布和结构,可采用萃取复型。萃取复型是一种在将试样表面形貌复印下来的同时,将其中的析出相或夹杂物萃取下来的复型。

用碳一级复型法将深腐蚀后试样表面的一些第二相粒子包住、黏附下来,即得到萃取碳复型。在萃取复型中,除了能观察夹杂和析出物实物外,还能观察基体组织的复型,这样就可以知道夹杂和析出物在基体中的分布与相互间的关系。对于萃取物而言,它又可以认为是粉末试样,可对其进行结构鉴定。

7.3.3 薄膜试样

观察复型只能得到有关表面形貌的信息。为了揭示材料的内部结构,需要直接观察材料本身,让电子束直接穿过它成像。

如果研究的材料本身是薄膜,那么直接可以裁剪成试样;如果研究的是块状材料,那么就需要将其减薄制成薄膜试样,试样的合适厚度与其质量密度、成像所用的加速电压有关。例如,100kV 的电子束可以穿透数千埃的铝膜;但对铀来说,要获得同样的像亮度,膜厚只能是数百埃。

薄膜试样的合适厚度与其内部结构,以及图像分析有关。较厚的试样往往使薄膜内不同深度处的结构特征同时显示在一张照片上,相互干扰,给图像分析带来困难。此外,较厚的试样会引起较多的非弹性散射电子,增加色差和图像本底。但试样过薄,其内部结构往往受表面效应影响而不同于大块试样。

薄膜试样的制备一般有如下要求:其一,在制备过程中不能引起材料内部结构的变化;其二,薄膜试样要有一定的强度及刚度;其三,制备薄膜时,必须保证在足够大的面积上有适当的透明厚度。此外,方法的可靠性也非常重要,因为从大块金属制成薄膜的过程中,原始材料已被消耗。所以,制备薄膜时必须选用可靠的技术规范。

从大块试样制备薄膜一般按以下步骤进行。

1. 切片取样

对导电试样,一般可用电火花线切割的方法切取厚度在 0.3～0.5mm 的薄片。对不导电试样,一般用专用的金刚石圆锯切出 0.3～0.5mm 的薄片。

2. 预先减薄

预先减薄是用机械减薄的方法把片磨到 0.1mm 左右。具体的方法就是在砂纸上磨。对金属试样，氧化铝砂纸和碳化硅砂纸都可以；对某些怕热的试样，要用水砂纸；对陶瓷、硅等非金属试样，则用碳化硅较好。

3. 冲片

对金属等韧性好的试样，用专用的小冲床冲出 ϕ3mm 的圆片。对陶瓷等脆性试样则用专门的超声波切割机从片上割取 ϕ3mm 的圆片。

4. 减薄

用专门的磨片机减少圆片的厚度。一般金属试样以 50μm 为好，陶瓷试样以 80μm 为好。

用化学抛光或电解抛光等方法，也可减薄试样。化学和电化学减薄的原理和方法与金相试样抛光是一样的。比较机械减薄，化学和电化学方法基本上可以避免使试样内部结构受到损伤。

5. 最终减薄

薄片试样最终要求减薄到小于 2000Å。要尽可能做到均匀地减薄，并尽量避免减薄过程中引起内部结构的变化。

对金属试样，普遍使用双喷电解抛光法作最终减薄，典型装置如图 7.6 所示。把已减薄的 3mm 圆片用 PTFE（聚四氟乙烯）制成的夹具固定起来，并与铂丝导线保持电接触作为阳极，阴极是装在一对电解液喷管中的铂丝，喷管对准圆片中心，电解液从中喷出，并通过耐酸泵循环。抛光一直进行到圆片中心发生穿孔。常用光电管监控，一旦试样出现孔洞时便自动关闭电流。在中心孔周围有一相当大的薄区，可用电镜进行透射观察。

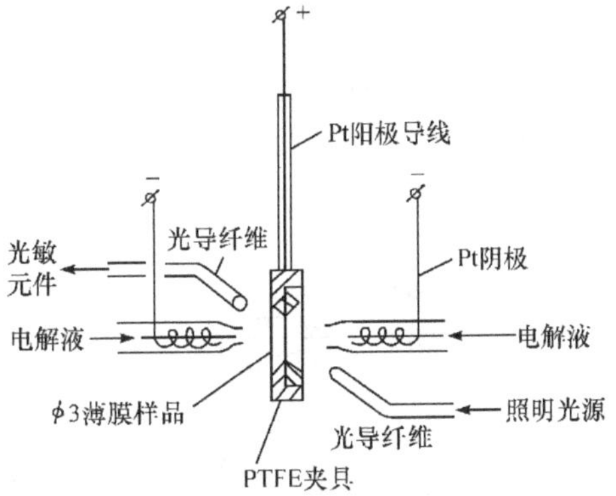

图 7.6　PTFE 夹具圆片双喷电解抛光装置示意图

对非金属试样，一般采用离子轰击减薄法作最终减薄。这是在高真空条件下，用离子枪提供高能量氩离子流，以一定角度对试样薄片进行扫描轰击，将表层原子击出使之减薄。但由于离子减薄太耗时，故先用凹坑仪在试样中间挖一个坑，当坑底与另一面的距离为 10μm 左右时停止。然后，对试样进行长时间的离子轰击，直至试样中心部位穿孔，孔边缘处极薄，可用于进行透射分析。

6. 最终处理

对已经双喷过的金属试样，最好用离子轰击减薄的方法把试样表面的污染物清洗掉，用很短的时间即可。

对于不导电试样，制成薄膜后应该对之进行喷碳处理。

7.4 成像方式

透射电子显微镜有两种最基本的功能，即衍射成像和显微成像，习惯上简称衍射和成像。为了满足分析工作的需求，透射电子显微镜可以进行各种不同方式的衍射和成像操作。下面介绍一些常规的衍射成像和显微成像操作。

7.4.1 显微成像

选择试样特定的区域成像是显微镜的最基本的操作，称为成像操作。

1. 高放大倍数成像

物镜成像于中间镜之上，中间镜以物镜像为物，成像于投影镜之上，投影镜以中间镜像为物，成像于荧光屏上，其光路如图 7.7(a)所示。结果可以获得几万至几十万放大倍数电子像。

2. 中放大倍数成像

适当改变物镜激磁强度，使物镜成像于中间镜之下；中间镜以物镜像为"虚物"，将其形成缩小的实像在投影镜物平面上。投影镜以中间镜像为物，成像于荧光屏上。放大倍数几千至几万，光路如图 7.7(b)所示。

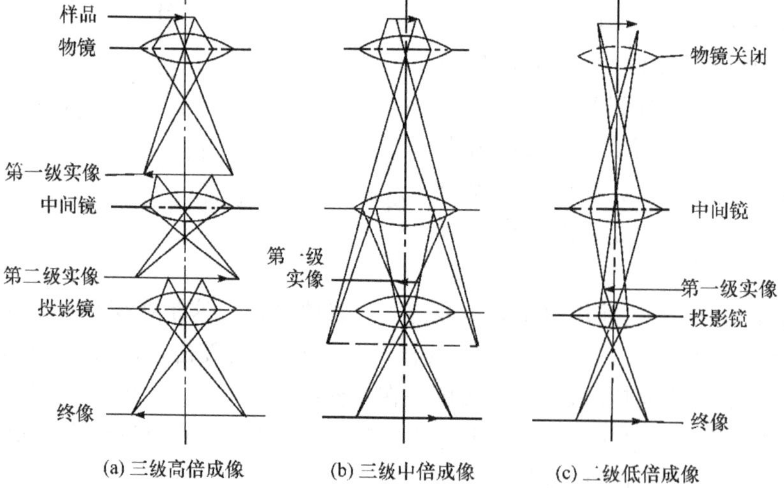

图 7.7　电镜放大成像的几种方式

3. 低放大倍数成像

低倍成像最简便的方法是减少透镜的数目或放大倍数。例如，关闭物镜，减弱中间镜激磁强度，使中间镜起着长焦距物镜的作用，使第一级实像成像于投影镜之上；投影镜以中间镜像为物，成像于荧光屏上，获得几百倍的放大图像，光路如图 7.7(c)所示。一般来说，放大倍数低，图像视域大，可以为选择、确定高倍观察区域提供方便。

7.4.2 衍射成像

1. 选区衍射成像

晶体试样通过物镜在后焦面上形成衍射像。调节中间镜焦距，使其物面与物镜后焦面重合，可以最终在荧光屏上形成二次放大的衍射图像。不过，有意义的衍射像必须明确它是来自试样哪个区域的衍射波。这就需要进行选区衍射成像操作。

选择试样特定的微区，对其进行电子衍射成像操作。显然，这个微区通常是在显微像上选定的，也就是说，显微成像是选区衍射成像的基础。选区衍射的基本问题是如何确认衍射像是由选定的微区产生。

当电镜以成像方式操作时，中间镜物平面与物镜像平面重合，荧光屏上显示试样的放大像。如图 7.8 所示，在物镜像平面内插入一个孔径可变的选区光阑，让光阑套住特定微区。因为在物镜适焦的条件下，物平面上同一物点所散射的电子将会聚在像平面上的一点，故像平面选区光阑孔的选择范围 $A'B'$，对应的是试样的微区 AB。选区以外的物点(如 C 点)产生的散射波则全部被挡掉。然后，降低中间镜的激磁电流，使电镜转变为衍射方式操作，此时中间镜以上的光路不受影响，但中间镜物平面与物镜背焦面相重合。尽管物镜背焦面上的衍射花样是由受到入射束照明的全部试样区域内物点的衍射所产生，但是其中只有 AB 微区以内物点散射的电子波可以通过选区光阑进入下面的透镜系统，所以荧光屏上显示的将只限于选区范围以内的晶体所产生的衍射花样。这样就确认了荧光屏上的衍射像是由选定的微区所产生。

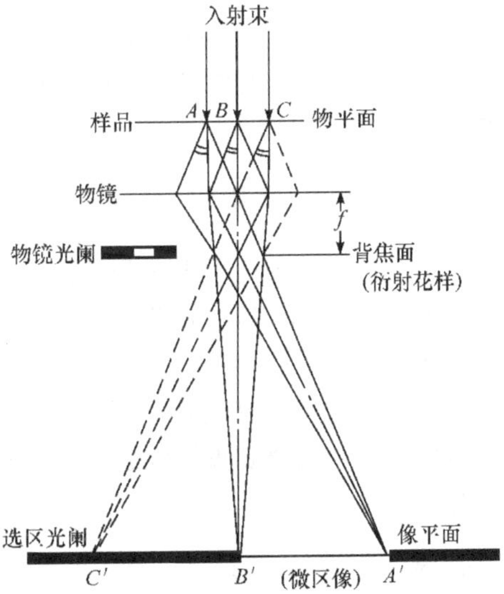

图 7.8　选区电子衍射原理

透射电镜可以利用选区衍射的方式进行电子衍射分析，试样特定微区的形貌特征和晶体学性质可以在同一仪器中得到反映，这是现有其他显微分析方法所难以实现的。

设物镜放大率为 M_0，则试样上被选择的微区尺寸 $AB=A'B'/M_0$。通常，$M_0\approx 50\sim 200$，说明利用孔径为 100μm 的选区光阑，可对试样上 1μm 的微区进行电子衍射分析。

选区范围可能发生误差，即试样上所选区域 AB 以外物点的散射波也对衍射花样有所贡献。这种误差来源于选区成像时物镜的失焦和球差，前者指的是物镜像平面不与选区光阑平面严格重合(欠焦或过焦)，后者则导致同一物点发出的散射波不都在同一平面会聚。选区误差的典型值约 0.2μm。由此可见，在这种情况下，想要通过缩小选区光阑的孔径使试样上被分析范围小于 0.5μm 将是徒劳的。若一定要对更小的区域进行衍射，就只有靠缩小照明斑的尺寸。

为了减小选区误差，选区电子衍射应遵循如下的标准操作手续：

(1) 成像操作得到清晰的显微图像。

(2) 用选区光阑围住特定微区，调节中间镜电流使光阑边缘的像在荧光屏上最清楚，这时中间镜的像平面与投影镜物平面重合。

(3) 调整物镜电流使选区光阑内的像最清楚，这时物镜的像平面位于选区光阑平面，可保证选区的准确。

(4) 移去物镜光阑，减弱中间镜电流，使中间镜物平面上移到物镜背焦面处，这时在荧光屏上就会看到衍射花样。聚光镜宜适当欠焦以提供尽可能平行的入射电子束。再精确调节中间镜电流，使花样最为清晰。

(5) 摄取衍射花样。

上述标准操作手续说明，透射电镜的显微像模式和衍射像模式仅仅是中间镜电流不同，物镜和投影镜的电流是相同的。改变中间镜电流即可在这两种模式之间进行切换。

2. 小角度衍射成像

小角度衍射特别适用于高分子物质的结构分析。因为这类试样的晶面间距可能高达数十纳米，相应的衍射角 2θ 极小。若用一般的选区衍射，低指数斑点将十分靠近中心斑点而无法分辨。为此，可抬高试样位置，降低物镜电流，增大物镜焦距(增大衍射像像距)；或减弱第二聚光镜电流使其适当欠焦，关闭物镜，令衍射像形成在物镜焦面下方足够远处。然后再以中间镜和投影镜放大，如图 7.9(a)和图 7.9(b)所示。这样，可使小角衍射斑点与中心斑点分离。

3. 高分辨衍射成像

放大衍射花样，并不能改善衍射花样的分辨率。透镜焦面上衍射图像的分辨率主要受制于入射束的角发散以及透镜像差。要提高衍射像的分辨率，就要提供平行的入射电子束，且最好不使衍射束通过透镜磁场。

近代透射电镜都备有高分辨衍射试样台。插入安放在中间镜与投影镜之间，如图 7.9(c)所示。试样以上的全部透镜参与照明系统工作，以提供细聚焦的平行电子束；试样以下的透镜全部关闭。衍射像直接形成在足够远处的荧光屏上(试样至底板的标准距离为 400mm)，由此得到的衍射斑点极小且清晰，分辨率和测量精度都很高。

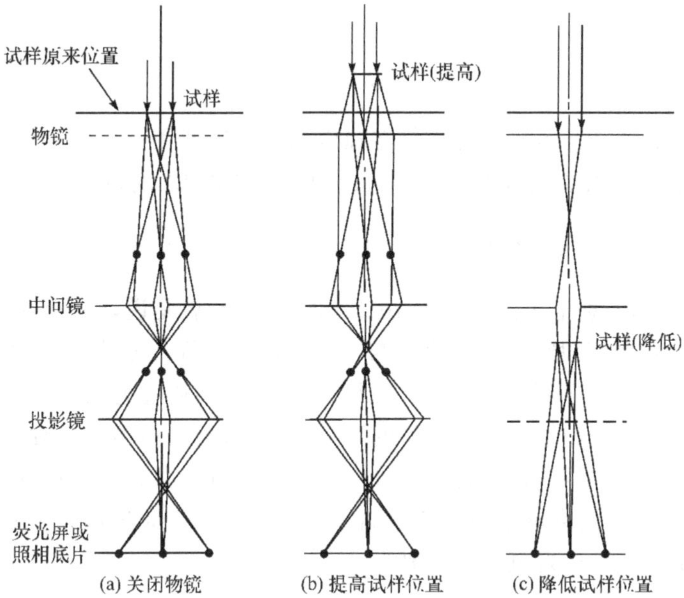

图 7.9　小角度衍射和高分辨衍射光路

7.5　电子衍射图像分析

7.5.1　电子衍射

晶体如果有衍射波产生，就必定是晶体中的某个晶面反射的，且该晶面必定满足布拉格方程。晶体产生衍射波的另一个条件是作为散射单元的晶胞的散射波强度不等于零，即不符合消光条件，包括点阵消光和结构消光。

1. 高能电子衍射和相机常数

图 7.10 是电子衍射装置示意图。电子束射入位于 O 处的晶体试样，照相底板垂直于透射束放置，试样至照相底版的距离 L 称为电子衍射的相机长度。若晶面距为 d 的(hkl)晶面满足布拉格方程，则在与入射方向成 2θ 角的方向上将得到该晶面的衍射束。透射束及衍射束与底版的交点分别用 P_{000} 和 P_{hkl} 表示，令 R 为连接 P_{000} 和 P_{hkl} 的矢量，则有

$$R = L\tan 2\theta \tag{7.4}$$

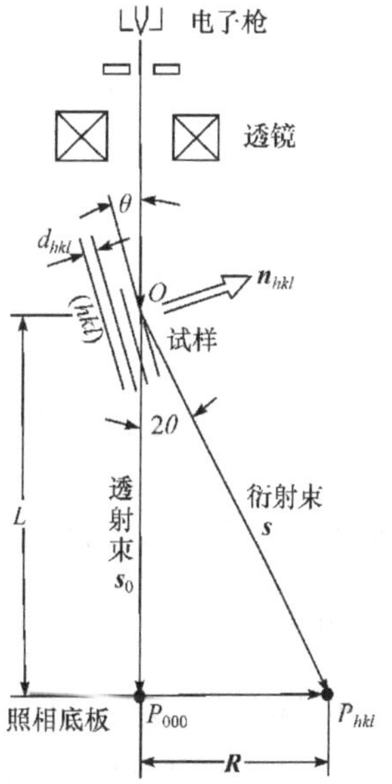

图 7.10　普通电子衍射装置示意图

如果电子能量在 10keV 之上，那么电子波长就在 0.1Å 之下，而常见晶体的晶面距 d 的数量级为 1Å。所以高能电子衍射的 2θ 很小，$\tan 2\theta \approx \sin 2\theta$。用布拉

方程,可得

$$R=\frac{L\lambda}{d} \tag{7.5}$$

这就是高能电子衍射的基本公式。在确定的衍射装置中,$L\lambda$ 是常数,定义作电子衍射相机常数。通常,λ 以 Å 为单位,L 以 mm 为单位,所以 $L\lambda$ 的单位应是 mm · Å。

2. 电子显微镜中的电子衍射和有效相机常数

电子显微镜中,入射电子波波长为 10^{-2}Å 的数量级,就是说,晶体衍射束的衍射角 2θ 只有 10^{-2}弧度的数量级,所以,反射晶面与入射束几乎平行。另外,透射电镜物镜的孔径半角 α 约为 10^{-2}弧度。这意味着,晶面的反射线一般都能通过透镜。

透射电镜的电子枪和聚光镜提供单色平面电子波,当它沿镜筒光轴透射过晶体试样时,在物镜的背焦面上形成第一幅衍射花样。其中,透射波会聚于物镜的中心焦点处,与入射束成 2θ 角的衍射波会聚于物镜背焦面上另一点。由于通过透镜中心的光线不产生折射,于是,衍射斑点到透射斑点的距离为

$$R_1=\frac{f_1\lambda}{d} \tag{7.6}$$

式中,λ 为电子波波长;f_1 为物镜焦距;d 为衍射晶面的晶面距。物镜的作用,不过是把本来 L 处的衍射花样移到了物镜的背焦面上。如果把中间镜激磁电流调节到使其物平面与物镜背焦面重合,这一幅衍射花样经中间镜和投影镜放大,可以在荧光屏或照相底版上记录到它的放大像。设中间镜与投影镜的放大倍率分别为 M_i 和 M_p,则底版上相应斑点与中心斑点的距离应为

$$R=R_1M_iM_p=\frac{f_1M_iM_p\lambda}{d} \tag{7.7}$$

如果定义 $L'=f_1M_iM_p$ 称为有效相机长度,则定义 $L'\lambda$ 称为电子显微镜的有效相机常数,记作:

$$L'\lambda=f_1M_iM_p\lambda \tag{7.8}$$

于是

$$R=\frac{L'\lambda}{d} \tag{7.9}$$

这是描述透射电子显微镜中电子衍射的公式,显然,它与式(7.5)完全相似,但是 L' 并不直接对应于试样至照相底版的实际距离。只要记住这一点,我们在习惯上可以不加区别地使用 L 和 L' 这两个符号。

3. 例题

单晶 Au 薄膜试样,试样厚度 200Å,表面是(111)晶面,电子束垂直薄膜表面入射,电子波波长 $\lambda=0.02$Å,讨论$(20\bar{2})$晶面反射线方向及其角宽度。

解答:Au 的点阵常数

$$a=4.078\text{Å}$$

$$d_{20\bar{2}}=\frac{a}{\sqrt{8}}=1.442\text{Å}$$

$$\sin\theta=\frac{\lambda}{2d}=\frac{0.02}{2\times1.442}=0.00693$$

即

$$\theta=0.397°$$

据题意，$(20\bar{2})$与入射方向平行，但它是小晶面，其反射面可以偏离$(20\bar{2})$晶面。故$(20\bar{2})$晶面能否反射电子波就取决于反射面偏离晶面的程度是否大于$\theta=0.397°$。根据式(2.39)，可得

$$(\Delta\phi_1)_{\max}=\pm\frac{\lambda}{2A'\sin\theta}=\pm\frac{0.02}{2\times200\times0.00693}=\pm0.0072=\pm0.41°>\theta$$

这就意味着，$(20\bar{2})$面能够反射电子波，衍射角$2\theta=0.794°$。如果试样来回摆动，衍射线方向$2\theta=0.794°$也是不会变化的。不过，当晶体在来回的摆动过程中，因反射面偏离晶面的程度不同，会导致衍射强度的变化。

7.5.2 电子衍射花样及其几何特征

1. 多晶体试样的衍射花样

多晶体试样的衍射花样是一系列不同半径的同心圆环，这是由不同晶面距的晶面反射形成的，如图 7.11 所示。根据式(7.9)，R^2 和 d^2 存在简单的反比关系，即

$$R_1^2:R_2^2:\cdots:R_j^2:\cdots=\frac{1}{d_1^2}:\frac{1}{d_2^2}:\cdots:\frac{1}{d_j^2}:\cdots \tag{7.10}$$

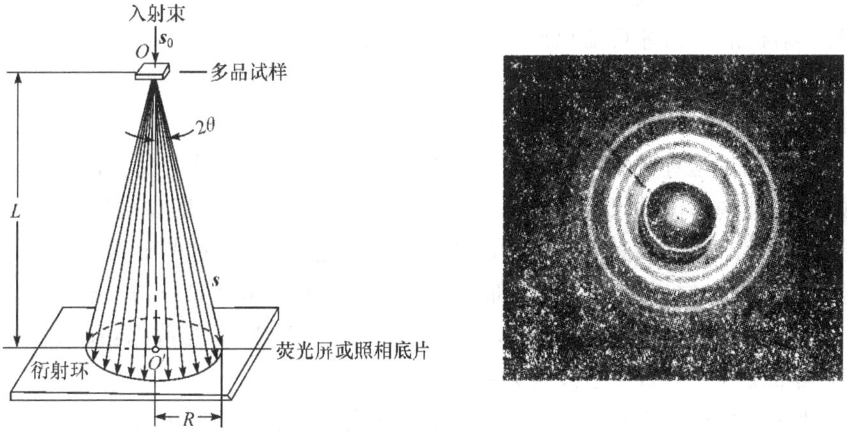

(a) 多晶体试样电子衍射原理

(b) 金蒸发膜电子衍射花样

图 7.11 多晶体试样电子衍射原理

2. 单晶体电子衍射花样

从电子显微镜选区衍射所提供的某一特定微区往往是一颗(或几颗)单晶粒子，这些单晶电子衍射花样反映了这一颗(或几颗)晶粒的晶体结构。

透射电镜中，衍射晶面几乎都是与入射束方向平行的。也就是说，如果入射电子束平行于晶体的[uvw]方向，那么，电子衍射花样由[uvw]晶带内满足布拉格方程的晶面产生的衍射斑点所组成。这种花样的产生及其特点，从图 7.12 可以得到清楚的解释。人们通常定义矢量 $\boldsymbol{B}$ 为实际入射方向 $\boldsymbol{s}_0$ 的反平行方向，如图中箭头所示的方向。

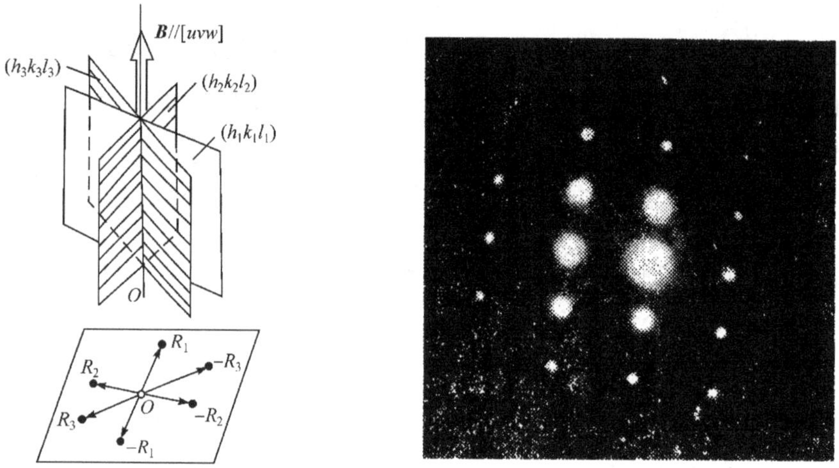

(a) 晶带、晶面及其衍射斑点　　(b) α-Fe晶体试样的衍射花样

图 7.12　晶体试样的衍射晶面与衍射花样的位向关系(忽略磁转角问题)

如果使试样台倾斜，让 $\boldsymbol{B}$ 平行于另一晶带轴[$u'v'w'$]，则衍射花样将由另外一套斑点所组成，它们是[$u'v'w'$]晶带内满足布拉格方程的晶面产生的。

入射电子束平行于晶体的[uvw]方向，[uvw]晶带内的晶面平行于入射方向，显然只有当反射面偏离晶面时，才可能反射电子束。反射面偏离晶面，并不会使衍射方向发生变化，只是衍射强度减弱而已。

单晶电子衍射花样的一个重要特点是花样中出现大量强度不等的衍射斑点，如图 7.12(b)所示。出现这种现象可从两个方面给予解释：其一，透射电镜的试样都是薄晶体或细小颗粒，晶体中晶面的尺寸当然只能小于晶体厚度或颗粒尺度，所以实际反射面与晶面的偏差可能是相当大的；其二，晶粒中的小角晶界造成亚晶，这些亚晶的[uvw]方向不同程度地偏离入射方向，于是，总有一部分晶面能够很好地满足布拉格反射的条件。

为了对上述两种解释有量的概念，我们给出下面几个典型的数据：设试样厚度 $A=300\text{Å}$，衍射晶面距 $d=3\text{Å}$，电子波长 $\lambda=0.03\text{Å}$，则有：

(1) 根据式(2.39)，反射面与晶面可能的最大偏差 $(\Delta\phi_1)_{\max}=d/A'=10^{-2}\text{rad}$。

(2) 根据式(7.5)，晶体衍射角 $2\theta=\lambda/d=10^{-2}\text{rad}$。

(3) 根据式(7.3)，与球差相匹配的物镜的孔径半角 α 约 10^{-2}rad。

(4) 小角晶界(亚晶粒之间的夹角)约为 10^{-2}rad 量级，或再大些。

可见，透射电镜中，电子束通过单晶体试样，产生许多晶面衍射线是可能的，而且这些衍射线几乎都能通过物镜。

应该指出，如果加速电压不够稳定，入射电子波长会有变化，相应地，有效相机常数也会有所变化，于是，衍射斑点将沿径向扩展；此外，如果入射电子束不严格平行，也会导致衍射斑点的扩展。

7.5.3　多晶试样的物相鉴定及衍射花样指标化

电子显微镜的多晶电子衍射分析的主要用途不外乎两个方面：其一，利用已知晶体试样标定相机常数；其二，大量弥散的萃取复型粒子或其他粉末粒子的物相鉴定。

1. 多晶衍射的物相鉴定

X 射线粉末衍射的相分析，已成为一种成熟的技术。这种分析方法的依据是每一物相都有它独特的衍射花样，查阅 PDF 卡片，核对全部线条的 d 值和强度，即可确定晶体的物相。在透镜电子显微分析中，多晶体试样的衍射花样是一系列同心圆环，利用多晶环花样进行物相鉴定，与 X 射线粉末法几乎完全相同。

如果试样非单一物相，衍射圆环将是两套或几套衍射花样的重叠。

2. 多晶衍射花样的指标化

多晶电子衍射花样的指标化，就是确定各衍射环的晶面指数$\{hkl\}$。对单一物相的试样，多晶电子衍射花样的指标化并不困难，分析方法可列述如下：

(1) 测量衍射环直径 D_j，并换算成半径 R_j。

(2) 计算晶面距 d_j 值，将 d_j 排成数列。按物相鉴定的方法，查找并对照 PDF 卡片，写出环的指数。

(3) 如果不使用 PDF 卡片，或者暂时无法确认物相，指数化会麻烦些。可计算 d_j^{-2}，并将 d_j^{-2} 排成数列，分析 d_j^{-2} 比值的递增规律。如果试样属于立方晶体，对照表 5.2 可确定试样晶体的结构类型，写出相应的晶面指数$\{hkl\}$。

3. 电镜的有效相机常数标定

利用已知点阵常数的晶体试样，摄取其衍射花样并指标化，根据衍射环半径 R 的测量值，便能计算 $L\lambda$ 值。最常用于标定相机常数的多晶体试样是金(Au)或铝(Al)，前者点阵常数 $a=4.078$Å；后者点阵常数 $a=4.041$Å。它们均可以通过真空蒸发沉积得到颗粒细小的多晶薄膜。相机常数的标定有内标法和外标法。

外标法是用已知物质做成标样，根据标样的衍射花样计算相机常数，然后再在同样的选区衍射操作条件下(投影镜、中间镜与物镜电流都保持不变)，摄取和分析其他试样的衍射花样。

内标法是将标样物质(如金)直接喷涂或沉积在待测试样上，在同一底片上得到两种叠加的衍射花样。这样，利用同时记录到的“内标”花样标定的 $L\lambda$ 值来分析未知试样，可以保证仪器条件的完全一致。

图 7.11(b)是金蒸发膜多晶电子衍射花样，入射电子波长 $\lambda=0.0418$Å。我们以此为例说明相机常数的标定，花样的测量和分析计算见表 7.1。

表 7.1　金蒸发膜多晶电子衍射环标定相机常数的分析计算

衍射环编号	R/mm	R^2/mm^2	$\frac{R^2}{R_1^2}$	N	(hkl)	d/Å	$L\lambda=Rd$ /(mm·Å)
1	6.28	39.44	1.00	3	111	2.355	14.79
2	7.27	52.85	1.34	4	200	2.039	14.82
3	10.29	105.9	2.68	8	220	1.442	14.83
4	12.05	145.2	3.68	11	311	1.230	14.82
5	12.57	158.0	4.01	12	222	1.177	14.79
6	14.62	213.8	5.42	16	400	1.020	14.91
7	15.87	251.8	6.38	19	311	9.358	14.85
8	16.31	266.0	6.74	20	420	9.120	14.87
9	17.85	318.5	8.08	24	422	8.325	14.86
10	18.96	359.4	9.11	27	333,511	7.849	14.88
11	20.73	429.7	10.89	32	440	7.210	14.95
12	21.52	463.2	11.74	35	531	6.894	14.84
13	21.91	480.0	12.17	36	600	6.798	14.89
14	23.21	538.7	13.66	40	620	6.448	14.97

结果表示，电镜的相机常数 $L\lambda$ 随衍射环的半径 R 稍有变化，绘成曲线如图 7.13 所示，表明存在一种系统误差。其原因，固然与 R 的测量误差有关，但主要是透镜的像差所致。一般采用平均值来标定相机常数，于是，测量结果表示为 $L\lambda=14.86\text{mm}\cdot\text{Å}$。

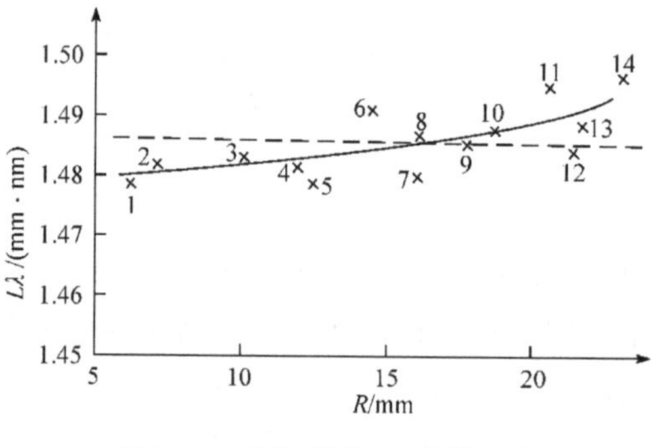

图 7.13　相机常数 $L\lambda$ 的测量值

7.5.4　单晶试样的物相鉴定及衍射花样指标化

1. 单晶衍射的物相鉴定

通过选区衍射所提供的单晶花样，也可以鉴定相应微区的物相结构。应指出的是，利用单晶电子衍射花样鉴定物相，将会遇到一些特殊的问题，主要是不能根据“三强线”原则检索卡片。首先，因为单晶花样一般只包含某一个晶带的衍射斑点，由此测量的 d 数列是不完整的；其次，单晶衍射斑点的强度随晶体位向的变化十分灵敏，当晶面偏离布拉格条件时,强度迅速下降。所以,需要利用试样倾斜记录同一粒子的好几个不同晶带的花样,以便取得比较完整的 d 值序列。

事实上,在具体工作中,对被分析的试样不会是一无所知的。根据已知试样的化学成分,工艺过程以及其他分析所提供的资料,常常可以把未知粒子的物相限于为数不多的几种可能性。此时,依靠少数几个斑点就可确定其物相。

例如,某 Fe-Nb 合金的晶界上有一种薄片沉淀相,制成萃取复型,所得选区的电子衍射花样如图 7.14(a)所示,图 7.14(b)是从底片上描制下来的衍射斑点。测量各 R 值,求得相应的晶面距 d 为 2.59Å、1.56Å、1.33Å 和 0.99Å。鉴定物相可以从两个方面入手。其一,Fe-Nb 合金中的沉淀物,多半是碳化物,分别查"Iron Carbide"和"Niobium Carbide",有十余项,其中只有 NbC 的晶面距符合测试结果。其二,用数字索引,三强线搜索没有结果,改用二强线搜索,得到几十个物相,其中数据比较接近的物相有 ScN、TaC、NbC、Nb(N,O)、$TiH_{1.971}$。考虑到合金的化学成分,只可能是 NbC。故最后确定此沉淀相是 NbC,属立方晶体,点阵常数 $a=4.470$Å。

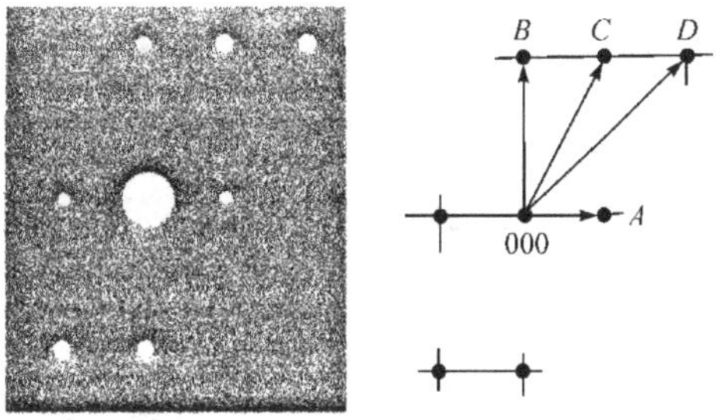

(a) 衍射照片　　(b) 描制图

图 7.14　某 Fe-Nb 合金晶界沉淀相的电子衍射花样

要注意的是,如果选区内有两个或几个晶体同时参加衍射,那么衍射花样就不一定是单一物相的。

2. 单晶的标准衍射花样

对于单晶体的电子衍射,可以选择某个对称性明显的低指数晶带[uvw],如[001]、[011]、[111]等,令 $\boldsymbol{B}/\!/[uvw]$,这样形成的衍射花样就称为该单晶体的[uvw]标准衍射花样。

如果 $\boldsymbol{B}$ 与晶面(hkl)的法线方向一致,那么,衍射晶面的极点投影都在(hkl)标准投影图的基圆上。所以,根据晶体的(hkl)标准投影图可以很容易画出该晶体的(hkl)标准衍射花样。

如图 7.15(a)所示为立方晶体(001)标准投影图。显然,其极点投影在基圆上的晶面,均属[001]晶带,当 $\boldsymbol{B}=[001]$时,都可能产生衍射束。根据晶面距由大到小,排列衍射晶面,依次为{100},{110},{111},{200},…设 000 为衍射花样中心,相应 $R=1/d$ 的比例数列为 $1:\sqrt{2}:\sqrt{3}:\sqrt{4}:\cdots$于是,作 $\boldsymbol{R}_{100}$,其方向沿晶面(100)的法线,大小等于 1(任意单位),其端点即为晶面(100)的衍射斑点;作 $\boldsymbol{R}_{010}$,其方向沿晶面(010)的法线,大小等于 1,其端点即为晶面(010)的衍射斑点;作 $\boldsymbol{R}_{110}$,其方向沿晶面(110)的法线,大小等于$\sqrt{2}$,其端点即为晶面(110)的衍射斑点。依此类推,作出指向各晶面衍射斑点的矢量 $\boldsymbol{R}_{hkl}$,如图 7.15(b)所示。容易证明,这些矢量都是 $\boldsymbol{R}_{100}$ 和 $\boldsymbol{R}_{010}$ 的线性组合,故实际上只要先作出 $\boldsymbol{R}_{100}$ 和 $\boldsymbol{R}_{010}$,其余矢量可根据矢量加法作出。故单晶体的衍射花样一定是平行四边形的格子花样。

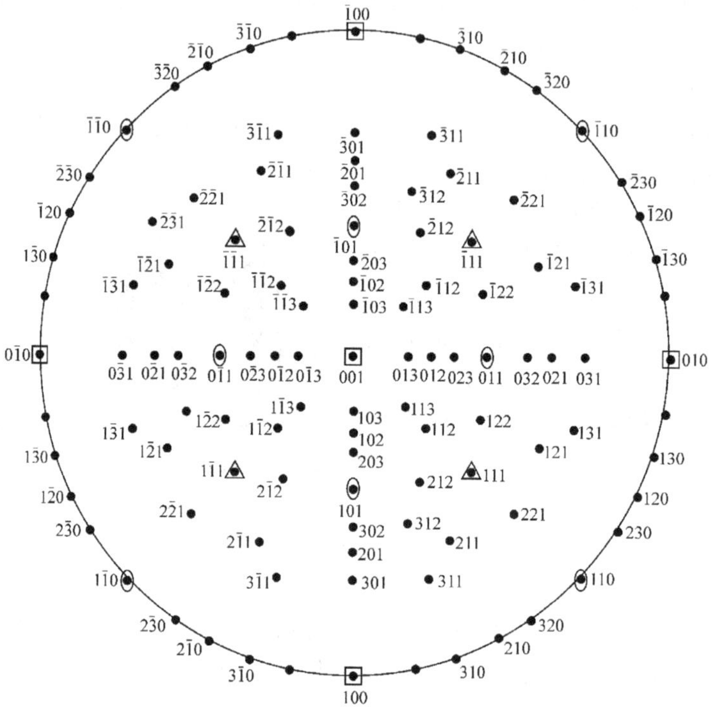

(a) 立方晶体(001)标准投影图

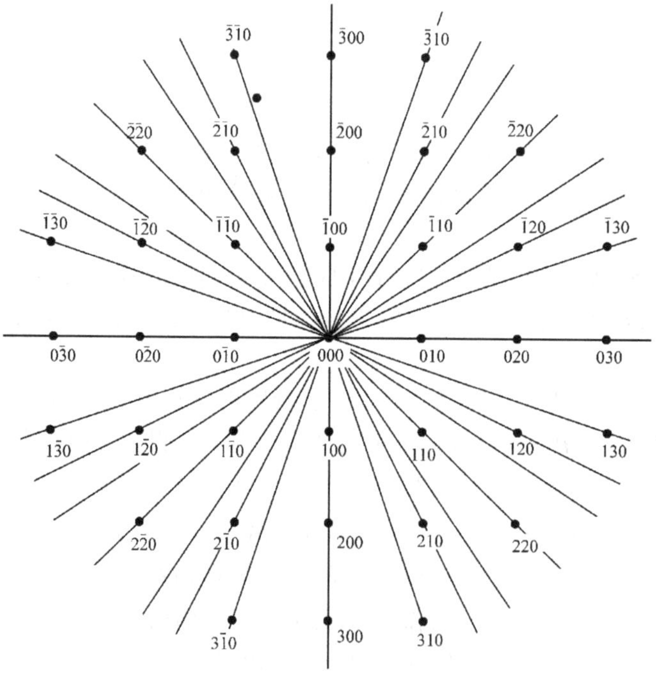

(b) 立方晶体(001)标准衍射花样

图 7.15　标准投影图和标准衍射花样

如图 7.15(b)所示为简单立方晶体的标准衍射花样。对于面心立方晶体，考虑消光条件，应该去除其中奇偶混合指数的衍射斑点，对于体心立方晶体，则应该去除其中 $h+k+l=$ 奇数的衍射斑点。

附录给出一些面心立方、体心立方、密排六方晶体的标准电子衍射花样。标准电子衍射花样中平行四边形格子的几个特征参数常被制成表格，见表 7.2。

表 7.2　立方晶体电子衍射花样平行四边形表

R_2/R_1	ϕ	d_1/a	$(h_1k_1l_1)$	$(h_2k_2l_2)$	$[uvw]$
1.000	60.00	0.707	$\bar{1}10$	$\bar{1}01$	111
1.000	72.54	0.316	$\bar{3}10$	$03\bar{1}$	$\bar{1}\bar{3}\bar{9}$
1.000	90.00	1.000	100	010	001
1.000	66.42	0.447	$\bar{2}10$	$02\bar{1}$	$\bar{1}\bar{2}\bar{4}$
1.000	63.61	0.333	$2\bar{2}1$	$\bar{1}\bar{2}2$	$\bar{2}\bar{5}\bar{6}$
1.000	62.51	0.277	$\bar{3}20$	$03\bar{2}$	$\bar{4}\bar{6}\bar{9}$
1.000	80.41	0.408	$21\bar{1}$	$\bar{1}2\bar{1}$	135
1.038	85.75	0.277	$\bar{3}02$	$1\bar{3}2$	689
1.038	72.75	0.277	$\bar{3}02$	$\bar{2}3\bar{1}$	$\bar{6}\bar{7}\bar{9}$
1.049	67.58	0.316	$0\bar{3}1$	$\bar{3}\bar{1}1$	$\bar{2}\bar{3}\bar{9}$
1.049	79.01	0.316	$\bar{3}01$	$\bar{1}3\bar{1}$	$\bar{3}\bar{4}\bar{9}$
1.054	83.95	0.333	$12\bar{2}$	$\bar{3}10$	267
1.054	65.06	0.333	$22\bar{1}$	$3\bar{1}0$	138
1.087	85.20	0.302	$\bar{3}11$	$03\bar{2}$	$\bar{5}\bar{6}\bar{9}$
1.087	65.28	0.302	$31\bar{1}$	$03\bar{2}$	169
⋮	⋮	⋮	⋮	⋮	⋮
1.414	90.00	0.707	$1\bar{1}0$	002	110
⋮	⋮	⋮	⋮	⋮	⋮

3. 单晶衍射花样的指标化

单晶体的衍射花样是由一系列衍射斑点构成的二维阵列，确定产生这些衍射斑点的晶面指数 $\{hkl\}$，就是单晶电子衍射花样的指标化。指标化工作一般来说是在物相鉴定的基础上进行的，至少也要求知道试样的晶体结构。

1) 平行四边形法

单晶体衍射花样的指标化通常采用特征平行四边形法，并结合标准花样对照法。具体的做法是：

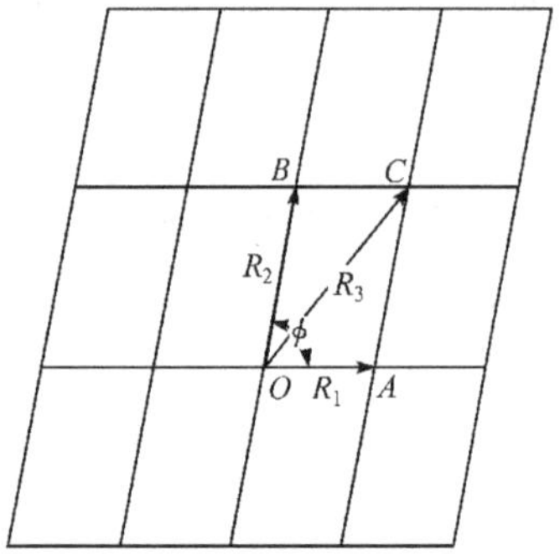

图 7.16　特征平行四边形

(1) 选择与中心斑点 O 形成最小平行四边形的三个衍射斑点 A、B、C，如图 7.16 所示。测量 OA、OB、OC，记作 R_1、R_2、R_3，测量 OA 与 OB 之间的夹角，记作 ϕ，要求 $R_1 \leqslant R_2 \leqslant R_3$，$60° \leqslant \phi \leqslant 90°$。在测量距离时，最好多测量几个斑点间的距离，然后求平均值。一般要求测量误差小于±0.2mm。

(2) 根据相机常数 $L\lambda$ 算出与 R_1、R_2 对应的 d_1 和 d_2。对照该晶体的 PDF 卡片，分别找到与 d_1、d_2 对应的晶面$\{h_1k_1l_1\}$、$\{h_2k_2l_2\}$。

(3) 计算$(h_1k_1l_1)$与$(h_2k_2l_2)$之间的夹角，要求符合 ϕ，如不符合，可以根据晶体的对称性变换指数，找到符合的那组。

(4) 按右手法则定出电子束入射方向的反方向所对应的晶向指数，也就是晶带轴的指数$[uvw]$。

上述方法看起来容易，实际操作上并不简单。问题主要出在测量误差方面，包括相机常数的误差，以及花样本身的清晰度等原因导致的测量误差。考虑 d_1、d_2 一定的误差范围，找出的$\{h_1k_1l_1\}$和$\{h_2k_2l_2\}$都可能不只一个。于是，不得不要计算所有$(h_1k_1l_1)$与$(h_2k_2l_2)$可能值之间的夹角。

指标化工作的难易取决于试样结构的类型。对称性较高的面心立方、体心立方、简单立方、密排($c/a=1.633$)六方晶体，不同的 R_1/R_2 比值之间相差比较明显，根据 R_1/R_2 比值和 ϕ 值对照标准花样或查表一般就可以直接得到结果，指标化工作相对简单。

对称性较差的晶体，不同入射束方向得衍射花样往往很相似，有的 R_1/R_2 比值也非常接近，因此测量的稍许误差就会导致错误的指标化。这一类晶体没有标准的平行四边形表可查，需要自己编程序计算这样的表。实际上，人们往往把实验室经常遇到的晶体物质，预先制成 d、hkl 等数值表。分析衍射花样时，将衍射花样的实测数值与其对照。最后从中选出符合程度最好的$(h_1k_1l_1)$与$(h_2k_2l_2)$

2) 未知试样结构的情况

如果试样的结构是未知的，衍射花样的标定就相当困难。首先对这种试样至少要拍摄三张不同的衍射花样。根据试样的成分、处理工艺、衍射花样的对称性等信息来推测试样可能的晶体结构。在这些可能的结构中，用上面的程序逐一去标定，剔除掉明显不符合的。如果某种晶体结构对三张花样都符合，那么基本上可确定。为了更可靠，还可以用衍射花样模拟程序来模拟该晶体的衍射花样，如果在强度上也吻合，那就更确定了。

3) 例题——电子衍射花样指标化

如图 7.12 所示的是低碳钢薄膜试样的基体选区的电子衍射花样，已知相机常数 $L\lambda=14.1\text{mm}\cdot\text{Å}$，对该衍射花样进行指标化。

(1) 用透明纸描制底片(底片表面法线即矢量 $\boldsymbol{B}$ 方向)上的斑点，如图 7.17 所示。

(2) 选择与中心斑点形成最小平行四边形的三个衍射斑点 A、B、C，测量得到 $R_1=7.1\text{mm}$，$R_2=10.0\text{mm}$；$\phi=90°$。计算 $R_2/R_1=1.41$。

(3) 计算晶面距，$d_1=1.99\text{Å}$，$d_2=1.41\text{Å}$。与该物质(α-Fe)PDF卡片上的数据比较($a=2.86\text{Å}$、$d_1=2.03\text{Å}$、$d_2=1.43\text{Å}$)，知道A、B点相应晶面所属晶面族的指数为{110}，{200}。

(4) 对照标准电子衍射花样或查立方晶体电子衍射花样的平行四边形表，得到衍射斑A为$(1\bar{1}0)$，B为(002)，矢量$\boldsymbol{B}=[110]$。

(5) 其余斑点的指数，可由$\boldsymbol{R}$的矢量运算得到，并利用面间角公式和晶带定理予以核实，如图7.17所示。

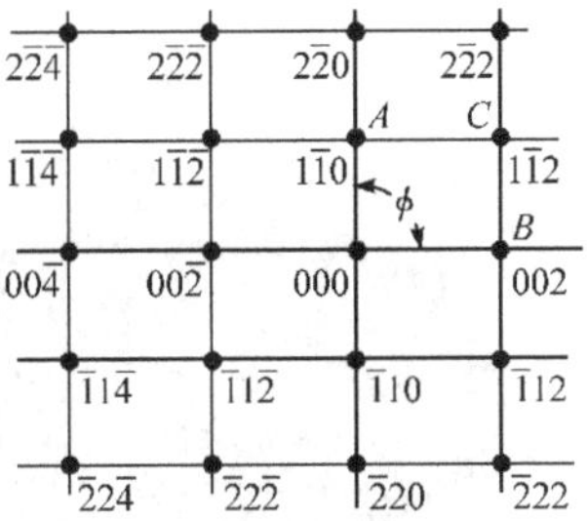

图7.17 低碳钢试样衍射花样底片描制图

4) 单晶花样指数化的不唯一性

单晶花样指数化的结果都不是唯一的。因为在指标化过程中，第一个斑点的指数是在一个晶面族中任意选择的一个$(h_1k_1l_1)$予以标定的，而第二个斑点的指数的标定，虽受到第一个斑点指数的约束，但一般仍有若干个可供选择的$(h_2k_2l_2)$指数。其余斑点的指数，则通过矢量运算确定。由于头两个斑点指数的任意性，造成整个花样可以被指数化成不同的几种结果，求得的晶带轴指数$[uvw]$也不一样。

单晶花样指数化的不唯一性一般是由于晶体本身的对称性所决定的。

7.5.5 选区电子衍射中图像相对于花样的磁转角标定

利用选区电子衍射原理对晶体试样内同一微区进行显微图像和衍射花样的对应分析，如惯析面、滑移面、层错面等指数的确定以及位错线走向的测定等，其基础是单晶衍射斑点的$\boldsymbol{R}$能反映试样中晶体的实际位向。然而，磁透镜在聚焦、成像过程中，除了使电子发生多次径向折射以外，还有使电子运动的轨迹绕光轴转动的作用，无论是显微图像还是衍射花样，都存在一个磁转角的问题。于是，电子显微镜中照相底板记录到的衍射花样中，斑点的$\boldsymbol{R}$矢量与衍射晶面的法线一般不再处于同一个方向上。

成像方式和选区衍射方式下的透镜激磁条件，使显微图像和衍射花样相对于试样的实际位向各发生了不同角度的转动。若显微图像的磁转角为ϕ_i，衍射花样的磁转角为ϕ_d，则显微图像对衍射花样的相对磁转角$\phi=\phi_i-\phi_d$。如果事先标定了这个相对磁转角，对于在同样条件下得到的形貌图像和衍射花样，只需将花样所表示的晶体位向用这个磁转角予以校正，即可用来表示图像上的位向。

选区衍射要求采用标准操作步骤，就是为了使相机常数和磁转角保持恒定，因为选区光阑的轴向位置是固定的，而显微成像和选区衍射方式下各个透镜的电流均由该光阑所在的平面位置所决定。所以，对于由三个成像透镜所组成的电子显微镜，标准的选区成像倍率及选区衍射相机常数将是唯一的。通常的100kV电子显微镜中典型的数值分别为数万倍和$L=500\sim700$mm。

选择外形特征可以直接反映其晶体位向的细小晶体作为标定磁转角的标样，常用的是由气相沉积得到的细小MoO_3晶体薄片，如图7.18所示。MoO_3晶体为正交晶体，薄片表面的法线为[010]方向，长边为[001]方向。所以，相应的电子衍射花样必为[010]晶带，斑点呈规则的矩形排列，矩形的长边为[001]方向。如果在标准的选区电子衍射条件

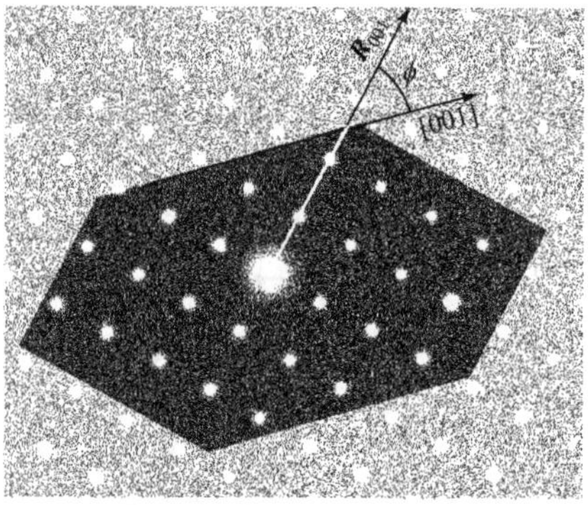

图 7.18　MoO_3 晶体的形貌图像和衍射花样

下，将 MoO_3 的晶体的形貌图像和选区衍射花样重曝光于同一张底版上，即可直接测定显微图像对衍射花样的相对磁转角 ϕ。

有的透射电镜安装有磁转角自动补偿装置，在进行显微像和衍射像对照分析时可以不必考虑磁转角的影响，使操作大为简化。

7.5.6　复杂衍射花样

上面讨论的衍射花样属于简单花样，其主要特点是花样仅由同属一个晶带的晶面衍射产生；可是，实际遇到的电子衍射花样并非都这么单纯，除了简单花样的规则斑点以外，常出现“额外的斑点”或其他图案，构成所谓“复杂花样”。

一般情况下，简单花样所提供的晶体学信息是最重要的。讨论复杂花样的目的，首先在于正确地辨认它们，从而排除其干扰。其次，从另一方面来看，复杂花样往往可以提供许多额外的信息。

产生复杂花样的原因很多，大致可以归纳为：

(1) 与 ***B*** 夹角很小的晶面，可能不局限在一个晶带内，只要有晶面满足布拉格条件，就可能出现衍射斑点；这类衍射斑，常称为高阶衍射斑。

(2) 两个或几个晶体同时参加衍射，如孪晶花样。

(3) 缺陷较多的晶体。

(4) 入射电子在晶体内受到多次散射(动力学效应)，如菊池衍射花样、二次衍射的附加斑点。

1. 高阶衍射斑

若有与 ***B*** 夹角很小的晶面，虽不属于[*uvw*]晶带，但只要满足布拉格条件，也可能出现衍射斑点，这类额外的斑点，称为高阶衍射斑。

点阵常数较大的晶体，衍射斑点较密集，容易出现高阶衍射斑。若低指数晶带轴偏离入射束，晶体中有的不属于[*uvw*]晶带的晶面与入射束的夹角有可能因满足布拉格条件而产生衍射。需要指出，无论是否有高阶衍射斑出现，[*uvw*]晶带的衍射斑点相对中心斑点的位置几乎不变，但衍射斑点的强度因衍射晶面的偏离会发生变化，有的衍射斑点可能消失。

图 7.19 是 AlN 晶体的电子衍射图，其中，中心斑点附近的衍射斑点是属于[001]晶带的，有几个 2θ 较大的衍射斑是高阶衍射斑。

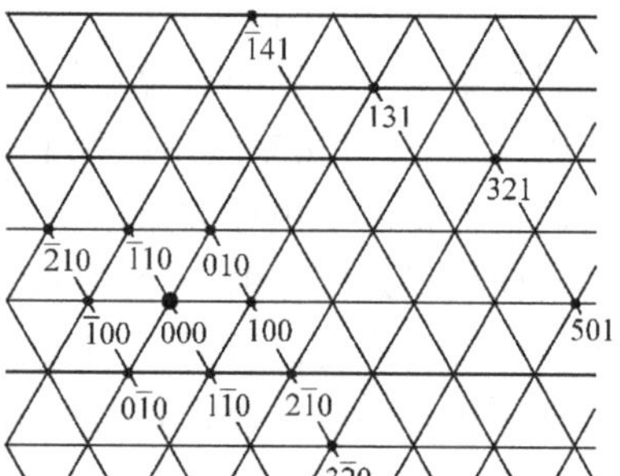

图 7.19　AlN 晶体的电子衍射图（***B***＝[001]）

2. 二次衍射

与 X 射线比较而言，原子对电子的散射作用是非常强烈的，衍射束的强度往往是相当强的，所以电子衍射必须考虑衍射波的再衍射。当衍射束在试样中传播时，如果它与某(hkl)晶面的夹角符合布拉格条件，又会发生衍射，我们把入射束的衍射称为一次衍射，把一次衍射束产生的衍射称为二次衍射，如图 7.20 所示。依此类推，还会有三次衍射等。

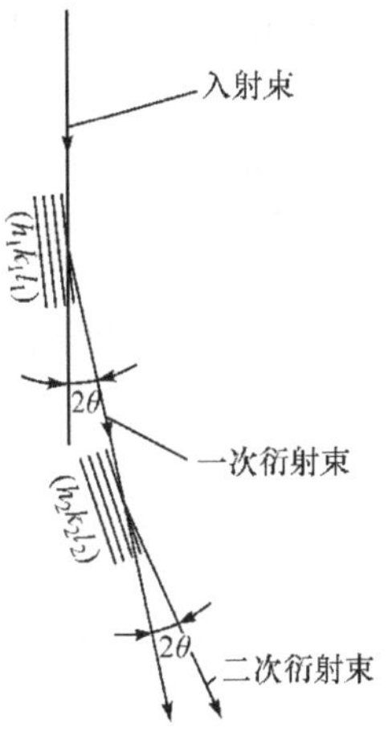

图 7.20　二次衍射示意图

透射电镜中，晶体衍射束的衍射角 2θ 只有 10^{-2} 弧度的数量级，所以，无论是入射束还是一次、二次衍射束，与反射晶面几乎都是平行的。一次衍射束实际上可以看成是另一个入射束，它与原始入射束的夹角为 2θ。在图 7.10 中，P_{hkl} 是入射束形成的衍射斑点(一次衍射)，也就是一次衍射束透射试样后的中心斑点。因此，二次衍射形成的衍射花样斑点和一次衍射花样是一样的，不同的仅仅是二次衍射的花样较一次衍射的花样平移了 $R_{hkl}=\overrightarrow{P_{000}P_{hkl}}$。如果一次衍射的花样是一个完整的二维网格，那么二次衍射的斑点全部落在一次花样的斑点上。但是，如果一次衍射的花样中的某些斑点由于结构消光而不显现，那么如果二次衍射的斑点落在这些一次衍射不显现的斑点位置，那么，这些斑点似乎成了额外斑点。

进一步说，形成任一个衍射斑点的比较强的衍射束，都可以再衍射而形成和一次衍射形成的衍射花样完全一样的二次衍射花样，不同的仅仅是该衍射斑点成为二次衍射图谱的中心斑点。

因为二次衍射的存在，实验获得的衍射图谱可能是好几张同样的衍射图谱的叠加。在这些衍射图谱之中，我们应该只研究其中的一张，因为额外斑点在 PDF 卡片中是找不到对应晶面的。

图 7.21 是 Zn 晶体的电子衍射图，其中“●”代表一次衍射斑点，“○”代表二次衍射

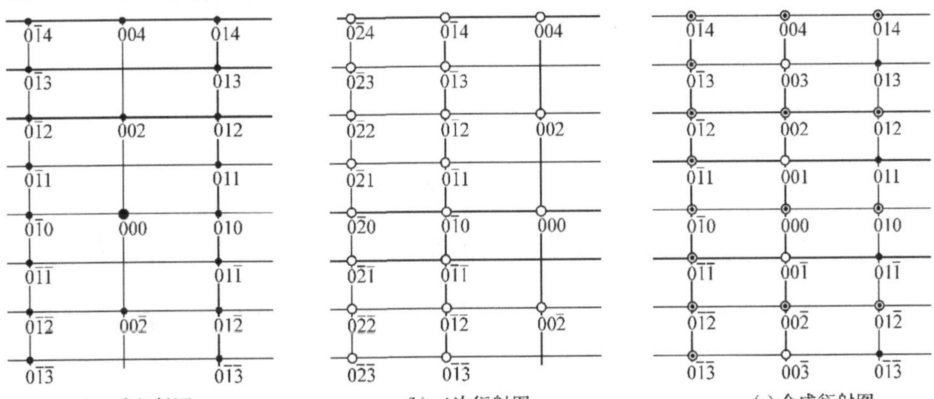

(a) 一次衍射图　(b) 二次衍射图　(c) 合成衍射图

图 7.21　Zn 晶体试样的电子衍射图谱($\boldsymbol{B}=[100]$)

斑点。在合成衍射图中，$(00\bar{3})$、$(00\bar{1})$、(001)、(003)就是额外斑点。

7.5.7　菊池衍射花样

如果试样晶体比较厚，试样内缺陷的密度较低，则在其衍射花样中，除了规则的斑点以外，还常出现一些亮、暗成对的平行线条，这就是菊池线或菊池衍射花样。菊池(S. Kikuchi)首先发现并对这种衍射现象作了定性的解释，因此命名。典型的菊池衍射花样如图 7.22 所示。

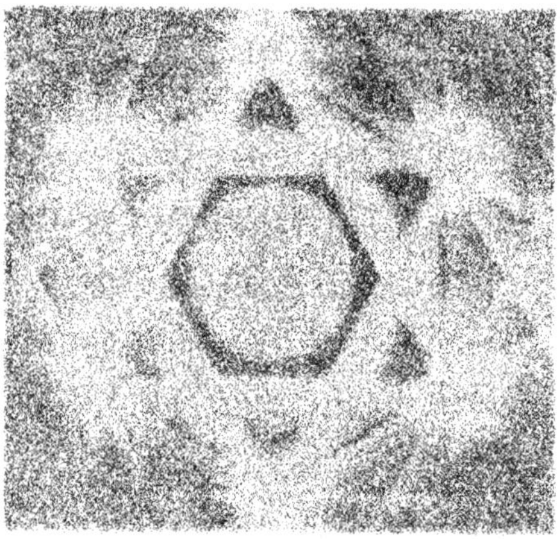

图 7.22　铝薄膜的菊池衍射花样

1. 菊池线的产生

入射电子最多只有一次散射的假设，仅限于十分薄的试样，否则，必须考虑散射波的再散射。菊池线是由经过非弹性散射失去很少能量的电子(如<50eV 时可以近似地认为其波长没有发生变化)随后又受到弹性散射而产生的。非弹性散射电子强度的角分布如图 7.23(a)所示，它是用极坐标表示的强度角分布曲线，散射角 β 越大，强度越低，所以衍射花样中背景总是中心较强，边缘较弱。由于非弹性散射电子波在符合布拉格条件的情况下，它们可以再次发生相干散射。如图 7.23(b)所示，如果在 OP 方向上传播的非弹性散射波(散射角为 β_2，强度为 $I_{\beta 2}$)恰与$(\bar{h}\bar{k}\bar{l})$晶面交成布拉格角 θ，则其衍射波方

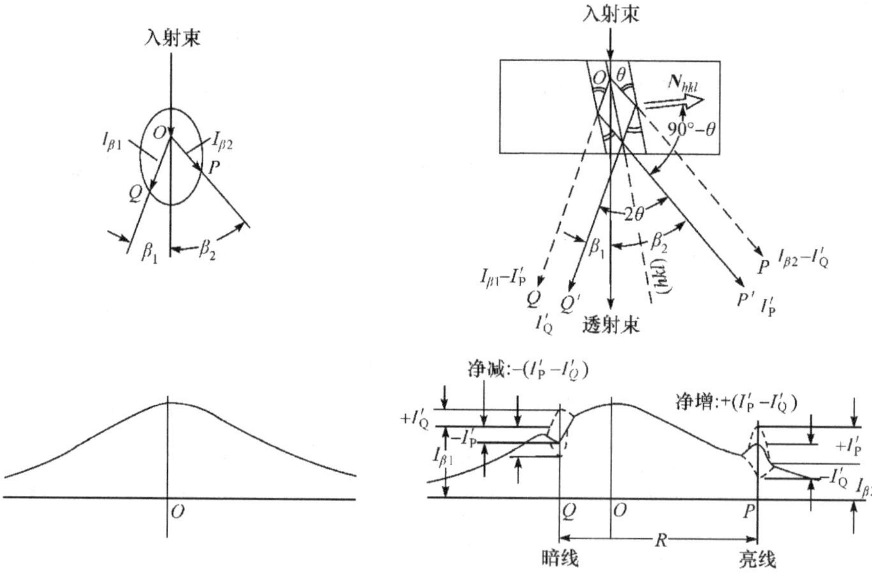

(a) 非弹性散射电子的强度角分布　　(b) 菊池衍射引起的背景强度变化

图 7.23　菊池线产生的几何描述

向为 OQ'；同时，在与 OQ' 平行的 OQ 方向上的非弹性散射波（散射角为 β_1，强度为 $I_{\beta1}$）必然被晶面（hkl）衍射，衍射方向 OP' 也必平行于 OP。在图示的晶体位向下，$\beta_2>\beta_1$，所以 $I_{\beta2}<I_{\beta1}$；相应的 $I'_P<I'_Q$。这样一来，在 OP 方向传播的非弹性散射波原来的强度为 $I_{\beta2}$，由于（$\bar{h}\bar{k}\bar{l}$）晶面的衍射损失了 I'_Q，却又因（hkl）晶面的衍射而补充了 I'_P，使相应于 OP 方向的花样背景强度净增（$I'_P-I'_Q$）；反之，在 OQ 方向上的背景强度则净减（$I'_P-I'_Q$）。前已指出，非弹性散射波在空间所有方向上传播，所以由此产生的（hkl）和（$\bar{h}\bar{k}\bar{l}$）晶面衍射波将分别构成以它们的法线 N_{hkl} 和 $N_{\bar{h}\bar{k}\bar{l}}$ 为轴、半顶角为（$90°-\theta$）的圆锥面。从图 7.24 可见，这两个圆锥面与底版的交线是成对的双曲线，P 为亮线，Q 为暗线。由于试样至底版的距离（相机长度 L 很大），故交线实际上是一对平行的亮、暗直线，这就是菊池衍射花样的由来。

2. 菊池线的几何特征

由图 7.24 看到，菊池线对的间距 $R=L\cdot 2\theta$，由于非弹性散射过程中波长的变化不大，所以衍射角 $\theta=\arcsin(\lambda/2d)$ 也没有多大变化。于是，菊池线对的间距 R 实际上等于相应衍射斑点（hkl）或（$\bar{h}\bar{k}\bar{l}$）至中心斑点的距离 R_{hkl}，线对的公垂线也与 $\boldsymbol{R}_{hkl}$ 平行。同时，菊池线对的中线，即为（hkl）晶面与底版的交线（花样中不会显示）。由此可见，菊池花样的指数化方法完全相同于单晶斑点花样，如果已知相机常数 $L\lambda$，也可以由线对距离 R 计算晶面间距 d_{hkl}。

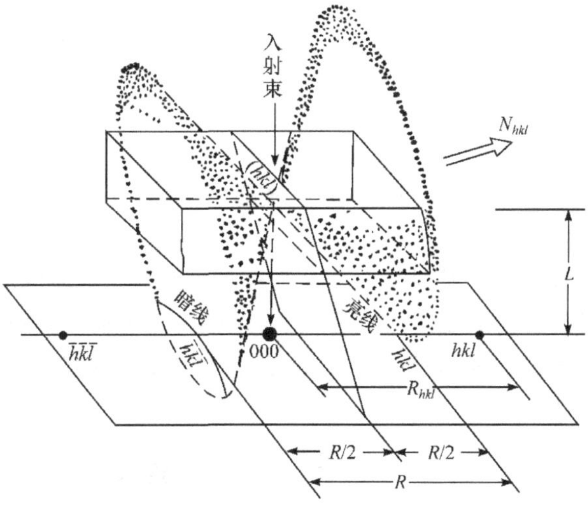

图 7.24　菊池线对的几何特征

菊池衍射花样最重要的几何性质是其线对位置十分灵敏地随晶体的位向而变化。菊池线对正好对称地分布在反射晶面的两侧，这一特征位置能直观地告诉我们晶面（hkl）的位置，从而在操作电镜时有助于我们迅速而准确地把晶体试样转到所需要的取向。因为 $\boldsymbol{B}$ 和[uvw]在一定范围以内的偏离并不引起花样中斑点位置的明显变化，所以在精确确定晶体取向时，常用菊池线花样而不用衍射斑点。实际上，用斑点确定晶体取向，误差约在 3°～5°，而用菊池线确定晶体取向，误差为 0.1°，而可见两者相差很大。

3. 菊池线的标定

首先，量出每对菊池线的距离和两两之间的夹角。然后用标定衍射花样的方法确定每对菊池线的晶面指数，如图 7.25 所示。一般是先确定一个面的指数，根据第二个面与第一个面的夹角确定第二个面的指数，再根据第三个面与前两个面的夹角确定第三个面的指数。要求做到三个夹角都吻合。显然，这种标定方法需要三对菊池线。如果菊池线在两对以下，则需要结合衍射斑点来进行标定。

面指数标定之后，可以用晶带定律确定三个菊池极的指数。菊池极是指两对菊池线的中线的交点。我们知道，菊池线的中线是对应的晶面的面痕，所以菊池极是两个面的交线与底片的交点，也就是这两个面所属晶带的晶带轴与底片的交点。作为例子，图 7.25 给出最后的标定结果。

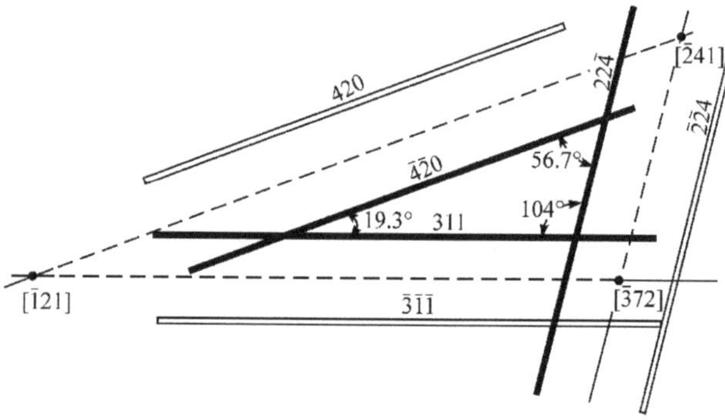

图 7.25　菊池衍射谱的标定

7.6　透射电子显微图像分析

电镜图像的衬度取决于投射到荧光屏或照相底片上不同区域的电子强度差别。显微图像是依靠衬度来反映物的形貌或构造的。像有衬度，说明物在微观领域中是不均匀的。造成像的衬度的原因比较复杂，分析像的衬度是电子显微分析的主要内容。本节讨论显微图像衬度的形成原理。

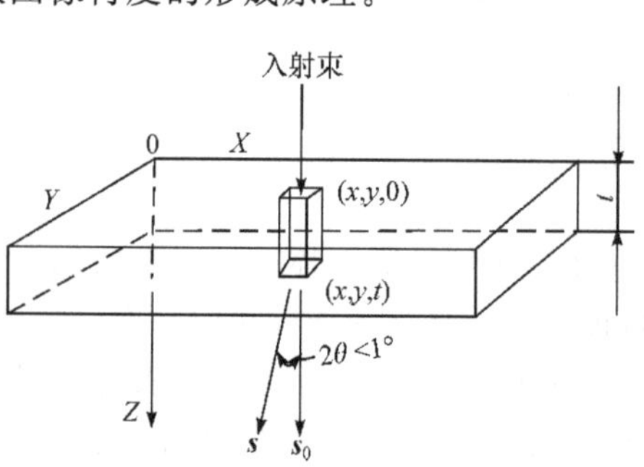

图 7.26　柱体近似

7.6.1　柱体近似

用网格划分薄膜试样，则像平面上出现对应的放大的网格像。于是，试样看成是由许多柱体排列形成的，如图 7.26 所示。一个柱体为一个物点，每个物点在像平面上产生对应的像点(严格地说是像斑)。来自一个柱体的透射波或散射波，在像平面上复合而构成像点的亮度。柱体近似是一种很实用的计算有关像点的强度方法。

考虑到入射束不一定垂直于试样平面，故设柱体的长轴平行入射方向。此外，网格的划分应与显微镜的分辨率相当，网格的划分太粗，像点的强度计算的分辨率太差；网格的划分太细，像点不可能有足够的分辨率。典型的正方网格边长 δ 为几个纳米。

使用柱体近似的前提是各个柱体的弹性散射波最终会聚到各自相应的像点，互相不会干扰。电子显微镜只允许小孔径成像，而且要求薄试样，所以提供了实现柱体近似的可能。例如，对厚度 $t=1000\text{Å}$ 的薄膜，入射电子在试样的上表面产生 $2\theta=10^{-2}\text{rad}$ 的散射电子，到达底表面时只与透射束相距 10Å 左右，说明大部分散射电子始终在柱体中传播，没有离开柱体。据此，对位于试样前方的观察者而言，来自一个柱体的散射波等于该柱体所有散射单元的散射波(强度或振幅)之和，并不受其他柱体的散射波的影响。

在非晶体试样中，原子是不规则排列的，而晶体试样中原子是规则排列的，因此在两种试样情况下，每个柱体激发的散射波最终会聚成像点的电子强度的计算是不一样的。一般来说，电子波透过晶体试样后出来的是透射束以及一些分立的衍射束，而透过非晶体试样后出来的则是透射束以及在空间方向上连续分布的散射波。

7.6.2　非晶体试样质厚衬度成像原理

显微镜成像操作时，入射电子束穿过试样时可能被散射，当电子的散射角 2θ 大于某个临界角 $2\theta_0$ 时，该电子便不能通过物镜光阑，因此只有散射角小于 $2\theta_0$ 的电子参与成像。由于透过试样不同区域的电子束强度不同，在荧光屏或照相底版上就呈现图像衬度。电子束强度差别越大，图像衬度就越好。复型试样成像原理如图 7.27 所示。显然，这种像称为明场像，只有透射波(以及小角度散射波)参与成像。

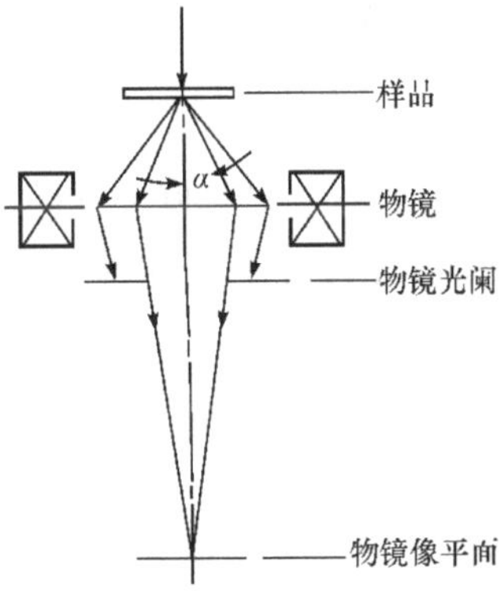

图 7.27　复型试样成像示意图

如果用一个小圆片挡掉透射束，只让散射波通过参与成像，就是暗场像。在透射电镜复型成像中一般不选用暗场成像，因为它无法满足小孔径成像的条件。

7.6.3　复型成像的衬度

电子波遭遇一个原子被散射。设电子入射波强度为 I_0，那么，由式(1.134)可知，在 2θ 方向上距离原子 R 处的散射波强度为

$$I_a=I_0\frac{m_e^4c^4r_e^2}{4h^4R^2}\left(\frac{\lambda}{\sin\theta}\right)^4(Z-f_0)^2 \tag{7.11}$$

式中，h 为普朗克常量；c 为光速；m_e 为电子质量；r_e 为电子的经典半径；λ 为入射电子波波长；Z 为原子序数；f_0 为原子散射因子。单位时间内，散射电子在 $2\theta_0 \to 2\theta_0+d(2\theta)$ 范围内的电子数应该等于 $2\pi R^2 I_a\sin(2\theta)d(2\theta)$。所以，单位时间内，大于 $2\theta_0$ 的散射电子数可以表示成

$$4\pi R^2\int_{\theta_0}^{\pi/2} I_a \sin(2\theta)\mathrm{d}\theta = I_0 \frac{2\pi m_e^4 c^4 \lambda^4 r_e^2}{h^4}\int_{\theta_0}^{\pi/2} \frac{\cos\theta}{\sin^3\theta}(Z - f_0)^2 \mathrm{d}\theta \tag{7.12}$$

对于单元素物质而言，设相对原子质量用 A 表示，阿伏伽德罗常量用 N_A 表示，则单位质量物质的原子数等于 N_A/A。于是，若入射波强度 $I_0=1$，那么单位时间内单位质量物质所散射的散射角大于 $2\theta_0$ 的电子数，即

$$Q = \frac{2\pi m_e^4 c^4 \lambda^4 r_e^2 N_A}{h^4 A}\int_{\theta_0}^{\pi/2} \frac{\cos\theta}{\sin^3\theta}(Z - f_0)^2 \mathrm{d}\theta \tag{7.13}$$

此式说明，在物质组成和临界散射角 $2\theta_0$ 确定的条件下，Q 是常数。由于 $Z/A\approx 1/2$，故 Q 值主要取决于原子序数 Z 和临界散射角 $2\theta_0$。

如果试样中柱体的截面积为 δ^2，高度为 t，质量密度为 ρ，那么柱体在单位时间内将接收 $I_0\delta^2$ 个电子的入射，其中散射角大于 $2\theta_0$ 的电子数等于 $I_0\delta^2 Q\rho t$；于是，散射角小于 $2\theta_0$ 电子数等于 $I_0\delta^2(1-Q\rho t)$。

设像的放大倍数为 M，面积为 δ^2 的物点被放大成 $(M\delta)^2$ 的面积，于是，该柱体的相应的像的强度为

$$I=\frac{I_0\delta^2(1-Q\rho t)}{\delta^2 M^2}=\frac{I_0}{M^2}(1-Q\rho t) \tag{7.14}$$

定义 ρt 为质量厚度，以 g/cm^2 为单位。式(7.14)说明，像的强度与试样的质量厚度有关，质量厚度越大，相应像的强度越低。令

$$(\rho t)_c=\frac{1}{Q} \tag{7.15}$$

称为临界质量厚度。据式(7.13)可知，试样的$(\rho t)_c$ 值与电子波波长的四次方成反比。图 7.28 所示为不同元素试样的$(\rho t)_c$ 值与入射电子能量的关系。

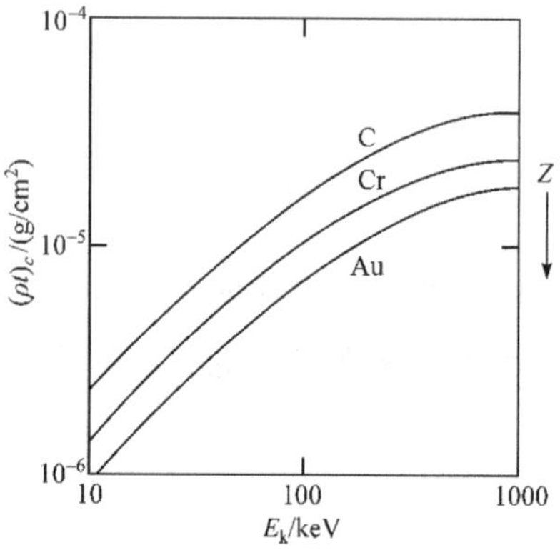

图 7.28　临界质量厚度与入射电子能量的关系

运动学理论假定入射电子在试样内因散射导致的强度衰减可以忽略，而且最多受到一次散射，这意味着为 $Q\rho t\ll 1$。至于试样足够薄的意义，可以理解为 $\rho t\ll(\rho t)_c$。通常认为，这时的试样对电子束是透明的。

根据式(6.1)给出的衬度公式，入射电子束覆盖由同种物质组成的试样 A、B 区域所得到的显微像的衬度：

$$\frac{\Delta I_B}{I_A}=\frac{I_B}{I_A}-1=\frac{Q\cdot[(\rho t)_A-(\rho t)_B]}{1-Q\rho_A t_A} \tag{7.16}$$

对于薄试样，上式可简化成

$$\frac{\Delta I_B}{I_A}\approx Q\cdot[(\rho t)_A-(\rho t)_B] \tag{7.17}$$

复型各部位的质量厚度不同，会形成图像衬度，这种衬度称为质量厚度衬度，简称质厚衬度。复型相邻区域的厚度差别越大，图像衬度就越好。制作复型时采用重金属投影，相邻区域质量厚度的差别增大，可增加图像衬度。

透射显微镜成像，是两次衍射成像。因此，弹性散射是透射电子显微镜成像的基础，而非弹性散射引起的色差将使背景强度增高，图像衬度降低。

7.6.4 复型浮雕图像分析

由上所述，质厚衬度理论是建立在非晶体试样中原子对入射电子的散射和透射电镜小孔径角成像的基础上的，也就是说，利用复型膜上不同区域质量厚度的差别，使进入物镜光阑并聚焦于像平面的散射电子强度不同，而产生了图像的反差。由此，可解释复型电子显微镜图像的衬度。为正确识别和分析复型图像，必须了解金相试样、复型和图像三者间的对应关系。至于复型图像的衬度特点与金相试样表面浮雕的凹凸关系，取决于复型类型和制备方法。图7.29是几种典型的表面形貌及其复型的显微图像。

为了改善复型电镜图像的衬度和立体感，一般都在复型上蒸发投影重金属。由于“投影”是在负复型上进行的，图像上的“影子”所反映的凹凸情况恰与试样表面相反。所以，在利用复型图像判断原始浮雕凹凸时，首先必须正确辨认投影方向。一般顺图像投影方向往前看，如果某相投影“影子”位于相轮廓线之前，则该相在金相试样上是凸出的，如图7.29(a)、(c)所示；如果“影子”位于相轮廓线之后，则该相在金相试样上是凹进的，如图7.29(b)、(d) 所示。

金相试样表面浮雕主要取决于试样的成分、组织和浸蚀规范等。例如，钢试样中的碳化物相的硬度较高，一般的浸蚀剂对其作用甚微；而铁素体或奥氏体相则较软，也易被浸蚀，因此，钢试样在抛光并浸蚀后，碳化物相呈现凸起于铁素体或奥氏体相之上的浮雕特征。马氏体相由于高的过饱和度，对浸蚀剂的反应比较激烈，故其表面往往呈现许多细小的麻点。相界面自由能较高，更容易被浸蚀，常出现过浸蚀凹槽或沟，如图7.29(e)所示。总之，由于不同的相组成具有不同的浮雕特征，故可由复型图像来分析相的形貌。

7.6.5 电镜放大倍数与点分辨本领的测定

标定仪器放大倍数最常用的方法是用光栅复型作为标样，在一定的条件(加速电压，透镜电流等)下拍摄标样的放大像，然后从底片上测量光栅条纹像的平均间距，与实际光栅条纹间距之比即为仪器在相应条件下的放大倍数。

取铂、铂-铱或铂-钯等金属，用真空蒸发的方法可以得到粒度5～10Å、间距2～10Å的粒子，使其均匀地分布在支持膜上，在高放大倍数下拍摄这些粒子的像。从照片上找出粒子间最小间距，除以总放大倍数，即为该条件下电子显微镜的点分辨本领。

7.6.6 晶体试样衍射衬度成像原理

晶体薄膜试样广泛地应用到材料科学的各个领域，尤其在金属物理的理论研究中，它能观察金属内部结构和晶体缺陷，并对同一微区进行显微成像与电子衍射研究。

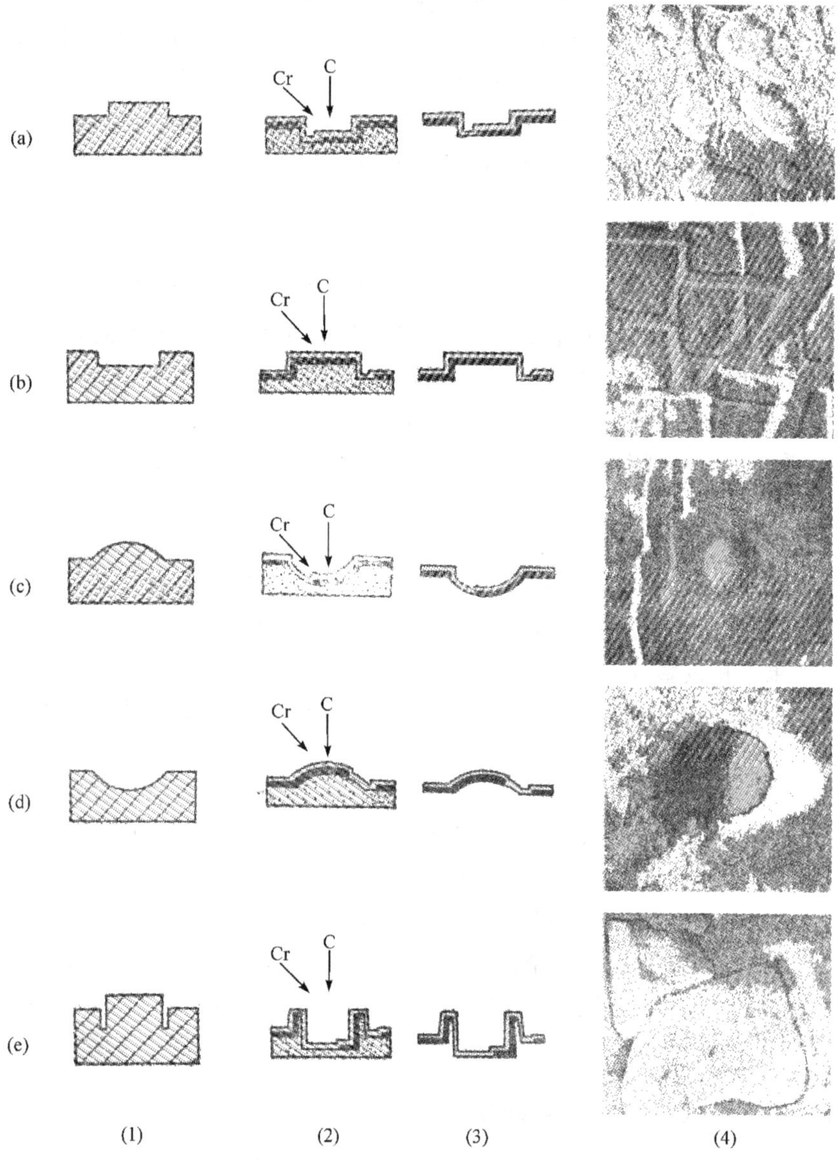

图 7.29　金相试样表面形貌(1)，相应的塑料-碳二级复型(2)、(3)，以及相应的电子显微图像(4)

复型试样是依据质厚衬度的原理成像的。可是，由于晶体薄膜试样的厚度在有限的视域范围内大致均匀(除了穿孔边缘等极少情况外)，平均原子序数也没有太大差别，薄膜上不同部位对电子的散射或吸收作用将大致相同。所以，这种试样不可能获得满意的质厚衬度。更重要的是，质厚衬度主要反映的是试样的形貌特征，而不能显示试样内与晶体学特性有关的信息。

晶体薄膜的衍射衬度成像(简称衍衬成像)是透射电镜的另一种图像显示方式。衍衬成像是由于试样上不同部位的结构或位向不同引起的衍射强度的差异而形成的图像。

如图 7.30 所示是金属薄膜试样的显微图像。试样中晶粒之间的唯一差别在于它们的晶体学位向不同。在入射电子束照射下，某些晶粒中有一个或若干个晶面可以产生衍射波。而另一些晶粒中没有晶面能够产生衍射波。如果使用物镜光阑把所有的衍射束都挡住，只让透射束通过成像，那么，有衍射晶粒的和无衍射晶粒的像亮度将有不同，形成衍射衬度。

图 7.30　位向不同的晶粒引起的衍衬效应

图 7.31 表示铝薄膜晶体呈碟形弹性形变所产生的衍射衬度图像。设试样上 O 点处的晶面(hkl)位向与入射束平行，其两侧晶面向相反方向发生转动，离开 O 点的距离越大，晶面与入射束夹角越大。如果在 A_1、B_1 处的(hkl)晶面与入射方向夹角为 θ_{hkl}；在 A_2、B_2 处的$(2h, 2k, 2l)$晶面与入射方向夹角为 $2\theta_{hkl}$，那么，这些位置的柱体就会因符合布拉格条件而产生较强的衍射线，通过这些柱体的透射束强度将明显减弱。于是，只要物镜光阑把这些衍射束挡住，在显微图像明亮的背景上，将有相间的暗条纹出现，或称消光条纹。同一消光条纹所对应的试样区域中的晶面具有相同的位向（与入射束方向的夹角相同），所以这种衬度特征也称为等倾条纹。如果倾动试样台，晶面的位向将发生变化，消光条纹的位置跟着改变，在荧光屏上大幅度地扫动。

图 7.31 是在接近对称入射的条件下得到的明场图像，条纹呈暗线。因为同一晶带中有许多晶面发生较强的衍射，所以相应的等倾条纹也呈明显的对称分布。

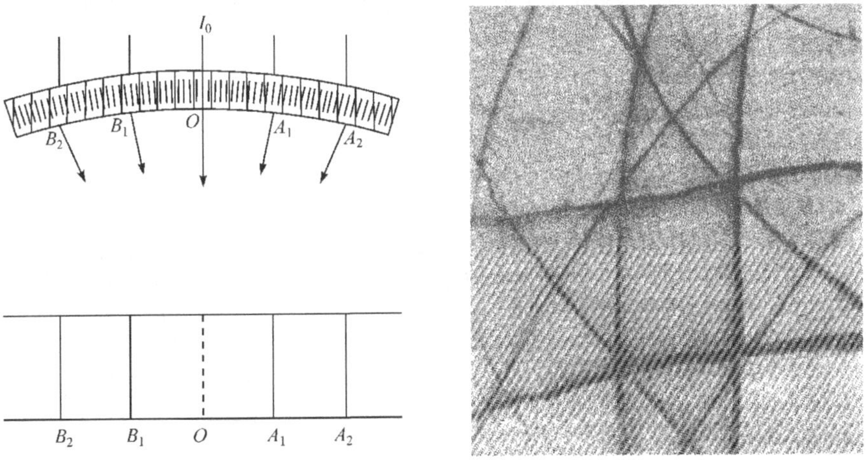

(a) 弯曲消光条纹的产生　　(b) 铝薄膜(碟形弯曲形变)的明场像

图 7.31　晶体试样弯曲形变导致的消光条纹

7.6.7　双光束条件

透射电镜对晶体试样进行显微成像操作时，除了透射束外，还可能有若干条的衍射束。使用小孔径的物镜光阑，可以允许透射束通过得到明场像，也可以允许某条衍射束通过而得到暗场像。

为了进一步简化衍衬图像衬度的计算，下面将仅限于在双光束条件下进行讨论。也就是说，试样在入射电子束的照射下，产生且只产生一条衍射束。对一个柱体而言，在双光束条件下，可以近似地认为，电子束入射一个柱体的顶部，该柱体底部射出的是一条透射束和一条衍射束。因为只有双光束，而又不考虑其他强度衰减，故衍射束强度和透射束强度是互补的，就是说，设入射电子波强度为 I_0，衍射束的强度 I_g，则透射束强度为 I_0-I_g。

设想薄膜试样内有两个晶粒 A 和 B，调整试样位向，使电子波沿试样中 B 晶粒的 [*uvw*] 入射，衍射图像将是 [*uvw*] 所属晶面反射形成的一些对称的衍射斑点，若稍稍转动试样，可以做到使其中某一个衍射斑点的强度增大，而其他的衍射斑点都消失，这时，就可以认为实现了“双光束条件”，因为此时只有一条衍射束和一条透射束。如果这两条光束都通过透镜参与成像，很明显，像几乎无衬度。如果把衍射束挡住，只让透射束通过，可得到试样的明场像(BF)；反之，如果把透射束挡住，只让衍射束通过，可得到试样的暗场像(DF)。

1. 明场像

调整物镜光阑的位置，使其光孔套住透射斑点而把衍射束挡掉，只让 A 晶粒和 B 晶粒的透射束通过成像，如图 7.32(a)所示。A 晶粒中没有满足布拉格方程的晶面，故衍射束强度可视为 0，这样，如果不考虑电子的吸收效应，通过 A 晶粒的透射束强度近似等于入射束强度 I_0，即 $I_A\approx I_0$，$I_B\approx I_0-I_{hkl}$。于是，在荧光屏上显示的 B 晶粒较暗而 A 晶粒较亮。如果以未发生强烈衍射的 A 晶粒的像的亮度 I_A 作为图像的背景强度，则 B 晶粒的像的衬度为

$$\frac{\Delta I_B}{I_A}=\frac{I_B-I_A}{I_A}=\frac{I_{hkl}}{I_0} \tag{7.18}$$

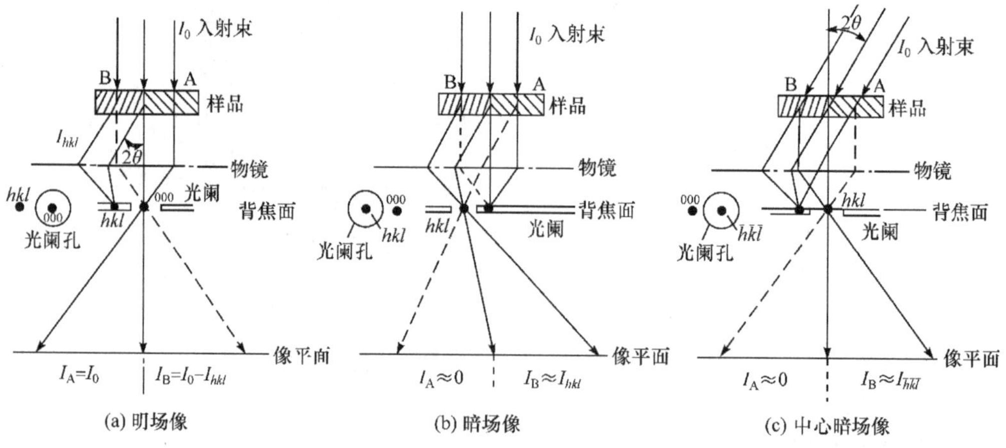

图 7.32　双光束条件下的衍射衬度像

2. 暗场像与中心暗场像

如果把物镜光阑的位置移动一下，使其光孔套住 hkl 斑点而把透射束挡掉，可以得到暗场像，如图 7.32(b)所示。但是，由于此时用于成像的是离轴光线，所得的图像质量不高，有较严重的像差。习惯上常以另一方式产生暗场像，即把入射电子束方向倾斜 2θ 角度(通过照明系统的倾斜来实现)，使 B 晶粒的($\bar{h}\bar{k}\bar{l}$)晶面处于强烈衍射的位向，而物镜光阑仍在光轴位置，此时只有 B 晶粒的($\bar{h}\bar{k}\bar{l}$)衍射束正好通过光阑孔，而透射束被挡掉，如图 7.32(c)所示，称为中心暗场(CDF)方法，所成的像称为中心暗场像。B 晶粒的像亮度为 $I_B = I_{\bar{h}\bar{k}\bar{l}}$，A 晶粒由于没有参与衍射，像亮度几乎近似于零，图像的衬度特征与明场像相反，B 晶粒较亮而 A 晶粒很暗。显然，暗场像的衬度将明显地高于明场像。因此，中心暗场方法是一种十分常用的技术。

不难看到，欲使薄晶体通过衍射衬度原理成像，电镜必须具备如下一些操作条件：

(1) 必须有一个孔径足够小的物镜光阑(如直径为 20～30μm)。

(2) 试样台必须在适当的角度范围以内可以任意地倾斜，以便利用晶体位向的变化选择适于成像的入射条件。

(3) 电子显微镜应有方便的选区衍射装置，以便随时观察和记录衍射花样，选择用以成像的衍射束(或透射束)。

(4) 必须有可以倾斜的照明系统，目前大都采用电磁偏转系统来实现。

衍衬理论是电子衍射强度理论在晶体试样电子显微分析中的直接应用。因为衍衬图像(不管是明场还是暗场)的衬度是由试样不同部位衍射束强度的差别所产生的，为了预示并解释图像的衬度特征，需要考虑晶体的成分、厚度、位向、相组成以及缺陷等对衍射强度的影响，这就是衍衬理论的任务。

7.6.8 理想晶体的衍射强度

现有厚度为 t 的理想晶体。根据柱体近似，可以分别计算各柱体在衍射方向 $\boldsymbol{s}$ 上的衍射束强度 $I_g(x,y,t)$，从而可得该柱体所产生像点的强度。

柱体为平行六面体，其底面与试样表面平行。入射电子通过该柱体时，其中(hkl)晶面产生反射束。假如(hkl)面处在满足布拉格方程的理想位置，那么，所有晶胞在(hkl)反射方向上的衍射波都是同位相的，故衍射斑有最大的强度。假如(hkl)面偏离理想位置 $\Delta\phi$，那么，柱体中的所有晶胞产生的散射波到达衍射斑点时的合成振幅将会下降。

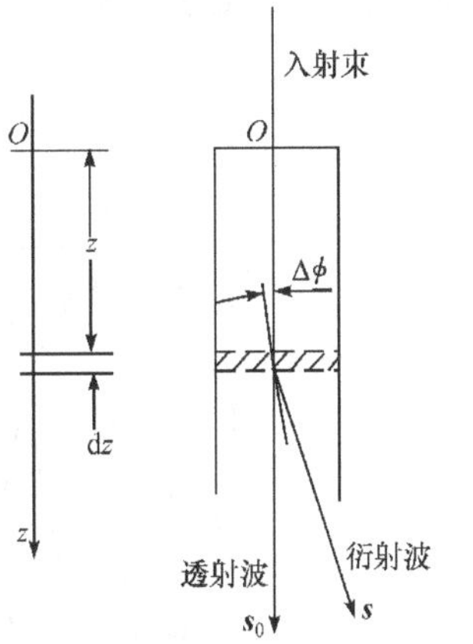

图 7.33　晶体柱的衍射强度

如图 7.33 所示，设柱体顶部为原点 O，若晶胞层之间的平移矢量用 $\boldsymbol{a}'$表示，则第 n 层晶胞的位置表示为

$$\boldsymbol{r}_n = n\boldsymbol{a}' \tag{7.19}$$

设单位长度的柱体有 m 个晶胞，则柱体中每层的晶胞数为 ma'；电子波沿柱体入射，方向用 $\boldsymbol{s}_0$ 表示，若顶部晶胞层散射波振幅表示为 $\psi_c ma' \mathrm{e}^{-i\cdot 0}$，则整个柱体 N 层晶胞在衍

射方向 $\boldsymbol{s}$ 上的散射波振幅表示为

$$\psi_g = \psi_c m a' \sum_{n=0}^{N_1-1} e^{-2\pi i \cdot \boldsymbol{r}_n \cdot \frac{\boldsymbol{s}-\boldsymbol{s}_0}{\lambda}} = \psi_c m a' \sum_{n=0}^{N_1-1} e^{-2\pi i \cdot n\xi} \tag{7.20}$$

参见式(2.48)，有

$$\xi = \frac{2a'\sin\theta_B}{\lambda}\Delta\phi_1 \approx \frac{a'}{d}\Delta\phi_1 \tag{7.21}$$

代入式(7.20)，因为 $t=N_1\boldsymbol{a}'$，并考虑到 $\Delta\phi_1$ 很小，于是

$$|\psi_g| = \left|\psi_c m a' \frac{\sin\pi N_1\xi}{\sin\pi\xi}\right| = \left|\psi_c \frac{md}{\pi\Delta\phi_1}\sin\left(\frac{\pi t\Delta\phi_1}{d}\right)\right| \tag{7.22}$$

一个柱体在衍射方向 $\boldsymbol{s}$ 上的衍射强度表示为

$$I_g = I_c\left(\frac{md}{\pi\Delta\phi_1}\right)^2 \sin^2\left(\frac{\pi t\Delta\phi_1}{d}\right) \tag{7.23}$$

这个结果表明，理想晶体的衍射强度 I_g 随试样的厚度 t 变化，并与反射面偏离理想位置的程度 $\Delta\phi_1$ 有关。

1. 楔形边缘的等厚消光条纹

如果晶体保持在确定的位向，则反射面偏离理想位置的参量 $\Delta\phi_1$ 保持恒定。I_g 随晶体厚度 t 变化将发生周期性的变化，周期为 $d/\Delta\phi_1$。当 t 等于 $d/\Delta\phi_1$ 整数倍的情况下，I_g 等于零，即出现消光现象。

楔形边缘(如薄膜穿孔处附近)厚度是连续变化的，因而其图像中出现大体上平行于薄膜边缘的亮暗条纹。同一亮线或暗线所对应的试样位置具有相同的厚度，所以这种衬度特征也称为等厚条纹，如图 7.34(a)所示。图 7.34(b)是铝薄膜的楔形边缘所产生的厚度消光条纹，根据穿孔部分为亮区这一特点不难推断，这是一幅明场像。

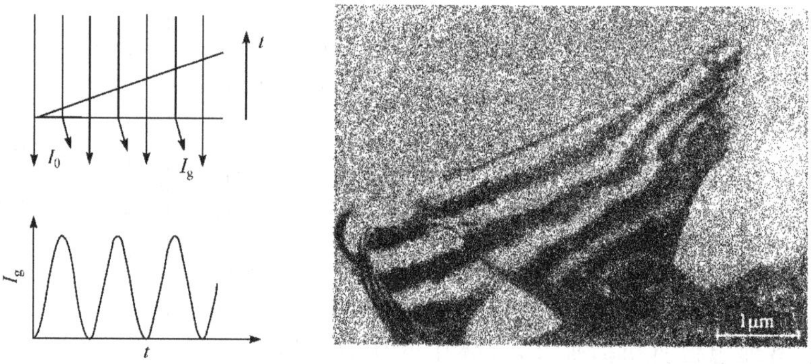

(a) 等厚条纹的产生　　(b) 铝薄膜边缘的明场像

图 7.34　弯曲消光条纹的运动学解释及实例

2. 倾斜晶界的厚度消光条纹

当晶界、孪晶界以及相界面倾斜于薄膜表面时，衍衬像中常出现类似楔形晶体边缘的

厚度消光条纹。这类界面两边的晶体位向不同，当一边的晶体发生强烈衍射时，另一边的晶体不大可能同样满足衍射条件，它们衍射强度可视为零。这样，如果不考虑吸收衰减，不发生强烈衍射的那一部分晶体就好比是一个空洞，而发生衍射的晶体在界面处似乎成了一个楔形的边缘。

7.6.9　缺陷晶体的衍射强度

与理想晶体相比，不论是何种类型缺陷的存在，都会引起缺陷附近某个区域内点阵发生畸变，如果仍然采用柱体近似的方法，则相应的晶体柱也将发生某种畸变，如图 7.35 所示。设某个柱体内深度第 n 层晶胞因受缺陷的影响发生位移 $\boldsymbol{\varepsilon}_n$，其坐标矢量由理想位置的 $\boldsymbol{r}_n = n\boldsymbol{a}'$ 变为

$$\boldsymbol{r}_n = n\boldsymbol{a}' + \boldsymbol{\varepsilon}_n \tag{7.24}$$

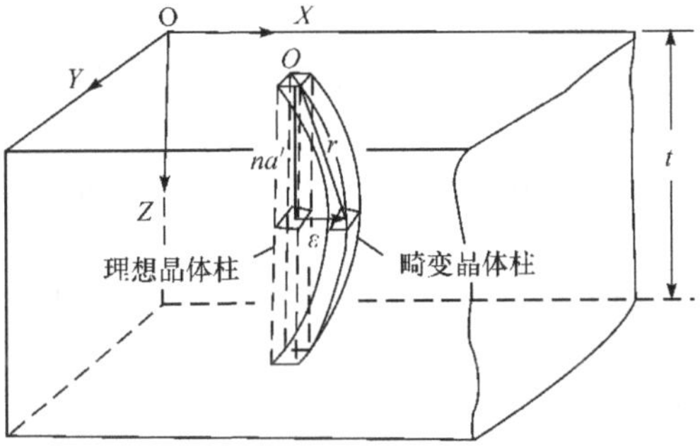

图 7.35　r 处晶胞因受缺陷的影响发生位移 s

显然，对这个确定的柱体，$\boldsymbol{\varepsilon}$ 仅是深度 z 的函数。在一般情况下，$\boldsymbol{\varepsilon}$ 与柱体的位置有关，所以也是参变量(x,y)的函数。至于 $\boldsymbol{\varepsilon}(x,y,z)$的具体形式，因缺陷的类型而异。

于是，该柱体总共 N_1 层晶胞在衍射方向 $\boldsymbol{s}$ 上的衍射振幅

$$\psi_g = \psi_c m a' \sum_{n=0}^{N_1-1} e^{-2\pi i \cdot (n\boldsymbol{a}' + \varepsilon_n) \cdot \frac{\boldsymbol{s}-\boldsymbol{s}_0}{\lambda}} \tag{7.25}$$

令

$$\alpha = 2\pi \boldsymbol{\varepsilon}_n \cdot \frac{\boldsymbol{s} - \boldsymbol{s}_0}{\lambda} \tag{7.26}$$

于是

$$\psi_g = \psi_c m a' \sum_{n=0}^{N_1-1} e^{-i\alpha} e^{-2\pi i \cdot n\xi} \tag{7.27}$$

式(7.27)与理想晶体的式(7.20)比较，我们发现由于晶体的不完整性，衍射振幅的表达式中多出了 个附加的位相因子 $c^{-i\alpha}$。

一般地说，附加位相因子 $e^{-i\alpha}$ 的引入将使缺陷附近点阵发生畸变的区域(应变场)内的衍射强度有别于无缺陷的区域(理想晶体)，从而在衍衬图像中获得相应的衬度。

对于给定的缺陷，$\boldsymbol{\varepsilon}(x,y,z)$是确定的。矢量$(\boldsymbol{s}-\boldsymbol{s}_0)/\lambda$ 的大小等于衍射晶面晶面距的

倒数，方向即衍射晶面法线方向。因为 2θ 很小，$(\boldsymbol{s}-\boldsymbol{s}_0)/\lambda$ 实际上与衍射图像上的矢量 $\boldsymbol{R}$ 平行。

倾斜试样，选用不同的晶面成像，同一缺陷将出现不同的衬度特征。如果：

$$\boldsymbol{\varepsilon}_n \cdot \frac{\boldsymbol{s}-\boldsymbol{s}_0}{\lambda}=\frac{\boldsymbol{\varepsilon}_n \cdot \boldsymbol{n}_{hkl}}{d}=\text{整数} \tag{7.28}$$

则 $e^{-i\alpha}=1$，此时缺陷衬度将消失，即在图像中缺陷不可见。由式(7.28)所表达的不可见性判据，是缺陷的晶体学定量分析的重要依据和出发点。

7.6.10　堆积层错

堆积层错是最简单的平面型缺陷。层错发生在确定的晶面上，层错面上、下方分别是位向相同的两块理想晶体，但下方晶体相对于上方晶体存在一个恒定的位移 $\boldsymbol{\varepsilon}$。例如，在面心立方晶体中，层错面为{111}，其位移矢量 $\boldsymbol{\varepsilon}=\pm\frac{1}{3}\langle 111\rangle$ 或 $\boldsymbol{\varepsilon}=\pm\frac{1}{6}\langle 112\rangle$。$\boldsymbol{\varepsilon}=\frac{1}{3}\langle 111\rangle$ 表示下方晶体向上移动，相当于抽去一层{111}原子面；$\boldsymbol{\varepsilon}=-\frac{1}{3}\langle 111\rangle$ 相当于插入一层{111}面。$\boldsymbol{\varepsilon}=\pm\frac{1}{6}\langle 112\rangle$ 表示下方晶体沿层错面的切变位移。

1. 平行于薄膜表面的层错

设在厚度为 t 的薄膜内存在平行于表面的层错，层错面 CD 出现在 t_1 深处，即第 N_1 层晶胞处，如图 7.36(a)所示。对于无层错区域的柱体，衍射波振幅 ψ_g 由式(7.20)给出，而有层错的区域的柱体，衍射振幅 ψ'_g 表示为

$$\begin{aligned}\psi'_g &= \psi_c ma'\left[\sum_{n=0}^{N_1-1} e^{-2\pi i\cdot n\xi}+\sum_{n=n_1}^{N_1-1} e^{-i\alpha} e^{-2\pi i\cdot n\xi}\right]\\ &= \psi_c ma'\sum_{n=0}^{N_1-1} e^{-2\pi i\cdot n\xi}+(e^{-i\alpha}-1)\psi_c ma'\sum_{n=n_1}^{N_1-1} e^{-2\pi i\cdot n\xi}\end{aligned} \tag{7.29}$$

层错区域与无层错区域的衍射振幅之差等于$(\psi'_g-\psi_g)$，即

$$\psi'_g-\psi_g=(e^{-i\alpha}-1)\psi_c ma'\sum_{n=n_1}^{N_1-1} e^{-2\pi i\cdot n\xi}=(e^{-i\alpha}-1)\psi_c\frac{md}{\pi\Delta\phi}\sin\left(\frac{\pi t_1\Delta\phi}{d}\right) \tag{7.30}$$

显然，t_1 恰好等于 $d/\Delta\phi$ 的整数倍，或者位相因子 $e^{-i\alpha}$ 恰好等于 1 的情况是不多见的，说明在一般情况下 $\psi'_g-\psi_g\neq 0$，也就是说，衍衬图像中有层错区域与无层错区域的亮度是不同的，即构成了衬度。层错区域显示为均匀的亮区或暗区。作为一种特殊情况，如果 $e^{-i\alpha}=1$，即 $\boldsymbol{\varepsilon}$ 在 $\boldsymbol{R}$ 方向上的投影等于 d 的整数倍时，那么层错不可见。例如，对于 $\boldsymbol{\varepsilon}=\frac{1}{6}\langle 112\rangle$ 的层错，如果选用$(1\bar{1}0)$为衍射晶面，层错将不显示衬度。

2. 倾斜于薄膜表面的层错

薄膜内存在倾斜于表面的层错，它与上下表面的交线分别为 T 和 B，如图 7.36(b)所示。此时，层错区域和无层错区域的衍射振幅之差仍由式(7.30)表示。

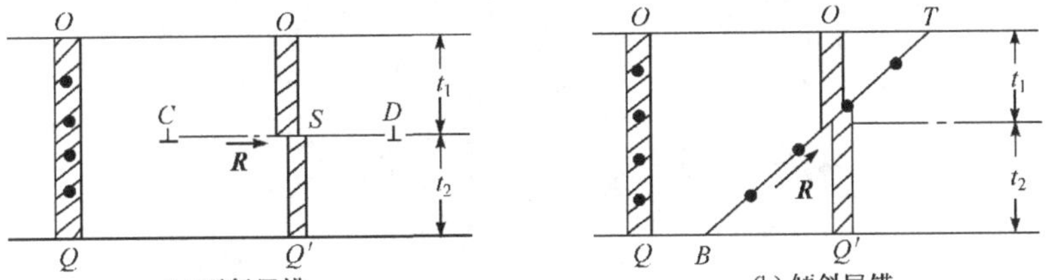

图 7.36　堆积层错的衬度来源

在层错区域内的不同位置，晶体柱内的层错面以上部分厚度 t_1 将是逐点变化的。只有当 t_1 等于 $d/\Delta\phi$ 的整数倍时，才有 $\psi'_g=\psi_g$；否则，$\psi'_g\neq\psi_g$。基于上述分析，我们知道，倾斜于薄膜表面的堆积层错与其他的倾斜界面相似，显示为平行于层错与上、下表面交线的亮暗条纹，其周期也为 $d/\Delta\phi$。

如图 7.37 所示不锈钢中堆积层错的衍衬图像，与上述理论的预示基本一致。由于层错面是严格的晶面，所以条纹十分规则、平行。如果有系统地倾斜试样台，选用特定的衍射晶面成像，通过式(7.28)的不可见性判据，可以测定层错面的晶面指数及其位移矢量 $\boldsymbol{\varepsilon}$，从而确定层错缺陷的晶体学特性。

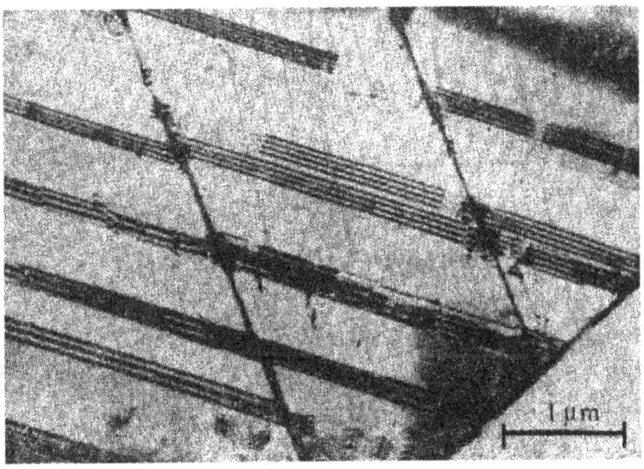

图 7.37　不锈钢低温形变产生的堆积层错

7.6.11　位错

位错线附近的点阵发生畸变，引起在它附近的某些晶面发生一定程度的局部转动，位错线两边晶面的转动方向相反，且离位错线越远转动量越小。如果采用这些畸变的晶面作为操作反射，则衍射强度将受到影响，产生衬度。如图 7.38 所示的位错线图像。

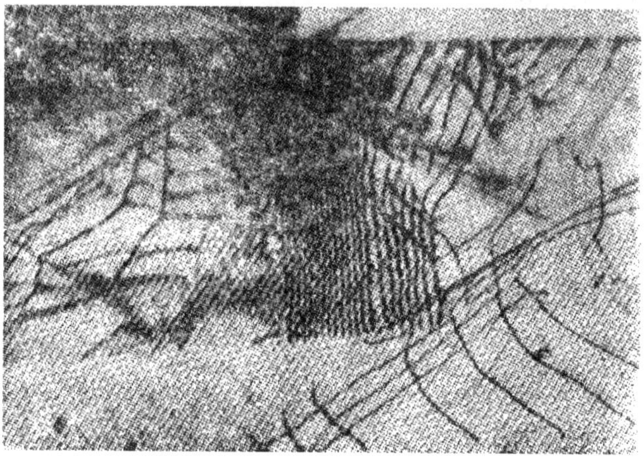

图 7.38　不锈钢中的位错线明场像(27500×)

如图 7.39(a)中(hkl)是由于位错 D 而引起局部畸变的一组晶面,以它作为反射面用于成像,该晶面与理想反射面的偏离量用 $\Delta\phi$ 表示。在远离位错 D 的区域(如 A 和 C),晶面没有畸变,$\Delta\phi=\Delta\phi_0>0$,衍射波强度为 I(暗场像的背景强度)。位错引起附近晶面的局部转动,使 $\Delta\phi$ 发生变化。在位错线的右侧,$\Delta\phi>\Delta\phi_0$,使衍射强度 $I_B<I$;在位错线的左侧,$\Delta\phi<\Delta\phi_0$,且在某个位置(如 D')恰巧使 $\Delta\phi=0$,衍射强度 $I_D=I_{max}$。这样,在偏离位错线实际位置的左侧,将产生位错线的像,如图 7.39(b)和图 7.39(c)所示。不难理解,如果布拉格反射面对于衍射晶面的偏离量 $\Delta\phi_0<0$,则位错线的像将出现在其实际位置的另一侧。

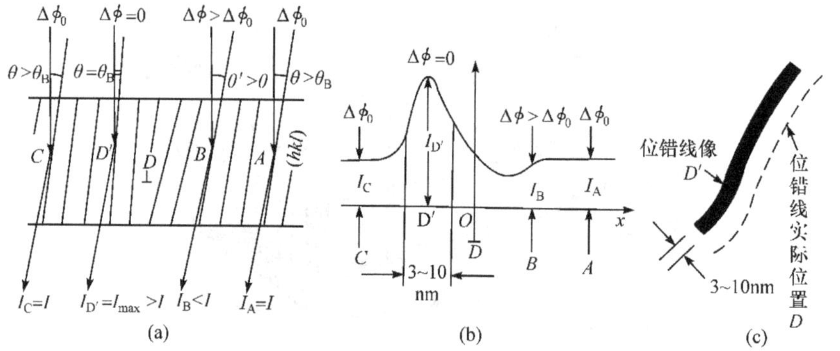

图 7.39　位错衬度的产生及其特征

位错线像总是出现在它的实际位置的一侧或另一侧,说明其衬度本质上是由位错附近的点阵畸变所产生的,称为“应变场衬度”。通常,位错线像偏离实际位置的距离与像的宽度在同一数量级范围内。

7.6.12　畴结构

当材料中存在畴结构时,由于不同畴之间位相的差异使得它的满足布拉格条件的程度不同，因而衍射强度也不同，产生衬度。电畴结构是压电陶瓷的重要特征之一，图 7.40 为 PTC 材料中的电畴结构衍衬像。对于孪晶结构，情况也与此相似。

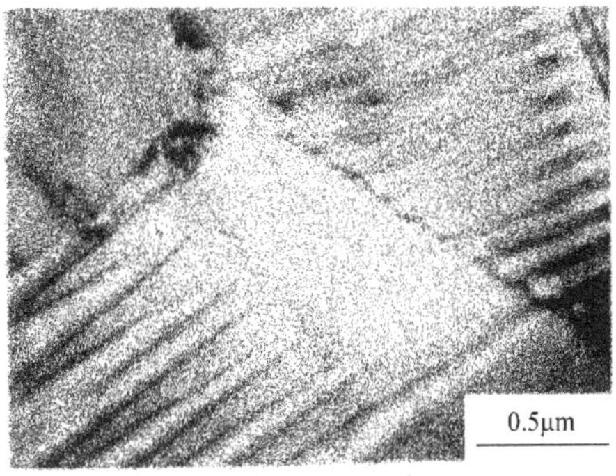

图 7.40　PTC 材料电畴结构衍射像

7.6.13　第二相粒子

第二相粒子图像衬度的影响因素很多，其中有粒子的形状，粒子在薄膜内的深度，晶体结构、位向、化学成分以及粒子与基体点阵之间的关系。此外，界面附近还可能存在浓度和缺陷的梯度。一般说来，第二相粒子可以通过两种不同的方式造成衬度：其一，穿过粒子的柱体内衍射波的振幅和位相发生了变化，称为沉淀物衬度；其二，粒子的存在引起周围基本点阵发生局部的畸变，这类似于位错衬度的来源，也是一种应变场衬度，称为基体衬度。此外，如果粒子的化学成分使它与基体的平均原子序数有较大的差别，则由此产生的质量厚度衬度效应也是不容忽视的。

1. 沉淀物衬度

沉淀物衬度的产生比较容易理解，因为晶体柱穿过第二相粒子的部分与基体在成分、晶体结构等方面是不一样的，其衍射波合成振幅和强度当然也会不同。对于图 7.41 所示的各种粒子的存在形式，沉淀物衬度效应总是存在的。

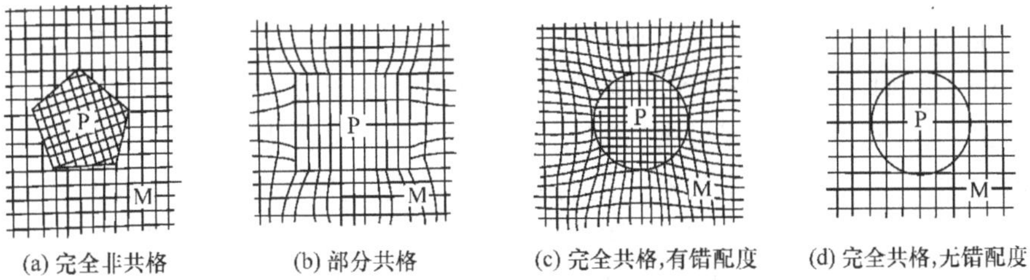

图 7.41　有错配度的共格粒子引起基体点阵畸变示意图

2. 基体衬度

基体衬度通常只有在粒子和基体之间部分共格或完全共格但有错配度的情况下才会出现，如图 7.41(b)和图 7.41(c)所示。错配度是指粒子与基体点阵常数的相对差别，错配度越大，引起的基体畸变也越大。图 7.42 用有错配度的球形共格粒子为例给以说明，半径为 r_0 的球形粒子，引起基体点阵内原子发生位移都是径向的。因为柱体的畸变程度随离开粒子中心的距离而变化，由柱体产生的衍射波的振幅或强度也随之改变，而通过粒子中心的晶面不发生畸变，将形成无衬度线。所以，球形粒子所得的基体应变场衬度将是两叶花瓣状的亮斑(明场)或暗斑(暗场)。由于无衬度线与衍射晶面相平行，它必与操作反射的 $\boldsymbol{R}$ 矢量相垂直。假如共格沉淀相粒子的形状不是球形的，则基体应变场衬度的两叶花瓣形也有变化，大体上反映了粒子的外貌，其中无衬度线仍与 **R** 垂直。图 7.43 是 Nimonic80A 合金中立方形 γ' 相产生的应变场衬度。

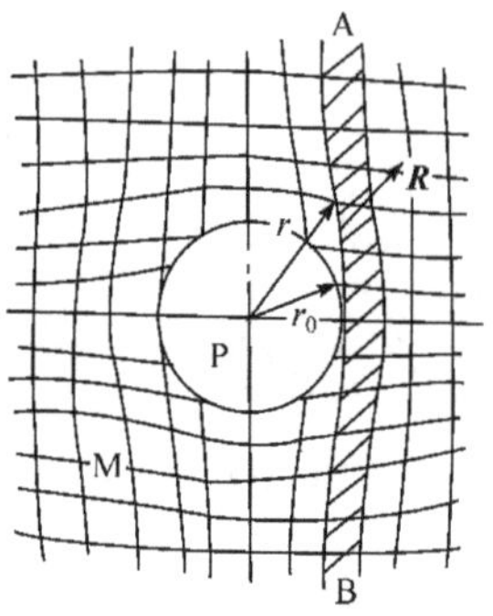

图 7.42　第二相粒子引起基体衬度示意图

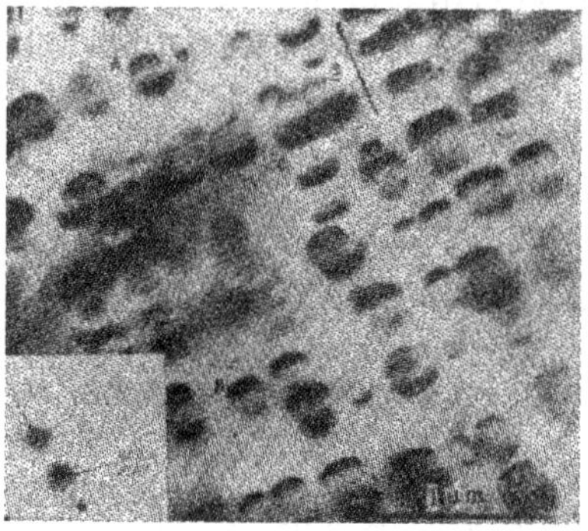

图 7.43　Nimonic80A 合金衍衬像

7.6.14　电子衍射运动学理论的局限性

为了易于理解，上述电镜中各种现象的讨论限于运动学理论的范围。简单的双光束运动学理论，对于晶体薄膜衍衬图像中出现的一系列主要衬度特征，提供了相当令人满意的定性解释。可是，作为这一理论得以成立的基本条件，即衍射波强度与透射波相比是很低的，无疑是有问题的，因为原子对电子波的散射振幅相当大，晶体的衍射强度在实际上不可能是非常低的，衍射波与透射波之间能量交换的这种动力学效应是无法回避的。

为了满足运动学理论基本假设的要求，必须采用足够薄的试样或者让操作反射处于足够偏离布拉格反射的位向。至于试样足够薄的意义，参考式(7.15)和式(7.13)，可以理解为 $\rho t \ll (\rho t)_c$。如此，试样厚度至少应该在 100Å 以下。显然，实际试样的厚度一般都在 1000Å 以上，大大超过这个“足够薄”的要求。另一方面，为了使图像显示适当的衬度，我们总是希望用于成像的衍射束具有一定的强度，不可能让操作反射处于很大的偏离条件(弱束技术除外，因为它是有意识地利用大的 $\Delta\phi$ 达到位错线像的高分辨率显示的目的)。所以，在实际观察分析中几乎不可能完全满足运动学理论的基本假设。

由上所述，电子衍射的运动学理论只能是一种近似的理论，这种理论无法解释许多衍衬图像的细节特征。特别是企图从衍衬图像中进一步引出有用的定量信息时，如在晶体缺陷的晶体学特征测定过程中，必须采用较为精确的动力学理论。

7.6.15　薄晶体的高分辨像

形成衍射衬度像只利用了一个衍射光束，这其实是一种异常的透镜成像模式。根据阿贝成像原理，为看清楚物，必须让尽可能多的衍射光束参与成像。透射电镜的高分辨模式就是让至少两束衍射光参与成像。通过它，可以观察到晶格像或原子级的结构像。在这种模式中，试样被看成一个三维的周期势函数。平面电子波打到试样后，受到该函数的影响，分为透射波和衍射波。它们通过物镜后在像平面成像。如果试样很薄，可以认为试样的作用仅仅是改变入射电子波的相位。于是从试样的不同部位出来的同方向的电子波具有同样的振幅。但由于势场不同，从势能高的区域产生的透射波和衍射波间的相位改变不同于势能低的区域，所以像平面上势能高的区域形成的衬度会不同于势能低的区域。另外从势能相同的位置处出来的衍射束（包括透射束）之间的相位差是 2π 的整数倍。它们在像平面的合成会形成反映试样中势函数周期性的图像。由于势能高低与原子排列相关，所以这种图像也就反映了试样中原子的排列特征。

图 7.44 是透射电子显微镜观察到的 InAs 晶体的原子面图像，这或许是目前人类直接观察的最高分辨的图像，展现的是原子排列的图像，而不是原子的图像。其中，可以看到有 3 处刃位错。

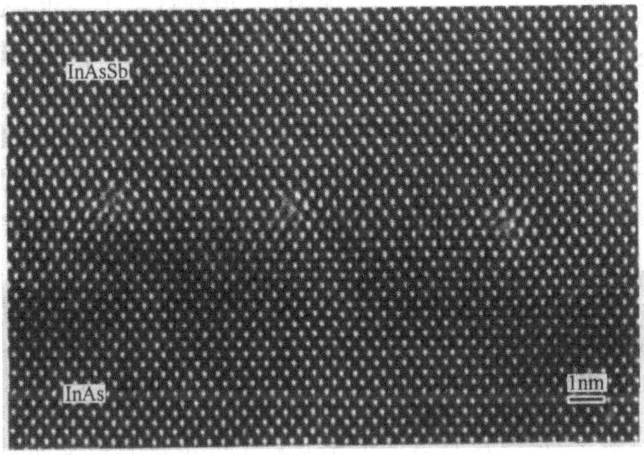

图 7.44 透射电子显微镜中的原子面图像

7.7 低能电子衍射和低能电子显微镜

电子入射晶体之后，散射强烈，穿透深度不过几百埃，若要获得能量不衰减的电子衍射波，只有两种情况：或者是高能电子通过薄晶体产生低角衍射，或者是低能电子由于背散射而产生高角衍射。

低能电子束入射到晶体，一般来说，入射电子能量越低，参与衍射的原子层数越少，弹性散射电子的比例越高。例如，入射电子束的能量在 20eV 时，只有一个原子层参与衍射，散射电子中有 20%～50%的电子属弹性散射；入射电子在 100eV 时，约有三个原子层参与衍射，弹性散射电子只占总散射数的 1%～5%。所以，这种背散射电子只能携带反映表面一层最多是几层的原子分布的信息。低能电子背散射的这个特点，使其成为固体表面结构分析的极为有效的工具。

7.7.1 低能电子衍射分析

低能电子衍射（LEED）由背弹性散射电子形成。式（2.50）给出垂直入射条件下的晶体表面薄层衍射的布拉格方程式，即

$$d_{hk0} \cdot \sin 2\theta = \lambda \tag{7.31}$$

此式说明,只有当电子波波长接近但小于晶体晶面距的情况下,才可能出现大角度的衍射线。式(1.7)计算表明,这时电子的能量一般小于100eV。

在材料研究领域,低能电子衍射对表面二维结构的分析的重要性有如X射线对三维结构的分析一样。其主要的研究对象是:清洁表面的原子排列,气相沉积所形成的结构,金属吸附气体与氧化、催化、表面扩散、内势等。

1. 仪器结构

图7.45是一种低能电子衍射仪的示意图。来自电子枪的电子束,经静电透镜聚焦和准直后,射到试样上。电子束加速电压10～500V,直径0.5mm左右。试样放在半球形接收极的中心处,在试样和接收极之间有3～4个半球形栅极,栅极G_1与试样同时接地,使试样与栅极G_1之间有一个无电场空间,以保证入射束和衍射束不发生弯折。栅极G_2和G_3相连并有略高于阴极的负电位,以防止与试样相互作用而损失能量的非弹性散射电子通过,只有弹性散射电子才有足够能量穿过这两个栅极。栅极G_4接地,它主要是用来对接收极起屏蔽作用,减少G_3与接收极间的电容。半球形接收极上涂有荧光粉并有5kV的正电位,对穿过栅极的衍射束起加速作用,使其射在涂有荧光粉的接收极上,显示出电子衍射花样。衍射花样可通过后面的窗口进行观察或照相。

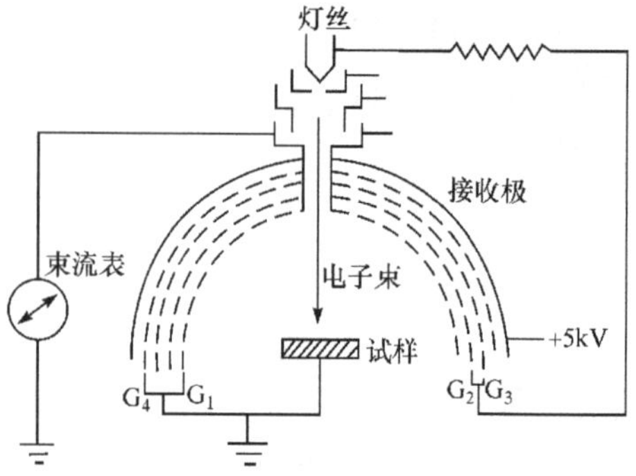

图7.45 低能电子衍射仪示意图

为了防止气体沾污试样表面和对低能电子的吸收作用,整个装置放在用离子泵抽空的高达10^{-7}Pa的不锈钢做的真空室内,并配有离子溅射源以清除沾污的表面层。

低能电子衍射仪是全金属、高真空且可烘烤的仪器。在250℃烘烤几小时,可使真空度达到2×10^{-8}Pa。侧面留有可开闭的八个法兰盘或侧窗口,可以插入蒸发器、离子规、质量测量仪、离子轰击枪、功函数测量仪和光学测量器等装置。

2. 衍射花样特征

图7.46(a)是钨表面(100)晶面上的原子分布,呈二维正方点阵;图7.46(b)是它的电子衍射花样示意图,图上的00,01,11,…是衍射斑点指数。当钨的(100)晶面上吸附了一些氧原子后的表面结构及其低能电子衍射花样示意图如图7.47(a)和图7.47(b)所示。黑点是原来的钨(100)表面的衍射花样,圆圈是由氧原子在钨(100)表面上的有序分布产生的。这是一种二维有序结构。

7.7.2 低能电子显微分析

低能电子显微镜(LEEM)利用低能电子的弹性背散射通过电子透镜成像,其典型能量为1～30eV,成像范围一般为10μm左右,具有高的横向(15nm)和纵向(原子级)的分辨率。试样制备无需进行减薄等特殊处理。

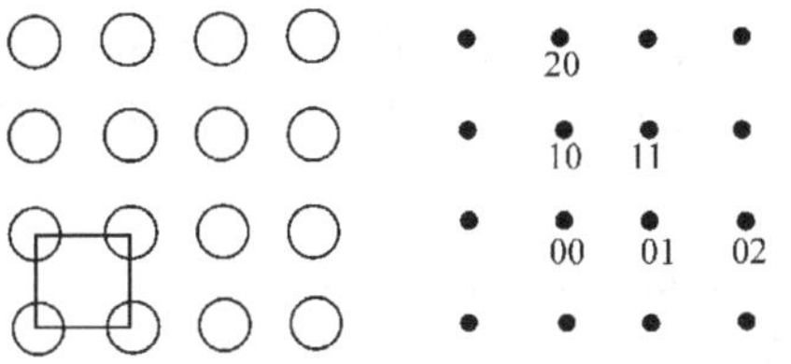

(a) 表面原子排列　(b) 衍射花样

图 7.46 钨(100)清洁表面结构及其衍射花样

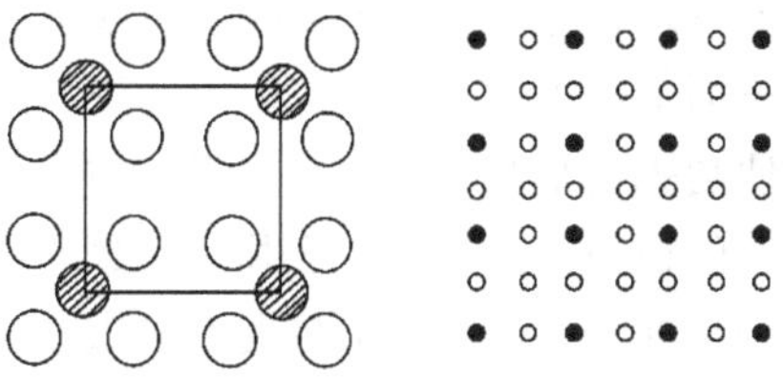

(a) 原子表面排列
(有阴影线的表示氧原子)　(b) 衍射花样

图 7.47 钨(100)吸附氧原子后表面结构及其衍射花样

LEEM 能够进行金属和半导体表面的形貌观测，还能进行表面动态过程的观测。LEEM 与 LEED 相结合，可将试样表面的局域形貌与局域衍射花样联系起来，有效地应用于表面相变、吸附、反应和生长过程的研究。

LEEM 系统主要由试样室、电子枪室和成像室三个超高真空部分构成。LEEM 与 TEM 有许多相似之处，至于显微像与衍射像之间的关联，两者也是相同的。在 LEEM 系统中有两个重要部件不同于 TEM：一是位于系统中间位置的电子束磁性分离器，它将入射电子束与成像电子束分开；二是在试样前方的称为阴极透镜的物镜，它能将来自电子枪的高能电子减速至要求的低能量打到试样表面，再将背散射回来的电子加速到高能以便处理成像。

设低能电子能量用 eV_0 表示。图 7.48 是 LEEM 工作示意图，处于－20kV 的场发射电子枪发射出的电子束经过一组聚光透镜组后通过磁性分离器，聚焦于物镜的后焦面上。阴极透镜由两个电极组成，其中离试样较远的电极接地，另一电极和试样的电位相同，等于 V_0-20kV。这样，电子束加速到达物镜的后焦面之后，由物镜减速到设定的能量 eV_0，以平行束形式照射到试样表面。从表面背散射回来的电子再被加速会聚于物镜的后焦面，在后焦面上形成衍射斑点像。此高速电子束再进入磁性分离器，在分离器中间的第一像平面上成像。

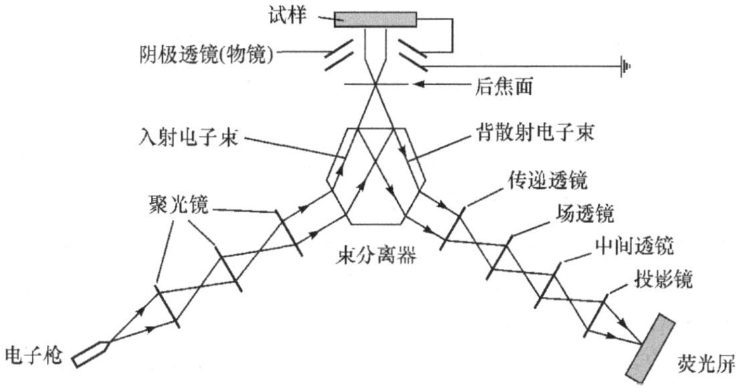

图 7.48 LEEM 工作原理图

成像透镜系统由传递透镜、场透镜、中间透镜及投影放大透镜组成。这一组透镜系统将像平面上的实时 LEEM 像显示在荧光屏或 CCD 的感光板上。改变中间透镜的焦距，就能使物镜的后焦面上的 LEED 花样显示在荧光屏或 CCD 的感光板上。通过位于场透镜中间的衍射光阑，可选择用于成像的衍射束。

到目前为止，LEEM 在表面显微术家族中还是个新成员，技术尚不成熟，在图像的正确理解和定量分析等方面，有大量的工作需要研究。

习　题

7.1　透射电子显微镜由哪几大系统构成?

7.2　透射电子显微镜中，指出物镜光阑、选区光阑的位置，衍射像和显微像的位置。

7.3　透射电子显微镜中，兼顾球差与衍射效应的最佳孔径半角的范围是如何得来的? 选区衍射操作中，试样选区的尺寸可小到什么程度?

7.4　举例说明在透射电子显微分析中，萃取复型用于什么场合。

7.5　设物镜的孔径半角为 10^{-2}rad，计算碳复型对 100keV 的电子波的临界质量厚度。

7.6　100keV 的电子波照射碳复型，设碳的临界质量厚度 $(\rho t)_c = 1.62\times10^{-5}$ g/cm^2，碳复型的质量密度 $\rho=2.25$g/cm^3，若碳复型的厚度为 100Å，试求电子束的透射系数。

7.7　透射电子显微镜中，一级复型以及二级复型的分辨率可达什么程度?

7.8　制作透射电镜用的金属薄膜试样有哪些基本要求?

7.9　透射电子显微镜观察淬火钢薄膜试样，有残余奥氏体，选区定位在奥氏体与马氏体的界面上，入射电子束既平行于奥氏体[111]方向，也平行于马氏体的[011]方向，那么，电子衍射花样有何种特征?

7.10　某多晶体的电镜衍射图中，有 8 个衍射环，R 从小到大读数依次等于 6.28mm、7.27mm、10.29mm、12.05mm、12.57mm、14.62mm、15.87mm、16.31mm，若该晶体属于立方晶系，能否判断该试样的点阵类型?

7.11　金属薄膜显微像的衬度主要是什么原因产生的? 非晶复型像的衬度主要是什么原因产生的?

7.12　画出立方晶体(001)的标准投影图，并由此画出体心立方晶体[001]的标准衍射花样。

7.13　透射电子显微镜观察淬火钢薄膜试样，若选取奥氏体[022]衍射束作暗场像。则暗场像中的亮区是否能表示奥氏体?

7.14　某薄膜试样的电子衍射像是环花样，其直径由小到大分别为 13.2mm、15.2mm、21.4mm、25.0mm、26.2mm。可能的物相是铁、氮化钛、氮化钒。已知有效相机常数 $L\lambda=16.22$mm · Å，如何认定物相?

7.15　金属薄膜的选区衍衬图像中，出现弥散分布的两花瓣斑点图案，可能是什么原因引起的?

7.16　金属薄膜的选区衍衬图像中，出现多条明暗相间的等厚条纹，可能是什么原因引起的?

7.17　透射电子显微镜中，某立方晶体的电子衍射花样是一系列同心圆，其直径分别为 13.24mm、15.28mm、21.64mm、25.39mm、26.42mm、30.55mm、33.35mm。已知该电镜的有效相机常数 $L\lambda=14.8$mm · Å。该试样的晶体点阵常数等于多少?

7.18　透射电子显微镜中，用作标样的金的电子衍射花样是一系列同心圆，其直径分别为 13.24mm、15.29mm、21.62mm、25.35mm。已知金的点阵常数 $a=4.078$Å。该电镜的有效相机常数等于多少?

7.19　200keV 电子束，垂直入射通过铝单晶薄膜试样，表面为(001)面。若在试样正前方 100cm 处放置一张底片，已知铝的点阵常数 $a=4.05$Å。画出衍射花样；若试样厚度 200Å，至少可以有多少衍射斑点？

7.20　利用晶带定律画出面心立方[321]标准衍射花样。

7.21　编制锌晶体电子衍射花样的平行四边形表。

7.22　透射电镜中，铁薄膜试样某微区的电子衍射花样如图 7.12 所示，其中，距中心斑点最近的斑点 $R_1=7.1$mm，最远的斑点 $R_{max}=24.6$mm，已知入射电子波 $\lambda=0.014$Å，电镜的有效相机常数 $L\lambda=14.1$mm · Å。这两个衍射斑点的反射晶面与入射电子束方向的夹角 θ 等于多少度？对物镜孔径半角有何要求？

7.23　画出双光束条件下的明场像、暗场像和中心暗场像的示意光路图。

第 8 章　探针和扫描显微分析

所谓探针，就是探测固体表面信息的针。探针可以是细聚焦的射线束，也可以是金属针或其他材料制成的针。探针射向或接近固体表面某微区，所激发的某些物理信号携带该微区的结构信息，因此成为一种材料分析的工具。最常见的探针是细聚焦电子束的电子探针，此外有离子探针、光探针、金属探针等。

如果探针对固体表面的作用仅限于表面层(几个原子范围内)的原子，或者激发产生的某些物理信号仅来自表面层的原子，那么，探针所提供的就是表面分析信息。表面技术在功能材料领域有着极其重要的地位。

类似电视摄影，当探针在试样表面扫描时，激发的某些物理信号可以用来调制成像，这就是扫描显微镜，是不用透镜的一种成像方式。其中，最常用的扫描显微镜是采用细聚焦电子束的扫描电子显微镜。

8.1　电子的检测与能谱仪

8.1.1　电子检测器

1. 平板检测器

用一块金属板就可作为收集极来接收电子信号，如图 8.1 所示。电子流在电阻 R_i 上产生的电压信号由检测放大器放大到足以用电表指示的程度。输入电阻 R_i 越大，检测灵敏度越高，时间常数也越大。采用场效应管组成的直流放大器，当输入电阻取 $10^9 \sim 10^{12}\,\Omega$ 时，最小可检测电流为 $10^{-13} \sim 10^{-15}$ A，时间常数为 $10^0 \sim 10^{-2}$ s。

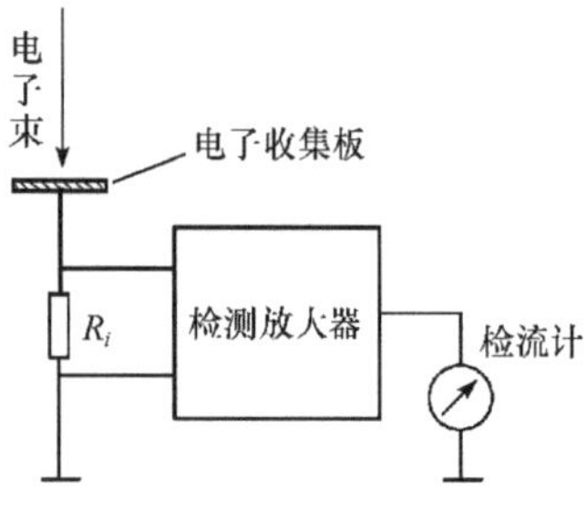

图 8.1　平板电子接收器

2. 单粒子计数器

单粒子计数器是单通道仪器，通常用于接收某能量范围的粒子。其中对脉冲电信号的处理方法在所有的分析仪器中均类似。

如图 3.1 所示的检测光信号的光子检测器也可用于检测微弱的电子信号，但首先要求把电子信号转换成光信号。电子检测器由闪烁体、光导管和光电倍增管组成，故称为闪烁计数器，如图 8.2 所示。闪烁体一端加工成半球形，另一端与光导管相接。半球形的接收端表面涂铝膜，阻挡光进入闪烁体，同时用作阳极，加上约 10kV 电压，吸引电子进入闪烁体。当信号电子进入闪烁体时，将引起电离，随后当离子与自由电子复合时，产生可见光信号，沿光导管送到光电倍增器进行放大并输出电信号。在检测器前端设置有网状栅极(栅网)，以便吸引或拒斥某些能量的电子。

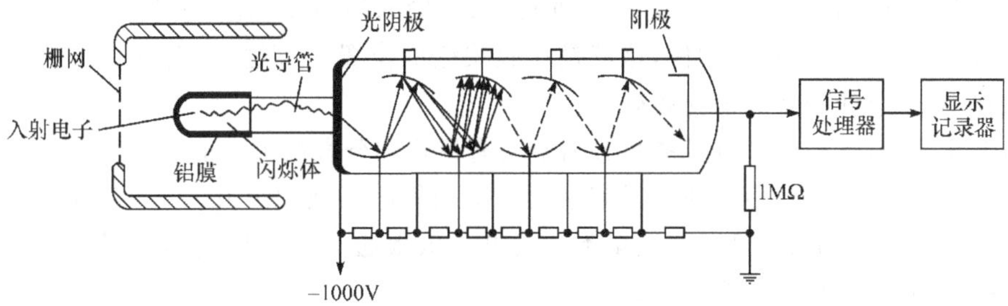

图 8.2　电子闪烁计数器

这种检测器的增益可达 $10^5 \sim 10^8$，响应时间为 $10^{-8} \sim 10^{-9}$ s，最小可检测电流受到固有噪声的限制。

8.1.2　电子能量分析器

运动电子在静电场中的运动轨迹取决于电子初速度，据此可以将不同能量的电子分离，再行测量。这种利用电场偏转获得电子能谱的仪器称为电子能量分析器。这种不同能量电子分离的现象称为能量色散。

1. 球偏转型电子能量分析器

静电式球偏转型电子能量分析器的结构原理如图 8.3 所示。两个同心的金属半球构成一个半球形电容器，入射狭缝 S 和接收狭缝 F 分置在电场两端，它们是半径等于 R_0 的球面与半球底面相交的弧线线段。电子通过入射狭缝 S 进入两个半球面之间的电场后，由于电场对不同能量的电子有不同的偏转作用，能量不同的电子运动轨道相互分离。容易证明，垂直狭缝平面入射，并在 R_0 等位面运动，最终到达接收狭缝 F 的电子的能量 E_0 符合下列关系式：

$$E_0 = \frac{R_1 R_2}{R_2^2 - R_1^2} \cdot q_e U \tag{8.1}$$

式中，q_e 为电子电量；R_1 为内半球的外半径；R_2 为外半球的内半径；U 为内、外半球的电位差。令 $H = q_e R_1 R_2 / (R_2^2 - R_1^2)$，$H$ 仅由分析器的几何尺寸决定，可为分析器常数。式(8.1)说明，能够通过分析器的电子的能量与两半球间的电位差成正比。

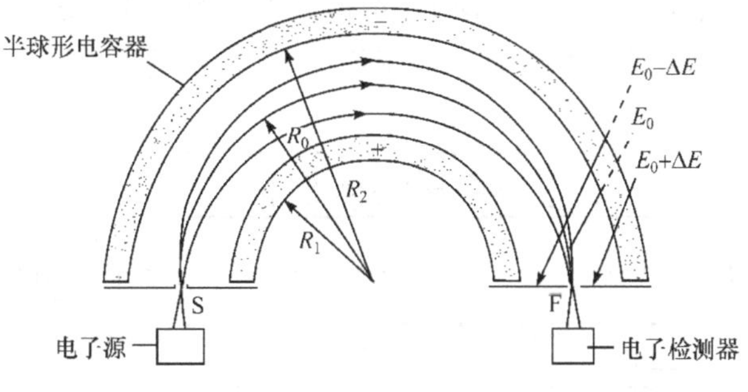

图 8.3　球偏转型电子能量分析器的结构原理

数学上的分析表明，通过狭缝 S 的动能为 E_0 的入射电子，即使有所发散，也会在出口处聚焦，形成 1∶1 的狭缝倒像，这就是接收狭缝的位置。不过，入射电子的动能越小、角发散越小，出口处的聚焦情况越好。

由上述可知，这种球形电子能量分析器具有聚焦和分散两大功能，前者使入射束中动能相同的发散电子会聚，后者使入射束中动能不同的电子彼此分开。如果在球形电容器上加一个扫描电压，那么，可以使能量不同的电子依次通过接收狭缝到达探测器，从而测出每种能量的电子数，得到能谱图。

2. 扇形电子能量分析器

扇形电子能量分析器的结构原理用图 8.4 说明。由两个同心金属圆筒的一部分作为电极，形成扇形静电场，电场开角用 Φ_E 表示。容易证明，当入射离子垂直于电场方向进入电场后，能够沿等位面做圆周运动的电子的能量 E_0 符合下列关系式：

$$E_0=\frac{q_e U}{2\ln(R_2/R_1)} \tag{8.2}$$

式中，q_e 为电子电量；R_1 为内筒的外半径；R_2 为外筒的内半径；U 为内、外半球的电位差。式(8.2)说明，能够通过分析器的电子的能量与两电极间的电位差成正比。扇形电子能量分析器与球形电子能量分析器一样，同样具有聚焦和分散两大功能。计算表明，不同方向入射的能量为 E_0 的电子从狭缝 S 进入电场后，经过 127°17′之后重新会聚，接收狭缝 F 就设置在会聚处。所以，电场开角 Φ_E 一般都不大于 127°17′。

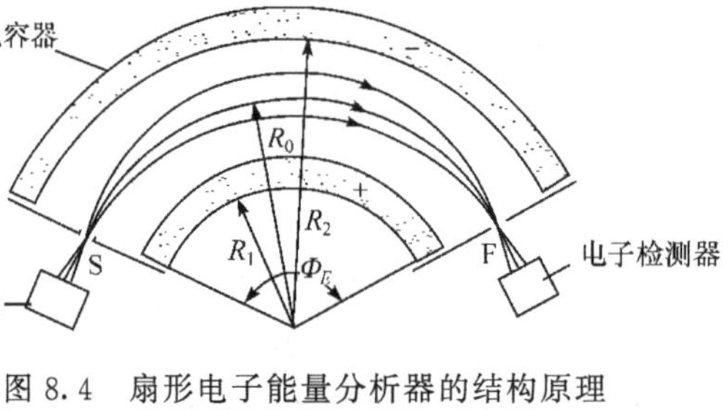

图 8.4　扇形电子能量分析器的结构原理

3. 圆筒反射镜电子能量分析器

圆筒反射镜电子能量分析器(CMA)的结构原理如图 8.5 所示。它是由两个同轴的圆筒形电极所构成的静电反射系统，内筒两端各有一个环状的电子射出口 A 和返回口 B。

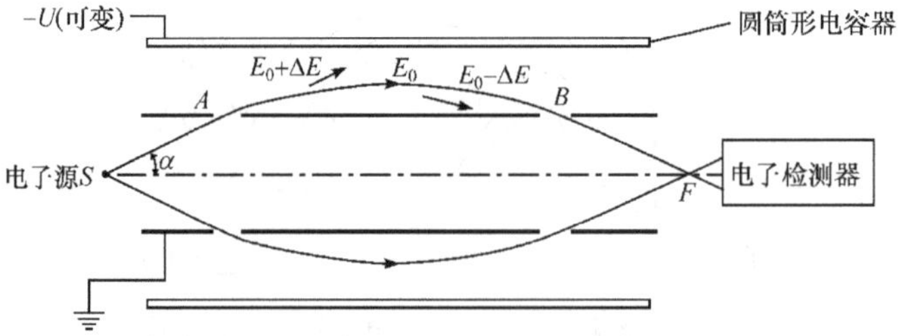

图 8.5　圆筒反射镜电子能量分析器的结构原理

两个圆筒的半径分别为 r_1 和 r_2，r_1 一般为 3cm 左右，$r_2=2r_1$。内筒和电子源接地(零电位)，外筒接 $-U$ 偏转电压。由 S 点发射的电子可由射出口 A 进入两个圆筒的夹层，因外筒上的负压而使其偏转，其中，具有某种能量的电子可经过另一端的返回口 B 回到内筒，与中轴交于 F 点。若电子初能量为 E，初速度方向角度为 α，则 F 点与 S 点的距离为

$$L = 2r_1\cot\alpha + 2\sqrt{2k_0} \cdot r_1\cos\alpha \cdot e^{k_0\sin^2\alpha} \cdot \int_0^{\sqrt{2k_0}\cdot\sin\alpha} e^{-\frac{t^2}{2}}\mathrm{d}t \tag{8.3}$$

其中

$$k_0 = \frac{E}{q_e U}\ln\frac{r_2}{r_1} \tag{8.4}$$

可以证明，当 $k_0=1.31$，$\alpha=42°18'\pm\Delta\alpha$ ($\Delta\alpha$ 可取 6°)时，动能为 E_0 的电子将聚焦在 F 点，且有

$$E_0 = \frac{k_0 q_e U}{\ln(r_2/r_1)} = 1.89q_e U \tag{8.5}$$

$$L = 6.13r_1 \tag{8.6}$$

只有初动能为 E_0 的电子最终聚焦于中轴上的 F 点；其他能量的电子则被内筒所吸收。通常采用电子倍增管作为电子信号的检测器，检测器窗口设置在 F 点。

连续地改变外筒的偏转电压 U，电子检测器输出信号电流 $I(U)$ 随之变化。由 $I(U)$ 可得到 $I(E)$，即得到电子信号强度随电子能量分布的能谱曲线。

8.1.3　离子能量分析器

离子和电子都是带电粒子，所以离子能量分析器和电子能量分析器几乎完全一样，只要把有关电极的极性作相应调整即可。不过由于离子种类繁多，实际上只有对单一种类的离子进行能量分析才有意义，所以离子进入能量分析之前应该首先进行质量分离，而质量分析器又只适宜分离相同能量的离子。这就是多种混合离子束能量分析要解决的问题。

1. 双聚焦质量分析器

磁偏转式质量分析器(MA)只能把质荷比相同而入射方向不同的离子聚焦，故称为单聚焦质量分析器。单聚焦质量分析器对于质荷比相同而能量(速度)不同的离子不能实现聚焦，这样就影响了仪器的分辨率。

欲对非单一能量的离子束进行质量分离，需要借助于能量分析器(EA)。能量不同的离子通过电场后会产生能量色散，磁场对不同能量的离子也能产生能量色散，如果设法使电场和磁场对于能量产生的色散相互补偿，就能使入射能量不同的离子聚焦，称为能量聚焦或速度聚焦。

磁场对离子的作用具有可逆性：由某一方向进入磁场的质量相同的离子，经过磁场后会按照一定的能量顺序分开；反之，从相反方向进入磁场的以一定能量顺序排列的质量相同的离子，经过磁场后可以会聚在一起。因此，将电场和磁场配合使用，当电场的能量色

散和磁场的能量色散在数值上相等方向上相反时，可以实现能量聚焦，再加上磁场本身具有方向聚焦作用，这样就有可能实现双聚焦。

双聚焦质量分析器如图 8.6 所示，就是把 EA 和 MA 串联使用。EA 将来自离子源出口缝 S_1 且具有一定角度分散和能量分散的离子束聚焦在 EA 的焦平面上，聚焦的位置 S_2 与离子的能量有关。然后，这些以一定能量顺序排列的离子进入 MA，最终是质量相同的离子在检测器入口缝 S_3 处实现方向(角度)与能量(速度)双聚焦。双聚焦质量分析器可以达到很高的分辨本领。

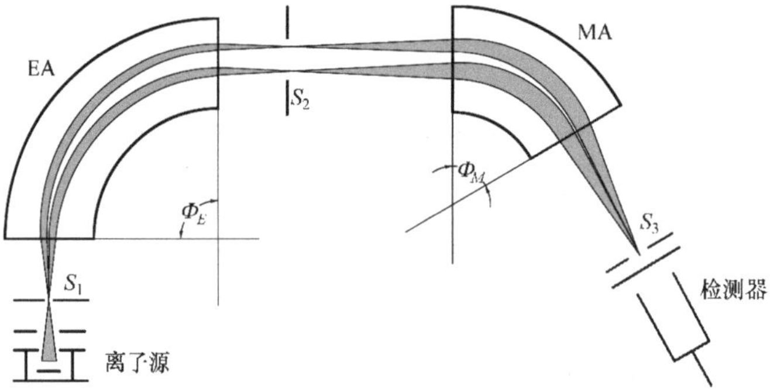

图 8.6　双聚焦质谱仪结构原理示意图

由于离子的轨迹是可逆的，将图 8.6 中的离子源与检测器的位置更换，使离子束先通过 MA 后通过 EA，即组成所谓反向配置的双聚焦质谱仪，可进行离子能谱分析。

2. 离子能谱仪

由上可知，获得离子能谱通常是使用离子能量分析器，这是因为一般的离子检测器没有足够的能量分辨率。如果离子检测器有足够的能量分辨率，那么，配合多通道脉冲幅度分析器可以获得被检测离子的能谱，其工作原理类似 X 射线能谱仪。

半导体硅表面势垒探测器，一般是在 n 型硅的基体表面上镀约 200Å 厚的金，使表面形成一薄层 p 型半导体，它与基体之间形成一个表面位垒，常称金硅面垒探测器。使用时在基体和金层间施加一定的电压。当一个离子射入时就产生一系列电子空穴对，在电场作用下将导致一个电流脉冲。由于产生一个电子空穴对所需的平均能量是一个常数，所以电流脉冲的大小正比于入射离子的能量。这就是说，面垒探测器具有能量分辨的能力，在室温下，对 1MeV 的 α 粒子(氦离子)，能量分辨率约 15keV，寿命约数百小时。

使用半导体硅表面势垒探测器的离子能谱仪能够同时采集所有能量的离子，有很高的探测效率。

8.2　电子探针与扫描电子显微分析

8.2.1　电子束轰击固体试样激发的物理信号

高能电子(几个至几百个 keV)入射固体靶，产生的各种物理信号如图 8.7 所示，主要有电子信号和光子信号。在外界条件和入射电子强度不变的条件下，几乎任何一种物理信号的强度都与固体材料的成分、结构有关，所以可以通过测量这些物理信号来分析材料的结构。

电子探针和扫描电子显微分析最常利用的信号是二次电子、背散射电子和特征 X 射线。

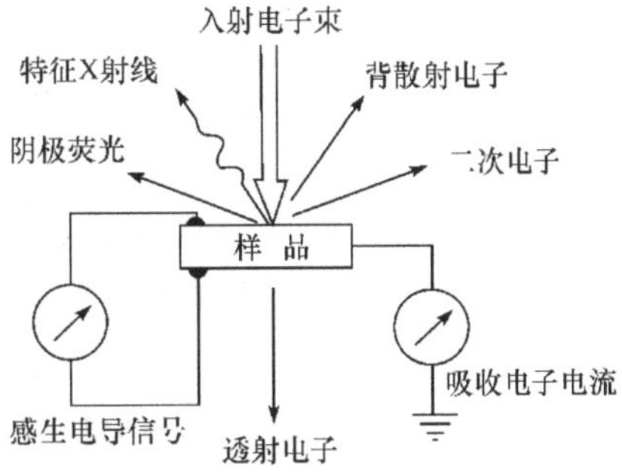

图 8.7　电子束入射固体试样产生的物理信号

电子束作用下固体试样发射的 X 射线的光谱，如图 5.8 所示，这是在连续谱背景的基础上叠加的特征线谱。电子束作用下固体试样发射的电子的能谱如图 8.8 所示，可以看到，在入射电子能量 E_0 附近有一个弹性背散射电子峰，在 $E<$ 50eV 的低能端有一个比较宽的主要由二次电子构成的峰；两峰之间是由非弹性背散射电子组成的背景；此外，在 50～1500eV 的背景上存在一些微弱的特征能量的俄歇电子峰，在弹性背散射峰的低能一侧，有着一个或几个微弱的特征能量损失电子峰。习惯上把能量低于 50eV 的自由电子称为二次电子，能量高于 50eV 的电子称为背散射电子。这样分类是不很严格的。例如，有些入射电子在经历多次非弹性散射后，才从试样表面反射出来，此时能量已低于 50eV，这些背散射电子混同于二次电子而无法区分；同样，也有能量大于 50eV 的二次电子无法与背散射电子区分。

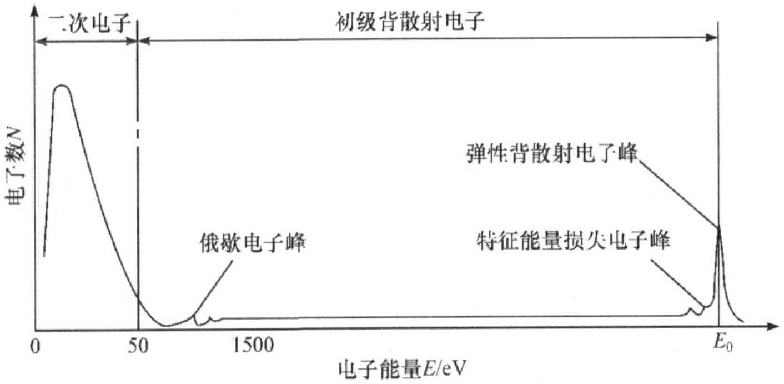

图 8.8　电子束作用下固体试样发射的电子能谱(入射电子能量 E_0)

8.2.2　电子探针 X 射线显微分析仪

电子探针 X 射线显微分析仪简称电子探针(EPA)，用细聚焦电子束轰击试样某微区，激发 X 射线，其特征谱线的波长和强度与激发区的元素及其含量有关，由此可以确定该微区的化学成分及其含量。

1. 仪器结构

电子探针由电子光学系统(镜筒)、光学系统(金相显微镜)、电源系统和真空系统，以及波谱仪或能谱仪组成，如图 8.9 所示。

1) 电子光学系统

电子光学系统包括电子枪、电磁聚光镜、试样室等部件。

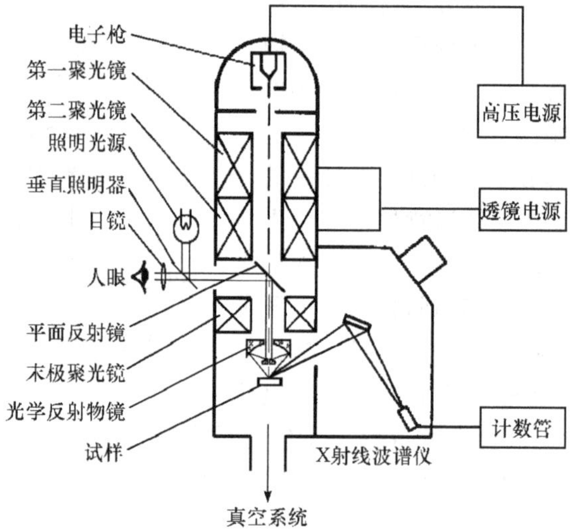

图 8.9　电子探针构造示意图

为了获得较高的信号强度和分辨率，电子束应具有较高的亮度和尽可能小的束斑直径。于是，首先要求电子枪能提供大的发射电流和直径尽可能小的电子源。

关于电子枪和电磁聚光镜的构造和工作原理与透射电子显微镜相同（第 7 章）。来自电子枪电子源的电子束经双聚光镜后成为极细的电子束，会聚在末级聚光镜（习惯上称为物镜）的物平面上，在位于此处的试样表面上形成电子束斑。

扫描电子束的发散度主要取决于装在物镜中心的光阑的半径与其至试样表面的距离 L 之比（孔径半角）。一般来说，热阴极电子枪在试样表面上的扫描电子束斑的最小直径能达到 60～70Å，场发射电子枪可以得到小于 10Å 的电子束斑。

试样室位于电子光学系统的下方，它提供了一个电子束与试样相互作用，产生各种物理信号的场所。试样台上设置有几个试样座，试样座可以作 X、Y 、Z 轴方向的平移，并可以绕其中心作 360°回转，以及一定角度的倾斜。

2）光学显微系统

为了便于选择和确定试样表面上的分析微区，镜筒内装有与电子束同轴的光学显微镜（100～500×），确保从目镜中观察到的垂直交叉线所标记的微区位置与电子束轰击点精确地重合。光学显微镜使用反射式物镜，反射镜中间有一个孔，以便让电子束通过。

3）检测系统

电子探针一般采用弯晶波谱仪检测 X 射线。因为，电子束定点于试样表面某微区，X 射线信号发生于试样表面以下一个极小的体积，可以把它看成点光源。

4）真空系统和电源系统

真空系统的作用是确保电子光学系统正常工作、防止试样污染，一般情况下要求保持优于 10^{-2}Pa 的真空度。电源系统由稳压、稳流及相应的安全保护电路所组成，提供电子探针仪各部分所需要的电源。

2. 试样制备

对于元素的定性和半定量分析，可直接采用金相试样的制备方法；但用于定量分析的试样必须严格保证表面的清洁和平整，即使是为了光学观察而必须进行浸蚀时，也应尽量控制在浅侵蚀的程度。安放试样时，要注意试样与支座之间保持电接触，可以使用导电胶。

3. 微区成分分析

电子探针的空间分辨率(能分辨不同成分的两点之间的最小距离)不可能小于电子束斑的直径，但也不能说电子探针的分辨率就等于电子束斑直径。因为电子束入射试样之后会发生散射，路径十分曲折(图 1.44)，散射的侧向扩展范围，也就是产生特征 X 射线的区域，远大于束斑直径，大体上为微米数量级。这种情况下，继续减少束斑直径对提高分辨率已无多大意义。要提高分析的空间分辨率，唯有采用尽可能低的入射电子能量 E_0，减小 X 射线的激发体积；同时，应该选用高的束流($10^{-9}\sim10^{-7}$A)，这是为了保证信号的峰背比。

入射电子能量 E_0 必须大于被激发元素的临界电离能。例如，$Z=11\sim30$ 的元素，K 系电子的临界电离能 W_K 在 1～10keV 常选择 $E_0=10\sim25$keV。对于 $Z>35$ 的元素，一般都利用临界电离能不太高的 L 系或 M 系谱线进行分析，以便在较低的 E_0(如低于 30keV)条件下保持较高的激发效率，以及较好的空间分辨率。

微区成分分析在金属材料研究中已被广泛地使用。例如，某电厂 20 万 kW 汽轮机叶片产生变形和裂纹。宏观观察与化学成分分析均未发现问题。但在显微分析中发现沿着加工划痕上的应力集中使水蒸气中的有害元素(如 K、Ca、S)在此积聚，成为腐蚀源，随着高频颤振产生微小的腐蚀疲劳裂纹。

8.2.3　扫描电子显微镜的结构与工作原理

扫描电子显微镜，简称扫描电镜(SEM)，用细聚焦电子束在试样表面扫描时激发产生的某些物理信号来调制成像。

扫描电子显微镜和电子探针的结构十分相似，由电子光学系统(镜筒)、电源系统和真空系统，以及信号检测、图形显示和记录系统等组成，如图 8.10 所示。各部分的主要作用简介如下。

1. 电子光学系统

扫描电子显微镜的电子光学系统由电子枪、电磁聚光镜、试样室、扫描装置等部件组成。从原理上讲，扫描电子显微与闭环电视系统非常相似。由电子枪发射并经过聚焦的电子束在试样表面上逐点逐行扫描，使试样表面各点顺序激发，产生各种物理信号，其强度随试样表面特征(表面形貌、成分和晶体取向特征)而变。可以检测其中一种物理信号，把它转换为电信号。于是，试样表面不同的特征就逐点逐行地转换为电信号(视频信号)，经过视频放大和信号处理，用来同步地调制显示屏上相应位置的光点亮度，最终得到一幅与试样表面特征相对应的“电视图像”。

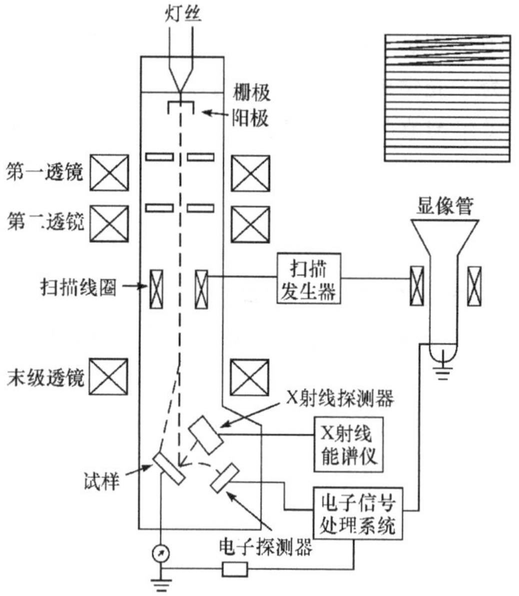

图 8.10 扫描电子显微镜构造示意图

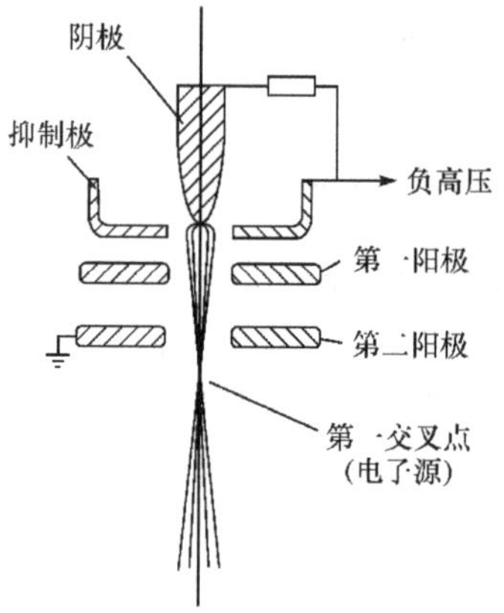

图 8.11 场发射电子枪

与热阴极发射电子枪相比,场发射电子枪是高分辨扫描电子显微镜更为理想的电子源。它是利用曲率半径很小的阴极尖端附近的强电场使尖端发射电子的,所以称为场致发射(简称场发射)。如图 8.11 所示,紧靠近尖端处是抑制极,电位比阴极负几百伏,以阻止尖的附近区域发射电子。其后是第一阳极(吸极),电位比阴极正几千伏,在发射尖处产生强电场,以从尖上吸出电子。第二阳极电位比阴极正几十千伏甚至几百千伏,起加速电子的作用。阴极尖端发射的电子会聚在第二阳极孔的下方,即场发射电子枪第一交叉点位置上,这就是电子源,电子源直径小至 20～10nm。

冷场发射枪阴极为单晶钨丝,尖端半径(由电解抛光制成)约 1000Å,阴极尖附近的电场可达 10^3 V/μm,不必加热就足以使它发射电子。肖特基场发射枪阴极为 ZrO/W,尖端直径比冷场发射枪大几倍,工作时需加热到 1800K 左右,使发射电流更大更稳定。

电磁聚光镜、试样室的构造和工作原理与电子探针是一样的。

扫描装置是扫描电子显微镜的主要部件。扫描装置的作用是提供电子束在试样表面上以及发光点在显示屏上的同步扫描信号;改变电子束在试样表面扫描的振幅。它由扫描信号发生器、放大控制器等电子线路和相应的扫描线圈所组成。

一般采用如图 8.12 所示的双偏转系统来控制电子束在试样表面上作线光栅扫描或角光栅扫描。上偏转线圈装在物镜的物平面位置上。当上、下偏转线圈同时起作用时,电子束通过物镜光阑在试样表面上作光栅扫描。若关掉下偏转线圈,并去除物镜光阑,这时,由于物镜的偏转和聚焦作用,可使电子束在试样表面作角光栅扫描(摆动)。

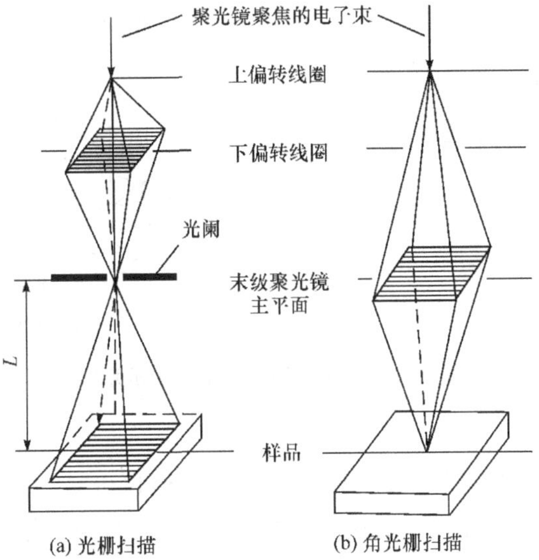

图 8.12　电子束在试样表面的扫描方式

2. 真空系统与电源系统

电子光学系统在一般情况下要求保持优于 10^{-2}Pa 的真空度。在场发射扫描电子显微镜中，电子枪需要优于 10^{-6}Pa 的真空度，因此要加上离子泵。

电源系统由稳压、稳流及相应的安全保护电路所组成，提供扫描电镜各部分所需要的电源。

3. 信号检测与分析、显示系统

信号检测系统的作用是把来自试样的各种物理信号有选择地收集、处理、分析并显示出来。原则上说，电子与固体试样相互作用产生的各种物理信号，经检测放大后均可作为调制信号，在显示屏上获得相应的反映试样表面某种特征的扫描图像。

扫描电镜常用的检测系统主要是电子检测器和 X 射线检测器。

1) 电子检测器

扫描电镜通常采用电子闪烁计数器(图 8.2)作为电子检测器，装在试样上侧。计数器前端的栅网电压可在 $-50\sim250$V 调节，以此来控制被收集电子的能量。

当栅网加正压时，吸引电子进入检测器，则各种能量的电子都能被检测器所收集，其中大量的是低能的二次电子，故可以认为这时所收集的信号是从试样发射出来的二次电子，如图 8.13(a)所示。当栅网加负压时，低能电子被抑制而很少能进入检测器，只有能量较高的背散射电子($>$50eV)，基本上不受所加栅极电压的影响，大都能进入检测器，如图 8.13(b)所示。

吸收电子信号的检测采用平板电子检测器，实际上金属试样本身就作为检测器的收集极，从而检测到试样对地的电流信号。

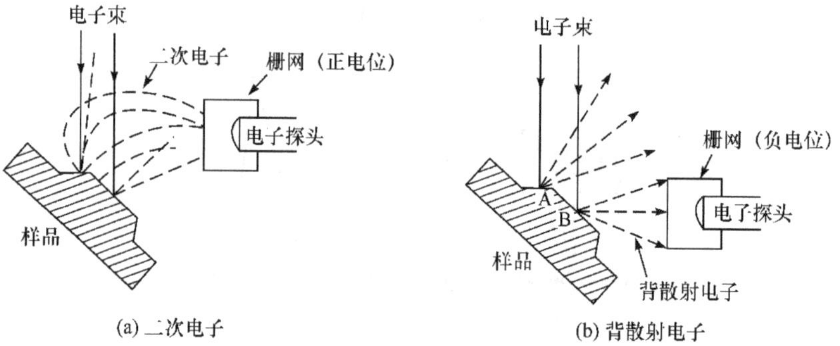

图 8.13　电子检测器收集电子示意图

2）X 射线检测器

X 射线波谱仪与能谱仪都是 X 射线检测器。能谱仪（EDX）装在扫描电子显微镜中作为附件最能显示其优点，能谱仪的探头安置在试样室内，与试样近距离，可以在低束流条件下迅速给出元素的定性或半定量分析结果。

8.2.4　扫描电子显微镜的性能

1. 放大倍数

在扫描电子显微镜中，电子束在试样表面上扫描与光点在显示屏上扫描保持精确的同步。扫描区域一般都是矩形的，由大约 1000 条扫描线所组成。如果入射电子束在试样表面上扫描振幅为 A_s，光点在显示屏上扫描振幅为 A_c，那么放大倍数等于 A_c/A_s。如果 $A_c=100mm$，$A_s=0.01mm$，那么放大倍数为 1 万倍。电子束在试样表面上的扫描振幅 A_s 可根据需要通过扫描放大控制器来调节，可见改变扫描电子显微镜放大倍数是十分方便的。目前大多数扫描电镜的放大倍数可从 6 倍连续调节到 30 万倍。

2. 分辨率

分辨率是扫描电子显微镜主要性能指标之一。一般认为扫描电镜能分辨试样上两个特征点的最小间距即为分辨率。通常是在特定的情况下拍摄的图像上测量两亮区之间的暗区间隙宽度，取最小值除以放大倍数。

分辨率与试样、仪器参数以及使用的物理信号有关。

1）仪器参数与分辨率的关系

一般认为分辨率不可能小于扫描电子束斑直径。电子束斑直径主要取决于电子光学系统的构造，以及电镜工作参数（电子源的尺寸、加速电压、聚光镜电流、光阑尺寸等）的选择。分辨率与入射电子的束流有关，是由于电子流密集时的空间电荷效应，束流增大势必造成最终束斑尺寸增大。扫描电镜为提高分辨率要求电子束有尽可能小的束斑，所以不得不选用低的束流。

2）试样与分辨率的关系

入射电子束在试样中的扩展范围会影响扫描电镜的分辨率。对轻元素来说，经过多次散射在尚未达到较大散射角之前即已深入到试样内部一定的深度，然后随着散射次数增多，才达到漫散射的地步，故其散射区域形状如同梨形，如图 8.14(a)所示。对重元素来说，入射电子在试样表面不远的地方就达到漫散射的程度，故其散射区域形状呈现半球形，如图 8.14(b)所示。显然，入射电子束在轻元素试样中的扩展范围比较大。所以，试样中所含元素的原子序数越大，分辨率越高。

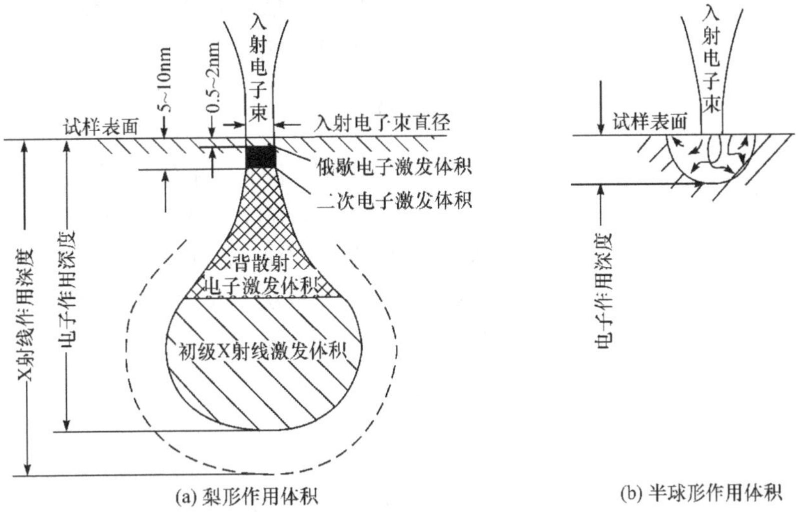

图 8.14　电子束作用体积

3）物理信号与分辨率的关系

图 8.14 说明，入射电子在散射过程中产生的各种物理信号的体积范围是不一样的，这应该是影响扫描电镜像分辨率的最终原因。

(1) 二次电子的分辨率。二次电子主要来自两个方面，即由入射电子直接激发的二次电子和由背散射电子、X 射线光子间接激发的二次电子。二次电子多数是价电子电离所致，其能量普遍低于 50eV，在固体试样中的平均自由程只有 10～100Å，因此只有在试样 5～100Å 的表层中产生的二次电子才可能飞离固体表面。在这样浅的表层里，入射电子与试样原子只发生次数很有限的散射，基本上未向侧向扩展。至于由背散射电子、X 射线光子，虽然它们产生的区域可能比扫描束斑大得多，但它们返回浅表层并激发二次电子的概率并不大。所以，可以认为在试样上方检测到的二次电子(成像信号)主要来自直径与扫描束斑相当、深度为 5～100Å 的试样体积内；就是说，二次电子像的分辨率约等于束斑直径。也因为如此，实际上总是以二次电子像的分辨率作为衡量扫描电子显微镜性能的主要指标。目前高性能扫描电子显微镜的二次电子像分辨率优于 70Å(普通电子枪)和 20Å(场发射电子枪)。

(2) 透射电子的分辨率。电子只能穿透很薄的试样，在此过程中只可能发生有限次数的散射，电子未侧向扩展，所以透射电子像的分辨率也等于扫描电子束斑直径。

(3) 背散射电子的分辨率。背散射电子是被试样原子反射回来的一部分入射电子，其中包括弹性背散射电子和非弹性背散射电子。由于背散射电子能量比较高，穿透能力比二次电子强得多，可以从试样中较深的区域逸出，在这样的深度范围，入射电子已经有了相当宽度的侧向扩展。在试样上方检测到的背散射电子是来自比二次电子大得多的体积，所以背散射电子像分辨率比二次电子像低，一般为 200～2000Å。

(4) X 射线的分辨率。X 射线的有效激发范围几乎遍及整个电子散射的梨形体积，电子散射的侧向扩展大体上为微米数量级。

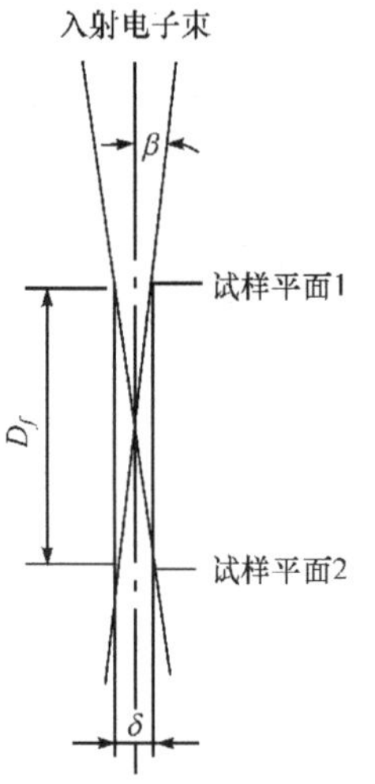

图 8.15　景深与束发散度的关系

(5) 若以吸收电子、阴极荧光、束感生电导电流等作为调制信号，所得扫描像的分辨率都比较低，一般为 0.1μm 或 1μm 以上不等。

3. 信号噪声比

信号强度是扫描电子显微镜成像的关键，主要取决于入射电子能量和束流等。噪声干扰成像，使显示屏上出现像下雪似的、时隐时现的细小亮斑点，图像变得模糊，噪声的大小主要取决于所用的检测器和试样情况等。信号噪声比越高，则分辨率越高。

4. 景深

扫描电子显微镜的景深(或焦深)比较大，成像富有立体感。这是由于扫描电子束发散度 β 很小，从图 8.15 可看出：

$$D_f = \frac{\delta}{\tan\beta} \tag{8.7}$$

式中，δ 为扫描像分辨率；D_f 为景深。表 8.1 给出了在不同放大倍数下，扫描电镜像分辨率和相应的景深值($\beta=10^{-3}$ rad)。为便于比较，也给出相应放大倍数下光学显微镜的景深值。由此可见，扫描电子显微镜的景深比光学显微镜大得多，所以它特别适用于粗糙表面的观察和分析。

表 8.1　扫描电子显微镜的景深

放大倍数 M	分辨率 $\delta/\mu m$	景深 $D_f/\mu m$	
		扫描电镜	光学显微镜
20	5	5 000	5
100	1	1 000	2
1 000	0.1	100	0.7
5 000	0.02	20	—
10 000	0.01	10	—

8.2.5　试样制备

扫描电镜的试样制备方法非常简便。观察断口试样，只要表面适当清理即可。观察金相组织，可直接使用金相试样，但浸蚀可以深些。对于非表面形貌观察(如元素定量分析、晶体结构分析)的试样,要求试样表面平整,所以试样表面应仔细抛光,即使是为了光学观察而必须进行浸蚀时,也应尽量控制在浅侵蚀的程度。

对于导电性材料来说,只要用导电胶把它黏贴在铜或铝制的试样座上即可。对于导电性较差或绝缘的试样来说,由于在电子束作用下会产生电荷堆集,影响入射电子束斑形状和试样发射的二次电子运动轨迹,使图像质量下降。因此,这类试样粘贴到试样座之后要进行喷镀导电层处理。通常采用金、银或碳真空蒸发膜做导电层,膜厚控制在 200Å 左右。

8.2.6 扫描图像分析

电子束通过物镜光阑在试样表面上作光栅扫描,如图 8.12(a)所示,这是做普通扫描电子显微分析所用的模式。扫描电镜形貌观察用得最普遍的是二次电子像,以及作为补充的背散射电子像与吸收电子像。至于 X 射线像则用于显示试样表面的元素分布。

1. 二次电子像

二次电子产额和试样的原子序数没有明显关系,但对试样表面的形貌和位向十分敏感。图 8.16 说明试样表面位向对二次电子产额的影响。当入射束垂直试样表面入射时,二次电子产额最少。若试样表面倾斜了 45°,则入射电子作用体积比较靠近表面,能逸出表面的二次电子数量增多。若试样表面倾斜角度再大,则逸出表面的二次电子数量更多。图中也说明,凸出的尖棱、颗粒以及深的凹槽底部产生的二次电子最多,前者容易离开试样而被电子检测器收集,后者却大都被试样所吸收,不易被电子检测器收集。

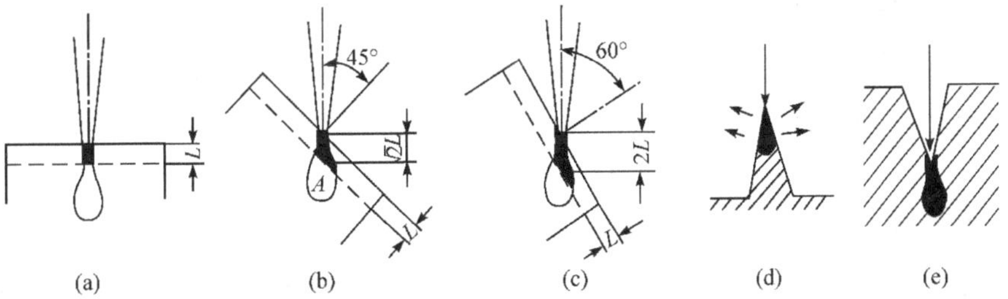

图 8.16　入射电子束作用体积与二次电子产生的位置

图 8.17 为造成二次电子像形貌衬度的示意图。图中试样上 B 面的倾斜程度最小,二次产额最少,像的亮度最低。反之,C 面倾斜最大,亮度也最大。

检测器的二次电子实际收得率与检测器的安放位置有关,检测器越是正对试样表面,所收集到的二次电子越多。然而,由于二次电子在网栅正电场作用下有翻越障碍,呈曲线进入检测器的能力,如图 8.13(a)所示,所以试样表面凹坑底部或凸起的背面都能清晰成像,而无阴影效应。

2. 背散射电子像

背散射电子多来自表面层几个微米的深度范围,其产额对试样表面形貌的变化不那么敏感,但由于背散射电子基本上不受网栅电压的影响而直线进入检测器,所以有明显的阴影效应，成像时显示很强的衬度，但会失去图像的许多细节。如图 8.13(b)中，A 处发射的背散射电子未进入检测器，故成暗像；B 处发射的背散射电子能进入检测器，故成亮像。

背散射电子产额随原子序数增大而增多，如图 8.18 所示，所以背散射电子像除了可以显示表面形貌外，还可以用来显示元素分布的状态以及不同相成分区域的轮廓。不过背散射像不能作元素分布的定量分析，只能作为定性的辅助手段使用。例如，在断口分析中仅仅凭借二次电子像上暗的轮廓就判断为微裂纹是不充分的，因为二次电子像多少也有点原子序数衬度效应，析出相或夹杂也可能显示暗轮廓。由于背散射电子的原子序数衬度效应比二次电子的敏感，因此如果在二次电子像观察的基础上，接着让它呈现背散射电子像，若二次电子像上的暗轮廓在背散射像上显示不出原子序数衬度差异，说明断定为微裂纹或微坑是正确的，反之则是错误的。

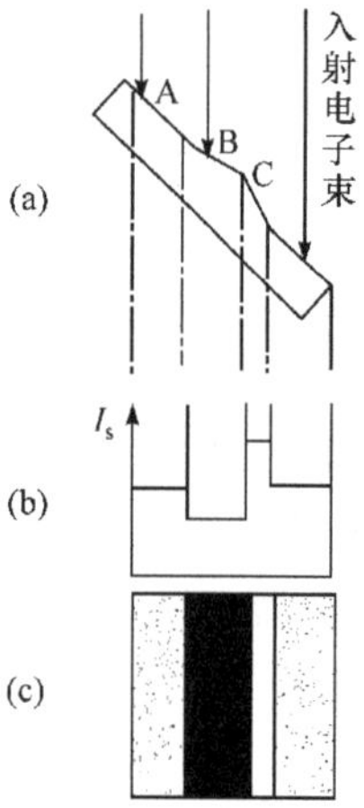

图 8.17　二次电子像衬度示意图

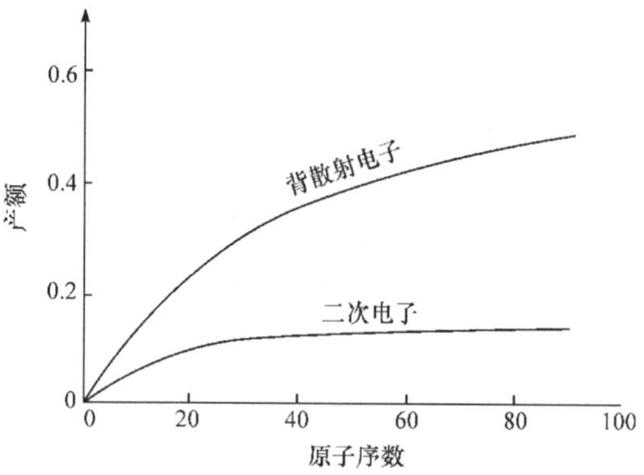

图 8.18　背散射电子和二次电子产额随原子序数变化情形

3. X 射线像

光子检测器选择接收某一特定波长(或能量)的 X 射线信号，可以获得试样表面元素的浓度分布的扫描图像。

8.2.7　X 射线能谱分析

常用于试样微区成分分析的信号是 X 射线和俄歇电子。目前商品扫描电镜由于技术上的原因，尚未配备俄歇能谱装置，所以扫描电镜的成分分析工作主要是靠 X 射线波谱分析或能谱分析来实现的，这原本是电子探针的工作原理。带有波谱分析或能谱分析的扫描电镜称为分析型扫描电镜。

8.2.8　背散射电子衍射分析

20 世纪 90 年代以来，背散射电子衍射(EBSD)技术取得了较大的发展，用于分析材料微区的晶体取向和晶体结构。

1. EBSD 系统组成

扫描电镜中的 EBSD 系统包括一个 EBSD 探头和一套用来分析衍射花样的图像处理系统。EBSD 探头就是 X 射线 CCD 相机，安置在显微镜试样室内，如图 8.19 所示。试样室内可同时安装 EBSD 和 EDX 探头。

相对于入射电子束，试样被高角度倾斜，以便背散射(衍射)电子被 CCD 荧光屏接收，并提供给图像处理系统。电子束的入射方向(摆动)，以及试样的倾斜角度都是可以调整的，以便获得适当的衍射花样。

2. 背散射电子衍射原理

入射电子束进入试样，在入射点附近散射，成为点源，向空间所有方向散射电子波。在表层几十纳米范围内，非弹性散射引起能量损失一般只有几十个电子伏特，这与几万伏电子能量相比是一个小量。第 7 章已描述过，这些非弹性散射电子波在遇到符合布拉格条件的(hkl)晶面时，它们可以再次发生相干散射，产生以(hkl)的法线为轴、半顶角为$(90°-\theta)$的一对衍射圆锥面，在检测器的接收板上显出一对平行的亮、暗菊池线。晶体内众多的晶面产生菊池线对按照晶体的晶带规律分布，构成了如图 8.20 所示的电子背散射衍射花样。

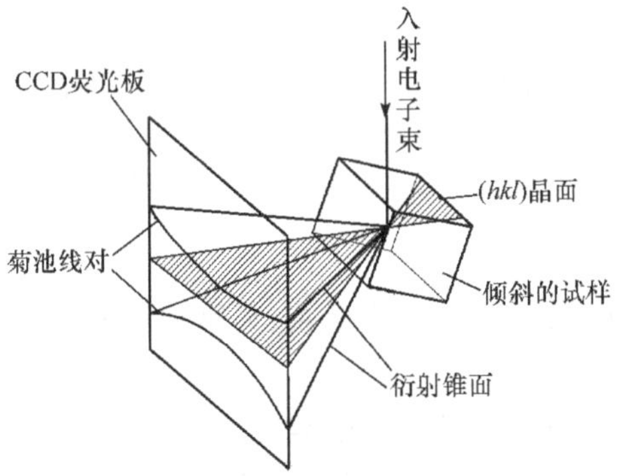

图 8.19　电子背散射衍射花样

图 8.20　电子背散射衍射花样

在扫描电镜中获得电子背散射衍射花样的基本操作是简单的，但必须指出，用于衍射分析的试样，不仅要求试样表面平整，而且应该无应力，所以应该用化学抛光或电解抛光认真制备试样。

3. 背散射电子衍射的应用

电子背散射衍射分析技术将试样的显微组织观察和晶体学分析结合起来，可进行微区的晶体取向分析、微区的结晶相分析、微区的应变分析、微区的织构分析等。目前 EBSD 的应用领域集中在多晶体材料，归纳成如下几点。

1）晶体取向分析

EBSD衍射花样的取向与晶体的取向是相互对应的。据此，可以判断晶体取向。

2）织构分析

EBSD不仅能测量各取向在试样中所占的比例，还能知道这些取向在显微组织中的分布，这是织构分析的新方法。

3）晶粒尺寸及形状的分析

传统的晶粒尺寸测量依赖于显微组织图像中晶界的观察。然而，并非所有晶界都能被常规浸蚀，特别是那些被称为“特殊”的晶界，如孪晶和小角晶界。如此看来，EBSD是晶粒尺寸测量的理想工具，最简单的方法是进行横穿试样的线扫描，同时观察花样的变化。

4）晶界、亚晶及孪晶性质的分析

EBSD测量的是试样中每一点的取向，那么不同点或不同区域的取向差异也就可以获得。在得到整个扫描区域相邻两点之间的取向差信息后，就可以研究晶界或相界等界面。例如，可以推断第二相和基体间的取向关系、薄膜材料的晶粒生长方向。

5）相鉴定及相含量的计算

EBSD衍射花样包含晶系对称性的信息，而且晶面和晶带轴间的夹角与晶系种类和晶体的晶格参数相对应，这些数据可用于EBSD相鉴定，而且在相鉴定的基础上，容易进行多相材料中相百分含量的计算。目前，EBSD最有用的就是区分化学成分相似的相，如区别钢中的铁素体和奥氏体。

6）应变测量

衍射花样中菊池线的模糊现象证明晶格内存在塑性应变。因此从花样的模糊程度可直观地定性评估晶格内存在的塑性应变。

4. EBSD的特点

装有EBSD系统和能谱仪的扫描电子显微镜就可以将显微形貌、显微成分和显微取向三者集于一体，是一种极为有效的材料分析工具。

EBSD的主要应用是取向和取向差异的测量、微织构分析、相鉴定、应变和真实晶粒尺寸的测量。在原理上，这些工作都能用普通透射电子显微镜（TEM）完成，但事实上，因为TEM制样经常是不方便的，甚至是不可能的，而EBSD试样的制备比较简单，因此EBSD成为极有吸引力的选择。

随着数字图像技术和CCD探测技术的发展，电子背散射衍射花样的采集、标定的时间大大缩短。目前的EBSD系统每秒钟可进行700～900个点的测量。

8.2.9　电子探针与扫描电子显微镜的比较

电子探针最初是作为一种微区成分分析技术诞生的，由于它与扫描电镜具有相似结构，目前已发展成兼有扫描电镜功能的综合仪器。同时，扫描电子显微镜在配备了波谱仪或能谱仪后也兼有了电子探针的功能。因为它们都是利用经过聚焦的细电子束轰击试样表面的某个微区，又都可以借助于扫描线圈使电子束在试样表面进行线或面的扫描。事实上电子探针与扫描电子显微镜并没有本质的差别；不过，由于高精度微区成分分析和高分辨显微像两者对电子束电流、电子束直径及工作距离等要求存在某些矛盾，现在尚不能做到在一台仪器中两者皆优。所以现代电子探针是以成分分析精度高为其特点；而扫描电子显微镜则以观察试样的显微形貌为主。

扫描电镜与透射电镜相比，扫描电镜试样制备简单；与光学显微镜相比，扫描电镜放大倍数调节范围大、分辨本领高、景深大。因为这些特点，扫描电镜的使用相当普及，目前大部分用户都选用扫描电子显微镜配备能谱仪的方案来解决微区分析问题。

8.2.10　其他电子显微分析技术

1. 扫描透射电子显微分析

扫描透射电子显微镜是一种兼有多种分析功能的组合型仪器。它借助于扫描装置所提供的细聚焦电子束，可以用扫描透射成像方式（STEM）获得与 TEM 类似衬度的图像，进一步，可以在同一台仪器上进行指定微区的化学成分或晶体结构分析。

图 8.21 表示扫描透射电镜的光路布置，末级聚光镜把扫描电子束聚焦到试样表面并令其作光栅扫描。如果试样的厚度比入射电子的有效穿透深度小得多，将有相当数量的透射电子被装在试样下方的电子检测器所检测。将在显示屏上出现一幅透射电子信号图像。应该指出，这里所讲的透射电子是指由直径很小的高能入射电子束照射试样微区时产生的，因此这一信号的强度仅取决于试样微区的厚度、成分、晶体结构和位向。透射电子中既有弹性散射电子，也有非弹性散射电子，其中因激发等离子或内层电子电离而损失特征能量的非弹性散射电子是一种重要的信号。

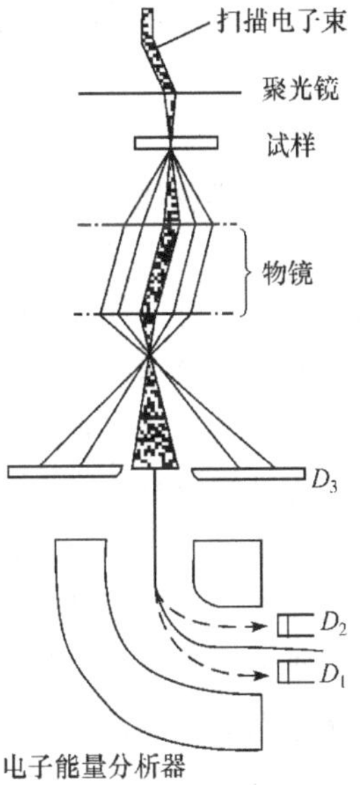

图 8.21　扫描透射电镜工作原理

扫描透射电子像基本上不受色差的影响，像的质量要比一般透射电镜为好。用电子能量分析器，选择能量为 E_0 的弹性散射电子成像，或选择遭受特征能量损失 ΔE 的非弹性散射电子成像，像的质量更佳。由于 ΔE 与试样成分有关，所以特征能量损失电子像也可用来显示试样中不同元素的分布。

2. 环境扫描电子显微分析

环境扫描电镜在传统扫描电镜的基础上，通过改进真空系统使试样室真空度和气氛可以控制。在一定范围内改变试样所处的环境，如可以营造水蒸气气氛或反应性气氛，气压可至 6×10^3 Pa、温度可至 1500℃。还有，试样无需进行任何处理，因此可以观察分析含水、含油、已污染、不导电的试样。

8.3　电子能谱分析

电子在靶内自由程极短，很难保持其特征能量，所以逸出靶面而仍保持其特征能量的俄歇电子或光电子只能来自固体的表面。因此电子谱常用于固体材料的表面分析。

表面是指固(液)体界面上的一个至数个原子单层，其厚度为 10～30Å，理解得较宽一些，最多也就是几十个纳米。表面有着不同于内部的结构、成分，对材料的物理、化学性质，以及在许多物理的、化学的过程中，起着十分重要的作用。例如，金属材料的氧化、电子材料的热电子发射、半导体材料的外延生长、化学催化剂的催化作用等都与材料表面的行为密切相关。

8.3.1　光电子能谱

1. 光电子能谱分析的基本原理

能量为 $h\nu$ 的 X 射线照射到试样上，如果发生光电效应，光电子能量 E_k 可由式(1.111)表示，即

$$E_k = h\nu - W_I = h\nu - \Phi - E_q \tag{8.8}$$

式中，W_I 为试样物质的电离能；E_q 为被击出电子的原有的结合能；Φ 为逸出功，即光电子离开固体表面需付出的能量。Φ 随试样而异，对于金属材料，Φ 约为几个电子伏，对于氧化物，Φ 值很小，对于气体，则 $\Phi=0$。

因为处在轨道运动的电子能级是量子化的，故试样中原子的各能级发射的光电子的动能是不连续的。通过能量分析器把不同能量的光电子分别计数，就可以得到分立的且强度各异的谱峰或具有特征形状的谱带。这种将光电子的数量按能量分散描述的图谱就是光电子能谱(PES)，即 $N(E_k)$-E_k 关系曲线。由式(8.8)可知，电子的动能 E_k与电子的结合能 E_q有着一一对应的关系，因此光电子能谱通常用 E_q 来标度，表示为$N(E_q)$-E_q关系曲线。通过结合能的计算及变化规律的研究，可以了解被测试样表面的成分、结构等信息。这就是光电子能谱分析的基本原理。

以 X 射线为激发源，得到的 PES 称为 X 射线光电子能谱(XPS)；以紫外光为激发源，得到的 PES 称为紫外光光电子能谱(UPS)。X 射线和紫外光固然有较强的穿透能力，然而，从固体内部出射的具有特征能量的光电子一般仅涉及表面几个原子层，这就是光电子能谱仪作为表面分析工具的依据。

2. 化学位移

由于原子处于不同的化学状况而引起电子结合能的位移称为化学位移。在光电子能谱图上可以看到光电子谱峰的位移。化学位移与原子的价态、氧化态及所结合原子的电负性有关。

在金属元素的光电子能谱中，最容易出现的是由于氧化引起的 1s 电子结合能的位移。从图 8.22 可以看出，氧化铍中的 Be 的 1s 电子结合能比金属铍中 Be 的 1s 电子结合

能增大了约 3eV，说明氧化使 Be 的 1s 电子结合能向高能量方向移动。对于氟化铍来说，虽然氟化铍中的 Be 与氧化铍中的 Be 同为＋2 价，但由于氟比氧具有更高的电负性，氟化铍中的 Be 氧化态更高，结合能位移也更大。图 8.23 为三氟乙酸乙酯中 C 的 1s 电子光电子能谱图。从图中可以看出，由于各元素的电负性不同(电负性大小为 F＞O＞C＞H)，该分子中四个碳原子所处的化学状况不同，图中出现四个位移量不同的峰，四个峰从左到右与结构式中从左到右的四个碳原子有一一对应的关系。图中各谱线的强度与相应的原子数量成正比。

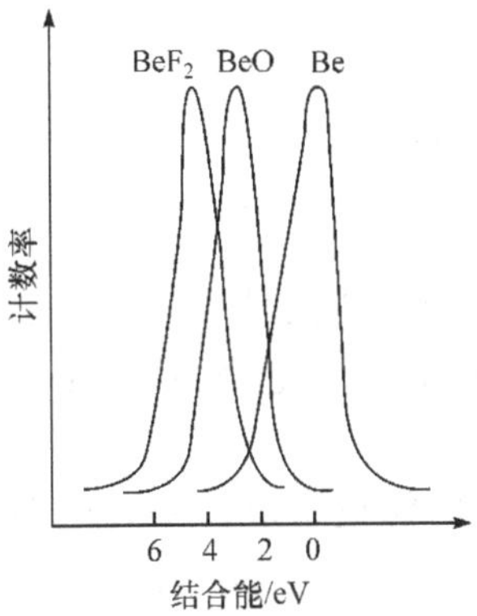

图 8.22　铍 1s 电子光电子谱线

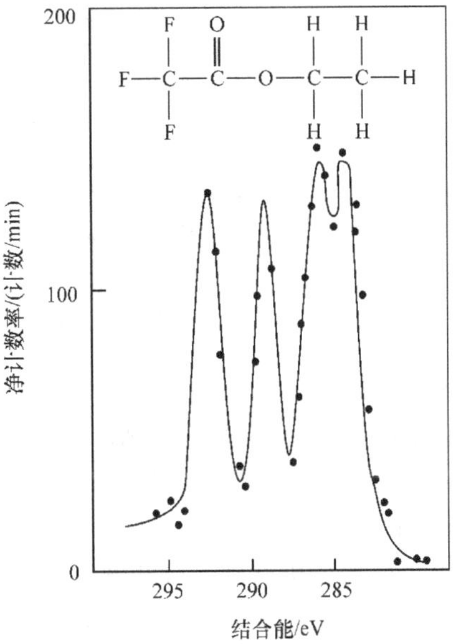

图 8.23　碳 1s 电子光电子能谱图

可以设想，从原子中移去一个电子所需要的能量随着原子正电荷的增加而增加，或随着负电荷的减少而增加。因此，结合能位移和原子的氧化态有着密切的关系。图 8.24 是卤素原子的氧化态与结合能之间的关系。可以看出，对于碘和氯，氧化数每增加一个单位，结合能分别增大约 0.8eV 和 1.2eV。虽然这只是一种定性的关联，但可以根据离子化合物中元素化学位移的大小和趋向，推测该元素的氧化态。

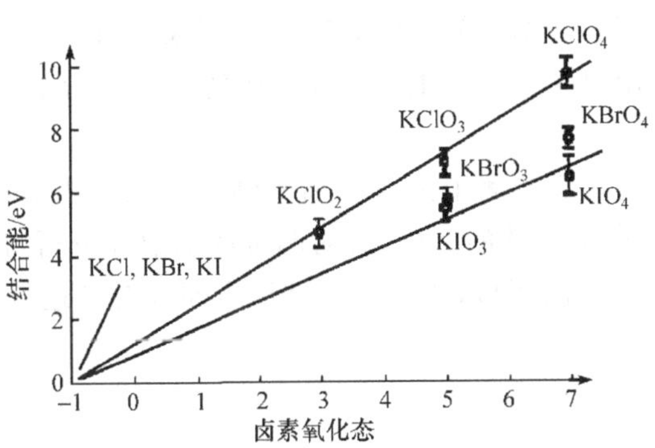

图 8.24　卤素原子的氧化态和结合能的关系

3. X射线光电子能谱仪工作原理

X射线光电子能谱仪主要由X射线源、能量分析器和电子探测器构成，其结构原理如图8.25所示。此外，还有真空、电气等系统。

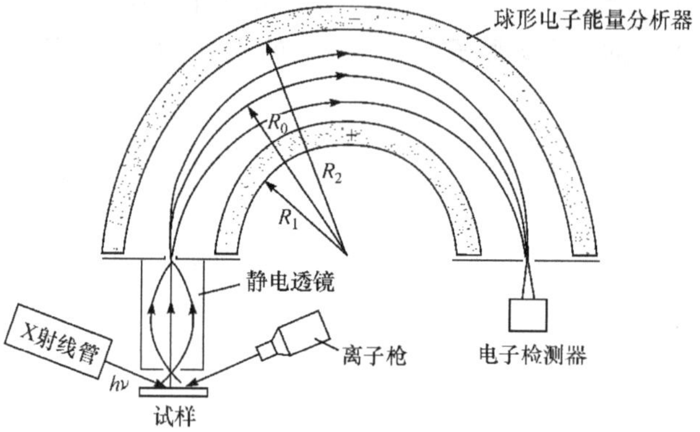

图8.25　X射线光电子能谱仪结构原理图

1）X射线源

X射线源常用靶材料为Mg、Al的X射线管，Mg和Al的特征K_α线能量分别为1254eV和1487eV。X射线进入试样室之前要使其单色化，用单色X射线照射试样。

2）能量分析器

电子能量分析器用来分析来自试样表面的光电子的能量组成。XPS中多采用静电式球偏转型电子能量分析器，因为X射线不像电子那样容易聚焦，故X射线照射在试样上的面积较大，而半球形能量分析器的特点正是允许通过入射狭缝的X射线有一定的角发散，也就是允许源面积较大。

在能量分析器的入口处，往往设置一个电子透镜。它相当于一个低分辨率的能量过滤器，防止高能量的电子打到分析器的内壁产生二次电子被接收而产生背景噪声。还有，它可以提供减速电场，降低入射电子的能量，因为入射电子的动能越小、聚焦情况越好，有利于提高仪器的分辨率。

3）离子枪

在材料表面分析技术中，除本身用于分析外，离子束还有两个重要的用途：

(1) 清洁表面——用离子轰击试样表面，将秽物污染物除去，显露新鲜而清洁的表面，供有关分析用。

(2) 剥蚀表面——用散焦的离子束或扫描型细离子束轰击试样表面，在试样表面较大范围(2mm×2mm)内产生平整的凹坑，可对凹坑底部取样分析，用于深度剖面分析。

许多分析仪器都配有氩离子枪，用于清洁试样表面或对其进行剥蚀。

4. 试样

1）试样的制备

XPS可以测定气、液、固试样。不过，最常见的还是固体试样。

粉末试样可直接将试样均匀撒在双面胶带上，再将胶带固定在试样架上；或将试样粉末撒在不与试样相互作用的金属网上，再加压成片。也可将粉末溶于易挥发溶液中，将溶液涂于金属片上，待溶剂完全挥发后进行实验。

块状试样可直接固定在试样架上。金属试样采用点焊的方法，非金属试样可用真空性能好的银胶黏结。试样表面应尽可能光滑。也可用真空蒸镀的方法制成薄膜试样。

2）试样的预处理

为避免试样受污染，电子能谱仪设有试样预处理室，其中 10^{-5} Pa 的高真空可除去试样中的气体，并对试样表面进行清洁。清洁可采用加热法和离子溅射法，离子溅射法是用氩离子轰击试样表面，将表面附着物除去。

3）荷电效应的消除

当 X 射线射向试样时，试样表面不断产生光电子，造成表面电子空穴，使试样带正电。对于导体试样，表面电子空穴可以从金属试样架得到补充，而非导体试样则难以得到补充，因此表面带正电，这种现象称为荷电效应。荷电效应造成了测量谱线的表观位移，影响了测量精确度，应予以消除。

荷电效应与多种因素有关。选择合适的电压和电流及减小试样厚度可减小荷电效应。对试样表面及周围喷涂一层贵金属也可在一定程度上消除荷电效应。有的试样室附近装有中和电子枪，用来发出电子中和表面正电荷。对于有荷电效应的试样，应对其实验结果进行修正。

5. X 射线光电子能谱的应用

XPS 应用于材料表面元素组成和化学状态的分析，元素价态测定，固体表面结构状态、催化机理、吸附现象的研究等各个方面。以下举例说明。

1）元素定性分析

X 射线光电子能谱可以用来鉴定除氢以外的所有元素。通过对试样进行一次全扫描，即可检出全部或大部分元素。不同的元素有不同的特征电子结合能，在谱图中的不同位置出现特征谱线。图 8.26 为用低压化学气相沉积(LPCVD)方法在硅表面沉积 Si_3N_4 后所得试样的 X 射线光电子能谱图，C、N、O、Si 的谱线清晰可见，说明即使在周期表中相

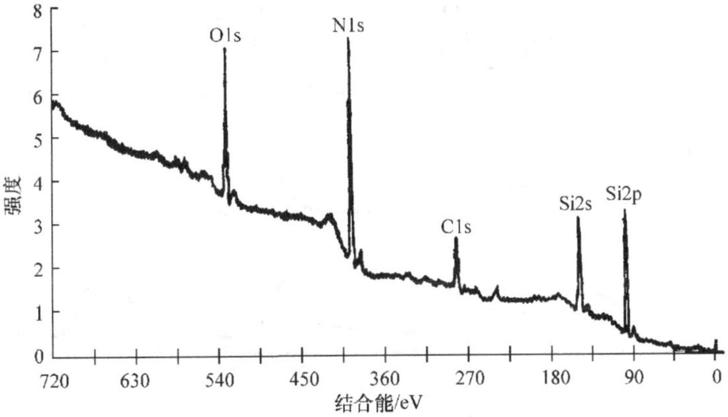

图 8.26　硅表面沉积 Si_3N_4 试样的 X 射线光电子能谱图

邻的元素，它们同能级的电子结合能相差还是相当远的，很容易分辨。

2）元素定量分析

X射线光电子能谱图定量分析的依据是测量谱线的强度，即谱图上光电子峰的面积。通过不同谱线的强度值可对元素的相对浓度进行计算。光电子能谱的强度除了与产生该信号的元素浓度有关外，还与电子的平均自由程及试样材料对激发X射线的吸收系数等许多因素有关。因此，在进行定量分析时应考虑到这些因素，用标准试样对实验结果进行校正。

3）固体表面能带分析

当原子或分子结合成为固体时，外层电子能级变成能带结构。固体价带中电子状态的能量分布由能态密度 $\rho(E)$ 来表示。发射的光电子能量分布可以看作是价带中能态密度分布（包括满带的表面态）的一个复制品，所以光电子发射谱可以直接研究价带（包括表面态）的能态密度。图 8.27 是金的价带电子能谱图，清楚地显示了两个峰，相距约 2.4eV，谱峰总的半高宽度为 5.5eV。

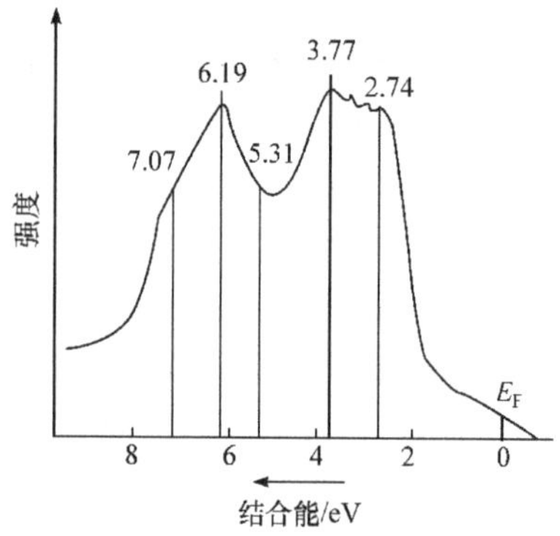

图 8.27　金的导带电子能谱图

4）固体表面研究

表面原子氧化态的变化会引起化学位移，据此可进行固体表面研究。例如，铝常用作镍铬合金薄膜电阻的引线，两者间要求有很好的欧姆接触。为研究薄膜与基体的接触情况，先把一薄层铝（20Å）蒸镀在铬薄膜基片上，X射线光电子能谱图线如图 8.28 中曲线（a）所示。图 8.28 中曲线（b）所示的是铬表面经氧化生成氧化铬层的光电子能谱，相应的 Cr 和 O 的谱线与曲线（a）比较就有了变化，说明 O 和 Cr 的状态不再是游离的，而是形成了化合物。如果在氧化铬表面蒸镀一层金属铝，X射线光电子能谱如图 8.28 中曲线（c）所示。比较曲线（b）和（c），可以发现代表氧化铬状态的峰减小，形状接近于曲线（a），O 的谱线也产生了位移，更接近 Al_2O_3 中的 O 1s 的电子结合能，Al 峰与曲线（a）的 Al 峰相比也有了明显不同，曲线

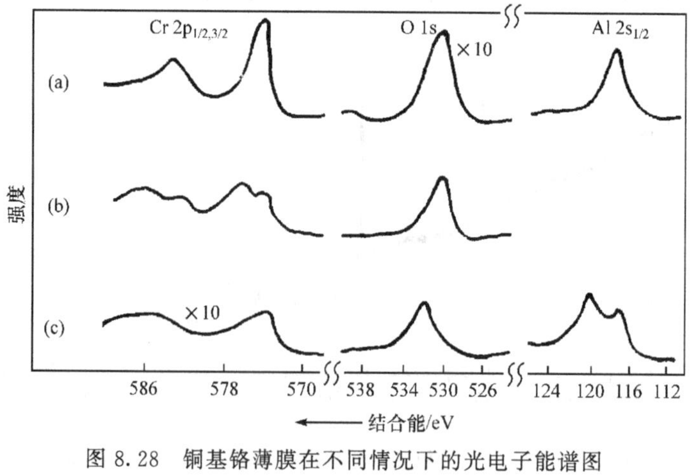

图 8.28　铜基铬薄膜在不同情况下的光电子能谱图

(c)的 Al 峰是以氧化态出现的。这个结果表明，界面发生了化学反应，Cr 被还原而 Al 被氧化，即

$$Cr_2O_3 + 2Al \longrightarrow 2Cr + Al_2O_3$$

在镍铬电阻器的制造过程中，如果发生这种反应，将导致界面处生成一种高阻膜，造成薄膜电阻的失效。

5) 通过离子剥蚀进行深度分析

X 射线光电子能谱广泛用于表面 5～50Å 深度的分析。如果将 X 射线光电子能谱和离子剥蚀的方法相结合，可以研究不同剥蚀深度的状态，得到元素的深度分析数据。图 8.29 是 X 射线光电子能谱与离子剥蚀技术相结合分析硅表面的情况，未剥蚀前光电子峰表明表面主要是二氧化硅，随着剥蚀时间的增加，表面氧化硅组分越来越少，元素硅越来越多，剥蚀 1h 后已基本上都是硅了。用这个方法可以判断表面是否已获得清洁表面。

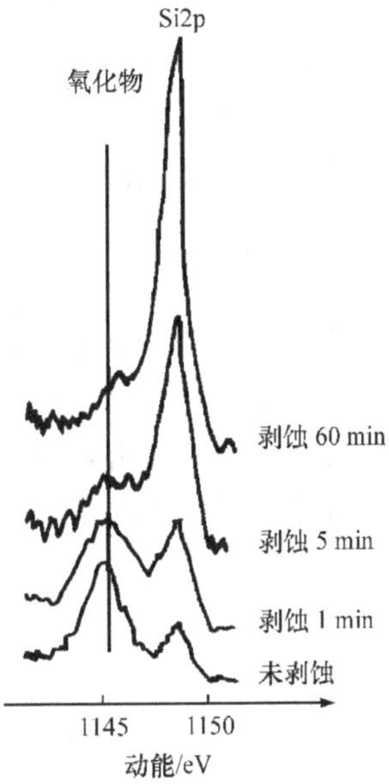

图 8.29　离子剥蚀硅试样的光电子能谱图

8.3.2　俄歇电子能谱

1. 俄歇电子能谱分析原理

电子束轰击试样的某微区，使微区中的原子电离或激发，接着会发射出俄歇电子。各种元素在不同跃迁过程中发射的俄歇电子有其各自的特征能量(图 1.24)，检测俄歇电子的能量和强度，可以获得有关表面层化学成分的定性或定量信息，这就是俄歇电子能谱仪的基本分析原理。

俄歇电子产额 a 随原子序数的变化如图 8.30 所示。对于 $Z<15$ 的轻元素的 K 系，以及几乎所有元素的 L 和 M 系，俄歇电子的产额都是很高的。由此可见，俄歇电子能谱分析对于轻元素(氦和氢除外)是特别有效的。实际上，对于中、高原子序数的元素来说，采用 L 和 M 系俄歇电子分析比采用荧光产额很低的 L 或 M 系 X 射线分析，灵敏度要高得多。通常，对 $Z<14$ 的元素，采用 KLL 俄歇电子来鉴定；对 $Z>14$ 的元素，用 LMM 电子比较合适；对于 $Z>42$ 的元素，以 MNN 和 MNO 电子为佳。为了激发这些类型的俄歇跃迁，产生必要的初始电离所需的入射电子能量都不高，一般不超过 2keV。

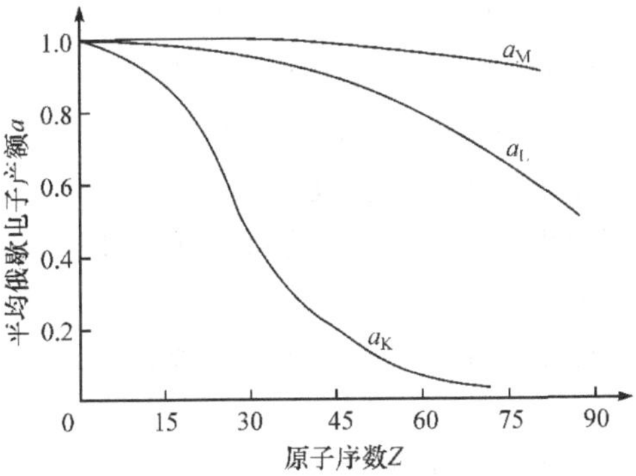

图 8.30　俄歇电子产额与原子序数的关系

俄歇电子的实际发射深度取决于入射电子的穿透能力，但真正能够保持其特征能量而逸出表面的俄歇电子却仅限于表层以下 1～10Å 的深度范围。这是因为大于这个深度

处发射的俄歇电子，在到达表面以前会遭遇非弹性散射而被吸收，或者部分地损失能量而混同于大量二次电子信号的背景。由此可知，选用能量较高的俄歇电子进行检测，有助于提高分析的灵敏度。

1～10Å 的深度只相当于表面几个原子层，这就是俄歇电子能谱仪作为有效的表面分析工具的依据，这个道理和光电子能谱分析是一样的。显然，在这样的浅表层内，入射电子束的侧向扩展几乎完全不存在，其空间分辨率直接与束斑尺寸相当。目前，利用细聚焦入射电子束的"俄歇探针仪"可以分析大约 500Å 微区的表面化学成分。

2. 仪器结构原理

俄歇电子能谱仪由电子光学系统、超高真空试样室、信号接收系统等组成。近代俄歇谱仪广泛采用圆筒反射镜电子能量分析器(CMA)，如图 8.31 所示。试样处于零电位，电子枪发射的电子束轰击点 S 位于圆筒中轴上，成为二次电子(包括俄歇电子)的电子源。筒形能量分析器要求的正是这种点源。

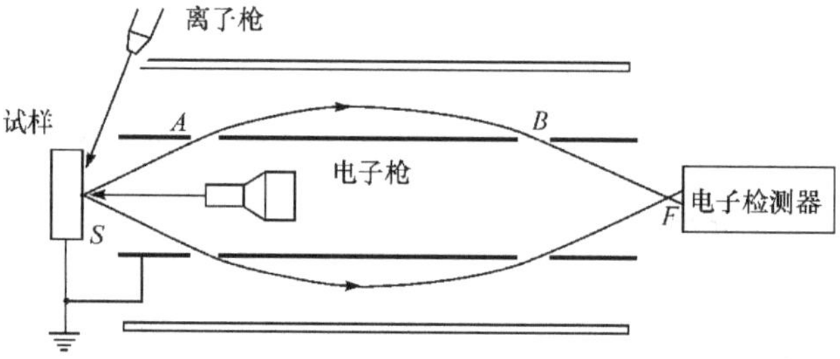

图 8.31 俄歇谱仪圆筒反射镜电子能量分析器

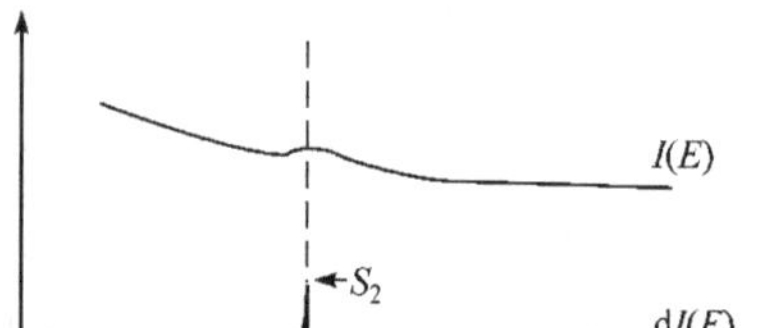

图 8.32 接收电子信号的谱曲线

要指出的是：由入射电子激发产生的大量二次电子和非弹性背散射电子构成了很高的背景。俄歇电子的电流约 10^{-12}A 数量级，而二次电子等却高达 10^{-10}A，所以俄歇电子谱的信噪比(S/N)极低，要想在如图 8.32 中的 $I(E)$ 曲线上检测到微弱的俄谱电子峰是十分困难的，至少灵敏度是极差的。需要设计特殊的能量分析器和数据处理方法。

为了提高测量灵敏度，可在外筒电压上叠加一个交流微扰电压 $\Delta U = k \cdot \sin\omega t$。这样，电子检测器收集到的电流信号 $I(U+\Delta U)$ 也会有微弱的调幅变化，用泰勒公式展开：

$$I(U+\Delta U)=I(U)+\frac{dI}{dU}\Delta U+\frac{1}{2}\frac{d^2 I}{dU^2}(\Delta U)^2+\frac{1}{3!}\frac{d^3 I}{dU^3}(\Delta U)^3+\cdots \tag{8.9}$$

当 k 很小时，式(8.9)改写为

$$I=I_0+\frac{dI}{dE}k\cdot\sin\omega t-\frac{d^2 I}{dE^2}k^2\cos 2\omega t+\cdots \tag{8.10}$$

利用相敏检波器可以将频率为 ω 的信号选出，再配一个选频放大器进行放大，这样便可以过滤掉其他各种频率的干扰信号。整个装置输出的电信号 $I\propto(\mathrm{d}I/\mathrm{d}E)k\cdot\sin\omega t$。典型值为 $k=0.5\sim5\mathrm{V}$，$\omega=1\sim10\mathrm{kHz}$。

这是一种"带通滤波器"性质的能量分析装置。$\mathrm{d}I/\mathrm{d}E$ 曲线是电子能量分布的一次微分，称为微分俄歇能谱曲线，背景低而峰明锐，容易辨认。这是俄歇谱仪常用的显示方式。从俄歇峰的位置(能量)可以作元素定性分析，从峰的高度(强度)可以得到半定量或定量的分析数据。

3. 俄歇谱仪的应用

从自由能的观点来看，不同温度和加工条件下材料内部某些合金元素或杂质元素在自由表面或内界面(如晶界)处发生偏析，以及它们对于材料性能的各种影响，早已为人们所猜测或预料到了。可是，由于这种偏析有时仅仅发生在界面的几个原子层范围以内，在俄歇电子能谱分析方法出现以前，很难得到确凿的实验佐证。具有极高表面灵敏性的俄歇谱仪技术为成功地解释各种和界面化学成分有关的材料性能特点提供了极其有效的分析手段。目前，在材料科学领域内，许多金属和合金的晶界脆断、蠕变、腐蚀，粉末冶金和陶瓷的烧结，焊接和扩散连接工艺，复合材料以及半导体材料和器件的制造工艺等，都是俄歇谱仪应用得十分活跃的方面。

1) 定性分析

定性分析就是根据谱线的能量位置和形状识别元素。常用的方法是根据峰的能量位置(微分谱中是负峰)和作为标准的手册[①]进行对比。标准图谱手册提供各元素的主要俄歇电子能量图；另外，手册中还提供标准俄歇谱图，给出各元素的俄歇峰的位置、形状和相对强度。

定性分析具体步骤如下：

(1) 首选一个或数个最强峰，利用主要俄歇电子能量图找出可能的元素，然后，利用标准俄歇谱图对这些可能元素进行确认。除考虑峰位能量的绝对值外，也应参考各峰的相对位置、强度和形状。在认定峰位时，与标准值发生几个电子伏的位移是允许的。

(2) 确定其他较弱的峰的归属。

(3) 如果最后存在未有归属的峰，需要判断它们是不是真正的俄歇峰。方法是改变入射电子的能量再做测试，若它们的峰位相应的随着改变，则是能量损失峰。因为俄歇峰的位置是不会随入射电子能量的改变而改变的。

(4) 弱峰若被强峰淹没，则它对应的元素容易漏检，但此情况不多见。实际上可从谱峰形状的异常来察觉这种峰的重叠现象。

2) 定量分析

目前，利用俄歇电子谱仪进行表面成分的定量分析，精度还比较低，只是半定量的水平。常规的情况下，相对精度仅为 30%左右。如果能对俄歇电子的有效发射深度估计得较正确，并足够地考虑到表面以下基底材料的背散射对俄歇电子产额的影响，精度则可能

---

① 孟锡明等. 俄歇电子能谱术元素鉴定法[S]. 机电部 JB/J6976-93 部颁标准，1993.

提高到与电子探针相近，即约 5%。

dI/dE 曲线的峰-峰幅值，如图 8.32 中的 S_1S_2，应是有效激发体积内元素浓度的标志。为了把测量得到的峰-峰幅值 I_A（A 为某元素符号）换算成为它的原子百分浓度 c_A，常采用银作为特定的纯元素标样，并通过式(8.11)计算：

$$c_A = \frac{I_A}{I_{Ag}^0 S_A D_A} \tag{8.11}$$

式中，I_{Ag}^0 为纯银标样的峰-峰幅值，S_A 为元素 A 的相对俄歇灵敏度因数，可由专门手册查得；D_A 为一标度因数，当 I_{Ag} 和 I_{Ag}^0 的测量条件完相同时，$D_A = 1$。

如果测得俄歇谱中所有存在的 N 个元素的峰-峰幅值，则相对浓度值可由式(8.12)计算：

$$c_A = \frac{I_A/S_A}{\sum_{j=1}^{N}(I_j/S_j)} \tag{8.12}$$

3）通过离子剥蚀进行深度分析

在镍衬底上镀金，在 300℃热处理 4h 后，摄取的俄歇谱图如图 8.33 所示，图中只有 Ni 和 O 的谱线，找不到 Au 的谱线。接着一面刻蚀，一面跟踪接收俄歇谱图，发现刻蚀几分钟以后，开始出现 Au 的谱线，同时 Ni 和 O 的谱线逐渐减弱至消失；继续刻蚀下去，Au 减弱至消失，而出现单纯的 Ni 谱线，这个分析表明，在热处理过程中，镍扩散到金的表面上形成一层氧化镍覆盖在金表面，虽然这一层很薄，但若用此试样作电子线路中的接头，则会接触不良。

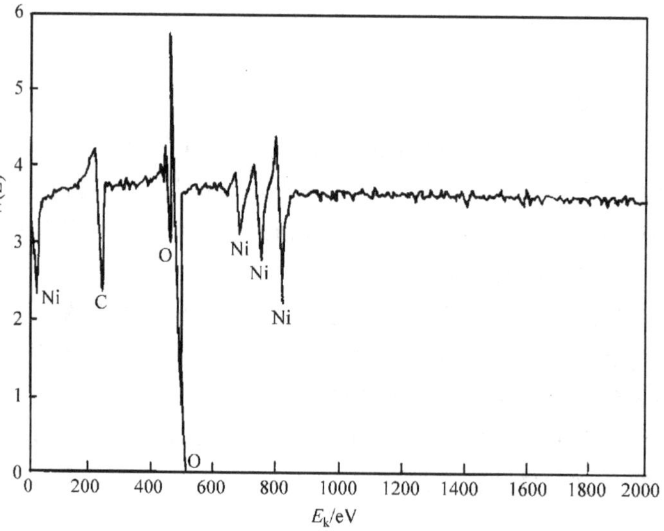

图 8.33　镍板镀金试样在热处理后的俄歇能谱图

4. 表面探针

低能电子衍射和俄歇电子能谱早在 20 世纪 20 年代就为人们发现并用于表面研究，但由于技术条件限制，直到 60 年代才有迅速发展，并成为表面科学研究不可缺少的手段。

两者正好是互补技术，前者给出的是固体表面层结构的信息，后者提供的是固体表面层的元素分布。它们对设备的要求也是类似的，这两种仪器结合在一起，成为低能电子衍射-俄歇电子能谱分析联合装置，常称为表面探针。

8.4　离子束表面分析

离子束轰击固体试样，试样向真空端发射的各种粒子都带有丰富的表面信息，对这些粒子进行测量和分析（如能量分析、质量分析或光谱分析），就构成了以离子作为探束的分析技术的基础。

低能离子对固体的穿透深度比电子浅得多，凡能逸出靶面的离子只能来自固体的表面。因此低能离子束分析技术往往属于表面分析技术。

以离子作为探束的表面分析中，表面是分析的对象。表面的结构、成分，其物理化学性质，环境对表面的影响（如吸附、解吸、表面污染等）等，都是决定表面分析结果的重要因素。其中有些是事先必须了解或控制的因素，有些则是表面分析的目的。

离子轰击常会使表面受到损伤，因而属于破坏性的分析。由此带来的问题是分析过程中表面形貌和表面状态会不断变化。然而，只要采用低能量、低束流密度的离子束，这种溅射效应对表面的破坏作用是能够减小到表面分析所允许的程度的。

由于离子与表面相互作用的过程很复杂，还有很多问题没有解决，因此以离子为探束的表面分析技术还是一个发展中的技术。

8.4.1　离子散射谱

用一定能量的惰性气体离子束入射到固体试样表面，在弹性碰撞条件下将发生入射离子的散射，测定这些散射离子的能量分布，便可得到试样表面元素组成及结构信息，这就是离子散射谱（ISS）技术。

1. 低能离子散射与高能离子散射

根据采用入射离子能量的不同，离子散射谱分为低能离子散射谱（LEISS）和高能离子散射谱（HEISS）。前者入射离子能量常为几个 keV；后者则是 MeV 量级。能量介于这两者之间的称为中能离子散射谱，但这种能量离子的溅射现象严重，对试样表面损伤较大，一般不用来做表面分析。

习惯上，ISS 仅指低能离子散射谱，而高能离子散射谱，因为其物理基础是卢瑟福的背散射原理，所以也称卢瑟福背散射谱，用 RBS 表示。低能入射离子和高能入射离子的散射情况很不一样。低能离子入射试样后，能量会很快被衰减，且极易被中和，故只能与试样的表面原子相互作用；高能离子入射试样后则会有一定的射程。

低能入射离子和固体表面碰撞而散射，可以简化成是和表面上的一个离子碰撞而散射的问题，如图 8.34 所示。设固体表面原子的质量为 M_2，入射离子的质量为 M_1（$\leqslant M_2$），入射时动能为 E_0，散射时动能为 E_1。如果 $2\theta=90°$（这是最常用的检测角），那么由式（1.135）可知

$$\frac{E_1}{E_0}=\frac{M_2-M_1}{M_1+M_2} \tag{8.13}$$

因此，只要在 2θ 方向上检测散射离子的能量分布，由峰值位置 E_1/E_0 即可求出相应的 M_2，也就是说能谱的能量刻度可直接换成靶表面原子的质量刻度，这就是 ISS，相应的峰高应该与该成分的含量有关。

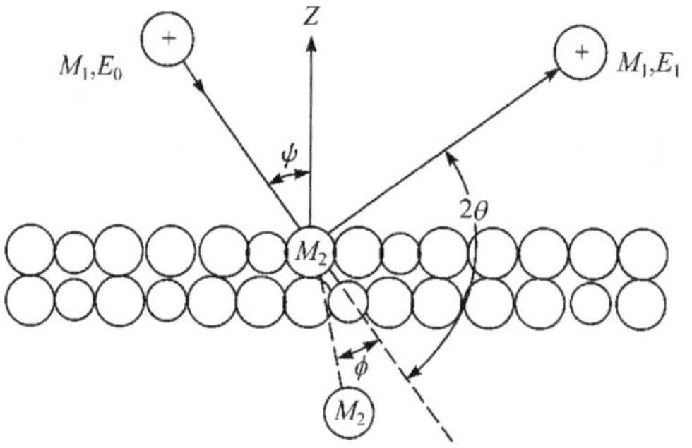

图 8.34　低能离子散射示意图

高能离子 E_0 进入靶内后有一定的射程，会因产生激发、电离等过程而损失能量，散射离子在返回到表面过程中又会失去能量，最后以能量 E_1 逸出靶面并被检测器所接收。散射离子的能量与被撞击原子的质量及其所处深度有确定的关系，散射离子的数量与被撞击原子的数量也有确定的关系。这就为 RBS 分析提供了基础。

2. 低能离子散射谱仪

低能离子散射谱仪主要由离子源、试样架、离子能量分析器与离子流检测器、真空系统、电源系统等部分组成，如图 8.35 所示。

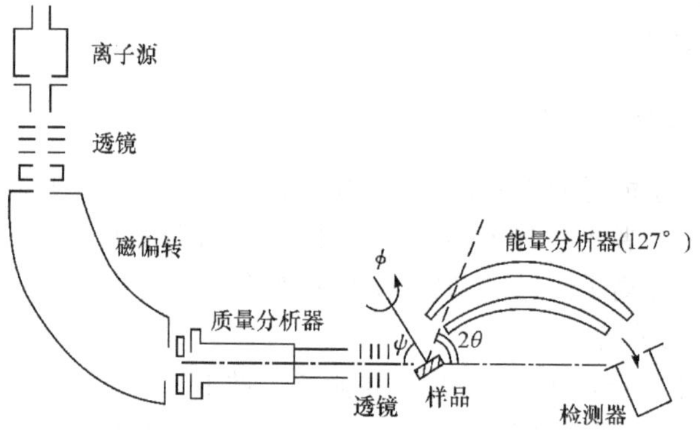

图 8.35　低能离子散射谱仪工作原理图

1）离子枪

ISS 离子源最常用的是氦、氖或氩等惰性气体，不与靶材起作用。离子枪发射的能量为 E_0 的离子束，经磁偏转质量分析器，形成单荷 M_1^+ 纯净离子束，以入射角 ψ 的方向入射到试样上。典型参数是 $E_0=0.2\sim2$keV，能量分散 ΔE_0 约几个电子伏特，角分散小于 1°，束斑直径约 1mm，束流强度在微安到纳安量级。

2）真空系统

ISS 要求超高真空条件（高于 10^{-7} Pa），因为 ISS 信息主要来自表层，如果真空度低，残气在试样表面吸附，不仅会改变试样表面组成，也将影响散射离子产额。

3）试样架

试样架能在三维方向位移，入射角 ψ 及方向角 ϕ 均可调节。

4）能量分析系统与离子检测

ISS 一般都用静电偏转型能量分析器，也有用筒形镜分析器的。图 8.35 中采用了柱形 127°能量分析器。能量分析器能绕试样转动，以便接收不同 2θ 方向的散射离子。离子的检测通常使用单粒子计数器。

分析器的电压连续扫描，可检测不同能量的散射离子，记录下离子流强度随相对能量 E_1/E_0 的变化曲线，就是 ISS 谱。

散射离子强度与入射角 ψ、检测角 2θ 等有关。2θ 常用 90°，几乎已成定值。至于 ψ，ψ 越大，散射峰越强；但若 ψ 接近 90°，就可能与几个表面原子作用，发生“多重”散射，导致“有效质量”增加。

离子散射谱从本质上说，是对散射离子进行能谱分析，因此谱仪的主要指标也是能量分辨率，其典型值为 1%～3%。

因靶表面原子质量不同而导致散射峰位的偏移量可用式(8.13)微分得

$$\frac{\Delta E_1}{E_0}=\frac{2M_1}{(M_1+M_2)^2}\Delta M_2 \tag{8.14}$$

显然，入射离子越重，靶表面原子质量越轻，对质量相近原子的分辨能力就越高。

3. ISS 特点和应用

ISS 具有较高的表面灵敏度，散射离子所带信息均来自表面一两个原子层。因此，ISS 除可用来检测表面组成外，还主要用来研究吸附表面的物理结构。ISS 对表面损伤小，接近无损分析。

ISS 对不同元素，灵敏度在 3～10 倍变化，检测灵敏度为 10^{-3} 量级，但谱峰较宽，分辨本领不强，本底较大。ISS 也常和其他分析技术（如 AES、SIMS 等）组成联合谱仪，共同完成多种分析功能。

由 ISS 识别靶表面原子相当简单，根据散射峰的位置即可确定是何元素。要进行定量分析就比较复杂，通常认为，对于均匀的非氧化材料，可用简单的峰的强度比来作定量分析，若试样中含有 a、b 两种元素，则相应的两个峰的强度比值应为

$$\frac{I_a}{I_b}=\frac{N_a}{N_b}\frac{P_a}{P_b}\left(\frac{Z_a}{Z_b}\right)^{\beta} \tag{8.15}$$

式中，Z_a、Z_b 为 a、b 两种元素的原子序数；N_a、N_b 为这两种元素的表面浓度；P_a、P_b 为离子化保持概率；β 为一常数，可用标准试样加以测定。

图 8.36 是用 $^{20}Ne^+$ 散射研究热电子阴极激活过程的能谱图，也就是 ISS 谱。$M_1=20.2u$，$E_0=1.0keV$，$2\theta=90°$，试样是由涂敷 Al_2O_3、BaO 和 CaO 等氧化物的多孔钨制成的，谱图中各个峰的位置与式(8.13)计算的结果是吻合的。在室温下（激活前）有一个很

强的 W 峰，峰位 $E_1=802\text{eV}$，其他峰极小。加热（激活）到 1165℃，并保持在此温度，谱图中出现了比 W 还高的 Ba 峰（$E_1=743\text{eV}$），还有一些 Cu、Ca、Al 等小峰。因为加热而迁移到表面上来 Ba 能够增加电子发射，即所谓阴极激活。W 峰的高度降低为原来 W 峰高度的 1/20 左右，说明在阴极激活的情况下，散射的 Ne^+ 容易被热阴极表面的电子中和。

图 8.37 为 CO 在镍铜合金上吸附前后的 ISS 谱。从清洁表面和吸附表面图谱对比中，可以看出镍峰比铜峰衰减得快，铜和镍的散射峰的强度比发生了明显的变化，可说明 CO 优先吸附在镍原子上。

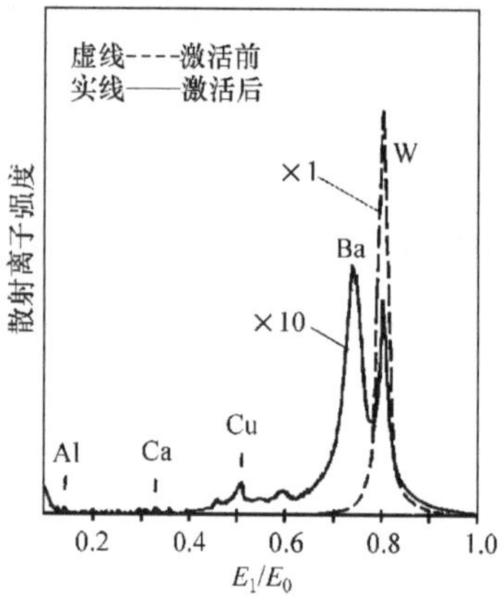

图 8.36　掺钡钨阴极的离子散射谱

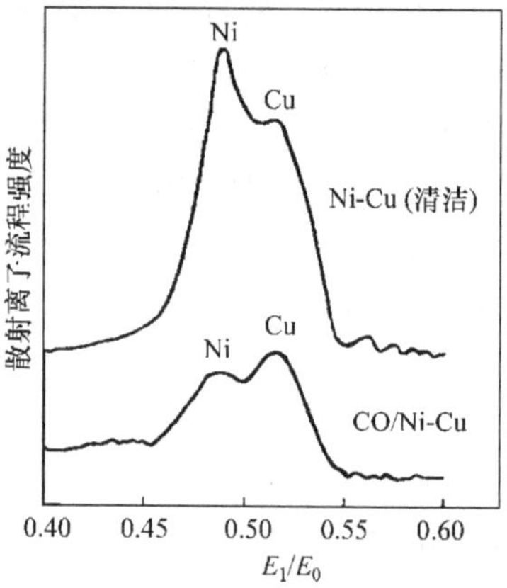

图 8.37　65Ni-Cu 的离子散射谱

4. 高能离子散射谱仪与离子能谱仪

高能离子散射谱仪主要由离子源、试样架与离子能谱仪组成，如图 8.38 所示，整个装置均置于超高真空条件下。

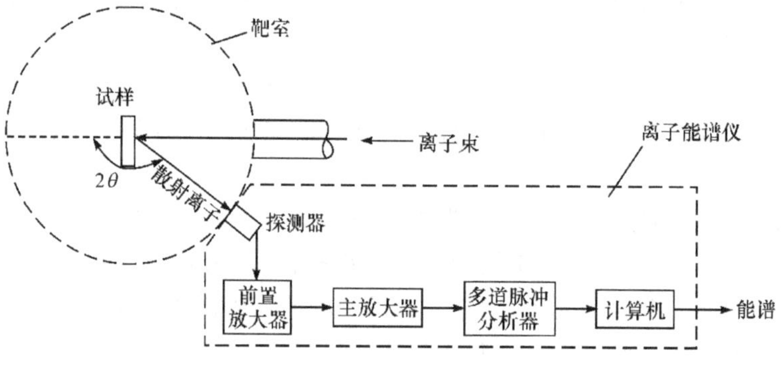

图 8.38　高能离子散射实验装置示意图

RBS 需要高能量的入射离子，一般由加速器提供。入射离子常用 He^+，其能量范围为 1～3MeV。能量分散小于 0.1%，束流强度 0.01～0.1μA。入射离子也有用 H^+ 的，入射能量可降至 0.2～0.4MeV。H^+ 能量损失小，可分析较深表面层，但它不及 He^+ 稳定，灵敏度和质量分辨率也不及 He^+。

RBS 常使用离子能谱仪作为检测器，其主要优点是可以在比较大的立体角范围内收集待分析离子，以及通过多道脉冲高度分析器得到背散射离子能谱，快速方便。

5. RBS 特点和应用

低能离子散射谱的特征峰代表了深度只有几埃的表面组成，高能离子探测的深度大得多，散射谱的范围很宽，从很低的能量（代表穿入到靶材某一深度的散射）到某一最高能量（相当于表面原子引起的散射）。所以可用它进行薄膜或表层分析，厚度达数千埃，而无需像其他表面分析那样要进行逐层剥蚀。由于能量高，溅射产额很低，故高能离子散射谱是近似无损的、快速的分析方法，特别是能简单而直接地测量薄膜或表面层的厚度、浓度，以及某元素的深度分布等。但它对轻元素不灵敏，不能分析化学键，也不能作横向分析。RBS 的应用举例如下。

1）鉴别元素

背散射技术的最简单应用是定性分析，确定靶材所含元素。图 8.39 是用 1.85MeV 的 $^4He^+$ 作用到石英片上所得到的背散射谱，$2\theta=150°$，横坐标表示背散射粒子的能量，纵轴是离子检测器计数率。由于试样厚度大大超过粒子穿透深度，背散射粒子的最小能量为 0。能谱为一连续谱，上有两个平台，说明 O 引起的能谱与 Si 引起的能谱互相重叠。Si 和 O 下的箭头标出两平台前沿半高处对应的能量，分别表示石英片表面 Si 和 O 原子所散射的粒子能量。在低能区有一个小峰叠加在该谱上，从它对应的能量可确定是由 C 引起的能谱。C 峰的谱形很尖，表明 C 只集中在试样表面，这是靶室中油蒸气污染的结果。

2）测量薄膜厚度及其组分

图 8.40 表示用 1.8MeV 的 $^4He^+$ 分析 Si 衬底上的氮化硅层的背散射谱。因 N 比 Si 轻，而 Si 又是连续谱，所以 N 谱重叠在 Si 谱上。图中 Si 及 N 下的箭头分别标出氮化硅的 Si 谱和 N 谱的前沿位置，Si_3N_4 下箭头表示衬底 Si 与氮化硅界面处 Si 原子散射的粒子能量。扣除 Si 衬底（图中虚线所示）的影响，可得到所有 N 原子贡献的背散射谱。由 Si_3N_4 层中 Si 所散射的离子形成的谱宽 $\Delta E_{Si_3N_4}$ 及 N 所散射的离子形成的谱宽 ΔE_N 取决于 Si_3N_4 层的厚度。若已知背散射离子的能量损失为 120keV/μm，由图谱可求出氮化硅层厚度为 0.18μm。由于氮化硅的硅谱谱高与 N 谱谱高之比约为 0.75，所以氮化硅的组分应为 Si_3N_4。

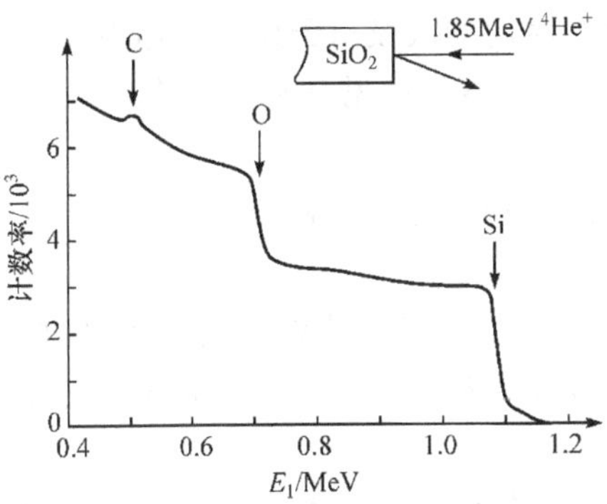

图 8.39　$^4He^+$ 入射到石英片上的背散射谱

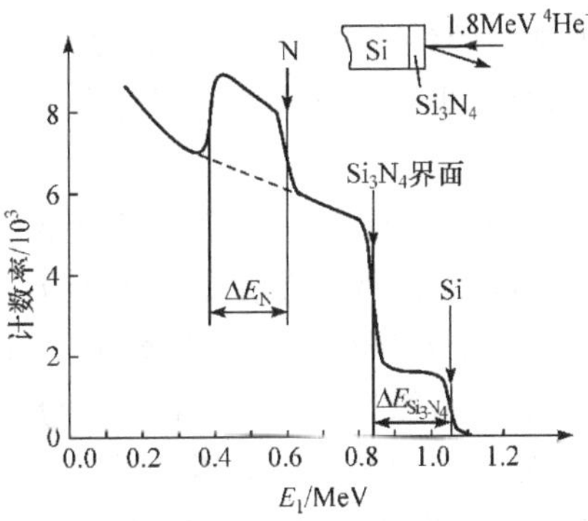

图 8.40　$^4He^+$ 入射到 Si 衬底上的氮化硅层的背散射谱

8.4.2 二次离子质谱

1. 概述

在高真空(约 10^{-6}Pa)条件下,用几个 keV～20keV 的离子束轰击固体试样,引起固体表面(约几个原子层)原子和分子以中性的或带电的状态发射出来;用质谱法分析这些溅射的二次离子,得到的质谱图称为二次离子质谱(SIMS)。

SIMS 所检测的是被溅射出表面的离子,是一种最直接的分析表面成分的方法,所以它具有极高的检测灵敏度。最小检出浓度可以达到 ppm,甚至 ppb 量级,比 XPS 和 AES 至少低两个量级。因为光电子和俄歇电子都是电子,各种因素使它们的噪声不可能很低。

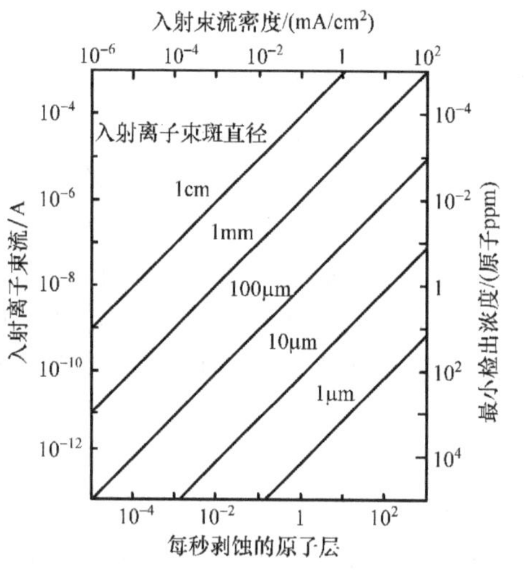

图 8.41 入射束流、束斑直径、束流密度与原子层剥蚀速率以及探测灵敏度之间的关系

SIMS 可以分析周期表上的所有元素及其同位素和化合物,而且通过正、负离子,分子离子,碎片离子等,可得到化合物的分子结构等多方面的信息;通过逐层剥离还可以得到深度分布信息;可在微观尺度上(微米量级)观察表面的横向特性。

SIMS 对表面进行分析的性能与入射离子束的各种参数、质量分析系统水平等关系密切。典型情况下,入射离子束流密度、离子束斑直径与试样表面剥蚀速率以及二次离子质谱探测灵敏度之间有如图 8.41 所示的关系。在给定入射离子能量条件下,剥蚀速率与初级离子束流密度成正比,最小检出浓度与入射离子束流成反比。

在以离子束为探束的分析仪器中,离子枪产生的初级束由磁场偏转并经聚焦后轰击到试样的分析点上,产生二次离子供分析用。实际上形成一个离子轰击电离源。分析区大小可限定在直径为 1～2mm、深度为几十埃范围之内。

通常将消耗一个单层试样的时间小于分析所需时间的次级离子质谱计称为动态次级离子质谱计;也可将分析信息深度大于一个单层的次级离子质谱计称为动态次级离子质谱计。

根据初级束的特征,二级离子质谱技术可以分为两类:动态法和静态法。

1) 动态二次离子质谱(离子探针)

入射离子采用高的束流密度(可达 $1A/cm^2$)。此时,有很高的表面剥蚀速率,是获得深度剖面,进行微区分析和痕量元素分析(<1ppm)所必需的。这一技术也就是一般说的动态法,它对表面是一个破坏过程。

通常把入射离子束斑小于 10μm 的二次离子质量分析器称为离子探针或离子微探针(IMMA),用来进行微区成分分析。通过扫描方式,可获得表面上任何一种元素二维分布图像,并可逐层剥蚀得到深度分布信息,因而可进行三维分析。因为初级束能和束流密度都较大,对表面剥蚀速率高,所以已不完全是表面分析。如果用于表面分析必须提高分析速度,以便在表面没有发生明显变化的条件下完成分析。

2) 静态二次离子质谱

入射离子采用低束流密度(约 10^{-9} A/cm^2)。此时,表面溅射掉一个单原子层的时间达数小时,可以认为在分析时表面情况基本不破坏。因此,静态二次离子质谱(SSIMS)是一种真正的表面分析方法。

采用低的初级束流密度,痕量分析比较困难;为了保证有足够的灵敏度,初级束斑直径一般比较大,横向分辨率较低。

2. 仪器

二次离子质谱仪的工作原理如图 8.42 所示,大致由以下 6 个部分组成。

1) 离子枪

离子枪是二次离子质谱仪的核心部件,要求具有束流聚焦调节装置,以及静电偏转系统。在进行静态分析时,要求初级束流密度低,束斑尺寸较大(直径约 3mm)。而进行面分布或深度分析时,则要求束斑直径小,并进行扫描,需相应提高束流密度。有时为满足不同成分及不同类型的分析要求,应能改变初级束种类及不同的离子源。

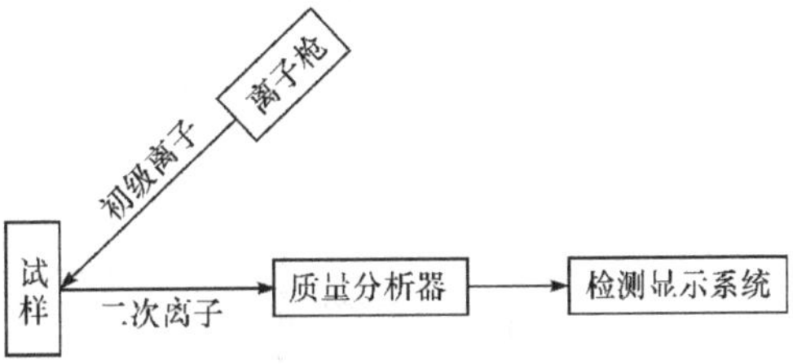

图 8.42　二次离子质谱仪原理图

2) 试样架及进样机构

试样架及进样机构能够在超高真空条件下送样、取样并对试样位置加以调节。为适应试样的种类和分析要求,该机构还能对试样进行加热、冷却、折断及清洁处理。

3) 二次离子分析系统

被激发的二次离子具有不同能量和质量,且有一定的角分布,还有散射的初级离子,溅射的中性粒子、二次电子等,为了分析系统能最大限度地接收二次离子,抑制干扰,常采用引入系统,即用数千伏加速电压将二次离子垂直于试样表面吸出。

对二次离子的质量分离通常选用如图 8.6 所示的双聚焦质量分析器。其终端有一个带有接收狭缝的检测器,检测二次离子流,并据此描出二次离子的质谱曲线。

SSIMS 的离子分析系统多采用四极滤质器,离子流的检测多采用单粒子计数器。

4) 数据处理系统

数据处理包括信息图形显示、数据分析处理、结果打印输出。目前多采用计算机控制,实现自动测试与分析。

5) 真空及进气系统

静态质谱仪要求在超高真空(约 10^{-8} Pa)条件下工作,使残气在表面形成单分子层的时间长达数小时,以保持试样的清洁表面。此外,在试样表面注氧,可提高及稳定二次离子产额,并降低溅射产额变化,所以除真空系统之外,还多带有注氧系统。

动态分析只要求高真空(约 10^{-6} Pa),虽然在分析过程中试样表面会不断收到污染,但不停地剥离可保持试样表面的清洁。

6) 电源系统

略。

3. 特点和应用

离子与表面相互作用的过程复杂。SIMS 中经常会得到很复杂的谱线,造成识谱困难,进行定性分析的关键是要识谱,这需要具有一定质谱学知识及相应的实际经验。由于计算机的引入,这方面的困难部分地得到克服。

1) 痕量杂质分析

SIMS 灵敏度高,适于作痕量杂质分析。例如,对集成电路上 500nm 厚度的 SiO_2 钝化膜进行分析,图 8.43(a)、(b)分别为其 AES 和 SIMS 谱图,从 AES 谱图上只得到 Si、O、C 峰;而从 SIMS 谱图中可以看到 Si^+、SiO^+、Si_2O^+ 等峰,此外还有 Na^+、Li^+、K^+ 等峰。显然,这是由于 AES 对碱金属的检测灵敏度太低(约 0.1%)。

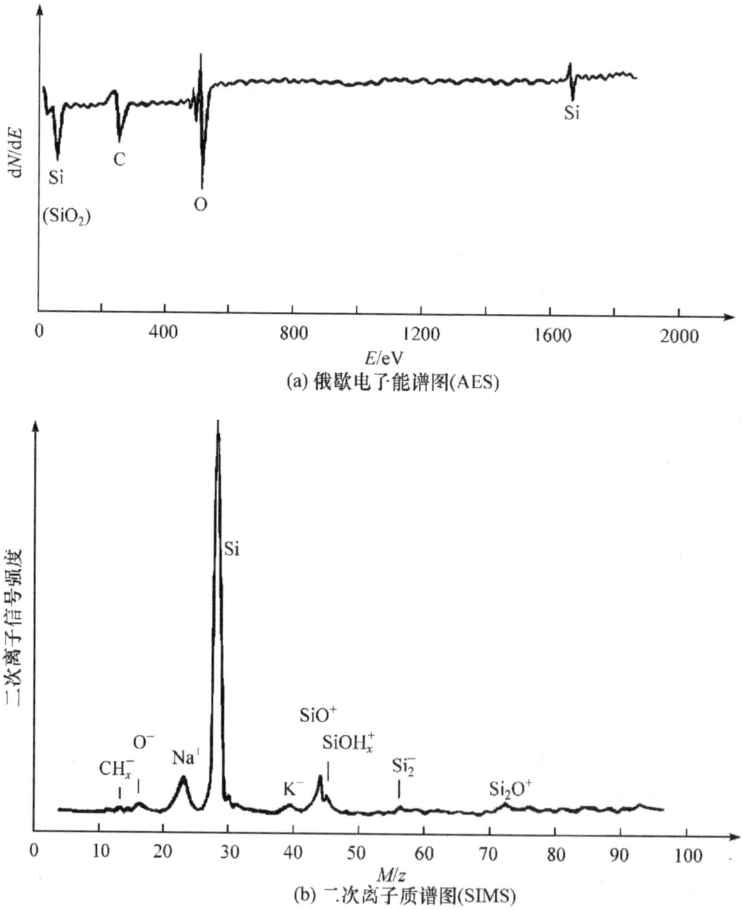

图 8.43　集成电路上 SiO_2 钝化层的俄歇电子能谱和二次离子质谱

2）面分布成分分析

利用扫描初级离子束，不仅可以得到十分清晰的二次电子图像，以观察表面微观形貌，而且可得到二次离子图像，显示各种成分的表面分布。

3）深度剖面成分分析

为得到试样中元素的深度浓度分布，SIMS 采用离子剥蚀作为暴露固体下层的方法。这时表面分析方法本身固有的深度分辨率并不是关键，而亚表面层的混合效应以及与表面离子剥蚀有关的问题会成为影响深度分辨率的主要因素。表面离子剥蚀问题指入射到试样上的离子流密度在整个束斑范围内并不均匀，对表面的剥蚀也不均匀。亚表面层的混合效应是入射离子与固体表面相互作用所引起的结果，它使剖面的原子分布产生畸变。

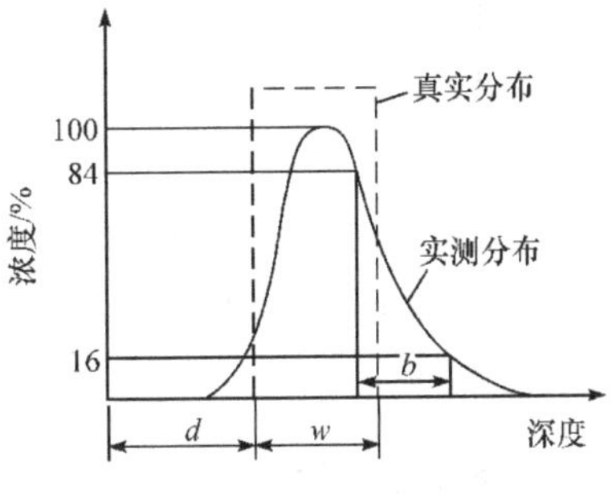

图 8.44　深度方向的真实浓度与实测浓度分布

深度分辨率可理解为信息来源于表面层中多大尺寸的深度范围内。例如，离试样表面深度 d 处有一厚度为 w 的层，假定该层中某元素的浓度分布呈矩形，如图 8.44 的虚曲线所示，SIMS 测量时，由于一些因素使浓度分布发生偏离，如图 8.44 的实曲线所示，该曲线向深处的延伸一般较大。可考虑取实测峰高的 84% 和 16% 之间在深度方向的距离 b 作为表示深度方向分辨率的量，b 会随 $(d+w)$ 而变，所以 b 称为绝对深度分辨率，b 与 $(d+w)$ 的比值称为相对深度分辨率。SIMS 在最佳情况下，相对深度分辨率可以达到 10%。

在进行深度剖面分析时，要正确理解所得信息的意义，应注意由于各种原因引起的展宽效应，在确定含量时最好用标样进行校准。

例如，Ta_2O_5 薄膜试样在 23nm 深处有一个 5nm 厚的富磷层，用垂直入射的 ^{16}O，在 4.5keV、7.75keV、18.5keV 的能量下，得到如图 8.45 所示的 ^{31}P 分布的剖面图，从中可以看到能量展宽效应。18.5keV 的入射离子引起的 ^{31}P 的反弹分布是十分明显的。

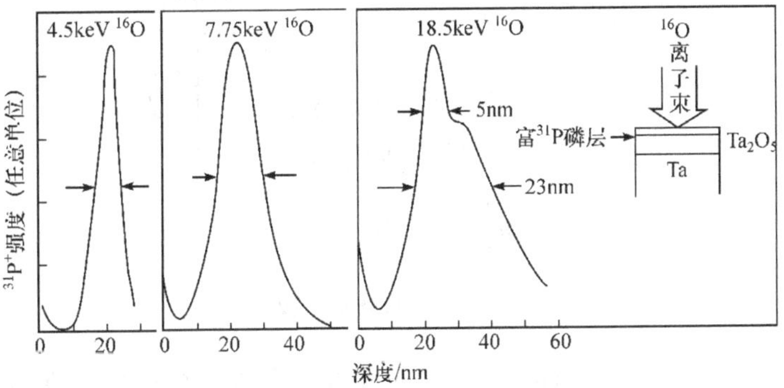

图 8.45　Ta_2O_5 薄膜试样中沿深度 P 浓度分布图

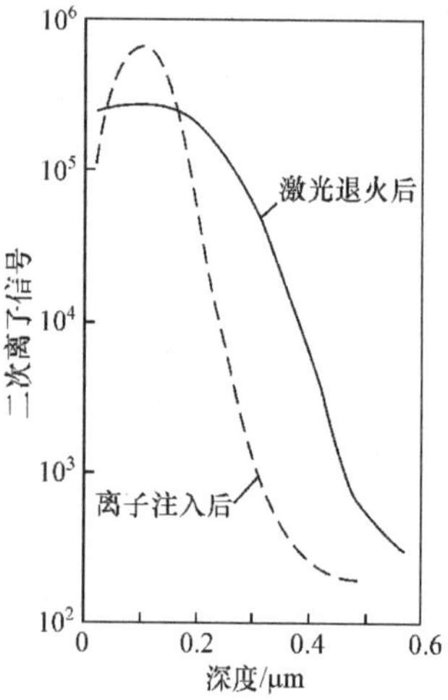

图 8.46 硅片中注入^{11}B后沿深度 B 浓度分布图

图 8.46 是利用 SIMS 分析硅的(100)面注入^{11}B后所得结果。离子注入分布峰值处浓度约为 10^{21} 个/cm^2，激光快速退火可使 B 再分布明显。这是因为激光能使晶体熔化深达数百纳米，而硼能够在液相硅中扩散达 100nm。

4) 定量分析

SIMS 的定量分析比较困难，原因在于二次离子产额与许多因素有关，如氧会使大部分金属的正二次离子产额增加两到三个量级。实际经验表明，采用降低初级离子能量和束流密度的办法，可避免或减少它们的影响。根据所分析的相对离子产额来进行定量分析，可取得较好的结果。也可采用标样法，即先测定各元素的相对灵敏度系数，使仪器工作参数标准化，再进行对未知试样的实测，并把离子信号转换成相对原子浓度。

8.4.3 离子显微镜

离子显微镜又称直接成像质量分析器(DIMA 或 IMA)。用束斑直径约几百微米的初级离子束轰击试样，溅射出二次离子，再用适当的离子光学系统给出试样表面的二次离子图像，其典型结构如图 8.47 所示。

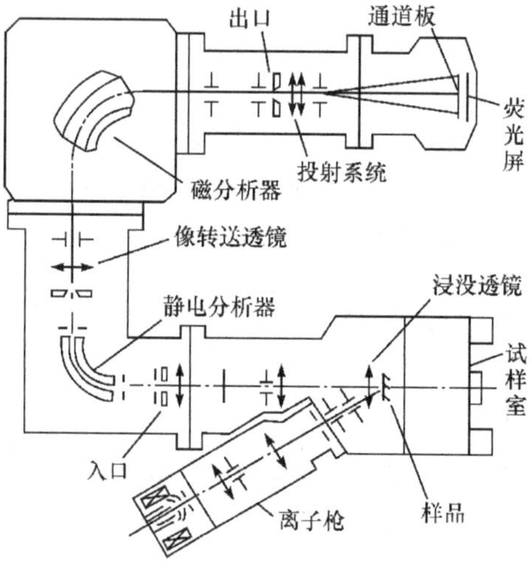

图 8.47 离子显微镜结构原理

初级离子束打在试样表面，部分表面原子变成二次离子溅射出来，包含不同程度的能量分散。这些二次离子经过传送光学系统射入双聚焦质量分析器(由球形静电分析器和斜入射的磁分析器组成)后，按质荷比分离的同时，各离子空间相对位置保持不变，即达到成像的目的。改变磁场强度，就可以逐一得到表面上任何一种元素的二维分布图像。离子像放大倍数为 75～150，空间分辨率 1μm。记录离子像可以用照相底片、微通道板或电视摄像机。

整个系统处于高真空（～10^{-6} Pa）条件下，初级离子束能量为几个 keV～20keV，直径 25～400μm，束流密度约 $5mA/cm^2$。

初级离子束可以扫描，但目的是得到为深度分析用的平底坑而不是成像。逐层剥蚀可得到深度分布信息，从而进行三维分析。

由于直接成像，所需时间仅是 IMMA 的 10^{-4}。它们的灵敏度很高，可分析 ppm 甚至 ppb 量级的杂质，在很多领域中得到应用。由于直接成像使用的初级束能和束流密度都较大，对表面剥蚀速率高，属动态法，所以不完全是表面分析。

8.4.4　场离子显微镜

迄今为止还不能用电子显微镜分析观察单个空穴或间隙原子、对这类缺陷的分析只能利用场离子显微镜（FIM）来完成。

1. 场离子显微镜的结构和成像原理

图 8.48 为场离子显微镜的剖面示意图。工作室中安置有钨阳极和荧光屏阴极，钨电极用液氮冷却而保持低温，钨阳极上加一正电压（几千伏到几十千伏），荧光屏接地。单晶试样制成针尖状，针尖端经电解抛光后，形成一个数百个原子堆积而成的半球形表面（曲率半径为 10～100nm）。针状试样的另一端和钨电极相接而带正电，它和荧光屏之间存在一个发散的电场。

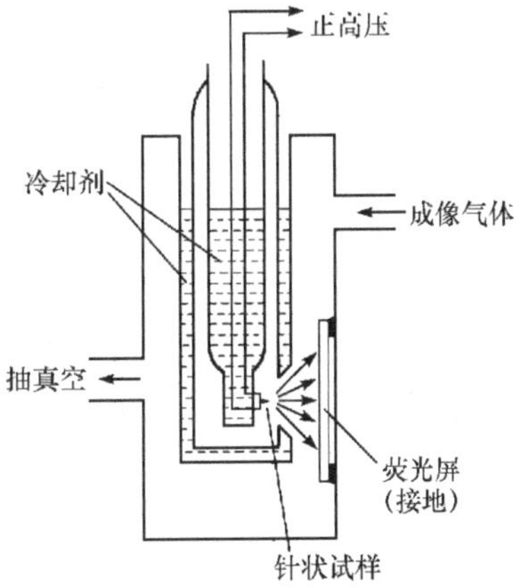

图 8.48　场离子显微镜结构示意图

在晶体针尖试样的表面上，原子只能是以平面台阶的方式近似地组合成一个球面，在台阶边缘地带的原子常突出在球面之外，因为单个原子的曲率半径远较球面的曲率半径小，故单个原子附近的场强远远超过了试样球面场强的平均值。

工作室内先把真空抽到 10^{-6} Pa 左右，然后通入成像气体（氦、氖等惰性气体），使真空度下降到 1～0.1Pa。成像气体原子在电场的作用下产生极化；由于其本身的动能和极化力的作用，气体原子被试样尖端吸引，而趋向试样表面，如图 8.49 所示。极化原子在与试样表面不断碰撞的过程中，其外层电子可能通过隧道效应穿过试样表面的位垒区进入试样内部而变成一个正离子，这个过程往往在一些突出原子附近的局部能量增高区中优先进行。成像气体的正离子受到电场的加速作用，沿着电力线射向荧光屏，使荧光屏发光。因此，荧光屏上每个发光点都是与试样表面的单个原子相互对应的，荧光屏上的图像就是针尖试样表面的某些突出原子的放大像，大约 0.2nm 的结构细节可从这类图像上分辨出来。

2. 场离子显微图像的标定

如图 8.49 所示的晶体尖端表面的原子面组成台阶，说明了主要晶面极点的标定方法。如果把晶体中的原子面排列成一个近似球面时，球面将由许多不同层次的同心圆原子而组成。每两层面之间存在一个台阶，台阶边缘原子都是突出原子，因此，晶体的场离子显微图像将由一些围绕着若干中心的亮点圆环组成，同心亮点圆环的中心就是相应原子平面法线的径向投影极点。根据这个道理就可确定各极点的指数。图 8.50 为铱尖端的场离子显微镜照片，位于中心的晶面是(001)。

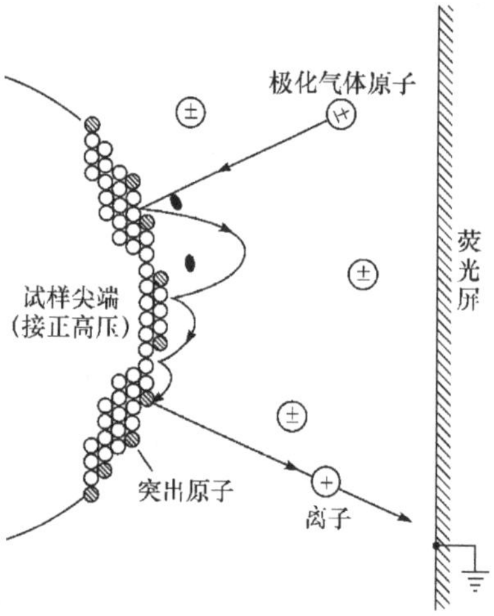

图 8.49　场离子显微镜成像原理示意图

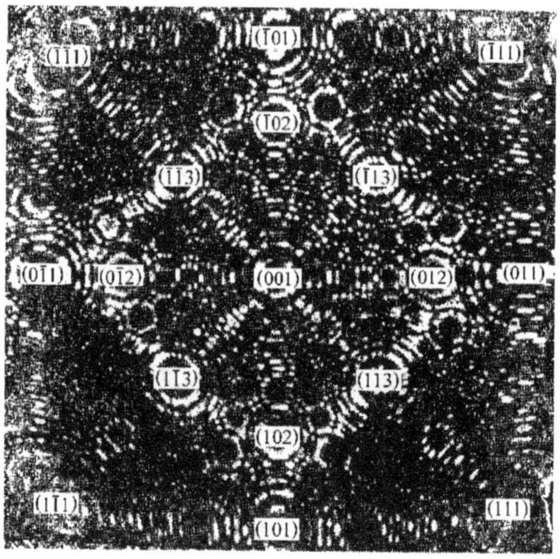

图 8.50　铱单晶针尖试样的场离子显微图像

场离子显微镜能够直接把表面的原子成像，所以可进行晶体缺陷分析，晶体中存在空位、空位群、间隙原子等点缺陷可从图像上直观地分辨出来。

8.5　激光探针显微分析

激光探针显微分析是一种以聚焦微激光束取样，同时又激发原子发射的光谱分析法，故也称为激光显微发射光谱分析法(LMESA)。该技术已成为微量固体颗粒或固体微区化学成分分析的一种有效手段。但至今有关激光取样的代表性、辅助激发的稳定性及其他元素对待分析元素的光发射影响和标样制备等方面存在的问题仍未获完满解决；成熟的定量分析方法的研究工作未获突破性进展.

与其他微束测试技术方法相比较，LMESA 法最突出的优点表现在可在大气气氛下分析试样，并可以用激光清除试样表面的污染。

LMESA 法的不足主要在分辨率和测试精度都较低，目前分辨率约 5μm，测试精度 5%～25%；其次，不能分析激发电位较高的元素；再次，对试样的微米级范围而言，是破坏性的，不能重复测试。

8.6　探针扫描显微分析

8.6.1　扫描隧道显微镜

扫描隧道显微镜(STM)是 1982 年才问世的一种新型的表面分析仪器。它能够观察到原子在物质表面的排列状态和与表面电子行为有关的物理、化学性质。

1. 工作原理

STM 的基本原理基于量子理论的隧道效应。将原子尺度的极细探针和被研究物质(导电的试样)的表面作为两个电极,扫描探针一般采用直径小于 1nm 的细金属丝。当试样与针尖的距离非常接近时,在外加电场的作用下,电子会穿过两个电极之间的绝缘层从一极流向另一极。这种现象即是隧道效应。隧道电流 I 是电子波函数重叠的量度,表示为

$$I=U_{\mathrm{b}}\mathrm{e}^{-A\cdot z\sqrt{\Phi}} \tag{8.16}$$

式中,U_{b} 为加在探针和试样之间的偏置电压;z 为探针和试样的间距;Φ 为探针和试样功函数的平均值;A 为常数,在真空条件中约等于 1。

图 8.51 表示 STM 的基本工作原理,其中 X、Y、Z 为压电驱动杆,图中的圆圈代表原子。代表针尖的原子和代表试样表面的原子没有接触,但距离非常接近,于是有隧道电流在针尖和试样之间流过。由式(8.16)可知,隧道电流强度对针尖与试样表面的间距非常敏感,如果距离 z 减小 0.1nm,隧道电流 I 将增加一个数量级。因此,利用电子反馈线路控制隧道电流恒定,并用压电陶瓷材料控制针尖在试样表面的扫描,则探针在垂直于试样表面方向上的高低变化即可反映试样表面的起伏,如图 8.52(a)所示。将探针在试样表面扫描时的运动轨迹直接在显示屏或记录纸上显示出来,就得到了试样表面排列原子的轮廓图像。这种扫描方式可用于观察表面形貌起伏较大的试样,且可通过加在 Z 向驱动器上的电压值推算表面起伏高度的数值,这是一种常用的扫描模式。对于起伏不大的试样表面,可以控制针尖高度守恒扫描,通过记录隧道电流的变化也可得到表面态密度的分布,如图 8.52(b)所示。这种扫描方式的特点是扫描速度快,能够减少噪声和热漂移对信号的影响,但一般不能用于观察表面起伏大于 1nm 的试样。

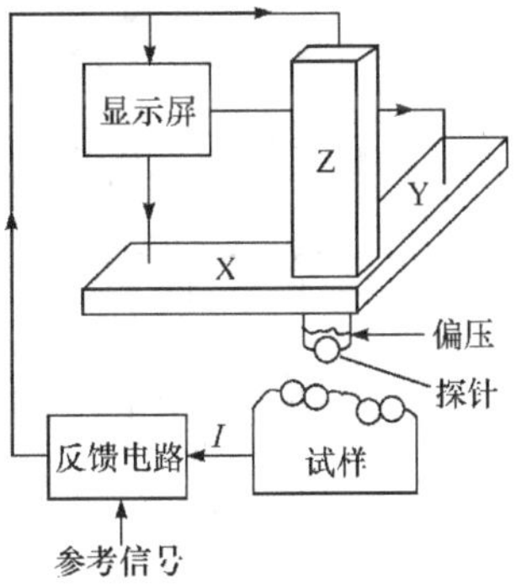

图 8.51　STM 基本结构原理

从式(8.16)可知,在 U_{b} 和 I 保持不变的扫描过程中,如果功函数随试样表面的位置而异也同样会引起探针与试样表面间距 z 的变化,因而也引起控制针尖高度的电压 U_{b} 变化。如试样表面原子种类不同,或试样表面吸附有原子、分子时,由于不同种类的原子或分子团具有不同的电子态密度和功函数,此时 STM 给出的等电子态密度轮廓不再对应于试样表面原子的起伏,而是表面原子起伏与不同原子和各自态密度组合后的综合效果。

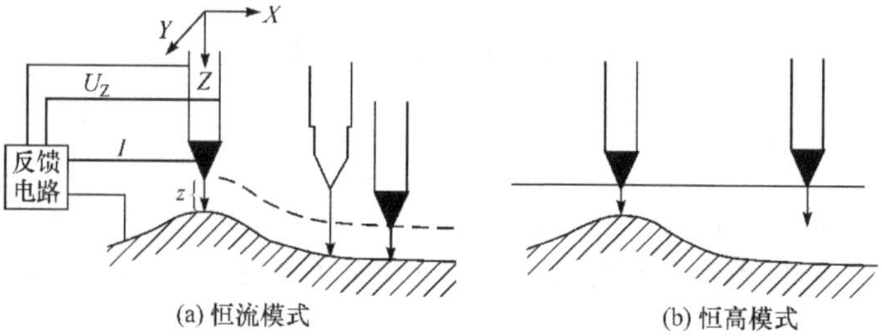

图 8.52　STM 的基本工作模式

高定向石墨(HOPG)单晶呈层状结构,化学性质稳定,不易污染,常作为 STM 检测的标准试样,其表面原子排列如图 8.53(a)所示。在单个六角环结构中,*A* 处上下两层原子互相重叠,*B* 处仅有上层原子,而 *C* 处只有下层原子存在。在扫描隧道显微像中,*A* 处的实际高度比 *C* 处高 0.1nm;而 *B* 处比 *A* 处低 0.01nm。相邻两个六角碳原子环中心的距离为 0.246nm。图 8.53(b)是用扫描隧道显微镜在空气中获得的 HOPG 表面原子排列像。

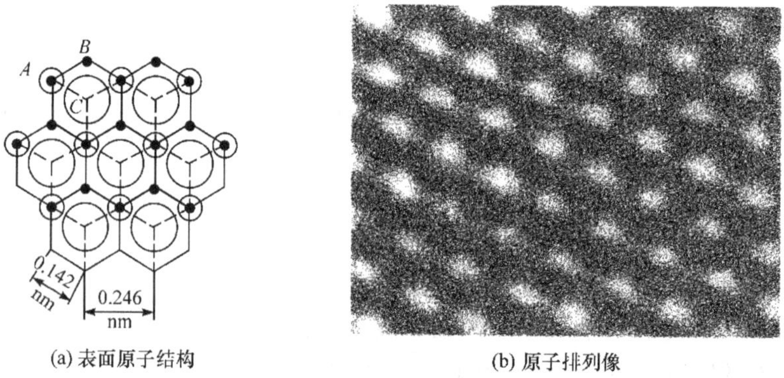

图 8.53　高定向石墨 HOPG 的表面原子结构和 STM 像

2. 探针

从 STM 的工作原理可知,扫描探针的结构是很重要的。探针一般用钨丝、铂铱丝或金丝制成,理想的针尖只有一个原子,且尖部长度不宜超过 0.3mm。针尖的尺寸、形状及化学同一性不仅影响 STM 图像的分辨率,而且还关系到电子结构的测量。因此,精确地观测和描述针尖的几何形状与电子特性对于实验质量的评估有重要的参考价值。FIM 能在原子级分辨率下观察 STM 针尖的顶端形貌,使得人们能够在确知 STM 针尖状态的情况下工作。

3. STM 的特点

与其他表面分析技术相比,STM 所具有的独特优点可归纳为以下几条:

(1) STM 在平行和垂直于试样表面方向的分辨率分别可达 1Å 和 0.1Å。因为任何借助透镜对光或其他辐射进行聚焦的显微镜都不可避免地受到衍射效应限制,而 STM

能够克服这种限制，因而可获得原子级的高分辨率。

(2) 可实时地得到表面的三维图像，可用于表面扩散等动态过程的研究。

(3) 可以观察单个原子层的局部表面结构，而不是整个表面的平均性质。因而可直接观察到表面缺陷、表面重构、表面吸附体的形态和位置。

(4) 可在真空、大气等不同环境下工作，甚至可将试样浸在水和其他溶液中，不需要特别的制样技术，并且探测过程对试样无损伤。特别适用于研究生物试样的表面变化。

尽管 STM 有着 TEM、FIM 等仪器所不能比拟的诸多优点，但由仪器本身所造成的局限性也是显而易见的。这主要表现在以下两个方面：

(1) 在 STM 的恒电流工作模式下，有时它对试样表面微粒之间的某些沟槽不能够准确探测，与此相关的分辨率较差。

(2) STM 所观察的试样必须具有一定程度的导电性；对于绝缘体则无法直接观察，如果在试样表面覆盖导电层，则可能破坏原始的真实表面。

4. STM 应用

STM 在表面科学、材料科学、生命科学等领域的研究中有着重大意义。

1) 表面结构研究

STM 能高分辨地实时观察导体和半导体表面结构。例如，微电子器件的厚度仅为几十个原子的集成电路，在 STM 问世之前，只能用一些烦琐的、往往是破坏性的方法进行观测；而 STM 则可对试样表面进行无损探测。

STM 能实时观察到金属表面的主要特征。例如，研究表明，大部分 Al(111) 表面由被单原子台阶分开的几十纳米宽的原子级平整的平台组成；Au(111) 表面发生了重构，而且表面重构不是模型预测的表面顶层原子的简单收缩。

在有机分子结构的研究中，高分辨率的 STM 已成功地观察到苯在 Rh(111) 表面的单层吸附，并显示清晰的凯库勒环状结构。

2) 生物学研究

由于 STM 方法不需要用高能电子束在试样表面聚焦，且实验可以在空气中进行，甚至试样表面可以覆盖一层水，因此将 STM 用于生物试样的研究有着特殊的意义。例如，可以直接研究单个的蛋白质分子，观察 DNA、重组 DNA 及 HPI-蛋白质等在载体表面吸附后的外形结构。

3) 纳米加工

STM 对表面的纳米加工包括对原子、分子的操纵和对表面的刻蚀。利用 STM 已可以成功地实现对原子的操纵，如 IBM 公司的研究人员用 35 个原子排出“IBM”字样。

8.6.2 原子力扫描显微镜

原子力显微镜(AFM)是在 STM 之后发展的一种新型扫描探针显微镜。

1. AFM的工作原理

将一个对微弱力极敏感的微悬臂一端固定，另一端有一微小的针尖，针尖与试样表面轻轻接触。由于针尖尖端原子与试样表面原子间存在极微弱的排斥力（$10^{-3}\sim10^{-6}$N），通过在扫描时控制这种力的恒定，带有针尖的微悬臂将对应于针尖与试样表面原子间作用力的等位面而在垂直于试样表面方面起伏运动。利用光学检测法或隧道电流检测法，可测得微悬臂对应于扫描各点的位置变化，从而可以获得试样表面形貌的信息。

AFM在STM技术的基础上稍加改进即可实现。力传感器（包括微悬臂和针尖）是AFM的关键部件。在针尖与试样表面接触的模式中，为了不使针尖损坏试样，就要求微悬臂有相对低的力常数，即受到很小的力就能产生可检测到的位移。

要使AFM达到高的分辨率，AFM的微悬臂上应有一个尽可能尖的针。第一台AFM的力传感器是在$0.8\times0.25\times0.025\text{mm}^3$的金箔上粘一块金刚石构成的。金箔作为微悬臂，而金箔一端的金刚石尖端作为力传感器的针尖。

STM观察到的是对应于表面费米能级处的态密度，AFM得到的是对应于表面总电子密度的形貌，因而AFM的结果是对STM数据所提供信息的一种补充。

2. AFM的应用

AFM不仅可以观察在小范围内的精细结构，在大尺度物体的形貌观察中也起着重要的作用，如红血细胞、白血细胞、光盘中的记录位、集成电路芯片、半导体的倾斜超晶格结构等。

利用AFM测量中对力的极端敏感性，还可以测量试样表面的纳米级力学性质，如对试样的弹性、塑性、硬度及悬臂针尖与试样表面之间的范德华吸引力和黏着力的研究。作为AFM应用的一种扩展，可用光学检测法来测量微悬臂侧向弯曲，还能够在原子水平上测量摩擦力。

8.6.3 近场光学显微镜

近场光学显微镜（SNOM）不用光学透镜成像，而用探针在试样表面上方扫描获得试样表面的信息。

1. 近场与远场

在物理上，像和物是极其不同的，像通常是与物体结构相关某种物理量的二维投影，这个物理量一般是光强，因为光探测器只对光强敏感。也就是说，像只是物体产生的光场，而非物的本身。那么，物的光场是如何产生的呢？原则上，麦克斯韦方程提供了回答这个问题的途径：在外部电磁场作用下，物体内部的电子电流或电荷密度的分布发生变化；振荡的电荷和电流又会引起电磁场的变化，使其能够从物体表面传播到外部空间，这就是散射。然而，事实上，由于所有的观察、分析和测量都是远离物体所作出的（远大于半个波长的距离），因此，关于散射的理论都是描写远离物体的场，如散射波在远处的叠加便是常说的夫琅和费衍射，有关衍射成像的理论就是在这个基础上建立的。

那么,靠近物体的场又该如何描述呢?根据连续性原理,似乎可逻辑地推理得出以下结论:由极其靠近物体的空间场分布可以还原出物体表面的电荷和电流的分布。由于电荷或电流分布仅在极小的距离上变化(半个波长之内),同样假设“极其靠近物体的空间场”也只在这样小的距离上变化。

所以应该区分两个范围不同的场:第一个场从物体表面到几个纳米的距离,称为近场;第二个场是近场以外的区域,称为远场,它从近场一直延伸到无穷远。远场是常规探测仪器(如显微镜、望远镜以及其他仪器)所能探测的光场。关于近场,其结构并不简单,因为光子不能像电子那样被储存起来,近场的能量或者被物体吸收,或者从表面逃逸而成为导致传播场的存在。所以,它包含两个分量:一个分量能够传播,称为传播波,另一个分量局限于表面且急剧衰减,称为倏逝波,它因物体的存在而存在,不能在自由空间中传播。

把近场区域分成传播和非传播两个分量并不意味着物理上能够分离这两个分量。事实上,非传播分量是因传播分量的存在而存在,反之亦然。

2. 近场探测原理

近场显微学的基本原理可归纳如下:一个物体,无论它被传播波还是倏逝波照射,都会产生倏逝波,产生的倏逝场不服从瑞利判据。由于近场显微不受光的衍射效应的限制,所以分辨能力可以大为提高。

在近场显微镜中,由于试样和探测器的距离在纳米尺度(小于半波长),所以只能使用点状探测器,如锥形光纤的尖端,它能局域地接受光(倏逝波),并将光转换成电流,再通过一个合适的光导器件将信号传输到光电管或光电倍增管。为了形成一幅图像,探测器必须沿着物体表面扫描,但不碰到试样。

在传统光学显微镜中,利用材料的折射率和透镜的曲率将被观察物体放大以获得其细节信息。信息传递本质上是非对称的:信息只从物体到达探测器。近场光学显微镜利用光探针在物体表面附近扫描获取近场信息。在近场区域,收集与探测是完全不同的概念。首先,针尖不能将试样成像,它只收集特定位置的近场光强;其次,近场中的重要特征是非传播分量,它们通过光学隧道效应被转换成传播分量。如果非传播分量的能量在传播之前便被探测器俘获,远场必定会受到影响,意味着近场探测过程本身是一种干扰。

3. 近场光学显微镜的典型结构

典型的扫描近场光学显微镜(SNOM)由探针、信号传输和信号接收、信号反馈、扫描控制以及信号处理成像等单元组成,其中反馈、扫描、控制及信号处理系统与隧道扫描显微镜相似,不同之处在于 SNOM 探测的是光场,使用光纤探测和传输信号,用光电倍增管接受并放大信号。

图 8.54 为 SNOM 系统的总体结构,包括光学探针、试样台、探针扫描控制、光输入系统和信号采集处理系统五大部分。

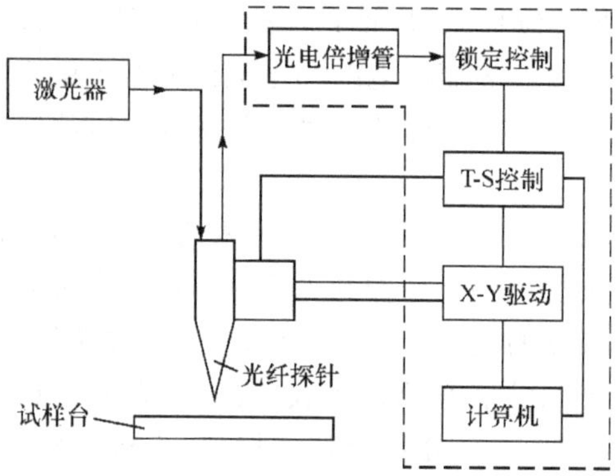

图 8.54　SNOM 系统总体结构方框图

SNOM 的关键技术是光纤探针的制作，以及针尖与试样间距的控制（T-S 控制）。探针与试样间距控制和 STM 相似。

（1）等高模式，针尖在一个固定水平高度上扫描，光信号强度的起伏反映表面形貌的起伏。

（2）等光强模式，针尖按照设定的光强值随表面光强的变化起伏而上下起伏，反馈信号反映了表面光强的变化。不过，在近场范围内，光强与距离变化的关系并不简单，因此反馈信号的起伏并不严格地反映表面的形貌。

SNOM 在发展过程中曾经出现过很多配置方式，主要有两类：一类是孔径型扫描近场光学显微镜，它采用亚波长的小孔（或者针尖）作为微光源或者微探测器，而且激发光与被探测的信号光是平行的，另一类是光子扫描隧道显微镜，激发光斜射入试样，通过全反射在试样表面形成倏逝场，置于倏逝场的光探针实际是一个散射中心，它将非传播场通过转换成传播波而被探测。从物体近场光信号探测这一意义上讲，这两类在本质上一样的。

4. 光纤探针

不同形状的光纤探针，其模式耦合系数、传输常数、反向耦合系数等各不相同。目前常用的是锥形光纤微探针，探针尖端极小，半径约为几个纳米。一个光纤探针的结构可分为 3 个部分：光针部分（纳米区）、连接部分（微米区）、光导部分（光导区）。由于光纤连接部分小于波导截止尺度，在锥面上将会产生大的能量损耗。为减少这种损耗，可在针尖外围镀一层金属铝，即便如此，也只有很小一部分信号通过针尖转输至探测器，信号电平仅 50nW 左右。这是说，光纤探针的转输效率是很低的。

光纤探针特别脆，为防止针尖碰断，实验中不能作贴近试样的表面扫描。通常利用剪切力原理控制针尖与试样的距离：当探针在按等光强模式扫描的同时，沿水平方向以某种频率作微小振动，针尖这种振动所受的阻尼力是容易被检出的，而这种阻尼力又取决于针尖与试样之间的距离（由于针尖与试样之间存在一些长程力，如黏滞力等）。不过，利用剪切力控制针尖与试样距离的技术也限制了横向分辨力的进一步提高。

由上所述，可得出结论：近场图像是试样与针尖信息的混合物；或者说，针尖成像试样，试样成像针尖。如果针尖大于被分析物体的细微结构，所得到的像则更多地与针尖的结构特征有关，而不是与试样的结构特征相关。所以，在分析近场图像时须慎重。

5. 应用

由于近场光学显微镜能克服传统光学显微镜低分辨率以及扫描电子显微镜和扫描隧道显微镜对生物试样产生损伤等缺点，因此适合应用于生物试样的观察，如细胞的有丝分裂，染色体的分辨与局域荧光，原位 DNA、RNA 的测序，基因识别等。不仅可以观察静态的形貌像，还可以观察动态的形貌像。

习　题

8.1　已知钨点阵常数 $a=0.3615\text{nm}$，今有表面为(100)的钨单晶试样，100eV 的电子束垂直表面入射，只考虑表面一层原子的散射，设半球面荧光屏半径 20cm，试画出衍射花样。

8.2　离子束轰击试样时，在试样中发生哪些物理过程？举例说明在材料分析仪器中离子束的主要用途。

8.3　低能离子散射谱仪主要用在什么场合？它有什么特点？

8.4　什么是静态二次离子质谱仪？它有何特点与要求？

8.5　简述场离子显微镜的工作原理。

第9章 热 分 析

前面几章所述的材料分析都是在利用物质光学性能的基础上建立起来的分析方法。实际上，因为物质性能对物质结构的依赖关系，物质的各种物理的和化学的性能表现都可以用作分析物质结构的根据。

物质在温度变化过程中可能会发生一些物理变化（如相态转变、晶型转变）和化学变化（如分解、氧化、还原、脱水反应），这些物质结构方面的变化必定导致其物理性质相应的变化。因此，通过测定这些物理性质及其与温度的关系，就有可能对物质结构方面的变化作出定性和定量的分析。这便是热分析的基本原理。

热分析技术是在程序控制温度的条件下测量材料的物理量与温度关系的技术，并据此分析材料结构的变化，它已成了材料研究领域中的一种重要手段，特别是在升温或降温过程中材料内部发生热效应时，热分析技术更显其独特的作用。所谓程控温度是指按确定的规律加热或冷却（一般是线性升温或线性降温）；而材料的物理量包括质量、尺寸、温度等各种的声、光、热、力、电、磁性质的参数。因此，形成了各种热分析技术。

根据国际热分析协会（ICTA）的归纳和分类，目前热分析方法共分为 9 类 17 种，见表 9.1。其中，差热法、示差扫描量热法、热重法的应用最为广泛。

表 9.1　热分析方法分类

物理性质	热分析方法名称
质量	热重法、等压质量变化测定、逸出气检测、逸出气分析、放射热分析、热微粒分析
温度	升温曲线测定、差热分析
热量	示差扫描量热法
尺寸	热膨胀法
力学	热机械分析法、动态热机械法
声学	热发声法、热传声法
光学	热光学法
电学	热电学法
磁学	热磁学法

9.1　示差热分析法

示差法也称为微差法，是一种经常采用的测量技术。微差法使被测量的大部分作用与已知标准量的作用抵消，剩余部分再用小量程的仪器测量。微差法可以显示被测量的微小变化，并有效地减少测量误差。

许多物质在加热或冷却过程中往往伴有比热容的变化，并产生热效应，致使其温度的变化不能与其从外界获得的热量成正比。示差热分析(DTA)是在程序控制温度下测量试样和参比物之间的温度差的一种技术。描述该温度差和温度之间关系的曲线称为差热曲线或 DTA 曲线。

9.1.1　示差热分析仪的工作原理

1. 热电偶

两种导体或半导体材料 A 与 B 两端分别相连形成回路，即成为一个热电偶，如果热电偶两端的温度 T_1 和 T_0 不等，就会产生回路电动势，称为热电势。断开热电偶回路的任意位置，串入电位差计，可以测出热电势的大小。热电势是两端温度的函数，如果确定一个端点的温度，便可根据热电势的大小得出另一端点的温度，这就是热电偶测温的基本原理。

使用热电偶时，通常选定一个端点的温度为 0℃，或者为室温，用 T_0 表示，另一端点接触被测物质，温度用 T_1 表示，如图 9.1(a)和图 9.1(b)所示。热电势大小与被测物质的温度一一对应，这是热电偶最常见的使用方法。

如果把两个热电偶的两个端点分别接触两种不同的被测物质，温度用 T_1 和 T_2 表示。热电势大小对应的将是两物质的温差，这样使用的热电偶称为示差热电偶，或称为差热电偶，如图 9.1(c)所示。

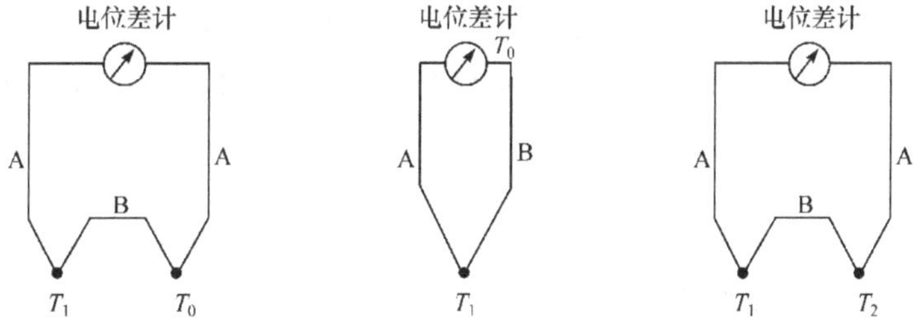

(a) 热电偶(T_0=0℃)　(b) 热电偶(T_0=室温)　(c) 示差热电偶

图 9.1　热电偶的三种工作方式

常用的热电偶材料有镍铬-镍硅、铂-铂铑等，前者工作温度在 1000℃以下，而后者工作温度可达 1300℃。

2. 差热分析仪

示差热分析通常使用示差热分析仪进行测量与记录。示差热分析仪主要由加热炉及其程序温度控制器、试样和参比物的安放架、示差热电偶及其信号放大器、气氛控制系统、记录设备等组成，如图 9.2 所示。炉内的试样架上有两个分别盛放试样和参比物的坩埚，示差热电偶的两个端点分别与这两个坩埚接触。测量参比物温度 T_R 的热电偶输出电势为 U_{TR}，测量试样与参比物温差 ΔT 的示差热电偶输出电势为 $U_{\Delta T}$，U_{TR}和 $U_{\Delta T}$经放大以及

A/D 转换后输入至计算机。经过计算，计算机输出炉温控制的信号，按给定程序对试样加热，同时存储测量数据，并指令记录仪完成打印。

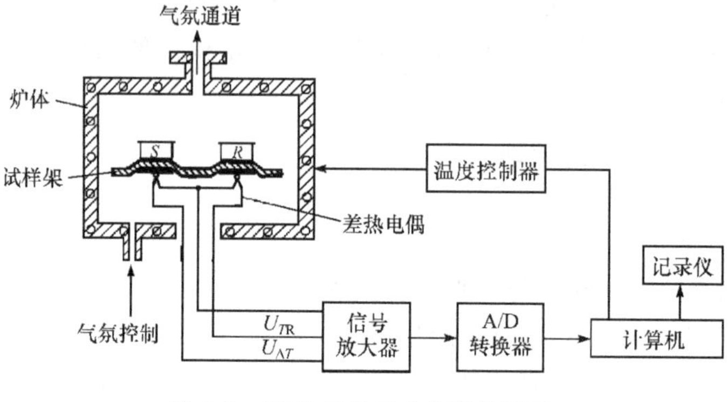

图 9.2　DTA 示差热分析结构原理

示差热分析仪对各部件的要求分述如下。

1）加热炉

示差热分析要求确保炉内的试样和参比物的受热环境完全一致，因此要求有一个足够大的炉温均匀区域。

炉膛中的热传递过程非常复杂，所谓炉温，应该是热平衡条件下炉内的温度。这时炉中电热丝的温度、炉壁的温度、炉内气氛的温度、试样以及试样架的温度、测温元件的温度等都是相同的。显然，在升温或降温的动态条件下，是没有严格意义上的炉温概念的。人们所讲的炉温，其实就是测温热电偶的端点温度，所以热电偶的安放位置至关重要。炉温均匀区域就是把热电偶安放在该区域内的任意位置都有相同的温度显示。

2）试样架及坩埚

试样架使用导热性好的材料，在使用温度低于 1300℃时，通常采用镍金属，当使用温度高于 1300℃时则应选用刚玉为宜。

坩埚材料有刚玉、石英玻璃或钼、铂等，坩埚选用要求它与试样之间在测试过程中不发生任何化学反应，否则会影响热分析曲线的真实性。应该注意，对一些碱性试样是不能采用石英和陶瓷试样坩埚的，还有铂对许多有机化合物和某些无机物起催化作用，促进本不发生的反应。

3）试样与参比物

对参比物的要求是，在测定的温度范围内不发生任何热效应，且其比热容、热传导系数等应尽量与试样相近。参比物均为惰性材料，最常用的是 α-Al_2O_3（在 0～1700℃无热效应）；测试金属试样时，不锈钢、金、铂等可作参比物；测有机物时，一般用硅烷、硅酮等作参比物。有时也可不用参比物，其实是利用示差热电偶的结点作为参比物。

热电偶通常安放在坩埚底下与之接触，或者插入试样和参比物之中。

为了确保试样和参比物内部的温度均匀，试样和参比物的用量不能太多，一般小于 100mg。

4) 气氛控制系统

气氛控制系统为试样提供所需的反应气氛或保护气氛。

对于挥发性试样，要选用合适的净化气体。避免挥发物质在仪器的低温区冷凝，因为这样不仅污染仪器，还可能使测量结果产生严重偏差。

9.1.2 DTA 曲线的分析

在热分析所测温度范围内，如果试样和参比物具有相同的热容，且都不发生任何热效应，那么在升温过程中，试样与参比物以相同的速率升温，两者间没有温差。如果试样发生吸热或放热效应，而参比物没有热效应，那么试样的温度将低于或高于参比物，于是在试样与参比物之间产生温差，在试样的吸热或放热效应结束后，试样与参比物之间的温差也将逐渐消失。如果试样和参比物的热容不同，那么即使两者都不发生热效应，它们之间也会产生温差。

不同的物质出现热效应时的温度和产生热效应的强弱是互不相同的，因此，只要准确地测定了热效应出现时的温度和热效应产生的强度，并和已知资料进行对比，就能对物质作出定性和定量的分析。

1. 理想的 DTA 曲线

图 9.3(a)表示理想的 DTA 曲线，纵坐标为试样温度 T_S，以及 T_S 与参比物温度 T_R 之差，用 ΔT 表示，单位为℃(或 K)，横坐标为时间 t 或参比物温度 T_R。

在缓慢的升温过程中，T_S 与 T_R 同时上升，$\Delta T=0$，差热曲线为水平线($A'B'$段或 AB 段)。如果试样为理想的纯晶体，并在某一温度发生了液化，那么 T_S 将恒定在该温度直至液化终了($B'C'$段)，然而 T_R 继续以不变的速率增加，于是 ΔT 越来越负(BC 段)。液化完毕，热效应消失，试样温度很快赶上参比物，ΔT 又恢复到零($C'D'$段或 CD 段)。接着，试样又与参比物一起以相同的速率上升，差热曲线又回到水平线($D'E'$段或 DE 段)，$\Delta T=0$。整个过程的差热曲线表现为折线 $ABCDE$，BCD 线段偏离 $\Delta T=0$ 的水平线，说明试样有热效应发生，B 为热效应发生的始点，对应的温度 T_B 为热效应的始点温度。

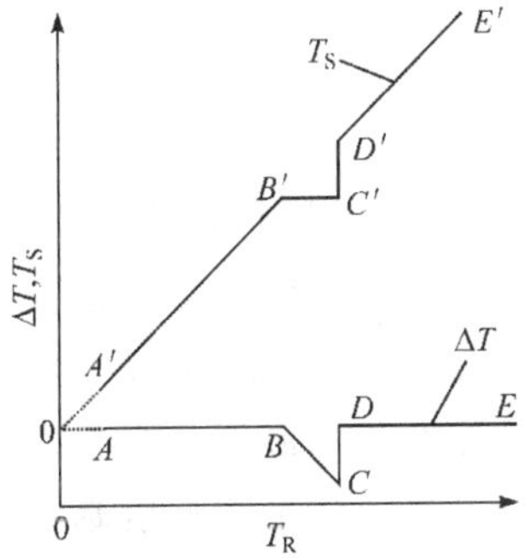

(a) 理想的DTA曲线

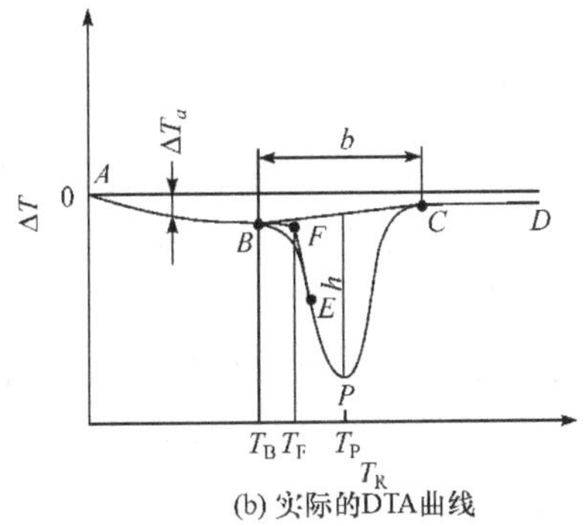

(b) 实际的DTA曲线

图 9.3 典型的 DTA 曲线

2. 实际的DTA曲线

图9.3(b)是实际的DTA曲线。在缓慢的升温过程中，试样不发生热效应时的差热曲线，称为基线，如AB、CD段。当试样发生热效应时，差热曲线将偏离基线，而后又与基线重合，呈现峰形，如BPC峰。偏离基线的峰起点与又回到基线的峰终点的连线称为内插基线，如BC段。

1) 基线

理想DTA曲线的基线就是$\Delta T=0$的水平线，实际DTA曲线的基线不一定$\Delta T=0$，也不一定是水平线。图9.3(b)中用ΔT_a表示基线的偏移程度。

基线偏移是因为试样和参比物的不对称，也就是它们的外部环境以及热学性能的差异，主要是热容不一致。参比物与试样的热容相差越大，升温速率越高，基线的偏移程度越大。差热分析要求基线的ΔT_a近似于零，否则需要调整仪器或另选参比物。

2) 峰

向下的峰为试样吸热所致，试样温度低于参比物，故称为吸热峰，向上的峰为试样放热所致，试样温度高于参比物，故称为放热峰。

热效应在理想差热曲线上表现为折线峰，而在实际差热曲线上则为曲线峰，这主要是由热电偶温度滞后于所测试样而引起的。图9.3(b)为测量熔点的DTA升温过程，曲线从B点开始偏离基线，说明这时试样已到达熔点，热电偶温度(显示温度)因滞后要过一段时间才能到这个熔点，不过由于试样开始恒温，热电偶升温速率会逐渐降低。也就是说，差热曲线在B点开始偏离基线，熔点的温度应该略高于B点的温度。

峰顶对应的温度称为峰顶温度T_P，峰顶P到内插基线间的垂直距离称为峰高h。需要指出的是，峰顶温度仅表示峰顶处试样与参比物间的温差最大，并不代表反应的终了温度。反应的终了温度应是峰顶之后曲线上的某点，最大反应速率也不是发生在峰顶，而是在峰顶之前。

峰曲线与内插基线间所包围的面积称为峰面积，记做A，如图9.3(b)中的$BCPEB$所围的面积。

3. 热效应转变温度的测定

DTA常用来测定物质的熔化、金属与合金的相变、高聚物玻璃转化的温度。

峰前沿上的最大斜率点的切线与基线延长线的交点称为外推起始点，它所对应的温度称为外推起始温度。图9.3(b)中BPC峰的前沿最大斜率在E点，过E作切线，与基线延长线的交点为F，F就是外推始点，F点的温度就是外推起始温度。实验表明外推起点F受升温速率的影响比较小，而且所对应的温度T_F与热力学平衡温度基本一致。所以，ICTA规定，在差热分析曲线上选择外推起点温度为转变的开始温度。表9.2为ICTA确定的10种作为标准的物质及其DTA的测定结果。

表 9.2　用于热分析温度校正的标准物

物　质	相　变	温度 T/℃	物　质	相　变	温度 T/℃
KNO_3	固-固	127.7	SiO_2	固-固	573
In	固-液	156.6	K_2SO_4	固-固	583
Sn	固-液	231.9	K_2CrO_4	固-固	665
$KClO_4$	固-固	299.5	$BaCO_3$	固-固	810
Ag_2SO_4	固-固	430	$SrCO_3$	固-固	925

如果结晶过程发生过冷现象，液体能转变为玻璃态。通常把液态和玻璃态之间的转变温度称为玻璃化转变温度 T_g。在急冷条件下，这种玻璃化转变现象在合金、无机物、有机物、高聚物和液晶等材料中都可见到。在玻璃化转变过程中，没有相变，但有比热容的改变，热容的改变导致基线向吸热一侧偏移。例如，$Zr_{60}Al_{15}Ni_{25}$ 的非晶相试样，以 10℃/min 的速率加热，记录其 DTA 曲线如图 9.4 所示。该曲线有一平缓的吸热峰，对应玻璃转变，随后有一个强放热峰，对应于非晶的晶化过程。由图可知，其玻璃转变温度 T_g=420℃，晶化开始温度 T_x=480℃。

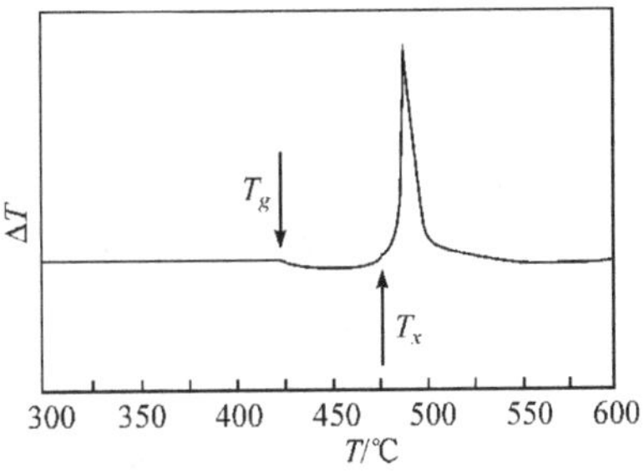

图 9.4　$Zr_{60}Al_{15}Ni_{25}$ 非晶合金连续加热的 DTA 曲线

玻璃转化发生在一个温度区域，并不是一个确定的温度。随着温度的升高，分子运动的剧烈程度增大，热容量增大，T_g、T_x 均向高温区移动，故 T_g 的确定尚无统一的方法。通常也是取外推始点温度。

应该指出，对于一些峰形复杂或变化过程缓慢的峰，按照 ICTA 的规定确认转变温度会有困难，这时需要借助其他方法了解过程的本质，并结合实际工作经验才能最后确定。

4. 转变热的测定

峰面积与试样热效应所吸收或放出的热量成正比

$$Q=KA \tag{9.1}$$

式中，Q 为热效应过程中吸收或放出的热量；A 为峰面积；K 为仪器常数，与仪器装置、实验条件等因素有关，其数值可由标样来测定。经标定过的差热分析仪就可定量测定试样的热效应。需要注意的是，因为环境与试样（或标样）之间的热传递系数是温度的函数，所以 K 也是温度的函数。K 值有效的关键是标定 K 值的标样与试样的转变温度接近，测试的条件一致。表 9.3 给出一些常用作标样的物质的转变温度以及转变热的值。

表 9.3　用于热分析校正的标样

物　质	相　变	温度 t/℃	转变热 Q/(J/g)	物　质	相　变	温度 t/℃	转变热 Q/(J/g)
氧化偶氮苯	固-液	34.6	90.29	NH_4Cl	固-固	183.1	146.37
CBr_4	固-固	47	17.47	季戊四醇	固-液	187.8	322.28
二苯甲酮	固-液	48.2	98.23	$AgNO_3$	固-液	212	98.23
软脂酸	固-液	62.5	214.02	Sn	固-液	231.9	60.19
硬脂酸	固-液	69	198.55	$LiNO_3$	固-液	252	369.93
联苯	固-液	69.8	119.97	$KClO_4$	固-固	299.5	99.06
菲	固-液	99.3	104.5	$NaNO_3$	固-液	306.2	184.77
邻二硝基苯	固-液	114	135.01	Pb	固-液	327.4	211.09
苯甲酸	固-液	121.8	141.70	KNO_3	固-液	337	117.46
NH_4NO_3	固-固	125	52.67	$CdCO_3$	固-液	350	562.21
KNO_3	固-固	127.7	53.75	$K_2Cr_2O_7$	固-固	398	120.80
$BaCl_2 \cdot 2H_2O$	固-液	130	487.39	Zn	固-液	419.5	101.99
NH_4Br	固-固	137.2	37.64	$PbCl_2$	固-液	498	87.36
$CuSO_4 \cdot 5H_2O$	固-液	150	955.13	LiBr	固-液	553	150.48
In	固-液	156.6	28.38	Li_2SO_4	固-液	575	259.16
KCNS	固-液	177.0	107.51	Na_2WO_4	固-固	588.8	119.42
Ag_2S	固-固	179	17.05	Al	固-液	659	400.44
$CuSO_4 \cdot 2H_2O$	固-液	180	657.09	$CaCO_3$	固-液	850	1785.28

也可以选用标样作为参比物，要求是标样与试样的转变温度接近，但不同时出现热效应。根据式(9.1)可知，在同一次试验中，试样的转变热 Q_s 与标样的转变热 Q_r 应该有这样的关系，即

$$Q_s = \frac{Q_r m_r A_s}{m_s A_r} \tag{9.2}$$

式中，m_s、m_r 分别为试样、标样的质量；A_s、A_r 分别为试样、标样的峰面积。

5. 物相的定性分析

应用差热分析对物质进行鉴别主要是根据物质的相变(包括熔融、升华和晶型转变等)和化学反应(包括脱水、分解和氧化还原等)所产生的特征吸热或放热峰。

当测试条件一定时，纯物质的 DTA 曲线具有类似指纹特性的性质，即曲线峰的位置、形状和个数等由构成试样的物质所决定。因此在测得试样的 DTA 曲线后，若与相同条件下测得的标准样品的 DTA 曲线比较对照，就能进行定性分析。实际上这是一种标准曲线法。当前较常使用 ICTA 委托匈牙利 Liptay 收集出版的《热分析曲线图集》(*Atlas of Thermoanalytical Curve*)。

图 9.5 为高岭石的 DTA 曲线，其特点是在 580℃时，由于脱水和晶格的破坏而出现

一个大的吸热峰，980℃时，因非晶质 Al_2O_3 结晶成 γ-Al_2O_3 而形成尖锐的放热峰。图中 200℃之前的吸热峰是由于试样失去吸附水。

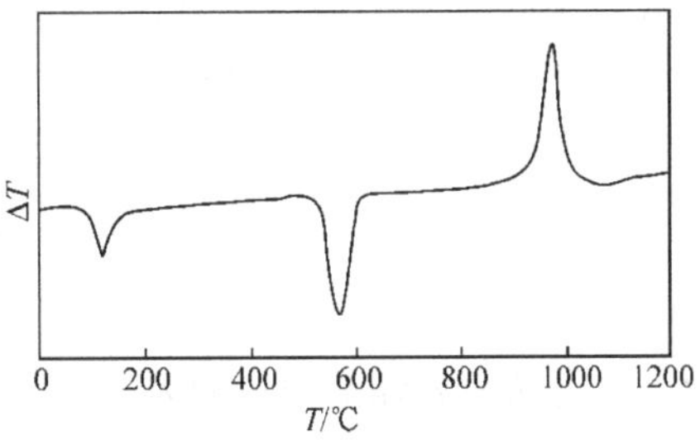

图 9.5 高岭石的 DTA 曲线

复杂的无机化合物和有机化合物通常具有比较复杂的 DTA 曲线。虽然不一定能对 DTA 曲线上所有的峰作出解释，但是它们表征物质的“指纹”特性总是明显的。

另一种鉴定化合物的快速简便方法是混合熔点法。它是在 DTA 测定未知物的熔点后，再将混有少量标样的混合物加热至熔点，待冷却后再测熔点。如果两种物质是相同的，那么将观察不到熔点的下降。其中，由于杂质的存在将引起熔融吸热峰的增宽，因此也能大致推断试样的纯度。

热分析是当前用于矿物鉴定一种较为普遍的方法，特别是对黏土矿物、碳酸盐、硫酸盐及氢氧化物的鉴定最为有效。

由于高聚物总存在非晶区，因此玻璃化转变是高聚物的一种普遍现象。所有无定形的高聚物都显示出特征的玻璃化转变温度 T_g，可以此来鉴别高聚物。例如，聚乙烯的 T_g 为 205K、聚苯乙烯为 370K，硅橡胶为 148K。

对于多重峰，可视为单峰的重叠。然而，有许多物质的热效应数据近似，当混合试样不能分离时，就会互相干扰，从而使鉴定工作复杂化。为了排除这种干扰，应与其他方法（特别是 X 射线分析）配合使用。

6. 煅烧生产过程的模拟

DTA 是一种动态分析技术，可以用模拟的方法分析生产中整个煅烧温度范围的动力学过程。最典型的例子是用 DTA 研究水泥，不仅用于水泥熟料形成各阶段的物相鉴定，还能了解原料成分的变化。

普通水泥以石灰石、黏土为主要原料。石灰石的主要成分是碳酸钙（$CaCO_3$），黏土的主要成分是高岭土（$Al_2O_3 \cdot 2SiO_2 \cdot 2H_2O$）。

在 DTA 方法中，将水泥原料混合物逐渐加热，其反应与生产水泥时煅烧生料的反应大致相同。DTA 曲线如图 9.6 所示，水泥生料煅烧过程中的物理化学变化主要有以下几个阶段：

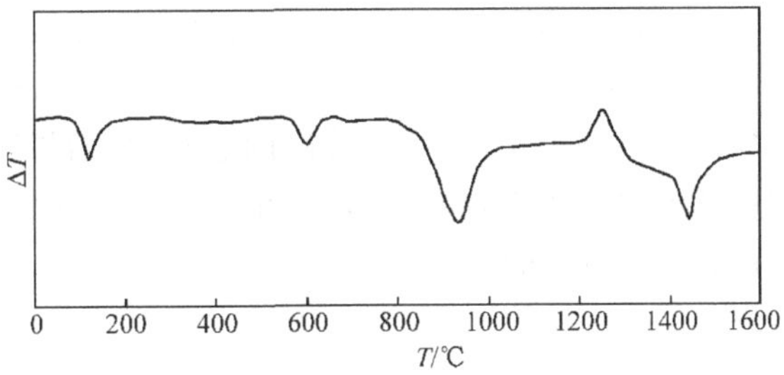

图 9.6 水泥熟料形成过程的 DTA 曲线

(1) 100～150℃吸附水蒸发，为吸热反应。

(2) 500～650℃黏土结构水释放，为吸热反应。

(3) 900～1000℃$CaCO_3$ 分解，为吸热反应。

(4) 1200～1500℃是原料物质之间的固相反应，伴随放热和吸热。生成铝酸三钙(C_3A)、硅酸三钙(C_3S)、硅酸二钙(C_2S)等水泥熟料矿物。

9.1.3 差热分析测量的影响因素

热分析测量的影响因素较多，除了仪器的选用之外，实验条件的选择也很重要，主要包括升温速率、气氛、试样的用量及其状态。

1. 升温速率

升温速率的快慢对测试结果有着明显的影响。首先，快速升温使某些反应尚未来得及进行便进入高温阶段，造成反应滞后，热效应峰向高温方向移动，并使热分析曲线的基线漂移加大。其次，快速升温使反应速率加快，从而使热分析曲线的峰增高变窄，提高了分析灵敏度，但试样内温度梯度增大，峰形分离能力下降。慢速升温的情况则完全相反。

升温速率的选择主要依据经验。一般来说，液态试样 5℃/min，有机物试样 0.5～3℃/min，无机物试样 8～12℃/min。

2. 试样

试样的导热性能和传热性能会对 DTA 曲线产生影响，如果涉及有气体参加或释放的反应，还和气体的扩散等因素有关。显然，这些影响因素与试样的用量、粒度、装填等密切相关。

试样用量大时能提高 DSC 的灵敏度，但峰形变宽并向高温漂移，试样内温度梯度增大，气体产物的量增多且不易扩散。试样用量小时则能减小试样内的温度梯度，所测温度较为真实，有利于气体产物扩散，减少化学平衡中的逆向反应，相邻峰分离能力增强，但灵敏度会有所降低。

一般来说，在保证灵敏度足够时，取较少的试样用量，特别是当被测试样具有挥发性时，更宜减小试样用量。

粉状试样情况比较复杂，特别在有气体参加或有气体产生的反应过程中，情况更为复杂。首先考虑粒度因素，试样粒度小，表面积大、利于反应进行，峰位前移，但试样导热性能下降，反应过程延长，峰宽增大，峰高下降。其次考虑装填密度因素，装填密度高，试样的导热性能改善、温度梯度减小，峰变窄并向低温方向移动，然而，粉体与气氛的接触减少，反应滞后，同时，气体产物不易扩散，不利于分解的进行，从而峰形变宽和峰位向高温方向移动。此外，在制样的粉碎过程中，如果试样发生形变导致晶体缺陷增多，热力学能增加，峰位将向低温方向移动，且峰面积减小。

3. 气氛

不同性质的气氛(如氧化性、还原性和惰性气氛)对差热曲线的影响是很大的。例如，在空气和氢气的气氛下对镍催化剂进行差热分析的结果截然不同。在空气中镍催化剂被氧化而产生放热峰，在氢气中则无此放热峰，如图 9.7 所示。

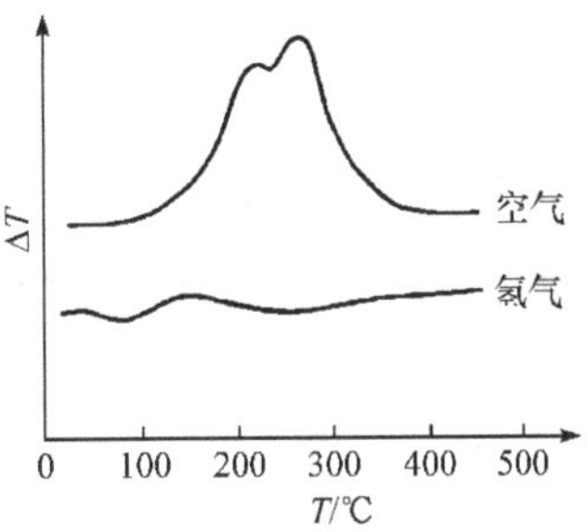

图 9.7　镍催化剂的 DTA 曲线

变换气氛可以辨别热效应的物理化学归属。例如，在空气中测量的热分析曲线呈现放热峰，在惰性气氛中如果放热峰大小不变的是结晶或固化反应，若无峰或放热峰很小，则为金属被氧化的一类反应。此外，热分析过程中的气体产物若不及时排出，将提高气氛中气体产物的分压，使反应向高温移动。

此外，气氛的导热性对热分析也有影响。气氛导热性好，有利于向体系提供热量，提高分解反应的速率。例如，碳酸钙的热分解在氦气中最快，在氮气中次之，氩气中更次，这是因为在这三种气体中，氦导热性最好，氩导热性最差。

9.2　示差扫描量热法

示差扫描量热法(DSC)是指在程序控温下，通过单位时间内输入到试样和参比物之间的能量差，以维持两者热平衡的一种技术。描述该能量差和温度之间关系的曲线称为 DSC 曲线。

9.2.1　示差扫描量热仪的工作原理

示差扫描量热法通常使用示差扫描量热仪进行测量与记录。功率补偿式示差扫描量热仪的结构类似差热分析仪，不同的只是试样架增加了功率补偿单元，如图 9.8 所示，试样和参比物分别具有独立可控的加热器。整个仪器有两套控制电路，一套用于控制炉内温度，使试样和参比物在预定的速率下升温或降温；另一套用于控制功率补偿器，增减试样补充的热量，以维持试样和参比物之间的温差为零。如果试样发生放热效应，试样温度将高于试样，在试样与参比物之间出现温差，该温差信号经差热放大器放大后送入功率补偿器，使试样加热器的电流 I_S 减小，而参比物的加热器电流 I_R 不变，从而试样温度升高，最终两者温差又趋于零。因此，只要记录补偿给试样和参比物的功率差 ΔP 随温度 T 变化的关系，就可获得试样的 DSC 曲线。

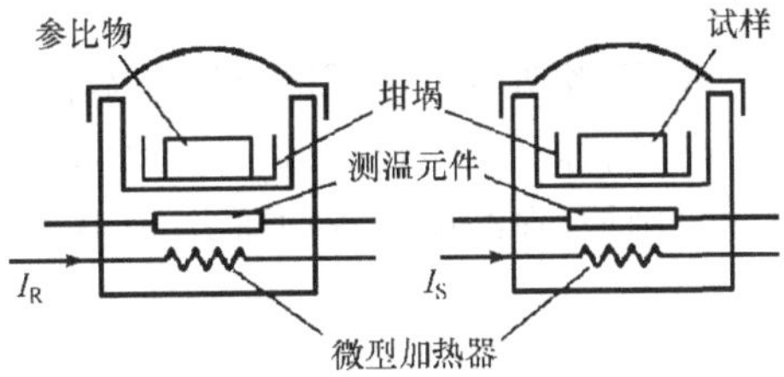

图 9.8　示差扫描量热仪的试样室

9.2.2　DSC 曲线的分析

1. DSC 曲线

图 9.9 是一种典型的 DSC 曲线。纵坐标表示放热量或吸热量，又称热流量，记做 $d(\Delta H)/dt$，单位为 mW/mg，横坐标为温度 T 或时间 t。

试样不发生热效应的情况下，示差功率等于零，DSC 曲线呈水平线，即 DSC 曲线的基

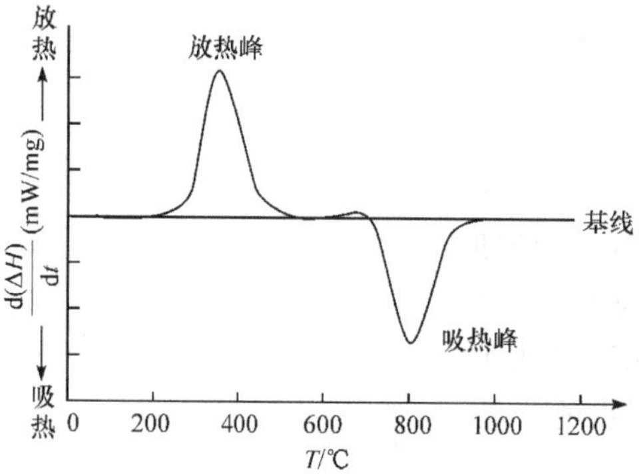

图 9.9　典型的 DSC 曲线

线，当试样发生吸热放热反应时，调节功率输出保持温差为零，此时，示差功率 ΔP 偏离基线，出现吸热放热峰，吸热放热反应结束后，$\Delta P \to 0$，曲线回复到基线，DSC 曲线峰所包围的面积正比于试样吸收或放出的热量。

试样的热效应可直接通过 DSC 曲线的放热峰或吸热峰与基线所包围的面积来度量，不过由于试样和参比物与补偿加热丝之间总存在热阻，使补偿的热量或多或少产生损耗，因此峰面积要乘以一修正常数（又称仪器常数）才为热效应值。仪器常数可通过标准试样来测定，即为标准试样的焓变与仪器测得的峰面积之比，它不随温度、操作条件而变化，是一个恒定值。

DSC 和 DTA 一样，测试前要进行温度和热量的校正。

2. DSC 的应用

DSC 与 DTA 所测定的热力学参数主要是热焓的变化（ΔH）。物质的焓、熵和自由能都是物质的特性，它们之间的关系用方程式表达为

$$\Delta G = \Delta H - T\Delta S \tag{9.3}$$

由于在给定温度下每个体系总是趋向达到自由能最小状态，所以当逐渐加热试样时它可转变成更稳定的晶体结构或具有更低自由能的另一种状态。伴随这种转变会有热焓的变化。这就是差示扫描量热法和差热分析的基础。

DSC 是在 DTA 基础上发展起来的一种实验技术，两者功能及应用的范围基本相同。虽然 DTA 设备更简单，允许的试样量更小，而且在高温和高压和抗腐蚀的研究领域占独特的优势，但是 DSC 在定量分析上有更大的优越性。例如，在结晶过程的研究、比热容的测定方面，DSC 有其独特的优势。

1）等温结晶过程的研究

将熔融状态的试样骤冷，然后在熔点以下的某一温度处保持恒温，通过 DSC 就能测得恒温过程中 dQ/dt 随时间的变化，如图 9.10 所示。可以看到，曲线首先回到基线，经过诱导期（t_{id}）后出现表示结晶放热的峰，结晶过程结束（t_c）又回到基线。基线和放热曲线包围的面积是总结晶热 ΔQ_c。若在整个结晶过程每个结晶单位所产生的结晶热均相等，则到 t 时的结晶量与到 t 时的放热量成比例。所以，根据等温结晶的 DSC 曲线可以了解等温过程中的结晶完成的情况。需要注意的是，使用这一方法的前提是 DSC 对温度骤变的响应速率大于结晶速率。此外，当 t_{id} 非常小时，仪器难以正确确定结晶的起始点，当结晶非常缓慢时，仪器无法显示 dQ/dt 随时间的变化。

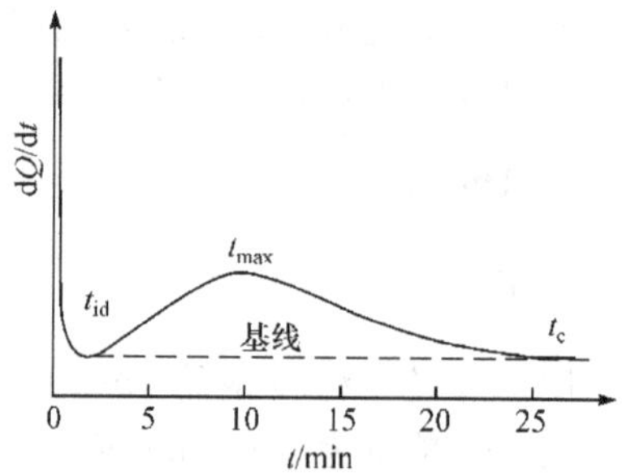

图 9.10　等温结晶 DSC 曲线

2）比热容的测量

在升温速率不变时，DSC曲线基线的偏移只与试样和参比物的热容差有关，因此可以利用基线的偏移测量试样的比热容。DSC的基线关系式为

$$\frac{dQ}{dt}=mc_p\frac{dT}{dt} \tag{9.4}$$

式中，m表示试样质量（g）；c_p表示试样的比热容[J/(g·K)]；dQ/dt表示热流率（J/s）；dT/dt表示升温速率（K/s）。

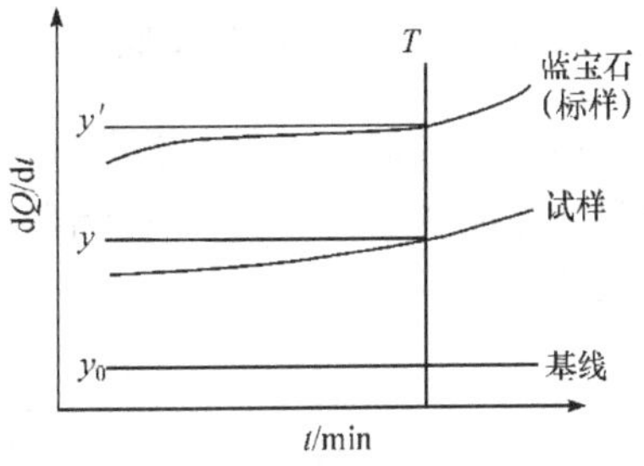

图9.11 DSC比较法测定比热容

通过式(9.4)可以计算c_p，其精度主要取决于dQ/dt和dT/dt的测量误差。实际上，为了减少c_p的测量误差，可以采用已知比热容的标准试样进行比较测量。通常用蓝宝石作标样，其比热容见表9.4。

表9.4 常压下不同温度时蓝宝石的比热容

温度/K	比热容/[J/(g·K)]	温度/K	比热容/[J/(g·K)]	温度/K	比热容/[J/(g·K)]
100	0.1259	500	1.0401	900	1.2046
200	0.5016	600	1.1243	1000	1.2234
300	0.7749	700	1.1478	1100	1.2367
400	0.9432	800	1.1827	1200	1.2502

测量程序如下：

(1) 在DSC仪器中放两个空的坩埚，用选定的升温速率作一条基线。

(2) 在试样坩埚中放入标样，用同样的升温速率作DSC曲线。

(3) 取出标样，试样坩埚中放入试样，用同样的升温速率再作DSC曲线。

三条曲线绘在同一张图中，如图9.11所示。在某温度T的位置分别读出基线、试样、标样的纵坐标（dQ/dt）值，记做y_0、y、y'，令c_p、c'_p分别表示试样、标样在该温度的比热容，m、m'分别表示试样、标样的质量，则有

$$\frac{mc_p}{m'c'_p}=\frac{y-y_0}{y'-y_0} \tag{9.5}$$

即

$$c_p=c'_p\frac{m'}{m}\cdot\frac{y-y_0}{y'-y_0} \tag{9.6}$$

9.3 热重分析法

许多物质在加热或冷却过程中往往伴有质量的变化。热重法（TG）是在程序控温下，且在挥发产物分压恒定条件下测量试样质量的一种技术。描述该质量和温度之间关系的曲线称为热重曲线或TG曲线。由于大多数矿物在加热时会脱水而失去部分质量，故又

称失重分析。

9.3.1　热重分析仪的工作原理

热重法通常使用热天平进行动态测量与记录。仪器由加热炉及其内装有的试样支架及测温热电偶、天平及天平控制器,温度程序控制系统、气氛控制系统组成,基本结构如图 9.12 所示。

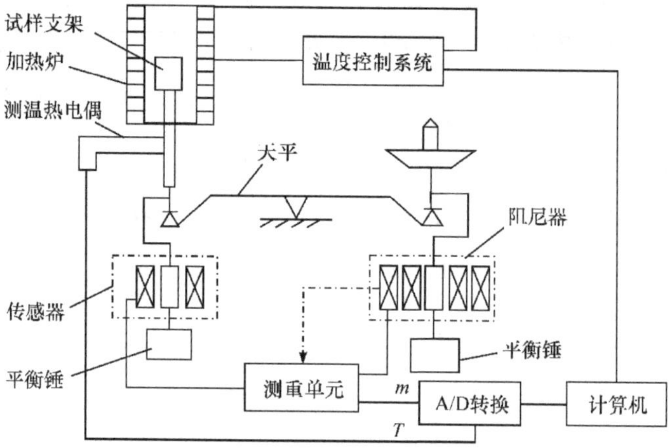

图 9.12　零位型热天平工作原理图

在加热过程中如果试样无质量变化,热天平将保持初始的平衡状态,一旦试样中有质量变化时,天平就失去平衡。天平传感器检测并输出失衡信号,经测重系统放大后,用以自动改变平衡复位器中的线圈电流,使天平又回到初时的平衡状态,即天平恢复到零位。平衡复位器中的电流与试样质量的变化成正比,因此,记录电流的变化就能得到试样质量在加热过程中连续变化的信息,而试样温度由热电偶测量,这样就可得到热重曲线。热天平中阻尼器的作用是加速天平趋向稳定。

9.3.2　TG 曲线的分析

热重法是研究化学反应动力学的重要手段之一,具有试样用量少、测试速度快,并能在所测温度范围内研究物质热效应的全过程等优点。

由 TG 曲线可以分析试样物质的热稳定性、热分解温度、热分解产物以及热分解动力学等,获得相关的热力学数据。此外,利用试样在加热或冷却过程中质量变化的特点,可以区别和鉴定不同的物质。

1. TG 曲线

图 9.13 为典型的 TG 曲线示意图。横坐标表示温度或时间,纵坐标表示质量 m,也可以标记为质量变化率(m/m_0),即质量占原质量的分数。TG 曲线中质量基本不变的部分称为平台,如图中的 AB、CD、EF 基本水平的线段。曲线台阶 BC、DE 和 FG 段为质量变化阶段。随着温度升高,质量开始偏离平台时的温度称为起始温度。质量开始趋于稳

定时，相应的温度称为终止温度。当试样质量为零时（曲线中的 G 点），称试样完全失重。起始温度和终止温度之间的温度范围称为反应区间。

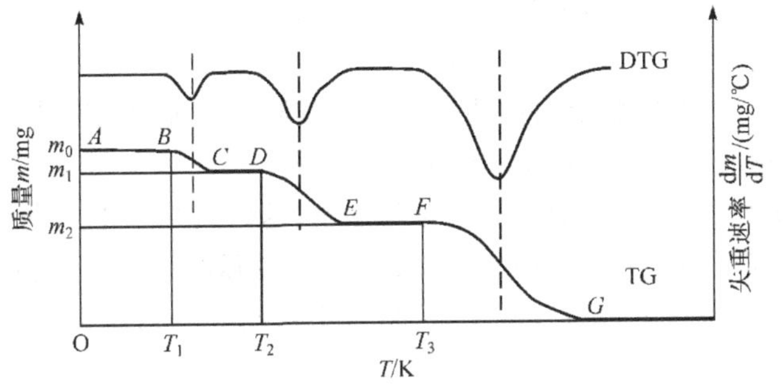

图 9.13　典型的 TG 曲线示意图

根据热重曲线可以获得微商热重曲线，或称 DTG 曲线，表示质量变化速率与温度的关系。DTG 曲线的形状和 DTA 曲线相似，纵坐标表示 dm/dT 或 dm/dt。DTG 曲线的一个峰与 TG 曲线中的一个台阶对应，表示一个失重过程，峰顶对应最大的失重速率，峰面积与失重成正比。DTG 曲线的一个峰可以更加明晰地表示不同温度下的质量变化速率，这对研究分解反应开始的温度和最大分解速率所对应的温度是非常有用的。

实际测定的 TG 和 DTG 曲线与实验条件（如加热速率、气氛、试样质量、试样纯度和试样粒度等）密切相关。

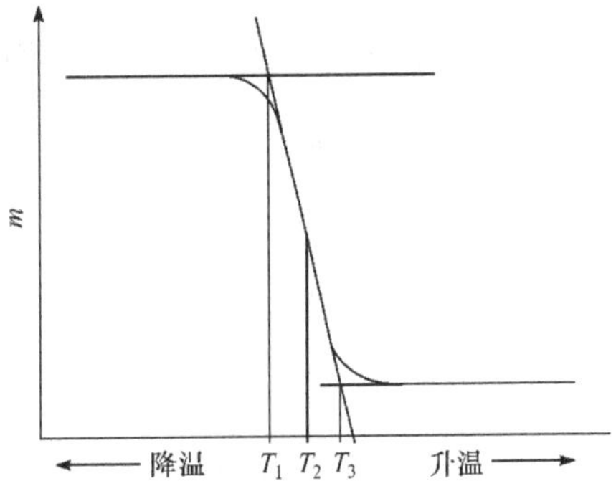

图 9.14　TG 温度校正的特征点

2. 温度测量的校核

在热重分析仪中，热电偶不与试样接触，所以试样真实温度与测量温度之间是有差别的。为了消除由于使用不同热重分析仪而引起的热重曲线上的特征分解温度的差别，可用磁学法标定温度。这是利用永久磁场中的铁磁物质在居里点突然失磁使热天平发生明显的表观失重的现象来标定温度。ICTA 推荐了镍和四种磁性合金为 TG 的温度标准物，见表 9.5。表中的特征点温度与图 9.14 中温度校正曲线的特征点相对应。

表 9.5　TG 温度标准物及其特征点温度

名　称	特征点温度 T/K		
	T_1	T_2	T_3
Permenorm3	253.5	259.3	267.0
镍	351.5	353.0	355.0
Mumetal	377.9	381.8	385.9
Permenorm3	451.0	454.8	458.3
Trafoperm	748.6	750.1	751.1

3. 失重计算

获得 TG 曲线后，可以进行质量损失 Δm 的计算，即

$$\Delta m = m_0 - m_1 \tag{9.7}$$

式中，m_0 为试样是一种稳定物质时的质量；m_1 为试样从一种稳定物质变成另一个稳定物质时的质量。质量损失百分数等于 $\Delta m/m_0 \times 100\%$。

在多步过程中往往有基线飘移，平台不呈水平，这时用平台中点作为两步过程的分界线。在有明显基线飘移时，需进行修正，以获得每步实际的质量变化值。修正的方法是，在与试样测试相同的条件下进行空载实验，平台中点与其相对应的空载基线偏移值即为修正值。

下面以结晶硫酸铜 $CuSO_4 \cdot 5H_2O$ 脱水过程的 TG 曲线为例，讨论热重法的基本原理。在常压下，$CuSO_4 \cdot 5H_2O$ 的脱水过程有如下三个阶段：

$$CuSO_4 \cdot 5H_2O \longrightarrow CuSO_4 \cdot 3H_2O + 2H_2O\uparrow$$
$$CuSO_4 \cdot 3H_2O \longrightarrow CuSO_4 \cdot H_2O + 2H_2O\uparrow$$
$$CuSO_4 \cdot H_2O \longrightarrow CuSO_4 + H_2O\uparrow$$

图 9.15(a)是 $CuSO_4 \cdot 5H_2O$ 的 TG 曲线，它由三个台阶和四个平台组成。每个台阶表示试样的一个失重过程，与上述反应方程式的脱水阶段相对应。四个平台表示四个稳定的物质，即原始材料及三个反应生成的稳定物质。

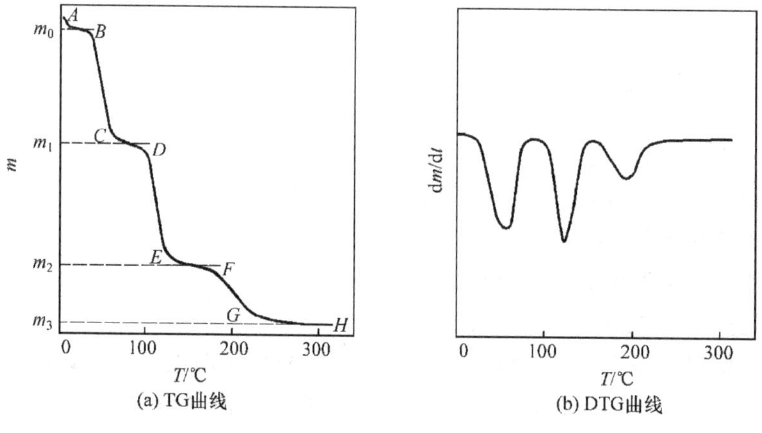

图 9.15 五水硫酸铜的热重曲线和微商热重曲线

其中，AB 表示试样的初始质量，即 $CuSO_4 \cdot 5H_2O$ 的质量 $m_0 = 10.8$mg；

CD 表示第一个生成物的质量，即 $CuSO_4 \cdot 3H_2O$ 的质量 $m_1 = 9.25$mg；

EF 表示第二个生成物的质量，即 $CuSO_4 \cdot H_2O$ 的质量 $m_2 = 7.65$mg；

GH 表示最终生成物的质量，即 $CuSO_4$ 的质量 $m_3 = 6.85$mg；

BC 表示第一个失重过程，$m_0 - m_1 = 1.55$mg，对应失重百分数 14.35%；

DE 表示第二个失重过程，$m_1 - m_2 = 1.6$mg，对应失重百分数 14.8%；

FG 表示第三个失重过程，$m_2 - m_3 = 0.8$mg，对应失重百分数 7.4%。

热重曲线开始时（A 点附近的一小段过程）有一个很小的质量变化，这是试样表面吸

附的水所引起的。

图9.15(b)是微商热重曲线。DTG曲线记录的三个峰是与$CuSO_4 \cdot 5H_2O$三步失重过程相对应的。根据它们的峰面积,同样可算出$CuSO_4 \cdot 5H_2O$各个热分解过程的失重或失重百分数。

在热重法中,DTG曲线比TG曲线更有用,因为它与DTA曲线相类似,所以有利于这两种曲线在相同的温度范围进行对比和分析。

9.3.3 热重分析测量的影响因素

TG与DTA、DSC比较,DTA、DSC更依赖于实验条件,这是因为试样的温度变化比质量变化更加依赖于传热的机理与条件。

影响热重分析测量的因素很多,也很复杂,主要有三个方面,即仪器、试样及实验条件。

仪器因素包括气体的浮力效应及对流的影响。温度的升高使试样周围的气体密度下降,气体对试样及其支持器的浮力减小会表现出增重,试样周围气体受热产生对流,向上的热气流作用在天平上表现出失重。这两个影响因素与仪器结构以及制造仪器的材料有关。此外,测试过程中,试样的挥发物再凝集也可能会影响天平的工作。

在仪器已经选定的情况下,需要做的工作就是较好地进行试样的预处理及选择合适的实验操作条件。

1) 试样的准备

准备主要包括试样的量、粒度及装填方式。一般来说,大块试样要研成粒状。试样用量少、粒度小,不仅平台稳定,而且分辨率也高,但灵敏度下降。

2) 坩埚的选择

应了解试样的有关性质。坩埚材料对试样应是惰性的,即不起反应,也不起催化作用。坩埚以浅盘为好,有利于导热。

3) 气氛的选择

要了解试样及其分解产物的性质,没有特殊需要就在大气下进行。采用气氛的实验中,以采用动态气氛为多,但要严格控制气氛的纯度、流速等。

4) 升温速率的选择

采用高的升温速率一般对热重曲线的测定是不利的,但是如果试样少,升温速率高些也无妨,只要热分解过程中的中间产物能够被检出。

一般情况下,对传热较差的有机物和高分子试样,升温速率选用5~10℃/min,对传热较好的无机物、金属试样,升温速率选用10~20℃/min。

9.4 联用技术及其他

在应用热分析时,应该了解各种热分析技术的用途和局限性。事实上,每种热分析技术只能了解物质性质及其变化的某些方面,综合运用多种热分析技术以及其他分析方法,才可以从不同侧面共同反映物质的变化过程,互相补充和互相印证,从而有利于对该物质的变化过程进行全面的分析和判断。例如，DTA 或 DSC 通常要用 TG 来补充，这就是热分析的联用技术。具体选择何种联用技术，主要由待测物质的性质所决定。在恒速变温时，可测的物理量还有长度、体积、硬度、电导率、光吸收等。如果有必要，热分析还需要和光谱、质谱、气相色谱等其他技术联用。

1. 热分析技术的联用

DTA 和 DSC 只能反映焓变而不能反映质量改变，TG 只能反映质量改变而不能反映焓变，两者联用则可同时了解物质的焓和质量在升温过程中的变化情况。利用 TG 可以确定过程是否伴有质量变化，在有热效应而无质量变化时，那一定是发生了相变或是固相反应。

1）综合热分析仪

把 TG 和 DTA（或 TG 和 DSC）集成在同一台仪器中，构成 TG-DTA（或 TG-DSC）联用热分析仪，采用计算机监控温度和实验条件，收集和储存数据，并进行数据分析和处理。使用这种联用热分析仪，可在同一时间对同一试样完成 TG 和 DTA（或 DSC）的测试。TG 曲线和 DTA（或 DSC）曲线中的温度可确认是一致的。这种仪器与热天平相比，主要区别在于将原有的 TG 试样支架换成了能同时适用于 TG 和 DSC 测试的试样支架。

2）例题——锌铝尖晶石制备过程的研究

尖晶石是一种高温陶瓷材料，具有高硬度、高熔点和低热膨胀系数等特点。锌铝尖晶石一般用 $Al(OH)_3$ 和 ZnO 为原料通过化学反应来制备，其反应过程的 DSC-TG 曲线如图 9.16 所示。从图中可见，当温度升至 230℃时，开始出现一个吸热峰，并开始有质量损失，继续升温至 320℃时，吸热峰出现极值，对应的 DTG 曲线也同时出现极值，质量损失率达到最大，此吸热峰即为分解脱水所致，说明 $Al(OH)_3$ 的分解脱水温度为 230℃左右，在 320℃时，反应最为剧烈。接着出现放热峰，峰值在 356℃左右，结束于 516℃，该放热峰对应于 $Al(OH)_3$ 脱水后 Al_2O_3 与 ZnO 反应生成 $ZnO \cdot Al_2O_3$ 新相的过程。此后继续升温，质量损失基本无变化。

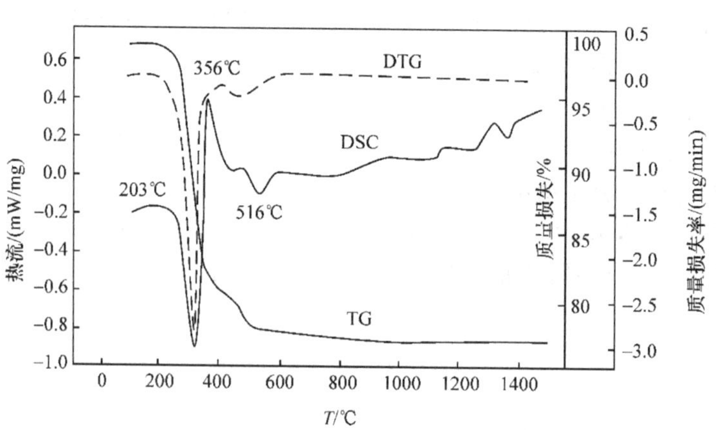

图 9.16　$Al(OH)_3$-ZnO 反应过程的 TG-DSC 曲线

2. 热分析与其他分析技术的联用

热分析主要用于研究物理变化(晶型转变、熔融、升华和吸附等)和化学变化(脱水、分解、氧化和还原等)。热分析不仅提供热力学参数,而且还可给出有一定参考价值的动力学数据。然而,热分析并不能告诉我们更多的有关试样变化的物理本质和化学本质。所以,单靠热分析往往不能解决试样的分析问题,而需要和其他方法配合使用,特别是 X 射线分析,如果热分析过程涉及有气体的产生,则最好和光谱、质谱、气相色谱联用分析。

例如,内生型复合材料是一种新型复合材料,其增强体是通过化学反应在基体中原位反应产生。图 9.17 为 Al-TiO_2-B 系(B 与 TiO_2 的物质的量之比等于 2)热爆反应过程的 DSC 曲线,增强体体积分数为 50%。由图可以看出,热分析过程出现 4 个峰,A 峰为吸热峰,对应于 Al 的液化吸热,B 峰为低的放热峰,对应于液态 Al 与 B 所发生的反应,即

$$Al + 2B \longrightarrow AlB_2$$

热力学计算表明该反应为弱放热反应,在图 9.18 所示的 Al-B 系的 DSC 曲线中表现得较为明显,Al 液化后与 B 结合生成了 AlB_2 化合物。

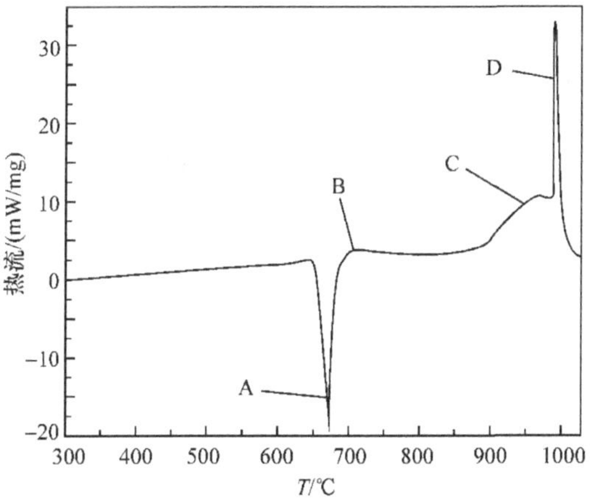

图 9.17 Al-TiO_2-B 系反应过程的 DSC 曲线

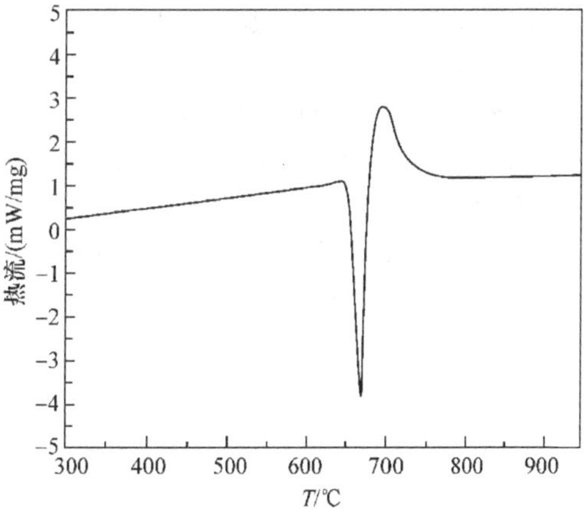

图 9.18 Al-B 反应过程的 DSC 曲线

C 峰为放热峰,对应于如下反应:

$$4Al + 3TiO_2 \longrightarrow 2\alpha\text{-}Al_2O_3 + 3[Ti]$$

随后活性 Ti 原子与 AlB_2 结合,发生强放热反应:

$$AlB_2 + [Ti] \longrightarrow TiB_2 + Al$$

形成高而尖的放热峰,即 D 峰。增强体 TiB_2 和 α-Al_2O_3 均为颗粒状,反应结果的 SEM 图及其对应的 XRD 图如图 9.19 所示。

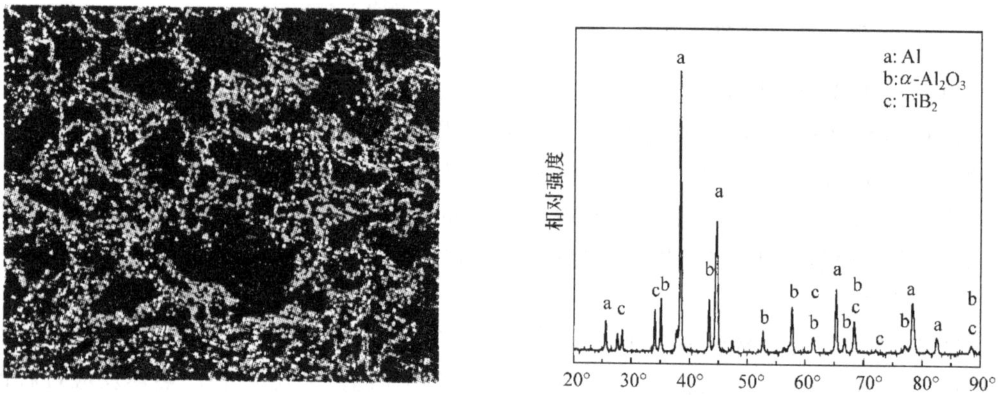

(a) 反应结果的SEM图　　　　(b) 反应结果的XRD图

图 9.19　Al-TiO_2-B 反应结果的 SEM 图及其对应的 XRD 图

习　　题

9.1　简述热分析的定义和内涵。

9.2　热分析对热电偶有何要求？示差热电偶与一般热电偶的区别是什么？

9.3　DTA 分析中，对试样和加热炉各有何要求？

9.4　简述热重分析、示差热分析和示差扫描量热分析的定义和原理。

9.5　什么是 DTA 曲线和 DSC 曲线的基线？基线的影响因素有哪些？

9.6　DTA 与 DSC 曲线中，峰的含义有何不同？峰的面积能否直接用于表征试样的热效应？

9.7　热重法与微分热重法的区别是什么？

9.8　综合热分析相比于单一热分析有何优点？

9.9　简述热分析技术在材料研究中的应用。

参 考 文 献

蔡正千. 1993. 热分析. 北京:高等教育出版社

范雄. 1981. X射线金属学. 北京:机械工业出版社

李树棠. 1980. 金属X射线衍射与电子显微分析技术. 北京:冶金工业出版社

刘文西,黄孝瑛,陈玉茹. 1989. 材料结构电子显微分析. 天津:天津大学出版社

清华大学分析化学教研室. 1983. 现代仪器分析(上、下册). 北京:清华大学出版社

沈桂琴. 1992. 光学金相技术. 北京:北京航空航天大学出版社

唐汝钧. 1999. 机械工程材料测试手册—物理金相卷. 沈阳:辽宁科学技术出版社

王英华. 1993. X光衍射技术基础. 2版. 北京:原子能出版社

吴诚. 1996. 机械工程材料测试手册—化学卷. 沈阳:辽宁科学技术出版社

周玉. 2000. 材料分析方法. 北京:机械工业出版社

朱和国. 2008. 材料科学研究与测试方法. 南京:东南大学出版社

朱良漪等. 1997. 分析仪器手册. 北京:化学工业出版社

Bertin E P. 1983. X射线光谱分析的原理和应用. 李瑞城,鲍永夫,吴效林译. 北京:国防工业出版社

附　　录

Ⅰ　一些元素常用的紫外、可见光谱线

元素	波长/nm	颜色
Ag	328.068	—
	338.289	—
	405.546	紫
	520.907	绿
	546.549	绿
Al	237.841	—
	266.039	—
	394.409	紫
	396.153	紫
Au	242.795	—
	267.575	—
	312.278	—
B	249.678	—
Ba	307.159	—
	413.066	紫
	455.404	蓝
	553.550	黄绿
	577.770	黄
Be	332.109	—
	332.134	—
	440.791	蓝
	457.267	蓝
	467.346	蓝
Bi	289.798	—
	302.464	—
	306.772	—
	472.237	蓝
	555.235	黄绿
C	426.727	紫
	657.803	红
	658.285	红
Ca	272.165	—
	299.731	—
	422.673	紫
	443.496	蓝
	445.478	蓝
Cd	326.106	—
	346.620	—
	467.815	蓝
	479.991	蓝
	508.582	绿
	643.847	红
Ce	320.171	—
	416.561	紫
	418.660	紫
	429.667	紫
	552.299	黄绿
Co	341.263	—
	344.917	—
	345.351	—
	481.348	蓝
	486.788	蓝
	645.024	红
Cr	273.191	—
	284.325	—
	302.435	—
Cr	359.349	—
	425.433	紫
	427.481	紫
	428.973	紫
	520.451	绿
	520.602	绿
	520.842	绿
	534.577	绿
Cs	455.536	蓝
	459.318	蓝
Cu	282.437	—
	324.754	—
	327.396	—
	510.554	绿
	515.324	绿
	521.820	绿
	578.213	黄
Eu	281.395	—
	290.668	—
	412.974	紫
	420.505	紫
Fe	238.501	—
	239.147	—
	317.545	—
	438.355	紫
	440.475	蓝
	516.749	绿
	522.719	绿

续表

元素	波长/nm	颜色
Fe	523.295	绿
	526.954	绿
Ga	294.364	—
	294.418	—
	417.210	紫
H	410.170	紫
	434.050	紫
	486.180	蓝
	656.273	红
	656.285	红
He	447.150	蓝
	587.560	黄
Hg	253.652	—
	313.183	—
	365.020	紫
	404.660	紫
	546.070	绿
	576.960	黄
	579.070	黄
In	303.936	—
	410.180	紫
	451.132	蓝
K	344.637	—
	404.414	紫
	404.720	紫
	766.490	红
	769.900	红
La	324.512	—
	433.374	紫
	624.900	橙
Li	323.261	—
	427.328	紫
	610.360	橙
	670.790	红
Mg	277.669	—
	277.983	—
	278.142	—
	278.295	—
	279.806	—
	332.993	—
	333.668	—
	516.734	绿
	517.270	绿
	518.362	绿
Mn	279.827	—
	280.106	—
	291.460	—
	294.921	—
	307.029	—
	362.9741	—
	403.080	紫
	450.222	蓝
	475.404	蓝
	478.342	蓝
	482.352	蓝
	601.350	黄
	601.664	黄
Mo	281.6154	—
	317.0347	—
	319.3973	—
	386.4110	紫
	550.650	黄绿
	553.305	黄绿
	557.045	黄绿
	603.066	橙
N	410.998	紫
	415.146	紫
	600.848	黄
Na	285.3031	—
	330.2323	—
	330.2983	—
	588.995	黄
	589.595	黄
Nb	316.3402	—
	319.4977	—
	405.890	紫
	467.210	蓝
	507.896	绿
	534.416	绿
Nd	430.3573	紫
Ni	294.3914	—
	310.1879	—
	349.2956	—
	471.442	蓝
	503.537	绿
	508.052	绿
S	290.9061	—
	330.1559	—
P	255.493	—
	602.418	黄
	603.404	橙
	604.312	橙
	650.797	红
Pb	239.3794	—
	266.3166	—
	283.3069	—
	287.3316	—
	405.782	紫
Pr	312.1571	—
	390.8431	—
	422.298	紫
Pt	265.9454	—

续表

元　素	波长/nm	颜　色
Pt	283.0295	—
	299.7967	—
	522.76	绿
	530.100	绿
Ra	482.59	蓝
Rb	334.872	—
	359.159	—
	420.190	紫
	421.560	紫
	780.030	暗红
	794.760	暗红
Rh	339.685	—
	343.4893	—
	346.2040	—
	350.2524	—
	369.2357	紫
S	543.283	绿
	545.388	绿
	547.363	绿
Sb	238.363	—
	244.5515	—
	259.8062	—
	267.0643	—
	287.7915	—
	326.7502	—
	556.797	黄绿
	600.521	黄
Sc	335.3734	—
	391.1810	紫
	424.6829	紫
Si	245.2136	—
	251.9207	—
	298.7648	—
	634.701	橙
	637.109	橙
Sm	340.8668	—
	429.6750	紫
Sn	283.9989	—
	286.3327	—
	303.4121	—
	317.5019	—
	451.130	蓝
	452.474	蓝
Sr	242.8095	—
	256.9469	—
	293.1830	—
	346.4457	—
	407.7714	紫
	416.1796	紫
	460.7331	蓝
	483.210	蓝
Ta	271.4674	—
	331.1162	—
	457.431	蓝
	469.190	蓝
Tb	329.307	—
	427.851	紫
Te	238.576	—
Th	283.7299	—
	287.0413	—
	406.9210	紫
	411.6718	紫
Ti	264.1099	—
	264.4264	—
	318.6454	—
	319.9915	—
	498.173	蓝
	499.107	绿
	499.951	绿
	500.721	绿
Tl	276.787	—
	351.924	—
	377.572	紫
	535.050	绿
Tm	346.220	—
	409.418	紫
V	310.2099	—
	313.4931	—
	318.3406	—
	437.924	紫
	603.969	橙
	607.736	橙
W	289.6446	—
	294.6981	—
	400.8753	紫
	430.210	紫
	484.383	蓝
	505.330	绿
	551.470	黄绿
Y	319.5615	—
	332.7875	—
	490.010	蓝
Yb	346.4370	—
	398.7994	紫
Zn	334.5020	—
	334.5572	—
	468.014	蓝
	472.216	蓝
	481.053	蓝
	636.235	橙
Zr	329.7265	—
	471.010	蓝
	612.744	橙
	613.455	橙
	614.320	橙

Ⅱ　元素的主要 K、L 系谱线的波长(Å)

	$K_{\alpha1}$	$K_{\alpha2}$	$K_{\beta1}$	$K_{\beta2}$	$L_{\alpha1}$	$L_{\alpha2}$	$L_{\beta1}$	$L_{\beta2}$	$L_{\gamma1}$
谱线跃迁能级	$L_{III}\rightarrow K$	$L_{II}\rightarrow K$	$M_{III}\rightarrow K$	$M_{II}\rightarrow K$	$M_{V}\rightarrow L_{III}$	$M_{IV}\rightarrow L_{III}$	$M_{IV}\rightarrow L_{II}$	$N_{III}\rightarrow L_{III}$	$N_{IV}\rightarrow L_{II}$
谱系内相对强度	100	50	20	20	100	10	10	10	10
5-B	67								
6-C	44								
7-N	31.603	31.603							
8-O	23.707	23.707							
9-F	18.307	18.307							
10-Ne	14.615	14.615	14.460						
11-Na	11.909	11.909	11.617						
12-Mg	9.889	9.889	9.558						
13-Al	8.338	8.341	7.981						
14-Si	7.125	7.127	6.769						
15-P	6.154	6.157	5.804						
16-S	5.372	5.375	5.032						
17-Cl	4.728	4.731	4.403						
18-Ar	4.191	4.194	3.886						
19-K	3.742	3.745	3.454						
20-Ca	3.359	3.382	3.090		36.393		36.022		
21-Sc	3.031	3.034	2.780		31.393		31.072		
22-Ti	2.749	2.753	2.514		27.445		27.074		
23-V	2.503	2.507	2.285		24.309		23.898		
24-Cr	2.290	2.294	2.085		21.713		21.323		
25-Mn	2.102	2.105	1.910		19.489		19.158		
26-Fe	1.936	1.940	1.757		17.602		17.290		
27-Co	1.789	1.793	1.621		16.000		15.698		
28-Ni	1.658	1.662	1.500		14.595		14.308		
29-Cu	1.540	1.544	1.392	1.393	13.357		13.079		
30-Zn	1.435	1.439	1.296		12.282		12.009		
31-Ga	1.340	1.344	1.207	1.208	11.313		11.045		
32-Ge	1.255	1.258	1.129	1.129	10.456		10.194		
33-As	1.175	1.179	1.057	1.058	9.671		9.414		
34-Se	1.105	1.109	0.992	0.993	8.990		8.735		

续表

	$K_{\alpha1}$	$K_{\alpha2}$	$K_{\beta1}$	$K_{\beta2}$	$L_{\alpha1}$	$L_{\alpha2}$	$L_{\beta1}$	$L_{\beta2}$	$L_{\gamma1}$
谱线跃迁能级	$L_{III}\rightarrow K$	$L_{II}\rightarrow K$	$M_{III}\rightarrow K$	$M_{II}\rightarrow K$	$M_{V}\rightarrow L_{III}$	$M_{IV}\rightarrow L_{III}$	$M_{IV}\rightarrow L_{II}$	$N_{III}\rightarrow L_{III}$	$N_{IV}\rightarrow L_{II}$
谱系内相对强度	100	50	20	20	100	10	10	10	10
35-Br	1.040	1.044	0.933	0.933	8.375		8.126		
36-Kr	0.980	0.984	0.879	0.879	7.817		7.576		
37-Rb	0.926	0.930	0.829	0.830	7.318	7.325	7.075		
38-Sr	0.875	0.880	0.783	0.784	6.863	6.870	6.623		
39-Y	0.829	0.833	0.740	0.741	6.449	6.456	6.211		
40-Zr	0.786	0.791	0.701	0.702	6.070	6.077	5.836	5.586	5.384
41-Nb	0.747	0.751	0.665	0.666	5.725	5.732	5.492	5.238	5.036
42-Mo	0.709	0.713	0.632	0.633	5.406	5.414	5.176	4.923	4.726
43-Tc	0.673	0.676	0.601	0.602	5.114	5.123	4.887	4.636	4.400
44-Ru	0.643	0.647	0.572	0.573	4.846	4.854	4.620	4.372	4.182
45-Rh	0.613	0.617	0.546	0.546	4.597	4.605	4.374	4.130	3.944
46-Pd	0.585	0.590	0.521	0.521	4.368	4.376	4.146	3.909	3.725
47-Ag	0.559	0.564	0.497	0.498	4.154	4.162	3.935	3.703	3.523
48-Cd	0.535	0.539	0.475	0.478	3.956	3.965	3.739	3.514	3.336
49-In	0.512	0.517	0.455	0.455	3.752	3.781	3.555	3.339	3.162
50-Sn	0.491	0.495	0.435	0.436	3.600	3.609	3.385	3.175	3.001
51-Sb	0.470	0.475	0.417	0.418	3.439	3.448	3.226	3.023	2.852
52-Te	0.451	0.456	0.400	0.401	3.290	3.299	3.077	2.882	2.712
53-I	0.433	0.438	0.384	0.385	3.148	3.157	2.937	2.751	2.582
54-Xe	0.416	0.421	0.369	0.360	3.015	3.025	2.803	2.626	2.462
55-Cs	0.401	0.405	0.355	0.355	2.892	2.902	2.683	2.511	2.348
56-Ba	0.385	0.390	0.341	0.342	2.776	2.785	2.567	2.404	2.242
57-La	0.371	0.376	0.328	0.329	2.665	2.674	2.458	2.303	2.141
58-Ce	0.357	0.362	0.318	0.317	2.561	2.570	2.356	2.208	2.048
59-Pi	0.344	0.349	0.305	0.305	2.463	2.473	2.259	2.119	1.961
60-Nd	0.332	0.337	0.294	0.294	2.370	2.382	2.166	2.035	1.878
61-Pm	0.321	0.325	0.283	0.284	2.283	2.292	2.081	1.956	1.799
62-Sm	0.309	0.314	0.274	0.274	2.199	2.210	1.998	1.882	1.726
63-Eu	0.299	0.304	0.264	0.265	2.120	2.131	1.920	1.812	1.657
64-Gd	0.289	0.294	0.255	0.256	2.046	2.057	1.847	1.746	1.592
65-Tb	0.279	0.284	0.246	0.246	1.976	1.986	1.777	1.682	1.530
66-Dy	0.270	0.275	0.237	0.238	1.909	1.920	1.710	1.623	1.473
67-Ho	0.261	0.266	0.230	0.231	1.845	1.856	1.647	1.567	1.417

续表

	$K_{\alpha1}$	$K_{\alpha2}$	$K_{\beta1}$	$K_{\beta2}$	$L_{\alpha1}$	$L_{\alpha2}$	$L_{\beta1}$	$L_{\beta2}$	$L_{\gamma1}$
谱线跃迁能级	$L_{III}\to K$	$L_{II}\to K$	$M_{III}\to K$	$M_{II}\to K$	$M_{V}\to L_{III}$	$M_{IV}\to L_{III}$	$M_{IV}\to L_{II}$	$N_{III}\to L_{III}$	$N_{IV}\to L_{II}$
谱系内相对强度	100	50	20	20	100	10	10	10	10
68-Er	0.253	0.258	0.222	0.223	1.785	1.796	1.587	1.514	1.364
69-Tm	0.244	0.250	0.215	0.216	1.726	1.738	1.530	1.463	1.316
70-Yb	0.236	0.241	0.208	0.209	1.672	1.682	1.476	1.416	1.268
71-Lu	0.229	0.234	0.202	0.203	1.619	1.630	1.424	1.370	1.222
72-Hf	0.222	0.227	0.195	0.196	1.569	1.580	1.374	1.327	1.179
73-Ta	0.215	0.220	0.190	0.191	1.522	1.533	1.327	1.285	1.138
74-W	0.209	0.213	0.184	0.185	1.476	1.487	1.282	1.245	1.098
75-Re	0.202	0.207	0.179	0.179	1.433	1.444	1.238	1.206	1.061
76-Os	0.196	0.201	0.173	0.174	1.391	1.402	1.197	1.169	1.025
77-Ir	0.191	0.196	0.168	0.169	1.352	1.363	1.158	1.135	0.991
78-Pt	0.185	0.190	0.163	0.164	1.313	1.325	1.120	1.102	0.958
79-Au	0.180	0.185	0.159	0.160	1.277	1.288	1.083	1.070	0.927
80-Hg	0.175	0.180	0.154	0.155	1.242	1.253	1.049	1.040	0.897
81-Tl	0.170	0.175	0.150	0.151	1.207	1.218	1.015	1.010	0.868
82-Pb	0.165	0.170	0.147	0.147	1.175	1.186	0.982	0.983	0.840
83-Bi	0.161	0.165	0.142	0.143	1.144	1.155	0.952	0.955	0.814
84-Po	0.156	0.161	0.138	0.139	1.114	1.125	0.922	0.929	0.788
85-At	0.152	0.157	0.134	0.135	1.085	1.097	0.894	0.905	0.763
86-Rn	0.148	0.153	0.131	0.132	1.057	1.069	0.866	0.881	0.739
87-Fr	0.144	0.149	0.127	0.128	1.030	1.042	0.840	0.858	0.716
88-Ra	0.140	0.145	0.124	0.125	1.005	1.017	0.814	0.836	0.694
89-Ac	0.136	0.141	0.121	0.121	0.980	0.992	0.789	0.814	0.671
90-Th	0.133	0.138	0.117	0.118	0.956	0.968	0.766	0.794	0.653
91-Pa	0.129	0.134	0.114	0.115	0.933	0.945	0.742	0.774	0.634
92-U	0.126	0.131	0.111	0.112	0.911	0.923	0.720	0.755	0.615

Ⅲ　化学元素 K、L 系主要谱线的光子能量(keV)

元　素	$K_{\alpha1}$	$K_{\alpha2}$	$K_{\beta1}$	$L_{\alpha1}$	$L_{\alpha2}$	$L_{\beta1}$	$L_{\beta2}$	$L_{\gamma1}$
3-Li	0.052		—	—	—	—	—	
4-Be	0.110		—	—	—	—	—	
5-B	0.185		—	—	—	—	—	

续表

元　素	$K_{\alpha1}$	$K_{\alpha2}$	$K_{\beta1}$	$L_{\alpha1}$	$L_{\alpha2}$	$L_{\beta1}$	$L_{\beta2}$	$L_{\gamma1}$
6-C	0.282		—	—	—	—	—	—
7-N	0.392		—	—	—	—	—	
8-O	0.523		—	—	—	—	—	
9-F	0.677		—	—	—	—	—	
10-Ne	0.851		—	—	—	—	—	
11-Na	1.041		1.067	—	—	—	—	
12-Mg	1.254		1.297	—	—	—	—	
13-Al	1.487	1.486	1.553	—	—	—	—	—
14-Si	1.740	1.739	1.832	—	—	—	—	—
15-P	2.015	2.014	2.136	—	—	—	—	—
16-S	2.308	2.306	2.464	—	—	—	—	—
17-Cl	2.622	2.621	2.815	—	—	—	—	—
18-Ar	2.957	2.955	3.192	—	—	—	—	—
19-K	3.313	3.310	3.589	—	—	—	—	—
20-Ca	3.691	3.688	4.012	0.341		0.344	—	
21-Sc	4.090	4.085	4.460	0.395		0.399	—	
22-Ti	4.510	4.504	4.931	0.452		0.458	—	
23-V	4.952	4.944	5.427	0.510		0.519	—	
24-Cr	5.414	5.405	5.946	0.571		0.581	—	
25-Mn	5.898	5.887	6.490	0.636		0.647	—	
26-Fe	6.403	6.390	7.057	0.704		0.717	—	
27-Co	6.930	6.915	7.649	0.775		0.790	—	
28-Ni	7.477	7.460	8.264	0.849		0.866	—	
29-Cu	8.047	8.027	8.904	0.928		0.948	—	
30-Zn	8.638	8.615	9.571	1.009		1.032	—	
31-Ga	9.251	9.234	10.263	1.096		1.122	—	
32-Ge	9.885	9.854	10.981	1.186		1.216	—	
33-As	10.543	10.507	11.725	1.282		1.317	—	
34-Se	11.221	11.181	12.495	1.379		1.419	—	
35-Br	11.923	11.877	13.290	1.480		1.526	—	

续表

元　素	$K_{\alpha1}$	$K_{\alpha2}$	$K_{\beta1}$	$L_{\alpha1}$	$L_{\alpha2}$	$L_{\beta1}$	$L_{\beta2}$	$L_{\gamma1}$
36-Kr	12.648	12.597	14.112	1.587		1.638	—	
37-Rb	13.394	13.335	14.960	1.694	1.692	1.752	—	—
38-Sr	14.164	14.097	15.834	1.806	1.805	1.872	—	
39-Y	14.957	14.882	16.736	1.922	1.920	1.996	—	—
40-Zr	15.774	15.690	17.666	2.042	2.040	2.124	2.219	2.302
41-Nb	16.614	16.520	18.621	2.166	2.163	2.257	2.367	2.462
42-Mo	17.478	17.373	19.607	2.293	2.290	2.395	2.518	2.623
43-Tc	18.410	18.328	20.585	2.424	2.420	2.538	2.674	2.792
44-Ru	19.278	19.149	21.655	2.558	2.554	2.683	2.836	2.964
45-Rh	20.214	20.072	22.721	2.696	2.692	2.834	3.001	3.144
46-Pd	21.175	21.018	23.816	2.838	2.833	2.990	3.172	3.328
47-Ag	22.162	21.988	24.942	2.984	2.978	3.151	3.348	3.519
48-Cd	23.172	22.982	26.093	3.133	3.127	3.316	3.528	3.716
49-In	24.207	24.000	27.274	3.287	3.279	3.487	3.713	3.920
50-Sn	25.270	25.042	28.483	3.444	3.435	3.662	3.904	4.131
51-Sb	26.357	26.109	29.723	3.605	3.595	3.843	4.100	4.347
52-Te	27.471	27.200	30.993	3.769	3.758	4.029	4.301	4.570
53-I	28.610	28.315	32.292	3.937	3.926	4.220	4.507	4.800
54-Xe	29.802	29.485	33.644	4.111	4.098	4.422	4.720	5.036
55-Cs	30.970	30.623	34.984	4.286	4.272	4.620	4.936	5.280
56-Ba	32.191	31.815	36.376	4.467	4.451	4.828	5.156	5.531
57-La	33.440	33.033	37.799	4.651	4.635	5.043	5.384	5.789
58-Ce	34.717	34.276	39.255	4.840	4.823	5.262	5.613	6.052
59-Pr	36.023	35.548	40.746	5.034	5.014	5.489	5.850	6.322
60-Nd	37.359	36.845	42.269	5.230	5.208	5.722	6.090	6.602
61-Pm	38.649	38.160	43.945	5.431	5.408	5.956	6.336	6.891
62-Sm	40.124	39.523	45.400	5.636	5.609	6.206	6.587	7.180
63-Eu	41.529	40.877	47.027	5.846	5.816	6.456	6.842	7.478
64-Gd	42.983	42.280	48.718	6.059	6.027	6.714	7.102	7.788
65-Tb	44.470	43.737	50.391	6.275	6.241	6.979	7.368	8.104

续表

元 素	$K_{\alpha1}$	$K_{\alpha2}$	$K_{\beta1}$	$L_{\alpha1}$	$L_{\alpha2}$	$L_{\beta1}$	$L_{\beta2}$	$L_{\gamma1}$
66-Dy	45.985	45.193	52.178	6.495	6.457	7.249	7.638	8.418
67-Ho	47.528	46.686	53.934	6.720	6.680	7.528	7.912	8.748
68-Er	49.099	48.205	55.690	6.948	6.904	7.810	8.188	9.089
69-Tm	50.730	49.762	57.576	7.181	7.135	8.103	8.472	9.424
70-Yb	52.360	51.326	59.352	7.414	7.367	8.401	8.758	9.779
71-Lu	54.063	52.959	61.282	7.654	7.604	8.708	9.048	10.142
72-Hf	55.757	54.579	63.209	7.898	7.843	9.021	9.346	10.514
73-Ta	57.524	56.270	65.210	8.145	8.087	9.341	9.649	10.892
74-W	59.310	57.973	67.233	8.396	8.333	9.670	9.959	11.283
75-Re	61.131	59.707	69.298	8.651	8.584	10.008	10.273	11.684
76-Os	62.991	61.477	71.404	8.910	8.840	10.354	10.596	12.094
77-Ir	64.886	63.278	73.549	9.173	9.098	10.706	10.918	12.509
78-Pt	66.820	65.111	75.736	9.441	9.360	11.069	11.249	12.939
79-Au	68.794	66.980	77.968	9.711	9.625	11.439	11.582	13.379
80-Hg	70.821	68.894	80.258	9.987	9.896	11.823	11.923	13.828
81-Tl	72.860	70.820	82.558	10.266	10.170	12.210	12.268	14.288
82-Pb	74.957	72.794	84.992	10.549	10.448	12.611	12.620	14.762
83-Bi	77.097	74.805	87.335	10.836	10.729	13.021	12.977	15.244
84-Po	79.296	76.868	89.809	11.128	11.014	13.441	13.338	15.740
85-At	81.525	78.956	92.319	11.424	11.304	13.873	13.705	16.248
86-Rn	83.800	81.080	94.877	11.724	11.597	14.316	14.077	16.768
87-Fr	86.119	83.243	97.483	12.029	11.894	14.770	14.459	17.301
88-Ra	88.485	85.446	100.136	12.338	12.194	15.233	14.839	17.845
89-Ac	90.894	87.681	102.846	12.650	12.499	15.712	15.227	18.405
90-Th	93.334	89.942	105.592	12.966	12.808	16.200	15.620	18.977
91-Pa	95.851	92.271	108.408	13.291	13.120	16.700	16.022	19.559
92-U	98.428	94.648	111.289	13.613	13.438	17.218	16.425	20.163

Ⅳ　元素的吸收限波长(Å)

元　素	K	$L_{Ⅰ}$	$L_{Ⅱ}$	$L_{Ⅲ}$	$M_{Ⅰ}$	$M_{Ⅱ}$	$M_{Ⅲ}$	$M_{Ⅳ}$	$M_{Ⅴ}$
3-Li	226.950								
4-Be	10.7200								
5-B	65.604								
6-C	43.887								
7-N	31.220								
8-O	23.233								
9-F	17.897								
10-Ne	14.170								
11-Na	11.475								
12-Mg	9.512	197.300		220.534					
13-Al	7.951	142.500	163.022	163.942					
14-Si	6.745	105.000	122.028	122.761					
15-P	5.787	81.000	95.070	95.801					
16-S	5.018	64.100	75.314	75.868					
17-Cl	4.397	52.100	60.739	61.222	591.900				
18-Ar	3.871	43.200	50.025	50.446	476.587				
19-K	3.436	36.400	41.754	42.179	373.456				
20-Ca	3.070	30.700	35.797	36.173	309.146				
21-Sc	2.757	26.800	30.943	31.296	264.440				
22-Ti	2.497	23.400	26.936	27.290	228.816				
23-V	2.269	19.803	23.877	24.229	201.484				
24-Cr	2.070	17.840	21.294	21.637	171.626				
25-Mn	1.896	16.138	19.086	19.417	150.739				
26-Fe	1.743	14.650	17.188	17.504	132.991				
27-Co	1.608	13.333	15.545	15.843	118.175				
28-Ni	1.488	12.201	14.104	14.387	103.062				
29-Cu	1.380	11.172	12.841	13.113	91.685	137.152		793.498	
30-Zn	1.283	10.262	11.725	11.987	81.898	116.000		546.224	
31-Ga	1.196	9.416	10.728	10.930	73.146	98.670	107.500	405.000	
32-Ge	1.116	8.692	9.840	10.089	65.118	89.857	93.488	299.437	
33-As	1.045	8.067	9.056	9.298	58.581	79.123	82.205	238.357	
34-Se	0.980	7.456	8.347	8.584	52.835	69.999	72.578	187.662	
35-Br	0.920	6.920	7.721	7.952	46.678	62.341	64.705	150.218	

续表

元　素	K	L_I	L_{II}	L_{III}	M_I	M_{II}	M_{III}	M_{IV}	M_V
36-Kr	0.866	6.444	7.158	7.377	42.071	54.882	57.020	129.756	
37-Rb	0.818	5.995	6.642	6.861	37.696	49.562	51.527	108.466	109.988
38-Sr	0.770	5.591	6.173	6.387	34.553	44.124	45.866	90.985	92.251
39-Y	0.728	5.226	5.752	5.961	31.453	39.733	41.308	77.850	78.973
40-Zr	0.689	4.889	5.378	5.565	28.474	35.564	36.972	66.136	67.184
41-Nb	0.653	4.595	5.031	5.230	26.482	32.708	34.155	59.815	60.608
42-Mo	0.620	4.323	4.716	4.913	24.413	30.083	31.401	53.277	54.201
43-Tc	0.589	4.068	4.431	4.623	22.500	27.578	28.853	47.507	48.140
44-Ru	0.560	3.837	4.169	4.358	20.945	25.461	26.510	42.660	43.038
45-Rh	0.534	3.623	3.928	4.113	19.453	23.341	24.492	38.561	39.286
46-Pd	0.509	3.425	3.706	3.889	18.109	21.603	22.699	34.940	35.494
47-Ag	0.486	3.243	3.501	3.680	16.877	20.011	21.061	31.793	32.299
48-Cd	0.464	3.073	3.312	3.488	15.873	18.602	19.614	29.269	29.501
49-In	0.444	2.916	3.137	3.311	14.764	17.314	18.285	26.717	27.165
50-Sn	0.425	2.648	2.975	3.146	13.856	16.050	17.200	24.500	24.900
51-Sb	0.407	2.634	2.824	2.994	13.020	15.072	16.014	22.699	23.114
52-Te	0.390	2.508	2.685	2.853	12.274	14.188	15.079	21.124	21.528
53-I	0.374	2.390	2.555	2.721	11.575	13.344	14.193	19.670	20.050
54-Xe	0.358	2.277	2.434	2.597	10.800	12.532	13.381	18.300	18.716
55-Cs	0.345	2.175	2.321	2.482	10.338	11.824	12.638	17.158	17.607
56-Ba	0.331	2.078	2.214	2.374	9.787	11.156	11.957	16.087	16.513
57-La	0.318	1.988	2.115	2.273	9.316	10.560	11.343	15.060	15.470
58-Ce	0.306	1.902	2.022	2.178	8.844	9.997	10.758	14.242	14.560
59-Pr	0.295	1.822	1.934	2.089	8.394	9.498	10.242	13.429	13.792
60-Nd	0.284	1.747	1.852	2.007	8.026	9.033	9.787	12.789	13.092
61-Pm	0.274	1.675	1.775	1.928	7.550	8.610	9.342	12.160	12.461
62-Sm	0.265	1.608	1.703	1.855	7.338	8.199	8.926	11.547	11.828
63-Eu	0.256	1.545	1.694	1.785	7.013	7.827	8.548	10.975	11.257
64-Gd	0.247	1.485	1.569	1.719	6.703	7.496	8.200	10.457	10.747
65-Tb	0.238	1.428	1.507	1.656	6.398	7.135	7.829	9.958	10.233

续表

元　素	K	L_I	L_{II}	L_{III}	M_I	M_{II}	M_{III}	M_{IV}	M_V
66-Dy	0.230	1.375	1.449	1.597	6.139	6.865	7.547	9.506	9.791
67-Ho	0.223	1.323	1.393	1.540	5.892	6.571	7.225	9.079	9.342
68-Er	0.216	1.274	1.341	1.487	5.675	6.283	6.950	8.644	8.950
69-Tm	0.209	1.227	1.291	1.436	5.410	5.985	6.661	8.275	8.541
70-Yb	0.202	1.183	1.243	1.387	5.192	5.724	6.361	7.912	8.164
71-Lu	0.196	1.140	1.198	1.341	4.981	5.480	6.119	7.573	7.813
72-Hf	0.190	1.100	1.155	1.297	4.765	5.238	5.876	7.216	7.450
73-Ta	0.184	1.062	1.114	1.255	4.594	5.041	5.675	6.951	7.183
74-W	0.178	1.025	1.074	1.215	4.407	4.831	5.453	6.649	6.875
75-Re	0.173	0.990	1.037	1.177	4.237	4.632	5.250	6.371	6.597
76-Os	0.168	0.956	1.001	1.140	4.067	4.440	5.052	6.097	6.313
77-Ir	0.163	0.924	0.966	1.105	3.909	4.262	4.858	5.848	6.076
78-Pt	0.158	0.893	0.933	1.071	3.761	4.082	4.679	5.622	5.820
79-Au	0.153	0.863	0.902	1.039	3.669	3.936	4.518	5.374	5.584
80-Hg	0.149	0.835	0.872	1.008	3.476	3.771	4.352	5.182	5.409
81-Tl	0.145	0.807	0.843	0.979	3.348	3.626	4.192	4.992	5.187
82-Pb	0.141	0.781	0.815	0.950	3.217	3.484	4.035	4.793	4.989
83-Bi	0.137	0.756	0.788	0.923	3.097	3.342	3.890	4.601	4.793
84-Po	0.133	0.731	0.762	0.897	2.989	3.209	3.742	4.430	4.624
85-At	0.129	0.708	0.798	0.872	2.850	3.082	3.616	4.267	4.458
86-Rn	0.125	0.686	0.715	0.848	2.740	2.982	3.506	4.112	4.301
87-Fr	0.122	0.665	0.692	0.825	2.650	2.866	3.392	3.966	4.151
88-Ra	0.119	0.644	0.671	0.803	2.576	2.769	3.280	3.829	4.008
89-Ac	0.116	0.625	0.650	0.782	2.470	2.673	3.185	3.698	3.871
90-Th	0.113	0.606	0.629	0.761	2.394	2.577	3.076	3.568	3.742
91-Pa	0.110	0.587	0.610	0.741	2.314	2.483	2.977	3.446	3.628
92-U	0.108	0.579	0.592	0.722	2.240	2.394	2.887	3.339	3.509

V 元素对 X 射线的质量吸收系数(cm^2/g)

Z	λ/Å 0.1	0.2	0.3	0.4	0.5	0.6	0.8	1.0	1.5	2.0	3.0	4.0	5.0	6.0	8.0	10.0	15.0
1 H	0.29	0.34	0.37	0.38	0.40	0.42	0.44	0.45	0.49	0.52	0.75	1.25	2.12	3.28	7.1	13.7	32
2 He	0.11	0.12	0.14	0.14	0.17	0.86	0.22	0.25	0.35	0.71	1.48	3.55	6.90	11.60	26.6	51	107
3 Li	0.12	0.13	0.15	0.15	0.18	0.22	0.30	0.42	1.02	2.18	6.60	15.2	28.80	48.80	113.0	213	402
4 Be	0.13	0.14	0.15	0.16	0.19	0.23	0.34	0.53	1.54	3.45	10.74	24.04	44.91	74.84	167.4	312	973
5 B	0.13	0.14	0.16	0.19	0.24	0.31	0.54	0.92	2.87	6.43	20.03	44.80	83.69	139.4	312.0	583	1814
6 C	0.14	0.15	0.17	0.23	0.31	0.42	0.83	1.54	4.79	10.72	33.25	74.61	139.3	232.2	519.6	970	3020
7 N	0.14	0.16	0.20	0.28	0.40	0.59	1.26	2.37	7.38	16.51	51.38	114.9	214.6	357.7	800.4	1495	4652
8 O	0.14	0.16	0.23	0.34	0.53	0.83	1.84	3.45	10.74	24.02	74.75	167.1	312.3	520.4	1165	2175	6768
9 F	0.14	0.18	0.26	0.43	0.70	1.14	2.57	4.81	14.96	33.45	104.0	232.8	434.8	724.7	1621	3029	9425
10 Ne	0.14	0.19	0.31	0.54	0.93	1.54	3.45	6.47	20.11	44.98	139.9	313.0	584.8	974.5	2181	4073	659
11 Na	0.15	0.21	0.36	0.66	1.21	2.02	4.51	8.45	20.29	58.79	182.9	409.1	764.2	1274	2849	5323	951
12 Mg	0.15	0.23	0.43	0.83	1.54	2.57	5.76	10.79	33.56	75.05	233.5	522.3	975.6	1626	3638	467	1453
13 Al	0.15	0.26	0.50	1.03	1.93	3.22	7.21	13.50	41.97	93.86	292.0	653.2	1220	2033	336.1	628	1954
14 Si	0.15	0.29	0.59	1.27	2.38	3.97	8.88	16.63	51.69	115.6	359.6	804.4	1503	2504	443.8	829	2579
15 P	0.16	0.31	0.70	1.54	2.88	4.81	10.77	20.14	62.68	140.2	436.1	975.4	1822	251.1	561.9	1049	3266
16 S	0.17	0.35	0.84	1.85	3.46	5.77	12.94	24.16	75.10	167.9	522.4	1169	2183	310.7	695.3	1298	4041
17 Cl	0.17	0.39	0.98	2.19	4.10	5.89	15.29	28.63	88.98	199.0	619.0	1385	225.1	375.2	839.5	1568	4880
18 A	0.18	0.45	1.15	2.57	4.81	8.02	17.93	33.58	104.4	233.4	726.1	156.2	291.9	486.5	1092	2033	6327
19 K	0.19	0.50	1.34	2.99	5.59	9.32	20.86	39.05	121.4	271.4	844.4	190.8	356.4	594.0	1329	2483	7725
20 Ca	0.20	0.55	1.54	3.45	6.44	10.74	24.04	44.99	139.9	312.7	972.9	232.7	434.7	724.4	1620	3028	9422
21 Sc	0.21	0.61	1.77	3.95	7.37	12.29	27.50	51.49	160.0	357.8	121.9	272.6	509.3	848.8	1899	3547	11039
22 Ti	0.22	0.69	2.01	4.49	8.38	13.98	31.27	58.55	182.0	406.9	142.7	319.3	596.6	994.2	2224	4155	12930
23 V	0.23	0.76	2.27	5.07	9.47	15.79	35.31	66.11	205.5	459.5	173.4	387.9	724.7	1207	2702	5048	15707
24 Cr	0.24	0.83	2.55	5.70	10.63	17.73	39.66	74.25	230.8	516.0	195.9	438.1	818.5	1364	3051	5701	17740
25 Mn	0.25	0.92	2.85	6.37	11.89	19.82	44.33	83.00	257.9	70.76	220.1	492.5	919.9	1533	3430	6408	19938
26 Fe	0.26	1.02	3.17	7.09	13.23	22.06	49.34	92.36	287.1	79.21	246.4	551.3	1029	1716	3839	7173	18597
27 Co	0.28	1.13	3.52	7.86	14.66	24.45	54.68	102.4	318.2	88.41	275.0	615.2	1149	1915	4285	8005	20828
28 Ni	0.30	1.25	3.88	8.68	16.19	27.00	60.38	113.0	43.84	98.04	305.0	682.3	1274	2123	4752	8877	2623
29 Cu	0.32	1.38	4.27	9.55	17.82	29.71	66.45	120.5	48.58	108.6	338.0	756.1	1412	2353	5266	9838	2918
30 Zn	0.35	1.51	4.69	10.47	19.54	32.58	72.88	136.4	53.65	120.0	373.2	834.8	1559	2598	5814	10862	3234
31 Ga	0.37	1.73	5.13	11.46	21.39	35.66	79.76	149.3	59.31	132.6	412.6	922.9	1723	2872	6428	10315	3584
32 Ge	0.40	1.81	5.59	12.49	23.31	38.87	86.93	162.8	65.10	145.6	452.9	1013	1892	3153	7056	11079	3984
33 As	0.42	1.96	6.08	13.59	25.36	42.28	94.56	177.0	71.02	158.8	494.1	1105	2064	3440	7697	1409	4386
34 Se	0.47	2.13	6.60	14.75	27.51	45.87	102.6	25.02	77.85	174.1	541.6	1211	2263	3771	7397	1548	4818
35 Br	0.50	2.31	7.15	15.97	29.78	49.66	111.1	27.29	84.93	189.9	590.8	1321	2468	4113	994	1858	5781
36 Kr	0.53	2.49	7.72	17.25	32.18	53.65	120.0	29.69	92.27	206.3	641.9	1435	2682	4469	1122	2088	6525
37 Rb	0.57	2.69	8.32	18.59	34.68	57.82	129.3	32.29	100.4	224.5	698.3	1562	2917	4315	1275	2383	7416
38 Sr	0.61	2.89	8.96	20.00	37.32	62.22	18.71	35.03	108.9	243.5	757.6	1694	3165	4699	1412	2638	8208
39 Y	0.65	3.11	9.62	21.48	40.08	66.82	20.24	37.90	117.8	263.4	819.5	1833	3424	704	1575	2943	9159
40 Zr	0.69	3.33	10.31	23.03	42.96	71.63	21.88	40.96	127.3	284.7	885.8	1981	3313	790	1769	3305	10286
41 Nb	0.74	3.57	11.03	24.65	45.98	76.66	23.52	44.04	136.9	306.1	952.3	2130	3579	860	1925	3597	11193
42 Mo	0.79	3.81	11.79	26.33	49.12	81.90	25.25	47.28	147.0	328.5	1022	2286	568	946	2117	3955	12307
43 Tc	0.84	4.07	12.58	28.09	52.41	12.12	27.11	50.75	157.7	352.7	1097	2454	624	1040	2328	4350	13535
44 Ru	0.89	4.33	13.40	29.93	55.83	12.97	29.02	54.33	168.9	378.0	1174	2385	678	1131	2531	4728	14713
45 Rh	0.94	4.61	14.26	31.84	59.39	13.87	31.03	58.10	180.6	403.8	1256	2423	739	1233	2758	5154	16036

K　　L_I L_{II}　　L_{III}

续表

Z	λ/Å 0.1	0.2	0.3	0.4	0.5	0.6	0.8	1.0	1.5	2.0	3.0	4.0	5.0	6.0	8.0	10.0	15.0
46 Pd	1.00	4.90	15.14	33.82	63.18	14.81	33.12	62.01	192.8	431	1341	430	804	1340	2999	5603	17433
47 Ag	1.05	5.19	16.07	35.89	9.4	15.7	35.3	66.1	205	459	1429	467	873	1455	3255	6082	18924
48 Cd	1.10	5.51	17.03	38.04	10.0	16.8	37.6	70.3	218	489	1522	502	937	1562	3497	6533	20327
49 In	1.15	5.83	18.03	40.27	10.7	17.8	39.9	74.7	232	519	1485	546	1020	1700	3805	7108	19536
50 Sn	1.20	6.16	19.06	42.58	11.9	19.9	44.7	79.5	260	581	1480	588	1098	1831	4097	7654	20067
51 Sb	1.25	6.51	20.14	44.97	12.0	20.1	45.0	84.2	261	585	282	632	1181	1969	4405	8230	21593
52 Te	1.30	6.87	21.25	6.85	12.7	21.3	47.6	89.1	277	619	302	677	1265	2109	4719	8816	21580
53 I	1.36	7.24	22.40	7.24	13.5	22.5	50.4	94.3	293	655	324	725	1355	2258	5055	9440	15831
54 Xe	1.42	7.63	23.59	7.66	14.2	23.8	53.3	99.7	310	693	351	786	1469	2448	5478	10235	17221
55 Cs	1.48	8.03	24.82	8.08	15.0	25.1	56.2	105.3	327	731	370	827	1546	2576	5764	10769	18564
56 Ba	1.53	8.44	26.10	8.52	15.9	26.5	59.3	111.0	345	771	394	882	1648	2746	6144	9865	20012
57 La	1.60	8.86	27.42	8.98	16.7	27.9	62.4	116.9	363	755	417	934	1745	2908	6508	10506	21612
58 Ce	1.66	9.30	28.78	9.45	17.6	29.4	65.7	123.1	383	765	443	992	1854	3090	6915	10195	5564
59 Pr	1.72	9.76	4.45	9.94	18.5	30.9	69.1	129.4	402	766	471	1055	1971	3284	7349	10887	5960
60 Nd	1.80	10.23	4.67	10.4	19.4	32.4	72.6	135.9	422	805	497	1111	2076	3460	7743	8404	6263
61 Pm	1.86	10.71	4.90	10.9	20.4	34.0	76.2	142.7	443	171	533	1193	2230	3716	7134	8913	6631
62 Sm	1.93	11.21	5.14	11.4	21.4	35.7	79.9	149.7	465	177	551	1234	2305	3842	7546	9466	7000
63 Eu	2.02	11.73	5.39	12.0	22.4	37.4	83.8	156.9	487	186	581	1301	2430	4050	7194	10044	7460
64 Gd	2.09	12.26	5.64	12.6	23.5	39.2	87.6	164.2	478	197	613	1371	2561	4269	7606	10627	7943
65 Tb	2.18	12.80	5.91	13.2	24.6	41.0	91.8	171.7	501	208	647	1448	2704	4507	6022	10887	8453
66 Dy	2.26	13.37	6.18	13.8	25.7	42.9	95.9	179.6	469	218	679	1519	2838	4730	6357	2890	8994
67 Ho	2.33	13.95	6.46	14.4	26.9	44.8	100.3	187.8	489	229	712	1594	2977	4369	6707	3073	9561
68 Er	2.42	14.55	6.75	15.0	28.1	46.8	104.8	196.3	107	239	744	1665	3110	4603	7082	3268	10169
69 Tm	2.50	15.16	7.05	15.7	29.3	48.9	109.5	205.1	113	252	787	1760	3288	4300	7472	3472	10804
70 Yb	2.58	15.90	7.36	16.4	30.6	51.1	114.4	214.1	118	265	825	1847	3450	4537	7632	3687	11474
71 Lu	2.66	2.48	7.68	17.1	32.0	53.3	119.3	223.5	124	278	866	1938	3240	4747	2095	3914	12180
72 Hf	2.75	2.59	8.01	17.8	33.3	55.6	124.4	232.9	131	293	912	2041	3415	3917	2224	4155	12929
73 Ta	2.82	2.70	8.35	18.6	34.7	57.9	129.7	242.8	136	306	852	2130	3571	4092	2361	4411	13726
74 W	2.90	2.81	8.70	19.4	36.2	60.4	135.1	253.0	143	321	999	2236	3258	4309	2511	4691	14597
75 Re	2.96	2.93	9.06	20.2	37.7	62.9	140.8	249.4	150	336	1046	2341	3406	4530	2670	4988	15520
76 Os	3.03	3.05	9.44	21.0	39.3	65.5	146.6	260.1	157	352	1097	2455	3562	4767	2836	5299	16488
77 Ir	3.10	3.17	9.82	21.9	40.9	68.2	152.5	231.5	165	369	1149	2324	3004	4786	3019	3640	17551
78 Pt	3.17	3.30	10.2	22.8	42.5	70.9	158.7	240.0	172	386	1202	2444	3144	1433	3208	5993	18647
79 Au	3.23	3.43	10.6	23.7	44.2	73.8	165.1	249.0	177	397	1237	2172	3314	1525	3413	6377	19843
80 Hg	3.30	3.57	11.0	24.6	46.0	76.7	171.5	257.9	189	423	1318	2268	3458	1623	3631	6784	21110
81 Tl	3.36	3.71	11.4	25.6	47.8	79.7	178.4	63.5	197	442	1377	2370	3455	1723	3855	7110	18501
82 Pb	3.41	3.86	11.9	26.6	49.7	82.9	176.5	66.6	207	463	1442	2027	1098	1829	4094	7648	19714
83 Bi	3.45	4.01	12.4	27.7	51.6	86.1	152.7	69.6	216	484	1508	2126	1166	1943	4348	8124	20961
84 Po	3.52	4.17	12.8	28.7	53.7	89.5	157.8	72.7	225	505	1447	2222	1238	2063	4616	8625	17953
85 At	3.56	4.33	13.3	29.8	55.7	92.9	163.1	76.8	238	534	1510	2322	1310	2184	4887	9130	19300
86 Rn	3.61	4.49	13.8	31.0	57.8	96.4	168.5	80.4	250	559	1305	2424	1386	2310	5170	9659	20448
87 Fr	3.66	4.65	14.4	32.1	60.0	100.0	174.0	83.6	260	581	1356	2328	1464	2440	5460	10201	21674
88 Ra	3.70	4.83	14.9	33.3	62.2	103.7	179.6	86.4	268	600	1410	2497	1544	2573	5758	10757	15740
89 Ac	3.75	5.00	15.4	34.5	64.5	107.5	48.5	90.8	282	631	1459	872	1630	2716	6077	9673	16748
90 Th	3.81	5.19	16.0	35.8	66.8	111.4	50.2	94.1	292	654	1520	923	1724	2873	6429	10250	17797
91 Pa	3.86	5.39	16.6	37.1	69.3	110.5	52.3	97.9	304	680	1331	964	1810	3001	6715	10852	18837
92 U	3.91	5.58	17.4	38.5	71.8	90.8	54.3	101.3	316	707	1381	1019	1903	3172	7098	9091	19924

K　L_I　L_{II}　L_{III}　M_I　M_{II}　M_{III}　M_{IV} M_V　N_I　N_{II}　N_{III}

Ⅵ　原子散射因子

原子或离子	$(\sin\theta/\lambda)/Å^{-1}$											
	0.0	0.1	0.2	0.3	0.4	0.5	0.6	0.7	0.8	0.9	1.0	1.1	1.2
H	1.0	0.81	0.48	0.25	0.13	0.07	0.04	0.03	0.02	0.01	0.00	0.00	
He	2.0	1.86	1.46	1.05	0.75	0.52	0.35	0.24	0.18	0.14	0.11	0.09	
Li^+	2.0	1.96	1.8	1.5	1.3	1.0	0.8	0.6	0.5	0.4	0.3	0.3	
Li	3.0	2.2	1.8	1.5	1.3	1.0	0.8	0.6	0.5	0.4	0.3	0.3	
Be^{2+}	2.0	2.0	1.9	1.7	1.6	1.4	1.2	1.0	0.9	0.7	0.6	0.5	
Be	4.0	2.9	1.9	1.7	1.6	1.4	1.2	1.0	0.9	0.7	0.6	0.5	
B^{3+}	2.0	1.99	1.9	1.8	1.7	1.6	1.4	1.3	1.2	1.0	0.9	0.7	
B	5.0	3.5	2.4	1.9	1.7	1.5	1.4	1.2	1.2	1.0	0.9	0.7	
C	6.0	4.6	3.0	2.2	1.9	1.7	1.6	1.4	1.3	1.16	1.0	0.9	
N^{5+}	2.0	2.0	2.0	1.9	1.9	1.8	1.7	1.6	1.5	1.4	1.3	1.16	
N^{3+}	4.0	3.7	3.0	2.4	2.0	1.8	1.66	1.56	1.49	1.39	1.28	1.17	
N	7.0	5.8	4.2	3.0	2.3	1.9	1.65	1.54	1.49	1.39	1.29	1.17	
O	8.0	7.1	5.3	3.9	2.9	2.2	1.8	1.6	1.5	1.4	1.35	1.26	
O^{2-}	10.0	8.0	5.5	3.8	2.7	2.1	1.8	1.5	1.5	1.4	1.35	1.26	
F	9.0	7.8	6.2	4.45	3.35	2.65	2.15	1.9	1.7	1.6	1.5	1.35	
F^-	10.0	8.7	6.7	4.8	3.5	2.8	2.2	1.9	1.7	1.55	1.5	1.35	
Ne	10.0	9.3	7.5	5.8	4.4	3.4	2.65	2.2	1.9	1.65	1.55	1.5	
Na^+	10.0	9.5	8.2	6.7	5.25	4.05	3.2	2.65	2.25	1.95	1.75	1.6	
Na	11.0	9.65	8.2	6.7	5.25	4.05	3.2	2.65	2.25	1.95	1.75	1.6	
Mg^{2+}	10.0	9.75	8.6	7.25	5.95	4.8	3.85	3.15	2.55	2.2	2.0	1.8	
Mg	12.0	10.5	8.6	7.25	5.95	4.8	3.85	3.15	2.55	2.2	2.0	1.8	
Al^{3+}	10.0	9.7	8.9	7.8	6.65	5.5	4.45	3.65	3.1	2.65	2.3	2.0	
Al	13.0	11.0	8.95	7.75	6.6	5.5	4.5	3.7	3.1	2.65	2.3	2.0	
Si^{4+}	10.0	9.75	9.15	8.25	7.15	6.05	5.05	4.2	3.4	2.95	2.6	2.3	
Si	14.0	11.35	9.4	8.2	7.15	6.1	5.1	4.2	3.4	2.95	2.6	2.3	
P^{5+}	10.0	9.8	9.25	8.45	7.5	6.55	5.65	4.8	4.05	3.4	3.0	2.6	
P	15.0	12.4	10.0	8.45	7.45	6.5	5.65	4.8	4.05	3.4	3.0	2.6	
P^{-3}	18.0	12.7	9.8	8.4	7.45	6.5	5.65	4.85	4.05	3.4	3.0	2.6	
S^{6+}	10.0	9.85	9.4	8.7	7.85	6.85	6.05	5.25	4.5	3.9	3.35	2.9	
S	16.0	13.6	10.7	8.95	7.85	6.85	6.0	5.25	4.5	3.9	3.35	2.9	
S^{2-}	18.0	14.3	10.7	8.9	7.85	6.85	6.0	5.25	4.5	3.9	3.35	2.9	
Cl	17.0	14.6	11.3	9.25	8.05	7.25	6.5	5.75	5.05	4.4	3.85	3.35	

续表

原子或离子	(sinθ/λ)/Å⁻¹												
	0.0	0.1	0.2	0.3	0.4	0.5	0.6	0.7	0.8	0.9	1.0	1.1	1.2
Cl^-	18.0	15.2	11.5	9.3	8.05	7.25	6.5	5.75	5.05	4.4	3.85	3.35	
Ar	18.0	15.9	12.6	10.4	8.7	7.8	7.0	6.2	5.4	4.7	4.1	3.6	
K^+	18.0	16.5	13.3	10.8	8.85	7.75	7.05	6.44	5.9	5.3	4.8	4.2	
K	19.0	16.5	13.3	10.8	9.2	7.9	6.7	5.9	5.2	4.6	4.2	3.7	3.3
Ca^{2+}	18.0	16.8	14.0	11.5	9.3	8.1	7.35	6.7	6.2	5.7	5.1	4.6	
Ca	20.0	17.5	14.1	11.4	9.7	8.4	7.3	6.3	5.6	4.9	4.5	4.0	3.6
Sc^{3+}	18.0	16.7	14.0	11.4	9.4	8.3	7.6	6.9	6.4	5.8	5.35	4.85	
Sc	21.0	18.4	14.9	12.1	10.3	8.9	7.7	6.7	5.9	5.3	4.7	4.3	3.9
Ti^{4+}	18.0	17.0	14.4	11.9	9.9	8.5	7.85	7.3	6.7	6.15	5.65	5.05	
Ti	22.0	19.3	15.7	12.8	10.9	9.5	8.2	7.2	6.3	5.6	5.0	4.6	4.2
V	23.0	20.2	16.6	13.5	11.5	10.1	8.7	7.6	6.7	5.9	5.3	4.9	4.4
Cr	24.0	21.1	17.4	14.2	12.1	10.6	9.2	8.0	7.1	6.3	5.7	5.1	4.6
Mn	25.0	22.1	18.2	14.9	12.7	11.1	9.7	8.4	7.5	6.6	6.0	5.4	4.9
Fe	26.0	23.1	18.9	15.6	13.3	11.6	10.2	8.9	7.9	7.0	6.3	5.7	5.2
Co	27.0	24.1	19.8	16.4	14.0	12.1	10.7	9.3	8.3	7.3	6.7	6.0	5.5
Ni	28.0	25.0	20.7	17.2	14.6	12.7	11.2	9.8	8.7	7.7	7.0	6.3	5.8
Cu	29.0	25.9	21.6	17.9	15.2	13.3	11.7	10.2	9.1	8.1	7.3	6.6	6.0
Zn	30.0	26.8	22.4	18.6	15.8	13.9	12.2	10.7	9.6	8.5	7.6	6.9	6.3
Ga	31.0	27.8	23.3	19.3	16.5	14.5	12.7	11.2	10.0	8.9	7.9	7.3	6.7
Ge	32.0	28.8	24.1	20.0	17.1	15.0	13.2	11.6	10.4	9.3	8.3	7.6	7.0
As	33.0	29.7	25.0	20.8	17.7	15.6	13.8	12.1	10.8	9.7	8.7	7.9	7.3
Se	34.0	30.6	25.8	21.5	18.3	16.1	14.3	12.6	11.2	10.0	9.0	8.2	7.5
Br	35.0	31.6	26.6	22.3	18.9	16.7	14.8	13.1	11.7	10.4	9.4	8.6	7.8
Kr	36.0	32.5	27.4	23.0	19.5	17.3	15.3	13.6	12.1	10.8	9.8	8.9	8.1
Rb^+	36.0	33.6	28.7	24.6	21.4	18.9	16.7	14.6	12.8	11.2	9.9	8.9	
Rb	37.0	33.5	28.2	23.8	20.2	17.9	15.9	14.1	12.5	11.2	10.2	9.2	8.4
Sr	38.0	34.4	29.0	24.5	20.8	18.4	16.4	14.6	12.9	11.6	10.5	9.5	8.7
Y	39.0	35.4	29.9	25.3	21.5	19.0	17.0	15.1	13.4	12.0	10.9	9.9	9.0
Zr	40.0	36.3	30.8	26.0	22.1	19.7	17.5	15.6	13.8	12.4	11.2	10.2	9.3
Nb	41.0	37.3	31.7	26.8	22.8	20.2	18.1	16.0	14.3	12.8	11.6	10.6	9.7
Mo	42.0	38.2	32.6	27.6	23.5	20.8	18.6	16.5	14.8	13.2	12.0	10.9	10.0
Tc	43.0	39.1	33.4	28.3	24.1	21.3	19.1	17.0	15.2	13.6	12.3	11.3	10.3
Ru	44.0	40.0	34.3	29.1	24.7	21.9	19.6	17.6	15.6	14.1	12.7	11.6	10.6
Rh	45.0	41.0	35.1	29.9	25.4	22.5	20.2	18.0	16.1	14.5	13.1	12.0	11.0

续表

原子或离子	(sinθ/λ)/Å^{-1}												
	0.0	0.1	0.2	0.3	0.4	0.5	0.6	0.7	0.8	0.9	1.0	1.1	1.2
Pd	46.0	41.9	36.0	30.7	26.2	23.1	20.8	18.5	16.6	14.9	13.6	12.3	11.3
Ag	47.0	42.8	36.9	31.5	26.9	23.8	21.3	19.0	17.1	15.3	14.0	12.7	11.7
Cd	48.0	43.7	37.7	32.2	27.5	24.4	21.8	19.6	17.6	15.7	14.3	13.0	12.0
In	49.0	44.7	38.6	33.0	28.1	25.0	22.4	20.1	18.0	16.2	14.7	13.4	12.3
Sn	50.0	45.7	39.5	33.8	28.7	25.6	22.9	20.6	18.5	16.6	15.1	13.7	12.7
Sb	51.0	46.7	40.4	34.6	29.5	26.3	23.5	21.1	19.0	17.0	15.5	14.1	13.0
Te	52.0	47.7	41.3	35.4	30.3	26.9	24.0	21.7	19.5	17.5	16.0	14.5	13.3
I	53.0	48.6	42.1	36.1	31.0	27.5	24.6	22.2	20.0	17.9	16.4	14.8	13.6
Xe	54.0	49.6	43.0	36.8	31.6	28.0	25.2	22.7	20.4	18.4	16.7	15.2	13.9
Cs	55.0	50.7	43.8	37.6	32.4	28.7	25.8	23.2	20.8	18.8	17.0	15.6	14.5
Ba	56.0	51.7	44.7	38.4	33.1	29.3	26.4	23.7	21.3	19.2	17.4	16.0	14.7
La	57.0	52.6	45.6	39.3	33.8	29.8	26.9	24.3	21.9	19.7	17.9	16.4	15.0
Ce	58.0	53.6	46.5	40.1	34.5	30.4	27.4	24.8	22.4	20.2	18.4	16.6	15.3
Pr	59.0	54.5	47.4	40.9	35.2	31.1	28.0	25.4	22.9	20.6	18.8	17.1	15.7
Nd	60.0	55.4	48.3	41.6	35.9	31.8	28.6	25.9	23.4	21.1	19.2	17.5	16.1
Pm	61.0	56.4	49.1	42.4	36.6	32.4	29.2	26.4	23.9	21.5	19.6	17.9	16.4
Sm	62.0	57.3	50.0	43.2	37.3	32.9	29.8	26.9	24.4	22.0	20.0	18.3	16.8
Eu	63.0	58.3	50.9	44.0	38.1	33.5	30.4	27.5	24.9	22.4	20.4	18.7	17.1
Gd	64.0	59.3	51.7	44.8	38.8	34.1	31.0	28.1	25.4	22.9	20.8	19.1	17.5
Tb	65.0	60.2	52.6	45.7	39.6	34.7	31.6	28.6	25.9	23.4	21.2	19.5	17.9
Dy	66.0	61.1	53.6	46.5	40.4	35.4	32.2	29.2	26.3	23.9	21.6	19.9	18.3
Ho	67.0	62.1	54.5	47.3	41.1	36.1	32.7	29.7	26.8	24.3	22.0	20.3	18.6
Er	68.0	63.0	55.3	48.1	41.7	36.7	33.3	30.2	27.3	24.7	22.4	20.7	18.9
Tm	69.0	64.0	56.2	48.9	42.4	37.4	33.9	30.8	27.9	25.2	22.9	21.0	19.3
Yb	70.0	64.9	57.0	49.7	43.2	38.0	34.4	31.3	28.4	25.7	23.3	21.4	19.7
Lu	71.0	65.9	57.8	50.4	43.9	38.7	35.0	31.8	28.9	26.2	23.8	21.8	20.0
Hf	72.0	66.8	58.6	51.2	44.5	39.3	35.6	32.3	29.3	26.7	24.2	22.3	20.4
Ta	73.0	67.8	59.5	52.0	45.3	39.9	36.2	32.9	29.8	27.1	24.7	22.6	20.9
W	74.0	68.8	60.4	52.8	46.1	40.5	36.8	33.5	30.4	27.6	25.2	23.0	21.3
Re	75.0	69.8	61.3	53.6	46.8	41.1	37.4	34.0	30.9	28.1	25.6	23.4	21.6
Os	76.0	70.8	62.2	54.4	47.5	41.7	38.0	34.6	31.4	28.6	26.0	23.9	22.0
Ir	77.0	71.7	63.1	55.3	48.2	42.4	38.6	35.1	32.0	29.0	26.5	24.3	22.3
Pt	78.0	72.6	64.0	56.2	48.9	43.1	39.2	35.6	32.5	29.5	27.0	24.7	22.7
Au	79.0	73.6	65.0	57.0	49.7	43.8	39.8	36.2	33.1	30.0	27.4	25.1	23.1

续表

原子或离子	$(\sin\theta/\lambda)/\text{Å}^{-1}$												
	0.0	0.1	0.2	0.3	0.4	0.5	0.6	0.7	0.8	0.9	1.0	1.1	1.2
Hg	80.0	74.6	65.9	57.9	50.5	44.4	40.5	36.8	33.6	30.6	27.8	25.6	23.6
Tl	81.0	75.5	66.7	58.7	51.2	45.0	41.1	37.4	34.1	31.1	28.3	26.0	24.1
Pb	82.0	76.5	67.5	59.5	51.9	45.7	41.6	37.9	34.6	31.5	28.8	26.4	24.5
Bi	83.0	77.5	68.4	60.4	52.7	46.4	42.2	38.5	35.1	32.0	29.2	26.8	24.8
Po	84.0	78.4	69.4	61.3	53.5	47.1	42.8	39.1	35.6	32.6	29.7	27.2	25.2
At	85.0	79.4	70.3	62.1	54.2	47.7	43.4	39.6	36.2	33.1	30.1	27.6	25.6
Rn	86.0	80.3	71.3	63.0	55.1	48.4	44.0	40.2	36.8	33.5	30.5	28.0	26.0
Fr	87.0	81.3	72.2	63.8	55.8	49.1	44.5	40.7	37.3	34.0	31.0	28.4	26.4
Ra	88.0	82.2	73.2	64.6	56.5	49.8	45.1	41.3	37.8	34.6	31.5	28.8	26.7
Ac	89.0	83.2	74.1	65.5	57.3	50.4	45.8	41.8	38.3	35.1	32.0	29.2	27.1
Th	90.0	84.1	75.1	66.3	58.1	51.1	46.5	42.4	38.8	35.5	32.4	29.6	27.5
Pa	91.0	85.1	76.1	67.1	58.8	51.7	47.1	43.0	39.3	36.0	32.8	30.1	27.9
U	92.0	86.0	76.9	67.9	59.6	52.4	47.7	43.5	39.8	36.5	33.3	30.6	28.3

Ⅶ　原子散射因子修正值

元素 \ λ/λ_K	0.7	0.8	0.9	0.95	1.005	1.05	1.1	1.2	1.4	1.8	∞
Ti	−0.18	−0.67	−1.75	−2.78	−5.83	−3.38	−2.77	−2.26	−1.88	−1.52	−1.37
V	−0.18	−0.67	−1.73	−2.76	−5.78	−3.35	−2.75	−2.24	−1.86	−1.60	−1.36
Cr	−0.18	−0.66	−1.71	−2.73	−5.73	−3.32	−2.72	−2.22	−1.84	−1.58	−1.34
Mn	−0.18	−0.66	−1.71	−2.72	−5.71	−3.31	−2.71	−2.21	−1.83	−1.58	−1.34
Fe	−0.17	−0.65	−1.70	−2.71	−5.69	−3.30	−2.70	−2.21	−1.83	−1.58	−1.33
Co	−0.17	−0.65	−1.69	−2.68	−5.66	−3.28	−2.69	−2.19	−1.82	−1.57	−1.33
Ni	−0.17	−0.64	−1.68	−2.68	−5.63	−3.26	−2.67	−2.10	−1.81	−1.56	−1.32
Cu	−0.17	−0.64	−1.67	−2.66	−5.60	−3.24	−2.66	−2.17	−1.80	−1.55	−1.31
Zn	−0.16	−0.64	−1.67	−2.65	−5.58	−3.23	−2.65	−2.16	−1.79	−1.54	−1.30
Ge	−0.16	−0.63	−1.65	−2.63	−5.53	−3.20	−2.62	−2.14	−1.77	−1.53	−1.29
Sr	−0.15	−0.62	−1.62	−2.56	−5.41	−3.13	−2.56	−2.10	−1.73	−1.49	−1.26
Zr	−0.15	−0.61	−1.60	−2.55	−5.37	−3.11	−2.55	−2.08	−1.72	−1.48	−1.25
Nb	−0.15	−0.61	−1.59	−2.53	−5.34	−3.10	−2.53	−2.47	−1.71	−1.47	−1.24
Mo	−0.15	−0.60	−1.58	−2.52	−5.32	−3.08	−2.52	−2.06	−1.70	−1.47	−1.24
W	−0.13	−0.54	−1.45	−2.42	−4.94	−2.06	−2.33	−1.90	−1.57	−1.36	−1.15

Ⅷ　一些物质的德拜温度

名　称	Θ/K	名　称	Θ/K	名　称	Θ/K	名　称	Θ/K
银	215	铬	485	钾	126	镍	400
铝	398	铜	315	溴化钾	177	铅	88
金	175	金刚石	2340	氯化钾	230	铂	230
铍	900	铁	453	锂	510	锡	130
钙	226	二硫化铁	645	镁	320	铊	96
氟化钙	474	汞	97	钼	380	钨	310
镉	168	碘	106	钠	202	锌	235
钴	410	铟	100	氯化钠	281	锆	280

Ⅸ　多重性因子

<table>
<tr><th>晶面指数 / 晶系</th><th>h00</th><th>0k0</th><th>00l</th><th>hk0</th><th>0kl</th><th>h0l</th><th>hh0</th><th>hhl</th><th>hhh</th><th>hkl</th></tr>
<tr><td>立方</td><td colspan="3">6</td><td colspan="3">24*</td><td>12</td><td>24</td><td>8</td><td>48*</td></tr>
<tr><td>菱方和六方</td><td colspan="2">6</td><td>2</td><td colspan="3">12*</td><td>6</td><td>12*</td><td colspan="2">24*</td></tr>
<tr><td>正方</td><td colspan="2">4</td><td>2</td><td>8*</td><td colspan="2">8</td><td>4</td><td>8</td><td colspan="2">16*</td></tr>
<tr><td>斜方</td><td colspan="3">2</td><td colspan="2">4</td><td></td><td colspan="4">8</td></tr>
<tr><td>单斜</td><td colspan="3">2</td><td colspan="2">4</td><td>2</td><td colspan="4">4</td></tr>
<tr><td>三斜</td><td colspan="10">2</td></tr>
</table>

* 某些晶体中可分成两族晶面，其晶面距相同而结构因子不同，故每族晶面的多重性因子应为表中数值的一半。

Ⅹ　立方晶体晶面(或晶向)夹角数值

$\{h_1k_1l_1\}$	$\{h_2k_2l_2\}$	$\{h_1k_1l_1\}$和$\{h_2k_2l_2\}$晶面(或晶向)间夹角的数值(度)		
100	100	0	90	
	110	45	90	
	111	54.73		
	210	26.57	64.43	90
	211	35.27	65.90	
	221	48.19	70.53	
	310	18.44	71.56	90
	311	25.24	72.45	
	320	33.69	56.31	90
	321	36.70	57.69	74.50

续表

$\{h_1k_1l_1\}$	$\{h_2k_2l_2\}$	$\{h_1k_1l_1\}$和$\{h_2k_2l_2\}$晶面(或晶向)间夹角的数值(度)									
110	110	0	60	90							
	111	35.27	90								
	210	18.44	50.77	71.56							
	211	30	54.73	73.22	90						
	221	19.47	45	76.37	90						
	310	26.57	47.87	63.43	77.08						
	311	31.48	64.74	90							
	320	11.31	53.96	66.91	78.69						
	321	19.11	40.89	55.46	67.79	79.11					
111	111	0	70.53								
	210	39.23	75.04								
	211	19.47	61.87	90							
	221	15.81	54.73	78.90							
	310	43.10	68.58								
	311	29.50	58.52	79.89							
	320	36.81	80.79								
	321	22.21	51.89	72.02	90						
210	210	0	36.87	53.13	66.42	78.46	90				
	211	24.09	43.09	56.79	79.48	90					
	221	26.51	41.81	53.40	63.43	72.56	90				
	310	8.13	31.95	45	64.90	73.57	81.87				
	311	19.29	47.61	66.14	82.25						
	320	7.12	29.75	41.91	60.25	68.15	75.64	82.88			
	321	17.02	33.21	53.30	61.44	68.99	83.13	90			
211	211	0	33.56	48.19	60	70.53	80.41				
	221	17.72	35.26	47.12	65.90	74.21	82.18				
	310	25.35	49.80	58.91	75.04	82.59					
	311	10.02	42.39	60.50	75.75	90					
	320	25.07	37.57	55.52	63.07	83.50					
	321	10.90	29.21	40.20	49.11	56.94	70.89	77.40	83.74	90	
221	221	0	27.27	38.94	63.61	83.62	90				
	310	32.51	42.45	58.19	65.06	83.95					
	311	25.24	45.29	59.83	72.45	84.23					
	320	22.41	42.30	49.67	68.30	79.34	48.70				
	321	11.49	27.02	36.70	57.69	63.55	74.50	79.74	84.89		
310	310	0	25.84	36.86	53.13	72.54	84.26	90			
	311	17.55	40.29	55.10	67.58	79.01	90				
	320	15.25	37.87	52.13	58.25	74.76	79.90				
	321	21.62	32.31	40.48	47.46	53.73	59.53	65.00	75.31	85.15	90.00

Ⅺ　立方晶体标准投影图

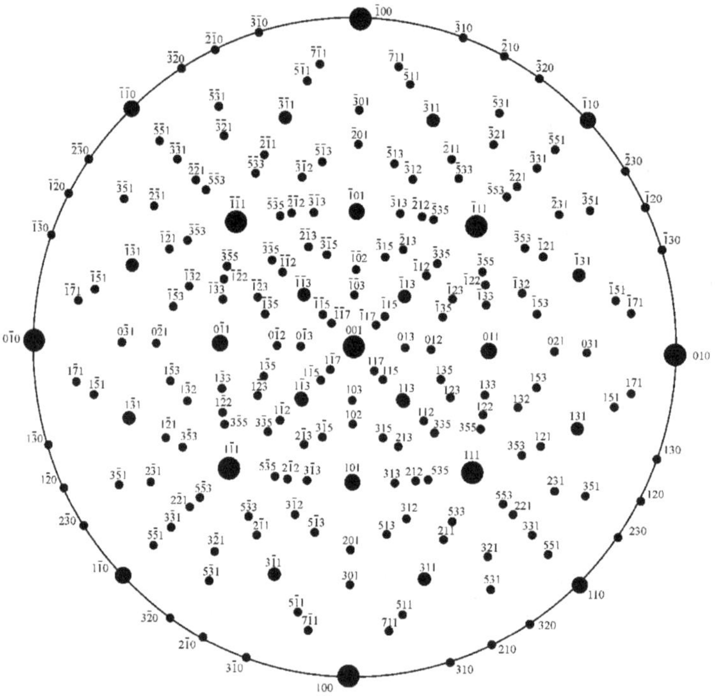

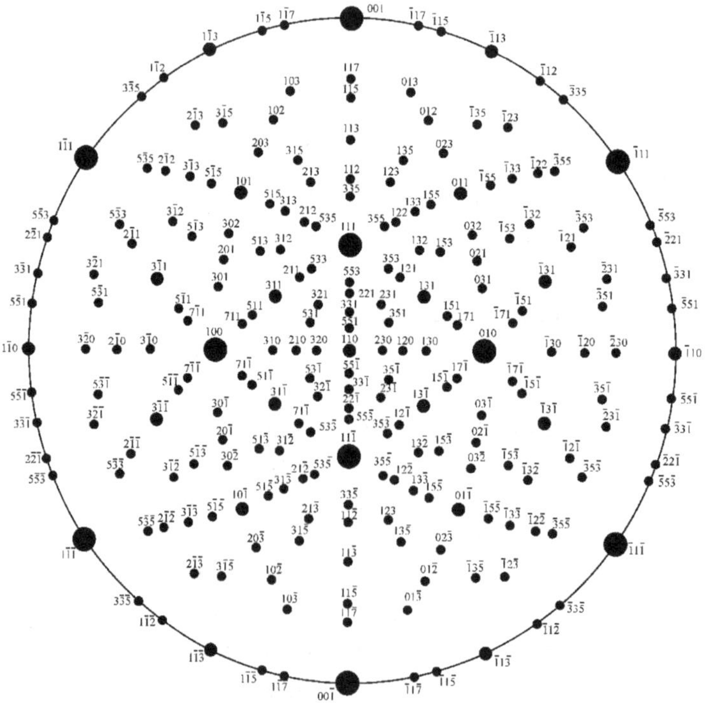

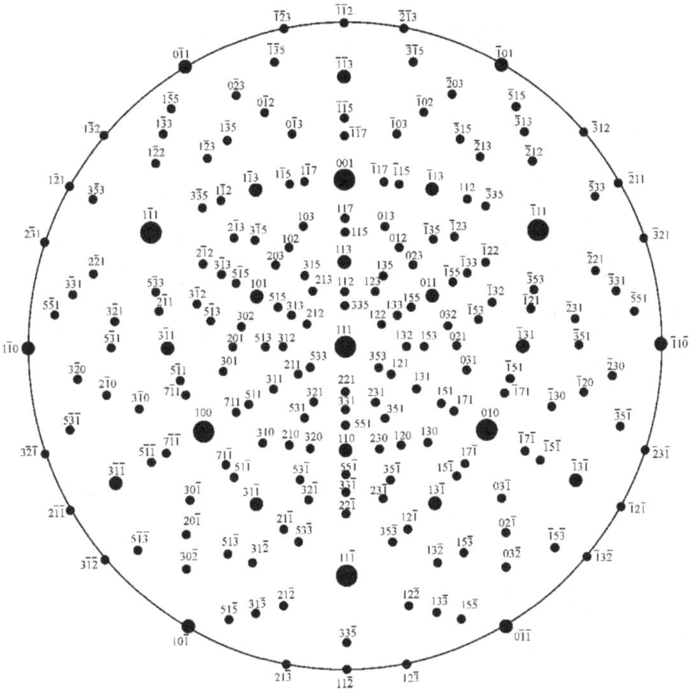

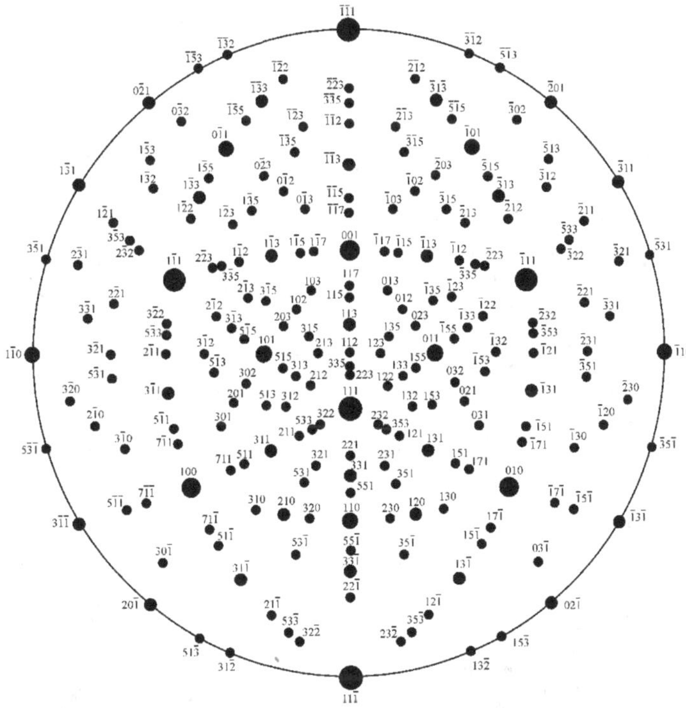

Ⅻ 面心立方晶体电子衍射图谱

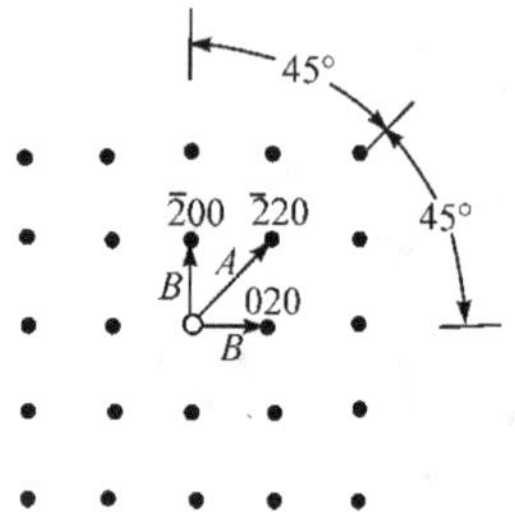

(a) $\frac{A}{B}=\frac{\sqrt{2}}{1}=1.414$, $B=[001]$

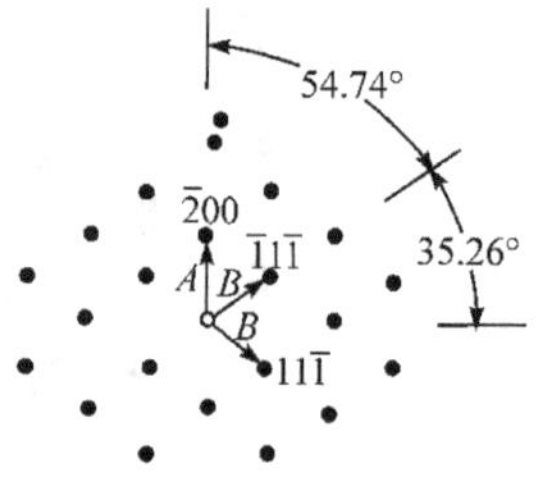

(b) $\frac{A}{B}=\frac{2}{\sqrt{3}}=1.155$, $B=[011]$

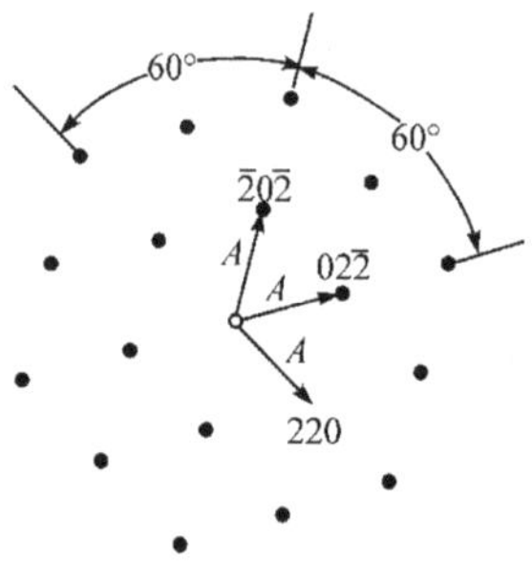

(c) $B=[\bar{1}11]$

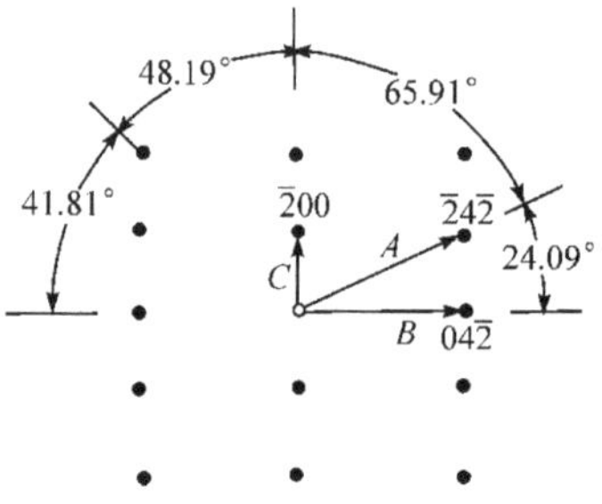

(d) $\frac{A}{C}=\frac{\sqrt{24}}{\sqrt{4}}=2.450$, $\frac{B}{C}=\frac{\sqrt{20}}{\sqrt{4}}=2.236$, $B=[002]$

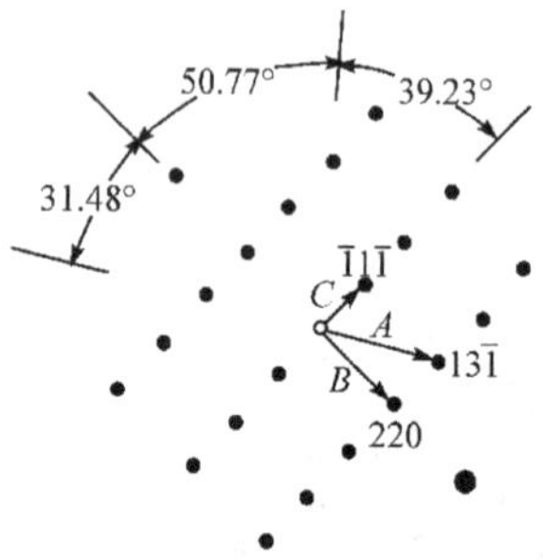

(e) $\frac{B}{C}=\frac{\sqrt{8}}{\sqrt{3}}=1.633$, $\frac{A}{C}=\frac{\sqrt{11}}{\sqrt{3}}=1.915$, $B=[\bar{1}12]$

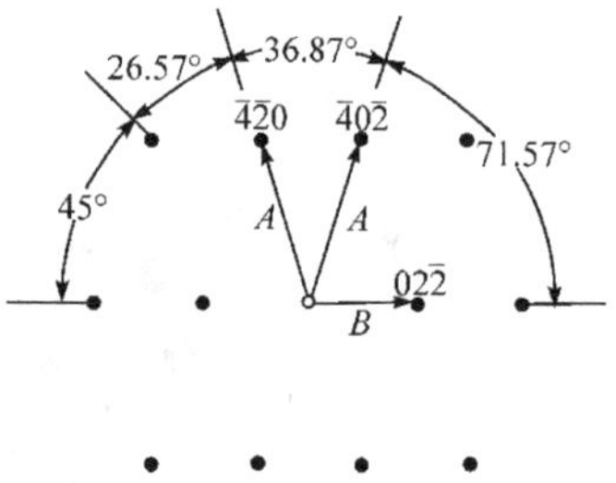

(f) $\frac{A}{B}=\frac{\sqrt{20}}{\sqrt{8}}=1.581$, $B=[\bar{1}22]$

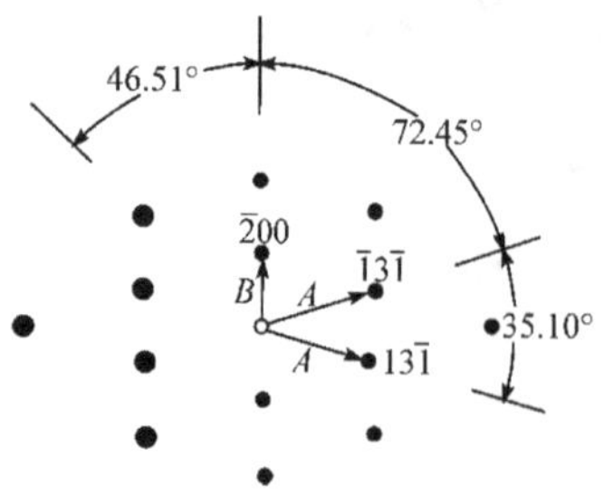

(g) $\frac{A}{B}=\frac{\sqrt{11}}{\sqrt{4}}=1.658$, $B=[013]$

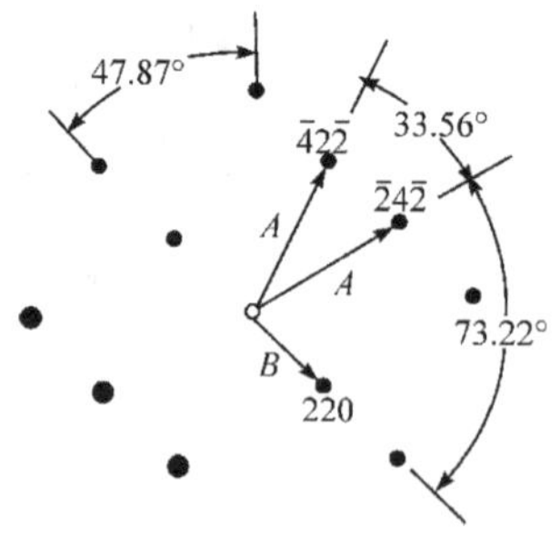

(h) $\frac{A}{B}=\frac{\sqrt{24}}{\sqrt{8}}=1.732$, $B=[\bar{1}13]$

Ⅻ　体心立方晶体电子衍射图谱

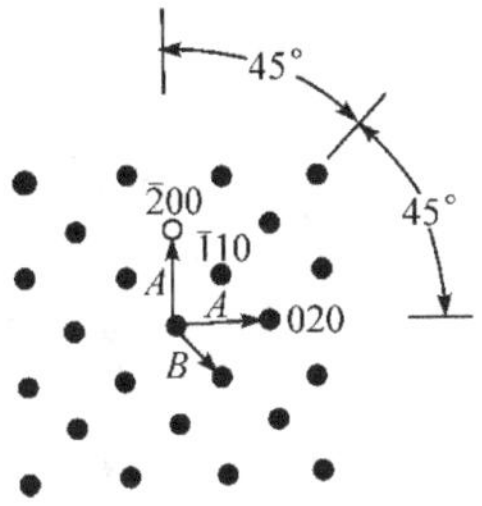

(a) $\frac{A}{B}=\frac{\sqrt{4}}{\sqrt{2}}=1.414, B=[001]$

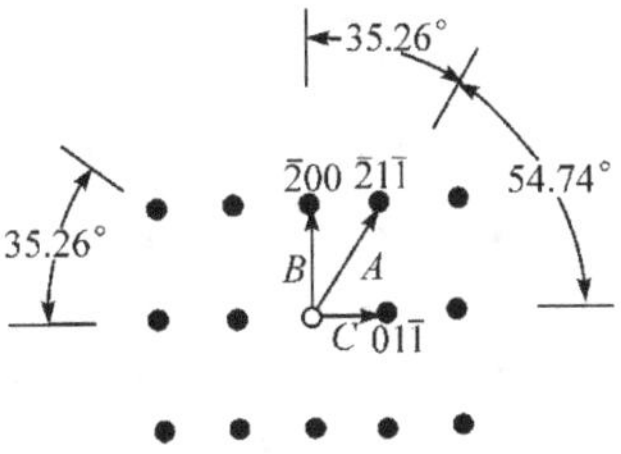

(b) $\frac{A}{C}=\frac{\sqrt{6}}{\sqrt{2}}=1.732, \frac{B}{C}=\frac{\sqrt{4}}{\sqrt{2}}=1.414, B=[011]$

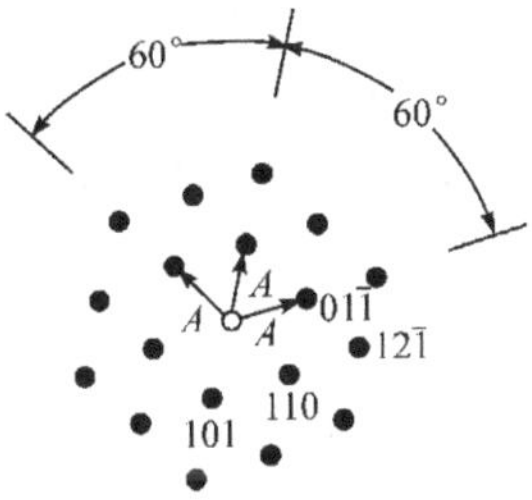

(c) $B=[\bar{1}\ 1\ 1]$

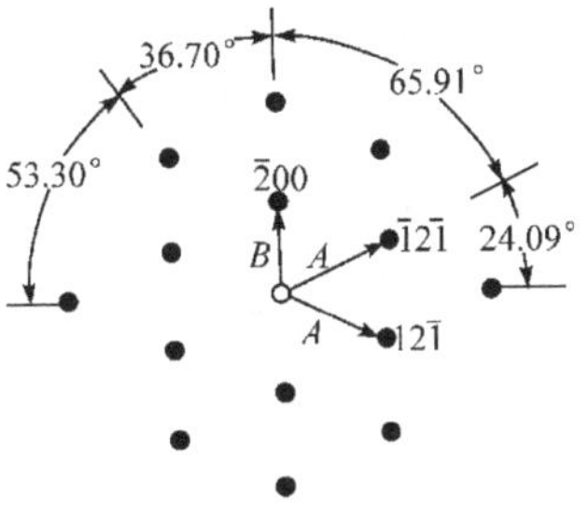

(d) $\frac{A}{B}=\frac{\sqrt{6}}{\sqrt{4}}=1.225, B=[012]$

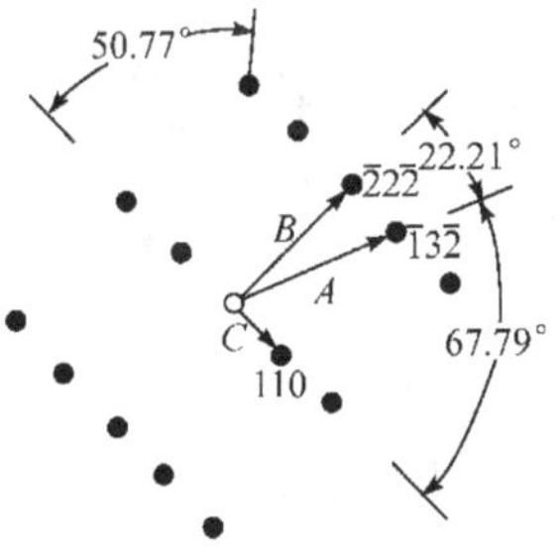

(e) $\frac{A}{C}=\frac{\sqrt{14}}{\sqrt{2}}=2.546, \frac{B}{C}=\frac{\sqrt{12}}{\sqrt{2}}=2.450, B=[\bar{1}12]$

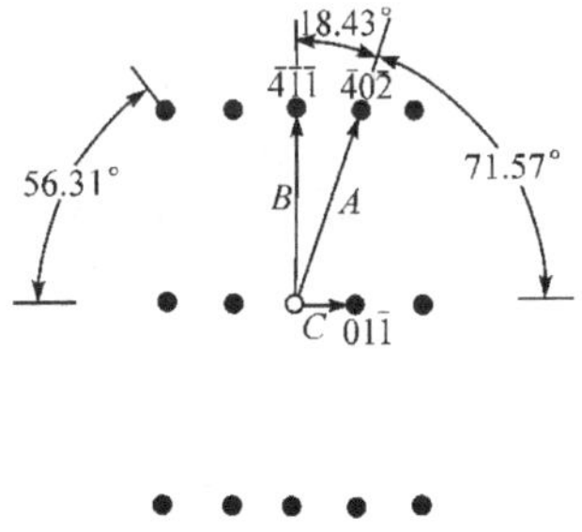

(f) $\frac{A}{C}=\frac{\sqrt{20}}{\sqrt{2}}=3.162, \frac{B}{C}=\frac{\sqrt{18}}{\sqrt{2}}=3.00, B=[\bar{1}22]$

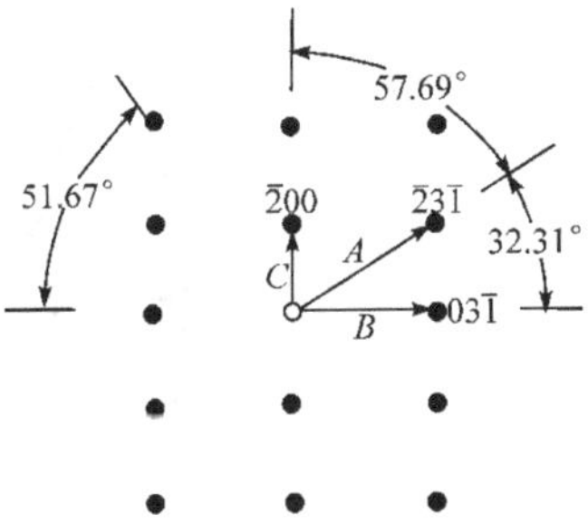

(g) $\frac{A}{C}=\frac{\sqrt{14}}{\sqrt{4}}=1.871, \frac{B}{C}=\frac{\sqrt{10}}{\sqrt{4}}=1.581, B=[013]$

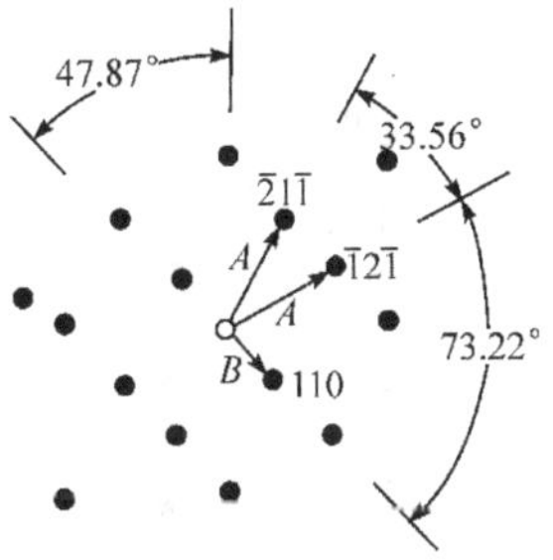

(h) $\frac{A}{B}=\frac{\sqrt{6}}{\sqrt{2}}=1.732, B=[\bar{1}13]$

XIV 密排六方晶体电子衍射图谱

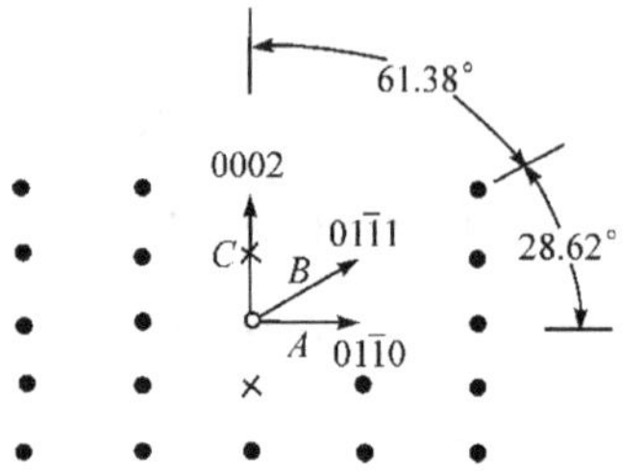

(a) $\frac{C}{A}=1.09, \frac{B}{A}=1.139, B=[2\bar{1}\bar{1}0]$

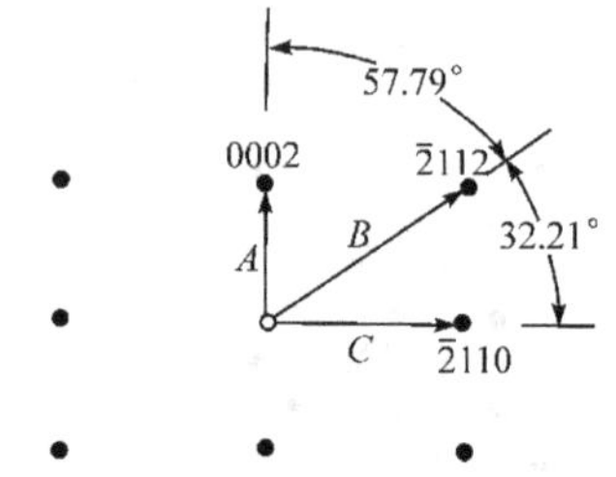

(b) $\frac{C}{A}=1.587, \frac{B}{A}=1.876, B=[01\bar{1}0]$

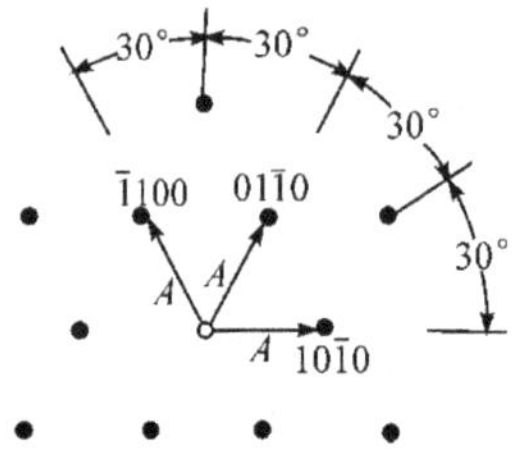

(c) $B=[0001]$

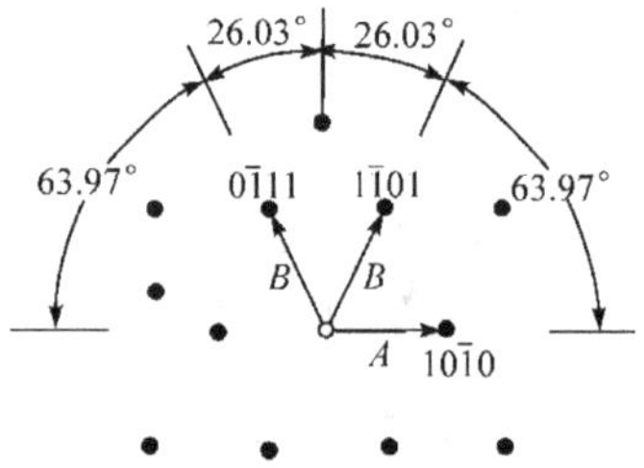

(d) $\frac{B}{A}=1.139, B=[1\bar{2}1\bar{3}]$

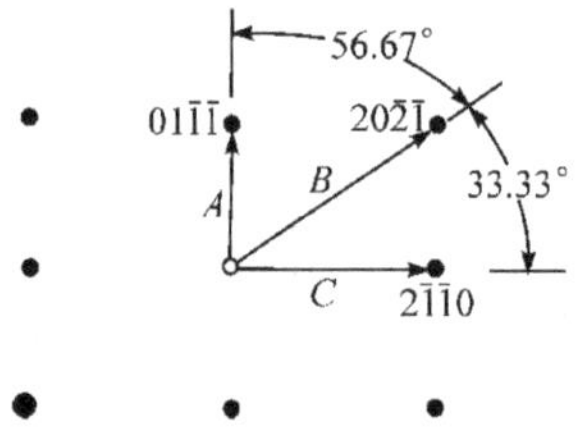

(e) $\frac{C}{A}=1.520, \frac{B}{A}=1.820, B=[01\bar{1}2]$

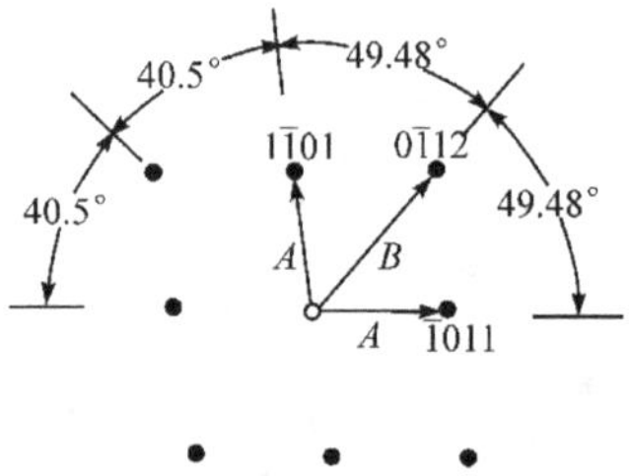

(f) $\frac{B}{A}=1.299, B=[01\bar{1}1]$

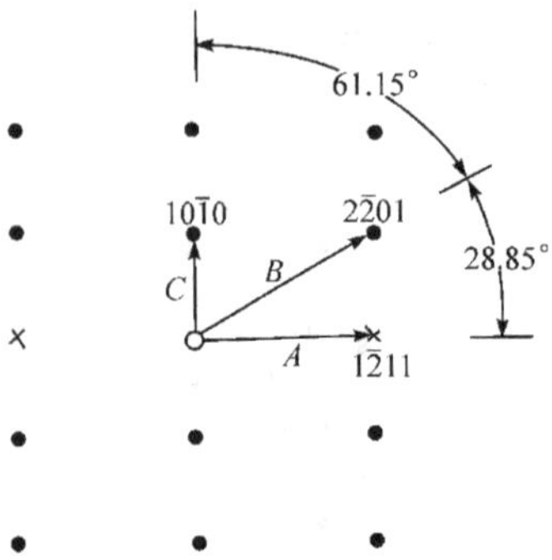

(g) $\frac{A}{C}=1.816, \frac{B}{C}=2.073, B=[\bar{1}2\bar{1}6]$

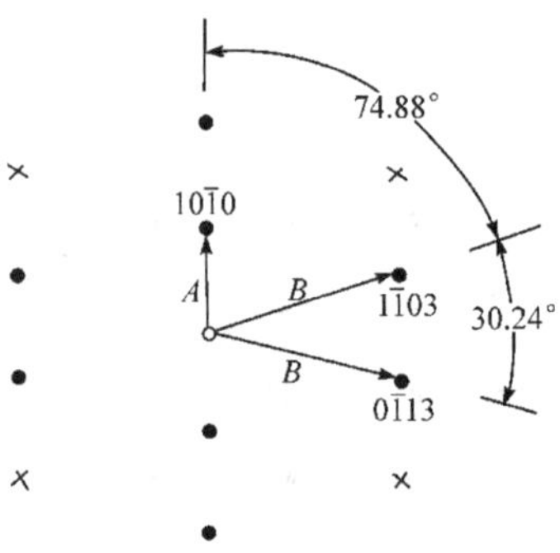

(h) $\frac{B}{A}=1.917, B=[1\bar{2}1\bar{1}]$

XV　常用材料分析方法名称及英文缩写

英文缩写	中文名称	英文缩写	中文名称
AAS	原子吸收光谱	IMS	成像质谱计
AED	俄歇电子衍射	IRAS	红外吸收谱
AES	俄歇电子能谱，原子发射光谱	ISS	离子散射谱
AFS	原子荧光光谱	LEED	低能电子衍射
AFM	原子力显微镜	LEEM	低能电子显微镜
CL	阴极射线致发光分析	LEISS	低能离子散射谱
CLR	共焦激光拉曼光谱	LIF	激光诱导荧光光谱
DCP	直流等离子体喷焰	LIMS	激光电离质谱
DIC	微分干涉对比显微镜	LMESA	激光显微发射光谱分析
DSC	示差扫描量热分析	LMMS	激光微探针质谱
DSIMS	动态二次离子质谱	IR	红外光谱
DTA	差热分析	MB	穆斯堡尔谱
EDX	能量色散 X 射线谱(X 射线能谱)	MIP	微波感生分析
EELS	透射电镜的电子能量损失谱	MPS	分子磷光光谱
EMA	电子探针 X 射线显微分析	MOKE	磁光克尔效应
EPR	电子顺磁共振	MRS	磁共振波谱
ERS	弹性反冲谱仪	MFS	分子荧光光谱
ESCA	化学分析用电子能谱，即 XPS	MS	质谱
ESR	电子自旋共振	NAA	中子活化分析
EXAFS	扩展 X 射线吸收精细结构	NEXAFS	近边 X 射线吸收超精细结构
FEM	场电子显微镜	NMR	核磁共振
FIM	场离子显微镜	NRA	核反应分析
FTIR	傅里叶变换红外光谱	NS	中子散射
GC	气相色谱	OES	光发射谱
GDMS	辉光放电质谱	OMR	光学显微反射仪
GPC	凝胶色谱	PAC	扰动角关联
HEISS	高能离子散射谱	PAS	光声光谱
HPLC	高效液相色谱	PAT	正电子湮灭技术
IC	离子色谱	PEEM	光电子发射显微技术
ICP	电感耦合等离子体	PES	光电子能谱
IEXS	离子激发 X 射线谱	PIXE	粒子轰击导致的 X 射线发射
IM	离子显微镜	PL	光致荧光
IMMA	离子微探针质量分析器	PTS	光热光谱

续表

英文缩写	中文名称	英文缩写	中文名称
RBS	卢瑟福背散射谱	TA	热分析
REELS	反射电子能量损失谱	TEM	透射电子显微镜
RHEED	反射高能电子衍射	TG	热重分析
RS	拉曼光谱	TLC	薄层色谱
SAES	扫描俄歇电子能谱	TMA	热机械分析
SALI	激光电离表面分析	TXRF	全反射 X 射线荧光分析
SEM	扫描电子显微镜	UPS	紫外光电子能谱
SFM	扫描力显微镜	UV-Vis	紫外-可见光谱
SIM	扫描离子显微镜	WDXS	波长色散 X 射线谱
SIMS	二次离子质谱	XPD	X 射线光电子衍射
SNOM	近场光学显微镜	XPS	X 射线光电子能谱，即 ESCA
SSIMS	静态二次离子谱	XRD	X 射线衍射
STEM	扫描透射电子显微镜	XRF	X 射线荧光分析，即 XFS
STM	扫描隧道显微镜	XFS	X 射线荧光分析，即 XRF